航天科技图书出版基金资助出版

惯性技术词典

中国惯性技术学会
中国航天电子技术研究院 编

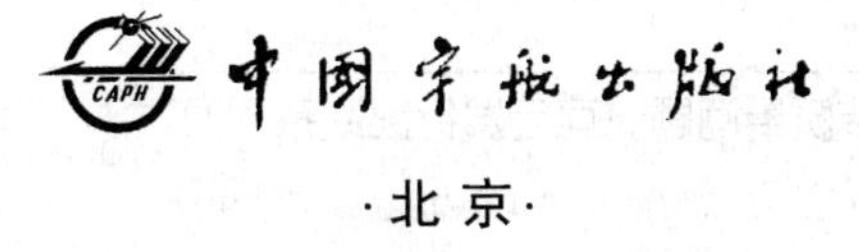

·北京·

图书在版编目(CIP)数据

惯性技术词典/中国惯性技术学会，中国航天电子技术研究院编.
—北京：中国宇航出版社，2009.10

ISBN 978-7-80218-638-5

Ⅰ.惯…　Ⅱ.①中…②中…　Ⅲ.①惯性导航—词典②惯性制导—词典
Ⅳ.TN96-61

中国版本图书馆CIP数据核字(2009)第186651号

责任编辑　张艳艳　　**责任校对**　王　妍
　　　　　　吴　涛　　**封面设计**　03 工舍

出版发行　中国宇航出版社

社　址　北京市阜成路8号　　邮　编　100830
(010)68768548

网　址　www.caphbook.com / www.caphbook.com.cn

经　销　新华书店

发行部　(010)68371900　　(010)88530478(传真)
(010)68768541　　(010)68767294(传真)

零售店　读者服务部　　北京宇航文苑
(010)68371105　　(010)62529336

承　印　北京画中画印刷有限公司

版　次　2009年10月第1版　　2009年10月第1次印刷

规　格　880×1230　　开　本　1/32

印　张　25.5　　字　数　707千字

书　号　ISBN 978-7-80218-638-5

定　价　200.00元

本书如有印装质量问题，可与发行部联系调换

《惯性技术词典》
组织委员会

《惯性技术词典》
编辑委员会

《惯性技术词典》
编辑委员会办公室

主　任　陈效真

副主任　张新岐　陈　莺　熊文香

成　员　王　楠　吴　涛　励晓妹

前 言

——惯性技术简介

20世纪初，第一台以陀螺原理为基础的航海陀螺罗经问世，标志着惯性原理从力学研究阶段跨入工程实用阶段。此后，陀螺从纺轮和儿童玩具发展成为具有高精度定向功能的陀螺仪，从在地球表面通过感知重力进行计时的钟摆发展成为测量运动载体比力的加速度计。在过去的20世纪中，惯性技术作为一门新兴应用技术，凭借其原理上的优势和新需求的推动，得以迅速发展，在国民经济许多领域得到广泛应用，各式各样新型的惯性敏感器相继出现，精度不断提高。20世纪的冷战时期，各国竞相发展军事装备。作为战争武器，精确打击敌方和不受敌方人为干扰是其基本要求，而这两者，正是惯性技术的优点所在。因此，在导弹、潜艇、大型轰炸机等武器装备中，惯性导航、惯性制导成为不可或缺的、至今无可替代的关键技术。武器性能的不断提升，在极大程度上引领并推动了惯性技术向高、精、尖的方向发展。20世纪末和21世纪初，浮球平台（惯性参考球）和极高精度的静电陀螺仪相继研制成功，更是把惯性技术推到了发展历程的鼎盛时期。

陀螺仪和加速度计作为独立的仪表，在国民经济、科学研究和陆海空天各个领域发挥其特有的功能和无与伦比的精度，以它们为核心的惯性导航系统和惯性制导系统，广泛应用于各种运载体上，以实现定位定向功能。控制反馈技术、高速小型计算机和信息处理技术的应用，在很大程度上拓展了惯性系统的功能和环境适应能力。然而，就提高定位定向精度而言，主要的、根本的途径还是靠提高陀螺仪和加速度计的精度，而支撑方式的不断改进和创新，正是提高其精度的推动力。滚珠轴承、气浮支撑、液浮支撑、静电支撑、挠性支撑、磁悬浮支撑……都是几代惯性技术科研人员为达到此目的而孜孜不倦地予以研究的课题。这些研究工作不是简单地把它们移植到惯性技术中,而是深入到各相关专业内部,解决许多前沿问题之后才能满足惯性仪表的特殊要求。因此,惯性技术已不再是诞生初期那种单纯的机械技术,而是一种集机、电、自动控制、材料和工艺于一身的综合技术。虽然从实体经济规模来看并不算大,但是,从对相关学科的辐射情况来看,却涉及到力学、电子学、磁学乃至光学等多种学科。

虽然与传统陀螺基于力学的惯性原理不同,激光陀螺和光纤陀螺的理论基础是光速不变原理,但是它们提供的功能仍然是定向。用它们组成的系统,在应用层面上,在性能的测试技术和评价体系层面上,仍属于惯性技术范畴。

微机电陀螺仪和微机电加速度计,虽然其制造过程几乎完全脱离了机械加工工艺,而是采用微电子工艺,因而更适合大批量生产,然而,这种器件的内部工作原理,仍然基于力学的惯性原理,对它们的设计、分析、测试、评价和应用等,都离不开传统惯性技术。

陀螺仪和加速度计的精度越来越高,惯性系统的使用环境越来越严酷而复杂,精度与环境两者之间又存在着紧密的关联。因此,在环境模拟、测试设备、标定方法、评价体系等方面,面临许多新的科学技术问题。伴随着惯性技术的发展,相应的测试技术已成为它的一个重要分支。

制造工艺和材料性能始终关系到惯性技术产品的发展与进步。近半个世纪以来,军事技术的迅速发展,对惯性技术产品性能指标的要求,往往高于常规工艺技术发展的水平,从而出现了一些特种工艺和特种材料。惯性技术产品的设计指标不断向工艺技术的极限挑战,从而促进了制造工艺的进步。

另一方面,惯性系统误差随工作时间积累这一弱点逐渐暴露出来,于是产生了各种组合式导航系统,如惯性/星光组合,惯性/GPS组合等,它们优势互补、相辅相成,代表了今后的发展趋势。

惯性系统作为惯性技术的载体,是一种工业产品,当然就有可靠性和质量问题与之相依相存。可靠性和质量管理工作,同样创造出许多专门的经验与成果。

本词典根据惯性技术的专业结构,分为导航制导、惯性系统、惯性仪表、光学陀螺、电机电器、电子线路、测试技术、工艺技术和质量管理,共9个部分,收录词条近1 400条。

本词典可供国防科技工业、军队相关单位和其他相关行业的科技人员、管理人员及高等院校师生使用。

《惯性技术词典》编辑委员会

2009年9月

凡　例

1. 本书目录按专业结构分类排列，分为导航制导、惯性系统、惯性仪表、光学陀螺、电机电器、电子线路、测试技术、工艺技术和质量管理，共9个部分，每一部分按词条音序排列。

2. 正文内容按全部词条的音序排列，词条第一字的音、调、笔画、笔顺均相同时，按第二字的音、调、笔画、笔顺排列，依此类推。以拉丁字母开头的词条，集中排于正文的起始部分，并按拉丁字母顺序排列。

3. 词条名称通常是词或词组，例如："导航"、"加速度计标度因数"。

4. 每个词条名称上方加注词条的汉语拼音，词条名称中的非汉字部分，在汉语拼音中直接写非汉字符号，词条名称中的标点符号在汉语拼音中省略。词条名称后附有英文及俄文名称。例如：

banqiu xiezhen tuoluoyi

半球谐振陀螺仪（Hemispherical Resonator Gyro）（Полусферический резонансный гироскоп）

5. 词条释文力求使用规范的现代汉语，释文开始不重复条目名称，有别称时一般先写别称。

6. 本书词条一般不设层次标题，较长的释文分段叙述。

7. 一个条目的内容涉及其他条目并需要其他条目的释文加以补充时，采用"参见"的方式。被"参见"的条目名称用楷体标出。例如："海拔高度 参见*绝对高度*"。

8. 每个词条释文之后，均注明撰写人和审核人的姓名。

9. 为方便读者查阅词条，除文前的分类目录外，正文后另附有

“英文词条索引”和“俄文词条索引”,按英文及俄文字母顺序排列。

10. 本书在词条后面不附参考文献,在书后集中列出本书的参考文献。

11. 本书所用词条名称,以国家自然科学名词审定委员会公布的为准,未经审定和统一的,从习惯。

12. 本书所用汉字,以国家语言文字工作委员会 1986 年 10 月重新发表的《简化字总表》为准。

13. 本书所用数字,以《中华人民共和国国家标准》GB/T 15835—1995 为准。

14. 本书所用的量和单位,以《中华人民共和国国家标准》GB 3100～3102—1993 为准。

目　录

分 类 目 录

1. 导航制导

2. 惯性系统

3. 惯性仪表

4. 光学陀螺

5. 电机电器

6. 电子线路

7. 测试技术

8. 工艺技术

9．质量管理

A/D bianhuanqi

A/D 变换器（A/D Converter）（A/D преобразователь）

又称模拟－数字变换器、模数转换器、数字化变换器（Analog－Digit Converter），指把模拟电参量变换为编码数字信号的电路，是混合电路系统中模拟电路和数字计算机之间的关键电路之一。A/D 变换器通常由模拟输入前端、变换器和数字总线接口组成，多采用单器件集成电路，也有采用多器件电路或作为大规模集成电路的一部分的电路形式，与微处理器（MCU）集成在一起的器件应用较广泛。

A/D 变换器主要指模拟电压到编码数据的变换电路，也泛指各种模拟电参量到脉冲数字信号的变换器，如 RDC、V/F、I/F 等变换器。

根据变换器类型和要求，模拟输入前端可由前置放大器、多路开关、采样保持器、滤波和电平转换电路等组合而成，简单的前端只包含起阻抗隔离作用的前置放大器（跟随器）。

A/D 变换器种类繁多，按照变换速度由低到高，常用的形式有脉冲调宽（电荷平衡）、双（多）斜率积分、Σ－Δ、逐次逼近、流水线（pipe line）和快闪（flash）变换器等，其中 Σ－Δ 和逐次逼近型 A/D 变换器在惯性测量系统中应用较多。

数字总线接口包括并行和串行接口，是变换器与数字计算机交换数据的通道。并行接口结构简单可靠，速度快，常用于直接和系统并行总线连接；串行接口连线少，传输距离长，较适合分布式系统和微型系统。

A/D 变换器的主要性能指标包括：分辨率（量化分辨率——LSB 当量、有效分辨率——变换噪声）、精度（零位/满度误差、微分/积分非线性、温度/时间漂移、动态跟踪误差等）、采集/变换速度和采样特性（连续、瞬时和过采样等）。

惯性导航系统主要依靠积分运算得到载体的位置和方位，其惯性测量接口应采用高精度连续采样的 A/D 变换器，以获得精确的测量积分值；不宜采用多路复用、采样保持等非连续采样形式。

（撰写人：周子牛　审核人：杨立溪）

CIRIS feiji shiyan xitong

CIRIS 飞机试验系统（Completely Integrated Reference Instrumentation System Plane Test System）（CIRIS испытательная система самолета）

美国中央惯性制导实验室（CIGTF）在 20 世纪 60 年代晚期和 70 年代早期，开发的一种新型飞机集成基准仪器系统，包括：

- 一套惯性系统；
- 几个无线电通信频率（RF）地面异频雷达收发机；
- 机动 RF 应答器；
- 一个气动压力传感器（空气数据计算机系统）；
- 一个八态卡尔曼滤波器；
- 电影经纬摄像仪（光电形式的，2～5 m 定位精度的万向跟踪系统）。

这套集成系统可放在机动货车、面包车上，也可放在飞机上应用。

CIRIS 广泛用于自主式的运载、航空导航器和航向基准系统的测试。

之后，CIRIS 改进升级为 CIRIS Ⅱ。进而，在 20 世纪 90 年代，开发了 CIRIS 的替代品——CIGTF 高精度后处理基准系统（CHAPS），精度更高，可用于测试 GPS 复合导航系统。

（撰写人：张春京　审核人：李丹东）

CMOS luoji dianlu

CMOS 逻辑电路（CMOS Logic Circuit）（CMOS логическая схема）

以 CMOS（互补金属氧化物半导体，Complementary Metal-Oxide-Semiconductor）工艺制造的一大类半导体逻辑电路器件，具有功耗低、速度快、集成度高等优点，广泛用于大规模集成电路中。

CMOS 逻辑电路器件可分为（超）大规模集成电路和中小规模集成电路，前者主要包括各种微处理器及相关器件；后者主要是系列化的逻辑单元器件，用于构成各种逻辑功能电路。

为提高速度和降低功耗，（超）大规模集成电路通常采用 5 V 以下的电源电压，一般在1.8～3.3 V范围内。从可靠性和兼容性考虑，在可能的情况下，惯导系统中的处理器仍倾向于采用5 V电源电压。

中小规模集成电路的常用器件主要包括4000系列CMOS器件和74（54）HC、HCT、ACT系列TTL兼容CMOS器件。4000系列CMOS器件适用于3～18 V电源电压，响应时间约为1 μs，负载能力为10 kΩ数量级。74（54）HC、HCT系列TTL兼容CMOS器件具有TTL器件和CMOS器件的优点，使用5 V电源电压，响应时间约为20～30 ns范围，负载能力为800 Ω数量级，适用于10 MHz以下的总线系统。74（54）ACT系列TTL兼容CMOS器件响应时间约为8 ns，适用于40 MHz以下的总线系统。

CMOS器件应用中应特别注意静电损伤和闩锁（latch-lock）问题。现代CMOS器件普遍采取了钳位保护等防静电损伤和闩锁的措施，但电路设计、生产和使用中仍必须注意以下问题：1）电路设计和使用环境应保证器件的任意输入输出端的电位都不超出电源电压范围，必要时应加保护电路；2）空闲的输入端不应悬空，应接确定的电位；3）电路在连接和操作（尤其是焊接）时应先接通相关部分的地线，确保接触前两边为等电位。

（撰写人：周子牛　审核人：杨立溪）

CPU dianlu

CPU 电路（Central Processing Unit Circuit）（CPU схема）

又称中央处理器（Central Processing Unit）电路，是计算机的一个核心组成部分。它主要包括计算系统的两个基本部件，即运算器和控制器。运算器是计算机中直接完成各种算术和逻辑运算的装置；控制器是用来对计算机各个组成部分的动作进行控制的装置。

运算器是计算机对数据进行加工处理的中心，它主要由算术逻辑部件ALU、寄存器组和状态寄存器组成。

控制器是计算机的控制中心，它决定了计算机运行过程的自动化。控制单元一般包括指令控制逻辑、时序控制逻辑、总线控制逻辑、中断控制逻辑等几个部分。

总线逻辑是为多个功能部件服务的信息通路的控制电路，CPU的总线分为内部总线和外部总线。

大量生产的CPU电路产品均为（超）大规模集成电路，主要是微处理器（microprocessor），包括以Intel 8086/ Pentium为代表的通用处理器和适应各种工程应用的数字信号处理器（DSP）、微控制器（MCU）等。有些CPU电路是SOC电路产品的组成部分。

CPU电路的主要性能参数包括：处理信息的字长（二进制位，bit）、指令处理频率（百万指令每秒，MIPS）等。

随着微电子技术的进展，CPU电路已成为惯导系统不可缺少的核心器件，主要用于系统功能控制、惯导数据采集和处理、导航计算和修正等。根据惯导系统由动态惯性测量信息积分推算的特点，要求其中的CPU电路有足够的运算字长以满足导航递推运算中的精度要求，保障数据的完整和运算的连续是保持惯性导航基准的基本条件。

（撰写人：崔　颖　黄　钢　审核人：周子牛）

D/A bianhuanqi

D/A 变换器（D/A Converter）（D/A преобразователь）

又称数字—模拟变换器、数模转换器（Digit - Analog Converter），指把编码数字信号变换为模拟电参量的电路，是A/D变换器的逆变换器，也是逐次逼近型等A/D变换器的组成部分，是数字计算机和模拟电路之间的关键电路之一。D/A变换器通常由数字总线接口、变换器和输出缓冲器组成，多采用单器件集成电路，也有采用多器件电路或作为大规模集成电路的一部分的电路形式，与微处理器（MCU）集成在一起的器件应用较广泛。

数字总线接口包括并行和串行接口，是变换器与数字计算机交换数据的通道。并行接口结构简单可靠，速度快，常用于直接和系统并行总线连接；串行接口连线少，传输距离长，较适合分布式系统和微型系统。

D/A变换器主要指编码数据到模拟电压的变换电路，也泛指脉冲数字信号到各种模拟电参量的变换器，如DRC、F/V、F/I等变换器，以及 PWM，PPM 等调制器，在惯性测量系统的控制接口中应用较多。

变换器的形式主要有电阻网络、电容网络和电荷积分等。输出缓冲器是起阻抗隔离作用的跟随器。

D/A 变换器的主要性能指标包括：分辨率（量化分辨率——LSB 当量、有效分辨率——变换噪声）、精度（零位/满度误差、微分/积分非线性、温度/时间漂移、输出负载特性等）、建立时间等。

（撰写人：周子牛　审核人：杨立溪）

DRC bianhuanqi

DRC 变换器（DRC Converter）（DRC преобразователь）

英文全称为 Digit-Resolver Converter，是 RDC 变换器的逆变换器，在惯性测量领域主要用于测试设备。

（撰写人：周子牛　审核人：杨立溪）

FIFO shuju jiekou

FIFO 数据接口（First-in First-out Data Interface）（FIFO интерфейс данных）

FIFO（First-in First-out）全称是先进先出的存储器。先进先出也是 FIFO 的主要特点。

20 世纪 80 年代早期的 FIFO 芯片是基于移位寄存器的中规模逻辑器件。容量为 n 的 FIFO 需经 n 次移位才能输出，工作效率受到限制。现在 FIFO 内部存储器采用双口 RAM，输入和输出具有独立的数据线和读写地址指针，通过控制读写指针的移动实现 FIFO 传输。新型的 FIFO 提供可编程标志功能，为了使容量得到更大提高，目前存储单元采用动态 RAM 代替静态 RAM，并将刷新电路集成在芯片上，且内部仲裁单元决定器件的输入、读出及自动刷新操作。

FIFO 是常用的多端口的存储器，允许多 CPU 同时访问存储器，同时保证各自工作周期的独立性，特别适用于异种 CPU 之间的异步高速系统中，常用于需要精确定时的惯导系统与其他控制、操作及测试系统的数据交换。

FIFO 只允许两端一个写，一个读，因此 FIFO 是一种半共享式存储器。在双机系统中，只允许一个 CPU 往 FIFO 写数据，另一个 CPU 从 FIFO 读数据。要注意标志输出，空指示不写，满指示不读，防止发生写入数据丢失和读出数据无效的情况，确保惯性导航系统数据的完整性和连续性。

（撰写人：张东波　审核人：周子牛）

GPS shi

GPS 时（GPS Time）（GPS время）

全球定位系统（GPS）的时间系统是以原子频率标准作为基准的专用原子时系统，称为 GPST。它由 GPS 主控站的高精度原子钟守时和授时。该系统的卫星均以 GPST 为基准。

GPST 的秒长为原子时秒长。GPST 的时间原点与国际原子时（IAT）相差 19 s。原子时秒长的精度和稳定性虽然很高，但它与以地球自转周期为基准的世界时（UT）没有任何关系。它不能确定每天的开始和结束时刻，高精度定位与导航的要求使得 GPST 必须与世界时相协调。GPST 与协调世界时（UTC）的关系式为

$$\mathrm{GPST} = \mathrm{UTC} + 1 \times n - 19$$

规定 1980 年 1 月 6 日 0 时的时刻调整参数为 $n - 19$，此时 CPST 与 UTC 的时刻相一致。此后，由 GPS 主控站密切跟踪 UTC 以保持高度统一。原子时的秒长与世界时的秒长是不相等的，一年相差约1 s。随着时间的推移，两者的差异越来越大。UTC 是协调原子时和世界时的时间体制。UTC 采用原子时的秒长，并用跳秒修订的方式保持 UTC 与世界时 UT_1（修正极移影响后的世界时）时刻之差在 ±0.9 s 以内。跳秒通常在每年 6 月 30 日或 12 月 31 日进行。根据地球自转的快慢按国际时间局的通知实行正跳秒或负跳秒。由于 GPS 必须不间断地工作以达到高精度定位与导航，所以 GPST 不作跳秒修订。这样随着时间的积累，GPST 与 UTC 之间将具有秒的整数倍的差异，在秒以内两者的差别将在 0.1 ms 以下。1987 年，$n = 23$，两时间系统相差 4 s；1992 年，$n = 26$，两时间系统之差已达 7 s。

（撰写人：崔佩勇　审核人：吕应祥）

H^{∞} lubang lübo

H^{∞}鲁棒滤波（H^{∞} Robustness Filtering）（H^{∞} робан фильтрация）

系统模型和外界干扰均存在不确定性时，使对其状态参数估计误差最小的一种滤波技术。

H^{∞}滤波针对滤波系统存在模型不确定性和外界干扰不确定性，在系统中构建一个滤波控制器，使得从干扰输入到滤波误差的闭环传递函数的H^{∞}范数最小化。H^{∞}滤波适用于系统中不同频率特性的干扰信息，能使得最坏干扰情况下的估计误差最小。由于在实际应用中，干扰信号的特征一般是未知的，故H^{∞}滤波是解决此类问题的有效方法，比传统的卡尔曼滤波更加实用。

（撰写人：杨大烨　审核人：孙肇荣）

H tiaozhi

H调制（H-Modulation）（H модуляция）

H角动量调制技术是惯导系统误差自补偿的一种监控技术。在惯导平台上同时安装导航陀螺和H调制的监控陀螺，监控陀螺的输入轴与被监控的导航陀螺的输入轴同方向平行，监控陀螺周期地改变动量矩H值，由H_1到H_2再由H_2到H_1，通常取$H_2=2H_1$或$H_2=-H_1$。通过H变化可调制陀螺轴上的干扰力矩，并使之得到补偿。

H调制技术的应用前提是监控陀螺仪在动量矩为H_1和H_2时，其标度因数和漂移系数必须是稳定的。目前，只有永磁动压气体支撑液浮陀螺仪使用。

（撰写人：刘玉峰　审核人：杨立溪）

I/F bianhuanqi

I/F变换器（I/F Converter）（I/F преобразователь）

又称电流—频率变换器（Current-Frequency Converter），其作用是将惯性仪表输出电流转换成与之成比例的脉冲频率输出。电路由积分器、逻辑电路、极性开关、恒流源、频标整形、脉冲输出等部分组成，框图如下图所示。其基本原理可简述如下：

1. 惯性仪表输出电流I_1经积分器积分后，转换成输入电荷总量Q_1。

$$Q_1 = \int_0^T I_1 \mathrm{d}t$$

2. 积分器输出电压 U_{JO} 在询问频率 f_x 上沿的作用下，驱动逻辑电路，使其适时地控制极性开关将恒流源输出电流 I_f 反馈给积分器进行反向积分，在这里量化电荷 q 的总和 Nq 与 Q_1 相减，使积分器储存电荷 Q_J 不超过 1 个 q 值范围。

$$Q_J = Q_1 - Nq$$

式中　$Nq = \int_0^T I_f \mathrm{d}t = I_f N t_k$；

　　$q = I_f t_k$。

这里假设反馈脉冲为理想方波，I_f 和 t_k 恒定且 T 足够长，其中脉冲电荷（$q = I_f t_k$）精度是变换精度的关键。

3. 随积分时间 T 的增长，Q_J 可忽略，于是

$$N \approx Q_1/q \approx \int_0^T I_1 \mathrm{d}t/q$$

$$F \approx N/T = Q_1/(qT) = I_1/q$$

N 为输出脉冲数，输出脉冲频率 F 正比于惯性仪表输出电流 I_1。

$$F = \frac{I_1}{q}$$

4. 具有连续转换的特点。

I/F 变换器的主要特点是零位极小，转换精度高。实际应用中主要用于惯性仪表输出电流的转换。电路方案有二元、三元之分，也有调宽、变宽、等宽之别，以三元变宽双恒流源反馈方案最为常用。

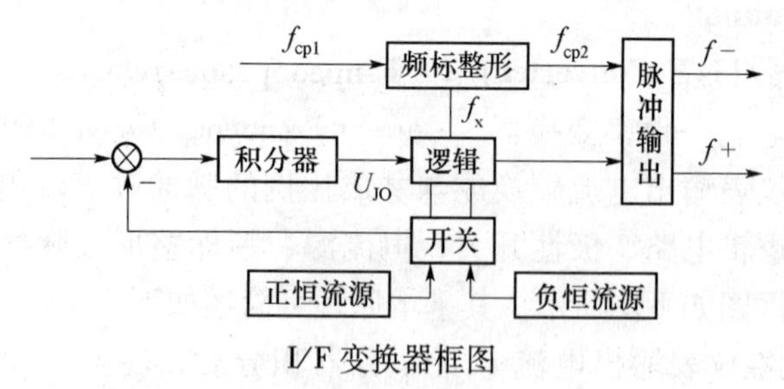

I/F 变换器框图

（撰写人：张洪兴　审核人：周子牛）

LIGA jishu

LIGA 技术（LIGA Technology）（LIGA технология）

LIGA 一词来源于德文缩写，LI（Lithographie，意即深度 X 射线刻蚀），G（Gulvanik，意即电铸成形），A（Abformung，意即塑料铸模），即深度 X 射线刻蚀、电铸成形、塑料铸模等技术相结合的一种综合性加工技术，它是进行非硅材料三维立体微细加工的首选工艺。LIGA 技术制作各种微图形的过程主要由两步关键工艺组成。即把比较厚（大于 500 μm）的光刻胶层沉积到一个适当基片上，该光刻胶层受到同步辐射 X 射线曝光，在曝光后，利用显影液除去已曝光部分的光刻胶，形成一种电镀模具，然后利用电铸方法制作与光刻胶图形相反的金属模具，再利用微塑铸制备出微结构。由于同步辐射 X 光具有非常好的平行性、极强的辐射强度、连续的光谱，使 LIGA 技术能够制造出高宽比大到 500、厚度在毫米量级、结构侧壁平行线偏差在亚微米范围内的微三维立体结构。与传统微细加工方法相比，LIGA 技术具有如下特点：

1. 可制造有较大高宽比的微结构；
2. 取材广泛，材料可以是金属、陶瓷、聚合物、玻璃等；
3. 可制作任意复杂图形结构、精度高；
4. 可重复复制，符合工业上大批量生产的要求。

（撰写人：孙洪强　审核人：徐宇新）

$LiNbO_3$ bodao

$LiNbO_3$ 波导（$LiNbO_3$ Waveguide）（$LiNbO_3$ волновод）

在 $LiNbO_3$ 衬底上通过 Ti 内扩散或退火质子交换方法制作的光波导。采用 $LiNbO_3$ 波导可以制作偏振器、分束器、相位调制器、强度调制器、光开关等集成光学器件。

参见多功能集成光学器件。

（撰写人：徐宇新　审核人：刘福民）

PIGA shuchuzhou fanun shiyan

PIGA 输出轴翻滚试验（PIGA Tumble Test about OA）（Испытания PIGA в различных углах наклона выходной оси（OA））

测量交叉轴加速度对模型系数的影响的方法之一。

将 PIGA 装在精密分度头上，作 6 位置或 12 位置翻滚试验时（如图所示），PIGA 要受到交叉加速度的作用，即与 PIGA *IA* 轴（与输出轴 *OA* 重合）垂直的重力分量作用。当 PIGA 绕其 *IA* 轴转动时，交叉加速度引起浮子的摆动。例如，PIGA 的 *IA* 位于水平面上 30°，PIGA 沿 *IA* 轴敏感 0.5*g* 的加速度，PIGA 绕 *IA* 轴，有与 PIGA 垂直的 0.866 *g* 的重力分量交替作用在 PIG 的 *SRA* 内框轴上。

OA 轴翻滚试验也可在精密伺服转台上进行。此时，PIGA 的 *IA* 轴要保持在与空气轴承速率转台的转轴平行。后者按从动方式工作，即 PIG 随动于转台，PIG 和 PIGA 壳体之间没有相对运动，排除了绕 *IA* 轴轴承干扰力矩对内框轴的影响。整个试验，使转台主轴与 PIGA 输入轴共同绕另一个与转台主轴垂直的轴，在垂直平面内翻滚 6 个位置。PIGA 敏感 -1*g*、 -0.5*g*、 +0.5*g*、 +1*g*、 +0.5*g* 和 -0.5*g* 的各位置上测量，并以相反的顺序重复测量。当 IA 轴位置在 ±0.5 *g* 时，浮子受到交叉加速度引起的绕 *SRA* 轴和内框轴的交变力矩的作用。从而求取对各系数的影响。

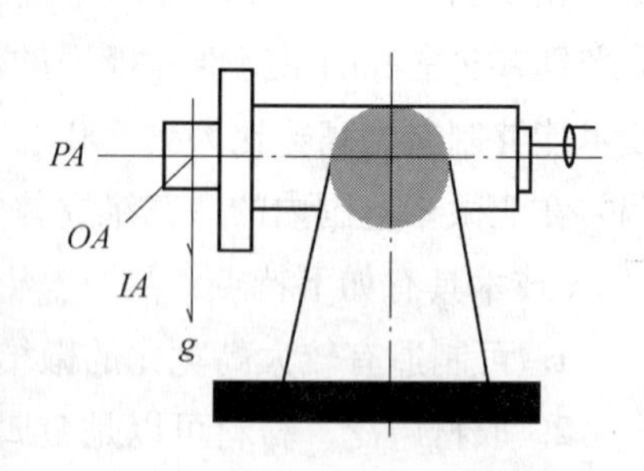

PIGA 翻滚试验安装示意图

（撰写人：王家光　审核人：李丹东）

RDC bianhuanqi

RDC 变换器（RDC Converter）（RDC преобразователь）

英文全称为 Resolver-Digit Converter，是一种特殊的 A/D 变换器，

把旋转变压器、感应同步器等正弦－余弦输出的载波幅度信号变换为对应的角度数据输出。RDC 变换器以一个闭环跟踪回路为基础，使输出寄存器的数据不断地跟踪输入模拟信号所对应的角度。变换器主要包括 D/A 乘法器、相敏解调器、回路放大器、压控振荡器（VCO）、可逆计数器、sin/cos 变换器和输出锁存器等部分。其框图如下图所示。

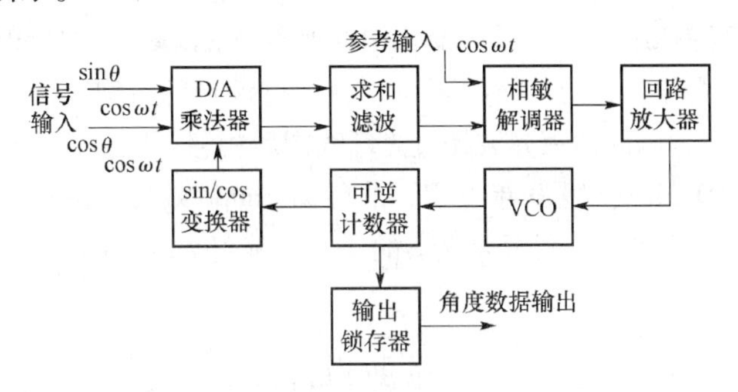

RDC 变换器框图

设被测角度为 θ，输出角度数据为 θ'，输入信号电压为 $u_s = U\sin\theta\cos\omega t$，$u_c = U\cos\theta\cos\omega t$，经过 sin/cos 变换器和 D/A 乘法器后，相敏解调器的输入电压为 $u_i = U\cos\omega t(\sin\theta\cos\theta' - \cos\theta\sin\theta') = U\cos\omega t\sin(\theta - \theta')$。解调后的 $\theta - \theta'$ 电压经回路放大器控制压控振荡器，输出的脉冲使可逆计数器中的 θ' 数值增加或减少，最终收敛到 $\theta - \theta' = 0$。

RDC 变换器通常为多芯片混合或单芯片集成电路器件。多芯片混合器件一般包括了回路校正网络、滤波器，甚至隔离变压器等，几乎不需要外围元器件，具有给定的工作电压、频率和回路特性，品种繁多以适应各种用途。单芯片器件通常是通用器件，通过外围元器件来设定工作频率和回路特性。

RDC 变换器具有精度高、抗干扰和抗波形失真等特点，是精密测角传感器和数字总线连接的关键器件，在惯导平台系统、仪表和测试设备中的应用日益广泛。

RDC 变换器是模拟—数字混合电路，原理上可用全数字（软件）途径实现其功能，但采样误差和频率混叠等问题会降低变换器精度和抗干扰性，并失去简单可靠的优势。

（撰写人：周子牛　审核人：杨立溪）

Shupe xiaoying

Shupe 效应（Shupe Effect）（Shupe эффект）

光纤陀螺中，外界温度变化引起光纤线圈每一点的折射率随温度和时间变化，相向传播的两束光波经过该点的时间不同（除线圈中点以外），因此两束光波经过光纤线圈后相移不同，这个现象最初由 Shupe D. M. 于 1980 年发现，故称为 Shupe 效应。沿长度为 L 的光纤环上，到线圈一端距离为 z 的一小段光纤 δz 产生的非互易相移为

$$\Delta\phi_{e}(z) = \frac{2\pi}{\lambda}\frac{\mathrm{d}n}{\mathrm{d}T}\frac{\mathrm{d}T}{\mathrm{d}t}(z)\frac{L-2z}{v}\delta z$$

式中　v——光纤中光速；

$\mathrm{d}T/\mathrm{d}t$——δz 的温度变化速率；

$\mathrm{d}n/\mathrm{d}T$——折射率的温度梯度。

采用四极对称绕法绕制光纤线圈，可有效降低光纤陀螺中 Shupe 效应导致的相位误差。

（撰写人：王学锋　审核人：王军龙）

SOC dianlu

SOC 电路（System on Chip）（SOC схема）

又称片上系统、嵌入式系统，指用一片或若干片嵌入式处理器内核组成的集成系统，根据具体应用环境的需要，在 MCU 的基础上集成了相应的接口及其他混合电路，具有直接构成应用系统的能力。典型产品如 Cyrix MediaGX。

SOC 电路在通常的 MCU 等微处理器系统的基础上发展而来，具有更强的针对性、更高的运行效率，系统简单可靠，与应用的设备有机地融为一体。采用 SOC 电路可显著减少系统芯片和连线数量，

降低成本，提高可靠性，作为大规模生产的电子设备中的专用器件取得了显著的优势。

知识产权核（IP 核，Intellectual Property Core）设计是 SOC 设计的基础。IP 核是指具有知识产权的，功能具体，接口规范，可在多个集成电路设计中重复使用的功能模块，是实现系统芯片（SOC）的基本构件。

随着 ASIC 技术的发展，出现了可灵活配置的 SOC 电路，解决了针对性和灵活性之间的矛盾，逐步应用到惯导系统等小批量复杂系统中。

（撰写人：黄　钢　马小霞　审核人：周子牛）

TTL luoji dianlu

TTL 逻辑电路（TTL Logic Circuit）（TTL логическая схема）

又称晶体管 - 晶体管逻辑电路（Transistor - Transistor Logic），是以双极型半导体电路为基础发展起来的一大类半导体逻辑电路器件，具有速度快、通用性好和可靠性高等优点，广泛用于中小规模集成电路中，构成系列化的逻辑单元器件。

TTL 逻辑电路具有不对称输入和输出结构，输入端开路为高电平，输出端的下拉电流（sink current）远大于上拉电流（source current）。TTL 电路比 CMOS 逻辑电路功耗更大，速度更快，带负载能力更强，并且对静电干扰敏感度较低，无闩锁现象。

TTL 逻辑电路主要以 74（54）系列为代表，54 系列为 74 系列同序号产品的军用型，国内大多有兼容产品。TTL 器件主要包括 74（54）系列和 74（54）S、LS、AS、BCT、F 等数十个系列产品，另外还有 74（54）HC、HCT、ACT 系列 TTL 兼容 CMOS 器件。TTL 器件多采用 5 V 电源电压，为提高速度和降低功耗，也有低电压（3.3 V或更低）产品，受双极型器件结压降的限制，多为 CMOS 或 BiCMOS 器件。

惯导系统中广泛使用 TTL 逻辑电路，74（54）LS 系列器件可适用于 20 MHz 以下的总线系统，对更高速的系统，可选用

74（54）AS、BCT、F 等系列的器件。

TTL 逻辑电路的设计中应注意以下问题：

1. TTL 电路对电源电压要求较高，系统应保证器件的电源电压偏差在 ±5% 范围内；

2. 在每个器件的电源（VCC）和地线（GND）引线附近不超过 20～50 mm 范围内应布置高频去耦电容；

3. 设计输入输出电路时应充分考虑和利用 TTL 电路的不对称性，优先采用低电平有效的控制逻辑和负载极性。

（撰写人：周子牛　审核人：杨立溪）

UART kongzhiqi

UART 控制器（UART Controller）（UART контроллер）

又称通用异步串行通信控制器（Universal Asynchronnous Receiver/Transmitter Controller），是实现并行总线环境下串行通信的通用接口控制器，能适应各种串行通信接口的需要。UART 控制器的主要功能包括并行/串行之间相互转换、生成或查出每个传输字符的起始位、终止位和奇偶校验位，在输出数据流中加入启停标记等。典型的 UART 是一个单芯片的 MOS 器件，其功能可通过程序设计来设定，能发送或接收一个长度为 5 位、6 位、7 位或 8 位的字符，并可选择奇偶校验方式。器件内部分别设置发送缓冲器与接收缓冲器，接收与发送部分各自具有独立的时钟输入引脚，因而发送和接收可按不同速率工作。

UART 控制器是惯导系统在串行总线或非总线环境下实现数据通信的有力工具，可支持多种通用接口协议，有助于惯导系统与不同的载体控制系统及操作终端配合。

（撰写人：黄　钢　徐　亮　审核人：周子牛）

VMOS gonglü qijian

VMOS 功率器件（VMOS Power Device）（VMOS мощный элемент）

采用 VMOS（V 形槽—金属氧化物—半导体，V-groove Metal-Oxide-Semiconductor）工艺结构制造的一类场效应半导体器件，适于用作功率器件，尤其适于用作开关功率器件。

VMOS 功率器件的特性与 MOS 晶体管相似，采用 V 形槽嵌入栅极的垂直沟道三维结构，具有开关速度快（10 ～ 100 ns 数量级）、导通压降小（沟道电阻为 mΩ 数量级）、安全工作区大（无二次击穿区），漏极电流大（1 ～ 100 A）等特点。许多 VMOS 功率器件采用 IR 公司的 HEXFET 结构，功率芯片由成千上万个蜂窝状排列的 VMOS 管并联而成，高度一致的结构使电流均匀分布，每个单元的电流可近似代表总电流，派生出 HEXFET 功率管的 Sense 端，能够以极小的功耗测量主回路的电流。

VMOS 晶体管的输入端（栅极，grid）呈现极高的直流电阻（10^{12} Ω 数量级），应用须防止静电损伤；栅极对源极间有 1 nF 数量级的电容，为保证 VMOS 晶体管的开关速度，需要在开关瞬间提供 1 ～2 A 的驱动电流，使栅极电压迅速上升或下降，通常使用专用的 VMOS/IGBT 栅极驱动器。

由于 VMOS 工艺的特点，VMOS 晶体管通常包含了反向并联的伴生二极管，可在图腾对或桥式电路中作为感性负载的续流二极管，如不能满足要求须外加续流二极管。

VDMOS（垂直沟道双扩散—金属氧化物—半导体，Vertical-tunnel Double-diffused Metal-Oxide-Semiconductor）功率器件的工艺、原理、特性和用途与 VMOS 功率器件相似。

为满足高压大功率设备的要求，结合 VMOS 器件和双极型器件的优点，出现了 IGBT（绝缘栅双极晶体管）器件，使半导体设备的功率达 1 MW 数量级。IGBT 器件的输入特性与 VMOS 器件相同，输出特性与双极型晶体管相同。由于 IGBT 器件的导通压降较大，在惯性导航系统的低电源电压（100 V 以下）条件下效率较低，故很少应用。

VMOS 功率器件在惯性导航系统中广泛用于电源、伺服和温控等系统的开关电路中，对提高效率和可靠性具有重要作用。

（撰写人：周子牛　审核人：杨立溪）

anquanxing

安全性（Safety）（Безопасность）

不导致人员伤亡，不危害健康及环境，不给设备或财产造成破坏或损失的能力。

（撰写人：朱彭年　审核人：吴其钧）

anzhuang chicun

安装尺寸（Installation Dimension）（Установочный размер）

零、组件间或产品（或工装夹具、试验设备）间，与相互对接有关的所有位置尺寸和形状尺寸，统称为安装尺寸。

（撰写人：郝　曼　审核人：闫志强）

anzhuang jingdu

安装精度（Installation Accuracy）（Точнось монтажа）

惯性器件/仪表的测量轴（输入轴）和载体坐标轴初始对准（或符合）的程度。

在惯性器件/仪表制造的过程中，这一精度是靠修改安装面的相关基准来实现的。

“安装精度”一词也适用于惯性器件/仪表或其他组件在试验台（或夹具）上、机床上安装时与其基准符合的程度。安装精度越高，意味着误差越小。

（撰写人：马月争　审核人：谢　勇）

baizaosheng

白噪声（White Noise）（Белый шум）

在所考察的整个频谱上具有等强度的噪声称为白噪声。从时域上看，白噪声表现为任意两个时刻的噪声幅值互不相关。

由于白噪声的频谱为平直谱，其随机特性简单，在计算处理中比较简便，因此在信号分析处理中被广泛应用。

在实际物理世界中很少有纯粹的白噪声，为了计算处理的方便常将一些近似白噪声当做白噪声进行处理。但这会导致实际结果与理论结果在一定程度上的不一致，这是系统设计中需要注意的问题。

（撰写人：杨立溪　审核人：吕应祥）

baishi jiasuduji

摆式加速度计（Pendulous Accelerometer）（Маятниковый акселерометр）

利用摆的特性，当测量摆受惯性力作用时，测量摆偏离平衡位置，传感器输出与加速度成比例的电信号，以这种形式组成的加速度计称摆式加速度计。

宝石轴承加速度计、金属挠性摆式加速度计、石英挠性加速度计、摆式陀螺积分加速度计、液浮摆式加速度计都是摆式加速度计。

（撰写人：沈国荣　审核人：闵跃军）

baishi jiasuduji baixing

摆式加速度计摆性（Pendulosity of Pendulous Accelerometer）（Маятниковость маятникового акселерометра）

摆式加速度计摆组件的质量与摆组件质心到输出轴的垂直距离的乘积。摆性大小由加速度计尺寸大小、选用的材料以及对偏值大小的要求等诸多因素来决定的。

（撰写人：沈国荣　审核人：闵跃军）

baishi tuoluo luopan

摆式陀螺罗盘（Pendulous Gyrocompass）（Маятниковый гирокомпас）

参见 GJB 585A—88（3.2.5）。

在用陀螺仪作为敏感器指示真北装置中，利用重力产生指向力矩的陀螺罗经。

构成摆式陀螺罗盘有以下几种方式：

1. 在陀螺内框架上安装一个摆组件，形成质心偏移；

2. 用一根金属悬丝把陀螺悬挂起来，使其重心、悬挂点和陀螺转子质心都在同一轴线上，重心在悬挂点之下；

3. 采用大曲率局部呈球面的静压气浮轴承或磁悬浮轴承把陀螺悬浮起来，使其重心在支点以下。

（撰写人：吴清辉　审核人：闵跃军）

banbo dianya

半波电压（Half-wave Voltage）（Напряжение полуволны）

对于相位调制器而言，当光波导中的光波在经过调制后相位变

化值等于 π 时所需要的外加调制电压。

（撰写人：徐宇新　审核人：刘福民）

bandaoti jicheng dianlu

半导体集成电路（Semiconductor IC）（Полупроводниковая интегральная схема）

参见一次集成电路。

（撰写人：周子牛　审核人：杨立溪）

banjiexishi guanxing xitong

半解析式惯性系统（Hemianalytic Inertial System）（Полуаналитическая инерциальная система）

由台体始终跟踪当地水平面的陀螺稳定平台构成的惯性导航系统。此类系统的部分导航参数直接由惯性仪表输出计算给出，另一部分导航参数需要按数学关系计算后，由计算机给出。半解析式惯性系统包括指北方位、自由方位、游移方位等陀螺稳定平台系统（详见指北方位陀螺稳定平台、自由方位陀螺稳定平台和游移方位陀螺稳定平台等条）。

（撰写人：赵　友　审核人：孙肇荣）

banqiu xiezhen tuoluoyi

半球谐振陀螺仪（Hemispherical Resonator Gyro）（Полусферический резонансный гироскоп）

一种固态的振动陀螺仪，利用轴对称球壳结构的径向驻波振动来敏感基座旋转。半球谐振式陀螺的结构见图 1，它由 3 个主要部件组成：半球形谐振子，力发生器及壳体和基座上的传感器。半球谐振子多用熔融石英制成，为半球状薄壁弹性壳体，内外表面镀有金属，作为传感器和力发生器的电极。力发生器和传感器由多个电极构成，每个电极与谐振子上的金属层构成一对极板，力发生器用来对谐振子施加激振力，传感器用来检测振动波形相对基座偏转角。工作时，谐振子在力发生器激振力的作用下处在谐振状态，振动模式通常采用图 2 所示的四波节振型。当仪表基座相对惯性空间无转动时，假设四波节振型相对基座的位置如图 2（a）所示，当基座绕谐振子中心轴以角速度 ω 转动并转过 φ 角时，四波节振型将相对基座偏转 ψ 角，如图 2（b）所示。振型偏转方向与基座转动方向相反，振型偏转角度 ψ 与基座转动角度 φ 成正比。利用传感器测量出振型偏转角度 ψ，就可以检测基座的角运动。

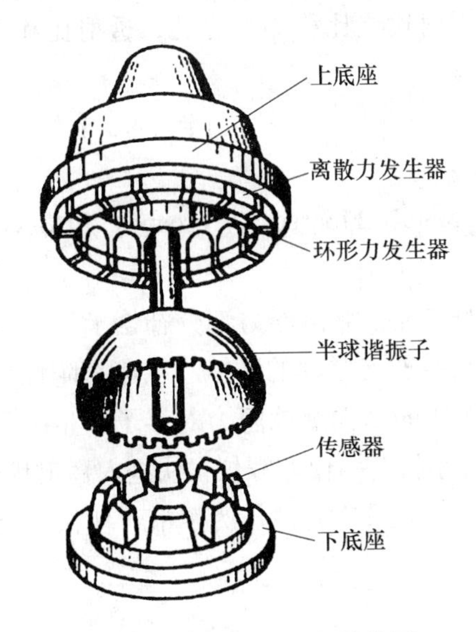

图 1　半球谐振式陀螺结构图

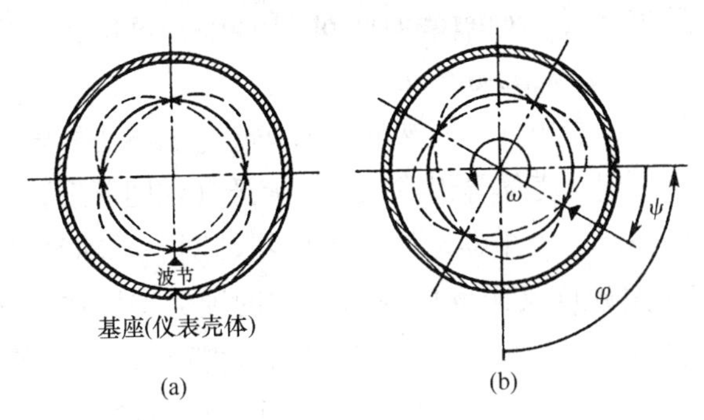

图 2　振动模式图

（撰写人：朱红生　审核人：赵采凡）

bantou banfan mo

半透半反膜（Beam-Splitter Coating）（Полупрозрачно-полуотражающий слой）

分束膜的一种，将其镀在分光镜上，可用来分配入射光的光通量，使分光比恰好为50/50，此时的分光镜具有最大的分光效率（分光镜的透射比与反射比之比称为分光比，透射比和反射比的乘积称为分光镜的分光效率）。

（撰写人：章光键 审核人：王 轲）

banyefu tuoluoyi

半液浮陀螺仪（Partialy Floated Gyroscope）（Полупоплавковый гироскоп）

液浮陀螺仪的一种，液体浮力部分补偿了浮子组件的重力，在一定程度上减小了浮子支撑轴的摩擦。在速率陀螺仪中，当浮子相对表壳转动时，液体的黏性摩擦阻力对浮子产生阻尼力矩，起到液体阻尼的作用，减小振荡，使陀螺仪很快进入稳定状态。

半液浮陀螺仪一般采用硅油作为浮液，使仪表能在较大的温度范围内工作。

（撰写人：孙书祺 审核人：唐文林）

baoshi zhicheng jiasuduji

宝石支撑加速度计（Accelerometer of Stone Jewel Support）（Акселерометр с камень-опорой）

由宝石轴承、摆组件、旋转变压器式传感器、力矩器、旋转轴、上下支架、永磁钢、壳体等组成的加速度计（如图所示）。

摆组件由摆锤、力矩器动圈、传感器动圈、小轴等组成。小轴两端是由有一定硬度又耐磨的材料做成的轴尖支撑在宝石轴承内。力矩器与传感器合二为一。无加速度输入时摆组件处于零位，无信号输出。当沿输入轴有加速度作用时，摆组件沿输出轴偏离零位并输出与被测加速度成比例的电信号，相位与偏转方向相对应，经伺服放大器放大产生与惯性力矩相平衡的电磁力矩。

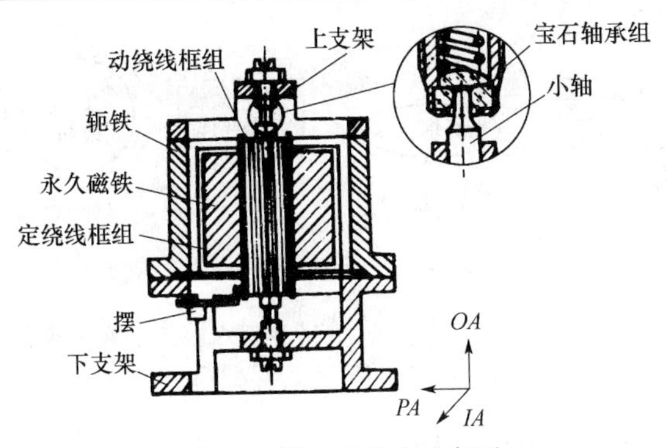

宝石支撑加速度计示意图

仪表结构简单，装配调整也十分方便，加表阀值 $<3\times10^{-4}g$，精度约为0.1%。

（撰写人：沈国荣　审核人：闵跃军）

baopian guangxian

保偏光纤（Polarization-maintaining Fiber）（Поляросохраняющее оптическое волокно）

具有保持偏振态能力的光纤，通常是指高双折射光纤，双折射光纤的双折射系数 B 为 $10^{-3}\sim10^{-4}$ 数量级。在高双折射光纤中，两个正交基模 HE_{11}^{x} 和 HE_{11}^{y} 的传播常数 β_x 和 β_y 相差很大，两个正交线偏振基模之间的耦合很弱，从而使光纤保偏能力很强。保偏光纤的高双折射通常由纤芯外的对称应力区产生，根据应力区结构类型可分为熊猫型、领结型和椭圆型保偏光纤。

（撰写人：丁东发　审核人：李　晶）

baopian guangxian tuoluo

保偏光纤陀螺（Polarization-preserving Fiber-optic Gyroscope）（Поляросохраняющий волоконно-оптический гироскоп）

干涉光路中所有光纤采用保偏光纤的干涉式光纤陀螺。保偏光纤具有内在的高双折射，远大于外部扰动引起的双折射效应，可降低环境干扰导致的不同模式耦合所带来的误差。典型的保偏光纤陀螺的光路如图所示。与消偏光纤陀螺相比，保偏光纤陀螺更容易控制偏振误差。

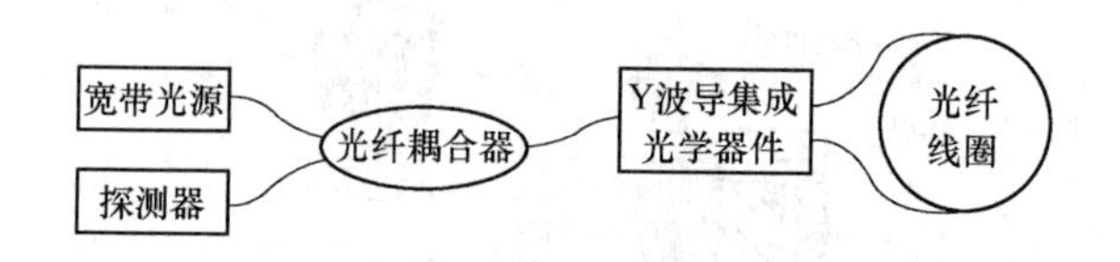

保偏光纤陀螺图

（撰写人：王　巍　审核人：杨清生）

baozhangxing

保障性（Supportability）（Способность поддержки）

产品设计特性和计划的保障资源能满足平时战备完好性及战时使用要求的能力。

注1：为满足战备完好性与持续作战能力的要求所需的全部物资与人员叫保障资源；

注2：保障性既是武器系统的一种设计特性，又是一种使用和保障特性；

注3：战备完好性是在编实力、产品可用性、保障性等的函数。

（撰写人：孙少源　审核人：吴其钧）

baofei

报废（Scrap）（Бракование）

为避免不合格产品原有的预期用途而对其所采取的措施。如：回收、销毁。

注：对不合格服务的情况，通过终止服务来避免其使用。

（撰写人：朱彭年　审核人：吴其钧）

beixitian zuobiaoxi

北西天坐标系（Coordinate System “NORTH-WEST-UP”）（Система координат север-запад-вверх）

一种地理坐标系，其坐标原点可选在地球表面上任意点，z 轴与过原点的地心矢径 γ 的方向一致向上，x 轴指向北极且与 z 轴相垂直，y 轴指向西方且与 x 轴、z 轴成右手正交坐标系。北西天坐标系常用于航空和航海。

（撰写人：吕应祥　审核人：杨立溪）

beixiang fanshe

背向反射（Back Reflection）（Обратное отражение）

一束光入射到两种介质分界面上时，若两介质折射率不同，则光在该界面发生反射，反射方向与入射方向相反时称为背向反射。在光纤中，由于导波作用，只要反射光在数值孔径之内，仍会沿光纤反向传播，形成背向反射。在光纤陀螺中，光纤与集成光学芯片之间的耦合会产生背向反射。背向反射光会产生寄生干涉信号，造成陀螺的误差。减小背向反射的主要方法是对光纤、芯片端面进行斜抛处理。

（撰写人：王学锋　审核人：王军龙）

benchu ziwuxian

本初子午线（Prime Meridian）（Начальный меридиан）

1884 年国际经度会议决定以通过英国伦敦格林尼治天文台 Airy 子午仪中心的经线，作为时间和经度计量的标准参考子午线，称为本初子午线，又称“首子午线”或“起始天文子午线”。本初子午线作为地球上计算经度的起始经线，即 0°经线。

（撰写人：董燕琴　审核人：安维廉）

benzheng pinlü

本征频率（Eigenfrequency）（Собственная частота）

光纤陀螺仪的本征频率为 $f_p = \frac{1}{2\Delta\tau_g}$，$\Delta\tau_g$ 是光在光纤线圈中的群传输时间。干涉式光纤陀螺的最快响应时间等于光纤线圈的传输时间，理论带宽可达数百千赫。

（撰写人：丁东发　审核人：于海成）

bigangdu

比刚度（Ratio Rigidity）（Удельная жёсткость）

挠性摆式加速度计的挠性杆组合刚度与摆性之比。比刚度对挠性摆式加速度计来讲是一个很重要的参数，为降低偏值和提高偏值长期稳定性，比刚度越小越好，但摆的组合刚度必须以使加速度计摆组可靠工作为前题，摆性也不能太大，否则会受到加速度计体积和所选用的材料的限制。

（撰写人：沈国荣　审核人：闵跃军）

bijiao celiangfa

比较测量法（Comparative Measurement Method）（Сравнительный метод измерения）

将被测量的量与已被认定的同类量的基准值相比较，从而评价其对被要求的量值符合程度的测量方法。在惯性器件制造过程中，比较测量法经常被用于对几何量（尺度、表面粗糙度）、机械量（硬度、延伸率等）和物理量（电、热、声、磁）的测量中。

（撰写人：刘建梅　审核人：易维坤）

bijiao jizhun

比较基准（Compare Benchmark）（Базис сравнения）

用来比较生产对象上几何要素间的几何关系所依据的那些点、线、面。

（撰写人：杜卓峰　审核人：曹耀平）

bili

比力（Specific Force）（Удельная сила）

单位质量所受引力及惯性反作用力之矢量和。

比力与视加速度的量纲、量值相同，但所定义的方向（符号）相反。

加速度计是通过敏感比力来测量视加速度的仪表，因此也称为比力计。

参见视加速度。

（撰写人：杨立溪　审核人：吕应祥）

bili daoyin

比例导引（Proportion Steering）（Пропорциональное наведение）

导引规律的一种。定义为导弹速度矢量的转动角速度 $\dot{\theta}$ 与视线角速度 $\dot{q}$ 成比例，即

$$\dot{\theta} = k\dot{q}$$

式中 k——比例系数。

用比例导引规律导引导弹既可得到较好的弹道特性，又较容易实现，因而在寻的制导空—空导弹和地—空导弹上获得了广泛的应用。

（撰写人：龚云鹏 审核人：吕应祥）

bihuan guangxian tuoluo

闭环光纤陀螺（Closed-loop Fiber-optic Gyroscope）（Замкнутый волоконно-оптический гироскоп）

在开环基础上将解调出来的开环信号作为误差信号反馈到光路中，产生与旋转引起的相位差大小相等、符号相反的反馈相位差，将陀螺的总相位差控制在零位上。闭环光纤陀螺在整个动态范围内具有稳定而线性的标度因数。

闭环光纤陀螺有数字闭环（见图 1）与模拟闭环（见图 2）两

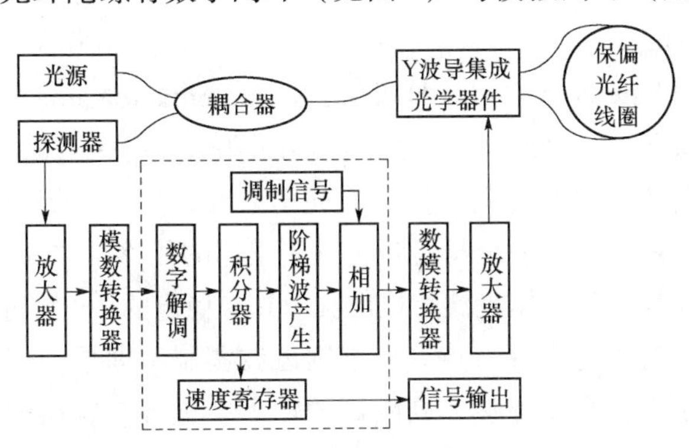

图 1 数字闭环光纤陀螺仪示意图

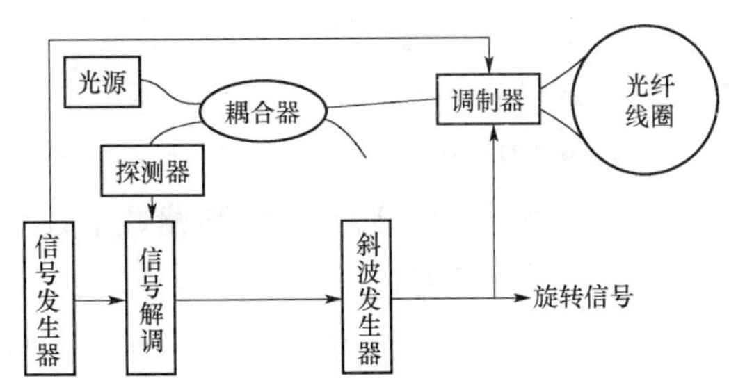

图 2 模拟闭环光纤陀螺仪示意图

种方案。在模拟闭环方案中，很高的标度因数稳定性与线性度需要模拟斜波具有很短的回扫时间，否则会造成较大的误差。全数字闭环光纤陀螺的偏置调制采用数字方波，其闭环控制的信号处理部分由数字逻辑电路实现，功能模块包括数字解调、积分器、速率寄存器、阶梯波发生器、调制信号产生等。与模拟闭环光纤陀螺相比，全数字闭环光纤陀螺仪具有不需要相位斜波的快速回扫，降低了对模数转换器漂移与数模转换器线性度的要求，标度因数与光纤折射率基本无关，线性度好等优点。

在闭环光纤陀螺中，采用 Y 波导集成光学器件作为偏置调制和反馈控制的执行器件，它通常在 $LiNbO_3$ 基片上制作，集成了耦合器、偏振器与调制器。

（撰写人：王　巍　审核人：张惟叙）

biandai yizhi

边带抑制（Sideband Control）（Затухание боковой полосы）

在模拟闭环光纤陀螺中，采用锯齿波调制方法在 Sagnac 干涉仪的两束反向传播光波之间产生一个光学频移，频移量等于锯齿波的调制频率，进而产生一个与旋转速率成正比的相移，作为反馈控制。为了获得最佳频移，锯齿波相位调制应具有稳定的 2π 幅值、斜坡为线性、回扫时间为零等特点。如果锯齿波调制不理想，相当于在调制信号中引入了高阶谐波，则陀螺的输出中也含有锯齿波调制频率的高阶谐波，即产生了边带。边带抑制定义为高阶谐波（误差）与一阶谐波（频移输出）的强度之比（通常取对数，单位为 dB）。边带的存在会引起模拟闭环光纤陀螺的标度因数误差。

边带误差来源有两类：一类是锯齿波调制波形的失真，如峰值相位发生变化，存在回扫时间等；另一类是所用的集成光学调制器的固有误差，如附加强度调制、端面反射和偏振串音等。对于中等精度的闭环光纤陀螺，边带抑制水平应小于 -40 dB。

（撰写人：徐宇新　审核人：刘福民）

bianfaguang erjiguan

边发光二极管（Edge Light-emitting Diode）（Крайний излучающий диод）

发光二极管（LED）利用注入有源区的载流子自发辐射而发光，其结构通常分为两类：面发光二极管和边发光二极管（ELED）。前者发光的方向与P－N结的结平面垂直，后者发光的方向与P－N结的结平面平行。下图是典型双异质结边发光二极管的结构，主要由衬底、限制层、有源区和接触电极构成，光最终从有源区的发光面沿 z 方向射出。目前用于光纤陀螺的超辐射发光二极管（SLD）通常为边发光结构。

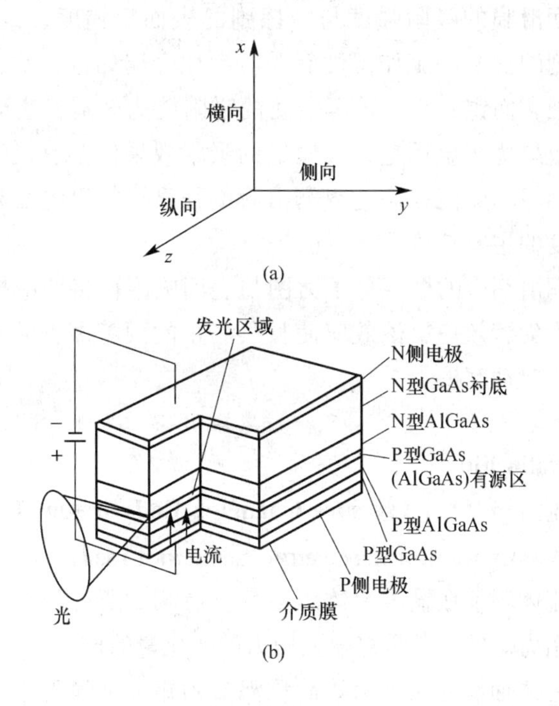

发光二极管结构图

（撰写人：高　峰　审核人：丁东发）

bianjie runhua

边界润滑（Boundary Lubrication）（Граничная смазка）

利用物理吸附或化学反应的方法，在摩擦副表面形成厚度在0.1 μm以下的表面膜，以降低摩擦副两表面之间的摩擦系数，减小摩擦副材料磨损的润滑方式。

边界润滑中在摩擦副表面形成的表面膜称为边界润滑膜，用于形成该边界润滑膜的物质称为边界润滑剂。

常用的边界润滑剂有脂肪酸、金属皂和表面活性化合物，如：硬脂酸、硬脂酸钠、氟油等。在一般情况下，边界润滑的摩擦系数随极性分子链长度的增加而降低，并趋于一个稳定的数值。

边界润滑膜的吸附强度与摩擦副的表面粗糙度、摩擦副材料、边界润滑剂的油性和工作温度有关。活性金属如铜、铁、铋等的吸附能力较强，而镍、铬、铂等金属的吸附能力较弱；表面活性化合物的吸附效果优于金属皂，金属皂的吸附效果优于有机酸；降低摩擦副的表面粗糙度能提高边界润滑膜的强度；临界温度是衡量边界润滑膜强度的主要参数。

边界润滑剂中的极性分子力图与表面吸附而将两摩擦面分隔开的现象称为尖劈效应，该效应使长久静止的两摩擦表面不至于直接接触，减小启动摩擦。

（撰写人：秦和平　审核人：李建春）

bianqiya woliu liju

变气压涡流力矩（Air Pressure Changing Eddycurrent Torque）（Вихревой момент при изменении давления газа）

静压流体轴承在输入流体压力变化后测试所得的涡流力矩变化值，可以用力矩的变化量对输入压力的变化量的比值来表示。

静压流体轴承的涡流力矩简称涡流力矩，是静压流体轴承在零速状态下因流体在轴承内的非轴向流动引起的黏性力矩，是静压流体的轴承自身固有的一种有害力矩，引起涡流力矩的原因主要是轴承结构件加工及装配误差等工艺因素。

涡流力矩的大小与输入流体的压力相关，因此在变动输入流体的压力时，通过测定其涡流力矩的变化量，可以评价静压流体轴承的工艺质量。

（撰写人：鲁　晶　审核人：佘亚南）

bianxing chayi

变形差异（Deformation Discrepancy）（Расхождение деформаций）

金属材料由于在各个不同方向的原子排列方式和原子间距不同，因而晶体的全部或部分物理、化学、机械性能随方向不同会各自表现出一定差异，即在不同方向测得的性能数值（如弹性模量、强度等）不同，加上材料中存在内应力、位错、孤立或分布性缺陷等因素，使得沿金属材料不同方向受等值力时，原子的相对位置（宏观表现为形状、尺寸的变化）的变形数值存在的差别。

（撰写人：谢　勇　审核人：曹耀平）

bianzhiceng

变质层（Bffected Layer）（Слой измененного свойства）

零件表面层由于加工湿热、压力或气氛的影响，使组织、晶体结构、机械与电气性能发生变化而形成的与内部不同的物质或性质的表面层。它与加工的工艺方法有关，不同的工艺或工艺规范产生的变质层在性质、深度上是不同的，惯性器件零件的加工精度普遍较高，可以对表面变质层的影响更加敏感。目前国内对于表面变质层的研究还停留在理论探索和初级试验阶段，即用透射电镜或扫描电镜观察变质表面。要想对其形成机理，对显微结构做出合理的解释还有待于试验手段和方法的更新，只有依靠先进的试验技术和表面分析测试手段，才能取得突破性的进展。

（撰写人：周长富　审核人：陈黎琳）

biaozhi he kezhuisuxing

标识和可追溯性（Identification and Traceafility）（Ставка и Возможность прослеживания）

标识包括产品标识、产品状态标识和在可追溯性要求场合下产品的唯一性标识。

可追溯性是指追溯所考虑对象的历史、应用情况或所处场所的能力。

注1：1）为防止外形类似而功能特性不同的产品之间的混淆，应适时对产品在实现的全过程中进行产品标识。标识可用产品的图号来表示，如零件号及版次号。可直接在产品上标识或在其随件周转的有关记录或文件上标识。2）为识别产品监视和测量的状态，防止不同状态的产品相混淆，应对产品状态进行标识。状态标识可有区域性标识、在产品上直接标识或在其随件周转的有关记录或文件上标识。3）有可追溯性要求时，应对产品进行可追溯性标识。其标识应具有唯一性并做好记录，追溯通过记录进行。可以直接在产品上标识或在随件周转的记录或文件上标识。产品批次号是可追溯性标识的一种方法。

注2：当考虑产品时，可追溯性可涉及：原材料和零部件的来源；加工过程的历史；产品交付后的分布和场所。

（撰写人：孙少源　审核人：吴其钧）

biaozhun

标准（Standard）（Стандарт）

为了在一定的范围内获得最佳秩序，经协商一致制定并由公认机构批准，共同使用和重复使用的一种规范性文件。

注：标准宜以科学、技术和经验的综合成果为基础，以促进最佳的共同效益为目的。

（撰写人：朱彭年　审核人：吴其钧）

biaozhun dandao

标准弹道（Standard Trajectory）（Стандартная траектория）

按规定的标准条件（包括导弹或火箭的设计参数为额定的，射击条件、大气环境是标准的，地球为匀质椭球，发射与飞行过程中无随机扰动等）和弹道方程计算得到的导弹或火箭质心运动的轨迹。标准弹道是理论计算得到的理想弹道，导弹实际飞行的弹道称为实际弹道或干扰弹道，它们相对理想弹道均会有一定的偏差。

（撰写人：程光显　审核人：杨立溪）

biaozhunhua

标准化（Standardization）（Стандартизация）

为了在一定范围内获得最佳秩序，对现实问题或潜在问题制定共同使用和重复使用条款的活动。

注1：上述活动主要包括编制、发布和实施标准的过程。

注2：标准化的主要作用在于为了其预期目的改进产品、过程或服务的适用性，防止贸易壁垒，并促进技术合作。

注3：关于“产品、过程或服务”的表述，含有对标准化对象的广义理解，宜等同理解为包括材料、元件、设备、系统、接口、协议、程序、功能、方法或活动。

注4：标准化可以限定在任何对象的特定方面，例如，可对鞋子的尺码和耐用性分别标准化。

（撰写人：孙少源　审核人：吴其钧）

biaozhun zhuanzi

标准转子（Standard Rotor）（Стандартный ротор）

调整、标定动平衡机时使用的，其不平衡量要求小于规定指标的转子。

对软支撑平衡机需先校正一个平衡样件（即在该平衡机上校正到高精度的理想转子），再用平衡样件调整平衡机左右分离率并标定。该平衡样件即为标准转子。

（撰写人：周　赟　审核人：闫志强）

biaoguan yundong

表观运动（Apparent Motion）（Кажущееся движение）

又称视运动或视在运动。自由转子陀螺仪的特点是自转轴相对惯性空间具有定轴性（不考虑误差时，自转轴认为相对惯性空间不动），在地球上，由于地球本身相对惯性空间以角速度 ω_e 作自转运动，因此站在地球上的观察者将看到陀螺仪的自转轴以 ω_e 的角速度相对地球运动，自由陀螺仪自转轴的这种运动称为表观运动。

（撰写人：孙书祺　审核人：唐文林）

biaomian zhiliang

表面质量（Surface Quality）（Качество поверхности）

包括两个方面：即零件表面层的微观几何形状和表面层的物理性能。表面层的几何形状包括表面宏观几何形状偏差和表面微观几何形状偏差。表面层的物理性质是指金属表面层的显微组织和性质，例如表面层的晶格畸变、显微硬度、残余应力和金相组织等。零件的表面质量对零件使用性能，如耐磨性、疲劳强度、抗腐蚀性等都有一定程度的影响。零件加工表面质量的好坏，决定于它的加工工艺过程。

（撰写人：刘建梅　审核人：易维坤）

bingxing zongxian

并行总线（Parallel Bus）（Параллельная шина）

在信息处理系统中，在同一时刻并行地传输多个二进制位的总线。各数据位同时传送，传送速度快、效率高。但是有多少数据位就需多少根数据线，并且并行总线的长度通常小于 30 m。在集成电路芯片的内部、同一插件板上各部件之间、同一机箱内各插件板之间的数据传送通常采用并行总线。

并行总线有多种标准，也可根据使用需要自行定义，通常包括数据线、地址线和控制线。数据线的宽度决定一次传输的字长，例如 8 bit，16 bit，32 bit 总线；地址线的宽度决定总线地址的容量，例如 16 bit 地址可容纳 64 kbyte 地址。控制线包括中断、时钟和其他控制信号。总线时钟的频率决定系统的工作节拍。

并行总线接口较简单、可靠，传输速度高，辐射泄漏少；但连线多，传输距离短，而且难以通过电隔离界面，在惯导系统中通常用做内部总线。

（撰写人：黄　钢　审核人：周子牛）

bingxing zongxian jiekou

并行总线接口（Parallel Bus Interface）（Интерфейс параллельной шины）

在并行总线系统中，各种设备或电路与总线连接的接口电路，通常包括总线驱动器、地址比较/译码器和其他控制逻辑。总线接口电路通常选用通用逻辑器件组合构成。采用可编程逻辑器件或 ASIC 电路可减少器件品种，提高集成度。

总线接口电路设计应符合相应的总线标准，如电平、驱动能力、相应时序等。

（撰写人：张东波　审核人：周子牛）

bofen fuyongqi

波分复用器（Wavelength Division Multiplexer）（Мультиплексор по длинам волн）

简称 WDM，是对不同波长的光波进行合成的光无源器件。波分复用器的 n 个端口作为器件的输入端，一个端口作为器件的输出端，如图所示。给定的工作波长的光信号从对应输入端口（n 个端口之一）被传输到单端口输出。波分复用器的主要技术指标有：插入损耗、回波损耗、隔离度等。

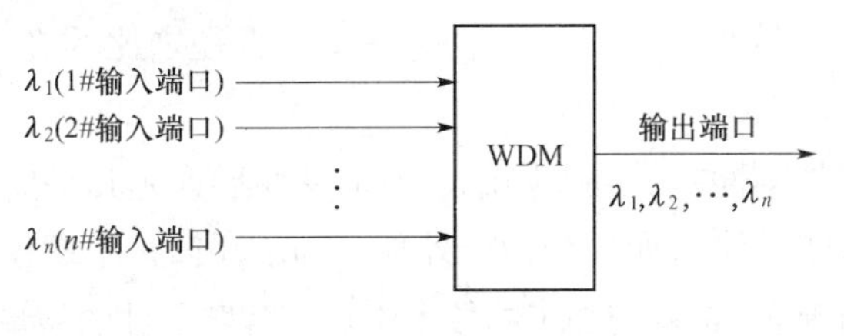

WDM 光传输原理图

（撰写人：丁东发　审核人：高　峰）

botelü

波特率（Baud Rate）（Бод в секунду）

模拟线路信号的速率，又称调制速率，即数据信号对载波的调制速率，它用单位时间内载波调制状态改变次数来表示，其单位为波特（Baud）。波特率（Baud Rate）与比特率（Bit Rate）的关系为：比特率 = 波特率 × 单个调制状态对应的二进制位数。

通信中调制解调器必须使用相同的波特率进行操作。如果将调制解调器的波特率设置为高于其他的调制解调器的波特率，则较快的调制解调器通常要改变其波特率以匹配速度较慢的调制解调器。

惯导系统的数据接口应具备足够高的波特率来满足载体控制系统和测试系统的要求，在条件允许的情况下，应能具备数倍于导航数据通信所需的最低波特率，为导航数据的校验和重发留有余地，保证导航系统的可靠性。

（撰写人：任 宾 审核人：周子牛）

boli paoguang

玻璃抛光（Glass Polishing）（Полировка стекла）

对玻璃零件表面进行加工而获得光学表面的过程，是玻璃、水、抛光剂之间的物理和化学作用的综合结果。其目的是去除精磨后的凸凹层，使表面达到所要求的表面光洁度质量等级。

（撰写人：梁 敏 审核人：王 轲）

bobijian

薄壁件（Thin-wall Part）（Тонкостенное изделие）

壁厚相对较小的零件，一般指壁厚与直径之比约在 1 ：20 以上的结构件。

薄壁零件刚性差、装夹困难、加工易变形，尤其是航天惯性器件中的精密薄壁零件（如平台内、外环，轴承浮筒，陀螺仪和陀螺加速度计的浮筒等），是精密加工的技术难点。薄壁零件的质量、精度与零件的装夹，刀具结构的材料选择，刃磨、切削用量的合理性等因素直接相关。

（撰写人：刘雅琴 审核人：佘亚南）

bomo chenji sulü

薄膜沉积速率（Deposition Rate of Film）（Осадочная скорость плёнки）

单位时间内被镀表面上形成的膜层厚度，单位为 nm/s。沉积速率会对薄膜的折射率产生一定的影响，在同一真空度条件下，沉积速率不同，薄膜的折射率不同。一般情况下，提高沉积速率可以形成颗粒细而致密的膜层，降低光散射，增加牢固度。但同时也会增大薄膜的内应力，有时会导致膜层破裂。

（撰写人：郭 宇 审核人：王 轲）

bomo jicheng dianlu

薄膜集成电路（Thin Film Integrated Circuit）（Тонко плёночная интегральная схема）

在绝缘基片表面，以膜的形式形成元件或互连的集成电路，称为膜集成电路，在膜集成电路里，膜式元件可以是有源的或无源的。

薄膜就是用真空蒸发、溅射、化学汽相淀积和这些工艺的变种工艺，在基片上淀积的膜层。

薄膜集成电路就是由真空淀积工艺或附加其他淀积工艺所形成的膜集成电路，常用于小批量生产的惯导系统中实现特殊功能电路的小型化。

（撰写人：余贞宇 审核人：周子牛）

bomo neiyingli

薄膜内应力（Internal Stress of Film）（Внутренное напряжение плёнки）

由于膜层与基片和膜层之间材料性质不同而产生的应力，包括薄膜在沉积过程中由于膜层从膜表面到基片表面的温度梯度所引起的应力、膜层内部缺陷所产生的应力、膜层克分子体积变化所产生的应力。主要与材料性质和工艺等因素有关，一般表现为薄膜张应力。

（撰写人：阎雪涛 审核人：王 轲）

buchang liju

补偿力矩（Compensation Torque）（Компенсационный момент）

根据干扰力矩的性质及其变化规律，大体可以分为两大类，一类是有规律的、系统的干扰力矩，另一类是随机性质的干扰力矩。对于前一类力矩，可以在力矩发生器中输入一个确定的电量（电压或电流）以产生一个与干扰力矩大小相等、方向相反的力矩。该力矩称为补偿力矩。

（撰写人：吕福生 审核人：谢 勇）

budeng guanxing liju

不等惯性力矩（Anisoinertial Torque）（Момент от неравных инерцией）

当刚体绕不平行惯性主轴的瞬时角速度矢量相对惯性空间转动时，所产生的动态不平衡力矩。

例如在单自由度浮子式陀螺仪中，如下图示，若绕输入轴 *IA* 和自转轴 *SA* 的浮子转动惯量不等时，就会引起不等惯性力矩。这种绕浮子轴所产生的不等惯性力矩，是在 *IA* 和 *SA* 组成的平面（*IA* – *SA* 平面）内的角速度的函数，也是在同一平面内转动惯量之差的函数，计算公式为

$$M_{\Delta J} = (J_I - J_S)\omega_I\omega_S$$

式中 ω_I，ω_S——输入角速度在 *IA* – *SA* 平面内的惯性主轴 *IA*，*SA* 上的分量；

J_I，J_S——在 *IA* – *SA* 平面内的主转动惯量。

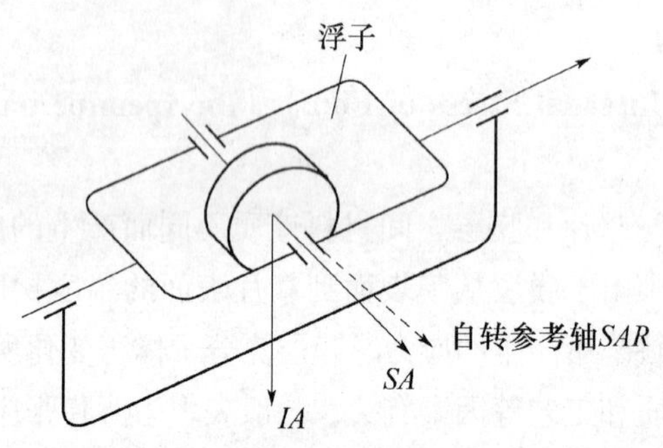

单自由度陀螺仪简图

从式中可以看出，当陀螺浮子相对惯性空间转动时，只有输入角速度是围绕某一个浮子惯性主轴（$\omega_S = 0$ 或 $\omega_I = 0$）时，或者浮子绕*IA* – *SA*平面内的任意轴的惯量 $J_I = J_S$ 时，不等惯性力矩才等于零。

（撰写人：孙书祺 审核人：唐文林）

budeng tanxing liju

不等弹性力矩（Anisoelasticity Torque）（Момент от неравных упругостей）

如果陀螺仪沿自转轴方向和垂直于自转轴方向的轴，结构的弹

性系数相等，沿各轴向受到作用力时，若其结构沿各轴向产生弹性变形，且其质心位移与沿各轴向作用力的比值均相等，这种结构为等弹性结构（等刚性）。反之，如各轴向弹性系数不等，则为不等弹性的结构，不等弹性的结构引起的干扰力矩称为不等弹性力矩。

例如单自由度陀螺仪中，浮子组件在自转轴 *SA* 和垂直于自转轴的输入轴 *IA* 两个方向上，结构的弹性系数总会存在差异的。如图 1 所示，当沿两轴向有加速度作用时（设 $a_I = a_S$），将有相反的惯性力作用在浮子上，使浮子质心产生位移。如果两轴为等弹性，质心弹性变形后，惯性力仍通过浮子支撑中心 *O*（浮心）；如两轴为不等弹性，质心就不会沿惯性力 F_N 方向偏离，使惯性力作用线偏离了浮子支撑中心（浮心），从而产生了干扰力矩 *M*，这种力矩叫做不等弹性力矩，大小与两个方向加速度的乘积成比例关系。

不等弹性力矩的计算公式为

$$M = m^2 a^2 (C_I - C_S) \cos\alpha \sin\alpha$$

式中 m—— 浮子的质量；

a—— 作用于浮子质心的加速度；

C_I, C_S—— 沿 *IA* 和 *SA* 轴的柔性系数（弹性变形系数）。

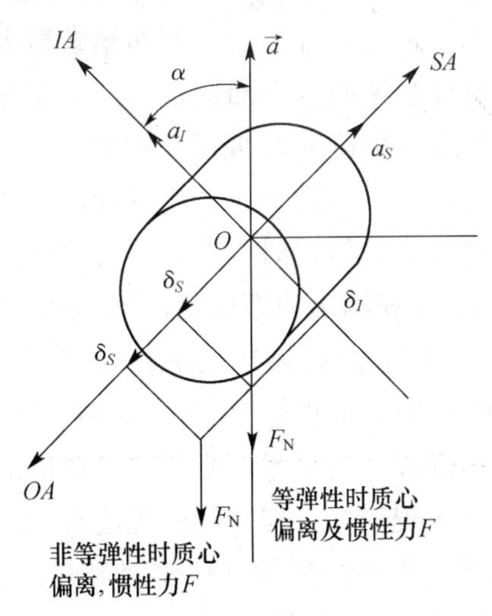

图 1 不等弹性力矩

为了减小或消除不等弹性力矩的影响,要求陀螺仪沿各轴有足够的刚度,或实现等弹性设计(见图2),即$C_I = C_S$(对于两自由度陀螺仪而言,内、外框架都应与自转轴弹性系数相等)。

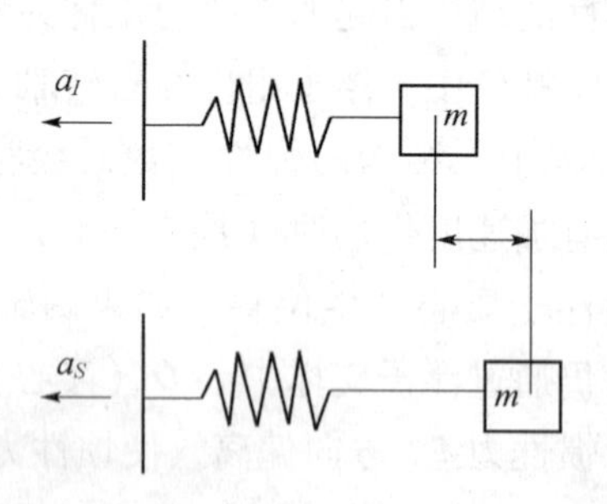

图2 结构非等弹性变形等效元件示意图

(撰写人:孙书祺 审核人:唐文林)

buliyuanxing guangxian tuoluo

布里渊型光纤陀螺(Brillouin Fiber-optic Gyroscope)(Бриллоуин волоконно-оптический гироскоп)

受激布里渊散射光纤陀螺(BFOG)的结构组成如图所示,它使用大功率输出光源的入射在光纤中引起布里渊散射,形成光纤激光器,通过检测顺时针和逆时针方向传播的两束布里渊散射光之间的频差,获得一个与旋转角速率Ω成正比的输出信号。这种光纤陀螺的结构简单,使用的光纤器件较少,而且理论上的检测精度,尤其是标度因数线性度较好。但同时,这种光纤陀螺需要极高的稳定性(包括工作波长稳定性和输出功率稳定性)、窄线宽及大功率的光源作为泵浦,才能在长度相对较短的光纤中产生受激布里渊散射(SBS)效应。BFOG实质上也是有源谐振型光纤陀螺,存在着闭锁问题,需采用拍频偏置调制技术。受激布里渊散射光纤陀螺被认为是激光陀螺的光纤实现形式,但它与激光陀螺的重要区别在于,没有直流高压激励源,无须严格的气体密封和超高精度的光学加工,在小型化方面极具潜力。

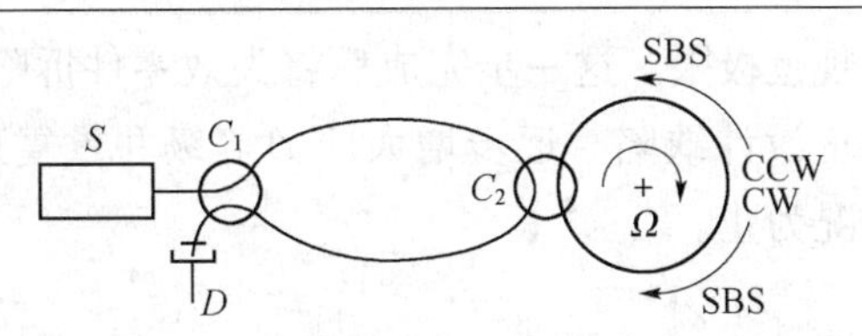

受激布里渊散射光纤陀螺（BFOG）的结构

（撰写人：巴晓艳　审核人：刘　凯）

bujin diandongji

步进电动机（Stepping Motor）（Шаговый двигатель）

一种将电脉冲信号变换成相应的角位移（或线位移）的电动机。当外加一个电脉冲信号于这种电动机时，其转轴就转过一定的角度，即走过一步。步进电动机的运动形式与通常均匀旋转的电动机有一定的差别，是步进式的运动。因此，称其为步进电动机。这类电动机，绕组所加的电压与一般的交流或直流电动机也有区别，既不是正弦交流电，也不是恒定直流电，而是脉冲电压，因而也称为脉冲电动机。

在一定的频率范围内，步进电动机的转动频率与控制脉冲的频率同步，而且可以通过改变控制脉冲的频率在相当宽的范围内调节其同步转速。

目前，步进电动机的基本形式有：反应式步进电动机，也称变磁阻式步进电动机；永磁式步进电动机；永磁感应子式步进电动机。

（撰写人：李建春　审核人：秦和平）

bujin yingli shiyan

步进应力试验（Walking Stress Test）（Испытание шаговым повышением напряжения）

通过递增所选择的组合应力，对产品进行可靠性强化试验（RET）的方法。如图所示。

图中的应力为环境应力（如温度、振动等）及工作应力（如电压等）的组合。每个台阶的持续时间视产品情况而不同，可以小到几分钟，也可以大到十几小时，但是很少超过 24 h。第 1 级通常低于或处于技术规范极限。这一步完成后将失效零件拆除并进行分析，从而找出并修正设计缺陷。逐步增大应力等级并重复这一过程，直到出现下面情况为止。

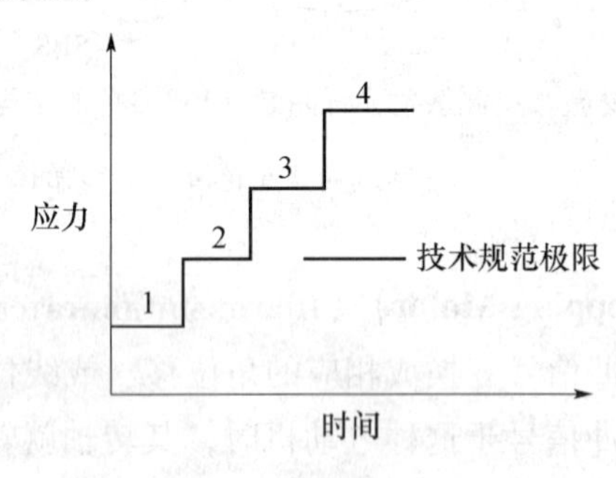

步进应力试验图

1. 大部分元器件都已失效；

2. 某些元器件出现非正常故障，即出现不相关失效，如焊点或材料熔化等；

3. 应力等级已大到或超过设计者要求的产品可靠性验证水平。

（撰写人：李丹东　审核人：王家光）

bujujiao

步距角（Displacement-Angle）（Шаговый угол）

步进电动机运转方式是定子绕组按一定次序轮流通电，转子旋转。定子每改变一次通电状态，转子旋转一定角度，该角度即为步距角。

（撰写人：李建春　审核人：秦和平）

buju jingdu

步距精度（Accuracy of Stepping Pitch）（Шаговая точность）

当输入一个电脉冲信号，步进电机的实际步距角与理论步距角之间的符合程度。它用实际步距与理论步距的差值与理论步距角之比来度量。

（撰写人：周　赟　审核人：熊文香）

caigou

采购（Purchasing）（Покупка）

外购、外协物资的质量直接影响产品的质量，组织必须加强对采购活动质量的控制。组织应根据外购、外协物资的质量要求，选择适用的外购物资及其供应单位，组织应制定型号优选目录，并在批准的合格供方名单和产品目录中选择供方和产品。选择名单和目录外的供方，应对供方质量保证能力和产品质量进行评定，并履行审批手续。组织应与供方在合同中明确质量和质量保证要求（采购文件），实施必要的产品验证和进货检验。组织应与供方建立有效的工作关系和信息反馈系统。

对新设计和开发的产品的采购项目和供方的确定应充分论证、并按规定审批，产品经验证，确认满足要求后方可使用。

采购控制的目的是保证采购的产品在质量要求、交付和服务等各方面符合规定要求。

（撰写人：朱彭年　审核人：吴其钧）

caiyang baochiqi

采样保持器（S/H Amplifier）（Поддержатель выборки）

又称采样保持放大器（Sample and Hold Amplifier），由模拟开关、存储电容和缓冲放大器构成，是采集变化的模拟电压在给定时刻的值，并在随后的一段时间内保持相应恒定输出的电路。采样保持器的工作交替处于采样（sample）和保持（hold）两种状态。采样状态时特性为跟随器，输出电压跟随输入电压变化；保持状态时特性为零阶保持器，输出电压停留在进入保持时刻的输入电压值上。

采样保持器通常用于多路复用 A/D 和 D/A 变换器的电压保持，或采集变化信号的瞬时值。

采样保持器的主要性能指标包括：跟踪速度（跟随器带宽/电压摆率、建立时间）、采样精度（电压精度、时间精度——孔径误差）、保持精度（电压跌落等）。其速度和精度与通常是外接的保持电容有关，应尽可能降低电容的介质非线性及漏电的影响，常采用 CBB 系列聚酯薄膜电容器。

通常惯性导航不宜采用多路复用测量接口，在系统状态监测、载体动态测量等低精度应用可采用采样保持器为前端的多路复用测量接口，但需采取抗混叠滤波措施来保证测量精度。

（撰写人：周子牛　审核人：杨立溪）

cancha

残差（Residual Error）（Остаточная ошибка）

测量列中的一个测得值和该列的算术平均值之间的差值。又称残余误差。

根据残差代数和为零这一性质，可以用来校核算术平均值及残差计算的正确性。

（撰写人：刘洪丰　审核人：胡幼华）

canyu yingli

残余应力（Residual Stress）（Остаточное напряжение）

存在于材料、结构内部因塑性变形、不均匀温度变化、不均匀相变而形成的并保持平衡的内力。

残余应力具有不稳定性，会因宏观的物理场（热、力、磁等）的作用而改变其平衡状态，从而导致结构宏观尺度或形状的变化。

（撰写人：刘雅琴　审核人：佘亚南）

cejiao xitong jingdu jiance

测角系统精度检测（Accuracy Measurement of Electrical Indexing System）（Проверка точности системы измерения угла）

实际检测的测角系统电气角度与该位置的机械角度之差称为系统测角误差。这种误差主要是由于从传感器到测角线路的设计以及生产工艺等原因而形成的误差。

测角系统精度的常用检测方法是转子旋转1周（360°），等距选取若干点，求取实际检测电气角度与理论位置机械角度的误差。

测角精度检测一般分为位置重复性检测和定位精度检测。

测试可在高精度分度头、测试转台等设备上进行。测试仪器有光学直准仪、经纬仪、23 面体和 391 分度齿盘（检测细分误差）以及 4 面体、24 面体、360 分度齿盘（检测整度误差）等。

（撰写人：胡吉昌 审核人：胡幼华）

cekongtai（gongyi）

测控台（工艺）（Test-control Table(Process)）（Пульт управнения）

为产品检查、试验的需要而设计和制造的非标准专用测试装置。

（撰写人：赵 群 审核人：闫志强）

celiang fangcheng

测量方程（Measurement Equation）（Измерительное уравнение）

由可直接测量的状态变量或与状态变量有函数关系的可测变量所构成的一组能完全反映状态变化规律的变量所构成的矢量称为测量矢量。描述测量矢量与状态矢量关系的方程称为测量方程，又称量测方程。

测量方程的一般形式为

$$\boldsymbol{Z}(t) = f[\boldsymbol{X}(t)] + V(t)$$

式中 $\boldsymbol{Z}(t)$ ——测量矢量；

$\boldsymbol{X}(t)$ ——状态矢量；

$V(t)$ ——测量噪声。

测量方程用于由测量矢量求解状态矢量。由于只有线性化的测量方程才能一般求解，因此对非线性测量方程一般需要先进行线性化。

其线性化后的形式为

$$\boldsymbol{Z}(t) = \boldsymbol{H}(t)\boldsymbol{X}(t) + V(t)$$

式中 $\boldsymbol{H}(t)$ ——测量矩阵。

（撰写人：杨立溪 审核人：吕应祥）

celiang guocheng

测量过程（Measurement Process）（Процесс измерения）

确定量值的一组操作。

（撰写人：朱彭年 审核人：吴其钧）

celiang shebei

测量设备（Measuring Equipment）（Измерительное устройство）

为实现测量过程所必需的测量仪器、软件、测量标准、标准物质或辅助设备或它们的组合。

（撰写人：朱彭年　审核人：吴其钧）

ceshi huanjing

测试环境（Testing Environment）（Окружающая среда испытания）

惯性仪表性能测量、分析与改进工作时所处的一组条件。涉及的内容有：1）场地的选择，应充分考虑本地的特点，要求场地的角运动最小，地基稳定性高；具有足以抵抗地震的地基；环境温度恒温；避免电磁干扰。2）温度、湿度、气压的控制，惯性仪表性能测试时，要求测试环境的温度、湿度、气压保持稳定。3）洁净度的控制，惯性仪表测试环境要有足够的清洁度。根据仪表的精度及生产过程要求，对尘埃粒度须严格控制，以防止多余物产生，影响仪表性能。4）噪声的控制，背景噪声会影响试验记录的分辨率，高精度的惯性仪表测试间应有隔音、隔振装置，以防止外部噪声及振动引起的干扰，同时可降低噪声对工作人员的有害影响。5）磁屏蔽与射频屏蔽的控制，磁场干扰及射频干扰都会对惯性仪表产生附加的输出误差，因此必须采取相应的屏蔽措施以降低它们的影响。

（撰写人：高彩玲　审核人：曹耀平）

ceshi wuchayuan（youhai shuru）

测试误差源（有害输入）（Testing Error Source）（Источник ошибки испытания）

对惯性仪表进行测试时，由测试设备引起的以及由环境所造成的规律误差和不定性误差。

测试设备引起的有害输入包括：激磁不稳定性、速率误差、对准误差、数据采集设备的读出精度和分辨率等。

环境的有害输入包括：基座运动的温度变化、噪声、磁场和无线电频率干扰等。

（撰写人：李丹东　审核人：王家光）

charu sunhao

插入损耗（Insertion Loss）（Вносимые потери）

光学器件输出端口（单路或全部）的光功率相对输入光功率的减小值，数学表达式为

$$I.L_i = -10\lg\frac{P_{out}}{P_{in}}(\mathrm{dB})$$

以 2×2 型光纤耦合器为例，从 1 端输入光信号，输出 3，4 端的插入损耗分别为

$$I.L_3 = -10\lg\frac{P_3}{P_1}(\mathrm{dB}),\quad I.L_4 = -10\lg\frac{P_4}{P_1}(\mathrm{dB})$$

式中，P_1，P_3，P_4 分别为 1 端的输入功率和 3，4 端的输出功率。

Y 波导多功能集成光学器件的插入损耗定义为全部输出端口的光功率之和相对输入光功率的减小值，数学表达式为

$$I.L = -10\lg\frac{P_2+P_3}{P_1}(\mathrm{dB})$$

式中，P_1，P_2，P_3 分别为 1 端的输入功率和 2，3 端的输出功率。

（撰写人：丁东发　审核人：王学锋）

chan'er guangxian guangyuan

掺铒光纤光源（Er-doped Super Fluorescent Fiber Source）（Суперлюминесцентный волоконный излучатель с добавкой эрбия）

经泵浦的掺铒光纤可以产生放大的自发辐射（ASE），这种 ASE 光源通常被称为超荧光掺铒光纤光源。掺铒光纤光源是超荧光光纤光源中的一种，其增益介质为掺铒光纤，输出光的波长在 1 550 nm 波段。与 SLD 光源相比，掺铒光纤光源的输出功率大（几到几十 mW，有的甚至可达几百 mW），平均波长稳定性好（可以达到 1×10^{6}），输出为非偏振光，有利于减少偏振非互易性。但是它在谱宽（通常为几个 nm ～40 nm）和体积方面不占优势。

掺铒光纤光源从结构上可分为4种：单通前向和后向，双通前向和后向（如图1～图4所示）。单通结构容易实现，但是功率低；双通结构功率高，但是实现起来较为困难，这是因为该结构中的反射光容易导致激射。对于干涉式光纤陀螺来说，双通后向结构具有更好的综合性能。

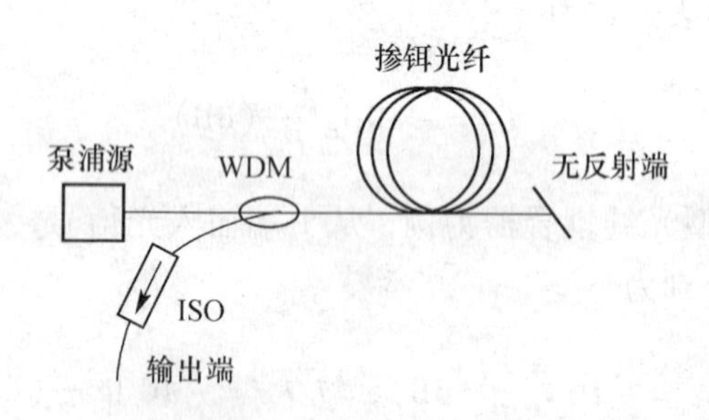

图1 单通后向结构

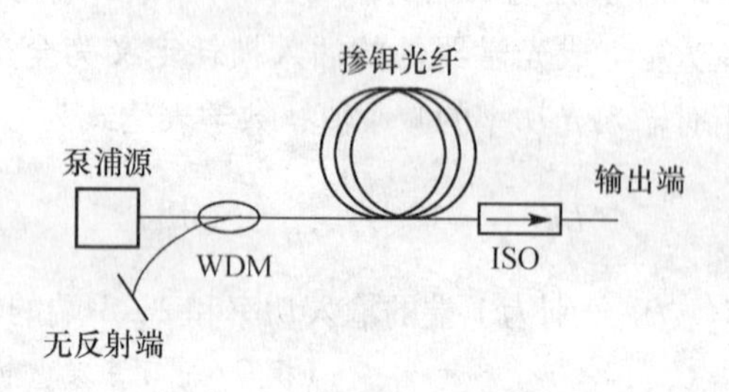

图2 单通前向结构

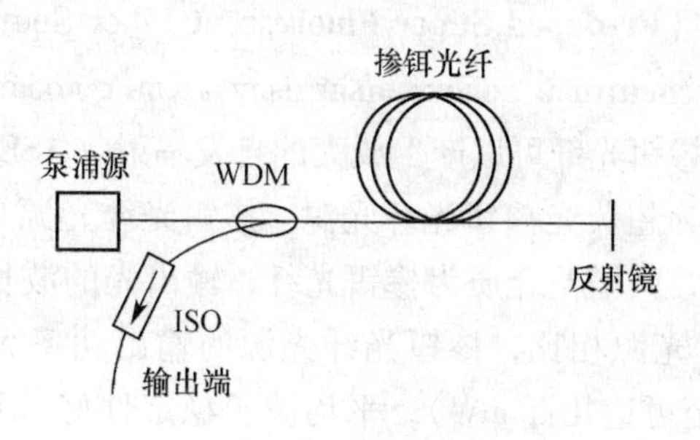

图3 双通后向结构

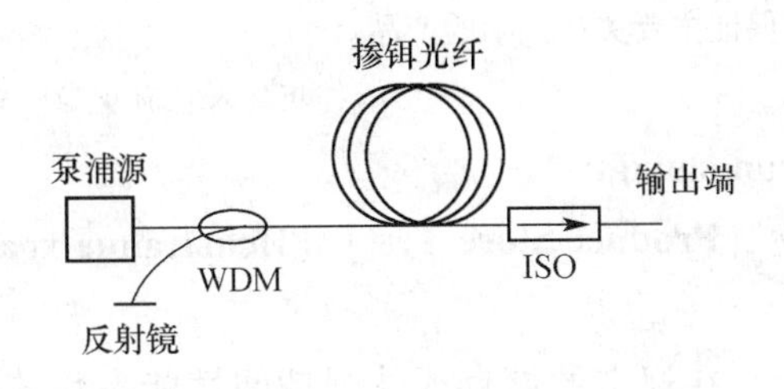

图4　双通前向结构

（撰写人：高　峰　审核人：丁东发）

chanpin

产品（Product）（Продукт）

过程的结果。

注1：有下述4种通用的产品类别：

- 服务（如运输）；
- 软件（如计算机程序、字典）；
- 硬件（如惯性测量系统（平台、组合）、仪表、装置、电路、元件、测试设备、零（组、部）件）；
- 流程性材料（如浮液、润滑油）。

许多产品由不同类别的产品构成，上述产品类别的区分取决于其主导成分。

注2：服务通常是无形的，并且是在供方和顾客接触面上至少需要完成一项活动的结果。服务的提供可涉及：

- 在顾客提供的有形产品（如维修的惯性测量系统、仪表、装置、电路、元件、测试设备等）上所完成的活动；
- 在顾客提供的无形产品（如为准备税款申报书所需的收益表）上所完成的活动；
- 无形产品的交付（如知识传授方面的信息提供）；
- 为顾客创造氛围（如在宾馆和饭店）。

软件由信息组成，通常是无形产品并可以方法、论文或程序的形式存在。

硬件通常是有形产品，其量具有计数的特性。

流程性材料通常是有形产品，其量具有连续的特性。

硬件和流程性材料经常被称为货物。

注3：质量保证主要关注预期的产品。

（撰写人：孙少源　审核人：吴其钧）

chanpin chucun shiyan

产品储存试验（Product Store Test）（Испытание хранения продукта）

为证实产品在规定的储存或休眠期间性能参数的变化是否符合要求，以及在储存期或休眠期后产品的性能是否满足要求而进行的试验。

产品储存试验的试验设备、试验状态、试验方法、试验结果处理等均由储存试验大纲做出规定。储存时，产品通常装入规定的防护包装内，处于储存环境中，环境可能包括定期的振动、冲击、温度循环和/或其他非工作环境条件，经历规定的时间。

（撰写人：原俊安　审核人：叶金发）

chanpin de jianshi he celiang

产品的监视和测量（Keep Watch On and Measurement of Product）（Контроль и измерение продукта）

产品的监视和测量的对象是产品的特性。针对不同的产品特性，采取适宜的监视和测量方法，以验证产品要求是否得到满足。

产品监视和测量的依据是产品实现的策划中对产品所要求的验证，确认、监视、检验和试验活动的安排，在产品实现过程的适当阶段进行。例如，通常对采购的材料、元器件等的进货检验和试验，对零部件、半成品的过程检验和试验，对最终产品的检验和试验，顾客的验收检验和试验，还有按规定进行的例行试验等。

应规定产品特性是否符合要求的接收标准，编制检验和试验规范，规定检验和试验项目以及需经顾客检验验收的项目，每项检验和试验应达到的要求，以及需要建立的检验和试验记录等。检验和试验记录应予以保持，并应在记录中指明经授权放行产品的责任者。

产品需经过规定的检验和试验且结果符合规定要求后，才可放行和交付服务。特殊情况必须得到有关授权人员的批准，适用时

（例如合同中规定或有军方代表）应得到顾客的批准，产品才可放行（让步放行）。

产品监视和测量要求对检验印章实施控制。

（撰写人：孙少源 审核人：吴其钧）

chanpin dingxing

产品定型（Product Finalization）（Окончательное фиксирование продукта）

国家对新产品（含改型、革新、测绘、仿制或功能仿制产品）进行全面考核，确认其达到规定的标准，并按规定办理手续。

产品定型是新产品开发的一个重要阶段，产品开发工作经过市场调查、规划、总体方案设计，技术设计、试制和试验，小批量试制后进入产品定型阶段。

凡拟正式装备部队的新型武器、装备器材等产品（不含战略武器），均应按军工产品定型工作条例的规定实行产品定型。

产品定型应当遵守下列原则：

1. 新研制的产品一般应先进行设计定型，后进行生产定型；

2. 生产批量很小的产品，只进行设计定型；

3. 按引进的图样、资料仿制的产品，只进行生产定型；

4. 单件生产的或技术简单的产品不进行定型，可以鉴定方式进行考核，考核的内容、方法、批准手续由组织鉴定的部门确定；

5. 只能独立考核的一般零部件、元器件和原材料应在产品定型前进行鉴定；

6. 产品必须依照国家规定的标准化、系列化、通用化原则成套定型，凡能独立考核的配套产品，应在主产品定型前定型。

产品只进行一种定型或只进行鉴定应在下达研制任务时预先规定，未经定型（或鉴定）的产品，除因特殊需要由规定部门批准外，一律不得投入生产。

产品定型时应予以正式命名，命名的具体办法依据有关规定。

（撰写人：朱彭年 审核人：吴其钧）

chanpin fanghu

产品防护（Product Protect）（Защита продукта）

对产品在实现过程中和最终交付时采取保护的措施，包括标识、搬运、包装、储存和保护，防止其损坏、变质或误用，确保产品的符合性。

（撰写人：朱彭年 审核人：吴其钧）

chanpin lixing shiyan

产品例行试验（Product Routine Test）（Регламентное испытание продукта）

惯性器件进行例行试验的简称，又称产品环境试验，是模拟惯性器件在使用、储存、运输中实际可能遇到的各种严酷环境条件下，能否保持其应有的功能精度的考核试验，在产品处于不同的研制阶段时，例行试验作用的目的是不同的。设计阶段主要是为了提供设计改进的信息，在生产阶段主要是为了考核产品对环境的适应能力。

（撰写人：吴龙龙 审核人：闫志强）

chanpin shixian cehua

产品实现策划（Planning of Product Achieve）（Планирование осуществления продукта）

产品实现过程是将顾客要求转化为产品要求并加以实现 ，最终交付给顾客的整个过程。

产品实现策划是对产品实现过程的策划，是保证产品达到质量目标和要求的重要手段。策划的目的是实现顾客满意的产品，需要针对具体的产品、项目或合同进行策划，并结合产品的特点和实现过程，将质量管理体系通用要求转化为产品实现具体过程的要求。

策划的输出应适合于组织的运作方式，一般包括质量计划（质量保证大纲）、流程图、规范、作业指导书等。对复杂产品在实现过程的各阶段必须进行风险分析。

产品策划应确定下列适当内容：

1. 产品的质量目标和要求；

2. 针对产品确定过程、文件和资源的需求；

3. 产品所要求的验证、确认、监视、检验和试验活动，以及产品接收准则；

4. 为实现过程及其产品满足要求提供证据所需的记录。

产品实现的过程应包括与顾客有关的过程、设计和开发、采购、生产和服务提供、监视和测量装置的控制和技术状态管理。

（撰写人：孙少源　审核人：吴其钧）

chanpin zhiliang pingshen

产品质量评审（Product Quality Review）（Оценка качества продукта）

在产品经验证符合研制规定要求之后，交付分系统、系统试验之前，对所研制的产品质量及其制造过程的质量保证工作必须纳入研制计划进行的评审，为决策提供咨询意见。

（撰写人：朱彭年　审核人：吴其钧）

chaodao tuoluoyi

超导陀螺仪（High-permeability Gyro）（Гироскоп на основании супер-проводимости）

利用某些元素的低温超导特性设计的陀螺仪。低温超导现象的特征是：

1. 某些元素，如铌、水银、钽等，在低温（绝对温度零度附近）时，其电阻率可降至为零，成为超导体；

2. 超导体具有排斥磁力线的重要特性，即外磁场不能通过超导体内部。

一个超导球体在外磁场中，磁力线近似与球体相切，并通过球心，形成排斥力，应用此特征可制成超导轴承陀螺仪（见图 1），包括支撑转子体的环形超导轴承，转子体由超导材料制成，电动机绕组可带动转子体高速运转。经光输出传感器，可测出陀螺的漂移。利用超导体中电流的磁矩（或带电粒子的动量矩）可制成二自由度

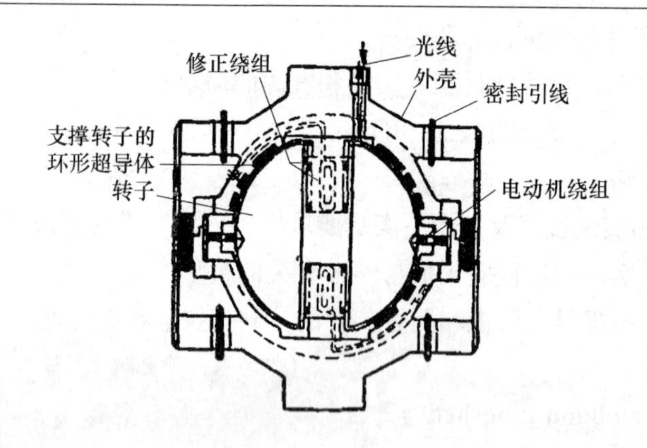

图1 超导轴承陀螺仪

超导粒子陀螺（见图2）。在一个低温容器内，充有液态氦，陀螺由两个同心圆球组成，外球由铌材料做成，转变温度为9.22 K；内球由钽制成，转变温度为4.38 K。内球赤道附近用铌线绕制螺旋绕组。首先将容器冷却至两种转变温度的中间值，此时外球和绕组为超导状态，外球起屏蔽作用，同时给绕组输入电流，之后再将容器冷却至4.38 K。内球成为超导状态，并沿赤道方向感应超导电流，然后切断电流，内球超导电流的磁矩（或带电粒子的动量矩）将保持惯性空间不变。当运动体和容器一起转动时，铌线绕组将输出感应信号，并与运动体的转速成正比。经过分解器，可分离出两个方向上

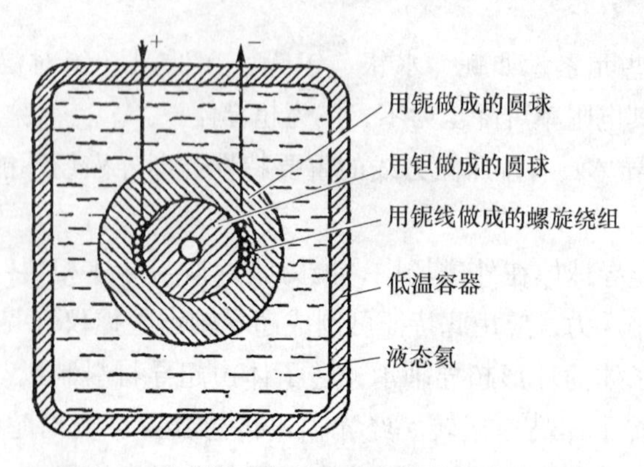

图2 一种低温超导粒子陀螺仪的结构示意图

的角运动，故称二自由度陀螺仪。

（撰写人：赵采凡 审核人：王 巍）

chaodi jiasudu shiyan

超低加速度试验（Super-low Acceleration Test）（Испытание при чрезвычайно низком ускорении）

在 $10^{-9}g$ 超低加速度输入条件下测试被试加速度计或其他特种仪表，如重力仪、重力梯度仪等。在实验室中，测试是在有噪声的条件下，由已知输入的超低加速度，测试被试仪表的响应，进行定标和阈值检测。从噪声中检测有用信号，受信噪比限制，一般在 -40 dB数量级，即噪声需要在 $10^{-7}g$ 量级。环境噪声在0～10 Hz范围内约为 $10^{-4}g$，显然输入的有用信号被掩埋在噪声中。10 Hz 以上噪声一般由无源隔离装置衰减。

对于掩埋在噪声中的信号需要用自相关和互相关技术，提取被测仪表对小于噪声的信号的响应。用相关技术使输出信号与噪声分离的技术，需要有周期性的输入信号加到被试仪表上。将试验信号或标定信号做成周期性的，但要使周期性信号与主要的随机噪声特征不同。这样，可用平均技术从被试仪表随机响应输出中，检测到由输入的试验周期信号造成的被试仪表输出的周期响应。上述技术就是被试仪表输出与基准信号的互相关，或与自身输出的自相关，得到互相关或自相关函数，它含有一个周期分量，频率与基准信号相同。

被试仪表输出：$f(t)=a(t)+N(t)$，$a(t)$是噪声输入引起的输出加速度，$N(t)$是输出噪声。通过相关函数（自相关或互相关）求取有用信号。

（撰写人：王家光 审核人：李丹东）

chaodi jiasudu shiyan xitong

超低加速度试验系统（Super-low Acceleration Test System）（Система испытания при чрезвычайно низком ускорении）

敏感低于 $10^{-9}g$ 或能够测试到如此量级的试验系统。包括隔离试验平台、超低 g 信号发生器、信号检测器等。隔离试验平台应把噪声水平降至 $10^{-7}g$，以便检测低至 $10^{-9}g$ 的有用信号。

隔离试验平台的基本形式是无源机械滤波结构，超低 g 信号发生器作为超低加速度试验系统的信号源，提供精密的已知的超低加速度输入。常用方法是倾斜台，如正弦尺类设备、简谐运动装置、哥氏加速度产生器等。需要产生的加速度信号是周期性的，以便用相关技术从噪声中拾取信号。对于输入加速度 $10^{-9}g$ 的变化，用倾斜台时，倾斜信号检测器的角度分辨率为 10^{-9} rad（2.06×10^{-4}角秒）。超低 g 加速度试验系统的组成如图所示。

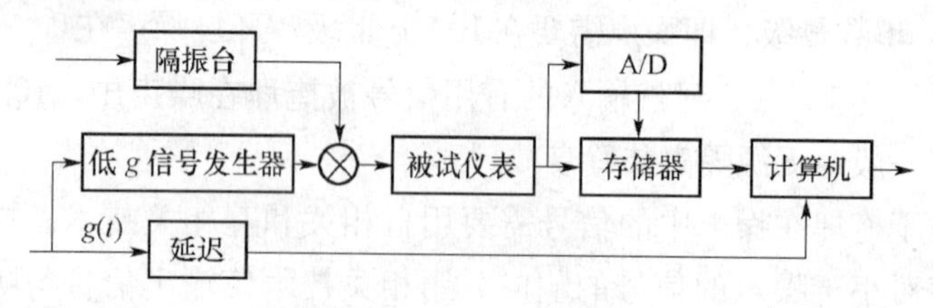

超低 g 加速度试验系统图

（撰写人：王家光　审核人：李丹东）

chaofushe faguang erjiguan

超辐射发光二极管（Super Luminescent Diode）

（Суперлюминесцентный диод）

介于发光二极管（LED）和激光二极管（LD）之间，通过降低激光二极管的发射输出端的抗反射涂层的反射率，并在二极管另外一端构建一个吸收区，抑制激射而形成的一种光源。发光二极管（LED）属于自发辐射，激光二极管（LD）属于受激辐射，因此，超辐射发光二极管是同时利用自发辐射和受激辐射的器件。与 LED 相比，SLD 具有更高的输出功率；与 LD 相比，它的光谱宽度要大得多，通常可以达到 20～50 nm。

用于干涉式光纤陀螺仪的 SLD 光源的主要技术指标有：出纤光功率、中心波长、光谱宽度和光谱波纹。

（撰写人：高　峰　审核人：丁东发）

chaojing yanpao

超精研抛（Super-precision Polishing）（Сверхточная полировка）

通过一种特殊的旋摆运动，而获得超高均密加工轨迹表面的光整加工工艺方法。超精研抛集中了超精加工、研磨和抛光的优点。

超精研抛加工的运动原理是：磨具在含有自由磨粒的研抛液中，紧压在工件被加工表面上，作高速旋转运动。工件固定安装在工作台上，工作台由两个作同向同步旋转运动的立式偏心轴带动，作纵向直线往复运动（工作台这两种运动的合成运动称为旋摆运动）。磨具的高速旋转运动与旋摆运动合成（相当于磨具在工件表面上，沿着一种旋摆运动轨迹作另一种旋摆运动）了极其复杂、均匀而又细密的运动轨迹。

超精研抛的加工质量比研磨高，柔光镜面，无变质层、无塌边，工效高，是研磨的 15 ～ 60 倍，广泛用于各种金属、非金属材料，包括难加工的合金钢、光学玻璃、硅酸盐、陶瓷、半导体材料及有机玻璃、非铁金属等精密零件的加工。经济效益高，并可用于流水线生产。

（撰写人：赵春阳　审核人：闫志强）

chaoqianjiao

超前角（Leading Angle）（Угол опережения）

给定相的转换点与定位位置之间的距离。步进电机保持通电静止时，它在激磁相所决定的平衡位置上保持不动。如果相邻相激磁而原来相停止激磁，电动机将按新的激磁相所对应的平衡位置决定的方向运动一步。当各相相继轮流激磁时，电动机按一个方向连续转动。电动机连续旋转时，换相点的位置可以用相对电动机定位位置的距离来定义，如图所示。

考虑 *ABC* 三相电动机，初始时 *A* 相激磁，电动机处于静止状态，这时给电动机加一个启动脉冲，按照 *A*—*B*—*C*—*A* 的顺序换相，则这个启动脉冲对 *B* 相激磁。随着电动机开始运动，超过 *A* 相定位位置 β_s 度处，就产生一个脉冲，使 *C* 相导通而 *B* 相截止。由于这个脉冲是在到达 *C* 相定位位置之前给出的，这就引出超前角的定义。

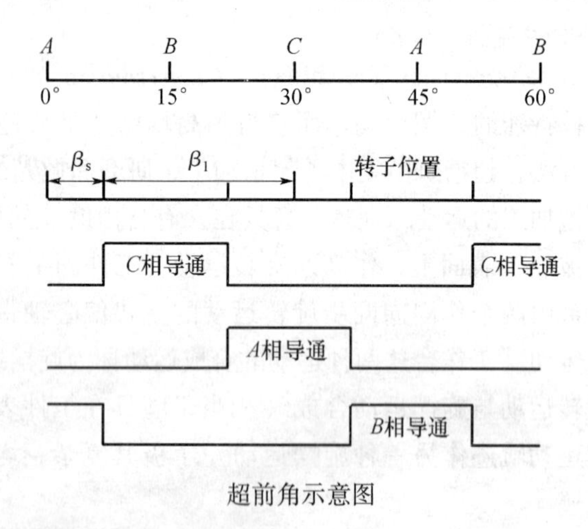

超前角示意图

超前角 β_1 通过 $\beta_1 = 2\theta_b - \beta_s$，与转换角产生关系。$\theta_b$ 为步距角。

（撰写人：李建春　审核人：秦和平）

chaoshengbo qingxi

超声波清洗（Ultrasonic Wave Washing）（Ультразвуковая очистка）

利用超声波的空化作用以及清洗中微冲流和辐射压作用进行的清洗。

在精密零件采用溶剂清洗时，加入超声激励，利用超声波在清洗液中的加速度和高频振动会使零件表面产生强烈的空化爆破作用，在极微小的面积中产生很高的压力，促使污染和附着物从零件表面脱落，达到清洗之目的。清洗效果、清洗效率比单纯的化学清洗好，同时还兼有操作简便、劳动强度低、能耗低、无污染和无噪声等优点。是当代仪器制造、电子工业中重要的也是常用的清洗技术之一。在惯性仪表制造中，适用于精密零件高清洁度的清洗，尤其适用于盲孔、狭缝、深沟和气道等的清洗。

（撰写人：周　琪　审核人：熊文香）

chenjiang

沉降（Sink）（Опущение）

舰船的垂直下降运动。沉降以其质心运动来表征，与运动姿态无关。

（撰写人：刘玉峰　审核人：杨立溪）

chengzai nengli

承载能力（Overload Capacity）（Нагрузочная способность）

加速度计在不含引起原设计技术要求永久性变化的条件下所能承受的超过正常工作范围的最大输入加速度。

一般仪表在按技术条件要求设计时都留有一定的余量，在特定工作条件下有一定的承载能力，不至于使仪表损坏，条件正常时还能恢复正常工作。

一般固体型加速度计承载能力较强。

（撰写人：沈国荣　审核人：闵跃军）

chengchang kongzhiqi

程长控制器（Cavity Length Controller）（Контроллер периметра）

由环形腔的两球面反射镜及其底部带有压电元件的抓卡构成，驱动压电元件可以推拉反射镜沿镜面法线方向平移，从而改变环形腔的程长。

（撰写人：吴　嵬　审核人：王　轲）

chengxu

程序（Procedure）（Программа）

为进行某项活动或过程所规定的途径。

注 1：程序可以形成文件，也可以不形成文件；

注 2：当程序形成文件时，通常称为“书面程序”或“形成文件的程序”，含有程序的文件可称为“程序文件”。

（撰写人：朱彭年　审核人：吴其钧）

chixu gaijin

持续改进（Continual Improvement）（Непрерывное улучшение）

增强满足要求的能力的循环活动。

注：制定改进目标和寻求改进机会的过程是一个持续过程，该过程使用审核发现和审核结论、数据分析、管理评审或其他方法，其结果通常导致纠正措

施或预防措施。

（撰写人：朱彭年　审核人：吴其钧）

chicun wendingxing

尺寸稳定性（Dimensional Stablility）（Стабильность размера）

在精密机械领域一般是指精密零件在恒定或非恒定环境下抵抗发生尺寸或形位微小不可逆变化的性能，是表示材料在冷加工或热加工（含热处理）后，在工作环境条件下不受外力作用或在低于弹性极限的应力作用下抵抗永久变形的能力。一般来说，对于特定的材料，提高精密零件的尺寸稳定性是通过尺寸稳定化处理来实现的。尺寸稳定化处理工艺的种类可分为时效、冷热循环处理、形变热处理、热等静压、振动时效以及电磁场时效等。其目的为：1）降低宏观残余应力；2）提高尺寸稳定性表征指标，如微屈服强度、微蠕变抗力、应力松弛极限等；3）提高微观组织的稳定性。

（撰写人：王　君　审核人：熊文香）

chicao zhuanju

齿槽转矩（Cogging Torque）（Зубной момент）

电动机绕组开路时由于定转子开槽而使转子有趋于最小磁阻位置的倾向，从而产生周期性的转矩。齿槽力矩本质上是由永磁体产生的磁势与定子齿槽相互作用而产生的。

齿槽力矩有时会带来严重危害，例如在变速驱动中，当齿槽力矩频率与定子的谐振频率相同时，齿槽力矩产生的振动与噪声将被放大；另外在高精度的位置和速率系统中，例如位置精度达角秒级，速率精度达 10^{-6}，齿槽力矩将成为主要干扰源，影响系统精度的提高。

齿槽力矩的计算方法有：1）解析法；2）数值法，例如有限元法、边界元法等。数值法可以准确地确定具体问题的齿槽力矩的大小及分布；解析法可以定性地分析齿槽力矩的大小及分布规律。

齿槽力矩的抑制方法有谐波法、相位法及综合法。对于一定的电机，随着谐波次数的增加，谐波磁势和磁导的幅值随之减小，因此高次齿槽力矩的幅值亦将减小。谐波法就是通过改变磁势和磁导谐波的配合来提高齿槽力矩的次数或消除齿槽力矩。相位法的基本思想：开有齿槽的电机若干局部都存在齿槽力矩，相位法的核心就是控制其相位差，使其沿某一方向叠加后相互抵消以抑制齿槽力矩。根据叠加方向可将相位法分成轴向相位法和周向相位法。综合法就是将谐波法和相位法综合起来运用，实现相位法和谐波法的优势互补，对齿槽力矩进行综合抑制，因此对齿槽力矩的抑制是非常有效的。在综合法中常用的手段有：1）齿—极配合与改变齿宽；2）齿—极配合与斜槽；3）齿形与磁极分段。

（撰写人：李建春　审核人：秦和平）

chidao

赤道（Equator）（Экватор）

一个球体或椭球体表面上，垂直于极轴的大圆，或者是类似的接近于圆的闭合曲线。

就地球来说，赤道是指地球表面距离南北两极相等的圆周线，其长度大约为 40 700 km。它把地球分为南北两半球，是划分纬度的基线，赤道的纬度为 0°。

（撰写人：朱志刚　审核人：杨立溪）

chongji shiyan

冲击试验（Shock Test）（Испытание ударом）

考核产品在使用中承受非重复性冲击环境的能力的试验。

冲击试验属于环境试验。冲击是振动环境的一个特例。冲击条件由一定频率范围的冲击谱表征。不同的产品，承受的冲击环境不同，具体由有关技术条件做出规定。试验设备主要为冲击试验台和/或电磁振动台。

航天产品在使用中遇到的冲击环境，包括导弹、火箭的发射和分离，以及卫星、飞船回收引起的冲击，不包括运输过程的冲击。它会引起与由振动引起的类似的故障，如继电器断开或闭合，连接部位卡死或松动，过应力引起的永久变形，脆性材料元器件破损，绝缘强度改变，绝缘电阻降低，磁场和电场强度变化等。在试验前、后进行外观和性能检测，可以做出承受能力是否合格的结论。

（撰写人：叶金发　审核人：原俊安）

chongci

充磁（Magnetic Energy Charge）（Намагничивание）

永磁体在外磁场作用下，由宏观上的无磁状态转变为有磁状态，使永磁体达到所要求的磁性能指标的磁化过程。

充磁时外磁场的方向必须沿着永磁体的结晶方向（或磁化方向）。充磁时的外磁场的强度应不小于被充永磁体矫顽力的5倍，使磁钢内部磁畴充分取向。在外磁场的作用下，永磁材料由宏观上的无磁状态，即内部磁畴杂乱无章的状态，转变为磁畴的有序排列而显现磁性的过程，即是充磁。

（撰写人：韩红梅　审核人：闫志强）

chongtiao

重调（Reset）（Перенастройка）

利用外部信息（如位置信息、方位信息和速度信息）修正惯性导航系统的输出和/或精确校准惯性导航系统的过程。

陀螺仪的随机常值漂移分量随时间在缓慢地变化，使惯导系统长期工作的精度下降。因此，要对惯导系统进行重调。若以一定的时间间隔，从外部获得运载体准确的位置信息和方位信息，与惯导系统的输出信息进行比较，并对后者进行重调，连续获取两次便可以估计出陀螺漂移并进行补偿；如从外部只能获得位置信息，需要连续三次才能校正三个漂移量，通常称为“两点校”和“三点校”方法。

（撰写人：刘玉峰　审核人：杨立溪）

chuqi junyunxing

出气均匀性（Hongogeneity of Gassing）（Равномерность подачи газа）

当气体流进入轴承间隙的瞬间，沿圆周方向流出的气体分布的均匀性。出气均匀性是用来判断和检测静压气浮轴承的节流狭缝精度的一种间接方式和手段。出气均匀性差则静压气浮轴承的涡流力矩也大，轴承的精度低，性能差。检查出气均匀性是静压气浮轴承制造过程中采取的关键和必要的工艺手段。检查出气均匀性的方法是将气体轴承置于透明的液体中，由眼观察从节流缝隙中出现的气泡。当输入气压逐渐上升时，可以观察到气泡的出现，测定当圆周上的气泡均匀时的气压大小，是轴承制造质量的判据，气压小称为“出气早”，气压大称为“出气晚”。在静压气浮轴承的制造工艺规范中规定了相应种类轴承的出气量早晚的指标。出气均匀性的检测同样适用于静压液浮轴承的制造。

（撰写人：鲁　晶　审核人：闫志强）

chushi duizhun

初始对准（Initial Alignment）（Начальная выставка）

惯性导航（制导）系统开始导航（制导）工作前，将其惯性测量坐标系各轴旋转至规定的导航坐标系各对应轴方向，或确定出它们之间的角度关系的过程。其中，前者称为物理对准，主要用于平台系统；后者称为解析对准，主要用于捷联系统。

惯性测量坐标系是固连于平台台体或捷联组合本体上的加速度测量坐标系。前者又称为平台坐标系，后者又称为捷联组合坐标系。

绕惯性测量坐标系两个水平坐标轴的对准称为水平对准，简称调平；绕垂直轴即方位轴的对准称为方位对准，简称瞄准。

惯导系统的初始对准根据实际条件和精度、快速性等要求的不同，可采用不同方法来实现。主要分为：自主对准、光学对准、传递对准以及它们的组合对准等方式。

（撰写人：杨志魁　审核人：吕应祥）

chudi moca liju

触地摩擦力矩（Touch Friction Torque）（Момент трения при контактировании）

动压气浮轴承马达断电后转子惯性运转，由于气浮轴承摩擦力矩和风阻力矩使马达转子的转速逐渐降低，当气膜的支撑力下降到不能支撑其转子重量时，马达转动部分最终要接触到不动部分的表面。由于转动体存在惯性，气浮轴承的转动部分还要与不动部分接触滑行一段距离，在相互接触的一瞬间到停止时产生滑动摩擦力矩，这一力矩就是触地摩擦力矩。可以用最大触地摩擦力矩的大小来衡量动压气浮轴承的性能好坏。

（撰写人：谭映戈 审核人：秦和平）

chuandi duizhun

传递对准（Transfer Alignment）（Передаточная выставка）

采用主惯导系统的输出信息对子惯导系统进行运动参数匹配，实现其初始对准的方式。

主惯导系统是精度较高的系统，是传递对准的基础信息源，它应已经事先对准并工作于导航状态，子惯导系统也应于事先粗对准并工作于导航状态。通过将子惯导输出的运动参数与主惯导相应的参数进行比较，并将其差值经处理后用于转动子惯导的加速度测量坐标轴，或解算出两者间的转角关系，实现子惯导的对准。

用于比较的运动参数主要有姿态角、姿态角速度、运动、速度等，分别称为角度匹配、角速度匹配及速度匹配，其中较常用的是角度匹配与速度匹配。

为了达到较好的匹配对准效果，所用的匹配参数应有一定的幅值和变化量，为此在传递对准过程中，主惯导载体应尽可能进行一些机动动作，包括角运动和线运动。

传递对准主要应用于武器平台上所载武器，如机载导弹、舰载机、舰载导弹等惯导系统的对准，其中主惯导系统为舰上或机上的惯导系统。

（撰写人：杨志魁 审核人：吕应祥）

chuanganqi jili dianyuan

传感器激励电源（Sensor Exciting Source）（Источник возбуждения датчика）

惯性器件使用的传感器一般是将机械转角转换为电信号的角度传

感器，可以采用多种方式实现机械角位移量到电参数的转换，例如：变气隙磁阻、变电磁互感、变电容、变电阻和变光通量等。激励电源为传感器提供参考信号和功率，使之转换成电压、相位等信号。传感器激励电源要求有一定的功率、稳定的频率和电压幅值，对波形的失真度要求较高。

（撰写人：马建红 审核人：顾文权）

chuanxing zongxian

串行总线（Serial Bus）（Последовательная шина）

在信息处理系统中，在同一时刻只传送 1 位二进制位的总线。串行总线数据传送按位顺序进行，最少可由一根数据线组成，成本低，连线少，传输距离长，易于进行转换和调制；但由于把数据在时间轴上展开，相对传输速度较慢，对接口时序依赖性较强。串行总线的长度可从几米到几千千米。计算机与远程终端或终端与终端之间的数据传送通常采用串行总线。

CAN、RS485、1553B、Bitbus、I^2C 总线等都是常见的串行总线。由于电路技术的进步，设备内部也逐渐增加了串行总线的应用，许多串行总线的传输速度超过了原来的并行总线，例如 SATA、USB2.0 和 IEEE1394 等。

随着各种运载工具越来越多地采用串行总线实现设备间的连接，要求惯导系统也具备相应的串行总线接口。惯导系统内部也可采用串行总线建立仪表、元件间的联系，有利于减少连线，特别是减少对导电装置电刷的需求。

惯导系统中采用串行总线需要注意解决数据采集和传输的同时性问题，可采用同步数据锁存、时间同步脉冲和标记数据时间等方式，消除时间延迟对导航和控制的影响。

（撰写人：黄 钢 审核人：周子牛）

chuanxing zongxian jiekou

串行总线接口（Serial Bus Interface）（Интерфейс последовательной шины）

连接串行总线与使用串行总线的各种设备之间的匹配电路。串行总线接口的工作时序和功能较复杂，通常使用专用的集成电路构成。广泛使用的UART控制器可支持多种串行总线标准，常用于惯导设备的数据通信中。有些小规模的串行总线（如I^2C）的接口通常集成在设备芯片中。

串行总线接口的设计应符合相应的总线标准，其主要性能指标包括最高传输速率和驱动能力等。串行总线接口应为半双工端口。

（撰写人：黄　钢　审核人：周子牛）

chuizhi tongdao zuni

垂直通道阻尼（Damp on Vertical Channel）（Демпфирование в вертикальном канале）

对在地球附近使用的惯导高度通道加入其他辅助导航信息，抑制其信息快速发散，提高系统精度的设计方法。

由惯性导航基本方程可见，高度通道不同于水平两通道存在舒拉周期等，其算法是开环发散的，因此惯性导航系统即使在加速度计误差很小的情况下高度通道（垂直通道）误差随时间发散得仍然很快，即误差与时间的平方成正比，一般都不能满足导航精度要求。因此，在导航系统的高度通道通常加入其他辅助导航信息来阻尼其发散，如加入无线电高度表、气压高度表或GPS高度等信息。

（撰写人：杨大烨　审核人：孙肇荣）

chuizhi tuoluoyi

垂直陀螺仪（Vertical Gyroscope）（Вертикальный гироскоп）

用来测量导弹弹体偏航角和滚动角的二自由度陀螺仪称为垂直陀螺仪。该陀螺仪在弹上安装时转子轴垂直于发射平面，导弹发射前，把转子轴校正到水平位置，外框架轴在发射平面内，陀螺输出为偏航角。导弹发射前，内框架轴与发射点的地垂线相重合，这时，内框架轴与导弹纵轴重合，导弹垂直起飞时，则陀螺输出与滚动角成比例的信号。

（撰写人：孙书祺　审核人：唐文林）

cibei

磁北（Magnetic North）（Магнитный север ）

地球磁场指向磁北极的水平分量的方向。

磁北和地理北之间的水平角偏差称为磁偏角。磁北和地理北之间的垂直角偏差称为磁倾角。

参见地理北、磁偏角。

（撰写人：朱志刚 审核人：杨立溪）

cijing jiguang tuoluo

磁镜激光陀螺（Magnetic Mirror Laser Gyro）（Магнитно-рефректорный лазерный гироскоп）

这种激光陀螺利用具有横向克尔磁光效应的反射镜作为环形谐振腔的一面反射镜提供非互易的光学偏频。它与机械抖动偏频的共同之处是对激光陀螺交变地引入一个快速变化的偏频量，不同之处在于磁镜偏频是以非互易的相位变化对谐振腔内相向行波模对引入频差，而机械抖动偏频则是使谐振腔交变旋转引入频差。

（撰写人：王 轲 审核人：杨 雨）

cili zhoucheng

磁力轴承（Magnetic Bearings）（Магнитный подшипник）

靠磁场力支撑载荷或悬浮转子的一种支撑方式。

磁力轴承是近年发展起来的新型支撑元件之一。它的特点是：1）摩擦力小、功耗低，可实现超高速运转；2）支撑精度高、工作稳定、可靠；3）可在高温、深冷及真空环境下运转；4）结构复杂、要求条件苛刻，对环境有磁干扰，但无其他污染。

磁力轴承有永磁性磁力轴承；主动式、被动式交流激励型磁力轴承；主动式直流激励型磁力轴承；超导性磁力轴承等类型。根据其控制方式，磁能来源、结构形式等的分类，可按其用途设计、选用。

（撰写人：刘雅琴 审核人：熊文香 ）

cipianjiao

磁偏角（Magnetic Deviation Angle）（Магнитное склонение）

磁北线与真北线之间的夹角。磁北线是地球磁场指向磁北极方向的水平投影，又称水平磁强方向；真北线是指向地理北极的方向，也就是子午线方向。

参见磁北。

（撰写人：程光显　审核人：杨立溪）

cixingneng jiance

磁性能检测（Detection of Magnetic Characteristics）（Измерение магнитной характеристики）

对磁性体进行开路或闭路的磁性能指标测试，包括磁感应强度、剩磁、矫顽力、磁导率和铁损等。磁性材料磁性能的测试是通过被测磁性材料的样品进行的，磁测量样品按其磁路构成方式分为闭合磁路样品和断开磁路样品两种基本形式。它们在均匀磁场中磁化具有不同的特点，前者测得的磁特性与样品形状尺寸无关，后者则有关。样品在闭合磁路下磁化，没有退磁场，漏磁通很小，所测量的磁特性能很好地反映物质的磁性。因此，磁性材料的测量总是尽可能的利用闭合磁路进行测量。

（撰写人：周　赟　审核人：闫志强）

cixuanfu jiasuduji

磁悬浮加速度计（Magnetic Suspension Accelerometer）（Акселерометр с магнитным подвесом）

利用电磁悬浮原理来支撑检测质量的加速度计。该表可做成单轴和三轴加速度计，它的基本组成有检测质量、电容传感器、加力线圈以及电磁悬浮力装置等。对于三轴加速度计来说，其检测质量由三个正交的电磁力支撑在中心，电磁力由线圈在永磁体磁场中产生，由三个电容器检测出“质量”与壳体间的运动，然后经放大器和加力线圈构成伺服回路，则线圈电流正比于输入加速度，还可以经模数转换后输出数字信号。该仪表反应快（响应时间 <1 s），零

偏温度灵敏度低，所以不需要温控。而性能与材料尺寸无关，成本低，磁悬浮摩擦力很小，零偏稳定性好，耐振动性能好，零位精度稳定性为 $2\times10^{-5}\sim2\times10^{-7}$ 量级，标度因数稳定性长期为 1×10^{-4} 水平。

（撰写人：沈国荣 审核人：闵跃军）

cixuanfu tuoluo luopan

磁悬浮陀螺罗盘（Magnetic Suspension Gyrocompas）（Гирокомпас с магнитным подвесом）

利用电磁力（或磁力）作用形成等效的电磁弹簧，把陀螺房支撑起来的寻北装置。

磁悬浮陀螺罗盘采用具有一定曲率半径，局部呈球面的磁浮轴承，球轴承活动部分装在陀螺房上方，形成下摆结构，球轴承中的另一部分固定在仪器的基座上，如图所示。陀螺房重心在支点之下，球面曲率半径中心与陀螺房重心的连线与重力矢量 g 相重合。利用陀螺基本特性，在地球自转和惯性力作用下，陀螺 H 轴端头围绕当地子午线和水平线构成的平面呈椭圆形往复摆动，其摆动中心即为真北方向。

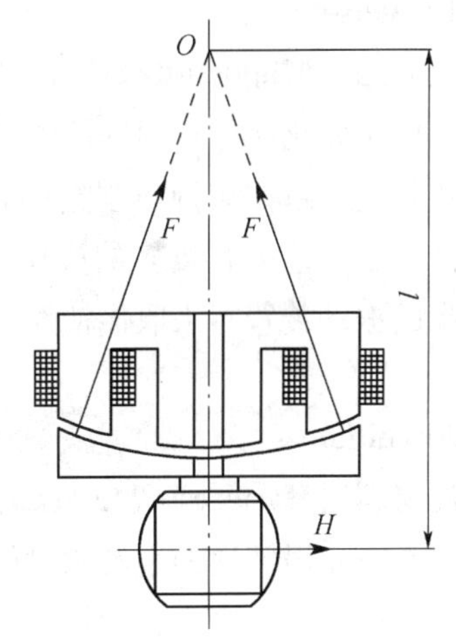

磁悬浮陀螺罗盘

球面曲率半径 $l=1\sim2$ m，基本上是下摆摆长，传统吊带陀螺罗盘的摆长通常受仪器的结构限制，一般为 0.1 m 左右。由此可见，磁悬浮陀螺罗盘能有效地缩短摆动周期，达到快速定向的目的。

（撰写人：吴清辉 审核人：刘伟斌）

cixuanfu zhicheng

磁悬浮支撑（Magnetic Suspension）（Магнитная подвеска）

利用电磁力（或磁力）的作用，形成等效电弹簧，实现支撑、定位作用。它由磁悬浮轴承和控制器组成，磁悬浮轴承（如径向轴承）的定子、转子均由导磁材料制成，定子上绕有激励绕组（外接电容器或变放电路）组成控制器。控制器控制定子电磁铁对轴的吸力，使轴稳定地处于轴承中心的位置。为实现稳定的电磁支撑，分为无源磁悬浮和有源磁悬浮两种支撑。该轴承在高精度陀螺仪中得到应用。

（撰写人：孙书祺　邓忠武　审核人：唐文林）

cizhi shensuo

磁致伸缩（Magnetostriction）（Магнитострикция）

由于磁化而导致的磁性物质沿磁场方面发生的弹性变形。

利用磁致伸缩特性制造的超声清洗装置、微量进给装置在惯性器件制造工艺中有较多的应用，利用磁致伸缩效应可以制造出应力极高的振动装置，来取代精加工的等切削应力。

（撰写人：赵　群　审核人：易维坤）

cizhi cailiao

磁滞材料（Hysteresis Material）（Гистерезисный материал）

具有磁滞特性的半硬磁材料。

在磁性材料当中，一类具有磁滞特性的半硬磁材料，主要用于磁滞电机的转子。磁滞材料的种类很多，有铁钴钒、铁锰镍、铁钴钨、铁钴钨钼等合金系列。其中典型的材料牌号有 2J4，2J9，2J11，2J12 等。

参见磁滞效应。

（撰写人：周　赟　审核人：闫志强）

cizhi diandongji

磁滞电动机（Hysteresis Motor）（Гистерезисный двигатель）

这种电动机具有结构简单、转速恒定、能自启动、运行可靠等优点。缺点是效率低、固有低频振荡。

电机的定子与普通交流电机的定子相同，转子上安装圆形磁滞环，环上没有任何绕组，不像永久磁铁那样需要预先充磁，而是在电机启动过程中由定子旋转磁场来磁化的。

理想的磁滞电机的力矩是由转子上磁滞材料被定子旋转磁场磁化后的磁滞效应产生的。正因为是磁滞效应，所以被磁化的转子磁极在空间上要滞后于定子磁极一个角度 γ。它的存在使得气隙磁力线被扭斜而产生切向力驱使转子转动。

磁滞电机的转子磁极相对于转子不是刚性固定的，在启动过程中，磁滞电机转子磁极相对于转子表面是滑动的，而且磁极的空间旋转速度与定子旋转磁场的旋转速速度是一样的，正是由于转子磁极相对于转子滑动造成分子摩擦，迫使转子不断加速一直到同步为止。

转子磁极的滑动速度在定子刚通电的瞬间等于旋转磁场的速度，随着转子的不断加速，转子磁极相对于转子表面的滑动速度不断减小，进入同步后，如果没有干扰，转子磁极将相对于转子表面不动。同步之前，磁滞角一直处于最大值，也就是说磁滞回线的面积处在最大值。达到同步后，加速停止，磁滞角缩小，其缩小数值取决于设计时所取的过载能力。转子从加速阶段到同步运转阶段，磁滞角从最大减到最小，有一个衰减振荡的转变过程。

（撰写人：李建春　审核人：秦和平）

cizhi dianji guyou zhendang

磁滞电机固有振荡（Hunting in Synchronous Hysteresis Motor）

（Собственное колебание гистерезисного мотора）

磁滞电机的缺点之一是转子产生固有振荡，其原因主要是定、转子间的电磁耦合刚度较差。当负载、电源电压或频率产生微小变化时，均将导致振荡，定、转子磁极间的夹角跟着改变。如在同步运行时负载突然增加，转子转速也突然下降到略低于同步转速，此时夹角增大，磁滞力矩也相应增大，当磁滞力矩的增量大于负载力矩的增量时，电机转子开始加速。由于惯性作用，使转子的瞬间转速将略微超过同步转速，此时电机处于发电机状态，产生的力矩为制动力矩，转子再一次开始减速。这样不断重复，形成在同步转速附近振荡。

减小磁滞电机固有振荡的无源方法有：1）转子表面镀铜以增加阻尼，减小振荡；2）增加极对数以减小机械振荡角；3）增加定子漏抗也可削弱振荡。

采用恒功率源也可以阻止固有振荡。

（撰写人：李建春　审核人：秦和平）

cizhijiao

磁滞角（Hysteresis Angle）（Гистерезисный угол）

磁滞马达力矩是由转子上磁滞材料被定子旋转磁场磁化后的磁滞效应产生的。正因为是磁滞效应，所以被磁化的转子磁极在空间上要滞后定子磁场一个角度，这个角度就叫做磁滞角。也可以把它描述为旋转矢量 B 和 H 之间存在的一个空间相位移。磁滞角的存在使得气隙磁力线被扭斜而产生切向力驱使转子转动。当然，在这里我们不考虑转子涡流的影响。

在电机达到同步之前磁滞角一直处在最大值，也就是说磁滞回线的面积处在最大值。达到同步后，加速停止，磁滞角缩小，其缩小数值取决于设计时所取的过载能力。转子从加速阶段到同步运转阶段，磁滞角从最大减到很小，有一个衰减振荡的转变过程。

（撰写人：谭映戈　审核人：李建春）

cizhi liju

磁滞力矩（Hysteresis Torque）（Гистерезисный момент）

磁滞电动机的力矩是由于转子磁滞层材料的强烈磁滞作用而产

生的，故称其为磁滞力矩。

根据磁畴的假说，铁磁材料在外界磁场磁化的过程，可认为是材料中的单元磁体（磁畴）在外界磁场作用下发生转动的过程；而磁滞现象则是磁畴转动时存在着分子摩擦力的表现。

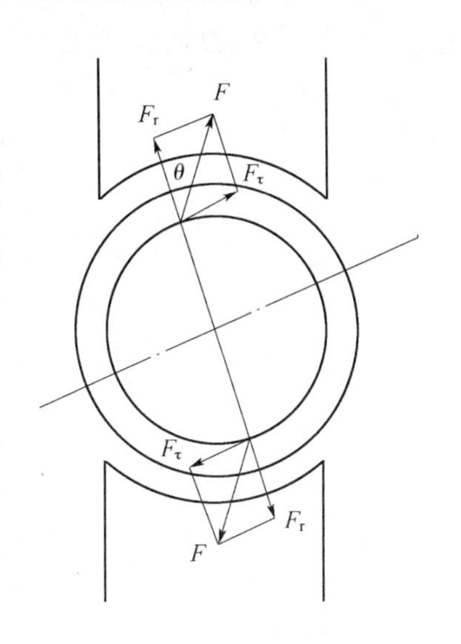

磁滞力矩示意图

当磁滞电动机的定子绕组接上交流电源而通过电流时，就产生空间旋转磁场而使转子材料磁化。转子磁滞层在旋转磁场磁化的过程中，其中的磁畴发生转动时，由于存在分子摩擦力而跟不上外加旋转磁场的变化，以致在空间上滞后了一个角度。随着时间的推移，旋转磁场沿着电机的圆周在不断地旋转着，因此，这一角度就表现为被磁化的转子的磁场轴线在空间上落后于定子旋转磁场轴线一个角度 θ（称为失调角）。这样，在空间有着角度差 θ 的定子旋转磁场与转子磁化磁场之间相互作用就产生了一对切向分力 F_τ 和一对径向分力 F_r。F_τ 和 F_r 的合力则为 F，如图所示。

$$F_\tau = F\sin\theta$$

$$F_r = F\cos\theta$$

其中，切向分力 F_τ 形成使转子沿着旋转磁场旋转的力矩，即为磁滞力矩。

（撰写人：李建春　审核人：秦和平）

cizhi xiaoying

磁滞效应（Hysteresis Effect）（Гистерезисный эффект）

铁磁物质磁化过程中，磁感应强度 B 值的变化滞后于磁场强度 H

值的变化，对应于外磁场增大时与减小时相同的 H 值，会有不同的 B 值，这种不可逆效应，称为磁滞效应。

铁磁物质的磁导率 μ 不是常数，它不仅与磁场强度的大小有关，还与磁场的变化过程有关。为了表示这类物质的磁性能，一般采用磁化过程中的 $B-H$ 曲线（如图所示）。

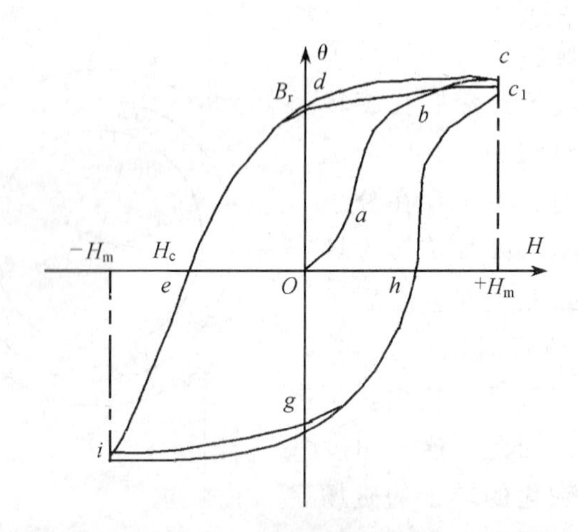

磁化曲线图

铁磁物质在完全去磁状态（无剩磁）下进行磁化，当磁场强度 H 由零增大到 $+H_m$ 时，磁感应强度 B 随之增大，所得的 $B-H$ 曲线称为原始磁化曲线。在该曲线上可见，开始磁化时的 Oa 段，B 值上升较慢，这是由于外磁场微弱，磁畴仅发生可逆的体积改变，增大了磁矩方向接近外磁场的磁畴体积；中间 ab 段 B 值上升很快，这是由于外磁场已足够强，磁畴发生不可逆的体积改变，继而纷纷翻转到最接近外磁场的一个易于磁化的方向；过 b 点后，B 值很少上升，最后出现磁的饱和，这是由于磁畴已绝大部分翻转，即使大幅度增加 H 值，也只能使磁畴产生很小的转向，直到全部与外磁场有一致的方向。

当外磁场强度 H 由 H_m 经零到 $-H_m$ 再经零回到 H_m 如此变化1周，磁化过程的 $B-H$ 曲线由 c 经 d 到 f 再经 g 到 c_1，这时 c_1 稍低于 c，与 c 并不重合。只有经过多次反复后才能形成较为稳定的闭合曲线，该曲线称为磁化曲线。

（撰写人：李建春　审核人：秦和平）

cizushi jiaodu chuanganqi

磁阻式角度传感器（Reluctance Angular Movement Sensor）（Реluктанцный датчик угла）

其工作原理是激磁线圈接通电源后，磁路中的两个主磁通因磁阻变化而变化，使输出线圈输出电压。这种传感器可以划分为气隙长度差动变化型和工作面积差动型两大类。

磁阻式角度传感器有如下优点：

1. 输出线圈可以有较多的匝数，能够保证传感器有足够的灵敏度；

2. 传感器的阻抗能够与放大器很好地匹配，保证放大器工作在最佳状态；

3. 输出特性的线性区较大；

4. 转子无线圈，如设计得当，结构合理，可以得到较小的干扰力矩。

磁阻式角度传感器的品种很多，按定子铁芯结构形式可分为E型、四极、八极、十二极和十六极等，转子和定子铁芯一般用电工硅钢片或铁镍软磁合金片叠压而成。

（撰写人：葛永强　审核人：干昌明）

cizushi xuanzhuan bianyaqi

磁阻式旋转变压器（Reluctance Rotation Transformer）（Релуктанцный вращательный трансформатор）

一种无接触式的正—余弦旋转变压器，但结构与一般正—余弦旋转变压器差异较大，它的初、次级绕组都在定子上固定不动，转子上只有凸极铁芯，无绕组。由于它的气隙磁阻随转子位置而变化，在两个匝数沿圆周按正—余弦分布的定子绕组上，输出按正—余弦规律变化的电压信号。

磁阻式旋转变压器的工作状态可以一相激磁两相输出，也可以两相激磁一相输出。其输出电压信号随转子转角按正—余弦规律变化，其周期等于转子齿距。两相激磁也可用两相正交电压，其输出电压相位随转子转角线性变化。

磁阻式旋转变压器定子上还有补偿绕组，以补偿激磁绕组和输出绕组间存在的不通过气隙及转子的电磁耦合和电容耦合引起的常值电压分量，提高测角精度。

（撰写人：葛永强 审核人：干昌明）

cunchuqi

存储器（Memory）（Регистр）

微型计算机系统中存储信息的部件，在惯导系统中用于存放导航及控制用程序和数据，主要采用半导体器件和磁性材料，特指采用半导体器件的固态存储器。按存储材料的性能和使用方法，有不同的分类：

1. 按存储介质分为：半导体存储器和磁表面存储器。

2. 按存储方式分为：随机存储器和顺序存储器。

3. 按存储器的读写功能分为：只读存储器（ROM）和随机读写存储器（RAM）。

按照集成电路内部结构的不同，RAM 又分为两类：静态 RAM（SRAM）和动态 RAM（DRAM）。RAM 存取速度非常快，基本存储电路由 6 个 MOS 管组成 1 位，集成度低，功耗大，一般高速缓冲存储器 Cache 由它组成。DRAM 集成成本低，耗电少，需要刷新电路。

ROM 按照集成电路的内部结构可分为：可编程 PROM、可编程可擦除 EPROM 和电可擦除可编程 EEPROM。

4. 按信息的可保存性分为：非永久记忆的存储器和永久记忆的存储器。

5. 按存储器在计算机系统中所起的作用可分为：主存储器、辅助存储器、高速缓冲存储器和控制存储器等。

存储器的性能指标很多，例如存储容量、存取速度、存储器的可靠性、性价比、功耗等，其中衡量存储器最重要的性能指标是存储器的容量和存取速度。存储器容量是存储器可以容纳的二进制信息的总量；存取速度可用存取时间和存储周期这两个时间参数来衡量。

根据导航任务要求，惯导系统中通常采用 ROM 保存系统程序和标定/装定数据，采用 RAM 作为实时信息存储器。可采用 EEPROM 来满足系统程序在线维护和标定/装定数据刷新的要求。

（撰写人：崔　颖　审核人：周子牛）

dadi shuizhunmian

大地水准面（Geographical Horizontal Surface）（Геоид）

地球形状可理解为由一围绕整个地球的封闭水准面所形成的某种形状，该面在广阔的大洋与处于均衡状态的平均海面密合，想象其穿过陆地的部分处处与垂线方向正交。这个面是一个重力等位面，称为大地水准面。

用大地水准面来作为地面点高程的基准面，符合位置高低的一般概念。但由于它的形状极不规则，求定地面点水平位置的计算，不能以这个面为基准，必须寻求一个与之最佳拟合而又简单的数学形体来代替。按以往大地测量的结果，已知旋转椭球面能与大地水准面最佳拟合。具有已知参数、且在地球内有完全确定位置的旋转椭球，称为参考椭球。地面点的水平位置，就是以这个椭球面为基准所建立的大地坐标系中的大地经、纬度。大地水准面形状是以该椭球面为基准逐点求出差距来测定的。

（撰写人：裴听国　审核人：吕应祥）

dadi weidu

大地纬度（Geodetic Latitude）（Геодезическая широта）

地球表面上某被测点对地球椭球面的法线与赤道平面的夹角，

又称地形纬度（Topographical Latitude）。由于这里计及了地球的椭圆度，所以该法线均不与赤道平面和地球自转轴（椭球短轴）在椭球中心相交。大地纬度有时亦称地理纬度。

（撰写人：崔佩勇　审核人：吕应祥）

danmo guangxian

单模光纤（Single Mode Fiber）（Одномодовое оптическое волокно）

当工作波长 λ_0 大于光纤的截止波长时，在光纤中只传输基模 HE11（或 LP_{01}模），这时称该光纤为单模光纤。工作波长小于截止波长的光波在光纤中不再是单模传输。

（撰写人：丁东发　审核人：李　晶）

danweizhi chushi duizhun

单位置初始对准（Single Position Initial Alignment）

（Однопозиционная начальная выставка）

惯导系统处于一个固定方位姿态下的自主式初始对准。

单位置初始对准时，平台式惯导系统坐标系大体方位姿态固定不变，经三条对准回路驱动、调整台体坐标系对准到地理坐标（详见平台式惯导系统初始对准）；捷联式惯导系统基体坐标系位置固定不变，由惯性仪表和姿态计算机测量、计算出初始姿态矩阵，完成初始对准（详见捷联惯导系统初始对准）。这种对准方式，惯导系统操作程序简单，可缩短对准时间；但难以现场标定出陀螺漂移等误差并加以补偿，对准精度取决于惯性仪表误差系数的长期稳定性，故对仪表性能要求高；基座运动时，一些仪表的误差系数可观性差，采用卡尔曼滤波技术时，其随机误差的估计和补偿效果会受较大影响。此对准方式多用于中等对准精度要求的惯导系统初始对准。

（撰写人：孙肇荣　审核人：吕应祥）

danzhou jiasuduji

单轴加速度计（Single-axis Acceleromer）（Одноосный акселерометр）

只有一个输入轴线，仅能测量物体沿此轴线正反两个方向线运动加速度的装置。

（撰写人：商冬生　审核人：赵晓萍）

danziyang yuanzhui wucha

单子样圆锥误差（Coning Error of One Sample Algorithms）（Конусная ошибка одновыборочного алгоритма）

采用单子样圆锥补偿算法修正转动矢量角而剩余的误差角。

用单子样圆锥补偿算法（参见圆锥补偿算法）修正、补偿圆锥误差（参见捷联算法圆锥误差）时，因算法的近似性，修正后每修正时间间隔尚剩余很小部分未补偿掉的误差角 ϕ_ε，如下式所示

$$\phi_\varepsilon = \frac{\alpha^2(\omega h)^3}{12}$$

式中 α——圆锥角振动幅度；

ω——圆锥角振动圆频率；

h——修正时间间隔。

由上式可见，在 α、ω 已定时，减小 h（即提高修正频率）可显著减小剩余误差角。

（撰写人：孙肇荣　审核人：吕应祥）

danziyoudu tuoluoyi

单自由度陀螺仪（Single-Degree-of-Freedom Gyroscope）（Гироскоп с одной степенью свободы）

转子组件（浮子）相对壳体具有一个转动自由度的陀螺仪。

如图所示，陀螺转子（陀螺马达）的自转轴借助于轴承安装于框架上，并与框架轴垂直，转子绕自转轴高速旋转以获得必需的陀螺角动量（H），自转轴绕框架轴相对基座只有一个转动自由度，装有陀螺马达的框架称为框架组件。

实际应用的陀螺仪框架组件通常做成浮子的结构，即把框架组件用圆筒形的浮筒密封起来形成的浮子，浮子可以用气浮、液浮、静压液浮悬浮起来，以减小框架轴与基座的摩擦力矩，提高陀螺仪

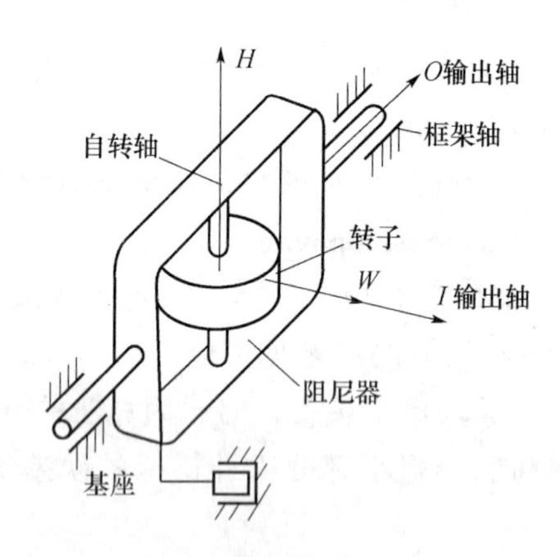

单自由度陀螺仪简图

的精度。

单自由度陀螺仪是基于绕其输出轴作用的各种力矩总和为零而工作的，当基座绕垂直于自转轴和框架轴的输入轴 I 以角速度 ω 转动时，将迫使陀螺仪一起转动，按照进动原理，在陀螺力矩的作用下，自转轴 H 相对基座偏转，当陀螺力矩与输出轴上的阻尼力矩平衡时，陀螺处于稳态，此时所产生的偏转角即为陀螺仪的输出。

单自由度陀螺仪分为速率陀螺仪、积分陀螺仪和无约束陀螺仪，它可以用来测量或输出飞行器的角速度，也可以用于惯性导航陀螺稳定平台或捷联惯导系统上，作为角速度的敏感元件。

（撰写人：孙书祺　审核人：唐文林）

dandao qingjiao

弹道倾角（Trajectory Tilt Angle）（Угол наклона траектории）

导弹或火箭的速度矢量在发射坐标系 $Oxyz$ 中 xOy 平面（射面）上的投影与 Ox 轴（目标方向）的夹角。速度矢量在 Ox 轴正向为正，反之为负。

当地弹道倾角是指导弹或火箭的速度矢量与其矢径间夹角的余角。

（撰写人：程光显　审核人：杨立溪）

danti zuobiaoxi

弹体坐标系（Missile Coordinate System）（Система координат ракета-носителя）

原点取在导弹的质心上，x 轴沿导弹的纵轴而指向头部方向，y 轴在弹体的纵平面内与 x 轴垂直且指向上方，z 轴与 x，y 轴成右手正交坐标系。

弹体坐标系与弹体固联，用来描述弹体相对于参考坐标系的运动状态。

（撰写人：吕应祥　审核人：杨立溪）

dangdi shuipingmian

当地水平面（Local Horizontal Surface）（Местная горизонтальная плоскость）

与当地铅垂线垂直的平面。物体沿当地水平面运动时其势能不发生变化。

（撰写人：裴听国　审核人：吕应祥）

dangding dianya

挡钉电压（ Voltage of Barring Bolt）（Напряжение до задержки）

惯性仪表输出轴转到其限位挡钉时传感器输出的电压。

惯性仪表输出轴的最大工作角度是通过挡钉进行限制的，生产过程中调节挡钉的位置即可限制输出轴的最大转角，是惯性仪表输出轴有效工作角度的体现。

（撰写人：高万红　审核人：佘亚南）

daogui jingdu

导轨精度（Oriented Precision）（Точность направляющего рельса）

导轨的几何精度，即导轨在水平面和垂直面运动的直线度及双导轨间在垂直方向的平行度。

（撰写人：杜卓峰　审核人：谢　勇）

daohang

导航（Navigation）（Навигация）

通过测量并输出载体的运动速度和位置，引导载体按要求的速度和轨迹运动。

用于完成导航任务的手段很多。按有无地面设备分为他备式导航与自主式导航；按获得导航信息的技术措施不同，可分无线电导航、惯性导航、天文导航、多普勒导航等；按作用距离的不同分为近程导航、中程导航、远程导航、超远程导航等。

（撰写人：朱志刚　审核人：杨立溪）

daohang jisuanji

导航计算机（Navigation Computer）（Навигационный вычислительный аппарат）

导航系统中完成信息采集、处理和解算并输出导航信息的计算装置。

在惯性导航系统中该装置根据输入的载体初始位置、速度、方位等信息并利用惯性敏感仪表（陀螺仪、加速度计）测量所得载体运动信息按规定的导航方程计算，最终实时给出载体的速度、加速度和姿态等导航信息。

导航计算机也可同时接收惯性仪表的导航参数以及其他辅助导航设备（如 GPS、高度表等）的导航参数，作多种信息融合计算并给出组合导航参数，为制导和控制系统提供更准确、更完整的导航信息。

导航计算机一般由中央处理器、读写存储器、只读存储器、输入接口和输出接口等功能模块以及数据、地址和控制总线等部分组成。导航计算机的主要技术指标是其计算速度以及接收和处理信息、数据的容量。

（撰写人：杨大烨　审核人：孙肇荣）

daohang wucha

导航误差（Navigation Error）（Ошибка навигации）

导航系统所给出的载体速度与位置相对其理论值的误差。惯性导航误差主要由惯性测量系统及导航计算机的硬件误差和计算方法误差构成。

（撰写人：程光显 审核人：杨立溪）

daotong jiancha

导通检查（Conduction Test）（Контроль на проводимости）

用仪器的小电阻挡或蜂鸣挡，对产品的相关点间进行测试的过程。

（撰写人：郝 曼 审核人：闫志强）

daoyin

导引（Steering）（Наведение）

控制导弹或火箭的质心向规定的飞行轨迹靠拢。控制法向运动的称为法向导引，控制横向运动的称为横向导引。导引是制导的主要任务之一。

摄动制导的导引，是使导弹或火箭的实际弹道向标准弹道靠拢；全量制导的导引，是根据导弹或火箭当时的飞行状态（速度与位置）和终端条件确定误差信号，控制导弹质心向减小此误差的轨道靠拢；末制导的基本任务是导引，称为末端导引。导引是连续的闭环工作过程。

（撰写人：程光显 审核人：杨立溪）

daoyintou

导引头（Seeker Head）（Головка наведения）

安装在导弹头部，用于导弹末制导的设备。导引头接收目标辐射或反射的某种特征能量，据此测量出导弹和目标的相对运动参数，并形成制导指令，制导导弹飞向目标。

按照辐射或反射的能量物理特性不同，导引头可分为无线电（如雷达）、光学（如激光、电视）、热（如红外）及音响 4 种。按照所敏感能量的来源不同，导引头可分为主动、半主动和被动等几种。辐射的能量来自导引头自身的，称为主动导引头；辐射的能量来自地面辐射源的，称为半主动导引头；辐射的能量来自目标的，称为被动导引头。

（撰写人：龚云鹏　审核人：吕应祥）

dengji

等级（Grade）（Класс）

对功能用途相同但质量要求不同的产品、过程或体系所进行的分类或分级。

示例：飞机的舱级和宾馆的等级分类。

注：在确定质量要求时，等级通常是规定的。

（撰写人：朱彭年　审核人：吴其钧）

denglizi jiagong

等离子加工（Plasma Machining）（Плазменная обработка）

又称等离子体加工，简称PAM，是利用电弧放电效应，使气体电离成过热的等离子气体流束，靠局部熔化及强化实现去除材料或焊接目的。其加工原理为：由直流电源供电，在钨电极与工件间建立的强电场作用下形成电弧，使氮、氩等工作气体电离成等量电荷的负电子和正离子。在电弧外围不断送入工作气体，电弧受到喷嘴通道的机械压缩、受热无法膨胀而形成热压缩，以及周围磁场产生磁收缩的综合作用形成等离子束流，具有极高的能量密度，加热和熔化金属。最外层的保护气体则有助于限制等离子弧的发散并去除熔渣。等离子弧可快速而较整齐地切割钛、钨及不锈钢材料，可用于金属的穿孔加工，还可作为热辅助加工，如等离子弧辅助切削加工（车削、开槽、刨削等），即在切削前合理地提前用等离子弧加热工件待加工表面，使加工难切削材料时切削力减小、刀具寿命延长。

（撰写人：常　青　审核人：易维坤）

denglizi keshi

等离子刻蚀（Plasma Etching）（Плазменное гравирование）

可以采用几种不同的方式：以物理溅射方式进行的腐蚀，包括：溅射腐蚀和离子磨削；以及不同程度依赖化学反应（形成挥发或准挥发化合物）和物理效应的腐蚀，包括等离子腐蚀、反应离子刻蚀和反应离子束腐蚀等。

溅射腐蚀是利用放电时所产生的高能（≥500 eV）惰性气体离子（如 Ar^+）对材料进行物理轰击，即气体放电把能量提供给轰击粒子，使它们高速运动与衬底相碰撞，这时，能量通过弹性碰撞传递给衬底原子，当超过原子的结合能时就能撞出衬底原子。由于这种腐蚀是通过动量向衬底原子转移而实现的，所以溅射或离子腐蚀的速率与轰击粒子的动量、通量密度及入射角有关。

等离子腐蚀使惰性气体（如 CF_4）在高频或直流电场中受到激发并分解（如形成 F^-），然后与被腐蚀的材料起化学反应，形成挥发性物质（如 SiF_4），再由抽气泵排出去。

反应离子刻蚀（Reactive Ion Etching，RIE）采用类似于溅射腐蚀的腐蚀装置，但是在腐蚀过程中，用分子气体（与等离子腐蚀所用气体相同）取代了离子源中的惰性气体，通过活性离子对衬底的物理轰击和化学反应双重作用刻蚀。具有溅射腐蚀和等离子腐蚀两者的优点，同时兼有各向异性和选择性好的优点。目前，RIE 已成为 VLSI 和微机械（MEMS）工艺中应用最广泛的主流刻蚀技术。

（撰写人：牛 凯 审核人：徐宇新）

denglizi qingxi

等离子清洗（Plasma Cleaning）（Плазменная очистка）

利用气体放电的抽运效应来对激光陀螺腔体进行清洁的工艺过程。

（撰写人：吴 嵬 审核人：王 轲）

dengxiaomo

等效膜（Equivalent Coating）（Эквивалентная плёнка）

又称虚设膜，当膜层的光学厚度等于 1/2 波长时，无论膜层的折射率比基底大还是小，膜层在该波长处的反射率都和未镀膜时基底的反射率相同，对该波长光波的透、反射无影响，此时的薄膜称为等效膜。

（撰写人：章光健 审核人：王 轲）

di g jiasudu de shiyan

低 g 加速度的试验（Low g Acceleration Test）（Испытание под низкими ускорениями）

低 g 加速度指在 $10^{-7}g \sim 10^{-8}g$ 范围内的加速度。

低 g 加速度试验包括专用的对范围内加速度的检测，所用设备主要有低 g 加速度计，绝对重力仪等。低 g 加速度试验和检测应用范围较广，有惯导测试技术领域，精密测试设备基础测试领域等水电站大坝测试等（如图所示）。低 g 加速度计是重要的测试设备，以精密离心机基础为例，对其低频的倾斜测试试验是对实验室建设的主要技术要求之一。

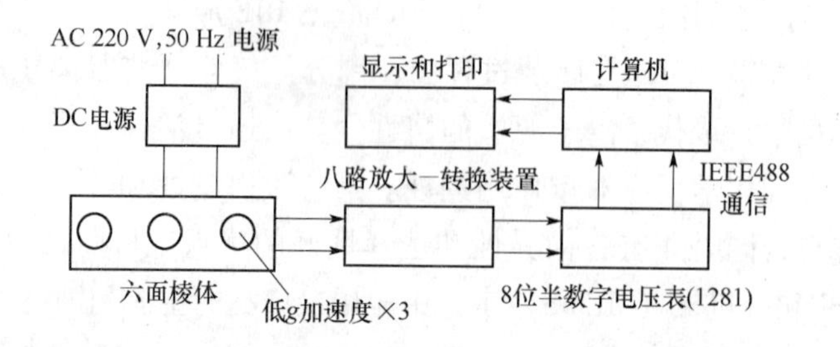

利用低 g 加速度计检测地基运动

（撰写人：叶金发　审核人：原俊安）

di g jiasudu xinhao chanshengqi

低 g 加速度信号产生器（Low g Acceleration Signal Generator）（Генератор сигнала ускорения низкого g）

低 g 加速度信号来源于低 g 加速度产生器。利用“倾斜”产生低 g 的设备，种类较多，如精密微动倾斜台、正弦尺等。其中最有代表性的低 g 加速度产生器是俄罗斯的低 g 台。该低 g 产生器可产生 $10^{-7}g$ 加速度。采用空气轴承，半球形台体，单方向导轨，有效负载为 50 kg。球形台体名义半径为 9.8 m，倾斜小角度值直接读成低 g 加速度值。如图所示。

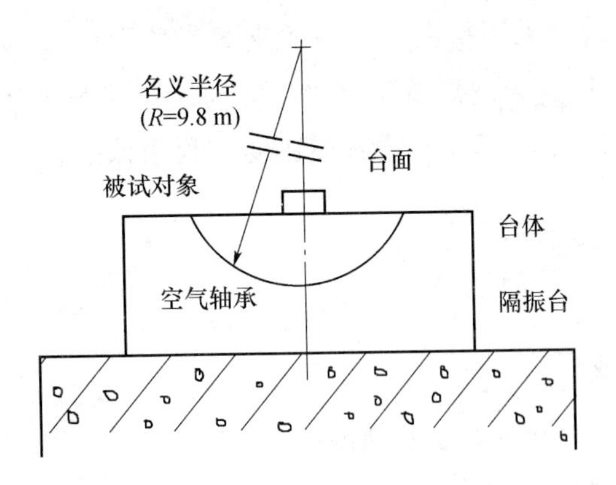

低 g 加速度产生器

（撰写人：王家光　审核人：李丹东）

dipin baitai

低频摆台（ Low Frequency Platform）（Низкочастотный качающийся стенд）

产生低频线加速度的测试设备。如图所示的是国外的一种低频摆台。

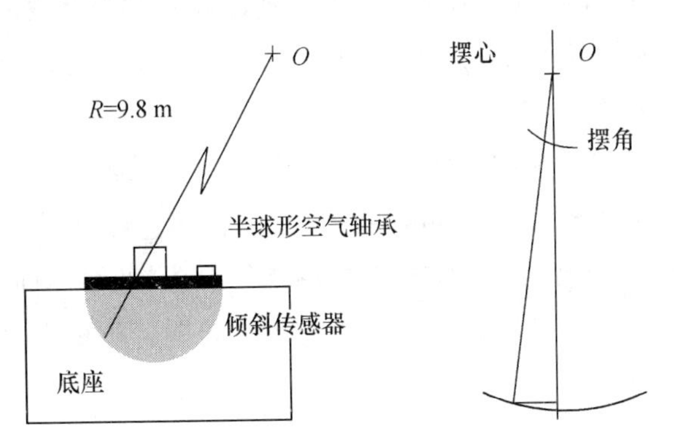

低频摆台示意图

该低 g 摆台属于精密的低 g 发生器，产生最低加速度为 $10^{-7}g$。结构上采用精密空气轴承支撑半球形试验台，名义半径 $R=9.8$ m，这样半球形试验台水平方向线位移等于 g 值的水平分量，也是被试加速度计的输入加速度。利用该摆台产生的线加速度如下式

$$\Delta a = g\sin\alpha = g\sin\frac{\Delta l}{R} = g\frac{\Delta l}{R} = 9.8\times\frac{\Delta l}{9.8} = \Delta l$$

式中 Δa——产生的低 g 加速度；

α——摆台的摆角；

Δl——摆台产生的线位移。

显然，给定 Δl 即给出了输出加速度值。低 g 台可自主定心，定心精度高。台面上安装有倾斜传感器可测量摆角。

（撰写人：李丹东　审核人：王家光）

dipin xianzhendongtai

低频线振动台（Low Frequency Linear Vibrator）

（Низкочастотный линейно-вибрационный стенд）

主要用于 PIGA（摆式积分陀螺加速度计）和陀螺仪的大加速度试验，是与精密离心机及火箭橇类似的地面大加速度惯导试验设备（如图所示）。

低频线振动台常利用共振原理，在垂直方向或水平方向产生直线正弦振动，振动加速度可在 $0.1g\sim10g$ 间连续调节。由于频率低，故行程（振幅）大。结构上采用空气静压轴承，双向垂直导轨导向，约束绕垂直轴转动；还有双向水平导向，防止产生绕水平轴的角运动。

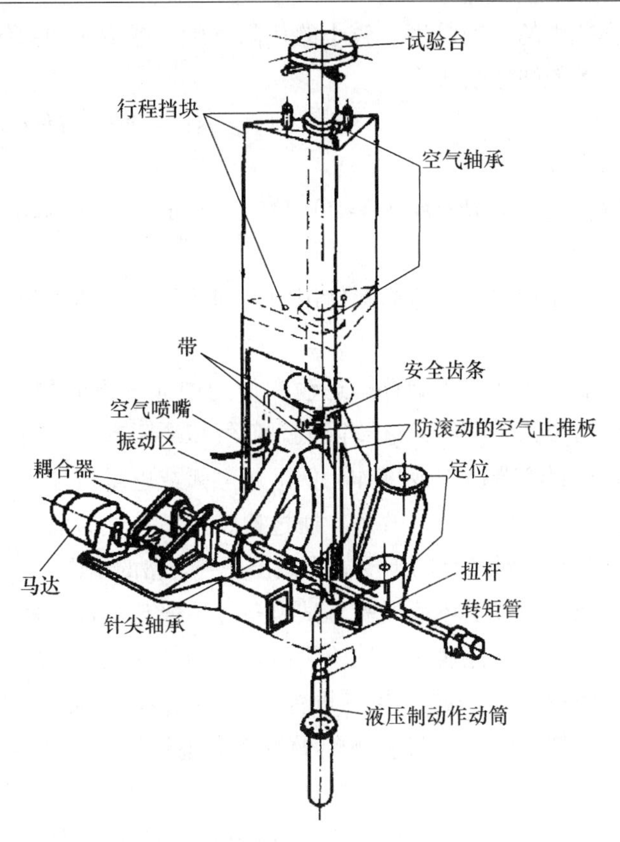

低频线振动台示意图

（撰写人：王家光　审核人：李丹东）

dipin zhendong

低频振动（Low Frequency Vibration）（Низкочастотная вибрация）

机械加工中的低频振动主要指车削时工件系统的弯曲振动以及镗削时镗杆的弯曲振动等。低频振动的主要外观特征是：1）振动频率较低（50～250 Hz），振动时发出的噪声比较低沉；2）在切削表面留下的振动痕迹深而宽；3）振动比较剧烈，常常使机床部件（如尾座、刀架等）松动和使硬质合金刀片碎裂。防止低频振动的措施主要有：选择合适的刀具材料和刀具几何角度，选择合适的切削速度，选择较大的切削厚度、较小的切削宽度，减少振动系统质量和提高振动系统弹性系数等。

（撰写人：汤健明 审核人：王佳民）

diqiya shiyan

低气压试验（Low Pressure Test）（Испытание под низким давлением）

确定产品对储存、运输和使用中遇到的低气压环境的适应能力的试验。

航空航天产品，在储存、运输和使用中涉及不同的海拔高度，随着高度增加，大气压力逐步降低。低气压会引起：密封壳体漏气或漏液，密封容器破裂或爆炸，低电压电弧或电晕放电，设备过热润滑油挥发，气密密封失效等。通过检查产品在试验前中后的外观和有关性能，可对产品的承受能力做出是否合格的结论。

低气压试验属于环境试验。试验条件一般包括试验压力、试验持续时间、压力变化速率。试验设备主要为低气压试验箱。不同产品，试验条件不同，如某些飞机为 57 kPa 保持 1 h，某些导弹为 0.133 Pa 保持 20 min，某些飞船做真空放电试验，气压为 1.3 Pa，保持时间为 10 min。

（撰写人：叶金发 审核人：原俊安）

dici weidu

地磁纬度（Geomagnetic Latitude）（Магнитная широта）

基于地球磁场特征建立的地磁坐标系的坐标之一。通常将偶极坐标系（一种地磁坐标系）的偶极纬度称为地磁纬度。偶极坐标系是以地心为原点，以中心偶极子轴为极轴的球面坐标系。经过偶极子两极的大圆称为偶极子午面，垂直于中心偶极子轴的大圆面称为偶极赤道。某被测试点与地心的连线在过该点的偶极子午面内与偶极赤道所夹的弧长称为偶极纬度。

中心偶极子是位于地球中心，其磁场能近似代表地球磁场分布的一种磁偶极子。中心偶极子轴与地球表面的两个交点称为地磁极，又称中心偶极子极。南、北两磁极并不与地理南、北极相重合。南地磁极位于79°S，110°E处；北地磁极位于79°N，69°W处。

（撰写人：崔佩勇 审核人：吕应祥）

dilibei

地理北（Geographical North）（Географический север）

子午线向北极汇聚的方向。地面某点与子午线相切并指向北极的方向，即为该点的地理北。地理北也称为真北。

（撰写人：朱志刚 审核人：杨立溪）

dili chuixian

地理垂线（Geographic Vertical）（Географическая вертикаль）

又称铅垂线。地球表面上某点处的单位质量受地球引力和地球自转离心力的合力即重力作用，重力的方向指向称为地理垂线。它与赤道平面的夹角称为地理纬度。

（撰写人：裴听国 审核人：吕应祥）

dili fangweijiao

地理方位角（Geographic Azimuth）（Географический азимут）

从地理北向（真子午线）为起始方向线，沿顺时针方向，该线与目标方向之间的水平夹角。地理方位角以度、分、秒表示。军事上常以“密位”表示，1密位等于3.6角分。如图所示。

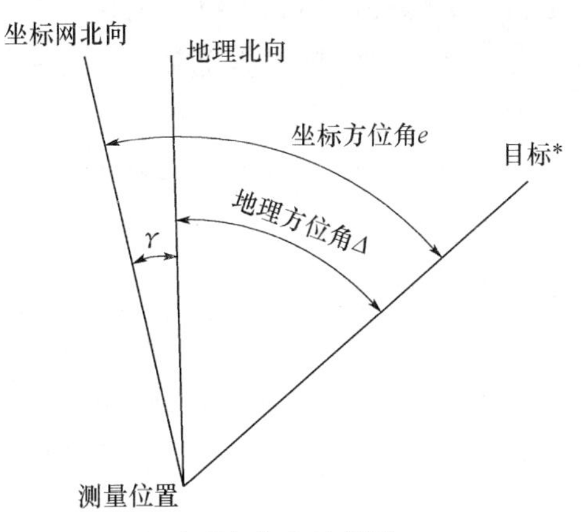

地理方位角示意图

（撰写人：吴清辉 审核人：刘伟斌）

dili weidu

地理纬度（Geographic Latitude）（Географическая широта）

参见大地纬度。由于天文纬度与大地纬度的近似性，有时亦通称为天文纬度或大地纬度。

（撰写人：崔佩勇　审核人：吕应祥）

dili zuobiaoxi

地理坐标系（Geographic Coordinate System）（Географическая система координат）

描述载体在地球表面及附近运动的一种直角坐标系。其原点可取地球表面及其附近任一点，其一根坐标轴与当地垂线重合，另两根轴在当地水平面内并与东—西、南—北方位重合。根据具体情况，可取东—北—天、西—北—地、北—西—天、北—东—地和北—天—东等不同的实用坐标系方案。

（撰写人：吕应祥　审核人：杨立溪）

dimian daohang

地面导航（Land Navigation）（Наземная навигация）

主要为地面上运动的车辆及载体确定所在地的位置坐标和方位，并为其到达预定目的提供导航信息。位置坐标的表示有球面坐标系的经度、纬度和海拔高度；有UTM及高斯等坐标系的东向、北向位置坐标和高程。地面导航可采用天文导航、无线电导航（如卫星导航）、航迹推算和惯性导航等，惯性导航具有不依赖外界条件自主式导航的独特优点，更适于军事应用。

航迹推算就是在车辆行驶中将测得的路程位移增量不断累加到先前的位置上，这样计算得到的位置称为航迹推算位置。一般采用方位陀螺或磁罗盘测量车体瞬时航向角，采用里程计测得位置增量，将其分解为东向和北向位置分量，并不断累加便可获得所在地的东向和北向位置坐标。

地面导航中，航迹推算定位导航系统和惯性导航系统是广为应用的系统。它们与GPS或其他外部信息相组合可构成高精度的车辆定位导航系统，广泛用于民用交通运输、旅游、安全保障、石油勘探等领域。

（撰写人：彭兴泉 审核人：汪顺亭）

dimian fashe zuobiaoxi

地面发射坐标系（Launching Coordinate System）（Стартовая система координат）

一种固联于地球的坐标系，其原点为导弹或火箭的发射点在地球参考椭球表面上的投影点，x 轴在过原点的参考椭球体的切平面内指向射击方向，y 轴与参考椭球体的法线重合且指向上方，z 轴与 x，y 轴成右手正交坐标系。

发射前，惯性系统的初始对准就是平台台体坐标系或捷联组合坐标系向地面发射坐标系对准。

（撰写人：吕应祥 审核人：杨立溪）

diqiu cankao tuoqiu

地球参考椭球（Earth Reference Ellipsoid）（Земной референц-эллипсоид）

大小、形状与地球相接近，椭球面与某国家或地区大地水准面实现最优密合并且诸要素和定位定向均已确定的旋转椭球。

地球参考椭球诸要素主要指：椭球长半径 α，引力常数与地球质量的乘积 GM，地球重力场二阶带球谐系数 J_2，地球自转角速度 ω，以及导出参数椭球扁率 f 等。

地球参考椭球的定位定向是指要确定出该椭球与大地球体的相关位置，即要求椭球面在本国家或地区范围内与大地水准面实现最优密合；要求椭球的短轴平行于所选的地球自转轴（平极轴）；要求起始大地子午面平行于起始天文子午面。也就是以在国内选定的一个大地原点为基点，建立起参考大地坐标系。

我国目前使用的参考大地坐标系共有两个：一个是 1954 年北京坐标系，另一个是 1980 年国家大地坐标系。后者比前者更严密，更精确。有关会议决定，全国天文大地网平差应在 1980 年国家大地坐标系中进行。

1980 年国家大地坐标系的大地原点选在陕西省泾阳县永乐镇，椭球要素选用 1975 年国际大地测量与地球物理联合会第 16 届大会推荐的 IUGG－75 地球椭球参数。该椭球的定位定向满足以下要求：椭球面与大地水准面在我国范围内实现最优密合；椭球短轴平行于由地心指向 JYD1968.0 极点（历元平极）方向；起始大地子午面平行于格林尼治天文台子午面。

IUGG－75 地球椭球主要参数值如下：

$\alpha = 6\ 378\ 140$ m；

$GM = 398\ 600.5 \times 10^{9}\ \mathrm{m^3/s^2}$；

$J_2 = 10\ 826.3 \times 10^{-7}$；

$\omega = 7.292\ 115 \times 10^{-5}$ rad/s；

$f = 1:298.257$。

永乐镇大地原点大地坐标为：

大地纬度 $B_0 = 34°32'$；

大地经度 $L_0 = 108°55'$。

永乐镇大地原点垂线偏差（定位）：

子午分量 $\xi_0 = -1.9''$；

卯酉分量 $\eta_0 = -1.6''$；

大地水准面差距 $N_0 = -14.2$ m。

（撰写人：崔佩勇　审核人：吕应祥）

diqiu sulü

地球速率（Earth's Angular Velocity）（Угловая скорость суточного вращения земли）

又称地球角速率或地球自转角速率，是地球在单位时间内绕自转轴相对于惯性坐标系转过的弧度（或角度）值。地球在一个恒星日中准确转过 360°。如果用平太阳时作为计时单位，则地球角速率 ω_e 为

$$\omega_e = 15.041\ 066\ 9(°)/\text{平太阳时}$$

即每经过1个平太阳时，地球绕自转轴转过15.041 066 9°。

现代科学技术研究证实，地球自转角速率存在长期变化、周期变化及其他不规则变化。由于月球、太阳对地球引力产生的潮汐摩擦作用，使地球自转角速率逐渐减小，其量值约为每经过百年每天的时间长度增长1～2 ms；周期变化包括季节变化，半年、一月等变化，其变化幅度一般为几毫秒到一二十毫秒；而不规则变化，其大、小变化率约为每年5×10^{-10}～5×10^{-8}量级。这些因素对惯性导航系统的精度影响甚微，可以忽略不计。

（撰写人：崔佩勇　审核人：吕应祥）

diqiu wulichang/guanxing zuhe daohang

地球物理场/惯性组合导航（Geophysical Field/Inertial Integrated Navigation）（Физические поля земли/инерциальная комбинационная навигация）

利用地球物理场信息与惯性信息组合构成的导航方式。由于地球物理场信息一般以数据的形式存储在电子地图上，因此也称为数字地图匹配/惯性组合导航方式。

地球物理场包括：重力异常场、磁异常场、地形（高度）场、波辐射场、波反射场和温度场等。这些场信息需事前测定并编制成数字地图储存在载体导航系统中。载体航行中通过相应敏感器测得当地的场参数，与所存储的数字地图数据进行比较匹配，得到惯性导航的误差并对其进行修正，最终获得更高的导航精度。

这种导航方式的优点是利用了多种冗余信息，可保证高可靠、高精度的组合导航性能，缺点是数字地图的测定工作十分繁重，而且受到技术及其他多方面的限制，因此这种导航方式还处于初级阶段，目前主要在单独的地形或重力信息等方面有所积累和应用。如地形匹配/惯性组合导航，重力匹配/惯性组合导航等。

（撰写人：朱志刚　审核人：杨立溪）

dixin guanxing zuobiaoxi

地心惯性坐标系（Geocenteric Inertial Coordinate System）（Геоцентрическо-инерциальная система координат）

坐标原点 O 在地球球心，Ox 轴和 Oy 轴在地球赤道平面内且互相垂直，Ox 轴指向春分点，Oz 轴与赤道平面垂直指向北极，$Oxyz$ 为右手正交坐标系。虽然该坐标系原点固定在地心处，但三根坐标轴并不是固定在地球上，因而并不与地球同步旋转。地心惯性坐标系是惯性导航应用中一个重要的坐标系。

（撰写人：吕应祥　审核人：杨　畅）

dixin weidu

地心纬度（Geocentric Latitude）（Геоцентрическая широта）

地球表面上某被测点的地心向径（该点与地球椭球中心的连线）与赤道平面的夹角。地心纬度与天文纬度之差为引力方向与重力方向的夹角，近似等于引力方向与地球椭球面法线方向的夹角。这个差值在赤道和南、北两极皆为零，在南、北纬45°处达最大值，约为11′左右。在惯性导航工程中需要考虑这种差异产生的影响。

（撰写人：崔佩勇　审核人：吕应祥）

dixing pipei/guanxing zuhe daohang

地形匹配/惯性组合导航（Terrain Matching/Inertial Integrated Navigation）（Топографическое согласование/инерциальная комбинационная навигация）

利用地表海拔高度（或地形特征）信息修正惯性导航误差的一种惯性基组合导航方式，又称地形相关修正惯性导航。

地形匹配/惯性组合导航采用气压高度表及雷达高度表测量当地海拔高度及地形起伏变化信息，与储存在系统中的给定高度及地形数据进行相关匹配计算，确定当前位置，并对惯导系统进行连续或断续修正。

地形匹配的优点是高度及地形数据稳定，缺点是只能在高度及地形变化特征显著的地区进行匹配。因此，主要适用于在规定航线上的载体位置的粗修正，如远程巡航导弹航程中可规定一至几个匹配区进行分段修正，以防止偏离航向太远到达不了目标。而到达目标区的末端修正和制导则要由景物匹配或其他方式实现。

（撰写人：杨立溪 审核人：吕应祥）

dianzhen shiyan

颠震试验（Quake Tests）（Испытание под тряской）

专门模拟舰船和船载设备受到波浪引起的沿垂直方向的重复性低强度冲击环境条件对被测件（例如惯导设备）的例行试验。颠震试验通常以颠震加速度幅值、频率、冲击数和冲击脉冲持续时间等参数按设计要求构成相应的试验方案。该试验是将被试件置于专用的颠震设备上进行的。

（撰写人：刘玉峰 审核人：杨立溪）

dianci jianrong

电磁兼容（Electromagnetic Compatibility）（Электромагнитная совместимость）

“设备（分系统、系统）在共同的电磁环境中能一起执行各自功能的共存状态。即：该设备不会由于受到处于同一电磁环境中其他设备的电磁发射导致或遭受不允许的降级；它也不会使同一电磁环境中其他设备（分系统、系统），因受其电磁发射而导致或遭受不允许的降级。”（GJB72—85）

电磁兼容性问题包含 3 个要素，即在干扰源、敏感源和耦合路径共同作用下发生。因此，在解决电磁兼容问题时，应采取适当的措施消除其中至少一个要素。

在惯导系统设计过程中，需要解决内兼容和外兼容问题。内兼容指惯导系统内部各部分之间的电磁影响问题，外兼容指惯导系统与载体系统及应用环境之间的电磁影响问题。

内兼容问题是惯导系统设计的基本问题，应与系统功能和性能设计紧密结合，在抑制干扰源、降低敏感源灵敏度和消除耦合路径方面综合考虑。可通过区分电路单元和传输线的电磁干扰特性，合理布局走线（接地）、滤波、屏蔽等措施来消除内部干扰；同时采用频率（频带）分配和相位同步等措施，把残余干扰的影响固定化，消除其对系统性能（精度）的有害影响。

外兼容问题是在给定的应用条件和电磁环境标准下，惯导系统与载体及应用环境间的相互作用。例如以 GJB151A—97《军用设备和分系统电磁发射和敏感度要求》和 GJB152A—97《军用设备和分系统电磁发射和敏感度测量》为依据，辅以针对特殊使用环境的特殊要求。电磁发射可分为传导发射（CE）和辐射发射（RE），敏感度也分为传导敏感度（CS）和辐射敏感度（RS）。

随着惯导系统的小型化和智能化，更多地采用开关功率电路和数字电路，系统的高频发射和高频敏感度都显著增加，电磁兼容设计的重要性更加突出。例如，在采用低频模拟电路的惯性测量装置中无显著影响的开关电源尖峰脉冲，会在依赖时序运行的数字系统中造成严重误码，甚至系统倾覆。由于电路和结构中分布参数的存在，电气隔离的各部分电路间的电磁耦合仍非常紧密，例如 DC/DC 隔离电源对数字系统较敏感的米波段干扰只有 1 数量级的阻抗。因此对于高频干扰，控制相对电位（接地）、电磁屏蔽和抗干扰滤波措施极为重要。

对于惯导系统的规模和工作频率，其内部电磁环境可看做“低频系统”或“似稳态场”，但其互连电缆长度的影响却不可忽略。因此，实现结构一体化，减少外引线数量是改善系统性能、可靠性和电磁兼容性的有效手段。

（撰写人：余贞宇　审核人：周子牛）

dianci jianrong shiyan

电磁兼容试验（Electromagnetic Compatibility Test）（Испытание электромагнитной совместимости）

为验证惯性器件等产品的电磁发射和敏感度能否在预定的电磁环境中正常兼容地工作，按规定的方法所进行的试验。

惯性器件等产品一般包含电气或电子设备，它们在执行任务时通常会遇到各种电磁环境，包括系统内部的和外部的、天然的和人为的，为使其在此环境中性能不降低，参数不超差，协调有效地工作，需要进行电磁兼容性设计。从抑制干扰源、抑制干扰的耦合通道，提高敏感电路的抗干扰能力方面采取措施，如接地、屏蔽、滤波、布线布缆，散发控制、感受性控制、耦合控制等。为证实设计效果符合电磁发射和敏感度要求，需按规定进行试验，以做出判断。测试以单机或最接近实际工作状态的设备组合或分系统在专门的实验室进行。

以某航天飞行器产品为例，按规定应进行下列试验。1）CE03：0.015～50 MHz 电源线和互连线的传导发射；2）CE07：电源线尖峰信号（时域）传导发射；3）RE01：25～50 Hz 磁场辐射发射；4）RE02：14 kHz～10 GHz 电场发射；5）CS01：25 Hz～50 kHz 电源线的传导敏感度；6）CS02：0.05～400 MHz 电源线的传导敏感度；7）CS06：电源线尖峰信号（时域）的传导敏感度；8）RS03：14 kHz～18 GHz 电场辐射敏感度。将数据和要求对照，即可得出是否合格的结论。

对于一些大型设备如转台，其电磁兼容性试验需采用其他办法进行。如将惯性器件等产品装入转台，借助频谱分析仪等测试电磁兼容性，以两者均能正常工作为合格。

（撰写人：叶金发　审核人：原俊安）

diancishi lijuqi

电磁式力矩器（Electromagnetic Torquer）（Электромагнитный датчик момента）

又称磁阻式力矩器，是利用定、转子之间的磁阻效应产生力矩。它既可以用直流激磁，直流控制，也可以用交流激磁，交流控制。力矩器的输出力矩为

$$M = -\frac{1}{2}I_J W_J I_K W_K \frac{\partial G_\delta}{\partial \alpha}$$

式中 I_J——激磁绕组的电流；

W_K——控制绕组的匝数；

W_J——激磁绕组的匝数；

G_δ——气隙磁导；

I_K——控制绕组的电流；

α——转子偏离中间位置的角度。

电磁式力矩器具有单位体积比力矩大，结构简单及转子上无绕组和引线等优点。但这种力矩器的输出力矩与电压（或电流）之间的关系往往是非线性的，输出力矩随转子位置的变化较大，干扰力矩也较大。

电磁式力矩器按定子磁场吸引转子、作用到转子上的力或力矩的方向，可以分为切向转矩型和吸力型两种。

（撰写人：葛永强　审核人：干昌明）

diandongshi lijuqi

电动式力矩器（Electrodynamic Torquer）（Электродинамический датчик момента）

其工作原理与感应式力矩器一样，基于载流导体在磁场中受力的原理，由于电动式力矩器转子线圈中的电流不是感应产生，它的激磁线圈和控制线圈可以用直流供电，也可以用交流供电。电动式力矩器由于它的定、转子线圈都是由外部电源供给，所以，这种力矩器单位体积产生的力矩要比感应式力矩器大很多，也由于这一原因，它存在能耗大、温升高和有干扰力矩等缺点。因此，电动式力矩器在惯性器件中应用较少，已被永磁式力矩器取代。

（撰写人：葛永强　审核人：干昌明）

dianganshi jiaodu chuanganqi

电感式角度传感器（Inductance Angular Movement Sensor）（Индуктивный датчик угла）

一种线圈电感值随转子角位移变化而形成输出电压的机电转换元件。它分为变磁阻型和变电抗型两类。两类传感器在结构上的差别是：前者的衔铁是由良导磁材料制成，后者的衔铁是由不导磁的良导电材料制成。惯性器件常用的是变磁阻型电感式角度传感器，一般两个线圈接成差动输出，磁阻变化可以采用变工作气隙长度或变工作面积来实现。

（撰写人：葛永强 审核人：干昌明）

dianguang xiangwei tiaozhiqi

电光相位调制器（Electro-optic Modulator）（Электрооптический фазовый модулятор）

利用电光效应实现光相位调制的器件，它利用调制信号在调制器中产生的电场来改变器件的折射率，从而改变通过器件的光波的相位。电光效应有线性电光效应（普克尔效应）和二次电光效应（克尔效应）。在一般情况下前者比后者强，因此最常采用的是线性电光效应。通常用于线性电光调制的晶体有 HK_2PO_4 和 $LiNbO_3$ 晶体。

（撰写人：徐宇新 审核人：王军龙）

dianhuohua xianqiege jiagong

电火花线切割加工（Spark-erosion Wire Cutting）（Электроискровое резание）

简称 WEDM，是利用移动的线状钼丝或铜丝电极，靠脉冲火花放电对工件进行切割成形的加工方法。作为加工工具的电极丝沿着自身的轴线运动以减少自身的蚀损。WEDM 具有电火花加工的共性，常用来加工淬火钢和硬质合金等。用细电极丝可加工微细异形孔、窄缝和复杂形状的工件，但不能加工盲孔。电火花线切割加工有许多突出的特点，因而在国内外发展都较快，已逐步成为一种高精度和高自动化的特种加工方法，在模具制造、成形刀具与电火花成形电极制作、难切削材料和精密复杂零件加工等方面得到了广泛应用。惯性器件制造中应用较多。

（撰写人：常 青 审核人：易维坤）

dianji fandianshi jiance

电机反电势检测（Detection of Back Electromotive of Electrical Machine）（Измерение противоэлектродвижущей силы двигателя）

当磁滞电机达到额定转速后，断开电源，用电压表检测电机在惯性运转时转子剩磁在定子绕组上所感应的电势值。在一定转速下，它的大小与剩余磁密 B_r 有直接关系。通过反电势的检测，可以算出 B_r 和磁钢里的工作磁通密度 B_m，从而可判断电机工作的磁场状态是否最优。

（撰写人：周 赟 审核人：闫志强）

dianjie jiagong

电解加工（Electrolytic Machining）（Электролитическая обработка）

利用金属在电解液中产生电化学阳极溶解的原理将工件加工成形。工件接直流电源的正极作为阳极，工具接直流电源的负极作为阴极。以在氯化钠水溶液中电解加工铁基合金为例，当在两极间施加 5 ～ 24 V 电压时，工件表面的金属就首先在阴极反应，不断产生阳极溶解，电解产物被 5 ～ 50 m/s 的高速液流及时冲走。阳极溶解的速度随极间距离减少而增大。随着工具相对工件持续进给，工件高点金属不断被电解，直至工件表面形成与阴极工作面基本相似的形状，符合所要求的加工尺寸为止。电解加工属成形加工，适用于加工各种难切削材料（如钛合金、高温耐热合金等），模具型腔与花键、惯性器件中，用于加工永磁零件。

（撰写人：常 青 审核人：易维坤）

dianjie moxue

电解磨削（Electrolytic Grinding）（Электролитическое шлифование）

靠阳极金属的电化学溶解（占 95% ～ 98%）和机械磨削作用（占 2% ～ 5%）相结合进行的复合加工。磨粒突出于导电砂轮基体而维持工件与磨轮间的加工间隙，间隙中充满电解液并不断更新以带走电解产物与热量。由于电解作用形成的阳极薄膜迅速被导电砂轮中的磨料刮除，在阳极工件上又露出新的金属表面并被继续溶解。靠电解作用和刮削薄膜的磨削作用连续加工工件，直到达到一定的加工精度和表面质量。电解磨削集中了电解加工和机械磨削的优点，已用来磨削各种硬质合金刀具、量具、涡轮叶片榫头、蜂窝结构件、轧辊、挤压与拉丝模及深小孔等。对于复杂型面的零件，还可采用电解研磨和电解珩磨等复合加工技术，因此电解磨削的应用范围正在日益扩大。

（撰写人：常 青 审核人：易维坤）

dianliu jizhun

电流基准（Current Reference）（Эталон тока）

相对于影响量的变化能稳定输出电流的一种电量源，其输出常作为惯性测量回路中的参考基准。力（矩）反馈电流测量是广泛采用的惯性测量变换手段，其电流基准精度通常决定了变换电路精度的上限。

（撰写人：周 凤 审核人：娄晓芳 顾文权）

dianliu tiaozhenglü

电流调整率（Current Regulation）（Коэффициент регулирования по току）

反映电源负载能力的一项主要指标，又称负载调整率、电流稳定系数，以 S_i 表示。它表征当输入电压不变时，由于负载电流变化而引起的输出电压的变化量。在规定的负载电流变化值条件下，通常以单位输出电压下的输出电压变化值的百分比来表示

$$S_i = (\Delta U_o / U_o) \times 100\%$$

有时将负载电流变化所引起的输出电压变化量 ΔU_o 直接定义为 S_i，单位为“mV”。

（撰写人：周 凤 审核人：顾文权）

dianlu jiang'e sheji

电路降额设计（Circuit Derating Design）（Проектирование схемы со снижением номинальных значений）

使电路中使用的元器件在低于其额定应力（电、热和机械等应力）的条件下工作，以显著降低元器件工作失效率，提高系统可靠性的方法。在影响载体航行安全的惯导系统设计中，降额设计是必须采取的措施。

通常每一个种类的元器件都有一个最佳降额范围，使工作应力

的下降对其失效率有显著的影响，同时又不致使系统在性能、体积、质量和成本方面付出过大代价。过分的降额不仅代价高昂，降额效果有限，同时还会使设备工作可靠性下降。

应根据设备可靠性要求、设计的成熟性、维修费用和难易程度、安全性要求，以及对设备质量和尺寸的限制等因素，综合权衡确定其降额等级。GJB/Z35—93《元器件降额准则》中推荐采用以下三个降额等级。

Ⅰ级降额是最大的降额，对元器件使用可靠性的改善最大。超过它的更大降额，通常对元器件可靠性的提高有限，且可能使设备设计难以实现。Ⅰ级降额适用于下述情况：设备的失效将导致人员伤亡或装备与保障设施的严重破坏；对设备有高可靠性要求，且采用新技术、新工艺的设计；由于费用和技术原因，设备失效后无法或不宜维修；系统对设备的尺寸、质量有苛刻的限制。

Ⅱ级降额是中等降额，对元器件使用可靠性有明显改善。Ⅱ级降额在设计上较Ⅰ级降额易于实现。Ⅱ级降额适用于下述情况：设备的失效将可能引起装备与保障设施的损坏；有高可靠性要求，且采用了某些专门的设计；需支付较高的维修费用。

Ⅲ级降额是最小的降额，对元器件使用可靠性改善的相对效益最大，但可靠性改善的绝对效果不如Ⅰ级和Ⅱ级降额。Ⅲ级降额在设计上最易实现。Ⅲ级降额适用于下述情况：设备的失效不会造成人员和设施的伤亡和破坏；设备采用成熟的标准设计；故障设备可迅速、经济地加以修复；对设备的尺寸、质量无大的限制。

电路的降额设计应注意额定应力的对应性，如额定峰值应力对应峰值工况，额定平均应力对应平均工况等。在额定应力取决于应用条件时，需要特别注意额定应力的有效性。例如，某晶体管器件手册上的额定功耗 PCM = 100 W，对应于理想散热条件，而实际应用中的散热条件可能只允许 2 W 的额定功耗，这时电路的降额设计必须以实际应用条件下的额定功耗为基础。

（撰写人：余贞宇　审核人：周子牛）

dianrongshi jiaodu chuanganqi

电容式角度传感器（Capacitive Angular Movement Sensor）（Ёмкостный датчик угла）

一种将机械位移转换成电容量变化的机电转换元件。它由动极板和定极板组成，有变极板间气隙 δ 和变极板间耦合面积 S 两种类型。在忽略边缘电场的条件下，一对平行平板的电容 C 的计算公式为

$$C = \frac{\xi_r \xi_0 S}{\delta}$$

式中 ξ_r——真空介电常数；

ξ_0——极板间介质的相对介电常数。

电容式角度传感器具有结构简单、工作可靠、灵敏度高和干扰力矩小的优点，它的缺点是易受温度、湿度变化的影响；其引出线分布电容有时与传感器电容是一个数量级，严重地影响传感器性能；它的阻抗高，易受干扰。

（撰写人：葛永强　审核人：于昌明）

dianweijishi jiaodu chuanganqi

电位计式角度传感器（Potentiometer-type Angular Movement Sensor）（Потенциометрический датчик угла）

一种将机械转角与电阻变化相联系的传感器，一般用直流电压供电，传感器输出与转角成比例的电压信号，可以是线性的，也可以是函数的。它也可以交流电压供电，此时，输出电压相移为零。

电位计式角度传感器由绕组、骨架和电刷组成。有线绕式、非线绕式和光电式三种类型，光电式电位计用光电刷代替机械电刷，属于无接触式角度传感器，适合在陀螺仪表上使用。

电位计式角度传感器的主要技术指标包括：允许功率、电阻值、工作角度范围、角分辨率、灵敏度、线性度和干扰力矩等。由于输出功率大，可以不需要后接放大器，工作角度大，不易受电磁场的

干扰，在航空仪表及自动化装置中使用很广，在低精度陀螺仪表中也有应用。

（撰写人：葛永强 审核人：干昌明）

dianya bijiaoqi

电压比较器（Voltage Comparator）（Компаратор напряжений）

把输入电位差的极性变为输出逻辑电平的电路，是典型的 1 bit A/D 变换器，常用于惯导系统电路中把连续变化的电压信号变为脉冲信号，通常为集成电路器件，基本部分为高增益差分放大器，与运算放大器相似，但通常为开环工作，输出电路与逻辑电路匹配。电压比较器无内部限制带宽的补偿电路，响应速度快。因此，当使用（宽带、高速）运算放大器作为比较器应用时，须核算其延迟、摆率等性能指标，确保满足设计要求。

理想比较器（$K=\infty$）可描述为输入电压的符号函数，实际的比较器在零位附近仍是连续函数。

电压比较器的主要性能指标包括：电压/电流温漂、转换速度、阈值/回差电压、输入偏置电流、失调电压/电流、输入电压范围、输出电平、输出电流范围和电应力降额等。

（撰写人：周子牛 审核人：杨立溪）

dianya jizhun

电压基准（Voltage Reference）（Эталон напряжения）

相对于影响量的变化能稳定输出电压的一种电量源，其输出常作为惯性测量的参考基准。

在惯性测量系统中，除时间—频率变量和无量纲参数外，数据采集接口的精度极大地依赖于电压基准的精度，它决定了数据采集接口以及惯导系统的精度上限。因此，电压基准的精度应比相应的惯性测量精度要求高 1 个数量级。

电压基准的主要误差包括：准确度误差（偏差）、温度系数（温漂）和随时间的变化（时漂）等。

（撰写人：周 凤 审核人：娄晓芳 顾文权）

dianyuan bianhuanqi dianlu

电源变换器电路（Power Converter Circuit）（Схема преобразователя источника питания）

将输入电源变换成符合要求的单路或多路输出电源的电路，按照输入和输出的不同形式可分为：

1. 直流变直流的直流电源变换器，简称 DC/DC 变换器；

2. 交流变直流的交流电源变换器，简称 AC/DC 变换器，交流一次电源一般为工频电源 220 V（50 Hz），或中频 115 V（400 Hz）电源；

3. 直流变交流的电源变换器，称为逆变器；

4. 交流变交流的电源变换器，称为变频（变压）器。

电源变换的主要技术包括整流、逆变和自动调节技术。整流技术利用二极管或同步开关，把交流电源功率变为（脉动的）直流功率；逆变技术利用电子开关把直流电源功率变为交流功率；自动调节技术采用闭环控制方法使输出的电压、电流等参数符合给定要求，工作方式有线性调节和开关（斩波）工作状态。

在惯性技术中，电源变换器电路常见的形式包括独立电源设备（二次电源、电源箱）、电源电路板（或电路板上的部分电路）和模块电源等。

电源变换器电路的主要性能指标包括供电性能（输入/输出性能指标）、电磁兼容性能、环境适应性能等，除选用标准化的电源产品外，紧凑的航空航天惯导系统的电源变换器电路往往需要与系统进行一体化设计，通过反复协调修改设计，达到系统最优性能。

（撰写人：周　凤　审核人：娄晓芳　顾文权）

dianyuan gonglü fangdaqi

电源功率放大器（Power Supply Amplifier）（Усилитель мощности источника питания）

既能放大信号电压或电流，又能放大输出功率的放大器，简称功放，能在负载允许的失真限度内，提供尽可能大的功率来推动负载工作。按功放管工作点位置的不同，功放的工作状态分为甲类放大、乙类放大、甲乙类和丁类（D 类）放大，功率放大器的特点是：输出功率大、频带宽、失真度小、效率高及散热好等。在实际工作中，功率放大器存在着功放管散热、二次击穿以及过压过流保护等问题。

（撰写人：周　凤　审核人：娄晓芳　顾文权）

dianzhu

电铸（Electro-casting）（Электрическое литьё）

在电流的作用下，金属盐溶液中的金属离子沉积到阴极原模表面且逐渐加厚，而作为阳极的金属则在溶液中发生阳极溶解，补充溶液中的金属离子，使电铸得以持续进行。然后使铸件与阴极原模分离形成铸件的加工方法。其特点为：1）能准确、精密地复制复杂型面和细纹；2）复制品表面粗糙度值取决于原模表面的粗糙性水平，最高可达 *Ra* 0.1 μm 以内。电铸加工主要用于复制精细的表面轮廓花纹，如唱片模，工艺美术品模及证券、邮票等的印刷板；复制电火花型腔加工用的电极工具和注塑用的模具，如小模数塑料齿轮模具电极与模腔制造；制造复杂、高精度的空心薄壁零件，如波导器件；制造表面粗糙度标准样块、反光镜、表盘、异型孔喷嘴等特殊零件。

（撰写人：常　青　审核人：易维坤）

dianzi qijian keli pengzhuang zaosheng jiance

电子器件颗粒碰撞噪声检测（Electronic Component Particle Impact Noise Detecting）（Измерение шума ударов частиц внутри электронного элемента）

简称 PIND，是一种非破坏性试验，通过检测振动中的颗粒碰撞噪声来发现电子元器件腔体内的可动的多余物，从而筛选剔除有缺陷的器件，保障电子设备的可靠性。该项检测是破坏性物理分析（DPA）中的试验项目之一，通常用于军用惯导系统的生产过程。

（撰写人：余贞宇　审核人：周子牛）

dianzi qijian naifushe

电子器件耐辐射（Electronic Component Radiation-resistant）（Радиоустойчивость электронного элемента）

电子器件在辐射环境中的工作性能，辐射环境指暴露在高能粒子和光子的轰击下的环境。用于空间环境、核反应堆环境和核武器的辐射环境的惯导系统需要进行耐辐射设计。

工作在辐射环境中的辐射敏感元器件，应按实际使用环境的辐射强度及辐射总剂量选择其辐射强度保证（RHA）等级，必要时应进行辐射验证试验（RVT）确认，或对其耐单粒子事件和辐射总剂量的能力进行评定。若无适用RHA等级的元器件，应采取相应的防护措施。

（撰写人：余贞宇　审核人：周子牛）

dianzi qijian pohuaixing wuli fenxi

电子器件破坏性物理分析（Electronic Component Destructive Physical Analysis）（Разрушительный физический анализ электронного элемента）

为验证元器件的设计、结构、材料和制造质量是否满足预定用途或有关规范的要求，对元器件样品进行解剖，以及在解剖前后进行一系列检验和分析的全过程。DPA是应军用系统高可靠要求而发展起来的一种提高电子元器件可靠性的重要技术，是应军用系统的迫切需要而创造发展起来的一种剔除少量失控电子元器件的有效方法。

国军标GJB 4027—2000《军用电子元器件破坏性物理分析方法》于2000年9月发布实施。该标准以美军标MIL－STD－1580A《电子、电磁和机电元器件破坏性物理分析》为蓝本，根据我国的元器件实际生产情况，结合当前国内外DPA工作的经验与成果。该标准给出了13大类37小类电子元器件的破坏性物理分析的试验方法，为DPA工作提供了较为全面的技术依据。

进行DPA的目的是验证电子元器件能否满足预定使用要求。根据DPA的结果促使元器件的生产厂改进工艺和加强质量控制，以保证使用者最终能得到满足使用要求的元器件。DPA是破坏性的、抽样进行的，通常是在鉴定机构或采购机构进行。

不同类别的电子元器件，因其结构、制造工艺不同，所进行的

DPA 试验项目是不同的，不同的试验项目检查的内容不同，以单片集成电路为例，GJB4027 提到应做的 DPA 试验项目包括：外部目检、X 射线检查、颗粒碰撞噪声检测（PIND）、密封、内部水汽含量检测、内部目检、扫描电镜检查、键合强度、芯片剪切强度 9 项。

（撰写人：余贞宇　审核人：周子牛）

dianzi qijian shuiqi hanliang jiance

电子器件水汽含量检测（Electronic Component Hydrosphere Content Detecting）（Измерение влажности электронного элемента）

一种破坏性试验，是破坏性物理分析（DPA）中的试验项目，通常用于军用惯导系统的生产过程。电子器件水汽含量检测采用质谱仪，可在器件封壳内 0.01 mL 样品体积中检测出 500×10^{6} 或更小的水汽含量，从而筛选剔除有缺陷的器件，保障电子设备的可靠性。

GJB 548《微电子器件试验方法和程序》中的方法 1018 和 GJB 128《半导体分立器件试验方法》的“内部水汽含量”规定了水汽含量的测试设备、检验方法和失效判据。

（撰写人：余贞宇　审核人：周子牛）

dianzishu jiagong

电子束加工（Electron Beam Machining）（Обработка электронным пучком）

简称 EBM，是在真空条件下，利用聚焦后能量密度在 $10^{6}\sim10^{9}$ W/cm^{2}范围内的电子束，以极高速度冲击到工件极小面积上，在几分之一微秒内其能量的大部分转变为热能，使受冲击部位的工件材料达到数千摄氏度以上的高温，从而引起材料的局部熔化和汽化而实现加工。其加工装置主要由电子枪、真空系统、控制系统和电源等部分组成。电子束加工按其功率密度和能量注入时间的不同，可用于打孔、切割、蚀刻、焊接、热处理和光刻加工等，在生产中用得较多的还是打孔、焊接和蚀刻。惯性仪表制造中用得最多的是进行外罩焊封。

（撰写人：常　青　审核人：易维坤）

dianzi taoci

电子陶瓷（Electronic Ceramic）（Электронная керамика）

利用其电、磁、声、光、热、弹等直接效应及其耦合效应所提供的一种或多种性质来实现某种使用功能的先进陶瓷，又称功能陶瓷。主要包括铁电、压电、介电、半导体、超导和磁性陶瓷等，其特点是品种多、产量大、价格低、应用广、功能全、技术高、更新快。

（撰写人：周玉娟　审核人：陈黎琳）

dianzi xifen

电子细分（Electronic Subdivision）（Электронное подразделение）

用电子技术对交变电信号进行内插、补差的方法。对交变电信号进行电子细分的途径有：幅值分割法、周期测量法、角频率倍增法、移相多信号法及函数变换法。

（撰写人：邹俊端　审核人：胡幼华）

dianzi yuanqijian wutongyi

电子元器件五统一（Five Unity of Electron Element and of an Apparatus or Appliance）（Пять единств в регулировании электронных элементов）

电子元器件管理要做到五统一，即：统一选用，统一采购，统一监制验收，统一筛选复验，统一失效分析。对电子元器件实施统一管理的目的是严格把好元器件的入口关、检验关和使用关。

（撰写人：孙少源　审核人：吴其钧）

dieya

叠压（Laminate）（Наслаивание и прессование）

陀螺马达、力矩电机、传感器等的软磁材料铁芯冲片按一定的相位要求多层叠合黏压成形。

叠压过程首先要求对冲片进行清洗，必要时还需酸洗处理，按照酸洗工艺规范要求执行。然后在冲片端面喷涂稀释到一定黏度的胶液，按照冲片涂胶工艺规范要求进行。接着将一定数量的冲片沿定位键依次装进叠压模具，摆放整齐，保证工艺要求的数量和厚度尺寸，然后施加一定压力，按照聚合工艺规范牢固地黏接在一起，并形成良好的片间绝缘以减少涡流损耗。

叠装工作要在专用的叠压模具中进行，既保证叠装整齐，又便于给叠片施加压力，获得足够的胶合强度，满足设计图样的技术要求。

注：可信性仅用于非定量的总体表述。

（撰写人：李宏川　审核人：闫志强）

dingjian zhiliang

顶尖质量（Core Clamper Precision）（Качество центра）

顶尖的实际几何参数（尺寸、表面粗糙度、形状和位置）与理想几何参数的符合程度。在精密加工中，顶尖（或顶尖孔）常用做为加工基准。顶尖质量直接影响零件的回转精度，进而影响零件的加工精度，主要影响圆度、同轴度等形位精度及表面粗糙度。因此应视顶持加工的工件精度需要加工顶尖。通常采用精密研磨的方法，保证顶尖的锥度、线性度、圆度、表面粗糙度等。

（撰写人：周　琪　审核人：侯为峰）

dingdian chuliqi

定点处理器（Fixed Point Processor）（Процессор фиксированной точки）

数据以定点格式工作的处理器。相比于浮点处理器，定点处理器结构简单、乘法—累加（MAC）运算速度快，但精度低，动态范围小，这是其定点数字长度有限造成的。

定点处理器指令集是按照两个目标来设计的：

1. 使处理器能够在每个指令周期内完成多个操作，从而提高每个指令周期的计算效率；

2. 将存储 DSP 程序的存储空间减到最小（由于存储器对整个系统的成本影响很大，该问题在对成本敏感的 DSP 应用中显得比较重要）。

定点处理器精度低，但价格低、速度快、结构简单，难以胜任高精度导航任务，较适用于惯导系统中的快速伺服控制、数据采集预处理及功能控制等应用。

（撰写人：崔 颖 审核人：周子牛）

dingweimian

定位面（Locating Surface）（Базовая поверхность）

零件上用以确定被加工表面相对机床、夹具、刀具基准位置的表面。

要消除零件的自由度，必须使零件的某些表面与一定形式的定位元件接触或配合。这些直接与定位元件接触或配合的定位面按其消除的自由度来分类，可分为第一定位面、第二定位面、第三定位面。定位面的选择应以定位基准与设计基准重合的原则来确定。第一定位面用来消除三个自由度，通常要承受较大的外力，如切削力和夹紧力，零件定位的稳定性主要取决于第一定位面，因此零件上选作的表面应面积尽可能大一些。第二定位面用来消除二个自由度，支撑的两点间应尽可能有较大的距离。第三定位面用来消除一个自由度，消除一个移动自由度的定位支撑面称为止推定位面，消除一个转动自由度的定位面称为防转定位面。

（撰写人：周 琪 审核人：易维坤）

dingxing

定型（Finalization）（Завершающее фиксирование）

国家对新产品（含改型、革新、测绘、仿制或功能仿制产品）进行全面评定，确定其达到规定的技术要求，并按规定办理手续的活动。

定型分设计定型和工艺定型、生产定型。

注1：战略、常规导弹武器系统定型工作由国务院、中央军委军工产品定型委员会及所设兵种军工产品定型委员会、地地战略核武器定型委员会领导。

注2：定型工作的依据是国务院、中央军委颁布的《军工产品定型工作条例》、《战略核武器定型工作条例》和各武器系统型号的规定和要求。

注3：原则上先进行设计定型，后进行工艺定型，也可同时进行。

注 4：产品的生产定型必须符合下列标准和要求。

1. 具备成套批量生产条件，质量稳定；

2. 经试验和部队试用，产品性能符合批准设计定型时的要求和实战需求；

3. 生产与验收的各种技术文件齐备；

4. 配套设备及所需部件、元器件、原材料能保证供应。

注 5：经设计定型的产品，在正式批量投产前必须实行生产定型，确认其达到规定的生产标准，并按规定办理审批手续。

（撰写人：孙少源　审核人：吴其钧）

dingxing shiyan

定型试验（Finalize the Design of Test）（Испытание завершающего фиксирования）

为确定产品与设计要求的一致性，由订购方用具有代表性的产品在规定条件下所进行的试验，并以此作为批准定型的依据。

（撰写人：李丹东　审核人：胡幼华）

dongbeitian zuobiaoxi

东北天坐标系（Coordinate System “EAST-NORTH-UP”）（Система координат восток-север-вверх）

地理坐标系的一种，其坐标原点在地面任意点，z 轴与过原点的地心矢径方向一致向上，y 轴指向北且与 z 轴相垂直，x 轴指向东且与 y、z 轴构成右手直角坐标系。

（撰写人：吕应祥　审核人：杨立溪）

dongjizuo duizhun

动基座对准（Alignment on the Moving Base）（Выставка на подвижном основании）

在运动载体上进行的惯导系统初始对准。载体的运动可分为两种情况：运动速度的均值为零，载体处于原位置基本不动的状态；和载体运动速度不为零，即处于运动中的状态。第一种情况对惯导系统来说一般称为晃动基座，如起竖状态的地地导弹，系泊状态的舰艇，停车状态的车辆等；第二种情况一般称为运动基座，如航行中的船舶、飞机，行进中的车辆及它们所载的武器等。两种状态下均可以存在角运动。

晃动基座情况下的对准，一般采用与静基座相同的方法，包括自主对准、光学对准等，但为了滤掉晃动的影响，对准时间要加长，而且因为出现了动态误差，其精度也将低于静基座的情况。

运动基座情况下的对准，主要采用传递对准方法，在控制载体运动加速度尽量趋于零的情况下，也可以采用自主对准的方法。与静基座情况比较，其对准时间也要加长，精度也将降低。

动基座对准是对准技术中的一个有广泛应用领域和难度较大的课题，针对不同应用对象，一些新的方法还在不断探索和开发中。

（撰写人：杨志魁　审核人：杨立溪）

dongli fantanhuang xiaoying

动力反弹簧效应（Wrong Spring Effect of Power）（Динамический псевдоэластический эффект）

在动力调谐式挠性陀螺仪中，当自转轴与驱动轴之间出现相对偏角时，由于扭杆的扭转变形，会产生弹性力矩作用到转子上，该效应一般称为机械弹簧效应。此时，由于平衡环的振荡运动或称扭摆运动，它将产生一个与机械弹簧力矩方向相反的动力反弹性力矩作用到转子上，这种由于平衡环的振荡运动所产生的效应称为动力反弹簧效应。

动力反弹簧的刚性系数表达式为

$$k = \left(I_e - \frac{I_z}{2}\right)\dot{\theta}^2$$

式中，动力反弹簧的刚性系数 k 与转子自转角速度 $\dot{\theta}$ 的平方成正比；还与平衡环的极转动惯量 I_z 和赤道转动惯量 I_e 有关。设计时，为了得到动力反弹簧效应，平衡环的转动惯量必须满足

$$I_e > \frac{I_z}{2}$$

这样，平衡环的振荡运动所产生的动力反弹性力矩，可以用来补偿挠性支撑所固有的机械弹性力矩，使自转轴相对惯性空间具有

方向稳定性。

（撰写人：孙书祺　审核人：闵跃军）

dongli tiaoxie

动力调谐（Dynamic Turning）（Динамическое настраивание）

在挠性陀螺仪中，与转子一起旋转的平衡环的振荡运动所产生的动力反弹性力矩，可以用来补偿挠性支撑固有的机械弹性约束力矩。只要适当选择支撑的刚性系数 k_s，转子的自转角速度 $\dot{\theta}$，以及平衡环的转动惯量 I_e 和 I_z，使支撑的刚性系数与动力反弹簧的刚性系数相等，即

$$k_s = \left(I_e - \frac{I_z}{2}\right)\dot{\theta}^2$$

或者说使剩余刚性系数 K 为零

$$K = k_s = \left(I_e - \frac{I_z}{2}\right)\dot{\theta}^2 = 0$$

这时，平衡环的动力反弹性力矩（动力反弹簧效应）正好补偿了挠性支撑的机械弹性约束力矩。只有在这种情况下，转子不受挠性支撑的弹性约束，满足挠性陀螺仪无约束的工作条件，这时，陀螺自转轴相对惯性空间才具有很高的方位稳定性。这种由动力效应引进的弹性力矩与挠性支撑的弹簧力矩相抵消的调谐称为“动力调谐”。

基于这种动力调谐原理做成的挠性陀螺仪叫做动力调谐式挠性陀螺仪，简称动力调谐陀螺仪。

（撰写人：孙书祺　审核人：唐文林）

dongli tiaoxie tuoluo wending pingtai

动力调谐陀螺稳定平台（Dynamically Turned Gyro Stabilized Platform）（Стабилизированная платформа на базе ДНГ）

以动力调谐陀螺仪作为敏感元件的陀螺稳定平台，又称挠性陀螺平台。典型的挠性陀螺平台是由两只动力调谐陀螺仪作为敏感元件构成的三轴稳定平台。

动力调谐陀螺仪作为二自由度角位置敏感元件使用。当平台受到干扰力矩而偏离初始位置时，台体与动力调谐陀螺仪自由转子之间产生相对转动，形成偏差角信息，此信息经平台稳定回路，控制相应轴上的力矩电机与该轴上的干扰力矩平衡，最终使台体绕三个稳定轴保持在原来角位置。一只动力调谐陀螺仪可稳定平台的两个稳定轴，另一只动力调谐陀螺仪的一个输出信号用来稳定平台的第三个稳定轴，而剩余的一个输出信号用为冗余信息或自行锁定（平台工作原理详见陀螺稳定平台）。

（撰写人：赵　友　闫　禄　审核人：孙肇荣）

dongpingheng

动平衡（Dynamic Equilibrium；Dynamic Balance）（Динамическая балансировка）

改善转子质量分布，以保证剩余的动态不平衡量在规定指标范围内的工艺过程。

动平衡就是调整转子的质量分布程序，以确保剩余动态不平衡量在技术条件规定的范围内。通过动平衡减少不平衡质量引起的振动，是确保陀螺电机装配质量的关键。动平衡校正工作需在两个或多个校正面上进行。

（撰写人：周　赟　审核人：闫志强）

dongquanshi jiaodu chuanganqi

动圈式角度传感器（Moving Winding Sensor）（Датчик угла типа движимой обмотки）

一种变压器类型的传感器，它是靠输出线圈相对激磁线圈的角位移，改变它们之间的互感系数而输出电信号。动圈式角度传感器的激磁线圈固定在定子上，输出线圈安装在转子上随转子转动。

动圈式角度传感器的转子上通常无铁磁物质，线圈用无磁性漆包线，框架用无磁性铝，使定、转子间无电磁反应力矩，它的工作角度较小，具有很高的角分辨率，输出线性很高，零位电压易于补偿。由于转子有输电引线会产生引线干扰力矩。

动圈式角度传感器可以按形成输出电压的原理，分成电压差动型和磁通差动型。

（撰写人：葛永强 审核人：干昌明）

dongtai zhaozheng

动态找正（Dynamic Correction）（Коррекция в рабочем процессе）

在机床运动状态下，调整工艺系统，使其具有准确的相对位置或零位的方法。机床的精度，包括几何精度、传动精度、运动精度和定位精度等。其中几何精度是指机床在不加工的情况下，不运动或低速运动时各零部件之间，以及这些零部件的运动轨迹之间的相对位置允差。产品介绍、相关标准和产品验收均指几何精度。但是机床在工作时的运动状态下的运动精度，随运动状态不同而变化。在精密或超精密加工中只有明确机床的运动误差，并有针对性地采取修正措施，才能减少机床对加工精度的影响，提高产品加工精度。动态找正的方法主要有：预加工找正法、补偿法、抵消法和消除（或降低）原始误差法等。

（撰写人：赵春阳 审核人：熊文香）

dongtiao tuoluo tiaoxie pinlü

动调陀螺调谐频率（Dynamically Tuned Gyroscope Turning Frequency）（Частота настраивания ДНГ）

动力调谐陀螺转子达到调谐状态时的转动频率，亦即该陀螺仪的工作转速频率。

动调陀螺调谐时，挠性支撑的弹性力矩将被平衡环扭摆运动产生的负弹性力矩抵消，使该转子不再受约束力矩而成为稳定在惯性空间的自由转子。

实际上，为使陀螺转子达到调谐状态，需调整挠性支撑的扭转刚度 κ，满足以下调谐条件

$$\kappa = \frac{1}{2}N(2a - c)$$

式中 N——转子转动频率；

a，c——平衡环的赤道转动惯量和极转动惯量。

调谐频率是动调陀螺仪至关重要的参数，需要精心调整，达到要求并采取措施使陀螺总能工作在调谐状态。

（撰写人：王舜承 审核人：孙肇荣）

dongtiao tuoluo zhangdong pinlü

动调陀螺章动频率（Dynamically Tuned Gyroscope Natural Freguency）（Частота нутации ДНГ）

高速转动的动调陀螺转子绕其定常自转轴作暂态振荡的固有频率。其值为转子角动量与其等效赤道转动惯量之比。在调谐状态下，忽略挠性支撑的阻尼影响时，动调陀螺章动频率 ω_{N} 可用下式表示

$$\omega_{\mathrm{N}} = \frac{H}{J_{\mathrm{e}}} = \frac{C + a}{A + \frac{a}{2}}N$$

式中 H——陀螺角动量；

J_{e}——转子等效赤道转动惯量；

A，C——分别为转子的赤道转动惯量和极转动惯量；

a——平衡环的赤道转动惯量；

N——转子转动频率。

实际设计结构中有 $C \gg a$，$A \gg a$，$C \approx 2A$，则 $\omega_N \approx 2N$。故动调陀螺章动频率约为其转动频率的 2 倍。

当外力矩的频率接近章动频率时，仪表谐振，输出幅值将急剧增大，不能正常工作。在捷联式动调陀螺伺服回路的校正网络中，对该频率下的振幅应予大幅度衰减。使用动调陀螺时，应尽量使仪表壳体免受其章动频率附近频率的振动。

（撰写人：王舜承 审核人：孙肇荣）

dongya qifu tuoluoyi

动压气浮陀螺仪（Hydrodynamic Air Bearing Gyroscope）（Гироскоп с газодинамической опорой）

属于气浮陀螺仪的一种，陀螺的转子是在高速旋转时依靠轴承中气体的动压效应来支撑的。

结构特点如图所示，陀螺仪的转子上有一个内球面，球形轴承是一个外球面与陀螺外壳相固连，轴承间隙为几个微米，中间充以惰性气体（氦或氢等），转子内球面与轴承外球面的表面精度要求很高，粗糙度、不圆度等都在微米级之内；材料选用刚度高、热性能好的铍材。

转子由陀螺电机驱动高速旋转，并带动间隙里的气体运动，在气体动压效应作用下悬浮，在轴承两端进气口外刻有螺旋槽以加强轴向承载能力。轴上一端装有信号传感器，测量转子相对壳体的转角；另一端装有力矩器，以便对陀螺施加控制力矩和平衡绕轴的残余不平衡力矩。

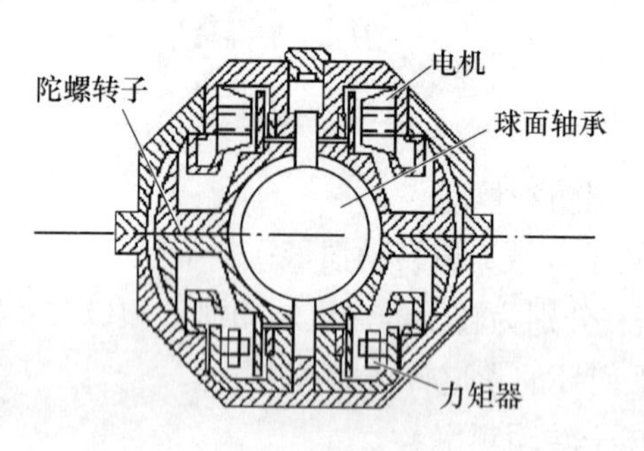

动压气浮陀螺仪

动压气浮陀螺仪的球支撑可以使转子绕垂直自转轴两个正交方向上具有自由度，属于二自由度陀螺仪，轴承无接触摩擦，精度高[漂移率可达0.01～0.001（°）/h]，但制造工艺复杂，成本高，该陀螺仪在惯性系统中得到应用。

（撰写人：孙书祺　审核人：唐文林）

dongya qifu zhoucheng

动压气浮轴承（Hydrodynamic Bearing）（Газодинамическая опора（ГДО））

两个精加工的表面之间呈收敛气隙且有气体存在，当其中一个表面相对另一个表面运动时，气体因其黏性而被带入收敛气隙，从而在两个表面之间产生正压力，利用上述现象构成的支撑就是动压气浮轴承。

动压气浮轴承是一种简单而巧妙的轴承，完全自成系统，与外压力源或其他设备无关，具有以下特点：1）高速运转、摩擦力小；2）对气体洁净度要求高，无污染；3）能在宽广的温度范围内工作；4）耐辐射能力强；5）运行平稳，回转精度高；6）运转时无接触，连续工作时间长；7）启动和停止时呈滑动摩擦状态；8）承载能力低；9）加工精度高；10）费用昂贵。

动压气浮轴承按其功能可分为：径向轴承、止推轴承、球形轴承和锥形轴承。

动压气浮轴承按其轴承表面的形状特征可分为：螺旋槽轴承、人字槽轴承、阶梯轴承、全周轴承、倾斜瓦轴承和箔带轴承。

（撰写人：秦和平　审核人：李建春）

dongya qifu zhoucheng mada zuida jingmoca liju（chudi moca liju）
动压气浮轴承马达最大静摩擦力矩（触地摩擦力矩）（Maxium Static Frictional Torque）（Максимальный момент трения ГДО）

动压马达启动时需要克服的轴承间的摩擦力矩或动压马达快停转到完全停转时轴承之间的摩擦力矩。

（撰写人：谭映戈　审核人：钟汝愚）

dongya qifu zhoucheng tuoluo dianji
动压气浮轴承陀螺电机（Gyro Motor with Hydrodynamic Bearing）（Мотор гироскопа сгазодинамической опорой ротора）

以动压气浮轴承取代滚珠轴承，其余结构部分保持不变。采用动压轴承可以实现陀螺仪的低噪声、长寿命以及高精度的目标。滚珠轴承含有有机油脂受核辐射等后易影响其性能。动压气浮轴承则无此缺点，但它加工精度要求高，装配和使用条件要求亦苛刻。

动压汽浮轴承的基本结构形式和几何形状必须满足两条基本要求：能承受各个方向的负载和由于回转所产生的力矩负载。

动压轴承结构形式有圆柱形、对置锥体形、整球形和半球形等，如图所示。

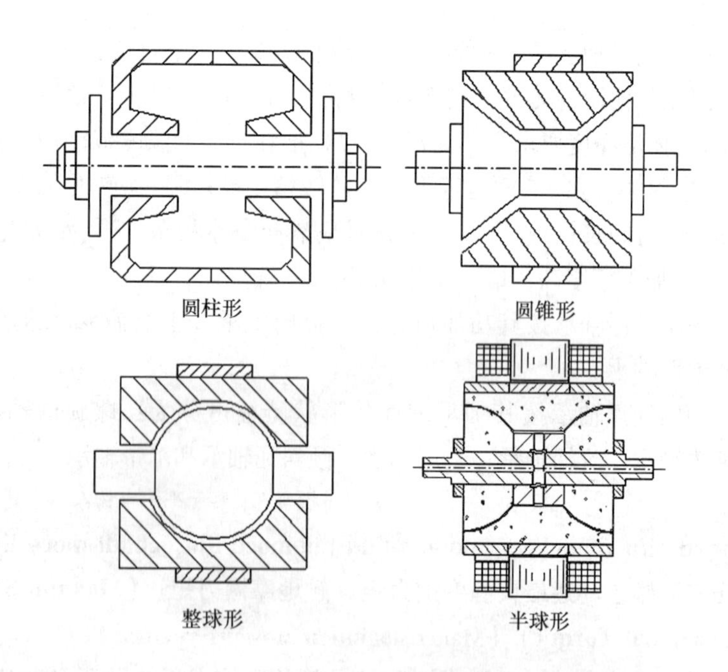

动压轴承结构示意图

（撰写人：李建春　审核人：秦和平）

dongya qifu ziyou zhuanzi tuoluo wending pingtai

动压气浮自由转子陀螺稳定平台（Hydrodynamic Air Bearing Free Rotor Gyro Stabilized Platform）（Стабилизированная гиро платформа на основании гироскопа свободного ротора с газодинамиеской опорой）

由动压气浮自由转子陀螺仪作为敏感元件构成的陀螺稳定平台，简称动压陀螺平台。

典型的动压陀螺平台是装有两只动压气浮陀螺的三轴稳定平台。动压气浮自由转子陀螺仪作为二自由度角位置敏感元件使用。当平台受到干扰力矩而偏离初始位置时，台体与动压自由转子之间产生相对转动，形成偏差角信息，此信息经平台稳定回路，控制相应轴上的力矩电机与该轴上的干扰力矩平衡，最终使台体绕三个稳定轴保持在原来的角位置。一只动压陀螺可稳定平台的两个稳定轴，另一只动压陀螺的一个输出信号用来稳定平台的第三个稳定轴，而剩余的一个输出信号用为冗余信息或自行锁定（平台工作原理详见陀螺稳定平台）。

动压陀螺平台稳定精度高，但体积和质量较大，多用于远程火箭、导弹的惯性制导系统。

（撰写人：赵　友　闫　禄　审核人：孙肇荣）

dongya zhoucheng bansu wodong

动压轴承半速涡动（Hydrodynamic Bearing's Half Speed Whirlpool）（Полускоростный вихрь оси ротора ГДО）

流体动压径向轴承在高速旋转时，由于惯性力的作用等原因，使转子轴线以自转速度的一半绕轴承的几何中心线作周期性涡动，涡动半径不断增大，直至轴承面发生实际的干摩擦为止的现象称为半速涡动，也称为半频涡动。其本质上是一种消除黏性流体动压效应的特殊机理，结果是使流体动压轴承失去主要支撑力。

轴承所受的载荷越轻，即偏心率越小，则越容易产生半速涡动。

为了消除半速涡动，必须改变轴承两个表面之一的绝对旋转对称性，常见的办法是在轴承表面开槽，有阶梯台阶、凹槽和螺旋槽等形式。

（撰写人：秦和平　审核人：李建春）

dongya zhoucheng gangdu

动压轴承刚度（Hydrodynamic Bearing's Stiffness）（Жёсткость ГДО）

流体动压轴承每单位位移所产生的恢复力（矩），位移方向与恢复力（矩）的方向相反。

动压轴承刚度按施加载荷的性质分为静态刚度和动态刚度；按位移的性质分为线刚度和角刚度；按流体动压轴承的作用分为径向刚度和轴向刚度。

动压轴承刚度除了与流体动压轴承的结构参数有关外，还与流体的黏度、压力、温度和可压缩性等有关。

动压轴承刚度的测量一般是通过电容测微仪测量流体动压轴承被施加载荷后轴承间隙的变化量后计算得到的。

对于陀螺仪来讲，一般要求径向刚度和轴向刚度相等，即等刚度。

（撰写人：秦和平　审核人：李建春）

dongya zhoucheng jieti xiaoying

动压轴承阶梯效应（Hydrodynamic Bearing's Ladder Domino Effect）（Ступенчатый эффект ГДО）

由于流体动压轴承表面开的各种形式的槽而产生的动压效应。

两个精加工的表面之间呈收敛间隙且有流体存在，当其中一个表面相对另一个表面沿间隙收敛方向运动时，流体因其黏性而被带入收敛间隙，两个表面之间产生正压力；当其中一个表面相对另一个表面沿间隙发散方向运动时，流体因其黏性而被带出收敛间隙，两个表面之间产生负压力，这种现象称为黏性流体的动压效应。两个表面间的收敛间隙所形成的夹角越大，动压效应就越强烈。

（撰写人：秦和平　审核人：李建春）

dongya zhoucheng jingxiang gangdu

动压轴承径向刚度（Hydrodynamic Bearing's Radial Stiffness）（Радиальная жёсткость ГДО）

流体动压轴承每单位径向位移所产生的恢复力，位移方向与恢复力的方向相反。

动压轴承径向刚度按施加载荷的性质分为静态刚度和动态刚度。

动压轴承径向刚度除了与流体动压轴承的结构参数有关外，还与流体的黏度、压力、温度和可压缩性等有关。

动压轴承径向刚度的测量一般是在对流体动压轴承被施加径向载荷后，通过电容测微仪测量轴承径向间隙的变化量，然后计算径向载荷与径向间隙变化量之比得到的。

（撰写人：秦和平　审核人：李建春）

dongya zhoucheng naihuizhuan jiaosudu

动压轴承耐回转角速度（Hydrodynamic Bearing's Anti-rotation Angular Velocity）（Предельно-терпимая угловая скорость вращения вокруг радиальных осях ГДО）

流体动压轴承工作时所能承受的通过其质心垂直于自转轴方向的角速度。

由于流体动压轴承工作时沿其自转轴方向有角动量 H，当垂直于 H 施加一个回转角速度 ω 时，则轴承将承受大小为 $M=\omega\times H$ 的陀螺力矩，该陀螺力矩作用于流体动压轴承使其相互间产生偏转角，从而产生恢复力矩，该恢复力矩除以偏转角即为角刚度。

动压轴承耐回转角速度本质上是流体动压轴承所能承受旋转力矩能力的大小，其不仅与自转轴方向的角动量有关，与轴承的径向刚度和轴向刚度有关，而且与轴承的长度或左右轴承的跨距有关。

（撰写人：秦和平　审核人：李建春）

dongzuobiaoxi

动坐标系（Moving Coordinate System）（Подвижная система координат）

固联于一个运动物体的坐标系，相对于另外一个参考坐标系有相对运动，称前一个坐标系为动坐标系，后一个坐标系为固定坐标系。物体的运动用它的固联坐标系在固定坐标系中的运动来描述。

弹体坐标系就是动坐标系的一个例子。坐标原点固联在弹体上，三个坐标轴的指向分别平行于弹体的纵轴、法向轴和横轴。弹体坐标系随弹体相对惯性坐标系或其他参考坐标系而运动。

（撰写人：吕应祥　审核人：杨立溪）

duzhuan dianliu

堵转电流（Stall Current）（Ток задержки）

电机在堵转状态下，绕组在外加电压作用下所流过的电流。

（撰写人：李建春　审核人：秦和平）

duzhuan liju

堵转力矩（Stall Torque）（Момент задержки）

当电机的转速为零——即电机处于堵转状态时电机输出的转矩。

（撰写人：李建春　审核人：秦和平）

dumo jishu

镀膜技术（Technique for Deposition）（Технология напыления плёнки）

1. 真空镀膜，就是在真空中加热金属或介质材料使其达到一定温度和蒸气压强达到或超过周围气压时，金属或介质的原子或分子从本体逸出形成蒸气，蒸气分子凝聚在基底上形成所需薄膜。

2. 蒸发镀，就是在高真空室内，将电阻通以大电流产生高温，使蒸发器中的膜料受热至汽化点而蒸发（或升华）后沉积在具有一定温度的基片上，形成所需的薄膜。蒸发源材料的熔点必须高于膜层材料的蒸发温度，而且还必须使蒸发源材料规定的平衡蒸气压温度高于膜层材料的蒸发温度，以避免蒸发源材料随着蒸发作为杂质而进入膜层。

3. 电子镀，就是利用电子束产生的高能电子流轰击膜层材料，使其产生高温受热蒸发的镀膜方法。高速的电子流，在一定形状的电场或磁场作用下会聚成很细的密集的电子束，当其轰击物质表面时，由于它的动能几乎全部转换为热能，因而会使被轰击处的温度迅速升高。产生电子束的装置称为电子枪。

4. 溅射镀，就是在低真空中，阴极在粒子轰击下，表面原子从其中飞溅出来沉积在基底上形成薄膜的镀膜方法。溅射镀膜与热蒸发镀膜相比较，具有许多优点，如膜层在基片上的附着力强，膜层的纯度高，可以镀制多种不同成分的合金膜。利用反应溅射，还可以制取各种化合物膜。不足之处是需要预先制备所需成分的镀材靶，靶的利用率又不高。

5. 离子镀，就是蒸发镀膜工艺与溅射技术相结合的一种镀膜方法，即用热蒸发镀膜，利用溅射清洁基片表面，在基片电极上接高压，将膜料粒子电离沉积在基片上结合形成薄膜。离子镀具有附着力强，绕镀性能好，膜层致密，沉积速率高等特点，同时可以选择的镀膜材料更加广泛。

（撰写人：郭 宇 审核人：王 轲）

duanluhuan

短路环（Short-circuit Ring）（Короткозамкнутое кольцо）

镶嵌于交流电磁铁部分铁芯上，利用其在交变磁场中产生的感应电流来平衡铁芯中的磁通变化，从而减少这种变化引起的振动的铜环。

（撰写人：郭铁城 审核人：何佳宝）

duanluza jiaodu chuanganqi

短路匝角度传感器（Short-circuit Winding Sensor）（Датчик угла типа короткозамкнутого витка）

短路匝角度传感器的特点是：激磁线圈和输出线圈都固定在定子上，转子上无铁芯，只有短路线圈，当短路匝转子空间位置变化，改变激磁线圈和输出线圈间的匝链关系，从而使输出电压随转角变化。短路匝角度传感器对偏心不太敏感，在小角度范围内有较好的线性度，零位电压和干扰力矩都可做得很小。

短路匝角度传感器有盘形、山形和环形等几种结构，短路匝角度传感器的优点，适合在陀螺仪表中应用。

（撰写人：葛永强 审核人：千昌明）

duanluzashi lijuqi

短路匝式力矩器（Short-circuit Winding Torquer）（Датчик момента типа короткозамкнутого витка）

短路匝式力矩器的结构与短路匝式传感器相同，有桶形、盘形、山形铁芯型和环形铁芯型等几种。定子上有激磁绕组和控制绕组，其工作原理为：当它的激磁绕组和控制绕组接通同频率有相位差的交流电源后，在力矩器的磁路中产生激磁磁通和控制磁通，激磁磁通和控制磁通又在转子短路匝中感应出电势和电流，短路匝中的感应电流与激磁磁通、控制磁通交叉作用，就在短路匝转子上产生电磁力矩。

短路匝式力矩器的力矩输出与短路匝式转子在空间的转角有关，为了得到较好的线性输出，短路匝式力矩器必须限制在极小角度工作范围，激磁电压和控制电压的相位差应锁定不变。

（撰写人：葛永强　审核人：干昌明）

duichendu

对称度（Symmetry）（Симметричность）

指被测实际要素的对称中心面（或中心线、轴线）对其理想对称平面（或线）所允许的变动全量。其公差带宽是其公差值和相对基准中心平面（或线）配置的两平行平面之间的区域。

（撰写人：周　琪　审核人：熊文香）

duogongneng jicheng guangxue qijian

多功能集成光学器件（Multifunctional Intergrated Optical Circuit）（Многофункциональное интегрально-оптическое изделие）

简称 Y 波导，是在 $LiNbO_3$ 衬底上通过 Ti 内扩散或退火质子交换方法制作的多功能光波导器件。具备偏振器、分束器和相位调制器功能。

（撰写人：徐宇新　审核人：刘福民）

duoji xuanzhuan bianyaqi

多极旋转变压器（Multipolar Rotation Transformer）（Многополюсный вращательный трансформатор）

其工作原理与正—余弦旋转变压器基本相同，但它的输出电压在 360°范围内按正—余弦关系多次变化，其输出电压公式分别为

$$U_s = K\sin p\alpha \sin\omega t$$

$$U_c = K\mathrm{con} p\alpha \sin\omega t$$

式中 U_s——正弦绕组输出电压；

U_c——余弦绕组输出电压；

K——输出电压幅值；

p——多极旋转变压器极对数；

ω——激磁电压角频率；

α——多极旋转变压器转子转角。

多极旋转变压器精度高、分辨率高，与模数转换电路连接，输出数字量。

（撰写人：葛永强 审核人：干昌明）

duolu xuanzeqi

多路选择器（Multiplexer）（Мультиплексор）

又称多路模拟开关、多路开关（Multiplex Switches），指在多路模拟输入中接通任意一路到输出端的开关电路，通常由一刀多掷 CMOS 模拟开关器件构成，常用于多路复用 A/D 和 D/A 变换器的模拟信号切换。

（撰写人：周子牛 审核人：杨立溪）

duopule daohang

多普勒导航（Doppler Navigation）（Допплеровская навигация）

借助于携带的多普勒雷达，利用无线电波的多普勒效应测量其相对于地面的速度，结合航向和航姿设备给出航向和姿态数据，进行定位导航的技术手段，属于无线电导航的一种。

多普勒效应应用于飞机导航的研究始于 1945 年年末，随后美国研制出第一个多普勒导航系统 AN/APN－66，20 世纪 60 年代我国也自行研制和生产了 771 系列多普勒导航系统。

飞机多普勒导航原理为，机上的多普勒雷达向地面发射无线电波，因飞机和地面间有相对运动，雷达接收到地面回波的频率与其发射电波的频率 f 相差一个多普勒频率 f_d

$$f_d = f\frac{2V}{C}\cos\gamma$$

式中　V—— 飞机飞行速度；

　　γ——V 与雷达波束轴间的夹角。

如图所示，可将速度 V 分解成沿地平坐标系坐标的速度分量 V_x，V_y，V_z。为求解速度分量，至少需 3 个波束，测量 3 个多普勒频率 f_{d_1}，f_{d_2}，f_{d_3} 和航姿设备的姿态角，得到了 V_x，V_y，V_z，便可计算飞机的地速 V_G 和偏流角 β。

$$V_G = (V_x^2 + V_y^2)^{\frac{1}{2}},\ \beta = \arctan\frac{V_y}{V_x}$$

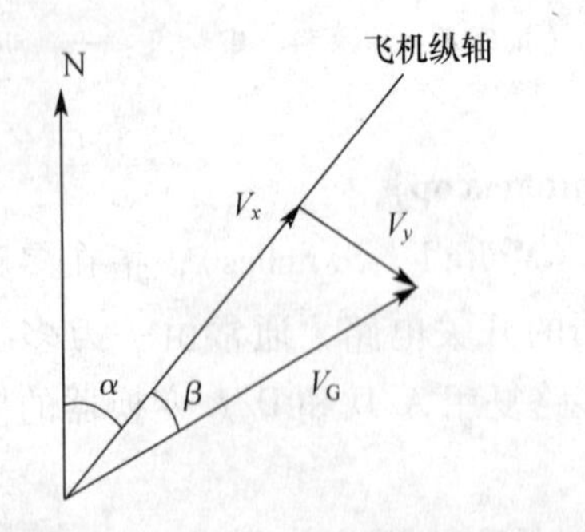

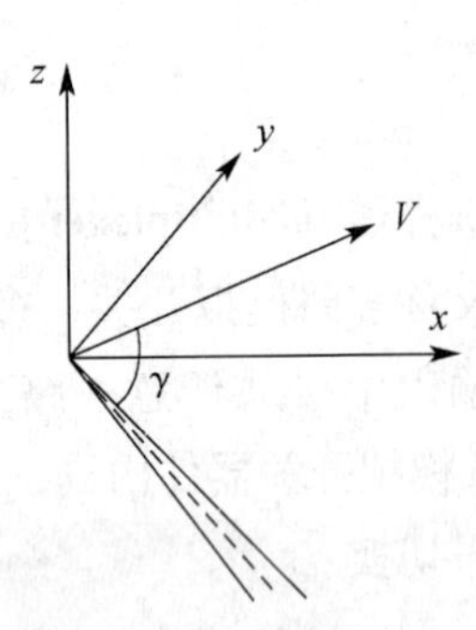

再引入航向角 α，即可计算飞机的北向、东向、上向速度 V_N，V_E，V_U。

$$V_N = V_G\cos(\alpha + \beta)$$
$$V_E = V_G\sin(\alpha + \beta)$$
$$V_U = V_z$$

（撰写人：谈展中　审核人：彭兴泉）

duotou fendao

多头分导（Multiple-warhead Guidance）（Отдельные управления многих боеголовок）

一枚导弹能装载两个或两个以上弹头的称为多弹头导弹，其弹头称为多弹头。多弹头分为集束式与分导式，可对每个子弹头单独进行制导的称为分导式。装有分导式多弹头的导弹称为多头分导导弹，对多个子弹头进行单独制导称为多头分导。

多头分导有两种方式：一种是在导弹主发动机关机后，弹头母舱与弹体分离，母舱自行制导，利用微调发动机改变弹道，并逐个释放子弹头攻击目标；另一种是每个子弹头均配备有单独的制导系统，弹头与弹体分离后各自制导，利用发动机或空气动力改变弹道实施攻击目标。第一种方式可增加攻击目标的覆盖范围和增强突防能力，实现比较简单；第二种方式实现上比第一种复杂，但可达到较高的命中精度，又有较强的机动飞行和突防能力，可躲避反导系统的拦截。

（撰写人：程光显 审核人：杨立溪）

duoyuwu

多余物（Redundant Substance）（Излишнее вещество）

产品中存在的设计文件、工艺文件和标准文件规定以外的一切遗留物品，如灰尘、金属屑、焊锡渣、非金属有机物、胶渣及纤维毛等。

多余物是影响产品可靠性的因素之一。

（撰写人：赵 群 审核人：易维坤）

duozhou xitong zhoujian xiangjiaodu ceshi

多轴系统轴间相交度测试（Multiaxial Intersection Measure）（Измерение пересекаемости осей многоосной системы）

多轴系统轴间相交度是指轴系的相交误差。多轴系统轴间相交度的测试方法根据设备的特点而定，常用的测试方法有两种：圆球或圆柱打表法和利用靶标的经纬仪测试法。

对于精密测试的设备，其轴间的相交度有时影响设备的机械精度，可以测试出轴间相交度并加以补偿或调整。

（撰写人：孙文利 审核人：胡幼华）

eding dianliu（jiaoliu diandongji）

额定电流（交流电动机）（Rated Current）（Номинальный ток（двигатель переменого тока））

电机在额定电压下运行，输出功率达到额定功率时，流入定子绕组的线电流。

（撰写人：谭映戈 审核人：李建春）

eding dianya（jiaoliu diandongji）

额定电压（交流电动机）（Rated Voltage）（Номинальное напряжение（двигатель переменого тока））

电机在额定状态下运行时，定子绕组应加的线电压。

（撰写人：谭映戈　审核人：李建春）

eding gonglü（jiaoliu）

额定功率（交流）（Rated Power）（Номинальная мощность（переменный ток））

对电动机，指在额定状态下运行时，轴端输出的机械功率；对发电机，指在额定状态下运行时，出线端输出的电功率。

（撰写人：谭映戈　审核人：李建春）

eding zhuansu（jiaoliu diandongji）

额定转速（交流电动机）（Rated Speed）（Номинальная скорость вращения（двигатель переменного тока））

电机在额定状态下运行时转子的转速。

（撰写人：谭映戈　审核人：李建春）

erbeipin jiaozhendong piaoyi

二倍频角振动漂移（Two-*N*（2*N*）Angular-vibration Drift）（Дрейф углового колебания двукратной частоты）

在挠性陀螺仪中，由于驱动轴滚动轴承的缺陷或外部原因，导致驱动轴产生角振动。这种角振动也会引起平衡环的振荡运动，若驱动轴的角振动频率2倍于旋转频率，这时产生的惯性力矩当中就含有一个常值力矩分量，该常值力矩分量造成陀螺的漂移称为二倍频角振动漂移。

驱动轴具有2倍于旋转频率的角动角所引起的漂移误差，是动力调谐式挠性陀螺的一种典型误差。为了减小这项误差，一方面可提高滚动轴承质量，以减小角振动的幅值；另一方面可适当提高陀螺仪的品质因数。此外转子角速度不宜过高（一般在10 000～20 000 r/min）。目前，采用双平衡环动力调谐，可使这项误差减到相当小的量级。

（撰写人：孙书祺 审核人：阎跃军）

erci jifen jiasuduji

二次积分加速度计（Double Integrating Accelerometer）（Двойноинтегрирующий акселерометр）

又称双重积分加速度计，输入仍为物体运动加速度，这种加速度计由于本身具有二次积分功能，它的输出信号与加速度对时间的二次积分成比例，即与物体在加速度计进行测量的时间间隔内的位移成比例。

（撰写人：商冬生 审核人：赵晓萍）

erci jicheng dianlu

二次集成电路（Secondary Integrated Circuit）（Вторичноинтегральная схема）

参见混合集成电路。

（撰写人：余贞宇 审核人：周子牛）

fashe guanxing zuobiaoxi

发射惯性坐标系（Launching Inertial Coordinate System）（Стартовая инерциальная система координат）

与弹体发射瞬间（制导开始瞬间）的地面发射坐标系完全重合，而后在惯性空间保持不变。它与地心惯性坐标系的关系是固定不变的。

发射惯性坐标系是制导计算的主要坐标系。惯性测量、导航计算，均在此坐标系内进行。

（撰写人：吕应祥 审核人：杨立溪）

faladi xuanzhuan fanshejing

法拉第旋转反射镜（Faraday Rotation Reflect Mirror）（Отражатель вращения Фарадея）

将输入光偏振光波的偏振方向旋转90°后输出的反射器件。法拉第旋转反射镜的特点是无论尾纤双折射如何，沿光纤上的任意点，输入光和反射光的偏振方向总是正交的。

（撰写人：王学锋　审核人：高　峰）

faxiang daoyin

法向导引（Normal Steering）（Наведение нормального канала）

根据实际测量得到的导弹或火箭运动状态参数，按照预定的导引规律，控制导弹或火箭的质心作法向运动。其硬件包括惯性测量装置、计算机和俯仰姿态控制系统；软件包括法向导引方程及相应的控制程序。这种控制是连续的闭环过程。

（撰写人：程光显　审核人：杨立溪）

fangun shiyan

翻滚试验（Tumble Test）（Поворотное испытание）

惯性仪表或惯性系统安装在夹具上，并安装在单轴转台或多轴转台上，也可以放置在离心机端面、振动台或火箭橇等大型设备上，设定转台的旋转角度（对应不同的空间位置），使被测仪表或系统的敏感轴相对于当地重力矢量和地球旋转矢量按设定的转动顺序和方向，一个一个地取不同的位置，同时在每一个位置上，记录被测仪表的输出。依据这些输入和输出，按给定的数学模型可回归计算出各误差系数。

上述过程称为翻滚试验，可用来研究和标定惯性仪表的模型系数和误差特性。

（撰写人：张春京　审核人：李丹东）

fankuishi sulü tuoluoyi

反馈式速率陀螺仪（Feedback Rate Gyro）（Скоростной гироскоп с обратной связей）

用力矩平衡电路反馈产生弹性约束力矩的速率陀螺仪。按反馈信号类型，可分为模拟力矩反馈式和脉冲调宽力矩反馈式两种。

反馈式速率陀螺仪的结构和扭杆式速率陀螺仪相比，它的定位弹簧不再使用弹性扭杆，取而代之的是力矩器。此外，反馈式速率陀螺仪的阻尼是由浮子组件、壳体和浮液产生的，没有专门的阻尼装置。

当仪表绕输入轴以角速度 ω 转动时，输出轴（浮子轴）由于进动而带动陀螺转子一起转动，产生陀螺力矩 $H\omega$ 和转角 β。角度传感器把转角 β 转换成电压信号，经伺服放大器放大后输出正比于电压的电流信号。该电流反馈输入到力矩器，从而产生平衡力矩。

由于采用负反馈，力矩的方向与输出轴转动方向相反，其作用是与输出轴上的陀螺力矩相平衡，该力矩具有弹性力矩的性质。由此可见，由角度传感器、放大器和力矩器所组成的反馈回路就起到定位弹簧的作用，这就是所谓的“电弹簧”。

（撰写人：苏 革 审核人：闵跃军）

fanshe lengjing guangxue pingxingcha

反射棱镜光学平行差（Parallel Misalignment of Reflecting Prism）（Параллельность оптических лучей отражательной призмы）

光线从反射棱镜的入射面垂直入射后，在出射前对出射面法线的偏差。它也是将反射棱镜展开成为平行玻璃板后，这一平行玻璃板的平行差。

（撰写人：梁 敏 审核人：王 轲）

fanshe sunhao

反射损耗（Reflected Loss）（Потеря на отражения）

在光波导中传播的光波，有一部分光波会返回输入端，与传播方向相反的光波所带来的损耗称为反射损耗。

（撰写人：徐宇新 审核人：刘福民）

fangong

返工（Rework）（Переобработка）

为使不合格产品符合要求而对其所采取的措施。

注：返工与返修不同，返修可影响或改变不合格产品的某些部分。

（撰写人：朱彭年 审核人：吴其钧）

fanxiu

返修（Repair）（Ремонт）

为使不合格产品满足预期用途而对其所采取的措施。

注 1：返修包括对以前是合格的产品，为重新使用所采取的修复措施，如作为维修的一部分；

注 2：返修与返工不同，返修可影响或改变不合格产品的某些部分。

（撰写人：朱彭年 审核人：吴其钧）

fangwei

方位（Azimuth）（Азимут）

由观测点到被观测点的连线与选定基准方向间的关系称为被测点的方位。用这两点的连线在观测点所处水平面内的投影和基准方向（如北向）之间的夹角来表示。

载体的纵轴线在水平面内的投影与北向之间的夹角，称为载体的方位角。

（撰写人：刘玉峰 审核人：杨立溪）

fangwei duizhun

方位对准（Azimuth Aiming）（Азимутальная выставка）

控制惯性测量坐标系的坐标方位面，使该方位面与天文（或大地）北向间的夹角达到规定的量值，或确定两者间夹角量值的过程。

（撰写人：杨志魁 审核人：吕应祥）

fangxiang yuxian weifen fangcheng

方向余弦微分方程（Direction Cosine Differential Equation）（Дифференциальное уравнение нарправляющих косинусов）

表示运载体转动角运动与其转动方向余弦矩阵关系的微分方程。常用于捷联惯导系统的姿态解算。

若 $\boldsymbol{C}_b^N(t)$ 为运载体坐标系相对规定导航坐标系的方向余弦阵，$\boldsymbol{\omega}(t)$ 为其转动角速度，则可用以下方向余弦微分方程描述两者之间的关系

$$\dot{\boldsymbol{C}}_b^N(t) = \boldsymbol{C}_b^N(t)\boldsymbol{\omega}(t)$$

其中，$\dot{\boldsymbol{C}}_b^N$ 为 $\boldsymbol{C}_b^N(t)$ 的微分式，$\boldsymbol{\omega}(t)$ 可由运载体坐标系三个角速度分量 $(\omega_{bx}(t), \omega_{by}(t), \omega_{bz}(t))$ 按反对称阵形式构成。

当已知 $\boldsymbol{C}_b^N(t)$ 的初始值时，依据陀螺仪输出的运载体各瞬时转动角速度 $\boldsymbol{\omega}(t)$，求解上式即可得出各瞬时方向余弦形式的姿态矩阵。

（撰写人：孙肇荣 审核人：吕应祥）

fangxiang yuxian xiuzheng suanfa

方向余弦修正算法（Direction Cosine Updating Algorithms）（Корректирующий алгоритм направляющих косинусов）

求取转动运动瞬时方向余弦阵的一种计算方法。常用于捷联惯导系统姿态计算。

若 $\boldsymbol{C}(m)$ 为第 m 次采样时刻运载体坐标系相对于规定导航坐标系的方向余弦阵，对其加以修正可得出第 $m+1$ 次采样时间的方向余弦阵 $\boldsymbol{C}(m+1)$，如下式所示

$$\boldsymbol{C}(m+1) = \boldsymbol{C}(m)\boldsymbol{K}(m)$$

其中，$\boldsymbol{K}(m)$ 为第 $m+1$ 次采样时间的修正系数。它与第 m 次到第 $m+1$ 次采样之间运载体转动的角度大小和转动方向有关。

当已知初始方向余弦阵时，依据陀螺仪输出实时计算出修正系数，逐步递推求解上式即可求得各瞬时的方向余弦阵。

（撰写人：孙肇荣　审核人：吕应祥）

fangxing he fangxing zhunze

放行和放行准则（Release and Release Criteria）（Пропуск и критерия пропуска）

放行，对进入一个过程的下一阶段的许可。

放行准则，型号产品所制定的各环节质量控制的基本原则，是确定任务转阶段的依据之一，不符合本准则的产品，不允许转入下一工作阶段。如产品验收准则；型号出厂准则；转场放行准则；加注前放行准则和射前放行准则。

（撰写人：朱彭年　审核人：吴其钧）

feiji dazai shiyan

飞机搭载试验（Aero-carrying Test）（Испытание на самолёте）

惯导系统（惯导平台、捷联组合和自动驾驶仪等）在搭载试验飞机上进行的局部综合评估试验。

飞机搭载试验的主要试验对象是航空飞行器（飞机类）用的惯导

系统或惯性仪表。该试验对测试对象有一定的动态性能和过载能力。其优点是可充分利用雷达、GPS 全球定位系统等多种测量数据进行定位和比较。

对于火箭和导弹上用的惯导系统或惯性仪表,"飞机搭载试验"是"接近"飞行试验。试验人员和试验设备可以上飞机并直接参与测试并观察,现场实时取得试验结果,试验成本也较低。但其动态性能和过载能力较低,属于初期综合飞行试验,对于试验功能和性能有一定的作用。

(撰写人:李丹东　审核人:王家光)

feihuyi xiangyi

非互易相移(Nonrecipocal Phase Shift)(Невзаимная разность фаз)

光纤陀螺中,光路非互易效应引起陀螺输出干涉信号的相移。光纤陀螺的非互易相移中包括转速产生的 Sagnac 相移和非线性克尔效应、法拉第效应、Shupe 效应等产生的相移。

参见互易性。

(撰写人:王学锋　审核人:丁东发)

feiyishi cunchuqi

非易失存储器(Nonvolatile Memory)(Неразрушающаяся память)

断电后所保存的信息不会丢失的存储器。ROM, EPROM, E^2PROM、Flash 等都属于非易失性存储器。非易失存储器重新加电后,原来所存信息可继续使用。

在惯导系统中,不可在线改写的非易失存储器(ROM, EPROM)可用于保存系统程序,可在线改写的非易失存储器(E^2PROM, Flash)可用于保存导航初始条件、误差补偿和修正数据,以及系统设定参数等。

(撰写人:黄　钢　审核人:周子牛)

feizhidao wucha

非制导误差(Non-guidance Error)(Ошибка не связанная с наведением)

与制导系统工作无关的各种因素所引起的弹道导弹弹着点偏差的统称。它主要包括发射点定位误差、目标点定位误差、初始对准误差、重力异常误差、后效误差、头体分离及调姿、起旋引起的误差、再入误差等。

(撰写人:程光显 审核人:杨立溪)

fenguangbi

分光比(Coupling Ratio)(Процент разбивки света)

光分路器件所特有的技术参数指标,它定义为光分路器件各输出端口的输出光功率的比值,在具体应用中常用相对输出总功率的百分比来表示

$$C.R = \frac{P_{\mathrm{OUT}i}}{\sum P_{\mathrm{OUT}}} \times 100\%$$

对于 2×2 光纤耦合器或 Y 波导集成光学器件,从 1 端注入光功率,测出两输出端 3、4 的光功率 P_3、P_4,根据下式计算分光比

$$C.R = \left(\frac{P_3}{P_3 + P_4} \times 100\right) \Big/ \left(\frac{P_4}{P_3 + P_4} \times 100\right)$$

(撰写人:丁东发 审核人:王学锋)

fenguang guangduji

分光光度计(Spectral Photometer)(Спектрофотометр)

一种用来测量物体的光谱投射率和光谱反射率的光学仪器。它用于在每一波长上比较该物体的出射和入射辐射功率,或是某物体与作为工作标准的参考光的出射和入射辐射功率。分光光度计通常由两部分组成:包括单色仪在内的光谱部分和光度部分。光度部分既可位于单色仪之前,也可以位于单色仪之后。

(撰写人:郭 宇 审核人:王 轲)

fenshuqi

分束器(Beam Splitter)(Разветвитель пучка)

将一路光信号分成两路或多路光信号的器件。常用的分束器有

空间式与波导式两种。空间分束器基于反射/透射原理,波导分束器基于模式耦合理论。分束器可以实现光波强度、偏振或波长的分离。

参见光纤耦合器。

（撰写人:丁东发　审核人:王学锋）

fenzi dianzi jishu chuanganqi

分子电子技术传感器(Molecular Electronic Technology Sensor)

(Датчик на осиовании молекулярно-электронной технологии)

简称MET传感器，是在固液界面双电层电动现象基础上的信息转换、传递和控制的化学电子学技术。分子电子技术核心过程是液体在外界加速作用下的对流运动。MET传感器的敏感元件由两部分组成：一是通道的封闭体系，其中灌装作为液体介质的电解液，二是穿过通道的微电极和电极之间的多孔绝缘间隔体。电极及多孔间隔体控制流体阻抗，进而控制加速度计的频带、动态范围及传感器的灵敏度。近年来，MET以其崭新的概念已在俄罗斯和美国开发出新一代化学陀螺仪和角加速度计（包括线加速度计和角/转动加速度计等系列产品）。

分子电子技术传感器有3个主要特点：

1. 电信号的本底噪声很低，且平坦；

2. 在不降低灵敏度的前提下器件可以微型化；

3. 低能耗、高灵敏度、大动态范围和宽频带是它区别于传统微机电传感器的显著特点。

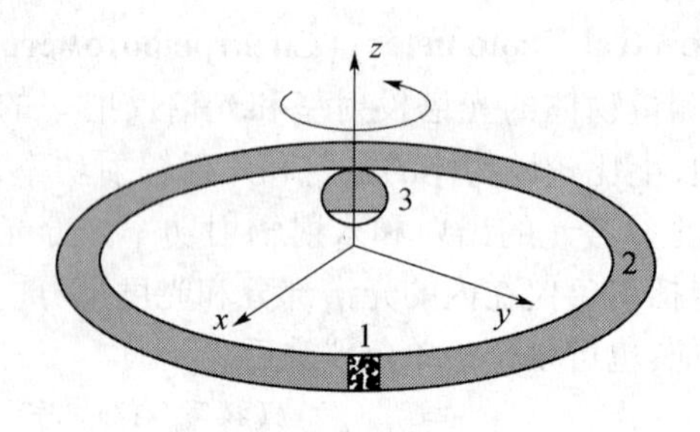

MET传感器结构示意图

1—微电极转换器；2—惯性介质；3—温度补偿系统

（撰写人：张敬杰　宋广智　审核人：杨　畅）

fenzu jiagong

分组加工（Distribute Machining）（Группированная обработка）

对于装配精度要求高的配合零件，可将加工难度大、成本高的某一零件适当放宽尺寸范围加工后，经计量按实际尺寸大小分为若干组，使每组之内零件尺寸差减少，而与之配合的另一零件也按实际尺寸分为若干组，然后将能满足设计图样规定的配合性质的两组零件进行装配。与完全互换法相比，这种加工方法既保证装配精度要求，又降低了加工成本。

（撰写人：周 琪 审核人：熊文香）

fengzhuang gongyi

封装工艺（Packaging Process）（Технология упоковки）

MEMS 产品的封装与微电子产品的封装一样，主要是确保系统在相应的环境中更好地发挥其功能。为了达到这一点，封装形式应保证其好的热传递性能、优良的电气连接形式和长期稳定性。MEMS 封装的主要作用有：微机械结构支撑、保护和隔离，提高品质因数 Q，提供与其他系统的电气连接结构，为芯片提供散热和电磁屏蔽条件，提高芯片的机械强度和抗外界冲击的能力等。

MEMS 封装技术通常可分为 3 个基本的封装级别。

1. 晶片级封装（见图 1）：是指带有微结构的晶片与另一块经腐蚀带有空腔的晶片键合。键合后，在微结构体的上面就产生了一个带有密闭空腔的保护体。这种方法使得微结构体处于真空或惰性气体环境中，提高了器件的品质因数 Q 值。晶片级封装可以通过阳极键合工艺得到，键合后可以避免划片时器件遭到损坏。

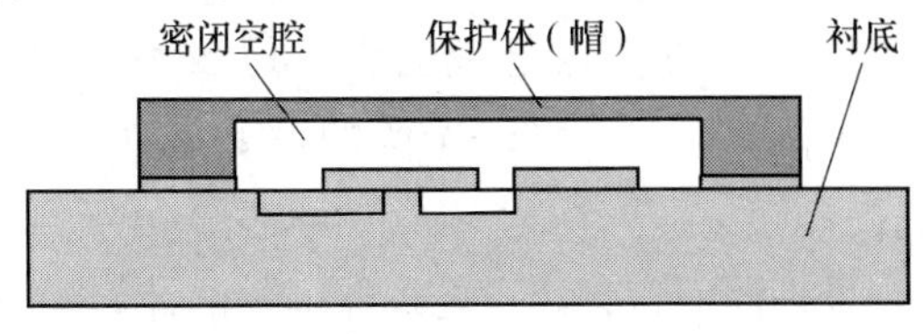

图 1 晶片级封装图

2. 单芯片封装（见图2）：在一块芯片上制作保护层，将易损坏的结构和电路屏蔽起来以避免环境对其造成不利影响，制作进出有源传感器/制动部分的通路并实现与外部的电接触。

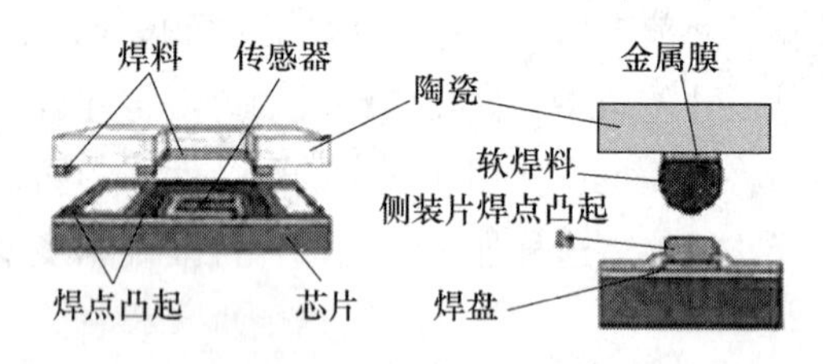

图2 单芯片封装图

3. 多芯片模块与微系统封装（见图3）：将许多不同的器件如传感器、制动器与电子器件封装在一个小型模块中，构成一个智能化的小型化系统。

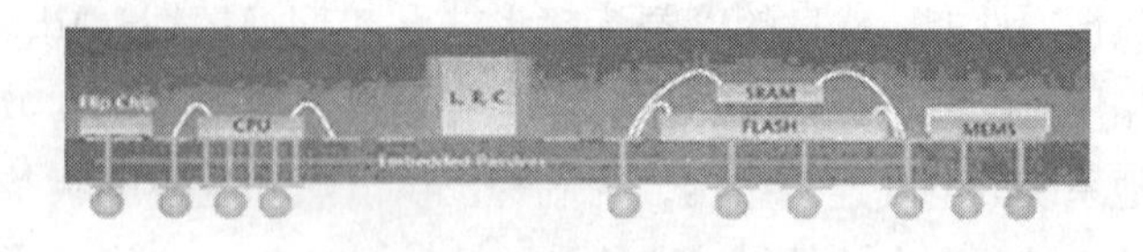

图3 多芯片模块与微系统封装

（撰写人：孙洪强 审核人：徐宇新）

fudian chuliqi

浮点处理器（Floating-point Processor）（Процессор плавучей точки）

数据以浮点格式（尾数×2 指数）工作的芯片为浮点处理器，既支持整数运算又支持实数运算，后者以科学计数法进行了标准化。在单精度32位浮点处理器中，尾数为24位，指数为8位，双精度（64位，包括一个53位的尾数与11位的指数）的器件可实现更高精度。

相比于定点处理器而言，浮点处理器提供的计算能力更高，浮点运算用硬件来实现，可以在单周期内完成，因而其处理速度大大高于定点处理器。32位的浮点DSP的总线宽度较定点处理器宽得多，因而寻址空间也要大得多，这为大型复杂算法提供了可能，另一方面也为高级语言编译器、DSP 操作系统等高级工具软件的应用提供了条件。浮点处理器适用于惯导系统中精确导航和误差辨识/补偿任务。

（撰写人：崔 颖 审核人：周子牛）

fuqiu pingtai

浮球平台（Floated Sphere Platform）（Поплавковая сферическая гироплатформа）

一种无框架陀螺稳定平台，台体为球形，悬浮支撑在浮液中，通过球面角度传感器和力矩器实现其在空间的稳定。其代表型号为美国 MX 导弹用的高级惯性参考球（Advanced Inertial Reference Sphere，AIRS），是目前精度最高的战略导弹用惯导平台，是采用“三浮”陀螺仪表（“第 3 代陀螺仪”TGG 和“比力积分传感器”SFIR）和静压液浮球形台体构成的无框架（Gimballess）全姿态惯导平台系统。

美国从 20 世纪 60 年代开始研制小型浮球平台 Flimbal，是在小型框架平台的台体上加控制通信电路和球壳，采用万向滚轮支撑、电磁感应力矩器等传统技术，研制了球面姿态角传感器和多路复用数据传输系统等浮球平台专用系统。从 70 年代开始研制高级惯性参考球 AIRS，研制了涡轮泵、射流力矩器等浮球平台专用系统，并改进了球面姿态角传感器和多路复用数据通信系统，达到了最终技术状态，应用于 MX 战略导弹，命中精度达到 100 m 以内，陀螺漂移 0.000 015 /h，加速度测量误差 1×10^{-7}，自瞄准误差 1″。

苏联在 20 世纪 80 年代也研制了浮球平台，与美国的 AIRS 技术状态相似，据称功耗较小，技术更先进，但未投入实用。

浮球平台除具有三浮陀螺稳定平台的技术特点外，还具有以下特点：

1. 高精度，采用全流体支撑和伺服系统，消除了力矩电机产生的随机电磁场干扰，同时快速循环的流体保障了平台内处于等温状态，使惯性仪表保持在最优工作条件。

2. 全姿态，采用球形静压液浮结构消除了框架平台的转角限制和框架倾斜造成的不等刚度和不等惯量。

3. 抗大过载，中性悬浮的球形静压液浮结构使台体受力均匀，减小了大过载条件下的结构应力和变形。浮球平台在 MX 导弹再入大气层时仍保持导航状态，最大加速度达到560 m/s^2。

浮球平台系统是高度集成化的惯导平台系统，要实现基本功能，需要解决电源线多路信息传输、球面姿态角测量等关键技术，要达到高精度，需要全面解决 AIRS 系统的关键技术并构成一个整体。

（撰写人：周子牛　审核人：杨立溪）

fuye

浮液（Floatation Fluid）（Суспензия）

陀螺仪和陀螺加速度计等仪表中用做悬浮浮子的液体。

浮液的选择上一般要求：

1. 密度高，温度系数小，这有利于缩小仪表体积和减少温度对仪表精度的影响。

2. 具有适当的黏度和黏温系数。黏度高时阻尼高，有利于衰减机械干扰，降低噪声，但流动性差，增加充油难度；黏度大，凝固点也会增高，易造成软导线变形，增加干扰力矩等。因此要选择具有适当的黏度和黏度受温度影响小的浮液。

3. 浮液为单馏分或窄馏分，分子量离散度不能太大，否则影响长期储存和悬浮的功能。

4. 在规定的真空充油温度下，蒸气压力应低，以避免挥发和使浮液物理性能发生变化。

5. 化学稳定性好，酸值低，不能对仪表部件造成腐蚀。

6. 凝固点要低，洁净度要高等。

液浮陀螺仪等常用的浮液有氟氯油和氟溴油，氟溴油密度较大，但造价高。

（撰写人：孙书祺　审核人：唐文林）

fuye tiji buchangqi

浮液体积补偿器（Fluid Volume Compensator）（Компенсатор объёма суспензии）

在液浮陀螺仪中，当陀螺仪处于高温时，会由于浮液体积膨胀造成密封破坏而漏油；当陀螺仪处于低温时，由于浮液体积的收缩会产生空腔。因此，需要采用补偿体积变化的装置即浮液体积补偿器。通常采用弹性密封的可伸缩波纹管，自动进行体积补偿。

波纹管的几何尺寸、伸缩量及刚度根据浮液最高和最低工作温度来确定；预压缩量可根据仪表充油后的卡口温度确定；波纹管刚度和强度根据它承受的最大压力和拉力确定。另外，在仪表抽真空检漏时应将波纹管长度固定在规定尺寸内，防止被完全拉伸或压缩。

（撰写人：孙书祺　审核人：邓忠武）

fuzi fuxin

浮子浮心（Floating Centre of Float）（Центр плавучих сил поплавка）

在液浮陀螺仪中，浮子浸在浮液中，它所排开液体的重量为浮子所受的浮力，这种浮力的合力中心称为浮心。工程设计上要使浮子的结构对称，调整时要使浮心与质心重合，以减小干扰力矩。

（撰写人：孙书祺　审核人：唐文林）

fuzi pianyi chizhi

浮子偏移迟滞（Float Displacement Hysteresis）（Гистерезис вращения поплавка）

液浮陀螺仪中，当浮子绕输出轴从零位顺时针和逆时针方向等量偏转时，两个再平衡力矩变化量的差值。偏移滞环的大小取决于浮子对其零位的对称性、浮子再平衡回路的工作方式、浮子绕输出轴从零位偏转角度的大小、偏转速率（对浮子施加的力矩）及测定时间等。

（撰写人：孙书祺　邓忠武　审核人：唐文林）

fuzi zhicheng zhongxin

浮子支撑中心（Suspending Centre of Float）（Подвесной центр поплавка）

在静压流体支撑（静压气浮、静压液浮）的陀螺仪中，浮子组件是由流体轴承的静压力来支撑的，流体轴承静压力的合力中心称为浮子支撑中心。

通常靠提高静压流体支撑结构稳定性来保证浮子支撑中心的稳定性。

（撰写人：沈国荣　审核人：闵跃军）

fuzi zhixin

浮子质心（Mass Centre of Float）（Центр масс поплавка）

在陀螺仪和陀螺加速度计中，将装有陀螺电机的框架组件密封在一个浮筒中，通常称为浮子。浮子浸在浮液中，处于自由悬浮状态，浮子各组成件质量中心的总和称为浮子的质心。浮子的质心应平衡在浮子的几何中心上。

（撰写人：孙书祺　审核人：唐文林）

fudu tiaozhi / jietiaoqi

幅度调制/解调器（AM Modem）（Амплитудный модулятор/демодулятор）

简称 AM 调制/解调器，是幅度调制器（AM modulator）和幅度解调器（AM demodulator）的总称。

幅度调制是用调制信号控制载波信号的幅度，即调幅信号 $V_{am}(t)=(v_s+V_c)\cos(\omega_c t+\varphi)$，$v_s(t)$ 为调制电压，V_c 为载波幅度，ω_c 为载波角频率，φ 为载波相位角，$|v_s|_{max}/V_c$ 为调制度。

幅度调制的特点是把基带调制电压 $v_s(t)$ 的低频信号转移到载波频率 ω_c 附近的两个边带内，以利于电磁能量的传播。例如电磁角度传感器的输出信号，载波为激励电压，调制信号为转角，是典型的双边带幅度调制。

幅度调制/解调器的基本结构是 4 象限乘法器，调制信号与载波

相乘得到调幅信号 V_{am}，调幅信号再与载波相乘得到解调信号

$V_{dam}(t)=V_{am}\cos(\omega_c t+\varphi)=(v_s+V_c)\frac{\cos(2\omega_c t+2\varphi)+1}{2}$，滤掉 $2\omega_c$ 频率成分，可得到调制信号 $v_s(t)$。

在实际应用中，常采用开关式解调器，功能相当于使调幅信号与基波为载波的方波信号相乘，结构简单，但带来谐波干扰。在调制度小于100%的情况下，常采用包络线或绝对值检波的方法实现 AM 解调。

斩波型幅度调制/解调器常用于隔离放大器中，用以通过变压器传递直流信号，特点是采用方波作为载波，可获得更高的动态传递精度，缺点是占用过大的带宽，频带利用率低。

（撰写人：周子牛　审核人：杨立溪）

fudu wucha

幅度误差（Amplitude Error）（Амплитудная ошибка）

实际输出信号幅值与要求输出信号幅值的名义值之间的差，是电源设计中的重要指标之一。

（撰写人：周　凤　审核人：娄晓芳　顾文权）

fuyang

俯仰（Pitch）（Тангаж）

载体绕与其同心的惯性参考坐标系横轴 Oz_0 的转动运动。绕 Oz_0 正向的转动为正俯仰，反之为负俯仰。描述它的量有角加速度、角速度和角度。

俯仰角 θ 可用三轴陀螺稳定平台系统直接测得，或依框架角与姿态角的关系式由计算机解算获得；对位置或速率捷联惯性导航（或制导）系统，俯仰角 θ 可分别用二自由度陀螺仪测得或由三个速率陀螺仪的输出经解算获得。

（撰写人：杨志魁　审核人：吕应祥）

fuyang tuoluoyi

俯仰陀螺仪（Pitch Gyroscope）（Гироскоп тангажа）

用来测量和控制导弹俯仰角的二自由度陀螺仪。应用中将二自

由度陀螺仪的一个轴对准导弹弹体的横轴即可测量出弹体俯仰角的近似值。

（撰写人：孙书祺　审核人：唐文林）

fuzai liju

负载力矩（Loading Torque）（Момент нагрузки）

力矩电机拖动的产生机械转矩与转速、行程、时间的关系。包括恒转矩负载（反抗性恒转矩负载、位能性恒转矩负载）、恒功率负载、风机类负载。

恒转矩负载：指负载转矩 M_{fz} 与转速 n 无关。无论转速如何变化，负载转矩始终保持为常数。

恒功率负载：当转速变化时，n 从电动机吸收的功率基本不变。负载从电机吸收的功率也就是电动机轴上的输出功率。

风机类负载：风机类负载和转速 n 的平方成正比。

实际产生的负载转矩是几种负载转矩的综合。

（撰写人：韩红梅　审核人：闫志强）

fuzai zukang

负载阻抗（Load Impedance）（Сопротивление нагрузки）

在一定频率下，负载的端电压和流过负载的电流之比。负载阻抗可等效为电阻、电容与电感的复合阻抗，它在数值上等于：电阻的平方与感抗减容抗之差的平方之和的平方根，即

$$z = \sqrt{R^2 + (\omega L - \frac{1}{\omega c})^2}$$

（撰写人：杨健生　审核人：张　路）

fujia qiangdu tiaozhi

附加强度调制（Added Intensity Modulation）（Прибавочная модуляция интенсивности）

对于相位调制器而言，在相位调制过程中，由于光波导介质内部、边界的散射、反射和吸收等因素所引发的强度调制。

（撰写人：徐宇新　审核人：刘福民）

fujia sunhao

附加损耗（Excess Loss）（Добавочная потеря）

光纤耦合器的附加损耗定义为所有输出端口的光功率总和相对于输入光功率的减小值，数学表达式为

$$E.L = -10\lg\frac{\sum P_{out}}{P_{in}}\ (\mathrm{dB})$$

对 2×2 型单模光纤耦合器，从 1 端注入光功率 P_1，两输出端的光功率分别为 P_3，P_4，则附加损耗计算如下

$$E.L = -10\lg\frac{P_3 + P_4}{P_1}\ (\mathrm{dB})$$

（撰写人：丁东发　审核人：王学锋）

Fuyan

复验（Recheck）（Повторная проверка）

惯性器件生产中为了验证元器件、原材料或外协产品零部件的性能、质量是否符合要求，而进行的再次检验。主要包括两方面内容：

1. 元器件、原材料采购完成后使用方需要对其指标、性能进行入厂检验；

2 元器件、原材料在使用过程中超出使用期，但还在保质期内，需要对其进行再次检验，以确保其质量适用于现有产品。

（撰写人：苏　超　审核人：闫志强）

fuying wucha

复映误差（Error Persevere Mapped）（Ошибка отображения）

在加工时由于各种原因造成加工余量不均匀，切削深度的变化，产生了相对应的切削力变化，引起机床—刀具系统的变形程度的变化，在加工完成的工件上依然保留有与加工前相类似的形状误差。

如图所示，车削时毛坯有 $\Delta_{毛坯}$的误差，使得切削深度由 A_{P_1}变为 A_{P_2}，在 A_{P_2}位置时，刀具退出的程度比在 A_{P_1}位置时要多，加工出的工件仍有 $\Delta_{工件}$的误差。

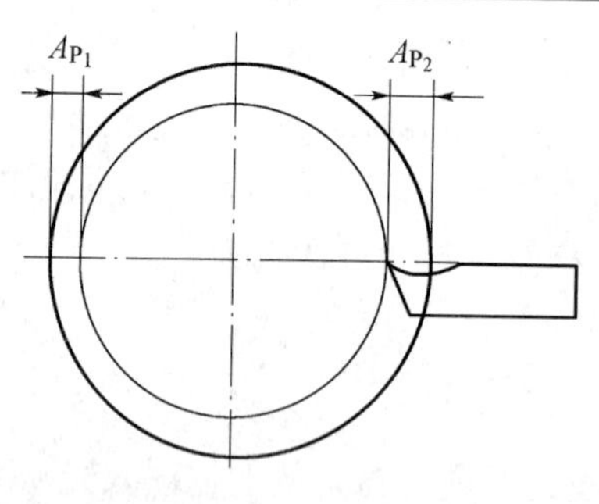

复映误差示意图

$$\Delta_{工件} = \varepsilon\Delta_{毛坯}$$

其中：ε 为一个小于 1 的数，与机床—刀具加工系统的刚度成正比。

为了减少复映误差，应当设法提高加工系统的刚度或是采用小切削深度，多次走刀的切削方法。这是因为 ε 小于 1，每加工一次，误差就小些。经过多次加工后，误差（常见的有心形误差）作为复映误差可以逐渐减小。在精密加工时，要严格控制前装夹造成的弹性变形，在后续加工中是很难消除的。

（撰写人：赵春阳　审核人：熊文香）

gailü piancha

概率偏差（Probable Deviation）（Вероятное отклонение）

对称于散布中心、弹着概率为 50% 的区间长度的一半，又称公算偏差，用 B 表示。其表达式及示意图如下。

$$P\{|X-\mu| \leqslant B\} = 0.5$$

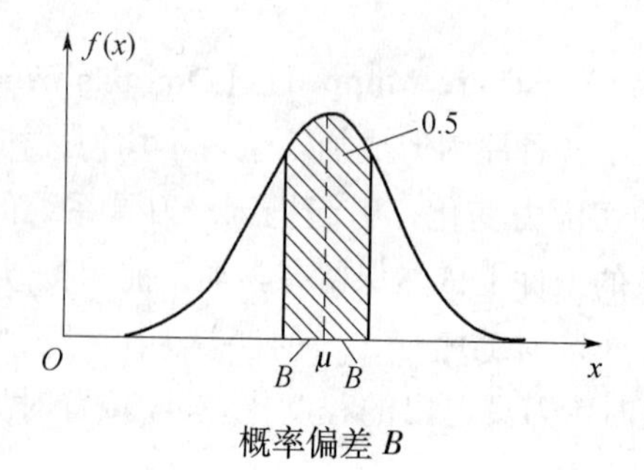

概率偏差 B

沿纵向的称为纵向概率偏差，用 $B_{\Delta L}$或 B_1 表示。同样可定义横向概率偏差 $B_{\Delta H}$或 B_2。

概率偏差是反映射击密集度高低的指标之一。B 越小说明射击密集度越高；B 越大说明射击密集度越低。若 $X \sim N\ (\mu,\ \sigma^2)$，则 B 满足下式

$$\frac{1}{\sqrt{2\pi\sigma}}\int_{\mu-B}^{\mu+B}\exp\left[-\frac{(x-\mu)^2}{2\sigma^2}\right]\mathrm{d}x = 0.5$$

在落点散布为正态分布的情况下，B 与 σ 的关系为

$$B = 0.6745\sigma$$

$$4B \approx 2.7\sigma$$

（撰写人：谢承荣　审核人：安维廉）

ganfa keshi

干法刻蚀（Dry Etch）（Сухое гравирование）

离子体取代化学刻蚀液，把基体暴露在“活性状态”的气体中，利用气体中的离子和基体原子间的物理和化学作用引起的刻蚀。主要包括等离子体刻蚀、溅射刻蚀和反应离子刻蚀（RIE）等。等离子体刻蚀就是利用反应气体在电场加速作用下形成的等离子体中的活性基，与被腐蚀材料表面发生化学反应，形成挥发性物质并随气流带走。溅射刻蚀利用放电时所产生的高能惰性气体离子对材料进行物理轰击，即气体放电把能量提供给轰击粒子，使它们以高速运动与衬底相碰撞，能量通过弹性碰撞传递给衬底原子，当能量超过结合能时就能撞出衬底原子。由于这种刻蚀是通过动量向衬底原子转移而实现的，所以溅射刻蚀的速率与轰击离子的动量、通量密度及入射角有关。反应离子刻蚀（RIE）也称为反应溅射刻蚀（RSE），与溅射刻蚀的区别在于，在反应离子刻蚀中，用分子气体（与等离子刻蚀所用的气体相同）取代了离子源中的惰性气体。干法刻蚀具有分辨率高，各向异性刻蚀能力强，刻蚀的选择比大，而且不会给微结构带来大的应力，以及能进行自动化操作等优点。但设备比较复杂，很多参数，如气体的性质和流量、基片的性质和面积、电极

结构、激励的电磁参数和真空室的外形等必须控制，不同的组合会产生不同的腐蚀过程。

（撰写人：孙洪强　审核人：徐宇新）

ganrao liju

干扰力矩（Interfering Torque）（Возмущающий момент ）

惯性仪表敏感轴上存在的对产品精度指标有不利影响的所有有害力矩的统称。

（撰写人：郝　曼　审核人：闫志强）

gansheshi guangxian tuoluo

干涉式光纤陀螺（Interferometric Fiber-optic Gyroscope）（Интерферометрический волоконный оптический гироскоп）

光路主体是一个 Sagnac 光纤干涉仪，典型的光路由宽带光源、光纤耦合器、探测器、Y 波导集成光学器件和光纤线圈组成（如图所示），从光源发出的光经光纤耦合器和 Y 波导集成光学器件后进入多匝光纤线圈的两端，两相反方向传播的光束在光纤线圈绕行后，再经 Y 波导集成光学器件而汇合，产生干涉后经过光纤耦合器由探测器检测。

干涉式光纤陀螺的结构图

当光纤线圈绕其敏感轴无旋转时，Sagnac 相位差为零。当光纤线圈绕其敏感轴旋转时，Sagnac 相位差不为零，到达探测器的光强为

$$I = I_0[1 + \cos(\phi_b + \Delta\phi)]$$

式中　I_0——平均光强；

ϕ_b——相位偏置；

$\Delta\phi$——旋转引起的 Sagnac 相位差，与旋转角速率成正比。

（撰写人：王　巍　审核人：张惟叙）

ganyingshi liju diandongji

感应式力矩电动机（Induction Torque Motor）（Индуктивный электродвигатель момента）

由定子、转子两组件构成。定子上有激磁绕组和控制绕组，激磁绕组为单相绕组，控制绕组一般为两相，大力矩时也有三相形式。

由于激磁绕组始终接入电源，所以当给一个控制绕组通电时，则产生一个方向的力矩；当给另一个控制绕组通电时，将产生另一个方向的力矩。当给两个控制绕组通以不同的电流时，则将产生与两个控制绕组中的电流差值成比例的作用力矩。

感应式力矩电机定子的激磁和控制绕组可以是波绕组，也可以是叠绕组。转子结构形式有两种，一种是鼠笼结构，另一种为实心转子。

感应式力矩电机通常工作在堵转状态，在此条件下，电机的输出力矩最大。其控制方式有幅值控制、相位控制和幅相控制三种，即在不改变激磁电压情况下，改变控制电压的幅值、相位或两者同时改变。采用幅值控制方式具有良好的力矩线性输出和较宽的力矩调节范围。

（撰写人：李建春　审核人：秦和平）

ganyingshi lijuqi

感应式力矩器（Inductance Torquer）（Индуктивный датчик момента）

其工作原理基于电磁感应定律，力矩器转子绕组中的电流是由定子磁场感应而产生，并与定子磁场相互作用形成作用于转子上的力矩。转子绕组是闭合短接的。

感应式力矩器的转子绕组中的电流是定子供给的，力矩器产生的力矩小，线性度和稳定性差。感应式力矩器可以分为短路匝转子式、涡流杯转子式和感应式力矩电机等几种。

（撰写人：葛永强　审核人：干昌明）

ganying tongbuqi

感应同步器（Inductosyn）（Индуктивный синхронизатор）

一种（多极）电磁感应元件。感应同步器按其用途一般可分为两类：圆感应同步器用于测量角的位移量；直线式感应同步器用于测量长度的变化量。感应同步器由两部分组成：对于圆感应同步器来说是定子和转子；对于直线式感应同步器而言则是定尺和滑尺。感应同步器一般均可分为：1）基板；2）绝缘层；3）印刷绕组；4）接地屏蔽层四部分。基板可用不锈钢、硬铝及玻璃等非导磁材料，也可选用导磁材料；绕组选用覆铜板制造，铜箔厚度约为0.05 mm；接地屏蔽层则一般采用铝箔或铝膜，覆盖在绕组表面，与绕组之间要做好绝缘处理。

一个绕组由有效边及端部组成，有效边一般远长于端部，其形状与城墙垛口类似。绕组形式有连续绕组和分段绕组两种，连续绕组所有有效边通过端部串联起来，只有一头一尾与外部相连；相邻有效边的中心线的间距或夹角是相等的，此间距或夹角即为该感应同步器的极距；而分段绕组则一般分成两相，每相若干组，每组由若干相等数量的有效边及端部组成，相邻组为不同相，同一相的若干组按一定方式串联起来，相邻组相邻有效边的间距为若干整极距加半极距，以形成两相绕组的空间正交。分段绕组亦可以在空间形成两相以上的绕组分布。一般在定子（定尺）上铺设分段绕组，在转子（滑尺）上铺设连续绕组。转子（滑尺）上绕组可通过电缆、导电滑环与外部连接，或者通过耦合变压器与外部连接。

感应同步器定子（定尺）与转子（滑尺）间绕组应对面平行对正安装，两绕组间有一定间隙。

感应同步器一般有一相激磁、两相输出，或两相激磁、一相输出两种方式；每种方式中又可分为鉴幅与鉴相两种工作状态。

感应同步器的极数 N 可认为是其转动范围或有效行程与其极距之间的比值，N 的 1/2 为该感应同步器的极对数。当感应同步器的定子（定尺）和转子（滑尺）之间转动或移动过一对极的角度或行程的变化，其输出也随之经历了 1 个周期（幅值或相位）的变化。这样通过对感应同步器输出幅值或相位的检测，我们就可得到被测物体相对某一基准的相对角位移或行程的变化。感应同步器的极数 N 可以做得很高，一般为上百极至上千极，因此，感应同步器的测角或测长精度也可以做得很高，圆感应同步器的测角精度最高可达 1″以内，直线式感应同步器的测长精度最高可达 1 μm 以内，这是它的主要优点。其缺点主要有：尺寸较大；输出电压较低（毫伏级）。

感应同步器的应用范围很广，比如在数控机床中的应用。而在惯性器件方面，主要是应用在测试设备中，如在各种速率位置测试转台内，作为角度检测元件的应用。

（撰写人：陈玉杰　审核人：干昌明）

ganying yixiangqi

感应移相器（Induction Phase Shifter）（Индуктивный фазосдвигатель）

正—余弦旋转变压器的另一种使用方式，感应移相器与一般角度传感器不同，其输出电压幅值不变，而相位随转子转角变化。感应移相器有单相激磁、两相激磁、三相和多相激磁几种。在惯性器件中常用的是单相和两相激磁两种。单相激磁的感应移相器是一个原边单相激磁的旋转变压器，副边两相接 RC 移相电路。两相激磁的感应移相器，其原边分别用相位差 π/2 等幅同频的两相正弦波电源供电，其副边只有一个单相绕组，外接负载电阻。

感应移相器配以相应的电路便于实现轴角→相位→时间间隔→数码的转换，可以是一对极，也可以多极和双通道，以提高测角精度和实现绝对编码输出。

（撰写人：葛永强　审核人：干昌明）

gangdu

刚度（Rigidity）（Жёсткость）

惯性仪表结构和零件抵抗变形（变位）的能力，又称刚性，是指结构或零件在载荷作用下保持其形状不变的能力，刚度大则抵抗变形的能力强。

扭转刚度就是弹性体产生单位角位移所需的扭矩。零件的刚度与其材质的弹性模量及其截面形状尺寸有关。依据载荷性质可分为静刚度和动刚度。静刚度是指静载荷下抵抗变形的能力。动刚度是指交变载荷下抵抗变形的能力。习惯上所说的刚度，往往指静刚度。就惯性仪表而言，零件的刚度大则在载荷作用下变形量就小，这对保证惯性仪表精度有利。

动、静压流体轴承、磁悬浮轴承、静电轴承等支撑系统在工作状态时其被支撑轴承保持其位置不变的能力也称为支撑的刚度。

（撰写人：周　琪　审核人：熊文香）

gangyan pingban

岗岩平板（Granite Slab）（Гранитная плита）

在高温条件下，由岩浆或熔岩流在地壳内一定深度冷凝结晶而成的岩石为花岗岩。将花岗岩石材加工成的平板即岗岩平板。

其特点是利用花岗岩晶粒细小、均匀、密度大、硬度高、精度保持性好，具有较好的刚度和稳定性。

（撰写人：王继英　审核人：谢　勇）

gaobianwenlü wenduxunhuan shiyan

高变温率温度循环试验（Temperature-circular Test with High Temperature-variation Rate）（Испытание температурной циркуляции под высокой скоростью изменения температуры）

一种快速完成温度变温的循环过程，使试件经受严峻的热疲劳应力的试验。

这种试验广泛采用步进应力试验方式，其参数选法如下：

高低温步长各 10 ～ 15 ℃，直至最大温度范围 -60 ～ +125 ℃；

温变率步长为 2 ～ 3 (°)/min，至最大 30 (°)/min；

端点保温时间为 10 min。

保温段可同时进行通断电试验（又增加工作应力）。

也可同时施加宽频带三轴六自由度强度步进递增的随机振动，

综合应力效果更好。

（撰写人：叶今发 审核人：原俊安）

gaocheng

高程（Height）（Высота）

载体离开基准地面（通常为平均海平面）的高度。

（撰写人：程光显 审核人：杨立溪）

gaodiwen shiyan

高低温试验（Temperature High, Low Test）（Испытание под высокой и низкой температурой）

使产品暴露在高温或低温环境中，考核其在储存、运输中对温度变化的耐受性或工作适应性的试验，又称为温度试验。

高低温试验包括两类。一类是储存、运输耐受性试验，目的是考核产品对极端高、低温环境的耐受能力；另一类是工作适应性试验，目的是考核产品对使用中遇到的高、低温环境以及温度急剧突变的工作适应性。

（撰写人：叶金发 审核人：原俊安）

gaofanmo

高反膜（High-reflection Coating）（Высокоотражательная плёнка）

与减反膜的作用正好相反，高反膜是用来增加反射光的光通量，把入射光能大部分或几乎全部反射回去，如多光束干涉仪、高质量激光器中的反射膜。高反膜一般有金属膜和介质膜两种。

（撰写人：章光健 审核人：王 轲）

gaopin hanjie

高频焊接（High Frequency Welding）（Высокочастотная сварка）

用流经工件连接面的高频电流所产生的电阻热加热，并在施加（或不施加）顶锻力的情况下，使工件金属间实现相互连接的一类焊接工艺方法。

在惯性仪表制造中的主要应用是利用其加热快速的特点对液浮

仪表的浮子或仪表的外罩实施焊接。

（撰写人：翁长志　审核人：曹耀平）

gaotanxing hejin

高弹性合金（High Elastic Alloy）（Высокоэластичный сплав）

具有弹性极限高、滞弹性效应低的一类弹性合金。对这类合金除要求高的弹性极限和低的滞弹性效应外，根据不同应用还要求有耐蚀性、耐高温、无磁性和高的导电性等。高弹性合金按强化类型可分为弥散强化型和变形强化型两种。属于弥散强化型的典型合金有36Ni－12Cr－3Ti－1Al－Fe。该合金在淬火后为奥氏体组织，随后经冷加工和时效处理析出弥散相，使基体强化而获得良好的力学性能：弹性模量 E =186 300 MPa，δ_b =1 373 MPa，硬度 =400 HV，使用温度为 250 ℃。属于变形强化型的典型合金有：40Co－15Ni－20Cr－70Mo－Fe。冷加工和时效后弹性模量 E 达到196 100 MPa，且有高的疲劳强度、高硬度和良好的耐蚀性。合金采用真空感应炉熔炼，经过冷热塑性变形制成冷轧带材、冷拉棒材、冷拉线材或热轧材。弹性元件需经适当的时效处理。该类合金适于制作各类膜盒、膜片等弹性敏感元件；弹簧、发条等储能元件；轴尖、仪表轴承等元件和构件。

（撰写人：周长富　审核人：陈黎琳）

gaoya dianyuan

高压电源（High Voltage Power Supply，HVPS）

（Источник питания высокого напряжения）

常用以供给 1 ～2 kV（如激光陀螺中的激励电压）或更高的电压，通常电流为几毫安或更小，常用 2 倍或多倍的倍压整流电路得到高压。

（撰写人：周　凤　审核人：娄晓芳　顾文权）

geshi jiasudu

哥氏加速度（Coriolis Acceleration）（Кориолисово ускорение）

当质点对动坐标系有相对运动，而动坐标系有转动运动时，质点对动坐标系的相对运动和动坐标系的转动运动这两种运动的相互影响而产生的加速度。这两种运动相互影响的机理是：一方面质点在动坐标系中的位置在变化使质点的牵连切线速度亦随时间而改变，因而产生了加速度，另一方面由于动坐标系的转动也改变了相对速度的方向，从而引起加速度。

哥氏加速度等于动坐标系的转动角速度 $\boldsymbol{\omega}$ 与质点对动坐标系的相对速度$\frac{\partial \boldsymbol{r}}{\partial t}$这两个矢量积的 2 倍，即

$$\boldsymbol{a}_{\mathrm{C}} = 2\boldsymbol{\omega} \times \frac{\partial \boldsymbol{r}}{\partial t}$$

哥氏加速度 $\boldsymbol{a}_{\mathrm{C}}$ 的方向为将矢量$\frac{\partial \boldsymbol{r}}{\partial t}$按右手法则绕 $\boldsymbol{\omega}$ 轴转过$\frac{\pi}{2}$之后的方向。

（撰写人：吕应祥　审核人：杨　畅）

geshili

哥氏力（Coriolis Force）（Кориолисова сила）

一个物体同时具有相对运动（移动或转动）和牵连转动时，将产生一项附加加速度（哥氏加速度），运动物体产生哥氏加速度对应的惯性力称为哥氏力。

如：地球旋转对运动物体（如飞机或导弹）施加的偏斜力，该力在北半球使运动物体向飞行速度方向的右方偏转，在南半球使运动物体向飞行速度方向的左方偏转。

（撰写人：孙书祺　审核人：唐文林）

gelinweizhi minyongshi

格林尼治民用时（Greenwich Civil Time，GCT）（Гринвичское гражданское время）

以英国格林尼治天文台原址所在的子午线为基准的地方平太阳时，也称为世界时。

（撰写人：崔佩勇　审核人：吕应祥）

geli shiyan pingtai

隔离试验平台（The Isolation Test Platform）（Изоляционная испытательная плита）

为进行精密惯性仪表的精密测试而建立的减小地壳振动的影响或人类活动干扰的试验平台。

受地理、气候、经济和交通等条件的限制，惯导装置实验室场地的选择不能达到避免环境干扰的影响。这就要使用隔离试验平台（隔离振动和倾斜）。

为了达到试验目的，这种干扰输入至少应被控制到比所要求的惯性仪表输出数据信息小1个数量级。

（撰写人：李丹东　审核人：王家光）

gezhengou

隔振沟（Vibration Isolate Ditch）（Виброизоляционная канава）

由于在固体或孔隙的分界面上，任何振动都不能通过，因而开口的隔振沟可以成为理想的隔振屏障。磨床或其他精密机床、重型机床，常采用设置隔振沟的方法来隔振。

隔振沟的深度一般与机床基础的深度相同，以中空为宜。集中安装精密机床、高精度机床的小型厂房，可在厂房混凝土地坪周围设隔振沟，使地坪与厂房的墙柱脱开，以减轻外界振源的影响，机床可以直接安装在混凝土地坪上，不用单独做基础。

隔振沟虽然有一定的隔振效果，但只能减轻由地坪传来的冲击振动或高频干扰振动的影响，对地面脉动与低频振动的隔离作用甚微，除非将隔振沟设置得很深，但大幅度增加隔振沟的深度是十分困难的，因为隔振沟较窄，不便于施工；太深的隔振沟也不切合实际。因此，为减少振动的输出或输入，都应根据机床的防振要求采用隔振沟防振或采取一些其他的隔振措施，如：主动隔振、减振垫铁等。

（撰写人：刘建梅　审核人：易维坤）

genzong nizhuandian dingxiang

跟踪逆转点定向（Tracking Point of Reversin Orientation）

（Ориентация методом слежения точки возврата）

分划板视场零刻度线实时跟踪陀螺摆动的光标象的一种定向方法。

陀螺主轴在子午线附近左右摆动，让光标象与分划板零刻度随时重合。在平衡位置上，光标象行进速度最快，当接近逆转点时，速度逐渐慢下来，到达逆转点时，应准确地使光标象与分划板零刻度线重合，并迅速地把逆转点相应于经纬仪水平度盘上的读数记下来，然后向反方向继续跟踪，一般测量 5 个逆转点对应的读数，其平均值就是陀螺罗盘平衡位置，即当地子午线。

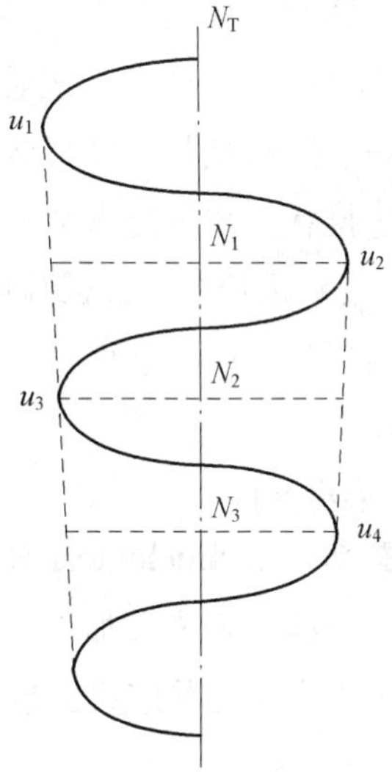

定向方法示意图

$$N_1 = \frac{1}{2}\left(\frac{u_1 + u_3}{2} + u_2\right)$$

$$N_2 = \frac{1}{2}\left(\frac{u_2 + u_4}{2} + u_3\right)$$

$$N_3 = \frac{1}{2}\left(\frac{u_3 + u_5}{2} + u_4\right)$$

$$\cdots$$

$$N_n = \frac{1}{2}\left(\frac{u_n + u_{n+2}}{2} + u_{n+1}\right)$$

陀螺北方向值为

$$N_T = \frac{N_1 + N_2 + N_3 + \cdots + N_n}{n}$$

（撰写人：吴清辉　审核人：刘伟斌）

gongyibiao

工艺表（Process-used Instrument）（Технологический прибор）

在惯性仪表检查试验时为了调整、测量试验台和测试设备的运行参数而使用的等效惯性工作。等效的惯性仪表的技术状态及功能与测试仪表相同，而生产批次或技术指标可以不同。

惯性仪表的生产周期长、难度大、数量有限。在生产过程中，所进行的各种检查及试验，如通电检查、绝缘电阻检查、抗电强度检查、振动试验、例行试验以及故障分析中使用的仪器、设备、线缆连接状态和运行参数需经常变动，为防止直接使用正式惯性仪表（产品）进行检查及试验可能出现的异常情况而造成的损失，一般先使用非正式产品进行。

（撰写人：赵 群 审核人：易维坤）

gongyibing

工艺柄（Technological Handle）（Технологическая рукоятка）

为满足工艺（加工、测量、装配）需要而在工件上增设的夹头。在工件完工之前应将工艺柄去掉。

（撰写人：周 琪 审核人：熊文香）

gongyi buju

工艺布局（Technological Arrangement）（Технологическая компоновка）

根据产品的加工特点及生产规模，对生产流程有关工艺设备、生产与辅助场地、运输装载设施以及用水、用电、用气等的配备及运行模式所做的技术性安排。

（撰写人：苏 超 审核人：闫志强）

gongyi dingxing

工艺定型（Technology Finalization）（Завершённое фиксирование технологии）

在产品研制的定型阶段，对其制造工艺进行全面评定，确认其达到规定的技术要求，并按规定办理手续的活动，是型号产品研制阶段中生产定型工作的一部分。

注 1：工艺定型要求

经试验考核，证明产品性能满足设计要求，且性能稳定；经定型批生产鉴定，工艺方案、工艺规程、工艺装备及工艺布置等合理、协调，能保证产品性能满足设计文件要求，具备批量生产能力；证明检验规程、检测设备等合理、协调，能保证正确反映产品的工艺状态和质量状态；工艺与验收技术文件齐备，符合标准化要求；生产定点合理、明确，通过质量认证，能保证产品质量和性能；配套成品、零部件、元器件及原材料等应立足国内（个别进口除外），保证供货。

注 2：工艺定型工作范围

1. 生产条件包括生产厂房、设备、工装、工艺文件、检测设备、批生产能力和技术力量、质量管理体系及质量控制措施、质量认证等；

2. 工艺定型文件包括工艺定型申请报告、工艺定型报告、工艺定型标准化审查报告；配套成品、原材料、元器件及检测设备的质量和定点供应情况报告；产品质量分析报告；产品成本分析报告；产品规范、生产规范、生产技术条件，验收技术条件和工艺规程；各类生产工装及设备配套表、明细表、汇总表和目录等。

（撰写人：孙少源　审核人：吴其钧）

gongyi guocheng

工艺过程（Technological Process）（Технологический процесс）

劳动者利用劳动工具作用于劳动对象，使其改变形状、大小、成分、性质、位置或表面状况并变成所预期的产品的过程。它是劳动过程的主要组成部分，一般说，它不包括生产准备过程。机械制造过程中的铸造、锻压、机械加工、热处理、表面处理、焊接、装配、油漆、包装等过程，均属于工艺过程之列。

（撰写人：苏　超　审核人：闫志强）

gongyi jizhun

工艺基准（Technological Datum）（Технологическая база）

零件在加工或装配等工艺过程中所使用的基准。例如，在生产过程中用来确定加工件位置所依据的那些点、线、面。

工艺基准按用途可分为：工序基准、定位基准、测量基准和装配基准。

工序基准是用来确定本工序被加工表面加工的尺寸、形状、位置的基准。

定位基准是在加工中用作定位的基准。其中，使工件在工序、尺寸、方向上，相对刀具获得确定位置所采用的基准尤为重要。

测量时采用的基准称为测量基准。

装配基准是用来确定零件或部件在产品中的相对位置所采用的基准。

工艺基准与设计基准应尽量保持一致，如不一致需经尺寸链换算，提高加工精度以确保加工件符合设计要求。

（撰写人：周　琪　审核人：熊文香）

gongyi jilü

工艺纪律（Technological Discipline）（Технологическая дисциплина）

在生产过程中，有关人员应遵守的工艺秩序。

企业职工、操作人员进行生产技术活动时，严格遵守各项工艺管理制度和各种技术文件的规定。它是企业职工贯彻执行科学的工艺要求、遵守正常的工艺秩序、提高产品质量和经济效果的重要保证。它的基本内容包括：建立各级技术责任制，各级技术部门对所编制的技术文件的正确、统一、完整负责；操作人员严格按工艺规程操作，严格执行一切工艺管理制度；技术文件的任何更改应按严格的规定程序审批；采用新技术、新工艺必须经过生产验证，履行审批手续；把遵守工艺纪律及时纳入岗位责任制或经济责任制，成为考核、奖惩职工的重要条件。

（撰写人：苏　超　审核人：闫志强）

gongyi luxian

工艺路线（Process Route）（Технологический маршрут）

产品在生产过程中，以工艺规程为依据所形成的从毛坯准备到成品包装入库，经过企业内外各有关部门或工序的先后顺序。

工艺路线的设计是编制工艺规程的关键，对保证产品质量、合理利用设备、加强生产管理和提高劳动生产率具有重要作用。

（撰写人：苏 超 审核人：闫志强）

gongyi pingshen

工艺评审（Technology Review）（Технологическая оценка）

对工艺文件（包括新工艺、新技术、新材料、新设备）进行的评审。目的是及早发现和纠正制造工艺中的缺陷和不足，提高制造工艺和工艺文件的质量，并为批准工艺文件和工艺定型奠定基础。

注1：在产品研制过程中各项工艺付诸实施之前、工艺定型前及生产过程重大工艺更改实施之前进行工艺评审。

注2：工艺评审的依据是产品设计文件（设计图样、设计文件等）有关条例、标准、规范、技术管理和质量保证文件等。

注3：工艺评审的重点是工艺总方案、工艺路线、工艺规程等指令性工艺文件；关键件、重要件、关键工序的工艺文件；特种工艺文件；采用的新工艺、新技术（包括技术关键、工艺研究试验项目及计算机辅助制造技术）、新材料、新设备等。

（撰写人：孙少源 审核人：吴其钧）

gongyi shaixuan

工艺筛选（Process Screening）（Технологический отбор）

在产品的生产阶段对成批的元器件、原材料、零/组件以及惯性仪表甚至系统按技术标准进行的符合性甄别检查，以删除不合格成分。工艺筛选根据对象和存在问题的不同所采用的检查项目和技术指标也有所不同。

依据产品性质和生产方式不同，一般选用不同的试验方式。其主要包括：气候环境试验、力学环境试验或综合环境试验等。

应当说明的是，生产阶段和研制阶段的工艺筛选的目的有所不同。在生产阶段的工艺筛选主要是验证产品的生产质量；而研制阶段的工艺筛选主要是以考查工艺方法的可行性为目的。

（撰写人：郝　曼　审核人：闫志强）

gongyi sheji

工艺设计（Technological Design）（Разработка технологического документа）

编制各种工艺文件和设计工艺装备等工作，是企业生产技术准备工作的重要组成部分。

内容包括工艺总方案，工艺路线和工艺规程，工艺设备的选择及使用，工艺装备、非标准设备的多类工艺规范的设计。

（撰写人：苏　超　审核人：闫志强）

gongyi shiyan

工艺试验（Technological Test）（Технологический эксперимент）

为考查工艺方法的可行性、工艺参数的合理性以及材料的可加工性而进行的试验。

工艺试验是针对型号产品在研制生产过程中出现的关键和短期内亟待解决的难点，结合本单位的实际情况，充分利用现有生产条件，组织开展的试验工作。一般包括：工艺攻关试验、归零分析试验、外协试验等，最终突破技术难点，保证型号产品生产的顺利进行。同时，通过工艺试验的开展，为新工艺、新技术提供前沿技术储备。

工艺试验要求：

1. 提出的工艺试验方案应合理、完整，具备一定的先进性和创造性；

2. 尽可能采用新工艺、新技术、新材料或新设备；

3. 工艺试验中的关键件、重要件、关键工序的质量控制应符合关键工序质量控制细则；

4. 工艺试验中需使用正式产品时，应符合工艺试验件的有关要求。

（撰写人：苏　超　审核人：闫志强）

gongyi shiyanjian

工艺试验件（Experiment Product）（Технологический образец）

首次投产的、工艺文件发生重大变更的、产品生产过程中出现质量问题，需进行工艺试验方能确定最佳工艺规范的产品（或零、部，组件）。

工艺试验件（简称工艺件）在下列情况下确定。

1. 机加工艺件：

1）首次采用新材料、新技术、新工艺时；

2）新制造、返修工装或旧工装重新使用；

3）为满足加工精度要求，需用试切法选择刃具（或切削参数、规准）时；

4）由于零件材料、结构工艺性、制造精度及计量技术等综合因素，不经试加工难以保证制造质量时。

2. 装调工艺件：

1）产品在进行产品性能鉴定、可靠性试验时；

2）产品出现技术质量问题，必须进行分析试验时；

3）应用新材料、新技术、新工艺时；

4）确定特殊工艺的规范时；

5）新制造、返修或重新使用工装需要试模件时；

6）产品试验调整试验设备的运行参数时。

（撰写人：苏　超　审核人：闫志强）

gongyixing shencha

工艺性审查（Review of Technogical Efficiency）（Технологический осмотр）

在产品研制的各个阶段，对产品设计文件的工艺性进行全面审查并提出修改意见和建设的过程。

工艺审查的方法，可以由工艺人员到设计部门与设计人员共同协商，也可以把设计图拿到工艺部门进行审查；可以个人审查，也可以会审。不过不管哪种形式的审查，最后都要把审查意见以文件形式反映给设计人员，并且主要审查人要在白图和底图上签字。

（撰写人：苏 超 审核人：闫志强）

gongyi zhuangbei

工艺装备（Tooling）（Технологическая установка）

产品制造过程中所用的各种用具的总称。包括刀具、夹具、模具、量具、检具、辅具、钳工工具和工位器具、非标准设备等。一般简称工装。广义的“工艺装备”则包括加工和作配、测试所用的机械、电器等设备。

工艺装备是用以保证贯彻执行工艺规程，使生产正常进行，保证产品加工质量，提高劳动生产率，改善劳动条件而采用的重要手段。

工艺装备按其使用范围一般可分为通用的和专用的两种。通用的工艺装备适用于制造各种产品，专用的工艺装备则仅适用于制造一定的产品或零件。通用的工艺装备由专业厂生产，企业可以按需订购；专用的工艺装备一般由使用的工业企业自己设计、制造。

（撰写人：苏 超 审核人：闫志强）

gongyi zhunbei

工艺准备（Technological Preparation of Production）（Подготовка технологии）

产品投产前所进行的一系列工艺工作的总称，其主要内容包括：对产品图样进行工艺性分析和审查；拟定工艺总方案；编制各种工艺文件；设计、制造和调整工艺装备；设计合理的生产组织形式等。

编制能保证产品质量又符合经济原则的工艺规程；

设计、制造和调整工艺装备；

制定工时定额和材料、工艺用燃料、动力、工具消耗定额；

设计及采用合理的技术检查方法；

设计先进的生产组织及劳动组织形式等。

（撰写人：苏　超　审核人：闫志强）

gongzuo huanjing

工作环境（Work Environment）（Рабочая среда）

工作时所处的一组条件。广义的“工作环境”包括物理的、社会的、心理的环境因素（如温度、承认方式、人体工效和大气成分）。

在惯性器件研制、生产中，工作环境一般指厂房（或试验场所）的温度、湿度、照度和大气压强度以及设备安装基础的振动等。

（撰写人：朱彭年　审核人：吴其钧）

gongzuo qimo

工作气膜（Operating Air Slick）（Рабочая газовая оболочка）

在气体轴承偶件之间，由外部气源供气或轴承偶件之间相对运动所形成的能够稳定承载的气膜。

（撰写人：郝　曼　审核人：闫志强）

gongzuo wendu

工作温度（Operating Temperature）（Рабочая температура）

陀螺仪各个元件、部件的性能与工作环境温度点有直接关系，在陀螺仪工作环境的某个温度点上，各个元件、部件在该温度点的性能使陀螺仪达到规定的综合性能，该温度点称为陀螺仪的工作温度。

（撰写人：孙书祺　邓忠武　审核人：唐文林）

gonglü qijian

功率器件（Power Device）（Мощный элемент）

电路中能够输出功率信号和提供能量转换的器件，并无明确界限，其共同特征是：1）以输出功率为主要性能指标；2）能量转换效率成为电路设计中的重要因素；3）器件一般需要外加散热器才能达到额定功率，热设计是电路设计的主要内容。

惯导系统中使用的功率器件包括功率晶体管、功率二极管，及其集成电路功率放大器、功率开关和功率变换器模块等。功率晶体管主要包括双极型三极管、VMOS 器件、IGBT（绝缘栅双极晶体管）和晶闸管（可控硅整流器）等；功率二极管主要包括整流（硅桥、硅堆）、（超）快恢复、肖特基（Schottky）、大电流开关、尖峰吸收等二极管。

功率放大器即线性功率放大器，由工作在放大区的功率晶体管构成输出级，能输出希望的连续电压、电流波形，但器件功耗（管耗）较大，效率较低。功率放大器通常为多芯片或单芯片集成电路。

功率开关指工作在开关状态（截止或饱和）的器件，输出为方波（单电源）或阶梯波（多电源），器件功耗（管耗）小，效率高。功率开关通常为集成电路或由集成驱动器和分立开关器件构成。

功率变换器模块是在上述器件基础上集成的功能模块，最常用的是电源变换器。

功率器件在惯性导航系统中广泛用于电源、伺服和温控等系统中，对系统的性能和可靠性具有重要作用。应用中应注意器件的额定电压、电流和功率满足使用条件并留有余地（降额使用），其中额定功耗与器件的封装和散热条件密切相关，需要根据使用条件核算或测试。

（撰写人：周子牛　审核人：杨立溪）

gonglü yinshu

功率因数（Power Factor）（Фактор мощности）

电压与电流相位差的余弦。视在功率只有乘以功率因数之后才是电路的有功功率。在额定电压下，对有功功率确定的某一负载输送电能时，负载的功率因数愈高，则输送的电流愈小，这一电流在线路上压降也愈小，在线路电阻上的功率损耗也愈小，输电效率愈高。

（撰写人：谭映戈　审核人：李建春）

gongjiao（yingjiao，chongjiao）

攻角（迎角、冲角）（Angle of Attack）（Угол атаки）

导弹或火箭的速度矢量在导弹或火箭的主对称面内的投影与导

弹或火箭纵轴之间的夹角。速度矢量的投影在导弹或火箭的纵轴下方时为正，反之为负。

攻角是用来计算空气动力的一个重要参数，当攻角比较小时，导弹或火箭所受的气动升力与攻角成正比。在大气层中飞行时，攻角一般都控制在较小的范围内，升力系数达到最大值时的攻角称为临界攻角。

（撰写人：程光显　审核人：杨立溪）

gongfang

供方（Supplier）（Поставщик）

提供产品的组织或个人。例如：制造商、批发商、产品的零售商或商贩、服务或信息的提供方。

注1：供方可以是组织内部的或外部的；

注2：在合同情况下供方有时称为“承包方”。

（撰写人：朱彭年　审核人：吴其钧）

guhua

固化（Curing）（Затвердение）

结构件采用胶粘剂连接、浸渍、灌注后，形成高内聚强度以达到高强度及耐久性的工艺过程。按工艺文件的规定进行固化，一般采用室温固化和加温固化两种状态。室温固化指在室温条件下静置一定时间，使工件中的胶粘剂达到固化状态。加温固化指在加温（高温）条件下保持一定时间，使工件中的胶粘剂达到固化状态。

有时，把经生产或试验已成熟了的工艺或规范、参数公式纳入工艺文件的过程也借用固化一词来描述，称为“工艺已固化”。

（撰写人：赵　群　审核人：易维坤）

guzhang zhenduan shiyan

故障诊断试验（Accident Diagnose Test）（Испытание диагноза неисправностей）

又称诊断试验，是为预防或解决故障问题，寻找故障根源而进行的试验。

故障诊断试验和设计改进试验紧密相连，前者为后者提供依据。它们同属技术鉴定试验的重要内容。以单自由度液浮陀螺为例，其诊断试验有：针对陀螺电机的停转试验、功率试验、启动试验、反作用力矩试验；针对浮液的极轴翻滚试验、低温试验与温度循环试验和性能测试的交替试验；针对导电游丝的漂移过渡过程试验等。

（撰写人：叶金发　审核人：原俊安）

guke

顾客（Customer）（Покупатель）

接受产品的组织或个人。例如：消费者、委托人、最终使用者、零售商、受益者和采购方。

注：顾客可以是组织内部的或外部的。

（撰写人：孙少源　审核人：吴其钧）

guke caichan

顾客财产（Customer Property）（Имущество покупателя）

归属顾客但在组织控制下的财产，或提供组织使用的财产。组织需向顾客支付费用而获得的财产，不属于顾客财产。

注1：顾客财产包括：

1. 组织控制下的顾客财产。如：为顾客进行维修的顾客设备，构成产品一部分的顾客财产（如来料加工的原材料，提供改装车辆的底盘等）。

2. 供给组织在产品实现过程中使用的顾客财产。如：工具、设备、图样资料、计算机软件等。

注2：组织应识别、验证、保护和维护，供其使用或构成产品一部分的顾客财产。当顾客财产发生丢失、损坏或发现不适用的情况时，应报告顾客，并保持记录。

注3：顾客财产可包括知识产权。

（撰写人：孙少源　审核人：吴其钧）

guke manyi

顾客满意（Customer Satisfaction）（Удовлетворённость покупателя）

顾客对其要求已被满足的程度的感受。

注1：顾客抱怨是一种满意程度低的最常见的表达方式，但没有抱怨并不

一定表明顾客很满意；

注2：即使规定的顾客要求符合顾客的愿望并得到满足，也不一定确保顾客很满意。

（撰写人：孙少源　审核人：吴其钧）

guanjianjian

关键件（Critical Unit）（Ключевая деталь）

含有关键特性的单元件。

注：关键特性是指如果不满足要求，将危及人身安全并导致产品不能完成主要任务的特性。

（撰写人：孙少源　审核人：吴其钧）

guanli

管理（Management）（Управление）

指挥和控制组织的协调的活动。

（撰写人：朱彭年　审核人：吴其钧）

guanli pingshen

管理评审（Management Review）（Просмотр управления）

最高管理者按规定的时间间隔对质量管理体系进行的评审。目的是确保质量管理体系持续的适宜性、充分性和有效性。评审应包括评价质量管理体系改进的机会和变更的需要，包括质量方针和质量目标。

注1：实施管理评审是最高管理者的职责，是履行管理者承诺的证据之一。

注2：最高管理者应策划、规定管理评审的时间间隔，通常间隔时间不超过12个月。一年内所进行的管理评审应覆盖标准（GJB 9001A的5.6.2）的全部内容。若一年内多次进行管理评审，每一次可不必覆盖5.6.2的全部内容。

注3：评审的记录应该充分，以便追溯和对管理评审过程的有效性作评价。

（撰写人：孙少源　审核人：吴其钧）

guandao ceshi jishu

惯导测试技术（Inertial Navigation System Testing Technology）（Испытательная техника ИНС）

对惯性仪表（加速度计和陀螺）和它们组成的系统进行的确定

其功能和性能的全部工作。惯导测试技术包括测试设备，测试方法，程序和数据处理技术三个方面内容，它是在惯性导航和制导技术基础上发展起来的一门综合技术学科，也是其中的一项关键支撑技术。

其关键是在预期的环境条件下，在变化幅度巨大的工作范围内按照预先设计的试验程序，精确地对惯性仪表或系统施加天然的或人工的输入，并精确测试、记录一一对应的精确输出信息，然后按照预定的数学表达的性能方程式，经数据处理，精确确定描述输出与相应输入量之间的关系式。

惯导测试的目的为：

1. 评价惯性仪表的性能，精度，考核是否满足设计规定及使用要求；

2. 通过惯性仪表测试中出现的问题，进一步研究改进仪表性能的途径；

3. 建立惯性仪表模型方程，利用计算机模拟使用条件，计算仪表的规律性误差，并予补偿以提高仪表的实际使用精度；

4. 确定惯性仪表误差的随机散布规律，作为制定火箭、导弹等系统实际使用（作战）规范的依据。

惯导测试的主要试验方法有：

1. 重力场试验，包括多位置翻滚试验，速率反馈试验，伺服转台试验；

2. 大过载试验，包括离心机试验和火箭橇试验；

3. 线振动试验；

4. 角振动试验；

5. 环境应力试验；

6. 综合应力试验。

（撰写人：原俊安　审核人：叶金发）

guandao shiyanche shiyan

惯导试验车试验（Inertial Navigation Test by Test Vehicle）

（Эксперимент инс на машине）

以惯导试验车为载体，在公路上进行的惯性系统或组合惯导系统导航试验。简称车载试验或跑车试验。

本试验的目的是在一个比较接近实际的野外环境下，以比较廉价的方式，综合地评价系统。这些系统可以是纯惯性的平台系统、捷联系统，也可以是组合惯导系统，目前较多的是 GPS/INS。试验的主要设备为惯导试验车，它可使用特制的车辆，也可由普通面包车、蓬车或拖车改装而成，其上通常装有电源、基准装置、记录和数据处理设备等。试验可在预先经过标定的道路上进行，也可在普通的公路上进行。车体运动方式包括加速、减速、转弯等，可按要求选择。试验时间可为若干分钟到若干小时，试验距离通常超过几十公里。试验结果通常以位置精度（m）、航向精度（°）来评价。

本项试验兴起于 20 世纪 60 年代，现已发展成一项常用的试验。它对于综合考核导航系统及导航系统的各部分，卡尔曼滤波性能等具有重要技术经济价值。

（撰写人：叶金发　审核人：原俊安）

guandao wenkong xitong

惯导温控系统（Temperature Control System of Inertial Navigation System）（Система управления температуры ИНС）

对惯性测量系统内部按设计工作温度作控制和调节的装置。一般惯性测量系统的惯性仪表对温度比较敏感，常用温控系统与之配套使用。当“一级”温控后的温度波动范围还可能明显影响惯性仪表精度时，还需要增设“二级”甚至“三级”温控的装置。“二级”温控是在“一级”温控的基础上，在某一局部范围内（如某惯性仪表内），以更高的精度、更小的温度波动要求进行温控。若尚嫌温控精度不够，还可在更小的范围内（如对仪表的某一组件处），进行精度更高的温控，即所谓的“三级”温控。

工程上，惯性测量系统的温控装置需要按任务对惯性仪表精度的要求综合考虑设置。

（撰写人：陈东海　审核人：孙肇荣）

guandao xitong chuandi duizhun

惯导系统传递对准（Inertial Navigation System Transfer Alignment）（Передаточная выставка ИНС）

利用载体上的主惯导信息，对同一载体上别处安装的子惯导方位、姿态进行初始对准的过程。

传递对准是用来解决动基座条件下的惯导系统初始对准的一项关键技术，适用于两个在空间上分离，但却是基本固连在一个载体上的主惯导对子惯导系统进行对准的情况。传递对准通过引入高精度主惯导系统的信息（速度、姿态、位置等）来对低精度的子惯导进行初始化，之后两套系统都工作在导航状态，有时载体需进行一定的机动，消除两套系统之间的对准误差因素，如安装误差、变形误差等的影响，确定出子惯导系统的正确方位、姿态。

其基本原理是：由于主、子惯导的姿态不同，当利用主惯导的姿态对子惯导进行初始化时，必然将姿态误差引入到导航参数中，即子惯导的速度、位置和姿态包含有初始对准的姿态误差信息，此时将主、子惯导的速度、位置和姿态进行比较，通过滤波的方法，即可将姿态误差观测出来。理论上可以利用主、子惯导的多种信息匹配来实现传递对准。利用主、子惯导的计算速度分量的差值进行对准，称为速度匹配法；利用主、子惯导的测量角速度分量的差值进行对准，称为角速度匹配法。类似的，还有加速度匹配、位置匹配和姿态匹配等。这些方法可以单独使用，也可以配合使用。影响传递对准精度的两个重要因素是“杆臂效应”和“挠曲变形”。

由于进行传递对准的主、子惯导之间的距离一般比较远，存在“杆臂”，在有转动运动存在的条件下，子惯导测量的加速度不再与主惯导相同，而是增加了杆臂效应误差项，经过积分形成了速度误差项，这个误差与初始姿态误差引起的速度误差是不可区分的，从而降低对准精度。有效的解决办法是正确的测量出“杆臂”长度和载体的转动角速度，在对准之前准确地计算出杆臂效应速度，在形成速度观测量时进行补偿以消除其影响。

载体在高速运动过程中，又受到阵风等外力和载荷变化的干扰，实际上处于一种振动状态，它在各个轴方向都存在着变形，这种挠曲变形可分为准静态挠曲（慢变形）和高频挠曲两种。这种弹性变形相当复杂，很难精确地进行建模补偿。通常通过卡尔曼滤波器采用较高的更新频率来跟踪准静态挠曲，而对于高频挠曲一般通过在滤波之前的预处理（低通或带通滤波器）来抑制其影响。

（撰写人：于玲燕　审核人：孙肇荣）

guandao xitong dianzi xianlu

惯导系统电子线路（Electronic Circuitry of INS）

（Электронная схема ИНС）

惯性导航系统中采用电子技术完成电功率、信号和数据处理的部分，通常包括：电源变换器电路、信号变换电路、功率电路、接口电路和数据处理电路。在结构上这些电路可分散安装在惯性导航系统中，也可集中构成独立的电子部件，通常称为电路箱、电子箱等。

电源变换器电路把载体系统或测试设备提供的一次电源转换为惯导系统所需的直流和交流电源，称为二次电源，保障惯导系统中仪表、元件和电子线路的工作需要。构成独立部件的电源变换器通常称为惯导系统电源、电源箱等。

信号变换电路包括放大器、滤波器、调制解调器、波形变换电路等，在惯导系统中用于各种模拟信号的变换。

功率电路包括功率放大器、功率开关等电路，是惯导系统中驱动执行元件的环节。

信号变换电路、功率电路和传感器、执行元件等可构成惯导系统中的各种闭环控制电路，包括系统和仪表温控回路、平台和陀螺加速度计伺服回路、姿态、控制和锁定电路、陀螺及加速度计力（矩）反馈测量回路、静电和磁悬浮回路以及光学控制回路等，用以实现系统功能和保障系统精度。

接口电路指惯导系统内部和外部的数据和信号变换和传递电路，包括陀螺力矩控制和测量接口、加速度计控制和测量接口、姿态角测量接口、系统状态控制和检测接口、数据和指令通信接口和其他辅助接口，如遥测接口等。

数据处理电路（惯导计算机、导航计算机）指惯导系统的控制和数据处理计算机电路，一般包括中央处理器（CPU）、存储器、总线控制器和通信及调试接口等，用于完成惯导系统的过程控制、状态检测、导航数据处理等任务。

电路系统的各部分都可采用模拟电路、数字电路或两者结合的混合电路来实现。随着数字电路技术的发展，目前惯导系统已不采用模拟计算机和大部分模拟接口，其他电路也越来越多地采用数字电路和开关电路。

（撰写人：周子牛　审核人：杨立溪）

guandao xitong duoweizhi chushi duizhun

惯导系统多位置初始对准（Multiposition Initial Alignment of Inertial Navigation System）（Многопозиционная начальная выставка ИНС）

惯导系统在对准中，使其测量坐标系处于多个不同方位下进行方位初始对准的方式。

多位置对准时，平台式系统的台体坐标系需在三条对准回路的驱动下，捷联式系统的基体坐标系需在转动机构的驱动下，分别按方位间隔角度90°、180°等作二位置、三位置、四位置转动，变换它们相对地理坐标系的方位。这种对准方式，惯导系统对准操作程序较复杂，增长了对准时间，捷联系统还要增加转位机构；但经不同位置下的测量、计算，可现场标定出陀螺漂移等误差项并加以补偿，能显著提高对准精度并降低对惯性仪表误差系数长期稳定性的要求。基座运动状态下，采用卡尔曼滤波等技术，提高对惯性仪表一些误差项的可观性，估计出这些项目的随机误差并加以补偿，提高对准精度，缩短对准时间。多位置对准常用于有较高对准精度要求的惯导系统的初始对准。

（撰写人：孙肇荣　审核人：吕应祥）

guandao xitong sheqian biaoding

惯导系统射前标定（Before Launcher Calibration of Inertial Navigation System）（Предпусковая калибровка ИНС ）

使用惯导系统的武器在发射之前对其误差系数作现场分离、测定或做修正计算的过程。

通常由于储存、气候环境变化、运输及惯导系统自身性能不稳定等因素的影响，使该系统静态误差模型方程中某些主要误差的系数发生变化。可以在武器临射前对这些误差系数进行现场标定，而后立即装订到其误差模型方程的计算程序中，对其进行补偿从而提高系统的实用精度。

惯导系统射前标定需要已知发射点坐标系的经度、纬度和指北方位以及重力场参数。据此，平台式惯导系统可借助框架系统按指令的姿态顺序使台体作多位置翻转定位，分离标定出该系统中的一些或全部误差系数。捷联式惯导系统只能在其安装的固定位置（或可增加一转动装置后作两位置或四位置定位）作导航计算后，分离标定少量几个误差系数或其与事先标定值相比较的在线变化量，难以分离标定出更多或全部误差系数。

（撰写人：赵国勇　审核人：孙肇荣）

guandao xitong wucha de sheqian buchang

惯导系统误差的射前补偿（Before Launcher Compensation of Inertial Navigation System）（Предпусковая компенсация ошибок ИНС）

载体在发射之前对其惯导系统误差系数按事先标定值作一次补偿的过程。

（撰写人：赵国勇　审核人：孙肇荣）

guandao xitong zizhu miaozhun

惯导系统自主瞄准（Self-azimuth Alignment of Inertial Navigation System）（Автономное прицеливание ИНС）

惯导系统自主式方位初始对准过程（详见平台式惯导系统初始对准、捷联惯导系统初始对准）。

（撰写人：牛　冰　审核人：孙肇荣）

guanxing celiang zhuangzhi

惯性测量装置（Inertial Measurement Unit）（Инерциальное измерительное устройство）

又称惯性测量单元或惯性测量组合。指由陀螺仪、加速度计和辅助电子线路组成，能测量出运载体相对惯性空间或规定导航坐标系转动角度、角速度和线加速度等信息的装置。主要分为惯性平台和惯性捷联组合两类。

惯性测量装置与相应的计算机或计算装置一起构成惯性导航或制导系统。

惯性测量装置在国内、外已广泛应用于飞机、导弹、运载火箭、宇宙飞船、舰船、陆上车辆等，有非常重要的军事应用价值和国民经济应用前景。

（撰写人：孙肇荣　审核人：吕应祥）

guanxing daohang

惯性导航（Inertial Navigation）（Инерциальная навигация）

采用惯性原理（牛顿第二定律）设计的仪器，通过测量载体加速度，再解算出载体的速度和位置的导航方式。实现惯性导航有以下要素：

1. 由陀螺仪通过实体模拟或计算的方法来建立测量加速度的参考坐标系；

2. 用加速度计测量沿参考坐标轴的视加速度分量；

3. 用计算机将视加速度分量与引力加速度的分量相加，得到载体相对惯性坐标系的运动加速度分量，再进行运算处理，得出载体的速度和位置数据。

这种导航方式具有自主性、隐蔽性，不易受外界干扰和载体机动运动影响，不受地域和气象条件的限制等特点，在军事和经济建设中有广阔的应用领域，但其位置误差随时间的增长而增长，因此常采取各种修正或组合的方法以保持精度。

（撰写人：朱志刚　审核人：杨立溪）

guanxing fanzuoyong liju ceshiyi

惯性反作用力矩测试仪（Test Unit for Inertial Reaction Torque）

（Измерительный прибор инерциально-реактивного момента）

精密检测各种微型电机特别是高速陀螺电机的动态力矩的测试设备，又称精密动态力矩测试仪。它依据转子的转动惯量，利用定子与转子之间的作用力等于反作用力的原理进行设计，可以对各种形式规格的电机，包括装入浮子或陀螺内的电机进行性能检测。

本设备区别于常规的力矩测试仪，通过精密气浮轴承将与浮子轴刚性连接的定子悬浮在空气中，当定子通电时，其电磁力矩作用在转子上，转子同时给定子一个反作用力，电磁传感器感受到定子的旋转角度，再通过控制线路反馈一个电流给力矩器，输出力矩来平衡反力矩，对该电流信号进行实时采样处理便可获得电机的动态力矩。测试仪的结构图如图所示。整个测试过程全闭路工作，能够准确快速地测得电机加速、稳定及断电滑行过程中的力矩与时间、

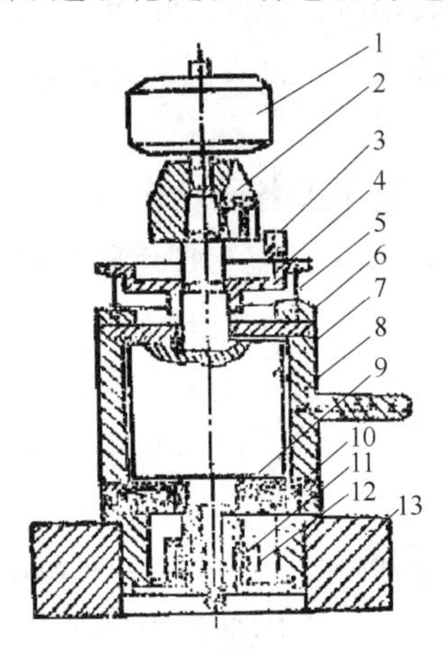

惯性反作用力矩测试仪测量头原理结构图

1—待试的陀螺马达；2—固定马达夹头；3—接线柱；4—动圈；
5—输电导线；6—固定软导线的定圈；7—浮子；8—静压气浮轴承；
9—传感器转子；10—传感器定子；11—力矩器定子；12—力矩器转子；13—底座

力矩与转速的关系曲线，并提供接口由计算机打印或通过记忆示波器、笔录仪输出，从这些曲线中很容易分离出电机的电磁力矩、负载力矩、力矩裕度、启动时间和惯性时间、轴承及装配质量等，根据上述数据，研究单位可以用来优化电机设计，工厂可以用来进行产品的质量筛选。

（撰写人：钟如愚　审核人：李丹东）

guanxing liju

惯性力矩（Inertial Torque）（Инерциальный момент）

作用于物体上的外力能使物体产生加速度运动，该物体因惯性而产生反作用力，由这种加速度运动引起的物体上任何一点的反作用力即惯性力 F_N，大小等于该质点的质量与加速度的乘积，其方向与加速度方向相反。

这种惯性力 F_N 对该物体质心的主矩 M_C^N 称为惯性力矩。它的大小等于外力对质心的主矩，但符号相反，即 $M_C^N = -\sum m_e F$ 。

刚体绕惯性主轴转动时，惯性力矩 M_C^N 等于刚体的转动惯量 J 与外力作用下产生的角加速度 ε 的乘积，其方向与角加速度方向相反，即 $M_C^N = -J\varepsilon$ 。

在陀螺仪进动时，转子上各质点作哥氏加速度运动，由此产生的惯性力矩称为陀螺力矩 M_g，它与加于陀螺仪上的外力矩大小相等而方向相反，即

$$\boldsymbol{H} \times \boldsymbol{\omega} = \boldsymbol{M}_g = -M_{外}$$

（撰写人：孙书祺　审核人：唐文林）

guanxing minganqi

惯性敏感器（Inertial Sensor）（Инерциальный датчик）

利用惯性原理敏感运动物体加速度和角速度的装置。它除了初始基准外，不需要任何外部信息就可以自主工作。惯性敏感器由加速度计、陀螺仪和相关的电子线路组成。加速度计敏感运动物体的的加速度，经积分后可得到其位置的变化量；陀螺仪敏感运动物体的角速度，经积分后可得到其姿态的变化量。在卫星上使用时，往

往只用陀螺仪而不用加速度计，这时敏感器只敏感卫星姿态的变化，因而又称为惯性姿态敏感器。惯性姿态敏感器按通道数划分为单通道惯性敏感器及多通道惯性敏感器。其中，三通道惯性敏感器可提供运动物体绕滚动轴、俯仰轴和偏航轴的姿态变化的完整信息。更多通道的惯性敏感器不仅可提供完整的姿态信息，而且具有冗余配置带来的更高的工作可靠性。

（撰写人：王德钊 审核人：王存恩）

guanxing pingtai chongji shiyan

惯性平台冲击试验（Shock Test of Inertial Platform）

（Испытание инерциальной платформы ударом）

在冲击设备上检验惯性平台承受短时冲击时的性能、精度和可靠性的试验方法。该试验可模拟惯性平台在使用或运输时可能遇到的冲击状态。目的是为了检验平台系统及其元部件在冲击状态下的工作可靠性及工作性能是否能满足技术要求。冲击试验中的冲击条件、冲击强度、频率范围、持续时间和使用冲击设备形式等应依据平台系统的使用情况及环境条件确定。

（撰写人：赵 友 闫 禄 审核人：孙肇荣）

guanxing pingtai lixin shiyan

惯性平台离心试验（Centrifugal Test of Inertial Platform）

（Испытание инерциальной платформы нацентрофуге）

在离心机上检验惯性平台承受高过载的能力及其性能、精度的试验方法。

该试验利用离心机的机械旋转产生离心力来获得较高的恒加速度，模拟惯性平台在使用或运输时可能遇到的恒加速度状态。

由于惯性平台的工作会受到高速旋转角速度的影响，因此离心机上一般配有反射平台，用以隔离离心机的角运动，这时平台所承受的是沿两个正交轴的正弦型加速度激励。

（撰写人：赵 友 闫 禄 审核人：孙肇荣）

guanxing qijian wucha buchang

惯性器件误差补偿（Error Compensation for Inertial Devices）（Компенсация погрешностей инерциального аппарата）

对陀螺仪、加速度计、惯导系统输出信息中的误差部分作扣除计算的方法和过程。

误差补偿前需将惯性器件（陀螺仪、加速度计、惯性系统）确定的误差模型、各项误差系数值装定输入计算机。启动工作后，在计算机中按预定程序和算法完成误差补偿计算。通常，计算机在每个采样周期中记取惯性器件的输出值（常为增量脉冲数），而后按误差模型并依据工作实际环境参数计算出误差值（亦常为脉冲数），从输出值中扣除误差值，得出该采样周期中的输出真值。

惯性器件误差模型包括温度误差模型（与工作温度相关）、静态误差模型（包括与工作线加速度无关和相关）、动态误差模型（与工作角速度、角加速度相关）、随机误差模型（与随机干扰模式相关）等，它们均应在使用前建立并标定给出其各项误差系数值。

工作环境温度参数通常由设置的温度敏感装置给出并输入计算机。单独使用陀螺仪（加速度计）时，其工作线加速度（角速度、角加速度）参数可由设置的加速度计（陀螺仪）测量、给出并输入计算机。角速度（线加速度）参数可由其自身测量、给出。使用惯导系统时，其工作线加速度、角速度等参数均可由其自身的陀螺仪、加速度计测量、输出并输入计算机。

对惯性器件的误差补偿是用测试、标定、补偿计算等“软件”技术提高其使用精度的有效方法，已被广泛采用。

（撰写人：孙肇荣　审核人：吕应祥）

guanxing shijian

惯性时间（Inertial Run-down Time）（Время инерциального пробега）

处于正常运转状态的陀螺马达从其断开电源瞬间到完全停止转动时的时间间隔。

陀螺马达惯性运转时间的长短，反映着电机内部阻力矩的大小。

对于滚珠轴承电机，惯性时间与轴承预紧力、跑合时间、支撑处配合的过盈量、装配质量、工作温度以及润滑油脂的特性等有关。对于动压气浮轴承电机，惯性时间与轴承气隙、洁净度、轴承表面质量、装配质量、气体介质等因素有关。

（撰写人：李宏川 审核人：闫志强）

guanxing xitong

惯性系统（Inertial System）（Инерциальная система）

惯性测量、惯性导航、惯性制导、惯性参考（基准）等系统的统称。

由陀螺仪、加速度计及相应机械、电气设备组成的能够随时自主测量出运载体相对参考坐标系运动的方位、姿态、速度、加速度等运动参数的系统称为惯性测量系统，简称惯测系统，可划分为平台式、捷联式两大类。

利用惯性测量系统配套仪器、设备，测定并显示出运载体当前运动的方位、姿态、速度和位置等参数，为驾驶、操纵运载体提供参考及控制信息的系统称为惯性导航系统，简称惯导系统。

将惯性测量系统输出的运载体运动信息馈入控制计算机等仪器、设备并进行放大、变换、处理后，自动操纵执行机构，按照预定规律和路线控制、导引运载体达到目的地的系统称为惯性制导系统。

利用惯性测量系统建立并保持运载体方位、姿态参考坐标系的系统称为惯性姿态参考（基准）系统。

惯性系统测量和控制运载体运动时，不需要运载体外的辐射信息源，也不向外辐射能量和信息，具有自主性和隐蔽性。自20世纪中期以来，惯性系统技术水平不断提高，发展迅速，已先后在航海、航空、航天和陆地等各领域得到广泛应用。它是国内外的战略导弹、战术导弹、战略飞机、民用飞机、运载火箭，及各种卫星、宇宙飞船等发展的核心技术之一。有重要的应用价值和广泛的发展前景。

（撰写人：孙肇荣 审核人：吕应祥）

guanxing xitong anquanxing sheji

惯性系统安全性设计（Safety Design of the Inertial Navigation System）（Проектирование безопасности ИНС）

惯性系统安全性指其在设计、制造、使用中对人不造成伤害，对相关环境或设备不造成损坏或能将风险限制在可接受的水平的特性。

为保证系统的安全性，设计、制造、使用全过程均应有安全性要求；有消除已识别的危险和减少相关风险的措施（如惯性平台“倒台”的防护措施、马达“飞转”防护措施等）；采用具有最小风险的设计方案、原材料、元器件、工艺、试验和操作技术；严格执行系统安全性设计规范和安全性工作计划；制定惯性系统及相关设备的安全存放、运输和使用条件要求等。

（撰写人：赵 友 闫 禄 审核人：孙肇荣）

guanxing xitong guzhang geli

惯性系统故障隔离（Failure Isolation of Inertial System）（Изоляция неисправности ИНС）

惯性系统工作中检出其故障部件并将其排除不用的方法和过程。惯性系统在检测出故障之后，可按预定程序将出错的部件进行隔离不用，并自动切换到备用部件，通过系统重构使整体系统不致因故障而失效（参见系统重构）。

（撰写人：赵 友 闫 禄 审核人：孙肇荣）

guanxing xitong jiankong

惯性系统监控（Monitoring of Inertial System）（Контролирование ИНС）

在惯性系统内部对陀螺漂移进行自行补偿的方法和过程。

惯性系统工作中，采取措施对其中的陀螺漂移量作分离、解算并加以补偿，以提高系统的工作精度。其主要措施如：周期性地改变陀螺仪自转方向，计算出其漂移量并加以补偿；在系统中增加监控陀螺仪并使其壳体周期性地转动180°，或改变监控陀螺仪转子转动方向，解算出监控陀螺及系统在用陀螺的漂移量，并校正系统在用陀螺仪的精度；改变监控陀螺仪的自转速度，即 H 调制方法，按改变前后的系统输出算出监控陀螺和系统在用陀螺的漂移量并加以补偿等。

（撰写人：赵 友 闫 禄 审核人：孙肇荣）

guanxing xitong jiaozhun

惯性系统校准（Correcting of the Inertial Navigation System）（Калибровка ИНС）

对惯导系统内部惯性仪表、元件的误差进行标定、测定并给予修正、补偿，以保证或提高该系统使用精度的方法和过程。

该方法和过程可在系统投入工作前，同时或分别实施下述内容：1）标定、测定出陀螺仪漂移并加以补偿；2）标定、测定出陀螺力矩器标度因数并加以修正；3）增加监控陀螺仪或改变陀螺工作状态（如 H 调制技术），测定出陀螺漂移而加以修正；4）测定出加速度计的误差并予以补偿等。

（撰写人：赵 友 闫 禄 审核人：孙肇荣）

guanxing xitong jingdu

惯性系统精度（Inertial System Accuracy）（Точность ИНС）

惯性系统在导航工作中所具有的导航精度。

惯性系统的精度可以用下述指标来描述：1）定位精度，用圆概率误差（CEP）来表示，计量单位为 m 或 n mile/h，有时也采用均方根值（RMS）表示；2）航向精度，采用均方根值（RMS）表示，计量单位为（°）、（′）、（″）；3）姿态精度，包括滚动、俯仰和偏航的姿态角，采用均方根值（RMS）表示，计量单位为（°）、（′）、（″）；4）速度精度，采用均方根值（RMS）表示，计量单位为 m/s。

（撰写人：赵 友 闫 禄 审核人：孙肇荣）

guanxing xitong kekaoxing

惯性系统可靠性（Reliability of Inertial System）（Надёжность ИНС）

惯性系统在预期的条件下和规定的时间内完成规定功能的概率。

惯性系统的可靠性是系统在使用中呈现出来的质量特性，是评定惯性系统技术水平和使用价值的关键技术指标之一，对系统研制周期和寿命周期费用有决定性影响。

衡量惯性系统可靠性的主要指标有：平均无故障间隔时间（MTBF）、平均修理时间（MTTR）等。

（撰写人：赵 友 闫 禄 审核人：孙肇荣）

guanxing xitong kekaoxing sheji

惯性系统可靠性设计（Inertial Navigation System Reliability Design）（Проектирование надёжности ИНС）

为提高或保持惯性系统产品工作中的可靠性而采取的方法和措施。

可靠性是指产品在规定的条件下和规定的时间内，完成规定功能的能力（详见可靠性）。惯性系统的可靠性指标包括：可靠度 $R(t)$，平均故障时间 MTBF 及工作寿命等。惯性系统可靠性设计的内容包括：可靠性建模、可靠性预计及分配、故障模式影响及危害性分析、元器件降额设计、冗余设计、热设计、耐环境设计、电磁兼容设计、容错设计等。

惯性系统的可靠性设计与其性能设计是有同等重要意义的设计内容。经过几十年的发展，可靠性概念不断深化、提高，理论不断完善、充实，逐步形成整套的设计规范和要求，成为一门新兴的学科——可靠性工程。可靠性设计已广泛用于惯性系统、惯性器件以及工业产品和军工产品的设计中。

（撰写人：赵 友 闫 禄 审核人：孙肇荣）

guanxing xitong zuni

惯性系统阻尼（Inertial System Damping）（Демпфирование ИНС）

对地平坐标惯性导航系统引入阻尼，改善系统性能的方法和措施。

一般将地平坐标惯性导航系统调整为具有 84.4 min 振荡周期的无阻尼系统，以使其避免加速度干扰而影响精度。但此系统有时振荡幅度较大，且其定位误差受陀螺漂移影响较大。为此常对此系统采取阻尼措施：从系统内部取出速度信号对其校正为内部阻尼方法；从系统外部引入速度信号对其校正为外部阻尼方法。对系统引入阻尼确能改善其性能，但也会增加系统的动态误差和系统的复杂性。

应综合考虑具体情况和使用要求，采取相应的系统阻尼措施。

（撰写人：赵 友 闫 禄 审核人：孙肇荣）

guanxing yibiao（xitong）de wucha moxing

惯性仪表（系统）的误差模型（Error Model of Inertial Instruments (or System)）(Модель ошибок инерциального прибора (системы))

描述惯性仪表（系统）的误差的数学表达式。

惯性仪表（系统）的误差模型的获取通常采用理论及试验两种途径。

建立惯性仪表的误差模型并确定出模型中各误差系数可以进行误差补偿，并可为分析仪表性能、改进仪表设计、工艺及故障诊断提供依据。误差模型的形式和繁简程度随仪表或系统类型的不同及精度要求的不同而不同，一般主要有与加速度、角运动、温度及工作时间等有关的误差模型。

（撰写人：李丹东 审核人：王家光）

guanxing yibiao buduichenxing wucha

惯性仪表不对称性误差（No-symmetry Error of Inertial Instrument）(Несимметричность характеристики инерциального прибора)

用惯性仪表测量载体运动时，由其输出—输入特性的正、反方向不对称性造成的测量误差。

有不对称性特性的陀螺仪在测量载体按正、余弦规律变化的角振动时，其输出量会产生常值整流误差角速度。同理，有不对称性特性的加速度计在测量载体按正、余弦规律变化的线振动时，其输出量会产生常值整流加速度。

上述不对称性误差与传感器、力矩器、电路等的正、反向传递系数或比例系数不对称特性有关。在仪表制造时，应按技术要求精选或精心调试其中的元部件和电子线路，尽量筛除其不合格的不对称性缺陷。工程中亦常按正、反向输入时测量标定出的仪表的不对称性，在使用该仪表时对此特性作计算补偿，以减少其测量误差。

（撰写人：赵国勇 审核人：孙肇荣）

guanxing yunzhuan（huaxing）shijian

惯性运转（滑行）时间（Inertial-slip Time）（Время инерциального пробега）

当电机处于通电运行状态时，给电机断电，从电机断电时刻到电机完全停转这个过程所用的时间叫做惯性运转（滑行）时间。

（撰写人：谭映戈　审核人：李建春）

guanxing zhidao

惯性制导（Inertial Guidance）（Инерциальное управление）

用按惯性原理工作的加速度测量仪表——加速度计测量载体运动的加速度，经积分运算获得载体的速度、位置信息，依据规定的制导律处理得到制导指令，控制导弹飞达目标的制导方式。

惯性制导所用的惯性测量仪表安装在载体内部，工作中不需接收外部信息，也不向外部发射信息和能量，是一种全自主式制导方式，被各类导弹广泛采用。地地弹道导弹主要采用纯惯性制导方式，巡航导弹主要采用惯性基组合制导方式，地空、空地、地舰、舰舰等导弹多采用惯性初、中段制导加寻的末制导的复合制导方式。

实现惯性制导的设备是惯性制导系统，它由惯性测量装置、制导计算装置和执行装置组成。惯性测量装置主要由加速度计和用于稳定（平台系统）或测定（捷联系统）加速度计敏感方向的陀螺仪加配套结构和电路组成；制导计算装置由制导计算机或计算装置构成；执行装置由发动机推力调节或推力切断装置构成。

惯性制导具有自主性，但存在速度及位置误差随时间积累的缺点，因此误差补偿和修正是惯性制导系统的一个重要研究课题。主要的补偿和修正方式有：系统自主进行的误差自补偿方式和借助外部信息进行修正的“组合系统”方式。以惯性系统信息为主要信息源，利用其他信息对惯性系统信息进行修正的系统称为惯性基组合系统。目前常见的惯性基组合系统有：星光/惯性组合系统，卫星（GPS/GLONASS/BD 等）/惯性组合系统，地形匹配/惯性组合系统，重力匹配/惯性组合系统等。

（撰写人：杨立溪　审核人：吕应祥）

guanxing zuobiaoxi

惯性坐标系（Inertial Coordinate System）（Инерциальная система координат）

在惯性空间固定不动或作匀速直线运动的参考坐标系。

常用的惯性坐标系有下列几种：

1. 日心赤道惯性坐标系 $I\xi_i\eta_i\zeta_i$，坐标系的原点为太阳中心 I，通过太阳中心作黄道平面，即地球绕太阳公转的平均轨道平面；另作赤道平面与地球赤道平面平行；这两个平面的交线是 $\gamma\Omega$，如图所示，γ 称春分点，Ω 称秋分点。$I\xi_i$ 轴沿 $I\gamma$ 的方向，$I\zeta_i$ 轴的方向与地球自转角速度的方向平行，而 $I\eta_i$ 轴则与 $\xi_i\zeta_i$ 平面相垂直。质点 P 在此坐标系中的位置，用 P 点和 I 点之间的距离 R，赤经 α 及赤纬 δ 来表示。

2. 日心黄道惯性坐标系 $I\xi_j\eta_j\zeta_j$，坐标系的原点为太阳中心 I，$I\xi_j$ 轴指向春分点，而 $I\zeta_j$ 轴的方向则与黄道平面垂直，$I\eta_j$ 轴也在黄道平面内。质点 P 在此坐标系中的位置，用 P 点和 I 点之间的距离 R_j，黄经 λ 及黄纬 β 来表示。

3. 地心惯性坐标系。参见地心惯性坐标系。

在实际工作中，不考虑坐标原点的平移运动，只关心物体转动运动时，也可以将相对惯性空间不作转动的参考坐标系叫做惯性坐标系，如发射点惯性坐标系。

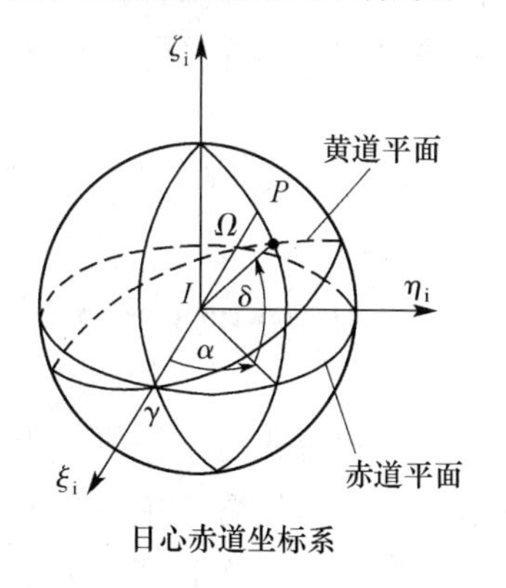

日心赤道坐标系

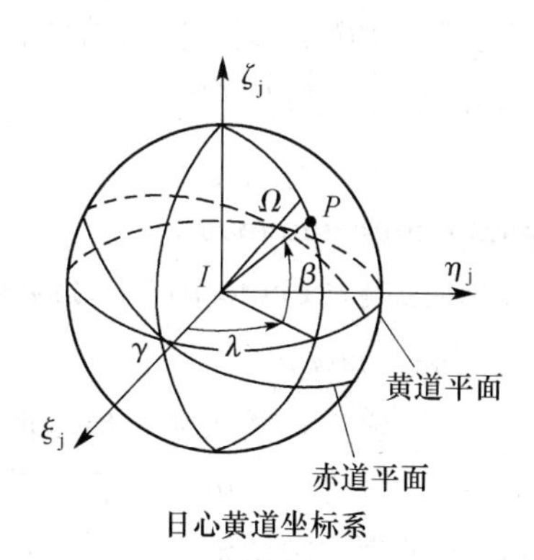

日心黄道坐标系

（撰写人：吕应祥　审核人：杨立溪）

guangdianshi jiaodu chuanganqi

光电式角度传感器（Photoelectric Angular Movement Sensor）（Фотоэлектрический датчик угла）

把机械转角与光通量变化相联系的传感器，由光源、光电转换器和光调制器组成。它有模拟量输出和数字量输出两种类型，数字量输出光电式角度传感器又分增量角度型和绝对角度型两种。

模拟量输出光电式角度传感器一般工作角度范围小，有灵敏度高，精度和重复性好等优点。

数字量输出光电式角度传感器的光调制器是光栅或码盘，主要技术指标是角分辨率、工作速度和精度。随着模数转换技术的发展，模拟量输出光电式角度传感器输出的电压，经放大和模数转换电路，也可变成数字量输出的光电式角度传感器。

（撰写人：葛永强　审核人：干昌明）

guangdian tanceqi

光电探测器（Photodetector）（Фотодетектор）

一种把光辐射信号转变为电信号的器件，其工作原理是基于光辐射与物质的相互作用所产生的光电效应。按照器件的构造，半导体光电探测器可分为均质型和结型两种。结型半导体器件又可分为PN 结型、PIN 结型、异质结型和肖特基势垒型等。光纤陀螺使用的光电探测器一般是 PIN 结型。

（撰写人：李永兵　审核人：于海成）

guangdian zhuanhuanqi

光电转换器（Photoelectric Transducer）（Фотоэлектреческий преобразователь）

把光通量转换成电量信号的器件，常用的有光电二极管、雪崩型光电二极管、光电三极管、硅光电池和光电倍增管。主要技术指标有灵敏度、暗电流、反向工作电压、正向电阻工作频率、额定功率和允许最大输出电流。

（撰写人：葛永强　审核人：干昌明）

guang geliqi

光隔离器（Optical Isolater）（Оптический изолятор）

光隔离器是一种只允许光线沿光路正向传输的非互易无源器件。它对正向传输光有较低的插入损耗，而对反向传输光有很大的衰减作用，用以抑制光传输系统中反射信号的不利影响。光隔离器的工作原理主要是利用磁光晶体的法拉第效应。根据光隔离器的偏振特性可将隔离器分为偏振相关型（也称偏振有关或偏振灵敏）和偏振无关型两种，其主要技术指标有插入损耗、反向隔离度、偏振相关损耗、偏振模色散、回波损耗等。

（撰写人：丁东发　审核人：高　峰）

guangjiao gongyi

光胶工艺（Technics of Optical Cement）（Технология оптигеского скрепления）

将两个玻璃块的表面都磨到分子量级且都很干净，当将它们放在一起时，由于分子间的吸引力而粘在一起的工艺方法。光胶是陀螺制造工艺中实现两玻璃体之间密封连接的常用方法。

（撰写人：吴　嵬　审核人：王　轲）

guanglan

光阑（Diaphragm）（диафрагма）

陀螺腔体中直径较小的一段毛细孔，当激光在毛细管中运行时，光斑尺寸较小的基模无阻挡地通过小孔光阑，而光斑尺寸较大的高阶横模却受到阻挡而遭受极大损耗，从而在陀螺谐振腔内实现基横模运行。光阑可降低谐振腔的菲涅耳数，增加衍射损耗，是在谐振腔内实现横模选择的重要手段。

（撰写人：吴　嵬　审核人：王　轲）

guangpu bowen

光谱波纹（Spectral Ripple）（Волнистость светового спектра）

SLD 光源输出光谱顶部的不平坦部分。光谱波纹的产生机理是 SLD 光源输出腔面的残余反射率引起的 F－P 干涉。光谱波纹对光纤陀螺的应用是有害的，它会产生附加干涉进而引起附加噪声。采用精确的镀膜技术降低SLD光源输出腔面的反射率，或者在SLD反馈端增加吸收区，可以有效降低光谱波纹。

光谱波纹参数的测量方法如下：给模块施加规定的注入电流，使其工作于规定的功率和温度范围内，把光谱分析仪的纵坐标调整为对数坐标，坐标刻度调整为0.1 dB。测量模块光谱如图所示，测量峰值波峰的dBm值和峰值波峰相邻波谷的dBm值，其差值为光谱波纹参数的大小。

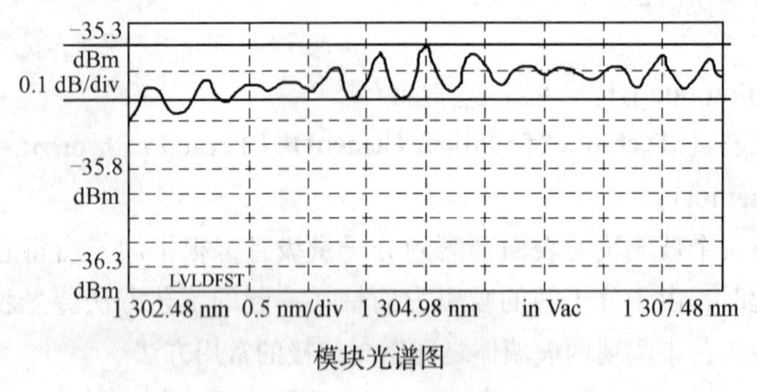

模块光谱图

（撰写人：高　峰　审核人：丁东发）

guangpu kuandu

光谱宽度（Spectral Width）（Ширина светового спектра）

对于高斯型光谱，光谱宽度Δλ是指3 dB谱宽。如图所示，光谱峰值一半处（$I_{max}/2$）对应的最左边光谱分量和最右边光谱分量的波长之差即为光谱宽度，具体表示为

$$\Delta\lambda = \lambda_{right} - \lambda_{left}$$

对于非高斯型光谱，光谱宽度用加权平均的方法表示如下

$$\Delta\lambda = \frac{\left[\sum_{j=1}^{n} P(\lambda_j)\Delta\lambda(\lambda_j)\right]^2}{\sum_{j=1}^{n} P^2(\lambda_j)\Delta\lambda(\lambda_j)}$$

式中　Δλ——光谱宽度；

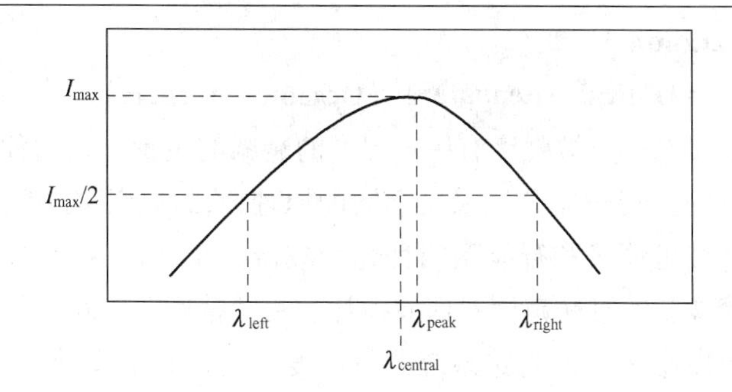

光谱宽度示意图

λ_j——第 j 个波长分量；

$P(\lambda_j)$——第 j 个波长分量对应的功率；

$\Delta\lambda(\lambda_j)$——第 j 个波长分量的线宽。

（撰写人：高 峰 审核人：丁东发）

guangquan

光圈（Aperture）（Апертура）

两束光的干涉产生的干涉条纹。光圈又分为高光圈和低光圈。当工件表面有小曲率，光圈为若干彩色同心环，愈靠边缘的同心环颜色愈淡，中间彩色圆斑颜色最清楚，称为高光圈；或当工件表面与样板表面相差已不多时，所成的干涉条纹不到一个光圈，弯曲条纹的圆心在空气楔薄的一边称高光圈，另一边称为低光圈。检查光学零件表面时，被检表面与标准曲率半径（平面度）有差别时所产生的干涉条纹数即是光圈数，一般用大写字母 N 表示。

（撰写人：梁 敏 审核人：王 轲）

guangquan jubu wucha

光圈局部误差（Aperture Local Error）（Локальная ошибка апертуры）

用光学样板检验零件光圈时，若零件的面形偏离所要求的数值时，产生的理想光圈是个规则的等高圈或圆弧，若有误差时，则光圈就有缺陷，这种面形部分的缺陷就是局部误差。

（撰写人：梁 敏 审核人：王 轲）

guangshuaijianqi

光衰减器（Optical Attenuator）（Ослабитель света）

使通过它的光波强度有一定程度的衰减的装置。它的种类很多，不同类型的光衰减器分别采用不同的原理，目前有固定式、步进可调式、连续可调式和智能型四种光衰减器。光衰减器的主要性能指标有衰减波长、衰减范围、回波损耗、衰减精度等。在光纤光路中，衰减器可以用来评价光路系统的灵敏度，校正光功率计，等效代替相应衰减量长度的光纤等。

（撰写人：丁东发　审核人：王学锋）

guangxian baoceng zhijing

光纤包层直径（Fiber Cladding Diameter）（Диаметр оптического волокна с покрытием）

光纤的结构分为纤芯、包层和涂覆层三部分，理想情况下，光纤的横截面包层外边界是一个圆，光纤在实际制造时，存在一些工艺不完善的缺陷，造成光纤包层外边界不是绝对圆形。对光纤的横截面包层外边界进行最佳拟合，所拟合出的圆的直径为光纤包层直径。

（撰写人：丁东发　审核人：王学锋）

guangxian guangshan

光纤光栅（Fiber Grating）（Решётка оптического волокна）

利用光纤材料的光敏性（外界入射光子引起光纤纤芯折射率产生永久性变化），在纤芯内形成空间相位光栅，其作用实质上是在纤芯内形成一个滤波器或反射镜，利用这一特性可构成许多性能独特的光纤无源器件。光纤光栅在光通信系统、光器件、光传感等领域都有广泛的应用。

（撰写人：李永兵　审核人：高　峰）

guangxianhuan raozhifa

光纤环绕制法（Fiber Coil Winding Method）（Метод наматывания катушки оптического волокна）

光纤陀螺仪中敏感角速度的元件，将一定长度的光纤绕制成环形结构的方法称为光纤环绕制法。在光纤环绕制过程中要考虑光纤线圈的对称性、排纤方式、张力控制、温度梯度等因素对光纤环性能的影响。根据绕制方法的不同，可分为二极对称绕法、四极对称绕法和八极对称绕法，常用的方法为四极对称绕法。采用对称绕法，可以降低 Shupe 效应引起的误差。

（撰写人：丁东发 审核人：李 晶）

guangxian jiasuduji

光纤加速度计（Optical-fiber Accelerometer）（Волоконно-оптический акселерометр）

利用光纤特性敏感加速度的装置。有三种类型：多模光纤加速度计、马赫·曾德干涉型光纤加速度计和迈克尔逊干涉型光纤加速度计。迈克尔逊型（见图）主要由检测质量块、单模光纤（既起位移检测器作用，又起弹性支撑检测质量作用）、金属模块、干涉仪两臂、分束器、激光器、光电检测器和信号处理器等组成。当仪表壳体受到垂直向下的加速度 a 时，上光纤（8）将伸长 ΔL，下光纤（9）将缩短 ΔL，此时作用在检测质量块上的惯性力为

$$F = ma = 2EA\frac{\Delta L}{L}$$

相应的相位差为

$$\Delta\phi = \frac{16nLM}{E\lambda d^2}a$$

式中 L——光纤长度；

E——光纤的杨氏模量；

A——光纤的横截面面积；

λ——光纤在真空中的波长；

n——光纤折射率；

d——光纤直径；

M——检测质量。

干涉仪的相位差反映加速度大小，通过信号处理器的处理后，

以电信号形式输出。光纤加速度计具有分辨率高、精度高、体积小、动态测量范围宽和易于实现集成光学技术等优点。有着广泛的应用前景。

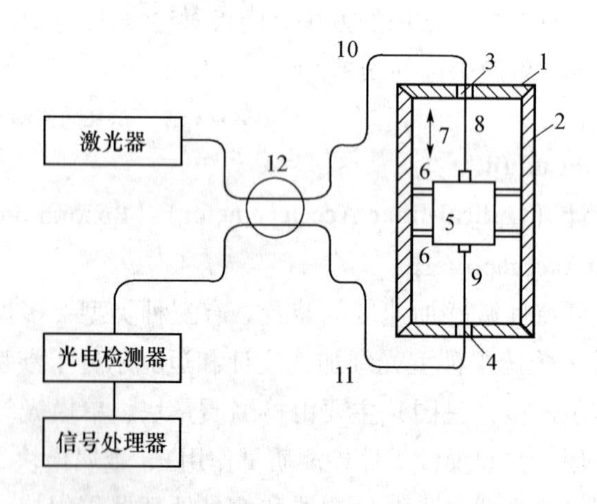

迈克尔逊干涉型光纤加速度计示意图

1—光纤加速度计本体；2—壳体；3，4—开窗孔；
5—质量块；6，7—金属模块元件；8，9—单模光纤；
10，11—干涉仪两臂；12—分束器

（撰写人：魏丽萍　审核人：王　巍）

guangxian jiezhi bochang

光纤截止波长（Fiber Cut-off Wavelength）（Отсечная длина волны волокна）

单模光纤中只传输基模，光纤的截止波长 λ_c 是光波第一高阶模 LP_{11} 截止的波长。理论截止波长的计算公式为

$$\lambda_c = \frac{2\pi a}{V}(n_1^2 - n_2^2)^{1/2}$$

对于阶跃折射率光纤，$V = 2.405$，a 为纤芯半径，n_1 为纤芯折射率，n_2 为包层折射率。

参见单模光纤。

（撰写人：丁东发　审核人：王学锋）

guangxian mochang zhijing

光纤模场直径（Fiber Mode Field Diameter）（Диометр модельного поля волокна）

单模光纤中的光场能量并不完全在纤芯中，而有一定的能量分布在包层中。光纤中的基模电磁场强度在光纤的横向分布形成模场，模场直径就是描述单模光纤纤芯中光能量集中的程度，是单模光纤的一个重要参数。

对于高斯分布的单模光纤模场，光场振幅下降到最大值 $1/e$ 处的光斑直径，或光功率强度下降到最大值 $1/e^2$ 的光斑直径称为该光纤的模场直径。

（撰写人：丁东发　审核人：李　晶）

guangxian ouheqi

光纤耦合器（Fiber Coupler）（Волоконно-оптический ответвитель）

将光信号进行分路和合路的装置，包含 3 个或 3 个以上端口。光纤耦合器是通过消逝场理论进行耦合的。光纤耦合器根据其制作工艺和结构可以分为磨抛型光纤耦合器和熔锥型光纤耦合器。另外，根据光纤耦合器能否保持光的偏振特性又可分为非偏振保持型光纤耦合器和偏振保持型光纤耦合器。采用单模光纤制作的耦合器称为单模光纤耦合器；采用保偏光纤制作的耦合器称为保偏光纤耦合器。

（撰写人：丁东发　审核人：王学锋）

guangxian shuzhi kongjing

光纤数值孔径（Fiber Numerical Aperture）（Цифровая апертура оптического волокна）

描述光纤传输光线的参数，用来表征光纤的聚光能力。光波在光纤中是利用全反射原理进行传播的，当光纤端面光线入射角大于某一值时，该束光线就不能在光纤中传播。理论上数值孔径 NA 的计算公式如下

$$NA = (n_1^2 - n_2^2)^{1/2} \approx n_1 \sqrt{2\Delta}$$

式中　n_1——纤芯折射率；

n_2—— 包层折射率；

Δ ——纤芯和包层折射率差。

光纤的数值孔径与纤芯的折射率和芯包折射率差有关，而与光纤的纤芯直径无关。使用大数值孔径光纤有利于减小光纤的弯曲损耗。

（撰写人：丁东发　审核人：李　晶）

guangxian shuaijian xishu

光纤衰减系数（Fiber Attenuation Coefficient）（Коэффицент затухания оптического волокна）

用来反映光纤传输光信号衰减性能的好坏，定义为特定工作波长下，光波传输单位长度（1 km）后光功率的衰减分贝数。计算公式为

$$a(\lambda) = -\frac{10}{L}\lg\frac{P_2}{P_1} \quad (\mathrm{dB/km})$$

式中　L——被测光纤长度（km）；

P_1——光纤测试输入端的光功率；

P_2——光纤的输出端的光功率。

（撰写人：丁东发　审核人：李　晶）

guangxian sunhao

光纤损耗（Fiber Loss）（Потеря оптического волокна）

光波在光纤中传输时，由于光纤材料存在对光波的吸收、散射和光纤结构本身的缺陷、弯曲等原因，导致光功率随传输距离逐渐衰减，这种现象称为光纤损耗。在工作波长为 λ 时，在长度为 L 的一段光纤的一端输入光功率为 P_1 的光波，测出输出端光功率为 P_2，则该段光纤的总损耗为

$$L(\lambda) = -10\lg\frac{P_2}{P_1} \quad (\mathrm{dB})$$

通常把 1 km 长度的光纤损耗值定义为光纤的衰减系数，单位为 dB/km。测试工作波长不同，光纤损耗也会不一样。

参见光纤衰减系数。

（撰写人：丁东发　审核人：王学锋）

guangxian tuoluoyi

光纤陀螺仪（Fiber Optic Gyroscope）（Волоконно-оптический гироскоп）

基于萨格奈克（Sagnac）效应的一种光学陀螺仪。1976 年美国犹他（Utah）大学的 Vali 教授成功进行了第一个光纤陀螺仪演示试验。光纤陀螺仪的基本原理如图所示，它由光源、光检测器、分束器和光纤线圈等组成。当陀螺沿着与光纤线圈平面相垂直的轴向旋转时，产生一个与旋转角速度成正比的相位差

$$\Delta\phi = \frac{2\pi LD}{\lambda c}\Omega$$

式中 D—— 光纤线圈的直径；

L—— 光纤长度；

λ—— 光波长；

c—— 真空中的光速。

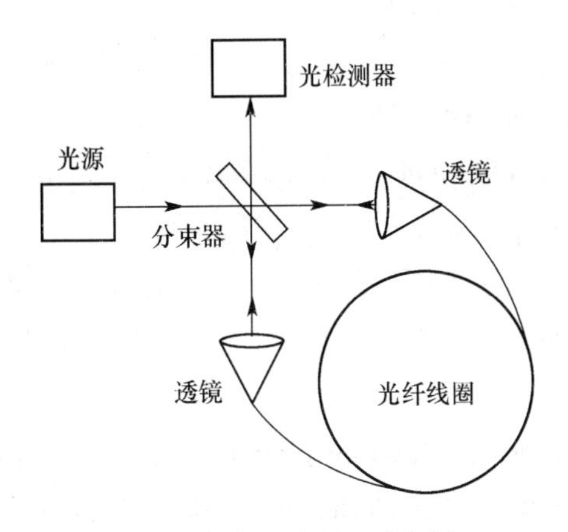

光纤陀螺仪基本原理示意图

由于 $\Delta\phi$ 与线圈直径和光纤长度成正比，所以光纤越长，直径越大，陀螺灵敏度就越高。

光纤陀螺仪可分为干涉型、谐振型和布里渊型三大类，目前已经应用的是干涉型。闭环干涉型光纤陀螺仪产品已覆盖了从速率级

[优于10(°)/h]到精密级[0.001(°)/h]的精度范围。光纤陀螺仪具有高可靠性、长寿命、小体积、轻质量、低功耗、力学环境适应性好、动态范围大、线性度好、频带范围宽、启动时间短等一系列特点，是新一代全固态陀螺仪的典型代表，可广泛应用于航天、航空、航海、兵器及多种军民用领域。

（撰写人：王　巍　审核人：张惟叙）

guangxian xianquan

光纤线圈（Fiber Coil）（Катушка оптического волокна）

又称光纤环，是光纤陀螺的敏感元件。光纤线圈是将一定长度的光纤按照某种绕制方式绕成的线圈。光纤环骨架一般选择线膨胀率低的材料，以减少温度变化引起的陀螺误差。另外还有不带骨架的光纤线圈，称为脱骨架光纤线圈，在光纤线圈绕制成形固化后取出骨架。

参见光纤环绕制法。

（撰写人：李　晶　审核人：丁东发）

guangxue biaomian cucaodu

光学表面粗糙度（Optical Surface Roughness）（Грубость оптической поверхности）

用来表示光学零件表面加工后的表面质量好坏的程度。根据零件表面微观几何形状的不同，表面粗糙度分为多个等级。

（撰写人：梁　敏　审核人：王　轲）

guangxue lingjian de mianxing piancha

光学零件的面形偏差（Deviation of Optical Element Surface Shape）（Отклонение конфигурации оптической детали）

被检光学表面相对于参考光学表面的偏差。面形偏差是在圆形检验范围内，通过垂直位置所观察到的干涉条纹的数目、形状、变化和颜色来确定的。

（撰写人：梁　敏　审核人：王　轲）

guangxue miaozhun

光学瞄准（Optical Aiming）（Оптическое прицеливание）

采用光学设备和装置实现惯导系统初始方位对准的方法。

在惯导系统内的光学瞄准装置为安装在台体或组合本体上的方位棱镜或平面镜，其法平面或法线与加速度测量坐标系的方位基准面平行。在载体外部的设备为瞄准用准直经纬仪或陀螺经纬仪。瞄准经纬仪的视线方位由地面大地测量或星光测量基准引入，陀螺经纬仪的视线方位由陀螺寻北仪自行测得。

光学瞄准之前，应先进行水平对准，简称为调平。一般采用惯导系统自主调平。

光学瞄准的优点是精度高，缺点是需要地面设备和基准设置。在军用领域，适用于高精度武器及武器平台惯导系统；在民用领域，主要适用于航天运载器及飞行器、大型舰船及飞机等的惯导系统。

（撰写人：杨志魁　审核人：杨立溪）

guangyuan gonglü

光源功率（Output Power）（Мощность светового источника）

通过耦合从尾纤输出的光功率，又称光源输出光功率。尾纤输出光功率与光源芯片的发光功率以及芯片与输出尾纤的耦合效率有关。

（撰写人：高　峰　审核人：丁东发）

guangyuan shuchu guanggonglü

光源输出光功率（Output Power）（Выходная оптическая мощность светового источника）

参见光源功率。

（撰写人：高　峰　审核人：丁东发）

guangzheng jiagong

光整加工（Finishing Cut）（Окончательная прецизионная обработка）

零件表面经机加工精度在 IT7 ～ IT5 以上，表面粗糙度值在

Ra 0.8 μm以下，表面物理—机械性能处于良好状态的各类加工工艺方法，除一些特种工艺外，目前工厂中应用较成熟的包括超精磨削、珩磨、研磨及抛光等，而超精磨削、珩磨只对某类特定零件表面有较好效果，极少用于复杂表面的光整加工。研磨及抛光则常用于各种表面的光整加工。

（撰写人：王　君　审核人：易维坤）

guangzi zaosheng

光子噪声（Photon Noise）（Шум фотонов）

探测器工作时，即使输入光功率是恒定的，由于光功率是光子数的统计平均值，每一瞬时到达探测器的光子数也是随机的，因此光生载流子的数目是随机起伏的，这种随机起伏产生了光子噪声，也称光子散粒噪声，是散粒噪声的一种。注入探测器的光功率愈大，光子噪声就愈大。光子噪声电流与光电探测器的光电流以及测量带宽两个参数的平方根成正比；如果探测器存在内增益，光子噪声电流则与该增益成正比。光纤陀螺的理论灵敏度受光子散粒噪声的限制。

（撰写人：王学锋　审核人：丁东发）

guiling

归零（Clearance of Quality Problem）（Возврат в нуль）

对航天产品出现的质量问题、故障、事故，通过分析、核算、试验验证等手段查清原因、责任，并采取有效措施防止重复发生的方法和过程。

归零要求通过失效分析、分析计算、故障复现试验等方法查明问题原因，查到准确的失效部位，弄清失效机理；分清问题性质、责任；针对问题原因采取切实可行的处理办法、措施，并进行充分的验证试验，以证明其可行、有效。对一时难以查清确切原因的问题，须采取有针对性的综合治理办法、措施，防止问题的重复发生；已确定采取的办法、措施要切实落实到图样、技术文件、工艺文件及规章制度上。

归零分为两大类：即质量问题管理归零和质量问题技术归零。

质量问题管理归零要遵循以下五条标准：过程清楚、责任明确、措施落实、严肃处理、完善规章。

质量问题技术归零要遵循以下五条标准：定位准确、机理清楚、问题复现、措施有效、举一反三。

归零应按规定经评审认定。

（撰写人：苏 超 审核人：闫志强）

guifan

规范（Specification）（Норма）

阐明要求的文件。

注1：要求是指明示的、通常隐含的或必须履行的需求和期望；文件是指信息及其承载媒体。

注2：规范可能与活动有关（如程序文件、过程规范和试验规范）或与产品有关（如产品规范、性能规范和图样）。

（撰写人：孙少源 审核人：吴其钧）

guibiaomian gongyi

硅表面工艺（Silicon Surface Micromachining Process）

（Поверхностная микромеханическая технология кремния）

硅表面微机械制造工艺的简称，是一种在硅片表面通过淀积和牺牲层技术获得独立的能动的微机械结构的工艺。因为只在硅片表面进行工艺，所以称之为硅表面工艺。这种工艺包含两项关键技术：第一项是采用低压化学气相淀积（LPCVD）类的方法来获得作为结构单元的应力受控薄膜，这是整个工艺过程的精华所在；第二项是使用牺牲层技术来释放结构以允许其运动。为获得复杂的三维微结构，可以连续添加牺牲层和结构层，并分别采用恰当的光刻和刻蚀技术。硅表面工艺具有对微结构尺寸的控制较好，并且与IC工艺兼容等优点。其缺点是纵向尺寸小。

（撰写人：邱飞燕 审核人：徐宇新）

guide gexiangtongxing fushi

硅的各向同性腐蚀（Silicon Isotropic Etching）（Изотропное гравирование кремния）

对硅的不同晶面具有相同腐蚀速率的一种硅加工工艺。其腐蚀示意如图所示。

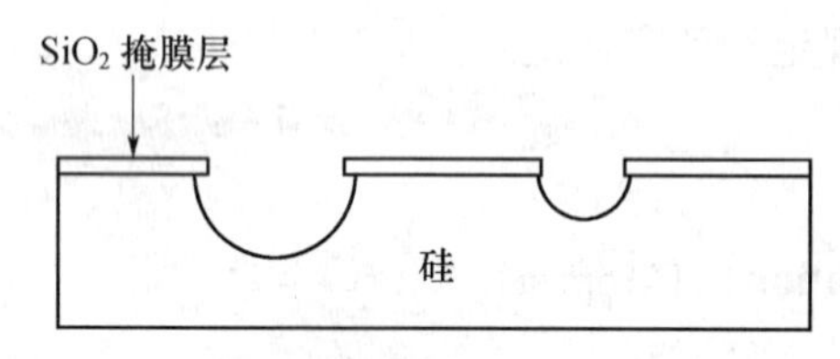

各向同性腐蚀示意图

根据腐蚀剂的不同，硅的各向同性腐蚀可以分为湿法腐蚀和干法腐蚀。湿法腐蚀是指利用液态的化学腐蚀剂与硅发生化学反应来进行腐蚀，常用的腐蚀剂为 $HF-HNO_3$ 腐蚀系统。由于各向同性腐蚀产生的形状是由腐蚀溶液的浓度场来决定的，而且鉴于其腐蚀速率和腐蚀液浓度、温度的复杂关系，一般腐蚀过程较难控制。干法腐蚀是指利用原子游离基、分子游离基和离子与硅表面相接触来进行腐蚀，常用方法有等离子体腐蚀等。

（撰写人：王 岩 审核人：徐宇新）

guide gexiangyixing fushi

硅的各向异性腐蚀（ Silicon Anisotropic Etching）（Анизотропное гравирование кремния）

对硅的不同晶面具有不同腐蚀速率的一种硅加工工艺。这种腐蚀速率的各向异性是由硅的晶体学特性决定的。其腐蚀示意如图所示。

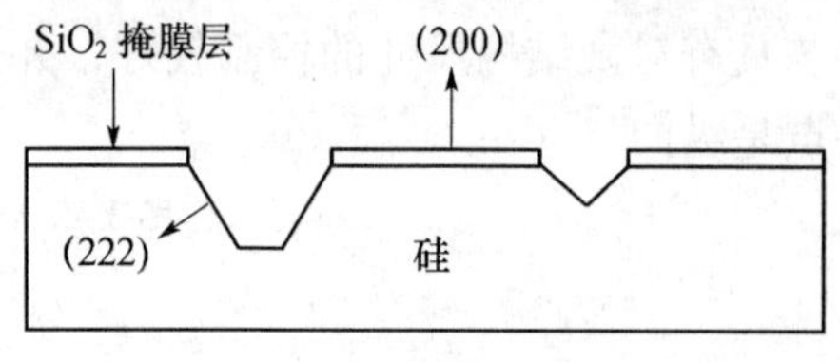

各向异性腐蚀示意图

根据腐蚀剂的不同，硅的各向异性腐蚀可以分为湿法腐蚀和干法腐蚀。湿法腐蚀是指利用液态的化学腐蚀剂与硅发生化学反应来进行腐蚀，常用含有羟基的 KOH 和 NaOH 等碱性腐蚀剂。湿法腐蚀可以获得大的纵深比结构，但腐蚀速率和表面粗糙度较难控制，同时其腐蚀工艺也相当复杂。干法腐蚀是指利用原子游离基、分子游离基和离子与硅表面相接触来进行腐蚀，常用方法有等离子体腐蚀、反应离子腐蚀（RIE）和溅射腐蚀等。但常用的硅的各向异性干法腐蚀并非缘于硅的晶体学特性，而是由朝向衬底离子通量的方向性决定的。干法腐蚀具有分辨率高、腐蚀各向异性能力强、自动化程度高等优点，但刻蚀深度相对于湿法腐蚀来说较小。

（撰写人：王　岩　审核人：徐宇新）

gui weijiasuduji

硅微加速度计（Silicon Micro-machining Accelerometer）

（Кремниевый микромеханический акселерометр）

又称硅微机械加速度计，是一种微电子技术和微机械加工技术相结合的惯性仪表。其检测质量可以达到几毫克，硅微加速度计敏感元件采用单晶硅或多晶硅材料制作而成，加工工艺包括体微机械加工工艺、表面微机械加工工艺和 LIGA 工艺等。硅微加速度计按照控制方式可分为开环工作方式和闭环工作方式。按照信号检测方式可分为电阻式、电容式和隧道电流式等。由于硅材料具有优良的电学性能和机械性能，而且加工手段较为完善，硅微加速度计成为加速度计发展的一个重要方向。

硅微加速度计具有体积小、质量轻、结构简单、成本低、可靠性高、抗冲击等优点，以及可以大批量制造，一致性好等特点。在航空、航天、汽车、生物医学等诸多领域有着十分广阔的应用前景，已有防撞气囊等成功的应用实例。目前硅微加速度计已接近惯性导航级水平，偏置稳定性达到 20 μg，标度因数稳定性达到 50×10^{6}。

（撰写人：邢朝洋　审核人：赵采凡）

gui weijiasuduji jingdianli pingheng dianlu

硅微加速度计静电力平衡电路（Electrostatic Force Balance Circuit of Micromachined Silicon）（Элетростатический балансирующий контур кремниевого микромеханического акселерометра）

采用静电力再平衡回路原理的电路称静电力平衡电路，是硅微加速度计常采用的一种电路。

硅微加速度计静电力平衡电路如图所示。

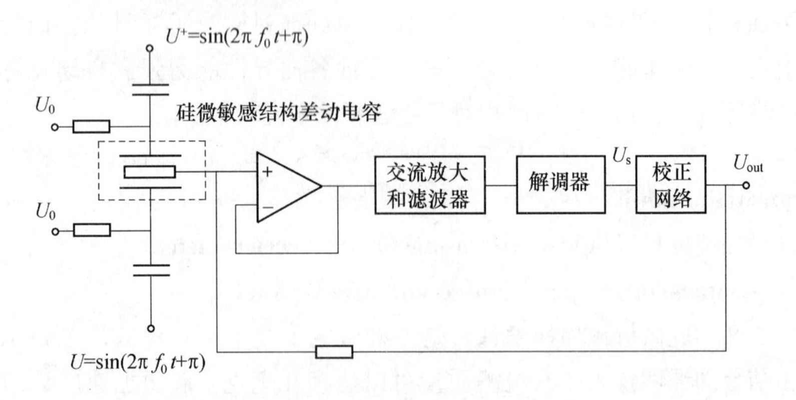

硅微加速度计静电力平衡电路框图

硅微加速度计一般都是差动电容的形式，可简化为图中所示。硅微加速度计静电力平衡电路主要由 4 部分组成：1）表头及前置放大器电路；2）交流放大和滤波器电路；3）解调器电路；4）校正网络电路。电路工作原理如下：

1. 公共电极位置检测。加速度计差动电容传感器的输出信号经前置放大电路和滤波环节将信号取出。为了获得高的灵敏度和大的噪声抑制能力，需要采用高频调制解调方法，即在敏感电极上分别作用两个相位相反的高频振荡信号。当公共电极发生偏转时，因相应电容值发生变化，在公共电极上将感应出高频振荡信号，经过交流放大、相敏解调后，就可获得公共极板的位置信号，即与加速度值成正比的直流信号。

2. 静电力反馈控制电路。解调出的直流电压信号通过反馈控制电路后转变为相应的力反馈信号作用于公共电极（或驱动电极）上，以产生所需要的反馈静电力（或力矩），平衡由加速度产生的惯性力（或力矩），使加速度计始终工作在机械零位位置。

采用静电力反馈控制回路能提高加速度计的输出线性度和动态相应范围。

（撰写人：何　胜　审核人：王　巍）

guiweituoluo jiance motai

硅微陀螺检测模态（Detect Mode of a Silicon Micromechanical Gyroscope）（Измерительная мода кремниевого микромеханического гироскопа）

当绕驱动轴作高频振动的硅微陀螺敏感角速度时，其检测质量内各质点的哥氏加速度会对输出轴形成哥氏惯性力矩，这种哥氏惯性力矩即为陀螺力矩。硅微陀螺在陀螺力矩作用下的振动模态称为硅微陀螺检测模态。硅微陀螺检测模态可以用二阶线性自由振动系统来近似描述，其运动方程为

$$[M]\{\ddot{U}\} + [K]\{U\} = 0$$

式中　$[K]$ ——刚度矩阵；

$[M]$ ——质量矩阵；

$\{U\}$ ——位移矢量。

对于线性系统的自由振动为简谐形式

$$\{U\} = \{\delta\}_s \sin\omega_s t$$

式中　$\{\delta\}_s$ ——检测模态的特征矢量；

ω_s ——检测模态的固有圆周频率。

运动方程的特征方程为

$$|[K] - \omega^2[M]| = 0$$

采用 Lanczos 稀疏矩阵算法可求得特征值 ω^2 和特征矢量 $\{\delta\}_s$，则检测模态的固有频率为 $f_s = \omega_s/2\pi$。

硅微陀螺检测模态固有频率的设计略高于驱动模态固有频率。在检测电容的固定板极上叠加直流偏置电压，产生一个“负”弹性系数，降低检测模态的谐振频率，使其接近驱动模态固有频率。当驱动模态和检测模态的谐振频率一致时，检测灵敏度为最高，且品质因数愈高，灵敏度愈高。检测模态的振动角位移与驱动模态的振动角位移为同相。即只要测出检测轴振动与驱动轴的相同分量，就可以用它作为输入角频率的度量。

硅微陀螺检测模态也称为辅振动（检测振动）模态。

（撰写人：甄宗民 审核人：赵采凡）

guiweituoluo qudong motai

硅微陀螺驱动模态（Drive Mode of a Silicon Micromechanical Gyroscope）（Возбуждающая мода кремниевого микромеханического гироскопа）

硅微陀螺在驱动力作用下的振动模态。硅微陀螺驱动模态可以用二阶线性自由振动系统来近似描述，其运动方程为

$$[M]\{\ddot{U}\} + [K]\{U\} = 0$$

式中 $[K]$——刚度矩阵；

$[M]$——质量矩阵；

$\{U\}$——位移矢量。

对于线性系统的自由振动为简谐形式

$$\{U\} = \{\delta\}_{\mathrm{d}}\sin\omega_{\mathrm{d}}t$$

式中 $\{\delta\}_{\mathrm{d}}$——驱动模态的特征矢量；

ω_{d}——驱动模态的固有圆周频率。

运动方程的特征方程为

$$|[K] - \omega^2[M]| = 0$$

采用 Lanczos 稀疏矩阵算法可求得特征值 ω^2 和特征矢量 $\{\delta\}_{\mathrm{d}}$，则驱动模态的固有频率为 $f_{\mathrm{d}} = \omega_{\mathrm{d}}/2\pi$。

在驱动力作用下，硅微陀螺的等幅谐振称为主振动。驱动模态

也称为主振动模态。为了保证陀螺标度因数的稳定性，驱动电路必须产生稳幅、稳频的自激振荡或锁相振荡激励信号。在硅微陀螺中，采用静电激励和非接触式电容检测方式，不影响谐振子的驱动和检测模态，灵敏度高，可分辨出 10^{-18} F 的电容变化量，热漂移小。因此它是硅微陀螺驱动模态的一种较理想的驱动和检测方案。

（撰写人：甄宗民　审核人：赵采凡）

guiwei tuoluoyi

硅微陀螺仪（Micro Silicon Gyro）（Кремниевый микромеханический гироскоп）

20 世纪 80 年代发展起来的一种新型微机电陀螺，它是根据陀螺原理，利用微机电加工技术（MEMS）制造而成的。其理论基础是经典力学中的哥氏力效应：即系统中以速度 v 运动的质量 m，存在角速度 ω 时，便产生哥氏力 K_C，$K_C = v\omega$。目前，硅微机电陀螺仪从结构上分，有框架式角振动陀螺、音叉式线振动陀螺及振动轮式陀螺等。硅微陀螺存在两个工作模态：驱动模态和检测模态。其驱动模态的水平角振动频率和检测模态的角振动频率是一致的，均由外加的驱动信号频率决定。硅微陀螺仪的系统构成框图如图所示。

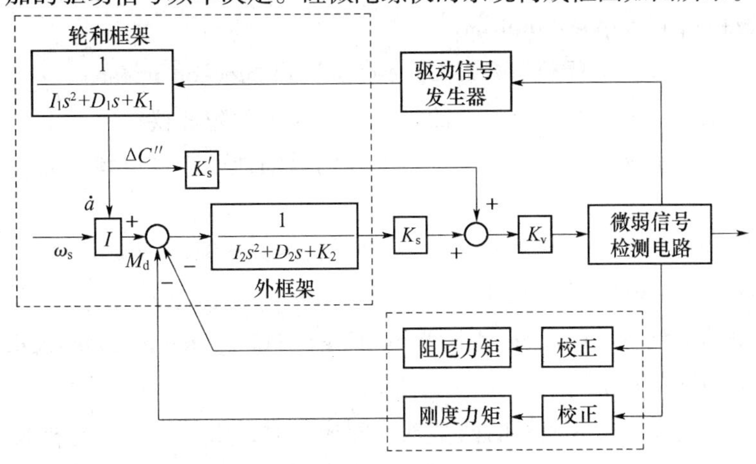

硅微陀螺仪的系统构成框图

以微电子技术和微机械加工（MEMS）为技术基础的硅微机电陀螺仪，与传统的惯性转子陀螺相比，体积大为缩小，质量大为减轻，功耗大幅度降低；由于没有高速旋转的转子，电路可集成于机械结构中，从而可靠性很高，承载能力强；由于加工简单，无须复杂的装调工艺，可大批量生产，故价格低；另外还具有易于数字化和智能化、测量范围大等特点，这些特点是任何传统陀螺都无法比拟的。

（撰写人：何 胜 审核人：王 巍）

gundong

滚动（Roll）（Крен）

载体绕其纵轴相对参考坐标系的转动运动。绕纵轴正向的转动为正滚动，反之为负滚动。描述它的量有角加速度、角速度和角度。

滚动角 γ 可用三轴陀螺稳定平台系统直接测得，或依框架角与姿态角的关系式由计算机解算获得；对于位置或速率捷联惯性导航（或制导）系统，它可分别用二自由度陀螺仪测得和三个速率陀螺仪的输出经解算获得。

（撰写人：杨志魁 审核人：吕应祥）

gundong（qingxie）tuoluoyi

滚动（倾斜）陀螺仪（Roll Gyroscope）（Гироскоп крена）

用来测量和控制导弹的滚动角的二自由度陀螺仪。应用中将二自由度陀螺仪的一个轴对准导弹弹体的纵轴即可测量出弹体的滚动（倾斜）角。

（撰写人：孙书祺 审核人：唐文林）

gunzhu zhoucheng peidui

滚珠轴承配对（Pairing of Ball Bearing）（Спаривание шариковых подшипников）

将刚度、尺寸相同的两个轴承配成一对，用于同一只电机装配的工艺措施。在高精度的陀螺电机中，要求电机两端所装的两个轴承的刚度和尺寸一致。

为此，事先要对轴承进行刚度和尺寸计量，并将在同样载荷下的轴向变形差和内、外环尺寸差均符合工艺要求的两个轴承配成一对，用于同一只电机的装配。

（撰写人：周 赟 审核人：闫志强）

guocheng

过程（Process）（Процесс）

一组将输入转化为输出的相互关联或相互作用的活动。

注1：一个过程的输入通常是其他过程的输出；

注2：组织为了增值通常对过程进行策划并使其在受控条件下运行；

注3：对形成的产品是否合格不易或不能经济地进行验证的过程，通常称之为“特殊过程”。

（撰写人：朱彭年 审核人：吴其钧）

guocheng de jianshi he celiang

过程的监视和测量（Watch and Measurement of Process）（Контроль и измерение процесса）

本词条所指“过程”是指质量管理体系的所有过程，包括管理过程、产品的实现过程及相关的支持过程。过程应在受控状态下运行，具备增值的能力，达到所策划的结果。当过程的能力不足或运行状态由于某种原因发生变异而失控，就达不到所策划的结果。所以应针对预期和非预期结果的特征对过程进行监视和测量，针对每个过程的特点设置监视和测量点，确定监视和测量的项目，选择适宜的方法。例如，进行日常的监督、检查，进行定期的评审、审核、考核和评价等监视的方法。适用时可对过程的参数或过程的结果进行测量（确定置值），对有关数据进行统计，采用适当的统计技术，如：采用抽样检验或调查，绘制控制图，工序能力分析等方法对过程进行监视和测量。无论采用什么方法，都应证实过程是否具备了实现策划的结果的能力，即是否有能力达到预期的目标。

经过监视和测量，如果发现过程未能达到所策划的结果时，应采取适当的纠正措施，以确保产品的符合性。

（撰写人：朱彭年 审核人：吴其钧）

guoji qidong（cizhi diandongji guoji zhuangtai）

过激启动（磁滞电动机过激状态）（Over-excited Start）（Перевозбуждённый запуск）

为了改善磁滞电动机的力能指标，有时可用过激的办法，即在磁滞电动机启动时，用直接提高电源端电压或串入电容器以补充电动机电抗的方法，在短时增大电动机的定子电流，从而增强定子磁场以加强对转子磁滞层的磁化，这就叫做过激启动。

磁滞电动机在正常（不过激）状态下运转时，由于对应于转子磁密的转子磁滞损耗一般小于转子磁滞损耗的最大可能值，因此转子磁滞材料并未被充分利用。而短时过激则能挖掘转子磁滞材料的这一潜力，从而提高电动机的力能指标。依靠短时过激，还可以增大转子的剩磁，从而获得永磁激励的好处，又提高了转子磁滞材料的利用率。但应注意，不能在启动前就预先强化转子的磁化。这样会使电机失去启动转矩，成为永磁电机。同时，过激时间过长将导致定子电流剧增，从而使整个电机的利用率降低。

（撰写人：谭映戈　审核人：李建春）

haiba gaodu

海拔高度（Altitude above Sea-level）（Высота над уровнем моря）

参见绝对高度。

（撰写人：程光显　审核人：杨立溪）

hanshu fashengqi

函数发生器（Function Generator）（Генератор функций）

泛指产生任意电压/时间波形的信号源电路，特指一类产生方波、三角波和正弦波电压的模拟电路器件。

典型的函数发生器通常包括压控振荡器（VCO）、正弦波整形电路和输出驱动器等。压控振荡器由电流积分/比较电路实现振荡频率/输入电压的线性关系，积分器输出三角波，比较器输出方波。正弦波整形电路由非线性网络构成，三角波经网络的非线性变换后输出近似的正弦波信号。输出驱动器一般为跟随器形式，隔离负载对发生器的影响（如图所示）。

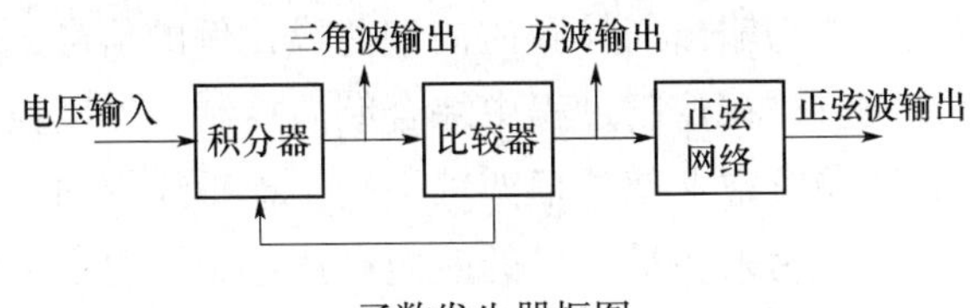

函数发生器框图

正弦波整形电路也可由滤波器构成，把方波或三角波信号的谐波滤除后即得到正弦波信号，波形质量较高，多用于固定频率的信号发生器，难以实现大范围频率变化。

函数发生器的另一个极端例子是直接数字波形发生器（DDC），采用 MCU 和软件来产生任意时间函数，正得到日益广泛的应用。

函数发生器应用在惯导系统的电源、控制等电路中。

（撰写人：周子牛　审核人：杨立溪）

hanfeng

焊封（Welding）（Герметичная припайка）

用钎焊、熔焊（例如激光焊、电子束焊）等焊接方法，把两个零（组）件或几个零（组）件组合封装起来，形成密闭腔内的气体或液体介质不渗漏的工艺方法。

（撰写人：赵　群　审核人：闫志强）

hangxiang

航向（Course）（Курс）

航行中的舰船、飞机、巡航导弹等载体的纵轴首向方向。

绕方位轴顺时针测量的载体纵轴首向在水平面内的投影与北向的夹角称为航向角。

（撰写人：刘玉峰　审核人：杨立溪）

hangxiang tuoluoyi

航向陀螺仪（Directional Gyroscope，Heading Gyroscope）（Курсовой гироскоп）

用来测量和控制导弹偏航角的二自由度陀螺仪。应用中将二自由度陀螺仪的一个轴对准导弹弹体的法向轴可测量出弹体航向偏差角。在稳定过程中它输出与导弹航向偏差成比例的信号，以保证导弹按预定航向飞行；在控制过程中综合航向控制信号以控制导弹按所需航向飞行。在航空上使外框架轴平行于地垂线方向，自转轴近似保持水平状态，用来测量飞机的航向。凡是能够测量和敏感方位变化的二自由度陀螺仪均称为航向陀螺仪。又称陀螺方向仪或陀螺航向传感器。

（撰写人：孙书祺　审核人：唐文林）

hangzi xitong

航姿系统（Navigation-attitude System）（Система курсовертикали）

对飞机的姿态进行测量与控制的系统。

系统中的陀螺仪测出飞行器相对导航坐标系转动的角速度或角度（含航向、俯仰、滚动等通道）信息，送入控制系统操纵飞机按所需姿态飞行。航姿系统还可用于巡航导弹、卫星、舰船等各种运载体。

（撰写人：赵　友　闫　禄　审核人：孙肇荣）

haomibo leida zhidao

毫米波雷达制导（Millimeter Wave Guidance）（Милиметровое радионавидение）

工作波长为 10 ～1 mm（相应频率为 30 ～300 GHz）的雷达称为毫米波雷达。毫米波雷达导引头是雷达导引头的一种。它的突出优点是角分辨率高，体积小，背景辐射干扰小，而且与红外或可见光相比能较好地穿透烟雾和雨雪，因此具有较强的全天候能力。采用毫米波雷达导引头的寻的制导导弹可实现末端精确打击。

（撰写人：龚云鹏　审核人：吕应祥）

hege

合格（Conformity）（Соответствие норме）

满足要求。

注 1：该定义与 ISO/IEC 指南 2 是一致的，但用词上有差异，其目的是为了符合 GB/T 19000 的概念；

注 2：与术语“conformance”是同义的，但不赞成使用。

（撰写人：朱彭年　审核人：吴其钧）

heguang lengjing

合光棱镜（Beam Merging Prism）（Призма слияния пучков）

激光陀螺合光时光胶在输出反射片上的一块光学棱镜，它将环形激光器的输出反射片输出的一对行波激光束合并到夹角仅为角分量级的同一方向上，并且通过适当的半透半反分光膜使两光束在合并时的强度基本相等，从而使两光束形成干涉。

（撰写人：唐常云　审核人：王　轲）

heci gongzhen tuoluoyi

核磁共振陀螺仪（Nuclear Magnetic Resonance Gyro）

（Ядерно-магнитный резонансный гироскоп）

利用原子核的磁矩和动量矩来敏感载体的转动的陀螺。它是一种单自由度速率陀螺，其优点是可靠性高、成本低，目前精度在 0.05(°)/h 范围。

核磁共振陀螺由三部分组成：光泵、进行核子和进动核子光学读出器。光泵首先将蒸汽状态随机取向的工作物（NMR）的原子核取出定在一定的方位上，见图 1，然后用一个交直流磁场 $\boldsymbol{B}_0$ 和 $\boldsymbol{B}_1$，$\boldsymbol{B}_1 \perp \boldsymbol{B}_0$。使质子的磁矩在磁场力的作用下沿初始方向作圆锥进动，

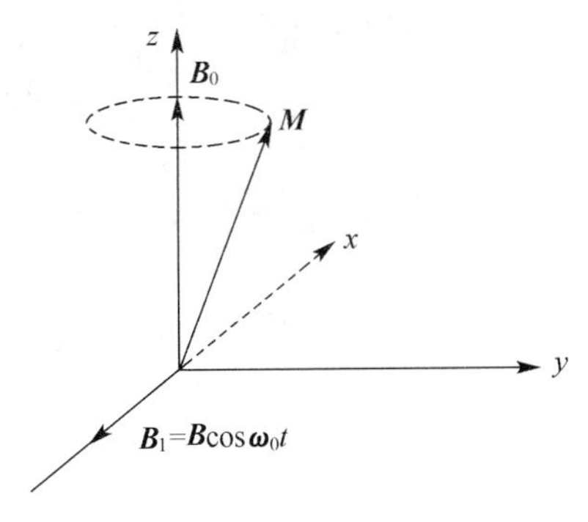

图 1　方位图

进动角速度 $\boldsymbol{\omega}=r\boldsymbol{B}_0$。$r$ 为陀螺磁系数。当与仪表壳体和观测系统相固联的基座产生转动，且该转动矢量平行于 $\boldsymbol{B}_0$ 时，观测系统将观测到进动频率漂移了一个大小等于工作物旋转速率的变化量，$\boldsymbol{\omega}=r\boldsymbol{B}_0\pm\boldsymbol{\omega}_{\mathrm{R}}$。$\boldsymbol{\omega}_{\mathrm{R}}$ 为基体转速。

通过进动核子光学读出器，用一个以频率 ω 前后摆动的线性偏振读出光线（E），穿过共振单元，其幅值将正比于共振单元的信号强度。通过适当的定位分析器，把在偏振平面内的读出光线转换成幅度调制信号，从而可测出载体的转动，见图 2。

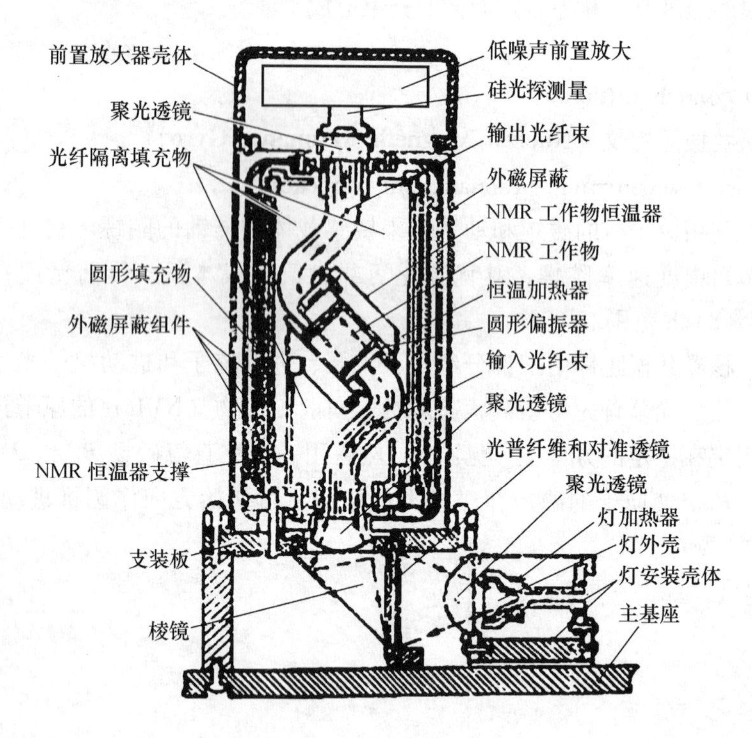

图 2　核磁共振陀螺仪

（撰写人：赵采凡　审核人：王　巍）

hengliu dianyuan

恒流电源（Constant Current Power Supply）（Источник постояного тока）

又称恒流源，指相对于输入电压 U_i、负载电阻 R_L 及其他参量在一定范围内变化时，输出电流 I_o 保持不变的电源，常用于惯性测量系统中力（矩）反馈回路中的电流控制和测量电路。

恒流电源由基准电压 U_{ref}、取样电阻 R_s、误差放大器 A、调整管 V 等几个基本部件所组成。恒流电源的精度主要决定于基准电压和取样电阻。误差放大器的输入电流、失调电压及其变化对精度也有相应的影响。

如图所示是一个恒流电源原理图，输出电流 I_o 通过取样电阻 R_s 产生压降，此电压再与基准电压 U_{ref} 比较，由误差放大器 A 检测再经放大后去控制调整管 V 的基极，使调整管的输出电流变化方向与输出电流原先的变化方向相反，抵消了输出电流的变化，从而达到稳流的目的。

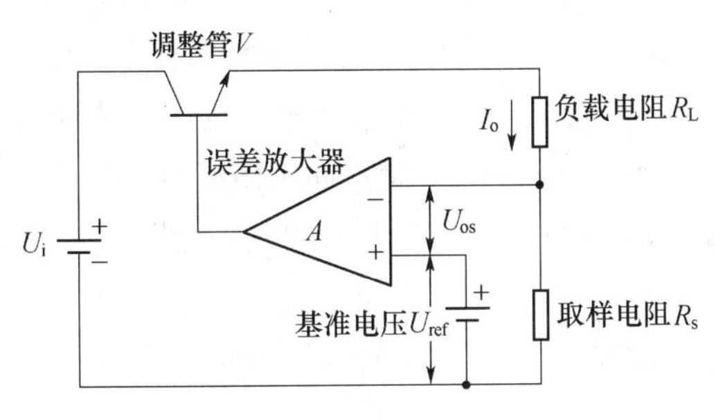

恒流电源示意图

（撰写人：周　凤　审核人：娄晓芳　顾文权）

hengwencao

恒温槽（Constant Temperature Bath）（Термокамера）

也称恒温水浴或精密温控箱，是一种可精确控制工作室温度的装置，工作室内温度波动度及均匀度均为 ±0.2 ℃或更好。属于精密的民用产品，通用于医学、制药、化学、物理和生物等领域的恒温试验，也可作为直接或间接加热及制冷的热源和冷源。在惯导测试中可选定不同等级的恒温槽。现有产品精度高的可达 0.01 ℃，甚至更好。

恒温槽的关键部位是工作室，它的周围用温度控制到必要精度的液体介质包围，视所需控制温度的不同，而选用水、油、乙醇等不同的液体介质。

（撰写人：原俊安　审核人：叶金发）

hengxingshi

恒星时（Sidereal Time）（Звездное время）

以春分点的周日视运动为基础建立的一种时间计量系统。

春分点的时角用时(h)、分(m)、秒(s)表示，称为恒星时。春分点上中天时刻作为恒星时的起算点。

春分点为黄道和赤道的交点，即二分点之一（另一点为秋分点）。这一点是太阳在 3 月 21 日春分这一天由天球南半部进入北半部经过天赤道的那一点。时角为当地天球子午圈与恒星的时圈在北天极的交角，或者为二者在天赤道所夹的弧长，由天球子午圈向西算起为正计量，由 0°～360°，时角亦可用时(h)、分(m)、秒(s)这些时间单位表示：1 h 相当于 15°，1 m 相当于 15′，1 s 相当于 15″。而且后者更经常被使用。上中天为天体运动经过当地天球子午圈上半圈的时刻。由于时角是从当地天球子午圈算起，因此恒星时亦称地方恒星时。

和恒星时相对应，春分点连续两次上中天的时间间隔称为恒星日。由春分点上中天时刻开始计算。

现代天文观测和研究证实：地球自转周期具有长期变化、周期变化和不规则变化，因此作为地球自转周期量度的恒星时是不均匀的。

（撰写人：崔佩勇　审核人：吕应祥）

henggun

横滚（Roll）（Крен）

飞机绕其纵轴旋转 1 周的特技机动飞行动作。旋转 180°时称为半滚；滚转中飞机上升一定高度的称为上升横滚；垂直上升横滚和下降横滚通常称为副翼操纵式横滚。

若飞机采用陀螺稳定平台式惯性导航系统，为了使飞机的姿态运动完全不受限制，则应使用四框架陀螺稳定平台。

横滚也作为滚动的同义词，参见滚动。

（撰写人：杨志魁　审核人：吕应祥）

hengqing

横倾（List）（Наклон）

由内力引起的舰船横轴较长时间的倾斜。

（撰写人：刘玉峰　审核人：杨立溪）

hengxiang daoyin

横向导引（Lateral Steering）（Боковое наведение）

根据实际测量得到的导弹或火箭运动状态参数，按照预定的导引规律，控制导弹或火箭的质心作横向运动，称为横向导引。横向导引的硬件由惯性测量装置、计算机和偏航姿态控制系统组成；软件包括横向导引方程及相应的控制程序。这种控制是连续的闭环过程。

（撰写人：程光显　审核人：杨立溪）

hengyao

横摇（Roll）（Крен）

舰船绕纵轴的摇摆运动。按右手法则，绕纵轴正向顺时针转动为正。

（撰写人：刘玉峰　审核人：杨立溪）

hongwai chengxiang zhidao

红外成像制导（IR Image Guidance）（Наведение по инфракрасному изображению）

用弹上红外成像制导装置的二维扫描方式摄取目标区景物的红

外辐射图像并转换成可见光图像，自动实现或有人参与实现导弹对目标的识别、截获与跟踪，称为红外成像制导。用这种红外成像制导的导弹命中率高，抗干扰能力强。

（撰写人：龚云鹏　审核人：吕应祥）

hongwai dipingyi

红外地平仪（Infrared Earth Sensor）（Инфракрасный построитель вертикали）

航天器常用的光学姿态敏感器，亦称红外地球敏感器。其功能是通过敏感地球地平和太空间的红外辐射差并对所获取的信息进行处理，给出在航天器本体坐标系中当地垂线的方位，即俯仰和滚动姿态角。

红外地平仪一般由红外光学系统、红外探测器、扫描及驱动装置、信息及数据处理电路组成。普遍采用的光谱敏感波段是 14 ～ 16 μm二氧化碳吸收带。多数红外地平仪采用红外视线对地平进行扫描来获取地平信息。这一类中有自旋扫描红外地平仪（适用于自旋稳定卫星）、圆锥扫描红外地平仪（适用于中、低轨道三轴稳定航天器）、摆动扫描红外地平仪（适用于高轨道三轴稳定航天器）等。另一类是基于视场内地平边缘上相对两侧小块区域的热辐射平衡来获取地平信息的静态红外地平仪（适用于高圆轨道三轴稳定航天器）。

近年来，阵列式红外探测器取得很大进展，将地平直接成像在红外探测器上的成像式红外地平仪成为发展方向，它可以显著提高仪器的可靠度和工作寿命。

（撰写人：黄明宝　审核人：潘科炎）

hongwai zhidao

红外制导（Infrared Guidance）（Инфракрасное наведение ）

采用红外敏感器测量目标运动参数并对导弹进行跟踪制导的方式。

红外制导主要分为两类：一类是利用红外测角器作为地面制导站的目标或导弹跟踪器，它获取的角度坐标参数经制导站计算机处理形成制导指令，控制导弹飞向目标，属于指令制导；另一类是利用弹上红外导引头探测、跟踪目标红外辐射源，并实时测量导弹至目标的视线转率，形成制导指令，控制导弹飞向目标，属于寻的制导。

红外指令制导导弹由于受指令传输距离的限制，其射程较小，一般在反坦克导弹上使用。

红外被动寻的制导，多用于地空导弹和空空导弹。

（撰写人：龚云鹏 审核人：吕应祥）

houxiao wucha

后效误差（Cut-off Phase Error）（Ошибка от отсечки тяги двигателя）

弹道导弹从主动段结束到头体分离的弹道段称为后效段，在该弹道段上由于各种因素引起的弹着点偏差称为后效误差。引起后效误差的因素主要有：发动机熄火后的残余推力偏差和发动机熄火时的导弹质量偏差。

（撰写人：程光显 审核人：杨立溪）

houmo jicheng dianlu

厚膜集成电路（Thick Film Integrated Circuit）（Толстоплёночная интегральная схема）

在绝缘基片表面，以膜的形式形成元件或互连的集成电路。在膜集成电路里，膜式元件可以是有源的或无源的。厚膜是指一般以网印方式在基片上淀积的膜层。厚膜集成电路就是指电路元件的膜由网印或其他有关工艺形成的膜集成电路。

厚膜混合集成电路以其元件参数范围广、精度和稳定度高、电路设计灵活性大、研制生产周期短、适合于多种小批量生产等特点，与半导体集成电路相互补充、相互渗透，成为集成电路的一个重要组成部分，广泛应用于电控设备系统中，对电子设备的微型化起到了重要的推动作用。

虽然在数字电路方面，半导体集成电路充分发挥了小型化、高可靠性、适合大批量低成本生产的特点，但是厚膜混合集成电路在许多方面，都保持着优于半导体集成电路的地位和特点：1）低噪声电路；2）高稳定性无源网络；3）高频线性电路；4）高精度线性电路；5）微波电路；6）高压电路；7）大功率电路；8）模数电路混合。

（撰写人：余贞宇　审核人：周子牛）

huyixing

互易性（Reciprocity）（Взаимность）

用来描述光纤陀螺中从入射端口进入闭合光路的两束光波沿相反方向传播后返回到入射端口，闭合光路（及其中元件）对两束光的相位、偏振、衰减作用相同的一种性质。一束光从分束器的一个端口入射，被分成两束后沿着包含该分束器的静止闭环光路相向传输，然后返回原入射端口，若光路的任一部分对两束光的相位、偏振、衰减的作用均相同，则该光路及其中元件具有互易性，反之，则该光路不具有互易性。以相移互易性为例，如图所示，从端口 A 入射的光被分成两束，反射光经过光纤线圈后透射过分束器后回到端口 A，透射光经过光纤线圈后被分束器反射回到端口 A，这两部分光均透射分束器一次，被分束器反射一次，且经过同样的光纤线圈，因此两束光相移相同，是互易的，A 端口为互易端口。与端口 A 相反的是，到达端口 B 的一束光被分束器反射两次，另一束两次透射分束器，由于反射光与透射光存在一个 $\pi/2$ 的相位差，所以两束光相移不同，不是互易的，端口 B 为非互易端口。类似地，对于分束器为光纤耦合器的情况，到达互易端口的两束光均经过了一次直通

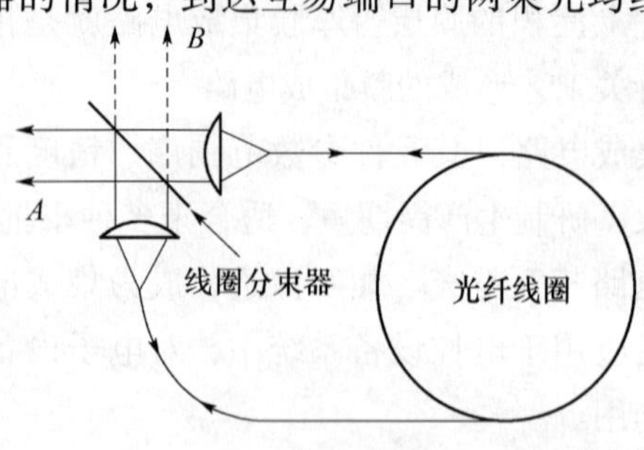

相移互易性示意图

与一次耦合，所以两束光是互易的；而到达非互易端口的两束光存在2倍于耦合相位的相位差，是非互易的。

参见光纤陀螺仪、最小互易性结构。

（撰写人：王学锋 审核人：丁东发）

huaxue paoguang

化学抛光（Chemical Polishing）（Химическая полировка）

激光陀螺腔体加工过程中的重要工序，通过控制化学反应的时间和温度来精确控制光阑的尺寸；消除陀螺腔体腔内微裂纹机械损伤层，提高毛细管表面光洁度，尽可能减少放气面积。

（撰写人：高 敬 审核人：王 轲）

huaxue qingxi

化学清洗（Chemical Cleaning）（Химическая очистка）

使用化学试剂，经过物理或者化学反应来清洗激光陀螺腔体或者片子在前面工序中附着的杂质。

（撰写人：高 敬 审核人：王 轲）

huanjing shiyan

环境试验（Environment Test）（Испытание под воздействием окружающей среды）

为评价和分析环境条件对惯性器件性能和精度的影响而进行的试验。为保证惯性器件在储存和使用条件下的功能、精度和可靠性，在仪表装配调试完成后，必须根据任务书的要求按设定的自然环境及诱导环境的极限规范，做适应性的鉴定、检测试验，称为环境试验，也称为例行试验。

环境试验一般分为气候环境试验和力学环境试验两种。

气候环境试验是为考核惯性器件在导弹与火箭发射时可能会遇到气候恶劣的环境，如大雨、冰冻，或三伏天等的影响时，是否仍能保持原有精度和可靠性，在模拟环境下进行的检测试验。一般有高温、低温、湿度和低气压试验。

力学环境试验是为考核惯性器件在储存、运输和使用中，以及在导弹与火箭发射时可能会遇到的各种受力条件（如运输中的颠簸、振动、碰撞、翻倒等，发射和飞行时的各种振源的振动、大加速度的作用、火箭级间分离的冲击、噪声的振动等）对其性能可靠性的影响，在模拟环境下对惯性器件进行的检测试验。一般有冲击、振动、等加速度、运输、声学噪声试验等。

在产品研制的不同阶段，环境试验的目的有所不同。

（撰写人：刘雅琴　审核人：易维坤）

huanjina yingli shaixuan

环境应力筛选（Environmental Stress Screening）（Отбор под воздействием напряжений окружающей среды）

向产品施加适当的环境应力，暴露其存在的制造工艺和元器件等缺陷，并加以剔除的一道工序。

环境应力筛选是根据环境应力——耐环境强度干扰理论，为提高产品可靠性而设置的。按照某一强度要求设计的产品其耐环境强度 S 服从正态分布规律，设产品使用时受到的环境应力 E 亦呈正态分布，当 $S \gg E$ 时，两个分布的重叠区极小、产品较安全。但受经济和客观条件限制，$S \gg E$ 往往不易实现，此时，两条曲线有部分重叠，产品中有一部分耐环境强度的数值小于实际遇到的环境应力，这部分在使用条件下很可能被激发而成为故障。若在产品出厂前给产品施加一个远高于环境应力均值的筛选应力，使产品中耐环境应力能力小于环境应力的部分提前以故障形式暴露并加以修复，则可使不安全区大为减小，可靠性则大为提高，示意如图所示。

选择采用的环境应力类型一般应以尽可能剔除产品的早期故障为原则，所确定的环境应力量级不能超过产品的设计极限且不应明显影响产品的寿命和技术性能。

环境应力筛选广泛应用于海、陆、空、天的各类产品（包括惯性器件）的研制、生产和使用的各个阶段。各种情况下的环境应力筛选的原理、目的和程序基本相同，但使用的应力类型和量级则有所差异。一般说，热循环和随机振动是最有效的筛选应力。具体实

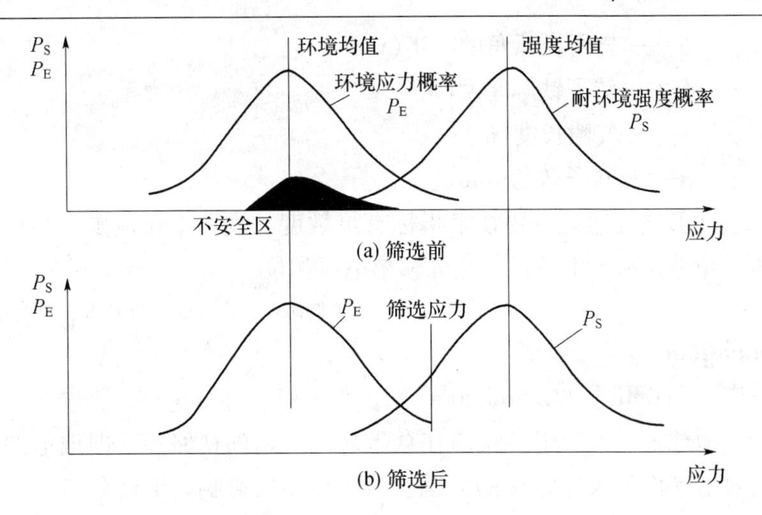

环境应力筛选示意图

施需遵循有关标准的规定。

（撰写人：叶金发　审核人：原俊安）

huanxing tongweiqi

环形同位器（Toroidal Rotation Transformer）（Кольцевой вращательный трансформатор）

一种具有旋转铁芯线圈变压器的电磁感应角度传感器，它由定子组件和转子组件两部分组成，定子组件和转子组件上都绕有线圈，它的工作状态有两种，可以转子绕组激磁，定子绕组输出；也可以定子绕组激磁，转子绕组输出。环形同位器的输出电压 U_2 为

$$U_2 = 4fN_1N_2I_1\frac{\mu_0 r\theta h}{\delta}\alpha$$

式中 I_1—— 激磁电流(A)；

N_1—— 激磁线圈匝数；

N_2—— 输出线圈匝数；

f—— 激磁频率(Hz)；

r—— 转子半径(m)；

μ_0—— 空气磁导率；

θ—— 转子极弧角的一半(rad);

h—— 转子铁芯厚度(m);

δ—— 气隙长度(m);

α—— 转子转角(rad)。

环形同位器的主要技术指标有灵敏度、线性工作范围、零位电压、角分辨率、电磁反力矩和输出电压相位。

(撰写人：葛永强 审核人：干昌明)

huangdao

黄道 (Ecliptic) (Эклиптика)

地球上看太阳于一年内在众星之间所走的视路径，即地球的公转轨道平面和天球相交的大圆。由于摄动的影响，地球公转轨道并不在严格的平面上。

天球上与黄道角距离为90°的两点称为黄极。黄道的北极称为“北黄极”；黄道的南极称为“南黄极”。黄极与天极的角距离等于黄赤交角（23.4°），如图所示。

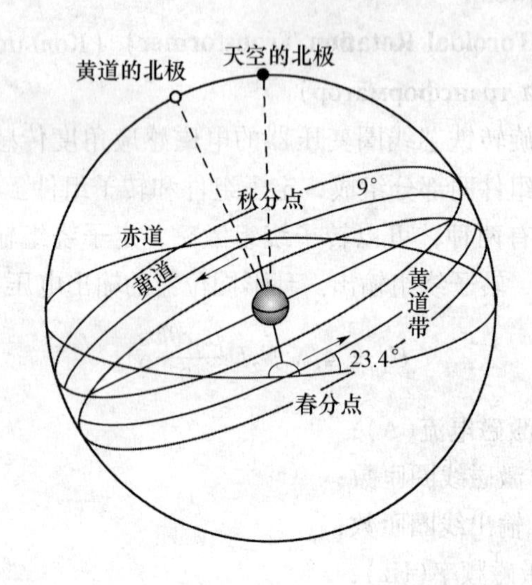

黄道示意图

太阳沿黄道运行，黄道与天赤道相交于两点。由南半天球进入北半天球通过天赤道的那一点，称为“春分点”；与之正好相对（相差180°），即自北半天球到南半天球通过天赤道的那一点，称为“秋分点”。天球上过天体、北黄极、南黄极的大圆，称为天体的“黄经圈”。从春分点起，沿黄道以逆时针（从北黄极看去）量度到天体黄经圈和黄道的交点，该圆弧称为天体的“黄经”，它又等于春分点黄经圈和天体黄经圈在黄极处的夹角。从黄道起，沿天体的黄经圈量度到天体的角距离，称为天体的“黄纬”。

黄道坐标系是一种天球坐标系。在黄道坐标系中，天体的黄经从春分点起沿黄道向东计量，北黄纬为正，南黄纬为负。南、北黄极距相应的天极都是23.4°。两个坐标是“黄经”和“黄纬”。

（撰写人：董燕琴　审核人：黄飞东）

huangdong

晃动（Sway）（Шатание）

导弹、火箭等细长形载体在竖立状态下因风或其他外力的干扰作用而产生的载体纵轴的往复式弹性弯曲变形运动。

在惯性装置的安装部位，晃动可同时造成惯性装置沿两个侧向轴的线振动和绕这两个轴的角振动。根据弹性体稳定性理论，具有大长细比的物体，在一端固定，一端自由的状态下，由外力和弹性恢复力造成的自由端的振荡运动，其轨迹为一椭圆或椭圆螺旋线。因此，晃动将引起惯性装置质心的椭圆形周期性运动，同时，还将伴随有与质心运动相同周期的整个装置的周期性角运动。一般将振荡周期或频率和线及角振幅作为晃动运动的表征量。

装载在舰艇上（或舰载武器上）的惯性装置，由于其安装位置与舰艇质心会有一定距离，在舰艇的纵、横摇摆运动作用下也会产生晃动运动。其晃动周期及线、角振幅由舰艇纵、横摇周期及惯性装置到舰艇质心的距离决定，但由于舰艇的纵、横摇周期一般不相等，因此包括惯性装置安装部位在内的舰艇各不同位置质点的晃动运动轨迹将不是椭圆，而是一般的李萨育图形。

晃动对惯导系统的初始对准形成干扰，造成附加误差。晃动基座上的初始对准属于动基座对准的一种，需要采取专门措施加以解决。

（撰写人：杨立溪　审核人：吕应祥）

huifu zhenkong

恢复真空（Recovery Vacuum）（Восстановление в вакуум）

一定时间内真空室从大气状态抽至所能达到的真空度。

（撰写人：程金海　审核人：王　轲）

huizhuan nengli

回转能力（Rotary Capability）（Терпимость к вращению）

动压马达的动压气浮轴承承受与马达旋转轴垂直的一定角速度 ω 的能力。

将装有动压气浮轴承陀螺电机（简称动压马达）的测试罐放置于低速回转台旋转中心位置，与回转台相对固定，回转台旋转轴线与动压马达旋转轴垂直。马达通电同步后，启动回转台，使回转台的回转角速度 ω 由低逐渐增加到要求指标，并持续稳定运转至规定时间内，动压气浮轴承的气膜应能稳定承受陀螺仪力矩造成的压力，即运转过程中定、转子间接触电阻应当始终无穷大。通常要求检查顺时针和逆时针两个方向的回转能力。

（撰写人：李宏川　审核人：闫志强）

hunhe dianlu

混合电路（Hybrid Circuit）（Смешанная схема）

数字电路和模拟电路结合的电路。

随着数字计算机的应用，惯导系统的电路中广泛采用以数字总线为基础的结构，电路的各个部分以总线接口相联系，纯粹的模拟电路系统已极为罕见。由于惯性测量依靠物理效应实现其功能，纯粹的数字电路也难以形成系统。为了与惯性敏感器和执行元件相互连接，数字处理电路中需要采用 A/D、D/A 变换器，时间/频率计数器和 PWM 调制器等数字/模拟接口。因此，惯导系统所采用的电路几乎都是以不同方式组合的混合电路系统。

典型的混合电路是A/D、D/A变换器电路。其中包含了典型的模拟电路，如运算放大器、比较器、模拟开关、调制/解调器等，也包含了典型的数字电路，如计数器、寄存器、存储器、控制逻辑和数字计算电路等，是惯导系统电路的关键电路单元之一。

（撰写人：周子牛　审核人：杨立溪）

hunhe jicheng dianlu

混合集成电路（Hybrid Integrated Circuit）（Смешанная интегральная схема）

由半导体集成电路与膜集成电路的任意组合，或由任何这些电路同分立元件的任意组合形成的集成电路。这些集成电路、电路元件或分立零件连接在一起，可以执行一项或多于一项的特定功能，并具有下列所有特性：利用典型的集成电路生产方法连接一起；可作为一个实体而予以更换；通常是不能拆解的。之所以叫“混合”集成电路是因为它们在一种结构内组合两种以上不同的工艺技术：有源器件（如半导体集成电路）和成批制造的无源元件（如电阻器和导体）。

按制造互连基片工艺的不同，混合集成电路常可分为薄膜或厚膜，指基片上淀积导体和电阻所用的工艺方法。若金属化使用真空蒸发淀积的（在高真空中蒸发金属）就是薄膜电路。其膜厚可以低到3 nm或高到2.5 μm。若在基片上用丝印和烧成导体或电阻浆料方法金属化，做成的是厚膜电路，厚膜厚度范围从0.1 mil（约2.5 μm）到几mil。

混合集成电路应用于有高密度、小体积和轻质量要求的电子系统中。

混合集成电路相对于分立器件印刷电路的优点为：1）体积小、质量轻；2）电路路径短、元器件靠得近（热耦合好）、寄生参数易控制、优异的元器件跟踪，因而性能更好；3）由于组装简单和有功能微调能力，所以系统设计更简单，系统成本降低；4）由于连接少，金属间的界面少，有更好的抗冲击和振动能力，所以有更高的可靠性；5）由于混合集成电路是预先测试过的功能块，系统容易测试，故障追踪更容易。

混合集成电路相对于单片集成电路的优点为：1）由于用于设计和加工模具的固定成本更低，适合于中小批量产品生产；2）设计更改容易；3）出样周期短，能尽快投产；4）可选用高性能元器件（基片和外贴元器件）；5）能将不同工艺的元器件混合组装，使设计灵活性更好；6）允许返工，便于以合理的成品率生产复杂的电路，并且允许适当的返修。

（撰写人：余贞宇 审核人：周子牛）

huojian dazai shiyan

火箭搭载试验（Test Put up Rocket）（Испытание на ракета-носителе）

新型或改进型惯导系统或惯性仪表，在实际使用前搭载成熟的火箭或导弹，进行飞行试验的方法。

在搭载的火箭或导弹飞行试验期间，被搭载的惯导系统或惯性仪表不参加导弹的制导，但经受导弹的实际飞行环境，并通过遥测手段获取数据与实际飞行数据和入轨或落点数据比较，检验其性能指标和精度水平，但由于其获取信息量有限，还需要配合其他试验方法，才能取得较全面、确切的评价依据。

（撰写人：李丹东 审核人：王家光）

huojianqiao（huaqiao）

火箭橇（滑橇）（Rocket Slide（Slide））（Ракетные салазки）

有轨火箭动力车或高速火箭轨道车。它是用火箭发动机的推力，在滑行轨道上，推动滑橇，沿直线产生高加速度运动的设备，是在地面上产生高加速度（线加速度）的三大试验设备之一（另两种是离心机和振动台）。从理论上说，火箭橇产生的高加速度是理想的线加速度，优于离心机产生的带有牵连转动的线性离心加速度和振动台产生的正弦波形交变加速度。火箭橇是近代军事科技发展的产物，特别是在航空和航天领域有较多的需要和应用。可用于航空弹射座舱地面大加速度试验，兵器引信、导引头等的地面试验，导弹制导精度试验等。

火箭橇设备基本上分成两大分系统：一是橇体本身——火箭发动机及制动装置分系统，另一部分是地面试验场——地面精密测量及天文星座观测定位分系统。橇体结构类似一个能多次使用的火箭箭体，前面装有改善空气动力性能的整流罩，内部有电源、记录仪、冷却器、测速装置、脐带接口等，以及被试对象的安装平台。后面的火箭发动机只能一次使用，它与地面发射装置间有各种脐带连接，点火前分离。由于轨道长度限制，试验时间较短，速度低于声速或超声速。橇体底部装有制动犁。地面轨道终端中间有水槽，水槽中的水，由浅至深，橇体下部制动犁冲入水中后，逐渐伸长，用于减速和制动。滑轨轨道多为双轨，橇体上与轨道间由滑靴（橇）连接，滑轨轨道上，每次试验前均要涂润滑脂。

火箭橇地面试验场包括：基础和轨道，发射和制动装置，测量和控制装置，安全保障设备和辅助支持设备等。对滑轨的技术要求很高：稳定的基础，高直线度准直基准线和无缝隙，摩擦小，钢轨经精密机械加工、焊接、探伤、张拉锚固锁定和直线度调整等，其直线度要求相对精度达 1×10^{-6}。

（撰写人：王家光　审核人：李丹东）

jichuang de wucha

机床的误差（Machine Tools Error）（Ошибка станка）

机床的制造误差在相当大程度上影响着机械加工精度。一般来说，一定精度的机床只能加工出相应精度的工件。机床磨损后还会使加工误差增加。

新机床出厂时的制造精度由国家机床精度标准给以规定。从工艺角度方面选择机床，要根据加工要求，并分析机床各项误差对工件加工精度的影响。归纳起来，影响加工精度的机床误差有：

1. 主轴回转精度误差，包括径向跳动和轴向窜动误差；

2. 机床导轨运动误差，包括导轨本身误差和导轨移动时相对机床其他表面间的相互位置误差；

3. 机床传动链的误差。

（撰写人：刘建梅 审核人：易维坤）

jichuang huizhuan jingdu

机床回转精度（Machine Tools Rotational Accuracy）（Точность вращения станка）

即主轴回转精度，是指主轴在回转时，实际的回转轴线与理想回转轴线的偏差。回转精度是衡量精密轴系性能的最主要指标。主轴回转精度由三个分量表示：径向、轴向和角运动误差。

主轴回转精度是主轴部件工作质量的最基本的指标，也是机床的一项主要精度指标，它直接影响被加工零件的几何精度和表面粗糙度。

对于通用机床主轴组件的旋转精度，我国已有统一的精度检验标准。专用机床主轴组件的旋转精度，则应根据工件精度要求确定。

（撰写人：刘建梅 审核人：易维坤）

jichuang rebianxing

机床热变形（Machine Tools Thermal Deformation）（Термодеформация станка）

机床启动以后，由于外部因素（如：阳光与环境因素）的变化和内部因素（如：电动机、轴承副等热源）的影响，机床温度会逐渐升高，但由于机床各部件的材料不同、尺寸形状不同以及各部件的热源不同，导致其温升和变形不同，而温升的不同使机床各部件的相互位置发生变化，使机床出厂时的冷态几何精度遭到破坏，从而造成工件的加工误差。

机床在运转一段时间以后，传入部件的热量与由各部件散失的热量相等或接近时，其温度便不再继续上升而达到热平衡状态。在机床达到热平衡之前，机床的几何精度是变化不定的，它对加工精度的影响也变化不定。因此，精密加工要求在机床达到热平衡之后进行，此时形成的加工误差是有规律的，可认为是常值系统性误差，通常可采取适当的工艺措施予以消除。

（撰写人：刘建梅 审核人：易维坤）

jichuang repiaoyi

机床热漂移（Thermal Excursion of Machine Tools）（Термическая девиация станка）

由于机床发热而产生的机床精度与其在常温时的精度偏离。

机械制造中，由于动力源的能量损耗、运动件的摩擦、材料切削过程以及外部环境等因素影响，导致机床发热，惯性仪表零件精密和超精密加工时，由于机床热变形使机床各部件间的相对位置产生微量漂移，从而对机床精度和工件加工精度带来较大的影响。

机床的热漂移大小与机床的结构、驱动功率和运行时间有关。对于每一台具体的机床，运行一定时间后，加热和散热会达到动态平衡，此时热漂移不再增加。

减小机床热漂移的措施主要是减少机床产生的热量，常用的方法有：优化机床结构、减少热源、隔离发热元件和实行热补偿。

（撰写人：李锋轩 审核人：谢 勇）

jidong dandgo

机动弹道（Maneuverable Trajectory）（Манёвренная траектория）

弹道导弹按一定要求实现机动和变轨飞行的弹道。机动和变轨的目的是为了躲避敌方的拦截，攻击敌方活动或隐蔽目标。机动弹道可分为全程机动弹道和末段机动弹道。全程机动弹道主要采取低弹道、高弹道、滑翔弹道和部分轨道轰炸弹道等；末段机动弹道是当弹头再入大气层时，先按预定弹道飞行，然后改变为另一弹道进入目标区，以躲避敌方反导系统的拦截。

（撰写人：程光显 审核人：杨立溪）

jifen jiasuduji

积分加速度计（Integrating Accelerometer）（Интегрирующий акселерометр）

输入仍为物体运动加速度，由于这种加速度计自身具有积分功能，它的输出信号与输入加速度对时间的积分，即与物体在该时刻的运动速度成比例。

（撰写人：商冬生　审核人：赵晓萍）

jifen tuoluoyi

积分陀螺仪（Integrating Gyroscope）（Интегрирующий гироскоп）

单自由度陀螺仪的一种，其输出角与输入角速度的积分成正比，又称速率积分陀螺仪。其结构与速率陀螺仪类似，不同之处仅在于没有约束弹簧，如图所示。

当其输入轴上有输入角速度 ω 时，基座将迫使角动量 H 绕 OY 输入轴转动，由于该轴不存在转动自由度，在内环支撑推力作用下，陀螺仪将绕 OX 输出轴进动，当进动角速度 $\dot{\beta}$ 存在时，阻尼器便产生力矩 $M_c = K_c\dot{\beta}$，K_c 为阻尼系数。该力矩与由于进动产生的陀螺力矩相平衡。

积分陀螺仪简化运动方程为

$$J_X\ddot{\beta} + K_c\dot{\beta} = H\omega$$

$$\beta = \frac{H}{K_c}\int\omega \mathrm{d}t$$

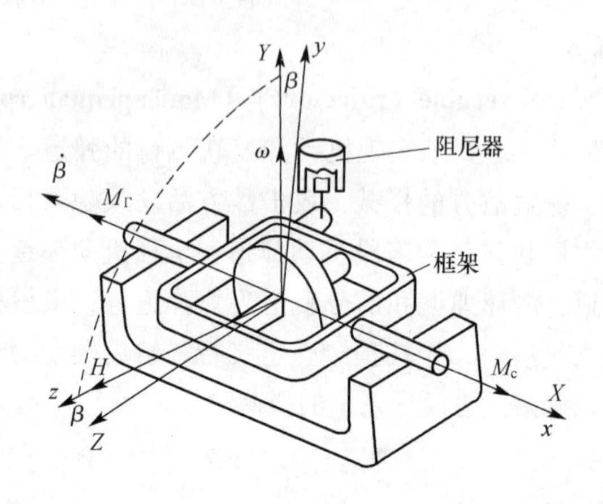

积分陀螺仪简图

积分陀螺仪是用绕输出轴进动角速度 $\dot{\beta}$ 来测量输入角速度的，只要输入角速度 ω 存在，β 角将随时间很快增大，β 角增大，不但会带来交叉轴向角速度等误差，甚至会使 H 与输入轴重合而失去功能，所以积分陀螺仪不能单独使用，一般和控制部件组成闭合系统来应用。

高精度积分陀螺仪输出轴轴承一般采用液浮、静压气浮（静压液浮）、液浮加磁悬浮定中等技术，使其精度高达 0.001（°）/h 左右。它广泛应用于惯性导航平台和捷联导航系统中。

（撰写人：孙书祺 审核人：唐文林）

jichu sheshi

基础设施（Infrastructure）（Фундаментальное мероприятие）

<组织>组织运行所必需的设施、设备和服务的体系。

注 1：<组织>指组织工作；后面的组织是指公司、集团、商行、企事业单位、研究机构、慈善机构、代理商、社团或上述组织的部分或组合；

注 2：基础设施是质量管理体系有效运行及满足产品质量要求的重要保证；

注 3：基础设施包括建筑物、工作场所和相关的设施，过程设备（硬件和软件），支持性服务设施（如运输或通信）。

（撰写人：孙少源 审核人：吴其钧）

jizhun shizhong

基准时钟（Reference Clock）（Эталон времени）

相对于影响量的变化，能提供高稳定频率信号的装置或电路，用于惯导系统中作为时间/频率基准，通常是系统中精度最高的电信号。

基准时钟常采用高稳定性的温补晶体振荡器（惯性测量系统中常采用）或恒温晶体振荡器（平台系统中常采用）作为振荡源，采用分频方式得到一个或几个不同频率的时钟信号。因制造工艺等原因，在惯性技术中一般规定要求采用的晶体频率大于 4 MHz。

（撰写人：周 凤 审核人：娄晓芳 顾文权）

jiguang cejuyi

激光测距仪（Laser Ranger）（Лазерный дальномер）

利用激光对目标的距离进行准确测定的仪器。激光测距仪在工作时向目标射出一束很细的激光，再由光电元件接收目标反射的激光束，然后由计时器测定激光束从发射到接收的时间，进而计算出从观测者到目标的距离。激光测距仪一般采用两种方式即：脉冲法和相对法来测量距离。

激光测距仪具有质量轻、体积小、操作简单、测量速度快而准确（误差仅为其他光学测距仪的五分之一到数百分之一）等特点，因而被广泛用于地形和战场的测量，如：坦克、飞机、舰艇和火炮与目标间的距离测量，云层、飞机、导弹以及人造卫星的高度测量等，是提高武器命中精度的重要技术装备。

（撰写人：解永春　审核人：王存恩）

jiguang hanfeng

激光焊封（Laser Beam Welding）（Лазерная герметичная сварка）

以聚焦的激光束作为能源，加热焊件进行焊接，使焊接件形成一体且达到图样规定的气密性要求的工艺方法。

（撰写人：赵　群　审核人：闫志强）

jiguang jiagong

激光加工（Laser Beam Machining）（Обработка лазерным лучем）

利用透镜聚焦后的激光在焦点上具有极高的能量密度形成的热效应来蚀除金属的一种工艺方法，可以用于打孔、切割、焊接、热处理、电子器件的微调及激光存储等各个领域。

激光加工的特点是：功率密度高，几乎可以加工所有材料，如高温合金、钛合金、石英、金刚石、橡胶等；能聚焦成极细的激光束，适合于精微加工；不同的材料对于不同波长的激光的吸收与反射不同，加工效率因而会有差异。激光加工是一种热能加工，因此重复精度和表面粗糙度不易保证。

加工打孔主要用于加工薄壁与复合材料零件、硬脆软和高强度等难加工材料上的微小孔，如：发动机的燃料喷嘴、仪表和钟表中的宝石轴承、金刚石拉丝模、硬质合金。

在惯性仪表制造技术中也大量应用了激光加工技术，如：仪表壳体的激光焊接、石英摆片的激光成形、挠性接头焊接和挠性陀螺飞轮转子的激光动平衡等。

（撰写人：常 青 审核人：易维坤）

jiguang jiasuduji

激光加速度计（Laser Accelerometer）（Лазерный акселерометр）

利用激光特性对线加速度进行测量的装置。有光测弹性效应的激光加速度计和外部谐振腔的激光加速度计两种类型。光测弹性效应激光加速度计原理如图所示，虚线标明的范围是激光谐振腔，M_1，M_2 为构成谐振腔的两个反射镜，P 为介质，B 为具有光测弹性效应的双折射物质。激光束通过 B 时分解振动矢量相互垂直的正交线偏振光 E 和 O，经反射镜后的激光束仍相互垂直。当输入轴（y 轴）方向有加速度作用时，偏振光 E 和 O 便产生频率差，通过检测偏振器 D 便形成脉动光束，光电探测器输出随时间变化的脉冲信号，其脉冲频率与输入加速度成正比。激光加速度计的动态测量范围大，分辨率高，交叉耦合影响小，易于实现数字量输出，可靠性高，具有广阔的应用前景。

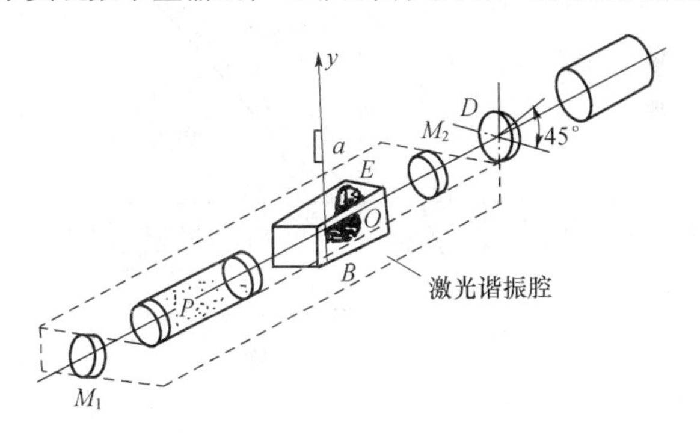

光测弹性效应激光加速度计示意图

（撰写人：魏丽萍 审核人：王 巍）

jiguang pohuai yuzhi

激光破坏阈值（Threshold）（Порог разрушения оптической плёнки лазерным лучем）

在强激光作用下，激光元件上的光学薄膜可以在短时间内遭到破坏，致使激光元件无法进行工作。激光对薄膜的破坏机理，由于受到多种因素的影响还没有一个确切的结论。目前比较一致的看法是热致破坏作用、场致破坏作用和等离子体闪光破坏作用导致激光对薄膜的破坏。薄膜的抗激光强度用薄膜的激光破坏阈值表示，它是指某一波长下使薄膜发生相变（破坏）的最小能量。一般所说的阈值能量都是对一定的激光器、一定的脉冲宽度而言。

（撰写人：阎雪涛　审核人：王　轲）

jiguang tuoluo bisuo yuzhi

激光陀螺闭锁阈值（Lock-in Threshold in Ring Laser Gyro）

（Порог нечувствительности лазерного гироскопа）

在没有偏频装置的情况下，激光陀螺的输出特性如图所示，图中 Ω 为输入角速度，Ω_B 为输出拍频信号。在 $|\Omega| < K_S$ 时，Ω_B 为零，K_S 被称为激光陀螺闭锁阈值。

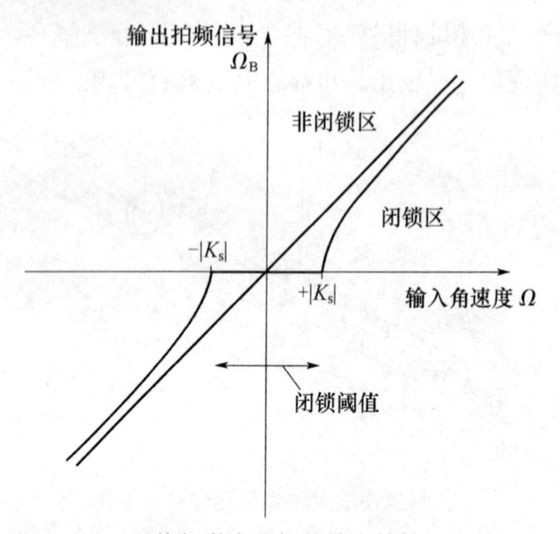

无偏频激光陀螺的输出特性

在激光陀螺的谐振腔中，反射镜等光学元件都有一定的背向散射率，所造成背向散射光束使得双向传播光束之间产生能量耦合，因而导致双向光束频率相同，输出拍频信号为零。

由此可见，产生闭锁阈值的根源是光学元件的背向散射率 r_{BS}，闭锁阈值的计算公式为

$$K_S = \frac{\lambda c}{8\pi A} r_{BS}$$

式中 λ—— 激光波长；

c—— 光速；

A—— 谐振腔所包围的面积。

根据上式计算，在采用高反射率（99.93 %）镜面构建谐振腔的激光陀螺中，r_{BS}约为 100×10^6，K_S 约为 0.5 (°)/s[360 (°)/h]。对无偏频激光陀螺的实测数据证明了上式的准确性。

在采用全反射棱镜构建谐振腔的激光陀螺中，闭锁阈值将显著减小。例如，在俄罗斯 KM－11 型棱镜式激光陀螺中，实测的 K_S 值为 0.028 (°)/h[100.8(°)/h]。

尽管棱镜结构有助于减小谐振腔中的背向散射率，但无偏频激光陀螺仍然无法应用。必须采用机械抖动等偏频技术，才能消除激光陀螺输出特性中的闭锁阈值。在机械抖动偏频的情况下，抖动角速度的波形为余弦波，其角频率为 ω_d，抖动幅值为 Ω_d，输入激光陀螺的总角速度为 $\Omega = \Omega_B + \Omega_d \cos\omega_d t$，式中 Ω_B 为载体的角速度。

偏频技术消除了激光陀螺输出特性中的闭锁阈值。需要指出，在输入的总角速度小于闭锁阈值的范围内，拍频信号仍然为零。因此，实测的激光陀螺标度因数将小于其理论值。这项误差被称为激光陀螺的闭锁误差。为了消除这项误差，在抖动偏频装置中需要引入随机滚动的小球，使抖动角速度的幅值发生随机的变化。

（撰写人：章燕申　审核人：杨　畅）

jiguang tuoluo doudong dianlu

激光陀螺抖动电路（Dither Circuit of Laser Gyro）（Электроцепь вибрации лазерного гироскопа）

使抖轮产生抖动的激励源的电路，产生幅值按一定规律固定变化，频率与陀螺固有频率相同的正弦波，驱动抖轮上的压电陶瓷元件，使抖轮抖动。

（撰写人：徐怀明　审核人：王　轲）

jiguang tuoluo fuzhu yangji

激光陀螺辅助阳极（Auxiliary Anode of Laser Gyro）

（Вспомогательный анод лазерного гироскопа）

在等离子清洗的过程中，具有辅助等离子清洗作用的阳极。当不便于使用陀螺阳极进行等离子清洗时，可使用辅助阳极来达到清洁陀螺腔体的目的。

（撰写人：吴 嵬 审核人：王 轲）

jiguang tuoluo gaoya dianyuan

激光陀螺高压电源（High-voltage Power of Laser Gyro）

（Источник питания высокого напряжения ЛГ）

供给激光陀螺阴阳极间气体放电的泵浦源，在其作用下，激光陀螺阴阳极间的气体放电，形成电场，受电场加速获得足够动能的电子与粒子碰撞，将粒子激发到高能态，在能级间形成粒子数反转，从而产生激光输出。

（撰写人：徐怀明 审核人：王 轲）

jiguang tuoluo heguang

激光陀螺合光（Beam Merging of Laser Gyro）（Слияние лучей ЛГ）

利用合光棱镜将环形激光器透过一级反射片输出的一对行波激光束合并到夹角仅为角分量级的同一方向上，并通过适当的半透半反分光膜使两光束在合并时的强度基本相等，从而使两束激光形成干涉，利用发光二级管探测干涉条纹的强度变化，将对应于陀螺角速度变化的频差信息转化为可以直接测量的光条纹信息。

（撰写人：唐常云 审核人：王 轲）

jiguang tuoluo jianxiang dianlu

激光陀螺鉴相电路（Discriminator Circuit of Laser Gyro）

（Фазовый детектор ЛГ）

激光陀螺的输出电路，由该电路的输出可判断陀螺的转向，测出陀螺的转动角度和转动速度。

（撰写人：徐怀明 审核人：王 轲）

jiguang tuoluo laohua

激光陀螺老化（Laser Gyro Aging）（Старение ЛГ）

激光陀螺总成工艺中的一个重要步骤，它对调腔合光后的激光陀螺的气体比例、密封性、膜片和阴阳极性能等进行一段时间的工艺考核，使激光陀螺的光强、出光阈值等性能趋于稳定。激光陀螺老化台是生产激光陀螺专用的超高真空排气设备，可用来对激光陀螺进行抽气、充气等操作。

（撰写人：唐常云 审核人：王 轲）

jiguang tuoluo paipin

激光陀螺拍频（Beat Frequency of Laser Gyro）（Частота биений ЛГ）

为了使激光陀螺各反射片处在适当的位置上，从外部引入一单纵模、基横模的激光束来匹配激光陀螺环形谐振腔。这样，当调节反射镜片（球面）使谐振腔的本征模式改变，直至与外部引入激光的模式相同时，就会产生很强的激光干涉条纹，该现象称为拍频。

（撰写人：吴 嵬 审核人：王 轲）

jiguang tuoluo paoguang gongyi

激光陀螺抛光工艺（Polishing Technology of Laser Gyro）（Технология полировки ЛГ）

在抛光模基体表面上覆以抛光胶，并以抛光剂或其他方法对玻璃零件表面进行加工而获得光学表面的过程，是玻璃、水、抛光剂和抛光模之间的物理作用、化学作用和物理化学作用的综合结果。其目的是去除精磨后的凸凹层和裂纹层，使表面达到光滑透明和所要求的表面疵病等级。同时精修表面的几何形状，使之达到规定的面形精度。在抛光的整个流程中，抛光粉和抛光胶是必备的抛光材料，抛光模是必备的抛光工具。

抛光粉就是在光学零件抛光过程中，所使用的超精细颗粒磨削材料。目前普遍采用的抛光粉是稀土元素的氧化物，用的较多的是二氧化铈（CeO_2），其颗粒为六面体，棱角明显，平均直径约为

2 μm,硬度约为 7 ～8 Moh，密度约为 7.3。

抛光胶主要成分为沥青和松香，两者的比例根据室温及加工时发热情况等不同而不同。增加松香的含量可以提高抛光胶的“硬度”。在抛光胶中加入适当数量的填充物（如毛毡碎屑）可以提高其机械强度和耐热性能。

抛光模是抛光光学零件表面的一种模具。它是把一定硬度抛光胶粘结在相应尺寸硬铝板上构成的，并在抛光胶上开有抛光各种面形所需的沟槽。

（撰写人：梁　敏　审核人：王　轲）

jiguang tuoluo pianpin jishu

激光陀螺偏频技术（Technology of Offset Frequency in Laser Gyro）（Метод смешения частоты ЛГ）

为克服环形激光器低转速条件下固有的闭锁效应，在两束相向行波之间引入较大的频差，使激光陀螺的工作区远离锁区的技术。具体的偏频方法有机械抖动偏频、恒定速率偏频、磁镜交变偏频、纵向塞曼效应偏频和法拉第磁光效应偏频等物理偏频方法。

机械抖动偏频是采用小振幅高速机械抖动装置强迫环形激光器绕垂直于谐振腔环路平面的轴线来回转动，为谐振腔内相向行波模对提供快速交变偏频。

恒定速率偏频是采用无刷直流力矩电机驱动，以 100(°)/s 量级的转动速度强迫环形激光器绕垂直于谐振腔环路平面的轴线作大振幅匀速来回转动，为谐振腔内相向行波模对提供所需的交变偏频。

磁镜交变偏频是利用具有横向克尔磁光效应的反射镜作为环形激光谐振腔的一面反射镜，提供非互易的相位变化，给谐振腔内相向行波引入频差，从而达到偏频的目的。

纵向塞曼效应偏频是利用纵向塞曼效应进行偏频。光源在强磁场里，其光谱线发生分裂，而且所分裂的每条谱线的光都是偏振的，这种现象称为塞曼效应。如果顺着磁场方向观测逆着磁场方向辐射出来的光波，则原来频率为 V_0 的谱线分裂为中心频率分别 $V_0 - \Delta V_Z$

的左旋圆偏光和 $V_0 + \Delta V_Z$ 的右旋圆偏光，这种现象称为纵向塞曼效应。

法拉第磁光效应偏频是利用法拉第磁光效应进行偏频。线偏振光通过放在磁场中的物质时，电场矢量的振动方向将发生旋转，旋转的角度与磁场强度成线性关系，这种效应称为法拉第磁致旋光效应。

（撰写人：赵 申 审核人：王 轲）

jiguang tuoluo shangpan gongyi

激光陀螺上盘工艺（Blocking Technology of Laser Gyro）（Технология приклеивания оптических деталей ЛГ）

光学零件在加工时的上盘方法，主要有以下 3 种。

1. 弹性上盘。用火漆把光学零件粘接在粘接模上的一种方法。

2. 刚性上盘。用一种较薄的黏性材料（常用浸渍粘接胶的布或专用上盘胶），将零件粘接在粘接模上的一种方法。

3. 光胶上盘，又称光学接触法。利用玻璃分子间的引力将两块玻璃胶合在一起的方法。光胶法可以得到很高的平行度或很小的角度误差。

上盘所用粘接胶就是光学零件上盘时，将光学零件固定在粘接模上的一种黏性材料。用于弹性胶法的粘接胶（又称火漆）主要由松香、沥青、粉末填充剂组成；用于平面粗磨上盘及透镜刚性装置粘接工件的粘接胶（上盘胶）由松香和蜂蜡（或石蜡）组成。

（撰写人：金 慧 审核人：王 轲）

jiguang tuoluo suoqu

激光陀螺锁区（Dead-zone of Laser Gyro）（Зона нечувствительности ЛГ）

又称激光陀螺的死区，即不采取任何偏频措施时，激光陀螺有一个能敏感的最小转速，在小于这一转速的区域陀螺无输出，这一区域称为死区，如图所示。

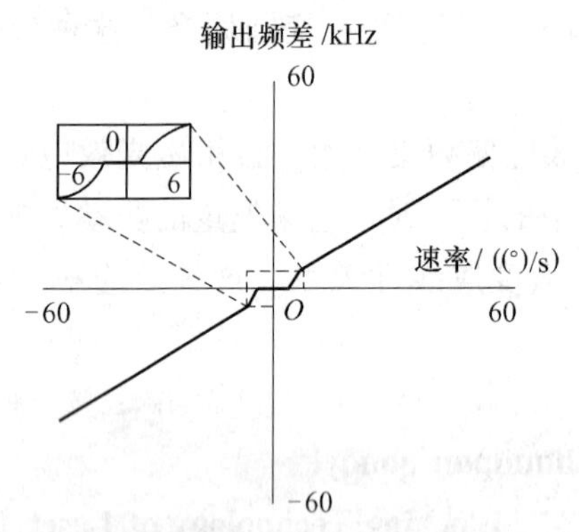

激光陀螺的锁区效应示意图

（撰写人：王 轲 审核人：杨 雨）

jiguang tuoluo tacha

激光陀螺塔差（Angular Difference of Vertical Aspect of Laser Gyro）（Угловая ошибка вертикального ракурса ЛГ）

与角差类似的物理量，是被加工贴片面与基准面Ⅱ之间的角度与理想角度90°之间的误差。

（撰写人：梁 敏 审核人：王 轲）

jiguang tuoluo tiaoqiang

激光陀螺调腔（Cavity Adjusting of Laser Gyro）（Настройка полости лучем ЛГ）

激光陀螺总成工艺中的一个重要步骤，它利用外部引入的基模激光来模拟陀螺工作时的激光模式，并根据多模的模式，利用球面镜的微移动把多模调整为基模来调节光学谐振腔，使腔体中运行的行波模对形成基模拍频。调腔的精度影响陀螺的锁区、出光阈值和朗缪尔零漂，从而影响陀螺的精度。

（撰写人：唐常云 审核人：王 轲）

jiguang tuoluo wenpin

激光陀螺稳频（Stabilize Frequency of Laser Gyro）（Стабилизация частоты ЛГ）

陀螺腔体本身及腔内介质的热胀冷缩和机械振动都会引起谐振

腔程长的变化，而谐振腔内运行的单纵模频率将随程长的变化在增益轮廓内漂移，引起激光输出功率的起伏，导致激光陀螺的测量误差。激光陀螺通常是采用压电元件驱动环行腔的一面或多面反射镜沿反射镜面法线方向平移对激光腔长进行调节，将纵模频率稳定于某一基准频率处，该过程称为稳频。

（撰写人：赵　申　审核人：王　轲）

jiguang tuoluo wenpin dianlu

激光陀螺稳频电路（Frequency Stabilized Circuit of Laser Gyro）（Электроцепь стабилизации частоты ЛГ）

控制激光陀螺腔长，使腔长动态地保持不变，从而使光强保持不变的电路。

（撰写人：徐怀明　审核人：王　轲）

jiguang tuoluo xiqiji

激光陀螺吸气剂（Getter of Laser Gyro）（Геттер ЛГ）

激光陀螺腔体内安装的具有吸附杂气作用的合金，常用的吸气剂有钛吸气剂、锆吸气剂等。在激光陀螺老化开始前，要对激光陀螺吸气剂加热，使之放出杂气，这是吸气剂的除气过程。在激光陀螺老化完成后，要对激光陀螺吸气剂进行加热，使其达到吸气工作状态，这是吸气剂的激活过程。

（撰写人：吴　嵬　审核人：王　轲）

jiguang tuoluoyi

激光陀螺仪（Laser Gyroscope）（Лазерный гироскоп）

1913 年，法国物理学家 M. Sagnac 首先提出采用环形光路测量载体绝对角速度的设想。这一设想被称为“Sagnac 效应”，其原理如下：在环形光路中当载体旋转（角速度 Ω）时，顺、逆时针方向两束光波传播的光程长度将有差别。光程长度的差别表现为双向光束在环形光路内谐振频率之差，亦称拍频（ΔV）。根据计算，拍频的幅值与输入角速度 Ω 之间有以下的关系，拍频的相位则与角速度 Ω 的方向有关

$$\Delta V = \frac{4\pi r^2}{c\lambda}\frac{1}{1-(r\Omega/c)^2} \approx \frac{4A}{c\lambda}\Omega$$

式中 A——环形光路所包围的面积；

c——光速；

λ——光束的波长。

1963 年，美国 Sperry 公司采用气体激光器建立了激光陀螺演示装置，Sagnac 效应第一次得到了试验证明。

1964 年，美国 Honeywell 公司得到空军资助开始研制激光陀螺产品，1974 年在飞机上试验成功。激光陀螺仪的优点如下：

- 没有旋转部件，过载能力强，工作寿命长，可靠性高；
- 从原理上看，测量范围几乎没有上限，标度因数稳定性优于 5×10^6；
- 不需要温度控制，启动时间短；
- 精度与过载无关，零偏稳定性优于 0.005(°)/h，随机游走优于 0.003 (°)/$\sqrt{h}$；
- 不需要稳定平台，激光陀螺捷联式系统的价格仅为同等精度平台式系统的 1/3。

以上优点使得激光陀螺仪首先在民航客机和大型军用飞机中得到大量应用，其后，应用范围扩展到自行火炮、车辆以及导弹，开创了光学导航的新时代。

在结构上，激光陀螺的组成如图所示（参见附图）。

1. 双向环形激光器：

- 正方形环形光路由微晶玻璃块内的细孔和四角位置上的反射镜组成，其中两块为平面镜，另两块为凹面镜；
- 吸气剂；
- 氦氖气体放电管，两个阳极，一个阴极。

2. 偏频装置：

目前普遍采用机械抖动偏频装置（图中未标出）。

3. 拍频信号读出系统：
- 光棱镜；
- 两个光探测器。

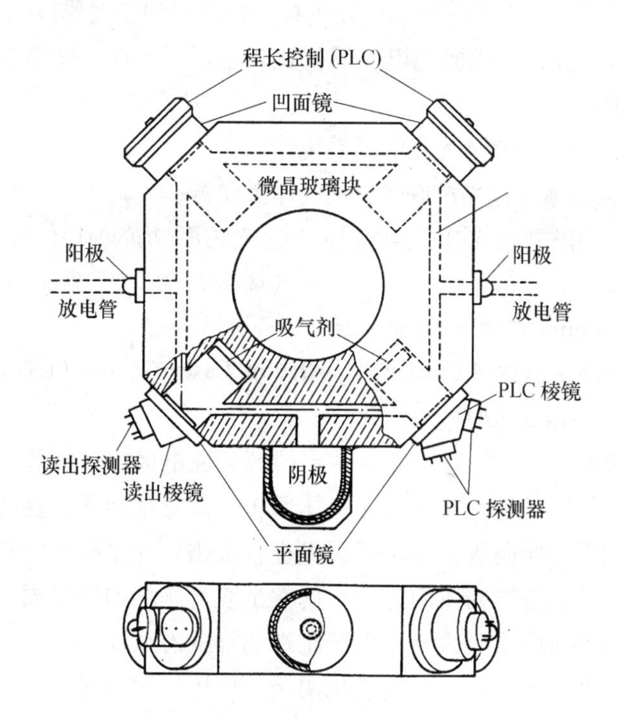

Litton 公司 LG－8028 型激光陀螺仪的结构

此外，在激光陀螺中还需要采用相应的控制系统。

1. 光程长度和减小闭锁阈值的控制：
- 专用的合光棱镜和光探测器；
- 压电陶瓷执行器，控制反射镜平移和偏转，同时控制两块反射镜的偏转可以改变背向散射光束的方向，使得合成的背向散射光强为最小。

2. 偏频装置的控制与读出信号的补偿：

在应用于高动态载体的激光陀螺中，需要引入抖动角传感器，在读出信号中补偿抖动角速度，使拍频读出信号的采样频率可以高于抖动频率。在船用的激光陀螺惯性导航系统中，可以采用速率转台取代机械抖动装置实现偏频，并实现对读出信号的补偿。

虽然激光陀螺产品已经比较成熟，并已得到了大量应用，但是，它的成本较高，所用的光电子器件比较落后。为此，需要解决以下关键技术：

- 实现无闭锁激光陀螺的系统结构；
- 采用半导体光源取代氦氖气体激光器；
- 采用先进的光电子器件，实现激光陀螺结构的模块化和集成化 。

（撰写人：章燕申　审核人：杨　畅）

jiguang tuoluo yinji jianshe

激光陀螺阴极溅射（Cathode Sputter of Laser Gyro）（Катодное разбрызгивание ЛГ）

在激光陀螺工作时，存在一定的辉光放电区。在该辉光区中的电子与气体原子发生碰撞，使气体原子电离形成离子，这些离子在电场作用下奔向阴极，对陀螺阴极进行轰击，并将阴极材料原子溅射出来，造成陀螺腔体的污染，这就是激光陀螺的阴极溅射。它是影响陀螺寿命的重要因素。由于陀螺阴极的有效面积较小，阴极溅射的问题尤为突出，常采用氧化阴极、使用低溅射率的材料等多种方法来减少或避免阴极溅射的发生。

（撰写人：唐常云　审核人：王　轲）

jiguang tuoluo yinfengjie

激光陀螺铟封接（Sealing-In of Laser Gyro）（Индийное соединение ЛГ）

激光陀螺总成工艺中的一个重要步骤，它利用金属铟的低熔点、高塑性和蒸气压很低的特点，采用热熔或冷压的办法将陀螺的阴阳极与陀螺块进行真空气密封接。铟封的好坏直接影响到陀螺腔体内的真空度，从而影响陀螺的性能和使用寿命。

（撰写人：吴　嵬　审核人：王　轲）

jiqu daohang

极区导航（Polar Navigation）（Навигация в районе полюса земли）

在极区范围内，用专门技术进行的导航。

对于平台式惯性导航，为了克服水平指北惯性导航机械编排在高纬度地区方位陀螺施矩过大和方位稳定回路设计的困难，在不改变平台结构的前提下，可用自由方位惯导系统或游动方位惯导系统实现极区导航。

自由方位惯导系统的惯性平台，保持当地水平，即给控制平台保持当地水平面内的陀螺仪施加控制信息，而方位保持在惯性空间不动，即不给方位陀螺仪施加控制指令信息。由于地球自转和运载体的运动，使得惯性平台方位相对地球北向有任意角度，故称自由方位惯性导航系统。自由方位解决了惯性平台在极区工作时方位控制的困难，但在计算位置和指令角速率时，仍有 $\tan\varphi\sec\varphi$ 项，当纬度 φ 接近或等于 $90°$ 时，导航计算机要“溢出”停机。为了克服极区计算困难，采用自由方位惯导系统方向余弦法方案，实现导航位置经度 λ、纬度 φ 和自由方位 K 的解算。

游动方位惯导系统的惯性平台既不指北也不相对惯性空间稳定，而是给方位陀螺施加控制指令信息 $\omega_{CE} = \Omega\sin\varphi$，使方位相对惯性空间以 ω_{CE} 进动。这样，当运载体相对地球静止时，平台方位相对地球没有视运动。由于运载体运动，平台没有确定的方位，故称为游动方位惯导系统。当系统工作在极区时，人为引入一个适当的“格网北”为极点，利用格网导航来实现极区导航。

（撰写人：刘玉峰　审核人：杨立溪）

jicheng guangxue qijian

集成光学器件（Integrated Optics Device）（Интегральный оптический аппарат）

在晶体或非晶体介质材料衬底上，利用微细加工技术及离子扩散或离子交换技术形成光波导，进而将光波限制在尺寸与其波长相比拟的光波导中按规定方向传播。通过激励光波导介质材料的电光、声光、磁光等各种物理效应，对光波导中传播的光波进行控制和处理，这样的器件称为集成光学器件。

（撰写人：徐宇新　审核人：刘福民）

jiheshi kongjian wending guandao xitong

几何式空间稳定惯导系统（Geometric Interspace Stabilized Inertial Navigation System）（ИНС геометрического пространно-стабилизированного типа）

由两个平台几何关系直接确定出载体的姿态、方位、经度和纬度等信息的导航系统。该系统由两个平台组成：一个是三轴陀螺稳定平台，稳定在惯性空间；另一个是加速度计平台，稳定在地理坐标系。连接两个平台的转轴调整到与地球自转轴平行。由两个平台的几何关系就可以定出经、纬度等，故称几何式。这种惯导系统结构比较复杂，体积大，质量大，对计算机要求简单。

（撰写人：赵　友　闫　禄　审核人：孙肇荣）

jiliang queren

计量确认（Metrological Confirmation）（Метеорологическая сертификация）

为确保测量设备符合预期使用要求所需要的一组操作。

注1：计量确认通常包括：校准或检定（验证），各种必要的调整或维修（返修）及随后的再校准，与设备预期使用的计量要求相比较以及所要求的封印和标签；

注2：只有测量设备已被证实适合于预期使用并形成文件，计量确认才算完成；

注3：预期使用要求包括：量程、分辨率、最大允许误差等；

注4：计量确认要求通常与产品要求不同，并不在产品要求中规定。

（撰写人：孙少源　审核人：吴其钧）

jiliang texing

计量特性（Metrological Characteristic）（Метеорологическая характеристика）

能影响测量结果的可区分的特征。

注1：测量设备通常有若干个测量特性；

注2：计量特性可作为校准的对象。

（撰写人：孙少源 审核人：吴其钧）

jishi jiekou

计时接口（Timing Interface）（Интерфейс хронизатора）

测量给定脉冲信号边沿之间时间间隔，并变换为编码数字信号的电路，通常用于频率、时间测量。计时接口通常由输入整形限幅电路、计数器、时钟电路和数字总线接口组成，通过闸门时间（gate）内的时钟脉冲计数来测量时间间隔。有些计时接口作为大规模集成电路的一部分，与微处理器（MCU）集成在一起的器件应用较广泛。

在惯性测量系统中，时间是重要的参量。高精度计时接口通常是惯性仪表测试系统的重要组成部分。

计时接口的时间分辨率取决于时钟频率，时间测量精度主要取决于时钟精度。

（撰写人：周子牛 审核人：杨立溪）

jishu jiekou

计数接口（Counting Interface）（Интерфейс счётчика）

又称脉冲计数接口（Counter），指把输入脉冲数变换为编码数字信号的电路，通常用于频率、时间测量和数量累计。计数接口通常由输入整形限幅电路、计数器和数字总线接口组成。有些计数接口作为大规模集成电路的一部分，与微处理器（MCU）集成在一起的器件应用较广泛。

计数器多采用多位计数集成电路，可采用多器件级联的方法扩展计数器位数（字长）。

（撰写人：周子牛 审核人：杨立溪）

jisuan zuobiaoxi

计算坐标系（Calculation Frame）（Вычислительная система координат）

惯导系统利用本身计算的载体导航参数确定的坐标系。由于实际平台坐标系与导航坐标系并不完全重合，惯导系统与导航坐标系之间又存在位置误差，故计算坐标系与导航坐标系亦不一致。计算坐标系一般用于描述导航误差和推导惯导误差方程。

（撰写人：赵 友 闫 禄 审核人：孙肇荣）

jilu

记录（Record）（Запись）

阐明所取得的结果或提供所完成活动的证据的文件。

注 1：记录可用于为可追溯性提供文件，并提供验证、预防措施和纠正措施的证据；

注 2：通常记录不需要控制版本。

（撰写人：朱彭年 审核人：吴其钧）

jishu jianding shiyan

技术鉴定试验（Technique Qualification Test）（Техническое аттестационное испытание）

简称鉴定试验，指对提交的样品进行的证实产品是否有能力满足规定要求的试验。

对军工产品，包括惯性器件，鉴定试验比较具体地说是在产品研制的中后期（初样、试样阶段），对从实际生产条件下抽取的规定数量的样品，按合同或设计规范规定的最苛刻的功能应力组合和顺序进行试验和测试，以证实产品是否符合设计要求为目的所进行的一项正式试验。

通常的试验项目包括温度试验、振动试验、冲击试验、热循环试验、老化老练试验、湿热试验、加速度试验和减压试验等。

（撰写人：叶金发 审核人：原俊安）

jishu zhuangtai guanli

技术状态管理（Technology State Management）（Управление технического состаяния）

技术状态是指在技术文件中规定的并在产品（硬件、软件）中达到的物理特性和功能特性。技术状态管理是指运用技术和行政的管理手段对产品技术状态进行标识、控制、纪实和审核的活动。

注 1：技术状态管理涉及两个管理要素，一是技术状态项目，二是技术状态基线。

技术状态项目是技术状态管理的基本单元。即能满足最终使用功能，并被指定作为单个实体进行状态管理的硬件、软件或其集合体。

技术状态基线是指已批准并形成文件的技术描述。即在技术状态项目研制过程中的某一特定时刻，被正式确认，并被作为今后研制、生产活动基准的技术状态文件。一般要考虑三个基线：功能基线、研制（分配）基线和生产（产品）基线。

技术状态管理主要是针对技术状态项目的基线实施的管理。

注 2：技术状态管理可包括如下所述内容。

（1）技术状态标识，包括确定产品结构，选择技术状态项目，将技术状态项目的物理和功能特性以及接口和随后的更改形成文件，为技术状态项目及相应文件分配标识特征或编码等所有的活动。

（2）技术状态控制，技术状态文件正式确立后，控制技术状态项目更改的所有活动。

（3）技术状态纪实，对所建立的技术状态文件、建立的更改状况和已批准更改的执行状况所进行的正式记录和报告。

（4）技术状态审核，是确定技术状态项目符合技术状态文件而进行的检查，包括功能技术状态审核和物理技术状态审核。功能技术状态审核是为核实技术状态项目是否已经达到技术状态文件中规定的性能和功能特性所进行的正式检查；物理技术状态审核是为核实技术状态项目的建造/生产技术状态是否符合其产品技术状态文件所进行的正式检查。

（撰写人：孙少源　审核人：吴其钧）

jiɑgong yinghuɑ

加工硬化（Work Holding）（Затвердевание при обработки）

材料或工件在再结晶温度以下因塑性变形，使晶格扭曲，晶粒间产生剪切滑移，晶粒被拉长、纤维化甚至碎化，从而使得表面层的硬度增加而塑性和刚性降低的现象，又称冷作硬化。

另外，机械加工时产生的切削热提高了工件表面层金属的温度，当温度达到一定程度时，已强化的金属会回到正常状态。回复作用的速度大小取决于温度的高低、温度持续的时间及硬化程度的大小。机械加工时表面层金属加工硬化实际上是硬化作用与回复作用综合造成的。

在机械工程中，有时用加工硬化现象来强化金属材料，而在精密加工中又常需采取措施，降低乃至消除加工硬化对被加工零件性能的影响。

（撰写人：王　君　审核人：易维坤）

jiagong yuliang fenbu

加工余量分布（Machining Allowance Distribution）（Распределение припуска обработки）

对工件的加工余量按工艺路线的工序顺序进行的合理分配。

加工余量分配要保证各工序的全面进行，达到工序的加工精度，同时要减小加工应力、防止变形，是提高零件尺寸稳定性所不可忽视的工艺措施。

（撰写人：万　莉　审核人：谢　勇）

jiasuduji

加速度计（Accelerometer）（Акселерометр）

又称比力接收器，俗称加速度表、加速度传感器，是测量物体线运动或角运动加速度的装置，分别称为线加速度计和角加速度计，不加说明时即指线加速度计。

加速度计的工作原理都是基于牛顿定律，加速度计均有一个检测质量，作用在检测质量上的约束力为 F_S，根据牛顿定律 $F = ma$，外力 $F = F_S + mg_m$，其中 g_m 是作用在检测质量上的万有引力。令 $F_S/m = S_F$，S_F 称为非引力加速度。加速度计检测约束力并把它转换成与加速度 a 成比例的信号给惯性系统。

加速度计按输出与输入的关系可分为加速度计、积分加速度计；根据检测质量的支撑结构形式和材料特点可分为挠性、液浮、气浮、石英等加速度计；由于将加速度转换为输出信号时，利用的物理原理不同，又可分为摆式陀螺、压电、振弦等加速度计；以及利用微机电技术（MEMS）的硅微机械加速度计及石英振梁式加速度计等。

（撰写人：商冬生　审核人：赵晓萍）

jiɑsuduji bɑipiɑn

加速度计摆片（Pendulum Piece of Accelerometer）（Маятниковая пластинка акселерометра）

加速度计摆组的形状是片状，石英加速度计摆片为整体或圆舌形片状，挠性摆式加速度计摆片为三角形状。

加速度计摆组做成片状的目的是在检测量确定后，尽量增大摆片的面积，当检测质量受加速度作用后在液体或空气中运动时增大系统阻尼。

选取摆片材料时应考虑有高的微屈服强度和高的弹性模量，以减少结构材料的变形和摆组件质心位移，还应有良好的热扩散率，使摆片温度均衡和稳定，一般常选用锡磷青铜、无磁性三角铝、钛合金和石英等。

（撰写人：沈国荣　审核人：闵跃军）

jiɑsuduji bɑizhou

加速度计摆轴（Pendulous Axis of Accelerometer）（Ось маятника акселерометра）

通过检测质量的质心并与摆组件驱动轴（输出轴）垂直并相交的直线。一般以 P_A 表示（如图所示）。

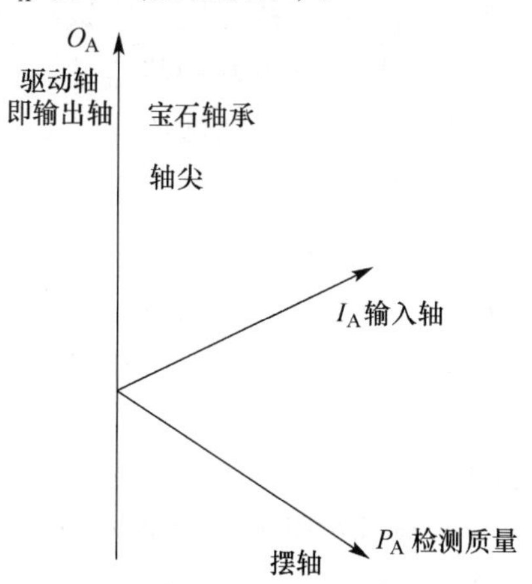

摆式加速度计摆轴、输出轴示意图

（撰写人：沈国荣　审核人：闵跃军）

jiasuduji baizujian

加速度计摆组件（Pendulous Assemblage of Accelerometer）（Узел маятника акселерометра）

由摆片、力矩器动圈、传感器动圈和支撑部分组成（如金属挠性杆、石英挠性杆等）。如图所示。

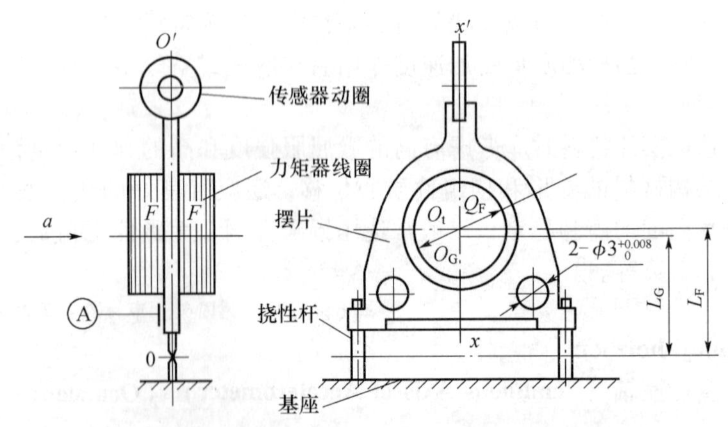

挠性摆式加速度计摆组件结构示意图

摆组件设计中应考虑有较小的转动惯量，摆片形状应尽量减小仪表内部温度变化产生的干扰力矩，同时应该有小的阈值和高的分辨率，摆片材料应选用结构尺寸有高的稳定性和比重大的，如铍青铜、无磁性铝、钛合金，以便适当增加摆性。摆片中间安放由力矩器的动圈与永久磁钢组成的力矩器，产生电磁力矩平衡被测加速度形成的惯性力矩。摆顶部安放传感器动圈，用于产生与被测加速度成比例的电信号，传感器应该灵敏度与分辨率较高。摆片下端固定两根挠性杆，用于支撑摆组件，挠性杆下端固定在基座上。

（撰写人：沈国荣　审核人：闵跃军）

jiasuduji biaodu yinshu

加速度计标度因数（Scale Coefficient of Accelerometer）（Масштабный коэффицент акселерометра）

加速度计的输出量与输入量的比值。

输入量的量纲为 m/s^2，根据加速度计种类的不同，其输出量的量纲不同。

在单位重力加速度（g_0）输入时，加速度计的输出值称为加速度计当量。通常加速度计的输出值量纲用脉冲/s，加速度计当量的单位为：脉冲/s · g_0。

（撰写人：高秀花 审核人：赵晓萍）

jiasuduji budeng tanxing liju

加速度计不等弹性力矩（Anisoelastic Torque of Accelerometer）（Момент неравноупругости акселерометра）

陀螺加速度计中由于浮子组件内框架结构在不同方向上的刚度不等，使得支撑在它上面的检测质量受力产生的位移与力的作用线不共线，从而引起绕浮子转动轴的力矩。该力矩与作用力的平方成比例，并与作用力的相位有关。

（撰写人：商冬生 审核人：赵晓萍）

jiasuduji bupingheng liju

加速度计不平衡力矩（Unbalance Torque of Accelerometer）（Небалансированный момент акселерометра）

摆式加速度计的结构特点是检测质量的质心偏离它的支撑轴线，由重力场形成的绕支撑轴线的最大力矩，数值上等于摆性与重力的乘积。

（撰写人：商冬生 审核人：赵晓萍）

jiasuduji ercixiang xishu

加速度计二次项系数（Secondary Coefficient of Accelerometer）（Коэффициент ошибки второй степени акселерометра）

在加速度计误差方程中，与加速度的平方相关的系数称为加速度计二次项系数。摆式加速度计的二次项系数见加速度计误差模型。

对于陀螺加速度计，其二次项系数又可分为 K_{2i} 和 K_{2c}。其中 K_{2i} 为与输入加速度平方项相关的系数，K_{2c} 为与外环轴垂直方向加速度平方项相关的系数。

K_{2i} 是由内框架组件的惯量积（$I_{x2} - I_{z2}\beta$），J_{xz} 和 $ml^2\beta$ 引起的。

K_{2c}则是由加速度计输入轴变形所引起的。对于外框架轴采用双端支撑的陀螺加速度计，其刚度较好，在误差模型中可以不考虑此项系数。

（撰写人：高秀花 审核人：赵晓萍）

jiasuduji feixianxing wucha

加速度计非线性误差（Nonlinear Error of Accelerometer）

（Ошибка нелинейности акселерометра）

表示输出与输入加速度关系的函数式中，除了含加速度 0 次和 1 次幂之外的，所有非线性项称为加速度计非线性误差。

（撰写人：商冬生 审核人：赵晓萍）

jiasuduji ganrao liju

加速度计干扰力矩（Interfering Torque of Acclerometer）

（Возмущающий момент акселерометра）

对加速度计产生干扰并影响精度和性能稳定性的有害力矩的统称。干扰力矩可分为规律性（系统性）的和随机性的两大类（参见陀螺仪干扰力矩。）

（撰写人：沈国荣 审核人：闵跃军）

jiasuduji huilu xitong lingwei

加速度计回路系统零位（Null Voltage of Accelerometer Servo-System）（Нуль системы сервоконтура акселерометра）

加速度计在静态工作时，其伺服回路系统的输出值。回路系统零位实质上就是加速度计回路系统的静态误差。一般用回路系统闭合工作时传感器的输出来度量。

理论上加速度计伺服回路的零位应为零，但由于元部件的精度等因素会带来一定的零位差。通过回路系统的综合调试以及提高元部件的精度来保证零位在允许的范围内。

对于摆式积分陀螺加速度计，回路系统零位的大小代表了转子轴与外环轴的垂直度，影响回路系统零位的因素主要有：加速度计外环轴摩擦力矩、角度传感器零位、伺服回路放大器零位等。

（撰写人：高秀花 审核人：赵晓萍）

jiasuduji lifankui dianlu

加速度计力反馈电路（Accelerometer Servo Circuit）（Электроцепь обратной связи силы акселерометра）

又称加速度计伺服电路（Accelerometer Servo System），是为加速度计配套的力（矩）平衡回路，用于约束加速度计检测质量（摆）的位置和测量其上沿输入轴的作用力，从而形成加速度测量输出。图 1 和图 2 分别为模拟加速度计和混合加速度计的力反馈电路框图。

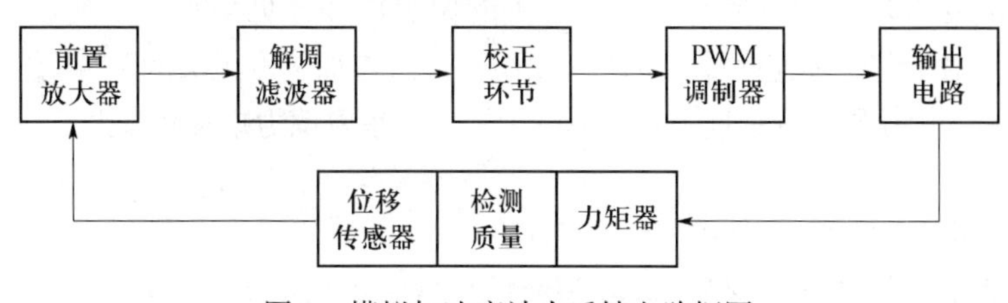

图 1 模拟加速度计力反馈电路框图

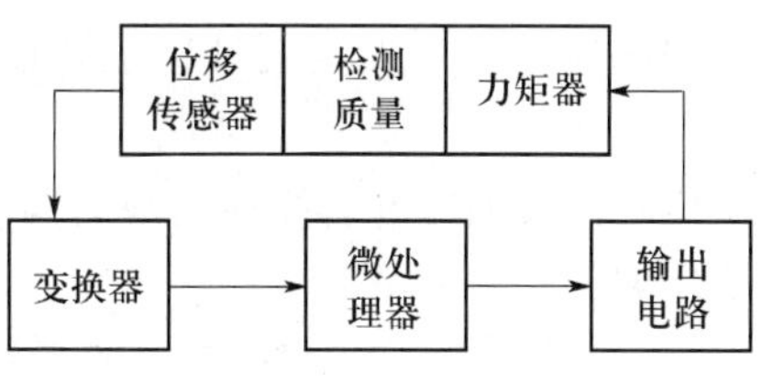

图 2 混合加速度计力反馈电路框图

（撰写人：周子牛 审核人：杨立溪）

jiasuduji liangcheng

加速度计量程（Measuring Range of Accelerometer）（Диапазон измерения акселерометра）

加速度计可以测量的输入加速度的范围。一般给出加速度计可以测量的最大加速度和最小加速度。

由于加速度计种类和用途不同，其量程也有很大区别。对于测量小加速度的加速度计，主要考虑其可以敏感的最小加速度的量级。而对于测量大加速度的加速度计，则主要考虑其可以承受的最大加速度的量级。

（撰写人：高秀花　审核人：赵晓萍）

jiasuduji lingcixiang xishu

加速度计零次项系数（Zero Term Coefficient of Accelerometer）（Коэффициент ощибки нулевой степени акселерометра）

在加速度计误差方程中，与加速度无关的误差项，又称偏置误差，一般用 K_0 表示。

对于摆式加速度计，其零次项误差主要是由各种干扰力矩、弹性恢复力矩等形成的与加速度无关的偏置项。详见摆式加速度计。

对于陀螺加速度计，其零次项误差是由与加速度无关的常值力矩引起的。如软导线的弹性力矩、电磁力矩、轴承摩擦力矩及涡流力矩等。

（撰写人：高秀花　审核人：赵晓萍）

jiasuduji mingan zhiliang

加速度计敏感质量（Sensing Mass of Accelerometer）（Масса чувствительной части акселерометра）

又称检测质量和惯性质量。加速度计中敏感输入加速度的有效质量。

敏感质量的惯性使输入加速度转换成力或力矩。

敏感质量的单位为 g。

（撰写人：高秀花　审核人：赵晓萍）

jiasuduji pindai kuandu

加速度计频带宽度（Band Width of Accelerometer）（Диапазон частоты измерения акселерометра）

加速度计的输出幅度与输入加速度幅度之比随输入加速度频率增大而衰减，其比值下降到 0.707 时的频率定义为其频带宽度，又称通频带。

加速度计频带宽度从加速度计的对数幅频特性响应可以得出。幅频特性的零频初始值为 0 dB（对应幅度比为 1），随频率升高，该特性上翘，并在系统固有频率点达到峰值。频率再升高，该特性下降，降至 −3 dB（对应幅度比为 0.707）时所对应的频率 f_{bw} 即为加速度计的频带宽度。如图所示。

加速度计频带宽度宽，则对频率高的输入加速度测量响应好、精度高；但也易受其他高频信息干扰。带宽窄，则对频率高的输入加速度测量响应不好、精度低、但不易受其他高频信号干扰。加速度计频带宽度的宽、窄设计，应视具体应用情况和要求折中考虑确定。

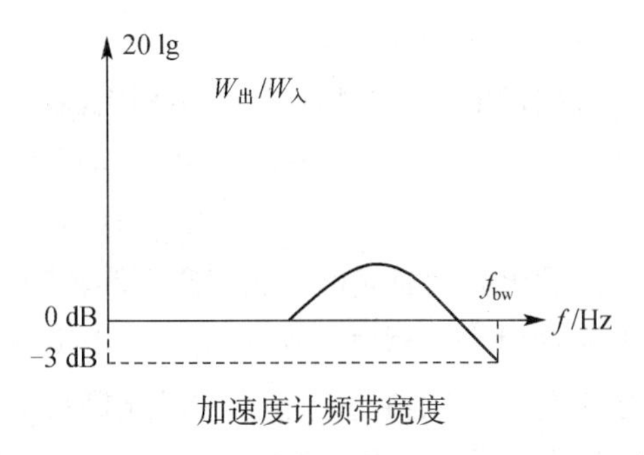

加速度计频带宽度

（撰写人：周大沄　审核人：孙肇荣）

jiɑsuduji shuchuzhou

加速度计输出轴（Output Axis of Accelerometer）（Выходная ось акселерометра）

加速度计输出信号的检测轴。

对于常规摆式加速度计，其输出轴与输入轴和摆轴相互垂直。见图 1。

对于摆式积分陀螺加速度计，其输出轴与输入轴重合，都与自转轴、内环轴相互垂直。见图 2。

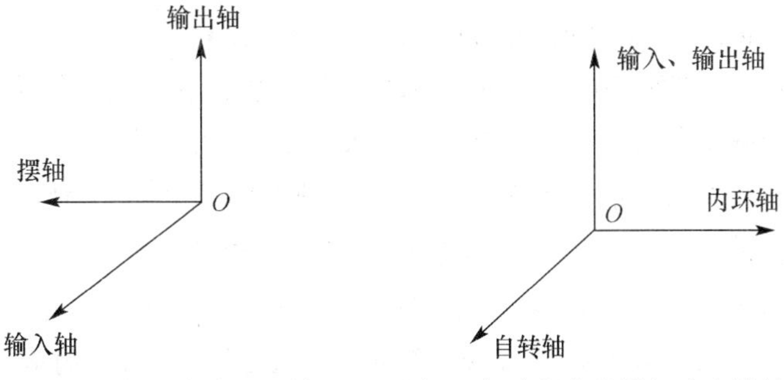

图 1　常规摆式加速度计输出轴　　图 2　摆式积分陀螺加速度计输出轴

（撰写人：高秀花　审核人：赵晓萍）

jiasuduji shuchu zhuangzhi

加速度计输出装置（Output Unit of Accelerometer）（Выходное устройство акселерометра）

对加速度计的输出量进行检测和处理，输出计算机或其他测量设备所要求的信号形式的装置。

对于常规摆式加速度计，其输出装置是用电流/频率转换器等将仪表的输出量电流转换成脉冲频率，以供计算机或其他的计数器读取。

陀螺加速度计输出装置有光栅式和变磁阻旋转变压器式。

光栅式输出装置由光电器件、调制光栅、指示光栅和脉冲整形放大器组成。脉冲整形放大器将光电器件经光栅调制后的信号进行放大、鉴相、整形后，输出与仪表输出量对应的脉冲信号。

变磁阻旋转变压器式输出装置由变磁阻旋转变压器及相应的变换电路组成。变磁阻旋转变压器作为敏感仪表进动的角度传感器，输出与仪表进动角度相对应的正弦、余弦信号，变换电路对其进行幅相变换、鉴相、放大等处理，最终输出与仪表进动角度相对应的脉冲信号。

（撰写人：高秀花　审核人：赵晓萍）

jiasuduji shudian zhuangzhi

加速度计输电装置（Electricity Transmitting Unit of Accelerometer）（Токопроводящее устройство акселерометра）

在加速度计相对转动的部件之间传输能源和电信号的装置。

对输电装置的基本要求是，在满足能源和电信号正常传输的基础上，引起的阻力矩和摩擦力矩要小，使各部件之间的相对转动灵活。

目前常用的加速度计输电装置有：软导线、导电游丝、滑环式输电和中心触点式输电等，此外还有电磁耦合式输电装置。

软导线、导电游丝式输电装置产生的阻力矩与转角成正比，主要用于转角较小的场合。在加速度计中，主要用于内环角度传感器的信号传输，这种输电装置不产生摩擦力矩，但存在弹性阻力矩，因此在选择软导线材料及确定输电装置形状时，应使其弹性力矩尽量小，以降低对加速度计精度的影响。

滑环式输电装置不受转动角度的限制，但存在摩擦力矩，且这种输电装置尺寸较大。在加速度计中，滑环式输电装置主要用于外框架组件的能源和电信号传输。根据仪表的结构，设计适当尺寸的输电装置，同时要考虑导电滑环的耐磨性和滑环表面与电刷的黏着性。

电磁耦合式输电装置具有无接触的优点，不会产生摩擦力矩和弹性力矩，但这种输电装置只能传输交流电。

（撰写人：高秀花　审核人：赵晓萍）

jiasuduji shuruzhou

加速度计输入轴（Input Axis of Accelerometer）（Входная ось акселерометра）

加速度的敏感轴。沿该方向的加速度引起的输出量最大。

对于陀螺加速度计，其输入轴与自转轴和内环轴相互垂直，参见加速度计输出轴、陀螺加速度计进动角速度。

（撰写人：高秀花　审核人：赵晓萍）

jiasuduji tanxing liju

加速度计弹性力矩（Elastic Torgue of Accelerometer）（Момент упругости акселерометра）

挠性摆式加速度计的摆组合刚度与弹性恢复角的乘积，又称弹性恢复力矩。

这里指的弹性恢复角是加速度计摆组件的机械零位与传感器定子的电零位不重合之夹角。弹性恢复力矩是有害力矩，加速度计偏值大小与稳定性主要取决于弹性力矩。

（撰写人：沈国荣　审核人：闵跃军）

jiasuduji wendu buchang zhuangzhi

加速度计温度补偿装置（Temperature Compensator of Accelerometer）（Термокомпенсационное устройство акселерометра）

摆式加速度计标度因数为

$$K_1 = K_B/K_t$$

式中 K_1——标度因数；

K_B——摆性；

K_t——力矩器力矩系数。

当环境温度升高时摆性 K_B 增加，力矩器工作气隙中的磁感应强度 B_r 随温度升高而降低，因此 K_t 减小，从而导致 K_1 增加，具有正温度系数。为使加速度计在环境温度变化时标度因数 K_1 不变，在力矩器中设计一个具有负温度系数的热敏磁分路环，使力矩器力矩系数 K_B 也具有正温度系数，当 $K_t = K_B$ 时，K_1 保持不变，起到了热磁补偿的目的，热敏磁分路环称为加速度计温度补偿装置。

（撰写人：沈国荣　审核人：闵跃军）

jiasuduji wendu xishu

加速度计温度系数（Temperature Coefficient of Accelerometer）（Температурный коэффициент акселерометра）

表征加速度计温度灵敏度的系数。通常用在一定温度范围内，加速度计比例系数变化量与温度差的比值来度量。

对于温度系数较大的加速度计，使用时一般采用温控装置为其提供恒温环境。如果加速度计用于可以进行误差补偿的场合，一般对加速度计进行温度系数标定，以提供一定温度范围内较为精确的温度系数。

（撰写人：高秀花　审核人：赵晓萍）

jiasuduji wenkong zhuangzhi

加速度计温控装置（Temperature Control Device of Accelerometer）（Управляющее устройство температуры акселерометра）

使加速度计恒温条件下工作的装置，可大大提高加速度计与标度因数的稳定性。

温控装置由温控电路，感温元件加热片，测温装置、体温装置等组成。温控装置的形式有直流温控电路、脉冲调宽电路、交流温控电路，电路可以是分离元器件或二次集成电路。

目前经综合考虑，感温元件采用铂丝或铂镀膜薄片为合适。

加热片目前采用厚度为 0.02 mm 的康铜片腐蚀成形，在其外面用厚度为 0.04 ～0.05 mm 的聚酰亚胺薄膜热压而成。

（撰写人：沈国荣　审核人：闵跃军）

jiasuduji wucha moxing

加速度计误差模型（Error Model of Accelerometer）（Модель ошибок акселерометра）

描述各误差项对加速度计输出影响的方程。方程的左式为加速度计的输出量，右式则为对加速度计输出有影响的各种误差源。

由于加速度计种类、用途的不同，其误差模型也有所不同。对于应用于捷联惯性系统上的加速度计，在列写误差模型时，除要考虑以基座线加速度为变量的误差项外，还要考虑以基座角加速度为变量的误差项；而对于应用于平台系统的加速度计，则只考虑以基座线加速度为变量的误差项。

以应用于平台上的陀螺加速度计为例，其误差模型可以写成

$$\Delta A_{\alpha}(\alpha) = K_0 + \Delta K_{1i} a_i + K_{2i} a_i^2 + K_{3i} a_i^3 + K_{2c} a_c^2 + K_{3c} a_c^3$$

式中　$\Delta A_{\alpha}(\alpha)$—— 以进动角速度形式表示的加速度计输出误差；

a_i—— 沿输入轴方向的加速度；

a_c—— 沿与输入轴垂直方向的加速度。

$K_0, \Delta K_{1i}, K_{2i}, K_{2c}$ 的物理含义分别参见加速度计零次项系数、加速度计一次项系数、加速度计二次项系数。

（撰写人：高秀花　审核人：赵晓萍）

jiasuduji xishu fenli jishu

加速度计系数分离技术（Coefficients of Accelerometer to Separate Technique）（Метод разделения коэффициентов ошибок акселерометра）

通过试验得到加速度计误差模型各系数的方法。

通常包括以下几类：

1. 加速度计的静态试验。以地球重力加速度 g 或其分量作为输入量进行的加速度计静态性能测试，也称为重力场翻滚试验。通常根据试验设计可进行两点、四点或多点翻滚试验。

2. 单轴线振动试验。利用精密线振动台进行振动试验，也可以分离加速度计的系数，如通过进行沿不同轴的振动整流试验，测试加速度计静态和动态测量值之差，可以分离出加速度计整流误差系数。

3. 精密离心机试验。利用精密离心机产生高于 $1g$ 的向心加速度作为加速度计的输入，可以分离出加速度计的各项非线性系数。被分离出的误差系数可作为误差补偿的依据。

（撰写人：李丹东　审核人：王家光）

jiasuduji yicixiang xishu

加速度计一次项系数（Linear Coefficient of Accelerometer）

（Коэффициент ошибки первой степени акселерометра）

在加速度计输出方程中，与加速度一次方相关的系数。

理论上加速度计一次项系数就是加速度计的比例系数。在加速度计误差方程中，由于加速度计一次项系数的变化引起的误差称为加速度计一次项误差。

通常用加速度计一次项系数的稳定性作为衡量加速度计精度的指标。

对于摆式加速度计，其一次项系数的不稳定主要由其摆性的变化和力矩器标度因数的不稳定引起，参见摆式加速度计。

而对于陀螺加速度计，其一次项系数为

$$K_1 = ml/H$$

式中　ml——陀螺加速度计的摆性，参见摆性；

　　H——陀螺加速度计马达角动量。

摆性 ml 的不稳定主要是由于马达内部液体挥发、温度变化、材料蠕变等因素造成浮子质心偏移引起的，其中摆长 l 的变化是影响仪表一次项系数的主要因素。

马达角动量 H 的变化主要是由于马达电源频率变化、马达转动惯量变化引起的。

（撰写人：高秀花　审核人：赵晓萍）

jiasuduji zaipingheng huilu

加速度计再平衡回路（Force Rebalance Feedback Loop of Accelerometer）（Контур обратной связи акселерометра）

对受惯性力或力矩作用而偏离零位的摆式加速度计的检测质量，产生恢复其零位的电磁力或力矩的电路系统。又称加速度计力反馈回路或加速度计伺服回路。

该回路主要由加速度计的信号传感器、交流放大器、相敏解调器、校正网络和功率放大器及力矩器等组成。其原理框图如图所示。

受外加速度形成的惯性力或力矩作用，检测质量偏离零位，传感器输出与此偏离成比例的电压信号，经电路直至功放后形成输出电流 I，并馈入力矩器产生与惯性力相平衡的电磁力或力矩，将检测质量拉回至零位附近。输出电流 I 的大小和方向即为外加速度大小和方向的精确度量。

按馈入力矩器电流形式不同，再平衡回路可分为模拟反馈和脉冲反馈回路。脉冲反馈又可分为二元脉冲反馈和三元脉冲反馈回路。二元脉冲反馈时，脉冲电流有幅值相等的正、负两个状态，以一定频率送入力矩器，其正、负脉冲宽度受外加速度调制；三元脉冲反馈时，力矩器（线圈）脉冲电流有“正”、“零”、“负”三种状态，“正”、“负”脉冲幅度相等，而“正”、“负”脉冲的宽度受外加速度大小和方向的调制。

加速度计模拟反馈再平衡回路具有组成简单、容易实现等特点；但它不具有积分功能，不能获得速度信息，必须经电流/频率（或电压/频率）转换后，方可取得速度（或速度增量）信息。脉冲反馈回路可在宽度脉冲中填充计数脉冲，然后进行数字积分，得到速度（或速度增量）信息。

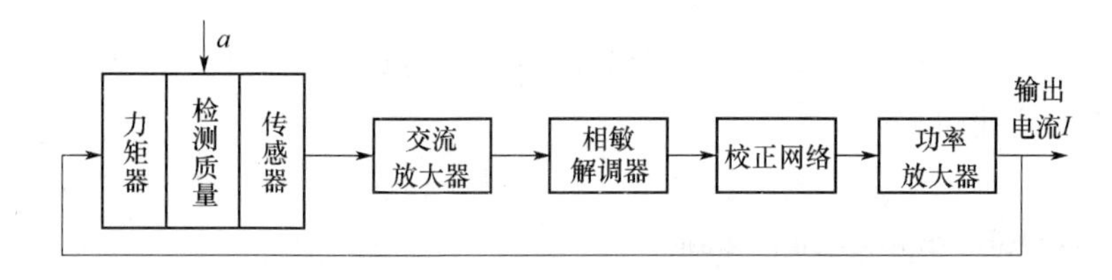

加速度计再平衡回路原理框图

（撰写人：周大法　审核人：孙肇荣）

jiasuduji zhicheng zhuangzhi

加速度计支撑装置（Supporting Device of Accelerometer）

（Подвесное устройство акселерометра）

用于支撑加速度计转子或框架并使其能绕某轴线旋转的装置。支撑装置的形式是决定加速度计精度的主要因素之一。理想的支撑装置应能使被支撑体具有精确的定位中心，既能保证其自由旋转又没有摩擦力矩。

对于陀螺加速度计，其内环支撑装置引起的干扰力矩是引起加速度计零次项误差的主要因素。

目前常用的加速度计支撑装置有：滚珠轴承、宝石轴承、流体静压支撑（静压气浮和静压液浮）、液浮轴承、静电支撑、电磁支撑等。

（撰写人：高秀花　审核人：赵晓萍）

jiasuduji zhonglichang shiyan

加速度计重力场试验（Accelerometer Test on Grarity Field）

（Испытание акселерометра в гравитационном поле）

在地球重力场中试验惯性加速度计的主要目的是，确定描述加速度计性能的数学模型各系数的数值、短期不定性误差和长期不定性误差。

如摆式加速度计翻滚试验：一般使转台轴处于水平位置，以便重力加速度有最大幅度变化，试验时仪表在转台上可以有两种安装方式。见图1和图2。

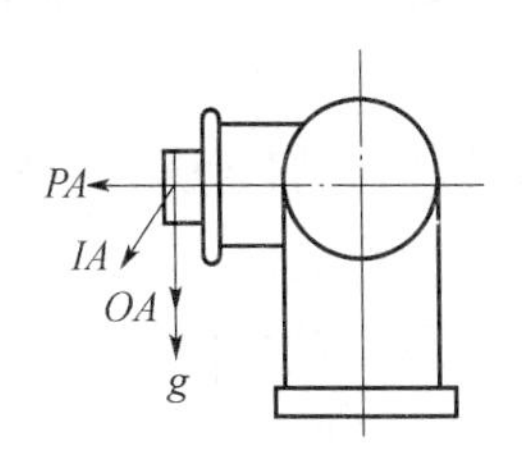

图1 摆式加速度计翻滚试验—门状态

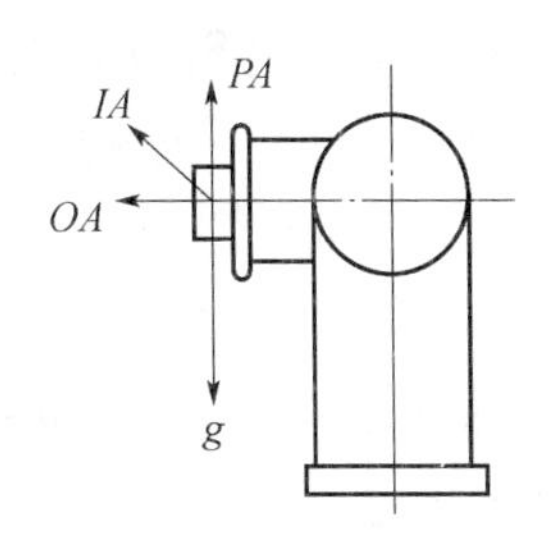

图2 摆式加速度计翻滚试验—摆状态

门状态安装方式（图1），其摆轴与转台轴重合，输入轴的初始位置与转台轴垂直并处于水平方向。输出轴向下。摆状态安装方式（图2），输出轴与转台轴重合，输入轴的初始位置与转台轴垂直并处于水平方向，摆轴垂直向上。操作时用阶跃式翻滚方式进行，正转1周，等间距读取 n 个数据，即间距角为 $2\pi/n$。再反转1周，重复以前的读数步骤，同一位置的数据取平均值，随后用这些数据按一定的公式处理，即可求得模型方程各系数。摆式加速度计常用4位置和8位置翻滚试验。

摆式积分陀螺加速度计（PIGA）的正倒置试验是PIGA的最基本重力加速度试验，相当于 $\pm 1g$ 试验，常用于检查 K_1 系数。将PIGA正置于精密分度头或转台上，输入轴垂直向上，读取PIGA输出值 $A_{正}$，翻转180°（倒置），即输入轴垂直向下，读取输出值 $A_{倒}$，可求出PIGA一次项系数 K_1 和零次项误差系数 K_0。

$$K_1 = (A_{正} - A_{倒})/2g_0$$

$$K_0 = (A_{正} + A_{倒})/2$$

正倒置试验也常用于摆式加速度计。

PIGA翻滚试验，将PIGA正置于精密分度头或转台上，与摆式加速度计翻滚试验类似。PIGA常用6位置翻滚试验或12位置翻滚试验。

（撰写人：王家光　审核人：李丹东）

jiasuduji zizhuanzhou

加速度计自转轴（Spin Axis of Accelerometer）（Ось собственного вращения акселерометра）

自转轴又称转子轴，是转动刚体的旋转轴。加速度计自转轴是指具有高速旋转转子的陀螺加速度计的转子的旋转轴。

加速度计自转轴的方向也就是马达角动量 H 的方向。

参见加速度计输出轴、陀螺加速度计进动角速度。

（撰写人：高秀花　审核人：赵晓萍）

jiasuduji zuni liju

加速度计阻尼力矩（Damping Torque of Accelerometer）（Момент демпфирования акселерометра）

加速度计检测质量相对壳体有角速度运动时所受到的阻力矩。单位角速度时的阻尼力矩即为阻尼系数。

阻尼力矩是一个动态参数，阻尼力矩大小与加速度计采用的摆组结构和获取阻尼的方式有关。液体阻尼与空气阻尼差异较大，且液体阻尼与选用的浮液黏度有关，一般由系统设计根据实际要求来决定，阻尼大系统放大倍数可以设计得大一些，从而使摆偏角相对减小，使交叉耦合误差很小，此参数在系统设计中很重要。

金属挠性摆式加速度计摆角为$\leqslant 0.2''g_0$，产生的交叉耦合误差可以忽略不计。

（撰写人：沈国荣　审核人：闵跃军）

jiasuduji zuni xishu

加速度计阻尼系数（Damping Coefficient of Accelerometer）（Коэффициент демпфирования акселерометра）

加速度计摆组件绕其摆轴发生角运动时，其周围介质及材料对其单位角速率产生的阻尼力或力矩。

带再平衡回路的加速度计受外加速度 a 作用，摆组件产生角度为 θ 的运动，其动态力矩平衡方程为

$$J\ddot{\theta} + F\dot{\theta} + \kappa\theta = mla$$

式中 ml—— 摆性；

J—— 摆组件转动惯量；

F—— 阻尼系数；

κ—— 弹簧刚度（系统开环放大系数）。

阻尼系数 F 越大，再平衡回路对转动角速度的阻尼作用越强，摆的角运动振荡性越低，稳定性越好。

工程中，常用阻尼系数的相对量——阻尼比（或相对衰减率）表达再平衡回路系统的阻尼特性。阻尼比的表达式为

$$\zeta = F^2/4J\kappa$$

可见，阻尼系数 F 越大，系统的阻尼比越大。但若摆组件的 J 和 κ 增大，却会减小，摆组件角运动的振荡性会增强，系统稳定性变差。设计时，应按实际加速度计参数和对系统的稳定性要求，综合考虑确定系统的阻尼系数。

（撰写人：周大沄　审核人：孙肇荣）

jiajinli

夹紧力（Clamping Force）（Сила зажима）

零件（或组件）在加工（或装配）过程中，为保持其在机床或夹具、试验设备上的确定位置所施加的装夹力量。

在机械工程中，实施夹紧力的形式很多，如：机械、电磁、气动、液动、真空等。在精密、超精密加工中，夹紧力对精度作用明显，夹紧力由其大小、作用方向、作用点三要素确定。夹紧力选择失当就会造成被加工零件位置的移动、变形、夹伤和产生过大的内应力，直接影响产品精度。

夹紧力形式的选择和控制与待加工产品的结构、材质刚度、加工精度等因素有关。夹紧力大小的量化，目前在精密加工（装配）的单件、小批和研制生产领域，主要依靠操作者的经验和手感控制。但在定型批量生产中，就要针对工艺要求，采用定力、定力矩或具有自适应功能的专用夹紧力控制装置。

夹紧力的稳定性是一项影响产品加工精度的重要因素。

（撰写人：赵春阳　审核人：易维坤）

jiashu zhidao

驾束制导（Beam Rider Guidance）（Наведение по лучу）

又称波束制导。这种制导方式是由地面雷达站或者机载雷达、舰载雷达实时将其波束中心指向目标；导弹利用其弹上敏感器实时测量导弹偏离波束中心的角度和方向，并依据测量结果形成制导指令，制导导弹沿着波束中心线（或其近旁）飞行，直至命中目标。

采用这种制导方式的导弹，虽然制导原理简单，但是为了保持弹—站—目标“三点一线”，导弹的弹道弯曲，需用过载大，精度低。20 世纪 50 ～ 60 年代，一些地空导弹武器采用驾束制导，不久即退役，被更先进的制导方式如无线电指令制导、寻的制导所代替。

（撰写人：龚云鹏　审核人：吕应祥）

jiankong mohou

监控膜厚（Monitor and Control of Film Thickness）（Контроль толщины плёнки）

光学薄膜的特性与其每一层的薄膜厚度密切相关，因此，为了镀制符合要求的光学薄膜，在蒸镀过程中必须监控薄膜厚度。生产中，采用监控随薄膜厚度而变化的某一参数的方法，将薄膜厚度监控在允许的偏差范围内。

1. 光学监控膜厚。当膜厚生长到监控光 1/4 波长时，利用该波长的光波透射比（或反射比）出现极值的原理来监控薄膜厚度的方法。在极值点附近薄膜的透射比（或反射比）对薄膜厚度变化也很不灵敏，所以极值法监控膜厚的精度不是很高。

2. 晶振监控膜厚。将薄膜镀制到沿某一角度切割的石英晶体时，利用晶体质量的变化与晶体共振频率的变化成线性关系的原理来监控薄膜厚度的方法。石英晶体上沉积的薄膜厚度增大，晶体振荡频率下降，因此通过测定石英晶体频率的变化就可以控制膜层的几何厚度。石英振荡法对每一层膜的膜厚监控误差都是独立的，即各层膜之间的膜厚监控误差是不相关的，既没有误差补偿效应，也没有误差累积效应，因此，只要每一层膜有高的膜厚监控精度，那么对一个多层膜就可以在宽波段范围内得到高的膜厚监控精度。石英振荡法目前主要用于金属膜和非 1/4 波长膜系的膜厚监控。

（撰写人：郭 宇 审核人：王 轲）

jianshi he celiang zhuangzhi de kongzhi

监视和测量装置的控制（Control of Watch and Measuring Install）

（Управление контрольных и измеритетьных устройств）

为了确保监视和测量结果的有效性，必须对监视和测量装置进行控制。组织应确定需实施的监视和测量活动以及所需的监视和测量装置，以便为产品符合确定的要求提供证据。组织应建立过程，以确保监视和测量活动可行并以与监视和测量的要求相一致的方式实施。就是说应根据具体的监视和测量的项目、内容和要求，确定具体的监视和测量方案，包括使用的监视和测量的装置，监视和测量的频次和记录的要求，确保其可行性。同时应明确对监视和测量装置进行选择和配备的原则，所选择的、涉及其监视和测量装置所需的准确度和精密度以及效率应与要求的测量能力相一致。

为了确保测量结果的正确性，应对测量设备进行控制。控制的环节必要时应包括：

1. 对照能溯源到国际或国家标准的测量标准，按照规定的时间间隔或在使用前进行校准或检定。当不存在上述标准时，应记录校准或检定的依据。

2. 进行调整或必要时再调整。

3. 得到识别，以确定其校准状态。

4. 防止可能使测量结果失效的调整。

5. 在搬运、维护和储存期间防止损坏或失效。

6. 对生产和检验共用的设备用做检验前，应加以校准并做好记录，以证明其能用于产品的接收。

此外，当发现设备不符合要求时，应对以往测量结果的有效性进行评价和记录。应对该设备和任何受影响的产品采取适当的措施。校准和验证结果的记录应予保留。

当计算机软件用于规定要求的监视和测量时，应确认其满足预期用途的能力。确认应在初次使用前进行，必要时再确认。

（撰写人：朱彭年　审核人：吴其钧）

jiance

检测（Inspection Detection）（Измерение и контроль）

检验和测量的统称，测量能获得具体的数值，而检验是通过观察和判断，适当时结合测量、试验所进行的符合性评价过程。

（撰写人：刘建梅　审核人：易维坤）

jianlou

检漏（Leaking Detection）（Контроль утечки）

利用检漏仪探索气体或其他介质，对真空系统或元件确定漏孔和漏率的过程。

（撰写人：赵　群　审核人：闫志强）

jianyan

检验（Inspection）（Контроль）

运用一定的方法和手段对实体的一个或多个特性进行检查、测量、试验，并将其结果与规定的要求进行比较而进行的复合性评价活动。

（撰写人：朱彭年　审核人：吴其钧）

jianyan shiyan（yanshou shiyan）

检验试验（验收试验）（Checkout Test）（Контрольное（приёмное）испытание）

已交付或可交付的产品在规定条件下所做的试验，具有简化校准试验的性质，其目的是确定产品是否符合规定要求。通常是按照合同，在预计的应用预期环境下对产品或返修产品提交进行的测试。

（撰写人：李丹东 审核人：李丹东）

jianding guocheng

鉴定过程（Qualification Process）（Квалификационный процесс）

证实满足规定要求的能力的过程。

注1："已鉴定"一词用于表示相应的状态；

注2：鉴定可涉及人员、产品、过程或体系。

示例：审核员鉴定过程、材料鉴定过程。

（撰写人：朱彭年 审核人：吴其钧）

jianhe

键合（Bonding）（Связь）

将两块材料不通过任何粘接剂直接封接在一起。根据键合的方式，可分为静电键合和热键合两种。

1. 静电键合（anodic bonding），是指在外加电场和高温下将玻璃与金属、合金或半导体直接封接在一起。玻璃和硅片的阳极键合装置如图所示。

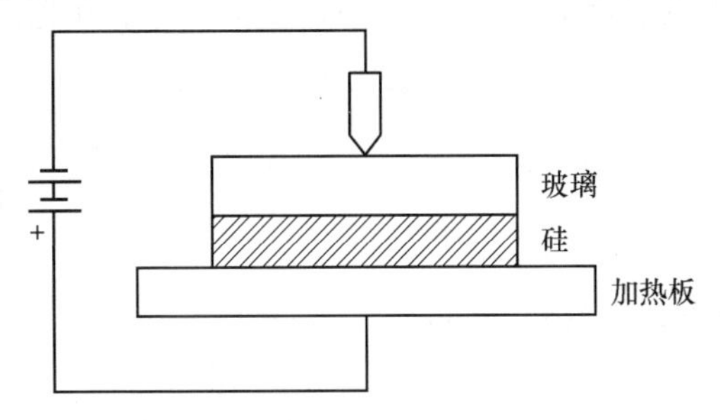

阳极键合装置示意图

高温下玻璃的导电性增强，硅片因本征激发电阻率变得与金属相似。当有外加电场时玻璃中的 Na^{+} 向负极漂移，在紧邻硅片的玻璃表面形成耗尽层，因为耗尽层带负电荷，硅片带正电荷，所以硅片和玻璃之间存在较大静电吸引力。若两者的接触面足够光滑，静电力会使交界面处的材料变形令两者紧密接触，同时在高温下硅片和玻璃会发生化学反应形成牢固的化学键。因硅接正极故又称“阳极键合”，又由于键合是靠外加电场作用形成的，故又称为场助键合。

静电键合的基本要求如下：

1）玻璃轻微导电；

2）玻璃与金属不向对方输入带电载流子；

3）温度适中，在提高玻璃导电性的同时不会使玻璃软化；

4）电压适中，保证静电力大小的前提下不会令玻璃击穿；

5）材料表面的粗糙度低于 1 μm；

6）两种材料的热膨胀系数相匹配。

2. 热键合，是利用高温使硅片直接封接在一起，不需要粘接剂和外加电场。这种技术称为“硅直接键合”（DSB）或“硅融合键合”（SFB）。

覆有自然氧化层的硅片间的界面能是由氢桥引起的，它所导致的力比阳极键合中用电力达到的力要小几个数量级，因此硅的直接键合是一个十分困难的过程。实际中先要对硅片进行化学机械抛光，使其表面粗糙度接近 1 nm。经含 OH^- 溶液浸泡后在超净条件下相互接触，高温条件下相邻原子发生化学反应产生共价键从而完成键合过程。

（撰写人：王　岩　审核人：徐宇新）

jiangji

降级（Regradec）（Понижение разряда）

为使不合格产品符合不同于原有的要求而对其等级的改变。

注 1：等级（grade）是对功能用途相同但质量要求不同的产品、过程或体系所进行的分类或分级（例如：飞机的舱级和宾馆的等级分类）。在确定质量要求时，等级通常是规定的。

注 2：改变后成为低等级的合格品。

（撰写人：孙少源　审核人：吴其钧）

jiaofu

交付（Delivery）（Поставка）

产品经检验和试验符合验收标准后向顾客提交接收的过程。向顾客交付的产品应确保经检验和试验符合验收标准后，方可向顾客交付验收。交付时应提供按规定签署的产品合格证明和有关检验和试验结果以及故障排除情况等文件；必要时，还应提供有关最终产品技术状态更改的执行情况。

交付的产品需经顾客验收合格，按规定要求提供有效技术文件、配套备附件、测量设备和其他保障资源。

（撰写人：朱彭年　审核人：吴其钧）

jiaofuhou de huodong

交付后的活动（Post Delivery Activities）（Деятельность после поставки）

包括技术培训、技术咨询、安装或维修、备件及配件提供等。要求组织对这些活动要有充分的技术和资源作支持，并按规定实施。对于交付的产品，当规定需要委派技术服务人员到使用现场跟踪服务时，组织应做好人员的配备及其现场组织工作，以满足顾客的要求。

注：组织应对交付后活动的实施、验证和报告做出规定。

（撰写人：孙少源　审核人：吴其钧）

jiaohui guangxue minganqi

交会光学敏感器（Rendezvous Optical Sensor）（Оптический датчик для сближения）

用于测量交会对接的航天器的距离、速度、姿态角或姿态角速度用的仪器。主要有激光雷达、CCD 光学成像敏感器、接近敏感器（PXS）等。

激光交会雷达可以捕获、跟踪目标，并提供它与目标间的距离、距离的时间变化率、视线相对于雷达测量系统的仰角和方位角。激光雷达主要由激光源、发射与接收机、信息处理器、扫描跟踪机构、检测器等组成。激光雷达光源的波长从红外到紫外光谱段（0.2 μm～1 mm）。激光雷达不仅角分辨率和距离分辨率都极高，而且还具有速度分辨率高、测速范围广、能获得目标的多种图像、抗干扰能力强、体积和质量比微波雷达小等优点。激光雷达可广泛用于火控、侦察、测量、制导、导航等。按工作方式，激光雷达可分为单脉冲、连续波、调频脉冲压缩、调频连续波、调幅连续波、脉冲多普勒等方式。

CCD（电荷耦合器件）光学成像敏感器可在数百米范围内给出目标相对于 CCD 的相对位置和相对速度、相对姿态角和相对姿态角速度。CCD 光学成像敏感器主要由 CCD、目标标识器和信息处理器组成。CCD 相机主要包括 CCD 芯片、光学系统、遮光罩、电子线路等。目标标识器有主动和被动两种。被动目标是指能将入射光按原路反射回的反向反射贴片或立方角反射器。CCD 光学成像敏感器主要用于测量交会对接近距离的相对位置和姿态。

PXS（ProXimity Sensor）由电子线路、CCD、发光二极管照明设备和目标标识器组成。PXS 通过发光二极管照射目标标识器，再由 CCD 相机对标识器的反射图像摄像并进行处理，高精度地算出 10 m 范围内的相对位置和相对姿态参数。

（撰写人：解永春　审核人：王存恩）

jiaoliu dianyuan bianhuanqi

交流电源变换器（AC Power Supply Converter）（Преобразователь питания переменого тока）

把输入电源变换成在电压、电流、频率、波形以及在稳定性、可靠性（含电磁兼容、绝缘散热、不间断电源、智能监控）等方面符合要求的电能供给负载的电源变换器。输入电源多为单相或三相交流，输出量仍是交流电（单相或三相，当输入量为直流电时称为逆变器），含稳压、稳流、稳频、不间断供电等类型。

一个典型的多相正弦波交流电源变换器可能包括：时钟发生器、分相器、正弦波发生器、功率放大器、稳幅回路等各部分电路。

在惯性测量系统中，交流电源变换器广泛用于陀螺仪表转子（马达）电源、传感器激励、频标、电磁悬浮激励等，是保障系统性能的基础电路。

（撰写人：周　凤　审核人：娄晓芳　顾文权）

jiaoliu dianyuan fenxiangqi

交流电源分相器（AC Power Supply Phase Splitter）

（Фазорасщепитель источника питания переменого тока）

又称移相器，是能将某一交流信号分成两组或多组存在一定相位差的信号的电路。在惯性导航系统中，常使用相位差为90°的二相电源供给速率陀螺中的马达和姿态角传感器，使用相位差为120°的三相电源供给陀螺马达。

（撰写人：周　凤　审核人：娄晓芳　顾文权）

jiaoliu dianyuan wenfu huilu

交流电源稳幅回路（AC Power Supply Stablilized AM Loop）

（Контур стабилизации амплитут источника питания переменого тока）

当交流电源的内部参数或外接负载变化时，能将交流输出电压稳定在需要的技术要求范围内的电路。交流电源稳幅回路主要由整流滤波、基准电源、积分放大器和可变增益放大器等组成。基准电源的性能决定了交流电源输出电压幅值的稳定精度。

如图所示，整流电路将输出的交流电压 U_{out} 整流滤波变换为直流电压 U_f，此 U_f 作为幅值反馈电压，并与基准源 U_j 相比较，取其偏差量（$U_j - U_f$）进行积分放大，以改变可变增益放大器的增益，使功率放大器的输入信号变化，从而使交流电源的输出幅值 U_{out} 变化，以达到幅值稳定的目的。

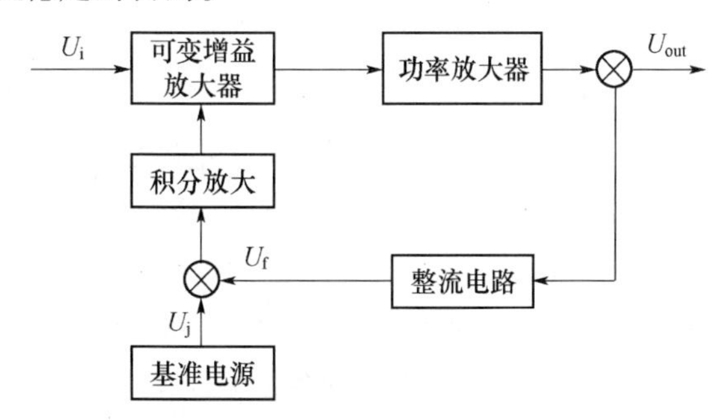

稳幅电路框图

（撰写人：周　凤　审核人：娄晓芳　顾文权）

jiaoliu dianyuan zhengxianbo fashengqi

交流电源正弦波发生器（AC Power Supply Sinusoidal Wave Generator）（Генератор синус-оидального напряжения источника питания переменого тока）

包括自激振荡器和波形变换器。

自激振荡器是产生正弦波自激振荡的电路（正弦波振荡器），振荡器常用的振荡电路有 LC 振荡、RC 振荡和石英晶体振荡电路。LC 正弦波振荡电路可分为变压器反馈式、电感三点式和电容三点式。RC 正弦波振荡电路可分为 RC 串并联式、移相式和双 T 式电路，最常见的是文氏桥振荡器。石英晶体振荡电路一般分为串联式振荡器和并联式振荡器两种。

波形变换器通常是把由时钟信号产生的方波信号转换成正弦波信号，常用的有低通（谐波）滤波器和函数发生器。低通（谐波）滤波器通过滤除谐波得到正弦波，函数发生器利用非线性特性改变波形，得到正弦波信号。

另外，直接数字合成器（DDC）电路可通过编程产生任意波形的高质量信号，在智能仪器中得到日益广泛的应用。

惯性技术中的正弦波发生器最主要的性能是采用失真度来衡量正弦波中所含的谐波分量的多少。失真度越小，性能越好。

（撰写人：周 凤 审核人：娄晓芳 顾文权）

jiaojie

胶接（Bond）（Клейка）

用胶粘剂把两个或两个以上的零、组件粘接在一起的工艺过程。

（撰写人：赵 群 审核人：易维坤）

jiaodongliang

角动量（Angular Momentum）（Кинетический момент ）

一个绕定轴转动的刚体，刚体内各质量的动量与其到旋转轴的距离之乘积的总和，即刚体内各质点的动量对旋转轴之矩的总合，称为刚体对该轴的角动量，又称动量矩，它是陀螺仪的主要特性参数之一。

角动量是一个矢量，有大小和方向，在一般情况下，角动量 $\boldsymbol{H}$ 与自转轴角速度 $\boldsymbol{\Omega}$ 不重合，只有当转子的自转轴是它的惯性轴，且只考虑自转轴的自转角速度时，则认为 $\boldsymbol{H}$ 与 $\boldsymbol{\Omega}$ 的方向相一致、大小等于转子的转动惯性与自转轴角速度的乘积，工程上表达式为

$$\boldsymbol{H} = J\boldsymbol{\Omega}$$

（撰写人：孙书祺　审核人：唐文林）

jiaodu chuanganqi

角度传感器（Angular Movement Sensor）（Датчик угла）

将转轴的机械转角转换成相应的电信号的器件。机械角位移量转变成电量可以通过各种不同的方式，惯性器件常用的有变气隙磁阻、变电磁互感、变电容、变电阻、变光通等。

角度传感器的主要技术指标是线性度、标度因数和它的稳定性、工作角度范围、干扰力矩、零位电压、工作电压、激磁频率、输出信号相位移。

角度传感器主要由转子组件和定子组件组成，惯性器件中角度传感器常用的是分装式结构。

（撰写人：葛永强　审核人：干昌明）

jiaodu chuanganqi fenbianlü

角度传感器分辨率（Resolution of Angle Sensor）（Разрешающая способность датчика угла）

由角度传感器输出量的变化，所能反映出的与之相关联的角位置的最小变化量。大多数输出为模拟量的角度传感器，理论上其分辨率是没有极限的，但实际上由于角度检测设备、检测仪器以及人眼视力等因素的影响，角度传感器的分辨率是有限制的。在外界条件均为优等的情况下，一个好的角度传感器的分辨率可以达到 1″以内，甚至 0.1″以内。

角度传感器分辨率直接关系到角度传感器的测角精度。因此，为了提高角度传感器的精度，应尽量提高角度传感器的分辨率，如

提高角度传感器的灵敏度，降低角度传感器的零位电压等，都是提高角度传感器分辨率的有效途径。

有时候，角度传感器的分辨率并不是越高越好，而应该根据所需要角度传感器的精度级别，确定其相应的分辨率大小。一般的，角度传感器的分辨率达到其精度等级的 1/3 ～1/5 以内即可。

（撰写人：陈玉杰　审核人：干昌明）

jiaodu chuanganqi fuzhi wucha

角度传感器幅值误差（Amplitude Error of Angle Sensor）

（Амплитутное отклонение датчика угла）

当角度传感器的输出量为一个空间周期函数时，其周期性输出量的最大值（即幅值）多于 1 个时，其各个实测最大值所在的角位置相互之间的差角，与理论计算值之间的差值，并从各个差值中选取“+”最大值和“-”最大值，将其绝对值相加之和除 2，再在该值前赋以“±”号，定为该角度传感器的幅值误差；还可以这样定义幅值误差：将各个差值中的“+”最大值和“-”最大值的绝对值之和作为角度传感器的幅值误差（也称“峰—峰”值）。

当角度传感器有固定的基准时，输出量各个实测最大值的角位置与该基准的差角，与理论计算值之间的差值，并从各个差值中选取绝对值最大者，定为该角度传感器的幅值误差。

另外，多极角度传感器各个周期输出的幅值在“量值”方面也存在着差异，因此，其不同周期的最大值（即幅值）也不尽相同。幅值误差还含有“量值”方面的意义：取各个实测最大值与理论计算最大值的差值与理论计算最大值之比，并从中选出比值最大的正负两点，将其绝对值相加，再将其化成百分数，即可作为角度传感器的输出量在“量值”方面的幅值误差（“峰—峰”值）；还可以在绝对值相加之和除 2 后化成百分数，再在其前冠以“±”号，表示角度传感器“量值”方面的幅值误差。

（撰写人：陈玉杰　审核人：干昌明）

jiaodu chuanganqi hanshu wucha

角度传感器函数误差（Function Error of Angle Sensor）

（Функциональное отклонение датчика угла）

每种角度传感器的输出量与其相应转角之间，理论上都可以用一个确定的函数关系式来表达，该函数一般以角度传感器定、转子相互之间以某一位置起始的转角为自变量，而与其相对应的输出量为因变量。输出量可以是直流量，也可以是交流量；输出量可以为电压、电流形式，还可以是相位形式等。常见的函数关系式有线性函数、正余弦函数以及其他特种函数等。由于角度传感器所用功能材料性能方面的因素，以及加工等多方面因素的影响，使得由角度传感器实测输出量所得到的曲线，偏离理想情况下的理论曲线，取这两条曲线偏差量最大点的差值，与该角度传感器理论计算出的幅值，或是理论计算出的满量程输出值，再或者是理论计算出的其他规定值之比，并量化成百分数，定义此数值为角度传感器的函数误差。该函数误差值是否带符号可视实际情况决定。线性角度传感器的函数误差一般又叫做线性误差或线性度。

（撰写人：陈玉杰　审核人：干昌明）

jiaodu chuanganqi lingwei dianya

角度传感器零位电压（Null Position Voltage of Angle Sensor）

（Нулевое напряжение датчика угла）

角度传感器在其定、转子相互之间到达某一位置，此时输出电压量值达到最小，而其两侧相位相差约 180°（输出为交流量）时，或极性相反（输出为直流量）时；同时，沿角度传感器正转向一侧，其输出端相位与激励端相位相差小于 90°（输出为交流量）时，或输出端极性与激励端极性相同（输出为直流量）时，此位置可定义为该角度传感器的零位，其输出电压值即为零位电压。

对于线性角度传感器，如果为多对极时，就会有多个零位和零位电压，一般选取该位置两侧线性度和对称性好，而零位电压又不超差的位置，作为该传感器的零位，其电压值为该传感器的零位电压；对于空间输出量为其他类型周期性函数波形的多对极角度传感器，则取其测角范围内若干个零位置上的电压最大者，作为该传感器的零位电压，该零位电压在量值上应不超差。

从广义上来说，角度传感器的零位还包括当角度传感器正转时，其输出端的相位（或极性）与激励端相反的零位电压最小的位置。如果是 N 相输出，则角度传感器的零位个数是一相输出时的 N 倍。

产生零位电压的因素有很多，如传感器机械结构不对称，其所用功能材料性能不均匀，激励源失真以及外界干扰等都会增加零位电压的量值。零位电压的成分是很复杂的，对于交流传感器而言，主要有同相正交分量、高次谐波分量以及直流分量等；其中正交分量要占 50% 以上；对于直流传感器而言，在空间位置上，应该有过零点，这个位置上的输出电压为零，但在有交流干扰等情况下，也可以有一定的零位电压存在。

由于有干扰等因素的存在，实际上，角度传感器实测的零位位置与理论上的零位位置往往是不重合的，特别是交流传感器，还会由于零位电压的产生，从而在零位附近的一定范围内，使角度传感器对转角的变化变得很不敏感，即产生所谓“死区”。

过高的零位电压对系统是有害的，因此应设法减小它，滤波及电磁屏蔽等都是可供选择的有效措施。

（撰写人：陈玉杰　审核人：干昌明）

jiaodu chuanganqi lingwei wucha

角度传感器零位误差（Null Position Error of Angle Sensor）

（Отклонение нуля датчика угла）

以初始零位为基准（即为起始位置检测），实际零位与理论零位之差，习惯上，零位误差以累积误差形式表示，即取零位误差中最大值和最小值之差的一半，并冠以“±”号表示。

（撰写人：陈玉杰　审核人：李建春）

jiaodu chuanganqi xifen wucha

角度传感器细分误差（Microstep Error of Angle Sensor）（Ошибка подразделения датчика угла）

像圆感应同步器、多极正余弦旋转变压器等角度传感器，为衡量其测角精度，根据需要，有多种指标可对其进行考核：如零位误差、幅值误差、电气误差等，而电气误差又可分为长周期误差、中周期误差和短周期误差。短周期误差又名细分误差，它是角度传感器在1个电气周期内的电气误差。一般测试时，先在全周（360°）范围内，选取若干点，测出该角度传感器的长周期误差；再从中选取若干个中周期范围，测出该角度传感器的中周期误差；最后，再对选出的若干个电气周期，进行细分误差的测试。

当上述类型角度传感器采用一相激磁、双相输出形式时，在理想情况下，在任意角位置时，其两相输出之间有关系式

$$U_m \cdot \sin\omega t \cdot \sin\theta / (U_m \cdot \sin\omega t \cdot \cos\theta) = \tan\theta$$

式中 U_m——输出电压幅值；

ω——输出电压角频率；

θ——角位置值。

但由于各种因素的影响，上式一般不存在，但在任意角位置时角度传感器的两相输出总可以表示为

$$V_s\theta / V_c\theta = \tan(\theta + \Delta\theta)$$

式中 $V_s\theta$——在角位置θ时正弦相的实测输出值；

$V_c\theta$——在角位置θ时余弦相的实测输出值；

$\Delta\theta$——角度传感器在该角位置时的细分误差。

（撰写人：陈玉杰 审核人：李建春）

jiaodu chuanganqi zhengjiao wucha

角度传感器正交误差（Orthogonal Error of Angle Sensor）（Отклонение ортогональности датчика угла）

一种零位误差，传感器定子有两相正交绕组，若两相绕组完全对称，则两相相应的零位应相隔（$2N+1$）90°电角度，实际零位对

这一间隔角度的偏离称为正交误差。

（撰写人：陈玉杰　审核人：李建春）

jiaodu tiqu

角度提取（Angle Extraction）（Выведение углов）

由捷联系统姿态矩阵计算出运载体转动姿态角、航向角的方法和程序。

运载体坐标系相对于规定导航坐标系各轴向的转动姿态角度分别为俯仰角 φ（航天惯称，航空多称 θ）、滚动角 γ（航天惯称，航空多称倾斜角）、偏航角 ψ（航天惯称，航空多称航向角）。航空专业又多称 φ 和 γ 为姿态角，ψ 为航向角。

捷联系统姿态矩阵的各元素均为 φ，γ，ψ 不同形式的三角函数或其三角函数的组合形式。当已知姿态矩阵的 9 个元素值后，即为已知 φ，γ，ψ 的三角函数及其组合形式的关系式共 9 个方程式，由于姿态矩阵为正交矩阵，其 9 个方程式中只有 3 个独立的方程式，联立求解这些方程并作反三角函数运算，即可得出 3 个角度 φ，γ，ψ 的唯一真值解。

当 φ，γ，ψ 的绝对值小于 90°时，上述反三角函数主值即为它的真值。若 φ，γ，ψ 的绝对值大于 90°时，它们的反三角函数存在多值情况，算出其反三角函数的主值后，尚应作它们所处象限的判别计算，最后给出它们的真值。

上述各项计算均可在捷联系统计算机中按预定的方法及程序完成，实时计算出各采样瞬时的姿态航向角。

（撰写人：孙肇荣　审核人：吕应祥）

jiaojiasuduji

角加速度计（Angular Accelerometer）（Угловой акселерометр）

利用检测质量的惯性力或惯性力矩来测量载体相对惯性空间规定轴向的角加速度的装置。角加速度计由扭簧、检测质量、壳体、信号传感器和阻尼装置等组成。

当运动物体沿输入轴有角加速度时，就在检测质量上作用有与角加速度成比例的惯性力矩（比例常数就是检测质量绕输入轴的转动惯量），这一惯性力矩由一端固结于壳体而另一端与检测质量相固结的扭簧的弹性力矩来平衡，并通过信号传感器获得与角加速度成比例的电信号。其原理图如图所示。

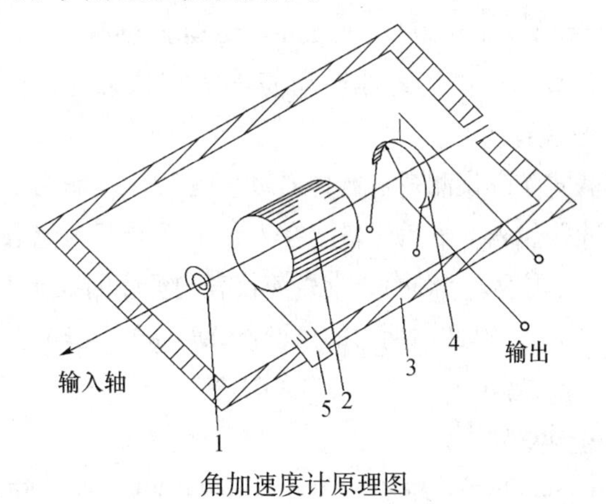

角加速度计原理图

1—扭簧；2—检测质量；3—壳体；4—信号传感器；5—阻尼装置

（撰写人：苏　革　审核人：闵跃军）

jiaosudu tiqu

角速度提取（Angular Rate Extraction）（Выведение угловых скоростей）

由捷联式陀螺仪输出角增量计算出运载体转动角速度信息的方法和程序。

实际运载体转动角速度随时间的变化规律有不确定性，故通常按陀螺仪输出角增量计算角速度均采用近似算法。若在采样周期（很短时间）内角速度为常值时，取一个采样角增量除以采样周期即得出采样瞬时的角速度值，此为一阶近似角速度提取算法。若在采样周期（很短时间）内，角速度为直线增长（或下降）时，在采样周期中点和末点共取两个角增量值，按预定算式即可得出各采样瞬时的角速度值，此为二阶近似角速度提取算法。同理，亦有三阶、四阶、五阶、六阶提取算法。

角速度提取计算依照上述算法和程序在捷联系统计算机内执行并完成。

（撰写人：孙肇荣　审核人：吕应祥）

jiaozengliang

角增量（Angle Increment）（Угловое приращение）

在1个计算周期内运载体转动姿态角的增加值。多用于捷联惯性系统的姿态解算。

采用捷联式陀螺仪测量运载体转动姿态时，其输出量为脉冲串形式，每个脉冲即代表1个角增量。在1个采样周期内记取陀螺仪输出的脉冲数 N（单位为个脉冲），乘以该仪表的标度因数 κ（单位为角度值/个脉冲）即可计算此周期内的角增量 $\Delta\theta=\kappa N$（单位为角度值）。

（撰写人：孙肇荣　审核人：吕应祥）

jiaozhendong shiyan

角振动试验（Angular Vibration Test）（Испытание угловой вибрации）

以正弦角振动作为输入，测量惯性器件在不同频率和振幅的角振动环境下的输出，并根据相关误差模型和分析方法作相应的数据处理，评价或得到惯性器件的动态性能，如不等惯量和交叉耦合等动态误差系数的标定、频率特性和过渡过程的测试。根据振动输入轴的个数，可分为单轴角振动试验、双轴角振动试验和三轴角振动试验。

（撰写人：周建国　审核人：李丹东）

jiaozhendongtai

角振动台（Rotary Vibrator）（Угловой вибрационный стенд）

主要用于捷联惯性系统及仪表动态性能测试的设备。可绕一个或多个正交轴按给定的幅值、频率作正弦角运动，其主要运动参数，如幅值、频率和波形失真度等的精度，应能够满足被测对象动态性能标定的要求；为满足试验需求，台面应有安装基准，台面和台体应有通过内部滑环相连的电气连接接插件。

除了正弦角运动工作方式，角振动台一般还具有定位和速率工作方式，且定位和速率的精度也应能满足被测对象静态测试的要求，从而实现动静态试验能够在一次安装一次通电的条件下完成。

根据转动轴个数的不同，可分为单轴角振动台、双轴角振动台和三轴角振动台。

（撰写人：周建国　审核人：李丹东）

jiaoyan

校验（Verification）（Верификация）

对测量系统或工具的输出量和标准量之间的关系所进行的定期核对工作。

有时对已测定的数据记录的真实性进行的检查、核对工作也称为校验。

（撰写人：苏　超　审核人：闫志强）

jiaoyan suanfa

校验算法（Verified Algorithm）（Алгоритм верификации）

利用数据通信的冗余（校验）信息来发现和纠正数据传输过程中产生的误码，从而提高通信可靠性的数据处理方法。常用的校验算法包括以下3种。

奇偶校验，就是在每一字节（8位）之外又增加了1位作为校验位，使数据和校验位的和为偶数。奇偶校验只能检测出错误而无法对其进行修正，虽然双位同时发生错误的概率相当低，但奇偶校验无法检测出双位错误。

循环冗余码CRC校验技术广泛应用于测控及通信领域。CRC计算可以靠专用的硬件来实现，但是对于低成本的微控制器系统，在没有硬件支持下实现CRC校验，主要通过软件来完成CRC计算（CRC算法的问题）。CRC校验的基本思想是利用线性编码理论，在发送端根据要传送的k位二进制码序列，以一定的规则产生一个校验用的监督码（既CRC码）r位，并附在信息后边，构成一个新的二进制码序列数共（$k+r$）位，最后发送出去。在接收端，则根据信息码和CRC码之间所遵循的规则进行检验，以确定传送中是否出错。

MD5 的全称是 Message-Digest Algorithm 5，在 20 世纪 90 年代初由 MIT 的计算机科学试验室和 RSA Data Security Inc 发明，由 MD2/MD3/MD4 发展而来的。MD5 的实际应用是对一段 Message（字节串）产生 fingerprint（指纹），可以防止被“篡改”。举个例子，常用的 MD5 校验值软件 WinMD5. zip，其 MD5 值是 1e07ab3591d25583eff5129293dc98d2，但你从某处下载该软件后计算 MD5 发现其值却是 81395f50b94bb4891a4ce4ffb6ccf64b，那说明该 ZIP 已经被他人修改过或下载中数据出错。MD5 广泛用于加密和解密技术上，在很多操作系统中，用户的密码是以 MD5 值（或类似的其他算法）的方式保存的，用户登录的时候，系统把用户输入的密码计算成 MD5 值，然后再去和系统中保存的 MD5 值进行比较，来验证该用户的合法性。

（撰写人：任　宾　审核人：周子牛）

jiaozhun

校准（Calibration）（Калибровка）

用一定的试验方法和设备，对产品或仪器进行准确度标（测）定及误差补偿的过程。校准的主要方法有两类，一类不需要外部信号，即自校准；另一类需要外部提供基准信息进行比对。

（撰写人：赵　群　审核人：易维坤）

jiaozhun shiyan（biaoding shiyan）

校准试验（标定试验）（Adjust Test）（Калибровочное испытание）

对筛选试验中未被淘汰的惯性仪表进行试验的标准测试程序。校准试验的目的是为了确定描述这类被试验仪表的基本特性的校准方程参数的数值。对于陀螺和加速度计的诸如标度因数、偏值和失准角等参数，在标准测试程序中可以进行测试，并且当传感器在惯性导航系统级中使用的整个寿命期内也可以像单个传感器级一样进行测试。某些参数，如温度敏感度和模型非线性，需要在制造厂进行测试并保证在传感器寿命期内有效。对于要在导航任务中使用的模型参数的标定，需要在任务前完成，就是给传感器以已知的输入，例如在重力场中翻滚，绕不同的轴旋转，进行振动或离心机测试，得到仪表的数据后估计出参数。也可以在任务过程中使用惯性导航系统外部辅助的方法来进行参数标定，如使用无线电导航接收机或星跟踪器，或者在确认惯性导航系统处于静止状态下的零速率更新周期中来标定。

（撰写人：李丹东 审核人：王家光）

jieyue chuli

阶跃处理（Step Processing）（Обработка ступенчатого сигнала）

在遥测系统正常的执行测量任务的过程中，给部件输入单位阶跃函数时，对输出端产生的过渡过程形成的数据边收集、边处理，这就是遥测阶跃处理。

通常将那些能有效地表征被测对象工作性能的参数进行实时处理，以便供任务执行者作现场监控用。

遥测数据的阶跃处理内容与具体的测量任务有关，概括地讲，其工作流程如下。

数据校正→数据压缩→数据编辑→数据计算→数据显示。

（撰写人：肖锋娟 审核人：杨健生）

jiechu gangdu

接触刚度（Contact Rigidity）（Жесткость контакта）

在接触的法向上发生单位长度变形（位）所需的力，它标志着由于零件表面凹凸不平，在载荷作用下微凸起部位发生变形导致的零件相对位置变化的难易程度。

这个力与变化的关系是非线性的，并且为接触面的几何尺寸、表面粗糙度、几何精度、加工方法、接触面介质、预压力及接触体的材料有关。

（撰写人：周长富 审核人：陈黎琳）

jiechu huaxing shijian

接触滑行时间（ Time of Contact Coasting）（Время пробега при контактировании）

动压气浮轴承陀螺电机（动压马达）同步运转后断电，转子组合件转速逐渐降低，当转速降低到一定程度后，气浮轴承之间的气膜承载能力不足以支撑转子组合件，由浮起状态时接触电阻无穷大到开始有接触电阻反映的瞬间，到转子组合件完全停止旋转所经历的时间间隔，称为接触滑行时间。通常采用欧姆计及计时秒表进行检测，用来测定具有导电特性材料制造的气浮轴承性能。

（撰写人：李宏川　审核人：闫志强）

jiechu yali

接触压力（Contact Force）（Сила контакта）

对导电簧片、电刷等弹性零件进行安装时，为了保证其接触的可靠性而施加的弹性压力。

（撰写人：郝　曼　审核人：闫志强）

jiedian

接点（Contact Point）（Контакты）

1. 提供两个导线或导电物体间电流流通所需的完整通路的接合点。

2. 完成通断某个电路的继电器、连接器或开关的导电接触部位部分。

（撰写人：刘军利　审核人：曹耀平）

jiekou chicun

接口尺寸（Dimension of Interface）（Размеры интерфейса）

部件、组件或产品与其他部件、组件或产品的横向对接，以及小系统与大系统，分系统与总系统的纵向对接，所需的位置尺寸和安装尺寸的统称。

一般产品的接口尺寸不影响产品自身的生产，却直接关系到系统的连接。

（撰写人：郝　曼　审核人：闫志强）

jiekou dianlu

接口电路（Interface Circuit）（Схема интерфейса）

计算机与外设之间起信号变换、状态监测、缓冲存储、数据传输、功率驱动、编程控制等作用的电路。接口电路提供了设备之间的物理连接。接口电路中通常包括多个口，例如保存数据的数据口，保存状态的状态口和保存命令的命令口，因此一个接口电路对应着多个口地址。

在以数字化总线为基础的惯导系统中，接口电路是连接系统各个部分的主要通道。标准化、可配置的接口电路使惯导系统具有更好的兼容性和可扩展性，有利于实现产品的系列化，满足复杂的使用要求。

（撰写人：黄 钢 审核人：周子牛）

jiejingdu

洁净度（Cleanliness）（Чистоплотность）

净化厂房（室）内等于或大于某粒径的空气悬浮粒子的浓度。

洁净度的级别为 1 m^3 空气中等于或大于某一粒径的悬浮粒子在统计学上许可的粒子的相关数。

洁净度级别定义为 1 m^3 空气中等于或大于 0.5 μm 的粒子在统计学上许可的粒数除以 35 后的整数，称为 n 级。如 1 m^3 内含 0.5 μm以上的粒子数不大于 35×100 个，则洁净度称为 100 级。对于 0.1 μm 洁净度级别，定义为 1 m^3 空气中等于或大于 0.1 μm 粒子在统计学上许可的粒数除以 35 后的整数，称为 0.1 μm n 级。

惯性器件生产环境一般应等于或优于 100 级。

（撰写人：赵 群 审核人：熊文香）

jielian benti

捷联本体（Base of Strapdown System）（Основание БИНС）

捷联惯性测量装置中惯性仪表（陀螺、加速度计等）集中安装的结构体。

捷联本体除安装惯性仪表外，也是瞄准棱镜、温控回路、配套的线路、电连接器等的自然安装体。

本体设有底基面、侧基面，是标定及使用时建立惯测组合坐标系的基础；也是惯性仪表、瞄准棱镜装配的相对基准。

（撰写人：陈东海 审核人：孙肇荣）

jielian benti jizhunmian

捷联本体基准面（Reference Surface of Strapdown Base）

（Базовая поверхность основания БИНС）

捷联本体上设计的精密机械平面，一般由底基面、侧基面构成，是惯性仪表、瞄准棱镜安装的相对基准，同时也作为本体加工、计量、装配、调试、标定及使用的基准。

（撰写人：陈东海　审核人：孙肇荣）

jielian benti xiezhen pinlü

捷联本体谐振频率（Resonance Frequency of Strapdown Body）

（Резонансная частота основания БИНС）

捷联本体（含安装的惯性仪表等）与外加振动谐振时的固有频率。捷联本体谐振频率的数值及在该频率处对外界振动量的放大倍数等对本体及其中惯性仪表有极为重要的影响，是设计捷联本体时应严格控制的技术参数。影响该频率大小的因素主要有本体材料特性、加强筋的布局及尺寸、本体上仪表安装结构的合理性等。应按技术要求综合考虑，设计和试验配合确定出该频率参数。

（撰写人：陈东海　审核人：孙肇荣）

jielian gezhen zhuangzhi

捷联隔振装置（Vibration Isolation Unit of Strapdown System）

（Амортизационное устройство БИНС）

为隔离或降低载体振动对捷联系统影响而设计的机械装置，又称减振装置。这种装置的功能是对外界机械振动进行低通滤波，它可提高惯性仪表的使用可靠性，增加惯性仪表对力学环境的适应性。

捷联隔振装置与被隔体配套后的技术参数主要有：角共振频率、线共振频率及共振点的放大倍数（或隔振效率）。角共振频率必须在用户要求的测量角振动的带宽以外，并避开陀螺共振点或其他敏感频率；线共振频率及放大倍数（隔振动率）设计时，主要考虑惯性仪表对力学环境的承受能力。

角共振频率、线共振频率参数之间的关系应按具体使用技术要求进行设计。

（撰写人：陈东海 审核人：孙肇荣）

jielian guandao suanfa

捷联惯导算法（Strapdown Inertial Navigation System Algorithms）（Алгоритм БИНС）

依据捷联式惯性仪表的测量输出信息，经计算给出运载体所需全部导航与控制信息的计算方法。

上述算法工作均在运载体计算机中进行，其内容及流程依捷联系统应用于不同对象、不同功能和不同技术要求而不同。其一般主要内容及流程如图所示。

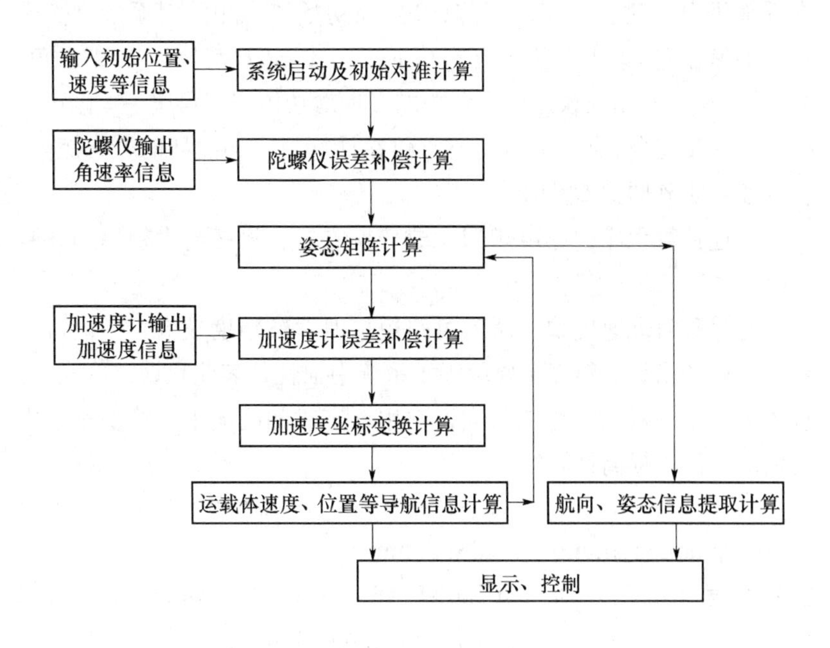

捷联惯导算法流程图

上述算法是按任务要求进行捷联系统设计和研究的主要关键技术之一，工程上受到普遍重视。

（撰写人：孙肇荣 审核人：吕应祥）

jielian guandao xitong chushi cuduizhun

捷联惯导系统初始粗对准（Initial Coarse Alignment of Strapdown Inertial Navigation System）（Грубая начальная выставка БИНС）

捷联惯导系统自主式初始对准的快速、粗略对准工作过程，又称一次修正解析粗对准。根据采集系统中陀螺仪、加速度计输出量，在计算机中作姿态解算，最终给出载体系（b 系）与计算参考地理系（t′ 系）间的初始姿态矩阵 $C_b^{t'}(o)$。

此过程原理程序如下：1）依外部仪表、设备或系统内陀螺、加速度计获知 b 系与 t′系间的初始姿态角（精度为几度量级），并据此在计算机中构建初始姿态矩阵；2）经初始姿态矩阵对系统中陀螺仪、加速度计输出信息作姿态变换，计算出 t′系的误差姿态角；3）将初始姿态角与误差姿态角相加（即对初始姿态角作一次修正），得出新的姿态角；4）按新的姿态角在计算机中构建新的姿态矩阵，新的姿态矩阵即为 $C_b^{t'}(o)$。

上述计算程序中亦可用四元数变换方法，最终给出初始四元数 $q_b^{t'}(o)$。

此过程对准速度快，所需时间短，但对准精度较低，一般可达到优于度的量级。精度主要取决于系统中惯性仪表测量误差的大小。载体运动干扰对精度影响很大，常用一定时间间隔中计算姿态角平均值的方法，提高计算精度。

（撰写人：孙肇荣　审核人：吕应祥）

jielian guandao xitong chushi duizhun

捷联惯导系统初始对准（Initial Alignment of Strapdown Inertial Navigation System）（Начальная выставка БИНС）

确定捷联惯导系统进入导航状态初始时刻，载体系（b 系）与导航坐标系（常选当地地理坐标系 ——t 系）间姿态矩阵 $C_b^t(o)$ 的工作过程。

该过程可使“计算机平台”得到导航计算正确的初始条件，其对准精度直接影响系统的导航性能，是保证系统精度的关键技术之一。系统对准所需时间和对准精度是捷联惯导系统初始对准的两项主要技术指标。

利用外部光学或光电设备瞄准该系统基体上的光学基准镜,确定其初始方位角,同时利用系统内的加速度计确定其初始水平姿态角,综合计算出 $C_b^t(o)$,称组合式初始对准;利用系统内陀螺仪感测地球自转北向角速度,确定其初始方位角,利用加速度计确定其初始水平姿态角,综合计算出 $C_b^t(o)$,称自主式初始对准。自主式对准常分为粗对准、精对准两阶段进行。详见捷联惯导系统初始粗(精)对准。

载体静止不动时的对准称静基座初始对准，此时捷联惯导系统初始对准精度主要取决于东向陀螺仪的漂移误差和东、北向加速度计的零偏误差（均指未补偿掉的误差）；载体运动时的对准称动基座初始对准，此时的对准精度除与惯性仪表本身的精度有关外，受载体运动状态影响很大，常用现代控制、滤波、动态建模等技术，实时估算并补偿惯性仪表测量输出量和误差，以提高初始对准精度并缩短对准时间。

（撰写人：孙肇荣　审核人：吕应祥）

jielian guandao xitong chushi jingduizhun

捷联惯导系统初始精对准（Initial Close Alignment of Strapdown Inertial Navigation System）（Точная начальная выставка БИНС）

捷联惯导系统自主式初始对准的精确对准过程，又称解析精对准。依据系统粗对准给出的 $C_b^{t'}(o)$（见捷联惯导系统初始粗对准）在计算机中作连续修正计算、最终给出载体系（b 系）与真实地理系（t 系）间的初始姿态矩阵 $C_b^t(o)$。

在粗对准中，三条对准回路均有舒拉振荡，不满足精对准要求，解决的主要措施程序如下：1）对经 $C_b^{t'}(o)$作姿态变换后的两水平加速度信息按精调平、方位精对准回路设计滤波回路，得出姿态修正角速度信息；2）用此信息修正陀螺仪测量输出得出新的 b 系角速度信息；3）以此信息代入姿态矩阵微分方程，解算出新的姿态矩阵；4）以新的姿态矩阵替换粗对准给出的 $C_b^{t'}(o)$。上述程序的 4 个步骤可在计算机中自动反复进行，直至满足精度要求为止。最终得出 $C_b^t(o)$。

上述计算中亦可用四元数变换方法，最终给出初始四元数 $q_b^t(o)$。

此过程对准精度高，在东向陀螺漂移为 0.001 (°)/h，两水平加速度计零偏为 $10^{-5}g_0$ 时，对准精度可优于 1 角分量级。为克服载体运动干扰对精度的影响，常采用卡尔曼滤波技术，最优估计出惯性仪表测量误差并加以补偿，提高对准精度，缩短对准时间。

（撰写人：孙肇荣　审核人：吕应祥）

jielian guandao xitong yibiao peizhi

捷联惯导系统仪表配置（Instrument Allocation of Strapdown Navigation System）（Расположение чувствительных элементов БИНС）

捷联惯导系统对所用陀螺仪、加速度计等仪表的形式、数量、安装方式等的设置方法或方案。

捷联系统仪表配置应主要根据使用任务要求，具体分析后确定。其中对一些重要因素，如系统功能及精度要求、尺寸质量限制、可靠性及冗余要求、生产周期、成本及惯性仪表研制进度等均需综合考虑，合理选择配置方法。

通常，根据捷联惯导系统必须能测量出载体坐标系三个轴向上的加速度（或速度增量）和绕此三个轴转动的角度或角速度的基本要求，其仪表配置方法大致如下。

1. 基本型配置：由两个二自由度位置型陀螺仪和三个加速度计组成位置捷联系统。由三个单自由度角速率型陀螺或者用两个二自由度角速率型陀螺仪和三个加速度计组成速率捷联系统。

2. 冗余型配置：为提高捷联系统的可靠性，在基本型配置的基础上构成冗余或余度仪表（简称冗余或余度系统）。惯性仪表的冗余设置有“平行轴冗余”和“斜置轴冗余”方式。平行轴冗余系统必须把沿载体三个坐标轴配置的测量轴加倍；斜置轴冗余系统需要增加在空间作适当分布的一个或几个测量轴。

3. 无陀螺型配置：系统中仪表完全由加速度计组成。用加速度计代替陀螺测量载体的角速度。目前该技术已受到国内外的广泛重视，正在积极研制中。

（撰写人：赵国勇　审核人：孙肇荣）

jielian guandao zuobiao bianhuan

捷联惯导坐标变换（Coordinate Transformation of Strapdown Inertial Navigation System）（Преобразование координат БИНС）

将捷联式加速度计和陀螺仪输出的视加速度和角度或角速度信息变换为规定导航坐标系视加速度和角度或角速度的解算方法和过程。

运载体导航计算必须沿规定导航坐标系各轴向的视加速度和角度或角速度信息，而捷联式加速度计和陀螺仪输出的信息是沿运载体坐标系各轴向的视加速度和角度或角速度，故需将这些输出作变换计算，得到规定导航坐标系所需的信息。一般在变换计算前，应依据所用加速度计和陀螺仪的周期标定或现场在线标定出的各误差系数，对它们的输出信息作静态、动态误差补偿计算，得出运载体真实的视加速度和真实的角度和角速度。依据真实的角度或角速度组成的转动矩阵微分方程，解算出运载体坐标系与规定导航坐标系之间转动方位关系的姿态矩阵，以其作为坐标变换矩阵，对真实的视加速度作变换计算，得到所需的导航视加速度，并由姿态矩阵解算出导航姿态、航向信息。

（撰写人：孙肇荣　审核人：吕应祥）

jielian jiesuan jisuanji

捷联解算计算机（Strapdown Computer）（Вычислительная машина БИНС）

完成捷联式惯导信息采集、处理和解算的计算机装置。

该装置通常作为捷联式导航计算机的一部分。其主要完成以下主要计算：1）采集初始方位、姿态信息，计算初始四元数或方向矩阵；2）采集捷联陀螺仪和加速度信息并对其作预定的误差补偿；3）依此计算捷联姿态矩阵；4）按姿态矩阵计算出载体瞬时的姿态航向信息；5）依姿态矩阵对误差补偿后的加速度信息作坐标转换计算等。

捷联解算算法比较复杂，故对捷联解算计算机的精度和速度有一定的要求。

（撰写人：杨大烨　审核人：孙肇荣）

jielian lengjing

捷联棱镜（Prism of Strapdown System）（Призма БИНС）

装在捷联本体上用做方位对准的直角棱镜。该棱镜安装在捷联惯性组合内，外部方位基准光线可透过捷联本体上相应的玻璃窗口射到棱镜上。棱镜光轴相对捷联本体的底基面、侧基面应按技术要求精确安装并保持固定不动。

（撰写人：陈东海　审核人：孙肇荣）

jielianshi guanxing xitong

捷联式惯性系统（Strapdown Inertial System）（Бесплатформенная инерциальная навигационная система（БИНС））

捷联式惯性测量、惯性导航、惯性制导、惯性参考（基准）等系统的统称。

一般有三个通道的陀螺仪和加速度计直接安装在运载体上，敏感出各通道上运载体转动角度、角速度和运动加速度等信息，将其输入计算机，按相应的姿态解算算法计算出运载体在规定的三维坐标系中的方位、姿态、位置、速度、加速度等信息的系统称捷联式惯性测量系统。其中，用陀螺仪直接测量运载体转动角度的称为位置捷联式惯性测量系统；用陀螺仪直接测量运载体转动角速率的称为速率捷联式惯性测量系统。

用上述测量系统计算出的信息，经相应仪表、设备显示出运载体当前的姿态、位置、速度等参数，为驾驶、操纵运载体提供参考基准的系统称捷联式惯性导航系统，简称捷联惯导。

将上述测量系统计算出的信息送入控制计算机等仪器、设备作放大、变换处理后，自动操纵执行机构，按照预定的规律和路线控制、导引运载体到达目的地的系统称捷联式惯性制导系统。

利用上述测量系统建立并保持运载体方位、姿态参考坐标系的系统称捷联式惯性参考（基准）系统。

捷联式惯性系统与传统的平台式惯性系统相比有体积小，质量轻，造价低，维护方便，便于冗余配置提高可靠性，对陀螺仪、加速度计抗运载体振动、冲击能力要求高，对计算机的计算速度、容量要求较高等特点，国内外已将其广泛用于火箭、导弹、宇宙飞船、飞机、舰艇、地面车辆中，有非常重要的军事应用价值和广阔的国民经济应用前景。

（撰写人：孙肇荣 审核人：杨 畅）

jielian suanfa

捷联算法（Strapdown System Algorithms）（Алгоритм БИНС）

捷联惯导系统计算方法的统称。

捷联算法主要包括：捷联式惯导算法、姿态算法、加速度坐标转换算法、角速度提取算法、角度提取算法、增量算法、方向余弦修正算法、四元数修正算法、方向余弦正交化和正规化算法、四元数正交化和正规化算法、圆锥补偿算法、捷联系统冗余算法等。

（撰写：孙肇荣 审核人：吕应祥）

jielian suanfa huachuan wucha

捷联算法“划船”误差（Sculling Error of Strapdown Algorithms）（“Гребная”ошибка алгоритма БИНС）

捷联系统按转动矢量法对运载体作线加速度积分变换算法的一种残余动态整流误差。

按转动矢量法计算运载体瞬时姿态并对其线加速度作积分运算而变换到规定导航坐标系时，有一积分项线速度为

$$\frac{1}{2}\int[\phi \times a + u \times \omega]\mathrm{d}t$$

其中 ϕ——转动矢量角；

a——线加速度矢量；

u——线速度矢量；

ω——角速度矢量。

当运载体绕其一坐标轴作角振动，同时沿与其垂直的第二坐标轴作相同频率线振动时，依此积分算法每计算周期会在第三正交轴向产生所谓“划船”运动速度误差，如下式所示

$$u_3 = \frac{1}{2}\theta_1 A_2 \Omega^2 T\cos\lambda\left(1 - \frac{1}{\Omega T}\sin\Omega T\right)$$

式中 θ_1——角振动振幅；

A_2——第二正交轴向线振动振幅；

Ω——角振动（亦为线振动）圆频率；

T——计算周期；

λ——角振动与线振动之间相位差角；

u_3——第三正交轴向的计算误差线速度。

显然，u_3 中有常值误差，其大小与 λ 有关。当 $\lambda = 0°$，180°时，误差最大；当 $\lambda = 90°$，270°时，误差为0。

工程应用中，对此误差应加以补偿、修正。

（撰写人：孙肇荣　审核人：吕应祥）

jielian suanfa yuanzhui wucha

捷联算法圆锥误差（Coning Error of Strapdown Algorithms）

（Коническая ошибка алгоритма БИНС）

捷联惯导系统按转动矢量法计算运载体姿态角算法的一种残余动态整流误差。

按转动矢量法计算运载体瞬时姿态角时，其中一积分项为

$$\frac{1}{2}\int \phi \times \omega \mathrm{d}t$$

式中 ϕ——转动矢量角；

ω——角速度矢量。

该积分项具有转动不可交换性（非互易性）。特别当运载体发生圆锥运动（即两正交轴同时作相同频率角振动）时，每计算周期内

产生算法圆锥误差角，如下式所示

$$\phi_3 = \frac{1}{2}\theta_1\theta_2\Omega T\sin\lambda\left(1 - \frac{1}{\Omega T}\sin \Omega T\right)$$

式中 θ_1、θ_2——分别为第一、第二两正交轴向角振动振幅；

Ω——两角振动圆频率；

T——计算周期；

λ——两角振动相位差；

ϕ_3——第三正交轴向的圆锥误差角。

显然，ϕ_3 中有常值误差，其大小与相位差 λ 有关。当 $\lambda=0°$，180°时，误差为0；当 $\lambda=90°$，270°时，误差最大。

工程应用中，对此误差应加以补偿、修正。

（撰写人：孙肇荣 审核人：吕应祥）

jielian xitong dongtai wucha biaoding

捷联系统动态误差标定（Dynamical Error Calibration of Strapdown System）（Калибровка динамииеских ошибок БИНС）

在运动基座上对捷联惯导系统中与角振动、线振动有关的误差系数作分离测定的试验过程。捷联系统误差模型方程中，除静态误差部分外，还有与载体运动角速度、角加速度及线振动等有关的误差系数，统称为动态误差系数。例如，在载体有角振动或线振动时，挠性仪表捷联系统中动调陀螺仪会产生不对称性整流误差、角加速度误差、不等惯量误差、交叉耦合误差等误差项。系统中的摆式加速度计也会产生不对称性整流误差、振动误差等误差项。

通常可在三轴角运动台上对系统中的这些误差系数进行标定。改变转台角振动的频率、幅度和各轴间角振动的相位角，或者按设计程序改变转台的角速度、角加速度大小，即可标定出和这些运动参数状态有关的动态误差系数。

（撰写人：赵国勇 审核人：孙肇荣）

jielian xitong jiayuanzhui wucha

捷联系统假圆锥误差（Pseudo-coning Error of Strapdown System）（Псевдоконическая ошибка БИНС）

捷联系统将未作圆锥运动的运载体误作为作圆锥运动测量、计算而产生的误差角速度。

运载体只绕其一个坐标轴作角振动，未作圆锥运动（见捷联系统圆锥误差）。由于捷联系统陀螺仪（如动调陀螺仪）转子动力学的原因，而在另一垂直轴向输出一同频率同相位的角振动信息（属“角加速度误差”项）。此两角振动信息输入计算机，即会按有圆锥运动算法计算出第三正轴向有一“圆锥误差”角速度，如下式所示

$$\frac{A}{2H}\theta_1^2\omega^2(1-\cos 2\omega t)$$

式中 θ_1—— 角振动幅度；

ω—— 角振动圆频率；

H—— 动调陀螺动量矩；

A—— 陀螺转子赤道转动惯量。

显然，假圆锥误差中除有交变分量（整周期中平均值为0）外，有常值角速度值$\frac{A}{2H}\theta_1^2\omega^2$。

对陀螺仪的相关误差（含“角加速度误差”项）作误差补偿后再输入计算机计算，不会发生假圆锥误差。

（撰写人：孙肇荣 审核人：吕应祥）

jielian xitong jiesuan zhouqi

捷联系统解算周期（Navigation Period of SINS）（Период вычисления БИНС）

捷联解算计算机计算给出其计算参数的周期。

捷联惯导系统每个解算周期都向制导与控制系统输出一组导航参数。

一般该解算周期愈短，则要求计算机采样频率愈高，计算速度

也愈快，其计算精度愈高。

（撰写人：杨大烨　审核人：孙肇荣）

jielian xitong jingtai wucha biaoding

捷联系统静态误差标定（Statical Error Calibration of Strapdown System）（Калибровка статииеских ошибок БИНС ）

在地面静止基座上对捷联惯导系统误差系数进行分离测定的试验过程。

此过程中，利用地球重力加速度和自转角速率均为恒定矢量的特性，通过对捷联系统按预定程序作多位置翻转定位测试，相当于对其中陀螺仪和加速度计各个轴向均分别输入了已知的加速度和角速度，对它们在各个转位上的输出量作分析、计算、处理，即可分离确定出它们的常值项、与 g 有关项等各误差系数。

捷联系统静态误差标定可分别采用手动翻转测试设备、半自动化多位置测试设备和全自动化多位置测试设备完成，具体采用何种设备应视任务要求、被测产品批量大小及经济情况等综合分析确定。

（撰写人：赵国勇　审核人：孙肇荣）

jielian xitong lixue bianpai

捷联系统力学编排（Strapdown System Mechanization）（Реализация БИНС）

根据各惯性仪表在捷联系统中的总体布局形式和选定的导航坐标系等，将各仪表的输出信息在计算机中按合适的计算程序处理成合适的导航和控制信息的整个过程。

这一过程主要包括：选定导航坐标系，对陀螺和加速度计的输出信息作误差补偿，用陀螺仪输出信息计算姿态矩阵，用姿态矩阵对加速度计输出作坐标变换、地球引力的处理计算、载体在导航系中的速度计算、位置计算、姿态航向计算，输出全部导航和控制信息等。

（撰写人：赵国勇　审核人：孙肇荣）

jielian xitong rongyu sheji

捷联系统冗余设计（Redundancy Design of SINS）（Проектирования на избыточность БИНС）

捷联惯导系统中采用仪表级、系统级等冗余配置来提高系统可靠性的设计技术。

该设计技术通常包括：硬件与软件冗余配置方案、冗余方案的导航精度和可靠性评价、冗余系统故障检测、故障隔离、系统重构等设计技术。

通过设置冗余（即超过所需数量）惯性元件来提高系统的可靠性，效果很显著，但要增加惯性元件的数量及故障检测措施，很适用于捷联式惯性导航系统。采用冗余技术还可以提供重复的测量数据，并借助于数据融合技术来降低单个惯性仪表误差的影响，提高系统实用精度。

随着控制理论和计算机技术的发展，利用冗余技术提高导航系统的可靠性是现代导航技术主要的发展方向之一。

（撰写人：杨大烨　审核人：孙肇荣）

jielian xitong sulü biaoding

捷联系统速率标定（Rate Calibration of Strapdown System）（Калибровка БИНС на скоростном стенде）

在速率转台上分离测定该系统测量角速率的标度因数和安装误差系数的试验过程。

通常速率捷联系统的速率标定在单轴速率转台或单轴速率三轴位置转台上进行。在速率转台上，分别对该系统的每个角速率测量轴进行速率测试，转台速率从“低”到“高”，先“正”后“负”依次变化，作为对该系统的输入量，同时采集该系统三个测量轴上的输出值，按角速率测量误差模型方程列写出标度因数和安装误差系数的回归方程，以上述“输入—输出”的对应值进行回归计算和数据处理，即可分别求得每个测量轴的标度因数，以及与测量轴间相关的安装误差系数。

速率标定中应注意：1）转台台面应与回转轴线相垂直，其锥摆误差应根据精度要求加以限制；2）为了避免对转台速率平稳度要求过高，在速率测试时，可用定角测时法，测出在不同速率下转台转1周（360°整角度）所需的时间，取其平均速率即可。

上述标度因数的标定，常按使用要求不同，采用不同的速率范围、方向等进行回归计算。例如，可分为：1）“正”、“负”速率方向统一回归，即计算出一个标度因数 k；2）“正”、“负”速率方向分别回归，即分别计算出标度因数 K^+ 和 K^-；3）在小速率区间按“正”、“负”速率方向统一回归，计算出标度因数 K，而后向大速率范围区间延伸使用（适用于小速率范围标度因数精度要求高，而大速率范围其精度要求低的情况）。

（撰写人：赵国勇　审核人：孙肇荣）

jielian xitong yuanzhui wucha

捷联系统圆锥误差（Coning Error of Strapdown System）

（Коническая ошибка БИНС）

运载体作圆锥运动时，捷联系统测量、计算不当而产生的误差角速度。若运载体同时绕其两正交轴作同频率角振动时，第三正交坐标轴向会出现相对规定导航坐标系（或惯性坐标系）转动的所谓“圆锥运动”，其角速度近似为

$$\frac{1}{2}\theta_1\theta_2\omega\sin\varphi(1+\cos2\omega t+\sin2\omega t)$$

式中 θ_1,θ_2—— 分别为两正交轴角振动幅度；

ω—— 角振动圆频率；

φ—— 两角振动相位差。

若捷联系统的陀螺仪未正确输出上述两轴角振动和上式所示第三轴的圆锥角速度，或者系统计算机计算不正确，则计算机输出的第三轴上即会出现如上式所示的“圆锥误差”角速度。显然，圆锥误差角速度除交变分量（整周期中平均值为0）外，有常值角速度 $\frac{1}{2}\theta_1\theta_2\omega\sin\varphi$，它与相位差 φ 有关。当 $\varphi=0°,180°$ 时，此角速度为0；当

φ = 90°,270° 时,此角速度最大。陀螺仪能正确输出上述角振动、圆锥运动角速度信息,且系统计算正确时,理论上不会产生圆锥误差。

（撰写人：孙肇荣 审核人：吕应祥）

jielian xitong zhenbai wucha

捷联系统振摆误差（Vibropendulous Error of Strapdown System）（Ошибка вибро-качания БИНС）

运载体作振摆运动时，捷联系统测量、计算不当而产生的误差加速度。

运载体沿其一坐标轴向作线振动运动，同时又绕另一相垂直的坐标轴作与线振动同频率、同相位的角振动时，则其第三正交坐标轴向会产生相对规定导航坐标系（或惯性坐标系）的所谓“振摆运动”，这是一种线运动，其线加速度近似值为

$$\frac{1}{2}X_m\omega^2\psi_m\cos\phi(1+\cos2\omega t)$$

式中 X_m—— 线振动轴向的线振幅；

ω—— 线振动的(也是角振动的)圆频率；

ψ_m—— 角振动轴向的角振幅；

ϕ—— 线振动与角振动之间的相位差。

捷联系统中陀螺仪、加速度计，计算机对上述线振动、角振动、振摆运动作测量、计算中，若计算机解算不正确，或者计算正确，而只有第三正交轴上加速度计不能正确输出振摆运动加速度信息（或者只有线振动轴向的加速度计、角振动轴向的陀螺仪不能正确输出相应线振动、角振动信息）时，则计算输出的第三正交轴向即会出现如上式所示的振摆误差加速度。

显然，振摆误差加速度中除交变分量（整周期中平均值为0）外，有一常值加速度$\frac{1}{2}X_m\omega^2\psi_m\cos\phi$，它与相位差角 ϕ 有关。当 ϕ = 0°，180°时，加速度最大；当 ϕ =90°，270°时，加速度为0。

在陀螺仪，加速度计对上述角振动、线振动、振摆运动均能正确

测量并输出，计算机解算正确时，理论上不会产生振摆误差加速度。

（撰写人：孙肇荣 审核人：吕应祥）

jielian xitong zimiaozhun jisuanji

捷联系统自瞄准计算机（Strapdown System Self-collimation Computer）（Вычислитель автономной выставки по азимуту БИНС）

用于捷联系统自主式方位对准数据采集和方位角解算的计算机。

（撰写人：牛 冰 审核人：孙肇荣）

jiexishi guanxing xitong

解析式惯性系统（Analytic Inertial System）（Аналитическая ИНС）

对载体的导航定位、姿态等信息完全是按数学关系计算后由计算机提供的惯性导航系统。此系统可分为两种形式：空间稳定惯性平台系统、捷联式惯性系统。

空间稳定惯性系统通常由一个三轴陀螺稳定平台组成。平台相对惯性空间稳定，（详见陀螺稳定平台）。平台上加速度计输出信号不包括重力加速度的视加速度，必须对重力加速度分量通过计算机加以补充，然后进行积分得到载体真实速度、位置信息，这些信息是相对惯性坐标系的。通常导航定位是相对地球表面，因此必须进行坐标转换计算才能得到相对地球表面的速度及经、纬度等导航参数。

捷联式导航系统中加速度计测量的是载体系的视加速度，必须按姿态矩阵经坐标变换计算，由计算机给出导航系（如地理系、惯性系等）加速度，以及速度、位置、姿态、方位等信息。（详见捷联式惯性系统。）

（撰写人：赵 友 闫 禄 审核人：孙肇荣）

jingangshi daoju

金刚石刀具（Diamond Tool）（Алмазный инструмент）

以金刚石材料为切削刃的刀具。

金刚石刀具有天然金刚石和人造金刚石两种。人造金刚石是以石墨为原料在高温、高压下制成的，分为单晶体和聚晶体两种。金刚石刀具具有下列特点：高硬度（金刚石的显微硬度达 1 000 HV 左右）、耐磨性好、高的弹性模量、导热性好、刀面及切削刃的粗糙度小（可加工表面粗糙度为 Ra 0.1 ～ 0.012 μm 的铝、铜及其合金零件）、刃口锋利、与其他物质亲和力小、热膨胀系数低、摩擦系数小等。但金刚石刀具性质很脆，抗冲击能力低，热稳定性差（切削温度超过 700 ～ 800 ℃时就会转变为石墨完全失去其硬度），且价格昂贵，刃磨困难。

金刚石刀具主要用于加工各种有色金属：铝合金、铜合金、镁合金等；也用于加工钛合金、金、银、铂、硬质合金及各种陶瓷和水泥制品；对于非金属材料，如掺有磨料的硬橡胶、碳及石墨制品、硬纸板、压缩木材、胶木、塑料、刚玉、玻璃、含玻璃纤维的组合材料、碳素纤维/环氧树脂复合材料（CFRP）等的加工效果都很好。金刚石还用于加工锗、硒化锌、硫化锌、砷化镓、碘化铯、溴化钾、碲化镉、铌酸锂、化学镀镍等红外线领域所使用的材料。用金刚石刀具可以加工的聚合物材料有聚丙烯、尼龙、聚碳酸酯、聚苯乙烯、聚砜、乙缩醛和氟塑料等。

金刚石刀具不适于铁族金属的加工。

金刚石刀具的品种主要有精密车刀、超薄切片刀、雕刻刀、眼科手术刀、首饰劈划刀、砂轮修整刀、玻璃刀、显微硬度压头等。航天产品的精密加工多采用天然金刚石刀具，例如：气浮、液浮轴承组件的加工，由于其刀尖刃口半径可刃磨到 0.1 μm 以下，因此可进行微切深加工。

（撰写人：刘　晶　审核人：熊文香）

jingangshi daoju shimohua

金刚石刀具石墨化（Diamond Tools Graphiting）（Графитизация алмазного инструмента）

当金刚石刀具在研磨过程中温度高达 700 ～ 800 ℃以上时，研磨效率急速增加，此时碳原子由 sp^3 杂化类型 $\overset{|}{\underset{/\,|\,\backslash}{C}}$ 向 sp^2 杂化类型

C—转化，即为金刚石刀具的石墨化过程。

金刚石和石墨是碳的同素异形体。金刚石是每个碳原子均以 sp^3 杂化轨道和相邻 4 个碳原子以共价键结合而成的晶体，在所有物质中的硬度最大（硬度为 10 Moh）。石墨是每个碳原子以 sp^2 杂化轨道和相邻的 3 个碳原子结合而成的层状结构，层间电子比较自由，层间结合力弱，容易滑动，质软。比金刚石的结构更稳定，金刚石刀具的机械研磨加工方法就是利用机械研磨和石墨化共同作用达到材料去除目的的。

因此，在使用金刚石刀具进行切削时，应尽量避免切削温度超过 700～800 ℃。

（撰写人：李耀娥　审核人：易维坤）

jinshu jianshe

金属溅射（Metal Spattering）（Разбрызгивание металла）

具有一定能量的离子入射到金属表面上时，它将同表面层内的原子不断地进行碰撞，并产生能量转移。金属表面层内的原子获得能量后将作反冲运动，并形成一系列的级联运动。当其动能大于表面的结合能时，它将从金属表面发射出去，这种现象称为金属溅射。

（撰写人：李锋轩　审核人：汤健明）

jinshumo

金属膜（Metallic Coating）（Металлическая плёнка）

金属和合金是应用较为广泛的光学薄膜材料。将金属材料用真空镀膜的方法镀在一个合适的玻璃、石英或金属基底上的膜层上，这样的薄膜称为金属膜。金属膜具有反射比高、截止带宽、中性好、偏振效应小以及吸收可以改变等优点，因而在一些特殊用途的膜系中有着特别重要的应用。例如铝膜作为紫外干涉滤光片的反射膜等。

（撰写人：章光健　审核人：王　轲）

jinshu naoxing baishi jiasuduji

金属挠性摆式加速度计（Flexible Metal Pendulous Accelerometer）（Маятниковый акселерометр с металлической гибкой подвеской）

由摆组件、传感器、动圈式力矩器、金属挠性杆、浮液、前置放大器、壳体等组成的加速度计，如图所示。

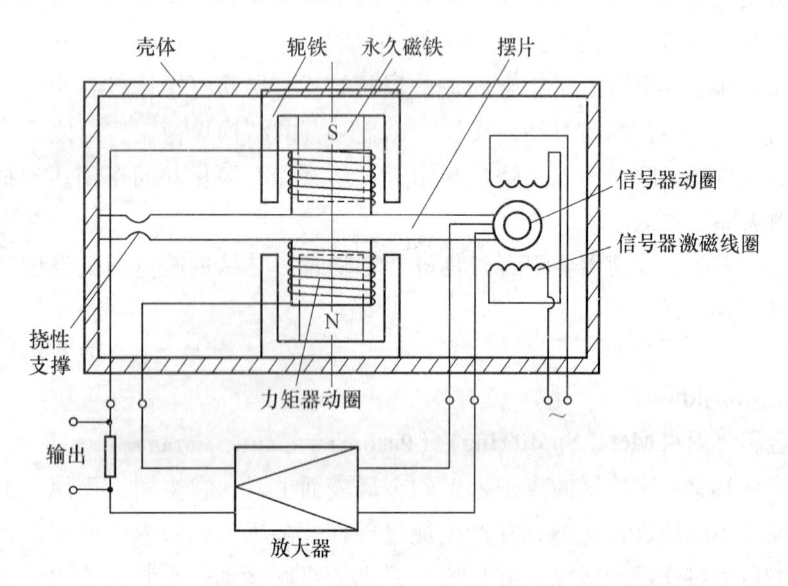

充油式挠性摆式加速度计结构示意图

其特点是摆组件由三角形摆片、力矩器动圈、信号传感器动圈组成，它通过两根金属挠性杆与壳体弹性连接，输入轴方向刚度很小，故工作时产生的弹性力矩很小。

表内充有甲基硅油，阻尼较大，系统放大倍数较大，故工作摆偏角很小（$<0.2''/g$）交叉耦合误差可以忽略。力矩器磁路设计一个具有负温度系数的热敏磁分路环，称为温度补偿装置，使标度因数温度系数较小。仪表还配有温控装置，使其在恒温状态下工作。

仪表配有的电流频率转换电路，将与加速度计成比例的输出电流转换成脉冲信号输出，便于计算机控制。仪表性能优良，体积小，质量轻，结构简单，工艺性好，工作可靠性高，抗冲击、抗振动能力强，可用于航天、航空、航海等领域内。

（撰写人：沈国荣　审核人：闵跃军）

jingdu

经度（Longitude）（Долгота）

通过地面点的天文子午面与本初子午面间的夹角，叫天文经度，简称经度。通过地面点的大地子午面与本初子午面的夹角，叫大地经度。

地球上包含当地铅垂方向并与地球自转轴平行的平面，叫天文子午面；包含参考椭球面的法线及其短轴的平面，叫大地子午面。

在本初子午面以东为东经，以西为西经。各由0°到180°。通常用度、分、秒（°,′,″）表示，有时也用时、分、秒（h，m，s）表示。

（撰写人：谢承荣　审核人：安维廉）

jingweidu zuobiaoxi

经纬度坐标系（Latitude-Longitude Coordinate System）（Система координат широта-долгота）

用于描述地球表面及其附近物体位置及运动的一种球面坐标系。坐标原点即为该物体质心，其位置由该点的经度 λ、纬度 φ 及高度 h 确定。经度 λ 定义为以经过格林尼治天文台的子午线为经度0，向东为东经，向西为西经，东西经各180°。以东经为正，西经为负，即 $\pm 180°$。纬度 φ 是该点参考椭球的法线与赤道平面的夹角，北半球为正，南半球为负，即 $-90° \leqslant \varphi \leqslant +90°$。高度 h 是该点到参考椭球表面的距离，高于椭球表面为正，低于椭球表面为负。

在航空、航海导航中，多用经纬度坐标进行位置表述。

（撰写人：吕应祥　审核人：杨立溪）

jingmi jiliang

精密计量（Precision Measure）（Прецизионное измерение）

测量是为确定被测对象的量值而进行试验的过程，就是将被测量与一个作为测量单位的标准量进行比较，以求其比值的过程。精密计量是测量1 μm及更高精度的测量过程。

（撰写人：王继英　审核人：谢　勇）

jingmi lixinji

精密离心机（Precision Centrifuge）（Прецизионная центрифуга）

由电机驱动的具有足够尺寸和强度的大臂或转盘结构组成的机电设备，能够产生高精度的向心加速度，主要用途是在大加速度试验条件下，标定惯导加速度计的比例系数、分离非线性项和其他项误差系数，得到被测对象的误差模型。

一般精密离心机主轴采用液压轴承或气浮轴承，有的在转臂一端还带有双轴精密转台，其垂直轴可与离心机主轴同速反转，便于对陀螺加速度计进行试验。精密离心机的加速度范围可达200 g 或更高，平均加速度精度通常优于10^{-5}。

（撰写人：李丹东　审核人：杨立溪）

jingmi taoci

精密陶瓷（Precision Ceramics）（Прецизионная керамика）

以氧化铝、氧化镁、氧化锆、氧化铅、氧化钛、碳化硅、碳化硼、氮化硅、氮化硼等人造化合物为原料，采用传统或特殊的方法进行粉碎、成形，经高温烧制后制成的非金属材料，再进行机械加工或极化处理，以达到对尺寸和形状的精密要求，或使产品具有特定的铁电性能等的陶瓷。不同的化学成分和显微结构决定其有不同的特殊性质和性能。一般而言，精密陶瓷的物理、化学稳定性好，线膨胀系数小，尺寸稳定性好，硬度高、耐磨性好，但脆性大、抗拉强度低、抗冲击性差，切削加工性能较差。惯性器件中应用于需发挥其机械、热、部分化学等功能的各种结构陶瓷，具有磁性、压电性、铁电性、耐辐射性、化学吸附性的各种功能陶瓷及生物陶瓷等。

（撰写人：周　琪　审核人：熊文香）

jingmi xianzhendongtai

精密线振动台（Precision Linear Vibrator）（Прецизионый линейный вибростенд）

沿振动轴作正弦往复线振动，振动加速度值控制精度很高，绕振动轴角运动很小，在垂直于振动周的平面内各轴向不能有线振动分量，也不能有角振动的线振动台。

精密线振动台要求产生正弦波形的直线振动，一般振动频率低于 100 Hz，要求振动台精度高。精密线振动台均为专用设计的，有其特殊的结构。如图所示为一种精密线振动台：水平方向采用液压轴承作导轨，避免机械轴承带来的噪声，得到平稳的正弦加速度波形。采用双向导向，限制了交叉轴振动和角运动。水平方向可产生最高振动频率为 50 Hz，加速度 $10g$ 的振动波形。台面上还装有调整与地球自转角速度矢量方向和线加速度方向的托架，用于陀螺仪的高 g 非线性测定试验。电磁式精密线振动台外观如图所示。

电磁式精密线振动台

（撰写人：王家光　审核人：李丹东）

jingque zhidao

精确制导（Accurate Guidance）（Точное наведение）

用于导弹武器的，精密、准确的制导方式。

“精确制导”的术语是 20 世纪后期海湾战争以后与“远程精确打击”、“精确制导武器”的术语同时出现的。一些以远程精确打击为目的的用于远距离攻击地面点目标的高精度导弹武器被称为精确制导武器，但对精确制导并没有严格的定义。

从“远程精确打击”和“精确制导武器”的角度来理解“精确制导”的含义，其主要特点是高精度。从绝对精度看，以车辆、船舶、雷达、导弹发射架等为目标的战术导弹、制导导弹等的落点偏差（CEP）约为米级，以军事设施、机场、指挥中心等为目标的巡航导弹、弹道导弹的落点偏差（CEP）约为10 m级。因此一般认为精确制导武器的绝对精度应为：其圆概率偏差（CEP）不大于目标的半径 R_T；从相对精度看，制导武器是从数十至数百千米以外（防区外）的远距离发射的，其落点偏差（CEP）在1～10 m之内。

精确制导的第二个特点是全程性。为了实现远程精确打击，在整个飞行过程中制导系统必须不间断地持续工作，直至命中目标。

精确制导的第三个特点是复合性。由于单一制导方式难以满足全程制导和精确打击的要求，所以精确制导武器多采用各种组合及复合制导方式。一般由初、中、末三级制导组成复合制导体制。其中初制导多采用惯性制导，中制导多采用惯性/GPS或惯性/地形匹配等惯性基组合制导，末制导多采用红外成像、合成孔径雷达成像、可见光成像或图像匹配制导。

因此，概括地说，精确制导是一种远距离攻击地面点目标的高精度全程复合制导方式。

（撰写人：吕应祥　审核人：杨立溪）

jingxiang pipei quyu xiangguan zhidao

景象匹配区域相关制导（Scene Matching Area Corre-lation Guidance）（Наведение совмещением сцен и корреляцией зон）

利用弹上设备实时拍摄或探测导弹飞经地区景物的图像，经过数字化转换，与预存的数字式参照图像进行相关处理，从而确定出导弹相对于目标的位置参数，形成制导指令，制导导弹飞向目标。该制导技术称为景象匹配区域相关制导。该项技术多用于巡航导弹的末制导。

（撰写人：龚云鹏　审核人：吕应祥）

jingxiang bupingheng liju

径向不平衡力矩（Radial-unbalance Torque）（Радиальный небалансированный момент）

陀螺仪的质心偏离支撑中心而在重力或惯性力作用下形成干扰力矩，质心沿径向偏离形成的干扰力矩统称为径向不平衡力矩。对于动力调谐陀螺仪而言，径向不平衡力矩是由于挠性轴和转子质心不重合而产生径向不平衡，当陀螺仪受到沿自转轴且以自转频率振荡的加速度作用时，会产生不平衡力矩，该力矩会对陀螺仪产生整流的不平衡漂移率。

（撰写人：孙书祺 审核人：闵跃军）

jingxiang chengzai nengli

径向承载能力（Radialload-bearing Capacity）（Радиальная нагрузочная способность）

轴承能够承受作用于垂直轴承轴心线方向负荷的能力。

动压气浮轴承作为高速轴承，在一定转速下能够作为自支撑轴承，可承受一定的载荷，尽管承载能力较低，但能满足惯性器件对承载能力的要求。为了提高动压气浮轴承的承载能力，必须增大支撑面积使楔形气隙变得相当小。

气浮轴承应具有足够的刚度和承载能力，以及高的精度和可靠性，还应具有尺寸和几何形状的稳定性，以保证惯性器件的精度要求和能够可靠地工作。

（撰写人：李宏川 审核人：闫志强）

jingxiang gangdu

径向刚度（Radial Rigidity）（Радиальная жёсткость）

径向加载后，轴承径向的单位变形量所能承受的径向载荷。

对气浮轴承而言，指径向负载改变量 ΔW 与径向气膜厚度改变量 Δh 的比值，即 $\Delta W/\Delta h$ 为刚度。它是度量轴承本身补偿载荷变化和维持气膜厚度尽可能变化小的能力。

对于动压马达，通常要求气浮轴承的轴向和径向刚度尽量一致，有利于提高陀螺仪表精度。

（撰写人：李宏川 审核人：闫志强）

jingxiang qiexiaoli

径向切削力（Radial Cutting Force）（Радиальная режущая сила）

在切削加工中，沿旋转工件（或旋转刀具）的直径方向产生的切削分力。

径向切削力是在精密加工与超精密加工中应严格控制的重要工艺参数之一。径向切削力的大小和稳定性将对加工产品的尺寸精度、形状精度、表面粗糙度、工件变形和刀具寿命等产生直接影响。

径向切削力是产生切削振动的主要因素，在加工薄壁、细长杆和悬臂件等刚性较差的零件时，径向切削力会使工件产生变形、表面硬化、内应力等加工缺陷。

径向切削力的产生、大小和稳定性与刀具几何参数、材料的选择、刀具质量、安装和磨损、切削用量选择、工件材料的硬度（包括硬度的均匀性）和材料品质、毛坯的形状精度、机床系统的抗振性、加工时产生的自激振动、切削润滑等因素有关。

（撰写人：赵春阳　审核人：熊文香）

jingdian jiasuduji

静电加速度计（Electrostatic Accelerometer）（Электростатический акселерометр）

在超高真空条件下利用静电场力支撑检测质量的加速度计。检测质量用铍制成球形或圆筒形，并利用静电支撑力将其悬浮起来。当检测质量在惯性力作用下产生位移时，由传感器测量得到的信号经放大回路放大并产生静电力而进行再平衡。通常制成三轴加速度计，或同时兼有二自由度陀螺仪和三轴加速度计功能的统一体。它有精度高，可靠性高，适用性好，具有多功能等优点；但其制造工艺复杂，成本高。

（撰写人：闵跃军　审核人：赵晓萍）

jingdian tuoluo wending pingtai

静电陀螺稳定平台（Electrostatic Gyro Stabilized Platform）（Стабилизированная платформа на основании электростатических гироскопов）

以静电陀螺仪作为敏感元件所构成的陀螺稳定平台。多为四轴框架结构，可以组成静电陀螺仪监控器、静电陀螺惯导系统等。其精度高，但结构复杂。常在长时间工作的惯导系统中使用，例如核潜艇导航系统、战略轰炸机导航系统等（平台工作原理详见陀螺稳定平台）。

（撰写人：赵 友 闫 禄 审核人：孙肇荣）

jingdian tuoluoyi

静电陀螺仪（Electrostatically Suspended Gyroscope）

（Электростатический гироскоп）

采用静电支撑转子的自由陀螺仪。

静电陀螺仪的结构分为芯体和基座两个组合件。芯体是一个超高真空器件，由转子，上、下电极（球腔）碗，小钛泵组成，芯体安装在基座内（如图所示）。在基座上安装有：1）支撑电路，包括高压变压器与三相电容电桥等；2）启动控制装置，包括加转线圈和定中线圈等；3）读出装置，包括顶端、赤道光电信号器，前置放大器等；4）磁屏蔽罩。

在静电陀螺仪中，转子与支撑电极之间没有机械接触，消除了摩擦力矩。转子被密封在超高真空的电极球腔之中，没有气体阻尼力矩。根据计算，转子的惯性旋转时间长达 4 000 a。在启动过程结束后，转子不需要加转，没有温升的问题。对外部磁场施加严格的磁屏蔽。转子在自转中不会产生涡流导致温度变化。以上优点使静电陀螺仪成为理想的自由陀螺仪。

静电陀螺仪的突出优点是它的各项误差系数具有规律性和稳定性，可以通过以下措施控制到最低值。

1. 选择铍作为转子材料，减小转子在自转中的离心变形；

2. 参照“光学样板球”工艺建立“四轴球面研磨机”，实践表明，转子的非球度可以减小为纳米量级；

3. 转子的静平衡在空气轴承上进行，通过测量转子的摆动周期，可以计算转子的不平衡量，实践表明，转子的摆动周期可以达到 120 s；

4. 选择高氧化铝陶瓷作为支撑电极的基体材料，保证陀螺芯体

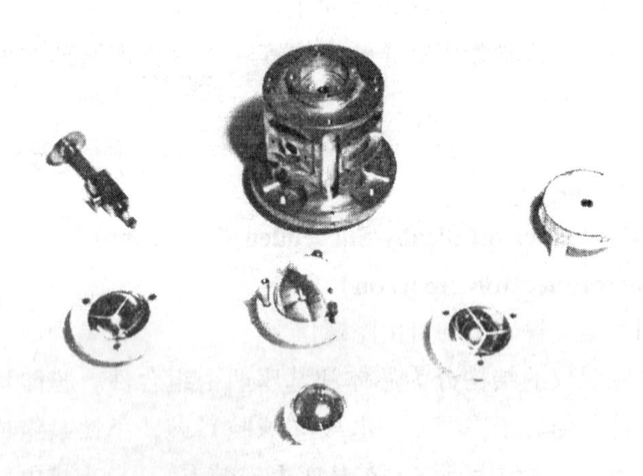

静电陀螺仪的芯体与基座

达到超高真空；

5. 为了降低支撑电压，选择转子与支撑电极之间的间隙为数十微米，为此，需要采用相应的上、下电极碗结构和装配工艺，以保证电极球腔的错位与高程误差均小于1 μm；

6. 采用小型冷阴极钛吸附泵，长期保持电极球腔中的动态真空度；

7. 选择转子表面刻线图形，提高光电信号器的分辨率。

在上述误差中，转子在动态情况下的非球度和静不平衡是两项最主要的误差。为此，在条件允许的环境中，例如大型舰艇（过载加速度 $< 8g$）和航天飞行器（失重），采用实心转子有利于提高静电陀螺仪的精度。在另外的环境中，例如飞机和导弹（过载加速度 $> 8g$），采用空心转子则有利于提高静电陀螺仪承受过载的能力。

不论是采用空心转子，还是采用实心转子，在关键技术得到保证的情况下，静电陀螺仪的随机性误差（零位偏置稳定性）都可以达到 $10^{-6}(°)/h$ 的量级。可以认为，目前的静电陀螺仪在各种类型的陀螺仪中是精度最高的。

静电陀螺仪的确定性误差（零位偏置）可以通过以下措施予以

减小：

1. 调整顶端光电信号器的位置，使得转子的自转轴与电极球腔的对称轴重合；

2. 调整转子的自转角速度，使转子的动量矩与离心变形之比达到最优值；

3. 调整静电支撑系统，减小转子偏离电极球腔中心的失中度；

4. 调整壳体旋转装置，自动补偿与壳体相关的系统漂移。

此外，考虑到静电陀螺仪确定性误差高度稳定的特点，建议在每个静电陀螺仪投入使用之前，进行长时间的误差测试，并根据测试数据，辨识该静电陀螺仪的误差模型，以及主要误差系数的数值。在静电陀螺导航系统中，这些误差系数可予以补偿。

（撰写人：章燕申　审核人：杨　畅）

jingdian zhicheng xitong

静电支撑系统（Electrostatic Suspension System）（Система электростатической подвески）

静电支撑系统分为两类：谐振式和伺服式。

谐振式静电支撑系统的工作原理如下：

- 当转子处于电极球腔的中心位置时，支撑电极与转子构成的电容 $C = C_0$,采用电感 L 和 C_0 组成串联谐振回路。选择 LC_0 回路的谐振频率稍低于三相电源的频率。
- 正确选择支撑系统在 LC 谐振回路上的工作点,使得与转子之间间隙减小的一块电极上支撑电压将减小,而在相对位置的电极上支撑电压将增大。这样,两块电极静电支撑力的差值将使转子回到电极球腔的中心位置。
- 采用三相电源可以同时实现对转子的三维支撑,并保证转子始终处于零电位。

谐振式静电支撑系统的缺点是转子的失中度较大,同时,对转子支撑的刚度完全依靠 LC 回路的品质因数。这些缺点使得静电陀螺产品普遍改用伺服式静电支撑系统。

在伺服式静电支撑系统中，采用三相电容电桥测量转子在电极球腔中的位移。这里的关键技术是在共用电极的情况下如何隔离支撑的高电压与转子位移的测量信号，要求保证转子在电极球腔中的定中精度优于 50 nm。解决的技术途径是电桥电源与支撑电源采用不同的频率（见图 1）。电桥采用晶体稳频、数字分频、移相、滤波等集成电路合成的三相正弦波高频电源（例如 2 MHz）。支撑则采用低频方波电源（例如 20 kHz），通过高压变压器 T_1 升压。在支撑电压换向时，脉冲电流较大，引起很强的空间和地线干扰。为此，在 T_1 的输出端，需要串联很大的电阻 R_0，对支撑电压的振荡加以阻尼。高压电容 C_1 用于隔离支撑的高电压。由电桥的测量变压器引出转子的位移信号。

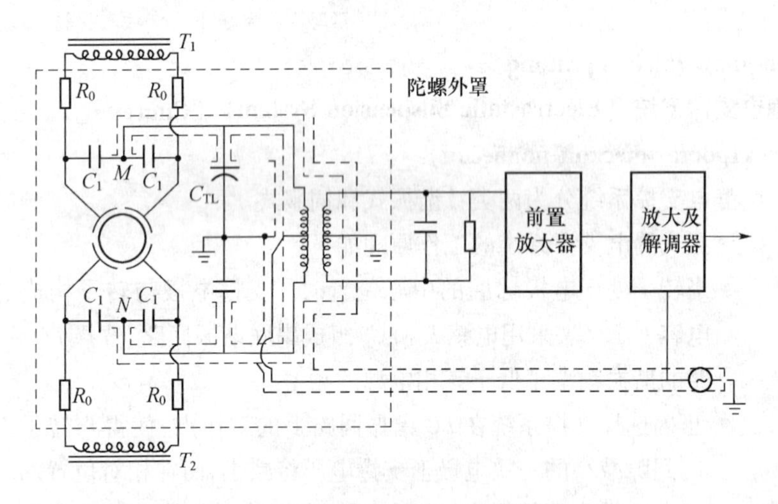

图 1　测量转子位移的电容电桥

为了减小分布电容对电桥的干扰，从电极引针到高压电容之间必须采用硬线连接，以固定其位置。此外，还需要采取严格的磁屏蔽措施。

在伺服式静电支撑系统中，支撑回路的控制规律为 $U = U_0 \pm \Delta U$,其中 U 为支撑电压;U_0 为预载电压;ΔU 为控制电压。在支撑控制规律的情况下(见图 2),X,(Y) 分别为支撑电极和转子的位移;$K_1G_1(s)$ 为转子位移测量环节与校正环节的传递函数;K_2 为支撑回路的增益;N 为饱和阈值;K_3 为支撑电压到静电支撑力的传递系数;F 为静电支撑力;$K_4G_4(s)$ 为转子的动态特性。

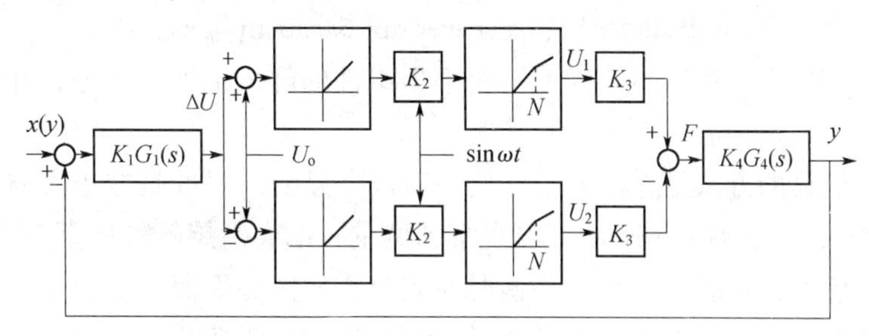

图 2　具有变模式控制的静电支撑系统

但是在采用这种控制规律时,最大的控制电压 ΔU 必须小于预载电压 U_0。在有些载体上,虽然大部分时间处于过载很小($<2g$) 的状况下,但为了保证短时间的过载能力,预载电压必须选择较高。这样,转子受到的静电干扰力矩和静电支撑系统的功耗都将增大。因此,需要建立"变模式静电支撑系统",根据载体的过载情况,自动切换支撑电压的控制规律。

(撰写人:章燕申　审核人:杨　畅)

jingli bupingheng

静力不平衡 (Static Unbalance) (Статическая небалансированность)

陀螺仪的框架组件 (浮子),其静力不平衡是由于框架组件 (浮子) 的质心偏离其旋转轴线而造成的不平衡现象。如图所示 。

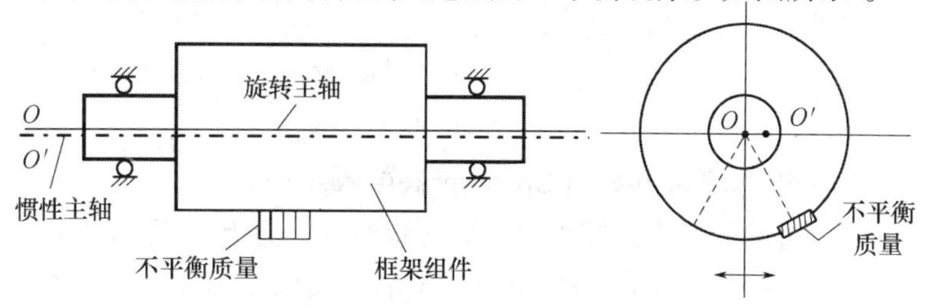

静力不平衡示意图

陀螺框架组件（浮子）存在静力不平衡时会引起与加速度相关的漂移分量。

（撰写人：孙书祺 审核人：唐文林）

jingpingheng

静平衡（Static Balance）（Статическая балансировка）

用静力方法观察陀螺或平台框架组件的静力不平衡力矩，并减小或消除这种静力不平衡的过程。

简易的方法是将框架组件放在刀口支撑上（目的是减小支撑的摩擦），由于静力不平衡可以观察到偏重一端会沿旋转轴向下转动，最后停留在垂线的位置，平衡时在其反方向重心平面内适当加一块合适的配重，使惯性主轴与旋转轴重合，达到随遇平衡状态。见附图。

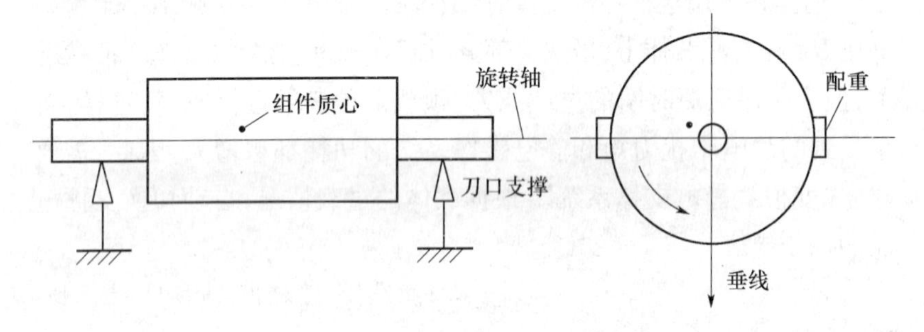

静平衡示意图

根据平衡精度要求的不同，采用的平衡装置也不同，如：采用气浮支撑、宝石支撑、液浮支撑等，代替刀口支撑，也有采用附加振动基座以提高平衡精度的。

（撰写人：孙书祺 审核人：唐文林）

jingtai liju

静态力矩（Static Torque）（Статический момент）

力矩电机的静态力矩即干扰力矩（也叫有害力矩），是在电机不通电情况下，电机内部磁场的作用产生的磁作用力矩和摩擦力矩之和。包括电刷和轴承的摩擦力矩；转子齿槽效应产生的电磁力矩；

转子偏心、各磁极不对称造成各磁极磁场不等而形成的单向磁拉力弹性力矩。只有输入电枢绕组的电流所产生的力矩超过有害力矩时，力矩电机才能对负载施加力矩。

静态力矩的测试方法是：电机不通电，在转子轴上施加一定数值的力矩，该力矩的大小恰好使转子相对定子微微转动起来，此力矩值即为静态力矩值。

（撰写人：韩红梅 审核人：佘亚南）

jingtai wucha moxing

静态误差模型（Static Error Model）（Модель статических ошибок ）

惯性仪表的输出量与常值输入量（频率为零的量）之间的关系称为静态特性。

通常选择仪表输出量与输入量之间的线性关系，以多元多次多项式的数学模型形式表达惯性仪表的静态特性，并假定模型中的系数对某个特定的仪表，在特定的时间和空间环境下是常值。

如果幂级数多项式中的某个项存在明确的物理意义，且显著性很强，则保留该项，否则应舍弃之。这样，对不同结构形式的惯性仪表，多项式会有不同的表达形式。

一般情况下，对单次通电试验，在确定上述多项式数学模型后，模型的拟合量与实际给定输入量之间存在残差。残差按照各自的比例关系分配到多项式各个系数上，得到各个系数的标准偏差（SD）或标准误差（SE）；对逐次通电试验，可得到模型各系数历次试验的平均值（数学期望）和对应这个平均值的标准偏差，以标准偏差或标准误差作为各系数置信区间的判据。

模型拟合结果与真实输入值之间的距离（波动矩阵）包括两部分：一部分是有规律可循的系统误差分量，另一部分是暂时不能确定其规律的随机误差分量。它们构成了惯性仪表的静态误差或静态精度。

总之，静态误差模型包括多项式构成形式、系数结果和误差统计评估 3 个部分。

（撰写人：张春京 审核人：李丹东）

jingya liuti zhoucheng

静压流体轴承（Hydro-static Bearing）（Гидростатическая опора）

包括静压气体（浮）轴承和静压液体（浮）轴承。实质上是利用弹性气膜或液膜支撑载荷并精确定位，是支撑轴摩擦面之间保持稳定的气膜或液膜润滑的滑动轴承。

气膜或液膜由外部的压缩气体或泵压液体提供，陀螺仪上应用的典型结构如图 1 和图 2 所示。

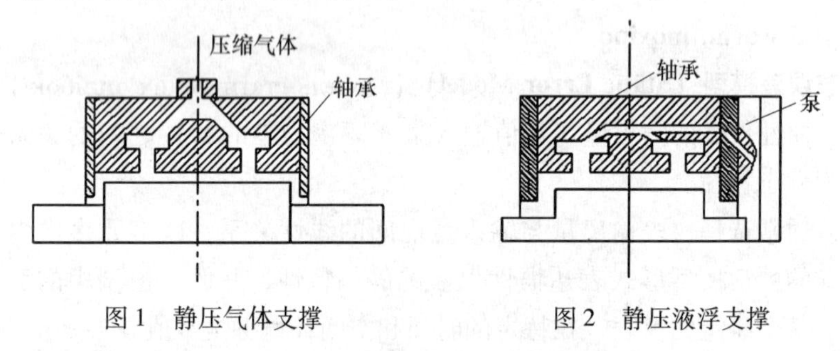

图 1　静压气体支撑　　　　图 2　静压液浮支撑

以静压气体支撑为例，压缩气体经轴承壁面上的节流器（窄缝节流小孔节流）进入轴承间隙（浮子和轴承间隙），流向轴承两端，经轴向节流台后，由开端排出。节流器根据受载后气膜厚度的变化自动调节气膜压力的变化，产生支撑载荷（浮子）的支撑力，从而形成弹性的润滑气膜。

静压液体轴承与静压气体轴承的不同点是液体由泵压后流经轴承，工作后又排回泵内，形成自循环状态，轴承内形成的是弹性润滑的液膜。

（撰写人：孙书祺　审核人：唐文林）

jingya liuti zhoucheng jieliuqi

静压流体轴承节流器（Throttleer of Fluid Static Bearing）（Дроссель гидростатической опоры）

在静压流体轴承中，能敏感轴承间隙的变化，并自动调节气膜（或液膜）的压力，使轴承产生压力差以支撑载荷的结构环节。该结构环节称为节流器，如图所示。

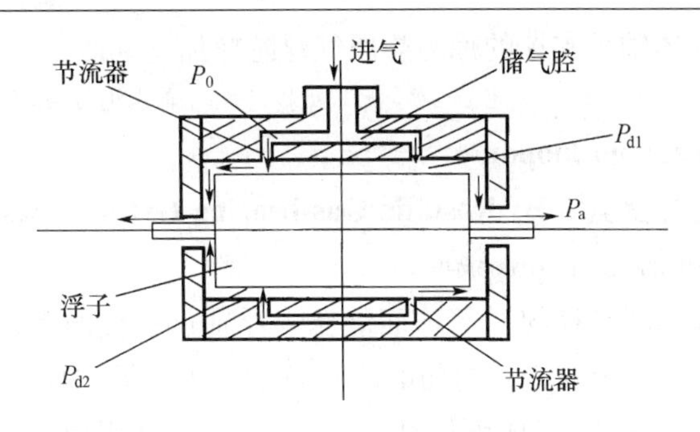

流体轴承节流器

其工作原理是：以静压气浮轴承为例，储气腔压力为 P_0 的气体通过节流器产生压力，分别以 P_{d1} 和 P_{d2} 的压力进入轴承上、下间隙中。对轴产生静压力并以 P_a 的压力排出轴承。P_a 一般称为轴承外环境压力。

当轴上无载荷（忽略轴的质量），轴与轴承同心。轴承上、下间隙均等，$P_{d1} = P_{d2}$。即作用在轴上的作用力平衡。

当轴上有载荷 W 时，轴在载荷方向上产生位移。在节流器的调压作用下，轴上半部间隙变大，气阻减小，流速增大；下半部间隙变小，气阻变大，流速减小，致使 P_{d1} 减小，P_{d2} 增大，形成压力差 $\Delta P = P_{d2} - P_{d1}$。只要载荷在轴承承载能力允许范围内，$\Delta P$ 可以随 W 的变化而变化，使轴承处于良好的气膜润滑和支撑状态。

节流器是轴承的关键环节，其结构形式和结构设计参数，直接影响轴承的承载能力、稳定性能和涡流力矩的大小。

实用的节流器有：小孔节流器、环形孔节流器、多孔材料节流器等。

（撰写人：孙书祺　审核人：唐文林）

jingya qifu tuoluo jiasuduji

静压气浮陀螺加速度计（Hydrostatic Gas-bearing Gyro Accelerometer）（Газостатический гироскопический акселерометр）

作为陀螺加速度计主体的单自由度陀螺，它的内框组件（浮子）

是用静压气体轴承支撑的称为静压气浮陀螺加速度计。

（撰写人：商冬生 审核人：赵晓萍）

jingya qifu tuoluo luopan

静压气浮陀螺罗盘（Hydrostatic Gas-bearing Gyrocompass）

（Газостатический гирокомпас）

采用大曲率半径的局部球面静压气浮轴承取代通常采用的悬丝支撑。一个曲率半径为 ρ 的局部球面静压气浮轴承，轴承的活动部分装入一个陀螺马达，形成下摆结构。轴承的静止基座中心开有一个进气孔。低压气体通过进气孔后均匀地流向轴承的间隙，从而把陀螺摆支撑起来，如图 1 所示。曲率半径 ρ 基本上是下摆摆长，通常 $\rho = 2$ m。普通悬丝摆式陀螺罗盘的摆长仅是悬丝下部与陀螺连接处到摆重心的距离，通常，由于仪器结构尺寸的限制，一般 L 为 0.1 m，这样系统的摆动周期将增长4 倍以上。由此可见，采用大曲率局部球面静压气浮陀螺罗盘能使有效摆长增加，因而系统的自然摆动周期缩短而又不会使仪器尺寸过大。其次，静压气体轴承不像悬丝那样会绕垂直轴产生大的弹性扭矩。摆较长，可以缩短寻北时间；弹性扭矩低，使陀螺的稳定位置与仪器传感器零位角度无关，从而提高了寻北精度。

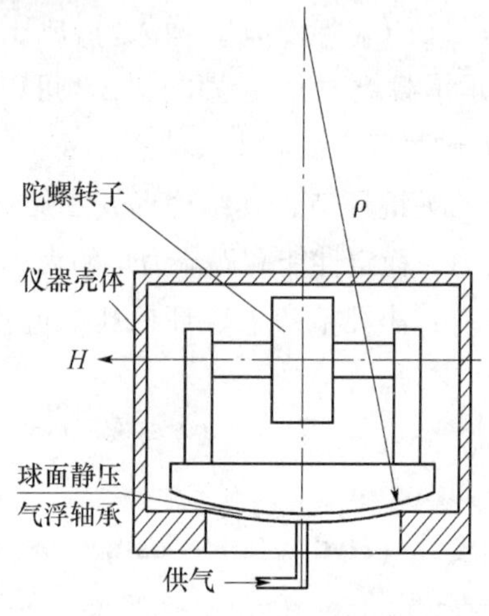

图 1　静压气浮陀螺罗盘

曲率半径ρ对摆动周期T的影响呈非线性变化，如图2所示。从图中可以看出，ρ在0.5～2 m之间摆动周期有明显的下降趋势。当$\rho>2$ m后，摆动周期下降不明显。

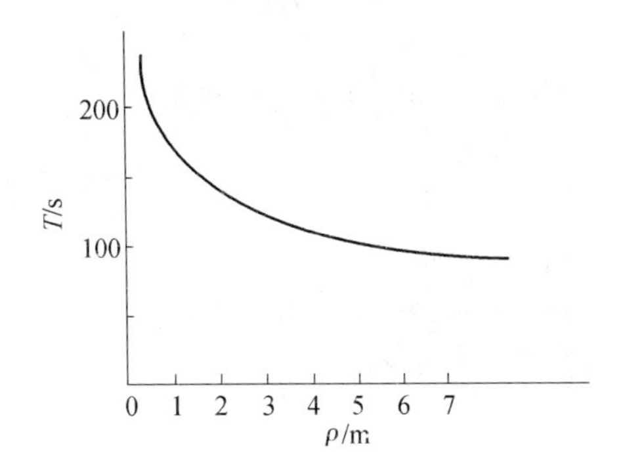

图2 自然摆动周期T与摆长ρ的关系

（撰写人：吴清辉 审核人：闵跃军）

jingya qifu tuoluo wending pingtai

静压气浮陀螺稳定平台（Hydrostatic Gas-bearing Gyro Stabilized Platform）（Стабилизированная платформа на основании газостатических гироскопов）

由单自由度静压气浮陀螺仪作为敏感元件构成的陀螺稳定平台，典型的静压气浮陀螺平台是三框架平台，由以下几部分组成：平台台体、内框架、外框架、基座、3套稳定回路及二次电源等（平台工作原理详见陀螺稳定平台）。台体上装有3个单自由度静压气浮陀螺仪和3只加速度计。该平台精度高，但体积和质量较大，多用于远程火箭、导弹的惯性制导系统。

（撰写人：赵 友 闫 禄 审核人：孙肇荣）

jingya qifu tuoluoyi

静压气浮陀螺仪（Hydrostatic Gas-bearing gyroscope）（Газостатический гироскоп）

装有陀螺电机的密封式的浮子组件（内框架组件），由静压气浮轴承支撑的陀螺仪。静压气浮轴承的干扰力矩（涡流力矩）很小，在一定程度上还可以使浮子自动对中，因此降低了陀螺漂移率，通用的单自由度静压气浮陀螺仪如图所示。

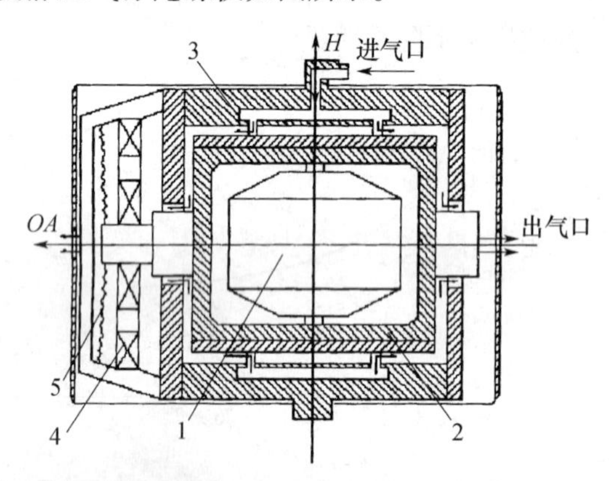

单自由度静压气浮陀螺仪结构原理图

1—陀螺电机；2—浮子组件；3—静压轴承；

4—组合式传感器、力矩器；5—输电软导线

浮子组件一端装有组合式传感器力矩和输电装置，壳体采用磁屏蔽的防尘措施，使陀螺仪结构简单、紧凑，气体由外部气瓶提供洁净的空气。

静压气浮轴承的主要干扰力矩来自气浮轴承的涡流力矩，它是由于气体的环流黏滞作用在不理想的浮子结构上，造成切向不对称的流动所致，因此陀螺仪浮子和轴承结构的几何精度、表面质量及选材都要求很高，单自由度静压气浮陀螺的精度可达到 0.01 ~ 0.001(°)/h,甚至更高，它主要在惯性导航（如惯性平台）中作为敏感角运动的元件。

由于使用中需高压气瓶，使陀螺仪限定在一定时间内使用。

（撰写人：孙书祺　审核人：唐文林）

jingya yefu tuoluo jiasuduji

静压液浮陀螺加速度计（Hydrostatic Liquid-bearing Gyro Accelerometer）（Гидростатический гироскопический акселерометр）

作为陀螺加速度计主体的单自由度陀螺，它的内框组件（浮子）

是用静压液体轴承支撑的称为静压液浮陀螺加速度计。

（撰写人：商冬生　审核人：赵晓萍）

jingya yefu tuoluo wending pingtai

静压液浮陀螺稳定平台（Hydrostatic Liquid Floated Gyro Stabilized Platform）（Стабилизированная платформа на основании гидростатических гироскопов）

由单自由度静压液浮陀螺仪作为敏感元件构成的陀螺稳定平台，简称静压液浮平台。典型的静压液浮陀螺平台是三框架平台，由以下几部分组成：平台台体、内框架、外框架、基座、程序机构、缓冲减振器、安装支架等。台体上装有 3 个单自由度静压液浮积分陀螺仪和 3 个加速度计以及其他配套元件与装置。

静压液浮平台的静态和动态性能好，体积和质量比气浮陀螺平台小，但结构与工艺复杂，多用于远程火箭、导弹的惯性制导系统（平台工作原理详见陀螺稳定平台）。

（撰写人：赵　友　闫　禄　审核人：孙肇荣）

jingya yefu tuoluoyi

静压液浮陀螺仪（Hydrostatic Bearing Floated Gyroscope）（Гидростатический гироскоп）

由静压液浮轴承来支撑密封式浮子组件（内框架组件）的陀螺仪，静压液浮与静压气浮的原理相同，只是由静压液体代替了静压气体，结构上与静压气浮陀螺基本相同，由于需要液体静压力，在陀螺内部增加了液压泵（一般采用螺旋式压力泵），由泵将浮液压入静压轴承，来支撑浮子组件，流经轴承的液体又返回到泵里，形成循环，因此，静压液浮陀螺仪是自主式的，不需要外部的压力源。原理图如图。

采用的浮液通常为氟油（全氟三丁胺或甲乙醚等），要求黏度低，密度大，性能稳定，无腐蚀，温度系数小等。浮液黏度小，可以使泵的功耗降低，输出的压力大；另外，浮液产生的浮力可以抵消浮子的一定的质量，因此，静压液浮陀螺可以承受较高的过载。

静压液浮陀螺仪由于采用液体润滑，干扰力矩小，陀螺仪精度可以达到0.01～0.001(°)/h。

相对静压气浮陀螺仪而言，静压液浮陀螺仪需严格的密封和一定的温度控制。静压液浮陀螺在惯性平台上作为敏感元件得到应用。

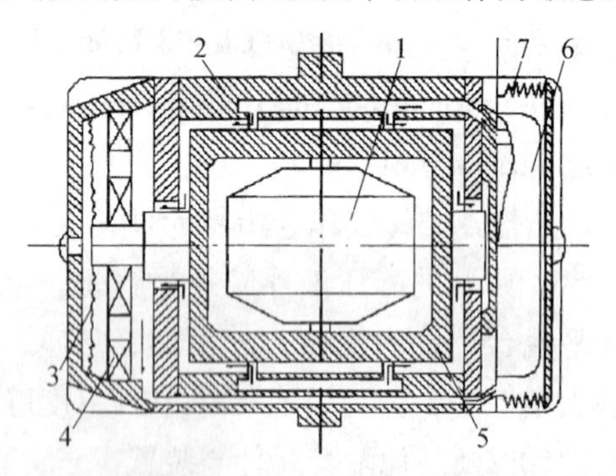

单自由度静压液浮陀螺原理图

1—陀螺电机；2—静压液浮轴承；3—输电软导线；
4—组合传感器、力矩器；5—浮子；6—液压泵；7—波纹管

（撰写人：孙书祺　审核人：唐文林）

jingmian jiagong

镜面加工（Mirror Machining）（Зеркальная обработка）

使表面粗糙度可达到镜面或超光滑表面要求的加工方法。在高精度机床上，通过刀具的超光洁面和无缺陷的过渡切削刃（修光刃）的作用，使加工表面的粗糙度理论值接近或等于零，实际表面粗糙度值小于 *Ra* 0.01μm，可达到镜面或超光滑表面的要求的加工方法。

（撰写人：鲁　军　审核人：汤健明）

jiuzheng cuoshi

纠正措施（Corrective Action）（Исправительное мероприятие）

为消除已发现的不合格或其他不期望情况的原因所采取的措施。

注1：一个不合格可以有若干个原因；

注2：采取纠正措施是为了防止再发生，而采取预防措施是为了防止发生；

注3：纠正和纠正措施是有区别的。纠正是为消除已发现的不合格所采取的措施。纠正可连同纠正措施一起实施。返工或降级可作为纠正的示例。

（撰写人：孙少源　审核人：吴其钧）

jujiao texing

矩角特性（Torque-displacement）（Моментно-угловая характеристика）

矩角特性是指不改变各相绕组的通电状态，即一相或几相绕组同时通以直流电流时，电磁转矩 T 与失调角 θ 的关系，即 $T=f(\theta)$，如图所示。

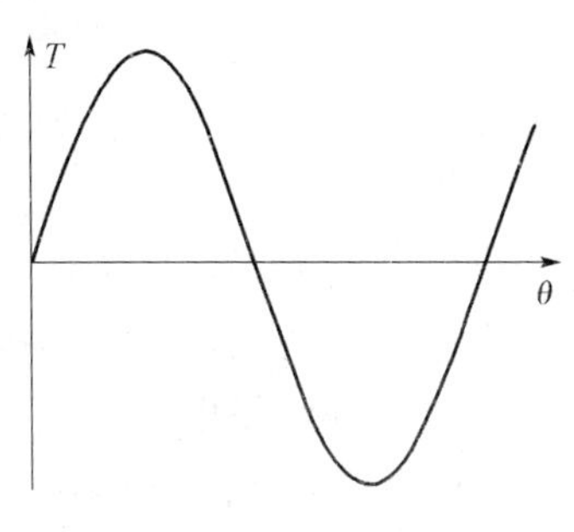

矩角特性图

失调角指转子偏离零位的角度。

零位或初始稳定平衡位置指不改变绕组通电状态，转子在理想空载状态下的平衡位置。

（撰写人：李建春　审核人：秦和平）

ju'anzhi paoguangpian

聚胺酯抛光片（Polyurethane Polishing Sheet）（Полиуретановая полировальная пластинка）

一种坚硬的微孔聚胺酯抛光片，可用来抛光精密光学和眼镜光学、陶瓷制品、电视摄像管、荧光屏、图章、石英水晶玻璃、照相机镜头等。

（撰写人：于　杰　审核人：王　轲）

juedui gaodu

绝对高度（Absolute Altitude）（Абсолютная высота）

观测点相对于平均海平面的高度，也就是海拔高度，又称高程。使用气压原理设计的气压高度表测出的就是绝对高度。

（撰写人：程光显　审核人：杨立溪）

jueyuan dianzu

绝缘电阻（Insulation Resistance）（Изоляционное сопротивление）

产品绝缘结构的体积电阻和表面电阻的并联值。一般情况下，绝缘电阻随温度上升和受潮湿程度增加而下降。

测定热态绝缘电阻可反映产品在工作温度和不受潮状态下的绝缘，还能判断绝缘存在的受潮、沾污或其他绝缘缺陷等情况。由于测试设备简单，方法简便，又系非破坏性试验，因此绝缘电阻测定被广泛用于判断绝缘质量，一般宜用兆欧表测定绝缘电阻，规格选择有具体标准规定。

因惯性器件是精密机电测量装置，在工作状态下，每一种独立电路对外壳以及各独立电路之间均要求绝缘，故在装配完成之后和调试检测之前均要对各点之间的绝缘电阻值逐项进行检查，国军标对绝缘电阻的检测条件、检测仪器及检测方法均有明确规定。

（撰写人：李建春　审核人：杨　畅）

jueyuan dianzu shiyan

绝缘电阻试验（Insulation Resistance Test）（Измерение изолированного сопротивление）

测定产品相互隔离的独立电路之间以及独立电路和壳体之间漏电性能的试验。

试验采用兆欧表。将规定电压（例如 500 V 直流电压）加到产品各独立电路之间以及各独立电路与壳体之间。待读数稳定后读出其结果即为绝缘电阻，其值应大于一规定值。规定值随冷态、热态、湿热态不同而不同，试验时产品不通电。本试验常用，通常在一系列试验的开头进行，有时，潮湿、不洁净等因素会导致绝缘电阻超差，须待问题解决后方可进行后续试验，本试验根据需要可多次进行。

（撰写人：叶金发　审核人：原俊安）

jueyuan jiancha

绝缘检查（Insulation Test）（Контроль изоляции）

用兆欧表对产品要求的点对点间绝缘状况进行测试的过程。

（撰写人：郝　曼　审核人：闫志强）

kaerman lübo

卡尔曼滤波（Kalman Filtering）（Фильтрация Калмана）

卡尔曼滤波是美国学者 R. E. Kalman 在 20 世纪 60 年代初提出的一种线性、无偏、最小方差的递推滤波方法。线性是指状态估计值是测量值的线性函数，无偏是指状态估计误差的数学期望等于状态本身的数学期望，最小方差是指状态估计值误差平方的均值为最小。递推是指 k 时刻的估计值是 $k-1$ 时刻的估计值与 k 时刻的测量修正所组成。每次递推计算只处理新测量值，不需存储以往的测量数据。

卡尔曼滤波可应用于线性时变系统和高斯非平稳随机噪声的情况，它需要知道系统的状态方程、测量方程以及系统噪声和测量噪声的一阶、二阶矩统计特性。卡尔曼滤波是一套递推算法，它包括状态估计的时间更新（又称一步预测）和测量更新。基本的卡尔曼滤波要求系统噪声和测量噪声为白色噪声。当噪声为有色噪声时，要将有色噪声建模并将噪声模型加入到系统方程中，形成扩展状态变量的系统方程。对非线性系统应用卡尔曼滤波时，要将系统线性化。线性化可围绕标称轨道进行（适用于具有标称轨道的卫星和导弹等）或围绕着一步预测估计值进行。后者称为扩展卡尔曼滤波。

在导航系统中，卡尔曼滤波常用于估计惯导系统初始对准误差和相关器件误差以及组合导航系统中的位置、速度和姿态等误差量。

（撰写人：张洪钺　审核人：杨立溪）

kaiguan gonglü qijian

开关功率器件（Switching Power Device）（Мощный переключательный элемент）

又称功率开关（Power Switches），指工作在开关状态，即截止或饱和区的功率晶体管构成输出级的功率器件，通常包括单开关、半桥（图腾对，Totem Pair）开关、全桥、多相桥开关和阵列开关，以及与控制电路组合在一起的功能集成电路，如开关电源器件等。

采用开关功率器件是实现惯导系统电路小型化和高可靠的基础措施。开关功率器件的高效率可显著降低系统功耗，从而缩小系统体积和质量；同时热、电应力的降低有利于提高系统连续运行的可靠性。

由于功率开关在导通时压降很小（可占输出电压的1%以下），截止时电流极小，可以用较小的器件功耗（管耗）来控制很大的输出功率，因此效率较高。

功率开关的功耗为

$$P_d = IV_s\eta + Q_s f \quad , \quad Q_s \propto IV_p t_s$$

式中 $IV_s\eta$——静态功耗；

$Q_s f$——动态功耗；

P_d——器件功耗；

I——导通电流；

V_s——导通压降；

Q_s——开关能耗；

V_p——电源电压；

f——开关频率；

t_s——开关时间（对于感性负载，主要是截止时间）。

降低器件功耗的途径主要是降低导通压降 V_s 和缩短开关时间 t_s。

开关功率器件可以是分立的功率开关晶体管、功率开关晶体管阵列或具有完整的驱动、控制和保护功能的集成电路。功率开关可采用双极型器件或VMOS器件，在惯性导航系统较低的工作电压下，VMOS器件具有明显优势。

应用中除考虑器件的额定电压、电流和功耗外，在图腾对电路中防止上下两臂同时导通（穿通、重叠导通），在电感负载情况下抑制尖峰电压和在电容负载情况下抑制尖峰电流，以及限制器件上的 dv/dt 等问题，对电路的性能和安全十分重要。

（撰写人：周子牛 审核人：杨立溪）

kaiguan shuchu jiekou

开关输出接口（Switching Controller）（Интерфейс выхода переключателя）

又称开关控制接口（Switching Port），指输出量为开关通断状态的控制接口，包括继电器输出接口和电子开关接口等，常用于惯性导航系统中的功能转换控制和电源（配电）控制等。

（撰写人：周子牛　审核人：杨立溪）

kaihuan guangxian tuoluo

开环光纤陀螺（Open-loop Fiber-optic Gyroscope）（Разомкнутый волоконно-оптический гироскоп）

在开环状态下实现偏置调制解调的干涉式光纤陀螺仪。开环光纤陀螺有一个相位偏置（通常为 $\pi/2$），使陀螺工作在较灵敏的点。通过电路对光电转换后的干涉信号进行解调，可以得到陀螺的输入转速。典型的开环光纤陀螺结构如图所示。偏置调制通常采用正弦调制，对应的调制器为压电陶瓷相位调制器，解调通常采用相敏检波。

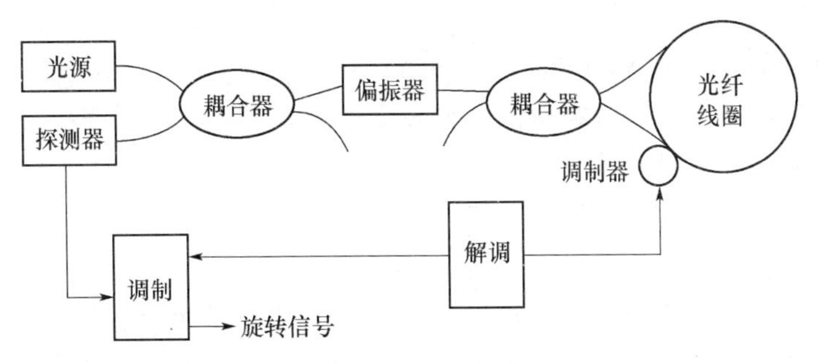

开环光纤陀螺仪结构示意图

根据陀螺仪的光路组成，开环光纤陀螺一般采用全光纤形式，也称全光纤陀螺，从光路上可分为保偏开环光纤陀螺和消偏开环光纤陀螺。

开环光纤陀螺标度因数非线性误差较大、动态范围小，通常适用于中低精度应用场合。

（撰写人：王　巍　审核人：张惟叙）

kangdian qiangdu shiyan

抗电强度试验（Anti-electrical Strength Test）（Испытание на электрическую прочность）

确定产品（惯性仪表或系统）相互绝缘的各独立电路之间及各独立电路与壳体之间的绝缘强度的试验。

本试验采用专用试验装置进行。试验条件有：试验电压、上升时间、保持时间、下降时间。例如，依次为 100 Vrms、3 s、1 min、3 s。具体条件由有关规范规定。某些电路允许用较低电压试验，如传感器输入输出间。试验时，产品不通电。本试验为一次性试验，若要重复，电压须降至前次的 80%。

绝缘强度用漏电电流衡量，或用电火花、电晕现象衡量。若漏电电流低于规定值例如 1 mA，或无击穿、电火花、电晕现象则判定该产品绝缘强度合格。

（撰写人：叶金发　审核人：原俊安）

keti huizhuan

壳体回转（Case Rotation）（Вращение корпуса）

惯导系统误差自补偿的监控技术的一种，包括陀螺壳体旋转技术和陀螺壳体翻转技术。

陀螺仪壳体旋转有两种工作方式：一种是使壳体单方向匀速连续旋转；另一种是使壳体周期性地、按一定运动规律从 0°转动到 180°，然后再从 180°转回到 0°（或者从 0°转动到 360°，再从 360°转回到 0°）。其目的都是将与壳体有关的固定方向干扰力矩的影响经过旋转调制成有限幅值的周期性时间函数，而其均值为零，从而减小甚至消除陀螺的有规律漂移。

陀螺壳体翻转技术是将监控陀螺仪敏感轴水平放置，工作在力反馈方式，在旋转锁定回路的控制下，按东→北→西→南→东→……的顺序旋转，并定时地锁定在东、北、西、南四个位置上，同时监控惯导系统中的东向陀螺和北向陀螺，检测出东向和北向两个导航陀螺仪的漂移变化量，并进行系统误差补偿。

（撰写人：刘玉峰　审核人：杨立溪）

kekaoxing

可靠性（Reliability）（Надёжность）

产品在规定的条件下和规定的时间内，完成规定功能的能力。可靠性的概率度量称为可靠度。

注1：定义中的规定条件包括环境条件，即温度、湿度、辐射、磁场、电场、冲击、振动等这些条件的组合，还包括维修条件，即维修体制、维修人员与水平、技术条件、备件保证等。

规定的时间是指武器装备执行一项任务需要连续无故障工作的一定时间，称为任务时间。

注2：可靠性是航天型号产品的重要技术指标，应从型号论证阶段开始就进行充分的认证，结合其他技术指标，确定明确的可靠性的定性和定量要求，纳入合同、研制任务书和相关文件。在型号研制的各阶段，将这些要求逐级分解，并落实到产品设计要求及对材料、元器件、工艺和试验等的要求中去。

（撰写人：孙少源　审核人：吴其钧）

kekaoxing qianghua shiyan

可靠性强化试验（Reliability Enhance Test，RET）（Усиленное испытание на надёжность）

通过系统地施加逐渐增大的环境应力和工作应力，来激发产品故障和暴露设计中的薄弱环节，从而评价产品设计的可靠性的方法。

RET应在产品设计和发展周期中足够早的阶段实施，以便修改设计。为了保证有效性，必须在能够代表设计、元件、材料和生产中所使用的制造工艺的样件上进行RET试验。RET试验的目的是评价设计可靠性，因而由制造缺陷所造成的失效可以不予考虑。

与鉴定试验不希望出现失效的目的不同，RET的目的就是要引起失效，从而改进设计。由于是破坏性试验，样件的数量应尽可能少。

（撰写人：李丹东　审核人：王家光）

kekaoxing shaixuan

可靠性筛选（Reliability Screening）（Отбор по надёжности）

为提高惯性器件的质量和增加可靠性而预先采取剔除早期失效产品所进行的甄别性检测试验。

（撰写人：吴龙龙　审核人：闫志强）

kekaoxing shiyan

可靠性试验（Reliability Test）（Испытание на надёжность）

可靠性工程的一个重要组成部分，是通过对产品质量有重大影响的环境因素的综合施加评估可靠性，同时发现产品薄弱环节，研究其成因和机理，找出规律，从而提出改进措施，提高产品可靠性。可靠性试验贯穿于研制、生产、储存及使用的全过程。

可靠性试验依应用场合大致分为3类：

1. 工程研究类试验；
2. 验收类可靠性试验；
3. 品质保证类可靠性试验。

可靠性试验主要应考虑：

1. 环境应力类型数量。选使用寿命期内能对产品可靠性有较重要影响的主要环境，如温度、湿度、振动、电压波动和电通断等。

2. 应力施加方式。以循环形式反复施加综合应力（温度、湿度、振动三种主要应力或视需要同时复合其他应力）。

3. 环境应力选用准则。采用任务模拟试验（真实模拟使用中遇到的主要环境条件及其动态变化过程，以及各任务的相互比例，可靠性试验中产品只有小部分时间处在较严峻环境条件下，而大部分时间则处在工作中常遇到的较温和的应力作用下，其时间比取决于相应任务时间比。

4. 试验时间。取决于要求验证的可靠性指标的高低（检验下限 θ_1）和选用的统计方案，以及产品本身的质量（MTBF 真值）。

5. 故障数。可靠性试验是以一定的统计概率表示结果的试验，根据所选方案决定允许出现的故障数。出故障后不一定拒收，对出故障的产品可进行修复，继续投入试验。

（撰写人：叶金发 审核人：原俊安）

keni jishuqi

可逆计数器（Up/Down Counter）（Реверсивный счётчик）

计数值可增加和减少的计数器，用于累计正/负计数脉冲的净增量。与正/负双通道计数器用途相似，但可逆计数器以内部逻辑实现计数增减，无须软件计算净增量。

可逆计数器可用于增量输出的惯性和角度传感器接口，通常根据增减控制信号来决定输入脉冲的计数增减，应注意避免增减控制信号变化时引起的误计数。

（撰写人：周子牛 审核人：杨立溪）

kexinxing

可信性（Dependability）（Уверенность）

用于表述可用性及其影响因素（可靠性、维修性和保障性）的集合术语。

注：可信性仅用于非定量的总体表述。

（撰写人：朱彭年 审核人：吴其钧）

ke'er ciguang xiaoying

克尔磁光效应（Kerr Magnetic-optical Effect）（Магнитооптический эффект Керра）

一束线偏振光入射到具有磁矩（包括感应磁矩）的介质界面上时，反射后其偏振态会发生变化，这个效应称为克尔磁光效应。

（撰写人：苏 域 审核人：王 轲）

ke'er xiaoying

克尔效应（Kerr Effect）（Эффект Керра）

在与光传播方向垂直的强电场作用下，一些光学上各向同性的介质会变成各向异性，具有单轴晶体的性质，当一束线偏振光通过该介质时，被分解为寻常光与非寻常光，两者折射率不同，且折射率差与电场平方成正比，输出光一般为椭圆偏振光。此效应由克尔

于 1875 年首次发现，故称克尔效应。由克尔效应引入的寻常光与非寻常光之间的相位差为

$$\delta = 2\pi K l E^2$$

式中 K—— 介质的克尔常数；

l—— 介质的长度；

E—— 电场强度。

由于电场引起的双折射与电场强度的平方成正比，所以克尔效应也称二次电光效应或平方电光效应。克尔效应的物理机制源于定向电场力作用下物质分子的有序排列，由于弛豫时间非常短，为纳秒数量级，通常用于制作高速电光开关与电光调制器。

光场可以分解为电场与磁场，对物质起主要作用的是电场分量。在强光场的作用下，光介质也会产生克尔效应。在光纤环型干涉仪中，两束强度不同的相向传播光束引起的光纤非线性折射率变化，可导致光纤陀螺的非互易相移，通过采用宽带光源可减小非线性克尔效应造成的非互易相移。

（撰写人：王学锋　审核人：王军龙）

keleiluofujiao

克雷洛夫角（Kleirov Angles）（Углы Крылова）

由苏联学者克雷洛夫提出的确定载体动坐标系相对参考定坐标系关系的一种姿态角度定义方法。

设载体动坐标系 $Ox'y'z'$ 及参考定坐标系 $Oxyz$ 有如图所示的姿态关系。

图中 Ox' 轴为载体纵轴，Oy' 轴为载体法向轴，Oz' 轴为载体横向轴。

定义动系 $Oy'z'$ 平面与定系的 Oxy 平面之交线（节线）ON 与轴 Oy 之夹角 φ 为俯仰角，其度量轴是定系的 Oz 轴；动系的 Ox' 轴与定系的 Oxy 平面的夹角 ψ 为偏航角，其度量轴是节线 ON 轴；动系的 Oy' 轴与 ON 轴的夹角 γ 为滚动角，其度量轴是动系的 Ox' 轴。

这三个角称为克雷洛夫角，也称为（弹道导弹及火箭的）姿态角。

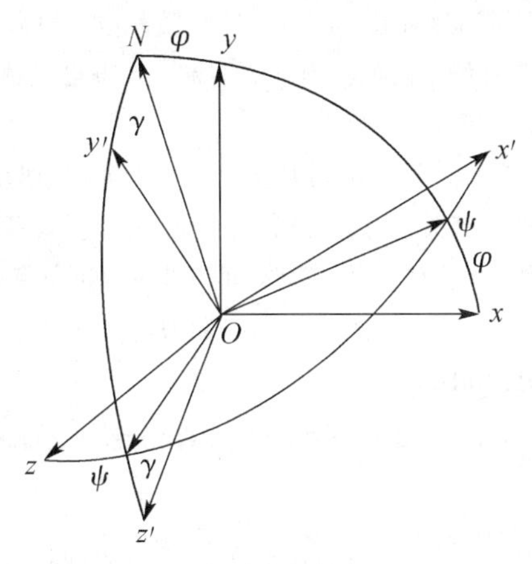

克雷洛夫角

克雷洛夫角与欧拉角一样均可以唯一地确定动系与定系间的姿态关系，由于克雷洛夫角是以弹道导弹及火箭为对象定义的，因此更适宜于这类载体运动的研究和控制设计。

目前许多场合把克雷洛夫角也称为欧拉角。

参见欧拉角。

（撰写人：杨立溪 审核人：吕应祥）

keshi shenkuanbi

刻蚀深宽比（Etch Aspect Ratio）（Отношение глубины к ширине подтравливания）

微机械加工工艺的一项重要工艺指标，表示为采用湿法或干法蚀刻基片过程中，纵向蚀刻深度和横向侵蚀宽度的比值。采用刻蚀深宽比大的工艺就能够加工较厚尺寸的敏感结构，增加高敏感质量，提高器件的灵敏度和精度。目前，采用 ICP 干法刻蚀通常能达到 80 ～100的刻蚀深宽比。

（撰写人：何 胜 审核人：徐宇新）

keguan zhengju

客观证据（Objective Evidence）（Объективное доказательство）

支持事物存在或其真实性的数据。

注 1：客观证据可通过观察、测量、试验或其他手段获得。可以来源于对产品、过程和质量管理体系监视和测量的结果，也来自对顾客、供方、竞争对手及市场等外部情况的调查。

注 2：收集产品质量、过程运行状况、质量管理体系业绩及组织外部的各种数据，经过分析获得有关信息，可以评价和证实质量管理体系的适宜性和有效性，可以发现组织的差距，评价在何处可以持续改进质量管理体系的有效性。

（撰写人：孙少源　审核人：吴其钧）

kongjian jiguang tuoluo

空间激光陀螺（Space Laser Gyro）（Пространственный лазерный гироскоп）

在空间合适的位置放置偶数个反射镜，从而构成一个具有非平面谐振腔的激光陀螺。

（撰写人：赵　申　审核人：王　轲）

kongjian xiangganxing

空间相干性（Space Domain Coherence）（Пространственная когерентность）

某一时刻不同空间点处光波场之间的相干性。空间相干性通常用相干面积 A_s 来描述，它定义为可以使得在垂直于光传播方向的平面上任何两个不同地点处光波场具有相干性的最大面积。光源的相干面积表达式为

$$A_c A_s \leqslant \lambda^2 D^2$$

式中 A_c—— 光源的面积；

A_s—— 相干面积；

D—— 与光源传播方向垂直的平面和光源之间的距离；

λ—— 光波波长。

该式表明，当光源面积给定时，在距离光源 D 处并与光传播方向垂直的平面内，光场具有相干性的各个空间点限制在面积为 $\lambda^2 D^2/A_c$ 的范围内，该面积就是相干面积。或者说，为了使相干面积 A_s 范围内各点的光场具有相干性，要求光源面积不得超过 $\lambda^2 D^2/A_c$。

（撰写人：高　锋　审核人：王学锋）

kongqi zhicheng

空气支撑（Air Bearing Air Suspension）（Воздушная подвеска）

利用气体压力的作用，使支撑部件间形成气膜（气垫）来实现支撑作用和定位的轴承，一般分为静压气浮支撑和动压气浮支撑。

静压气浮轴承的气膜由外部压缩气体提供，压缩气体（通常为洁净的空气或氮气）经轴承壁面上的节流器（窄缝式或小孔式）进入轴承间隙，然后由轴承两端排出，支撑力的大小和间隙有关。节流器根据受载后气膜间隙（厚度）变化自动调节气膜压力，间隙越小则承载力越大，当两面间隙不等时，会把支撑体推向间隙增大的方向，自动把支撑体保持在轴承的中间位置，如图所示。动压气浮支撑常用于高速旋转的主轴上，如陀螺马达旋转主轴轴承，当轴颈在轴承内高速旋转时，气体在楔形间隙中形成使轴颈与轴承分开的高压气膜，将支撑体悬浮起来，起到支撑作用。动压气浮支撑结构上有圆柱形、半球形、球形等形式。为防止轴向移动，在轴颈和轴承侧面刻有径向槽，使侧面形成楔形间隙，高速旋转时产生气膜，达到轴向承载的作用。

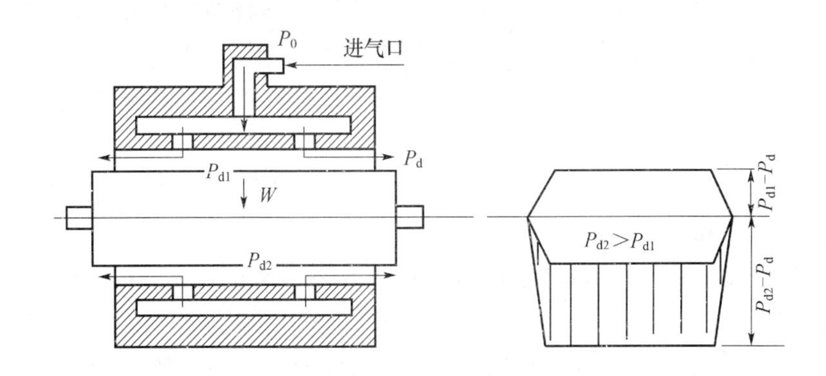

静压气浮轴承及压力差承载原理图

W—浮子质量；P_d—浮子外面大气压力；P_{d1}—轴承上的压力；

P_{d2}—轴承下的压力；P_0—进口气压

气浮支撑属无接触气体润滑轴承，干扰力矩小，在陀螺仪和伺服转台等高精度设备上得到广泛应用。

（撰写人：孙书祺　审核人：唐文林）

kongzai dianliu

空载电流（No-load Current）（Ток при нулевой нагрузке）

不加任何负载，电机空转时的定子线圈电流。

（撰写人：谭映戈　审核人：李建春）

kongzhi jiekou

控制接口（Control Interface）（Интерфейс управления）

又称输出接口（Output Port），是把计算机总线或微处理器的输出数据变为控制信号的接口电路，主要包括模拟输出接口（D/A 接口）、数据编码接口（通信接口）、调制输出接口（PWM，PPM，FM 等）、开关输出接口（逻辑输出、继电器）等，是数控系统与执行元件连接的环节。

控制接口的电路形式包括接口电路板卡、器件（组）和作为大规模集成电路的一部分与微处理器（MCU）集成在一起。

在惯性导航系统中，控制接口主要用于各种数字伺服回路的力矩输出和系统各部分的功能控制。在陀螺仪和加速度计力（矩）平衡回路中，恒流型控制（力矩）接口的精度决定了测量的精度。

（撰写人：周子牛　审核人：杨立溪）

kuandai guangyuan

宽带光源（Broadband Light Source）（Широкополосный источник света）

相干长度较短、光谱宽度较大（通常来说，光谱宽度大于5 nm）的光源。在干涉式光纤陀螺中使用宽带光源可以降低瑞利背向散射噪声和相对强度噪声。宽带光源通常为超辐射或超荧光光源，常见的有 SLD（超辐射发光二极管）光源和掺铒光纤光源。

（撰写人：高　峰　审核人：丁东发）

kuangjia bupingheng liju

框架不平衡力矩（Gimbal-unbalance Torque）（Небалансированный момент рамки）

对于动力调谐陀螺仪而言，它指的是由于挠性轴不相交，沿自转轴的框架不平衡，在重力或惯性力作用下形成的力矩。在匀加速度作用下，因框架相对支撑轴是单自由度的，所以它表现为转子自传频率的二次谐波。当陀螺受振动、加速度，并以2倍的转子自转频率垂直作用到自转轴上时，会引起一项整流的不平衡力矩，使陀螺产生漂移。

（撰写人：孙书祺　审核人：闵跃军）

kuangjia chizhi

框架迟滞（Gimbal Retardation）（Карданная задержка）

陀螺仪框架支撑（液浮陀螺浮子支撑）存在滚动等摩擦，当绕其输出轴旋转时在输出轴上产生摩擦力矩，通过对陀螺进行开环（或闭环）施加力矩可测得该摩擦力矩，用等效的输入量来表示，统称为框架迟滞。

（撰写人：孙书祺　邓忠武　审核人：唐文林）

kuangjia wucha

框架误差（Gimbal Error）（Карданная ошибка）

又称支架误差或几何误差。指陀螺仪的输入轴（测量轴）与运动载体的测量轴由于几何关系不重合时，出现测量误差。

陀螺仪在工作过程中，随着载体的运动，它的输入轴随时都在变换空间位置，不能始终与载体的被测轴相重合，这样陀螺仪输入轴的输入角参数与载体被测轴上的实际角参数不符，就产生了误差。这种误差值与陀螺仪在载体上的安装方式有关。

（撰写人：孙书祺　审核人：唐文林）

kuangjia zisuo

框架自锁（Gimbal Lock）（Самоарретирование карданного подвеса）

二自由度框架式陀螺仪的转子轴与一个框架支撑轴相重合，使陀螺仪失去一个自由度，失去其陀螺特性，不能正常工作的状态。

对于三轴陀螺稳定平台，是指台体轴与外框架轴相重合，使平台失去一个自由度，失去空间稳定功能，不能正常工作的状态。对于实际应用，应该依据使用情况采取设计措施，避免发生上述陀螺仪或三轴平台的框架自锁。

（撰写人：赵 友 闫 禄 审核人：孙肇荣）

lanjie jiaohui tiaojian

拦截交会条件（Intersection Condition）（Условия перехвата ）

导弹对来袭的空中目标实施攻击称之为拦截。在导弹和目标遭遇时刻，引信引爆战斗部，使目标恰好落入战斗部的有效杀伤区内所应具备的条件，称之为拦截交会条件。在拦截交会条件下，战斗部的动态杀伤区，即战斗部爆炸形成的杀伤元素的飞散区域应和引信的启动区协调一致，即所谓的“引—战配合”，以获得对目标较高的毁伤概率。

（撰写人：龚云鹏 审核人：吕应祥）

langmiu'er liudong xiaoying

朗缪尔流动效应（Langmuir Turbulence Effect）（Турбулентный эффект Лонмуйра）

直流气体放电过程中，由于空间宏观定向电场的作用，放电等离子体正柱区存在着电子和正、负离子等带电粒子的反向流动，这种引起激活粒子流动的效应，通常称为朗缪尔（Langmuir）流动效应。其方向是从负极到正极。其本质是由于放电管管壁的负电荷效应，使得在管壁附近离子自由程范围内，正离子所带动量消耗在管壁上，从而使气体原子获得从负极到正极的流动。也即，这种效应指的是两项之和：第一项是由于直流放电的电子轰击而引起的增益原子的流动，从阴极指向阳极；第二项是由于上述流动的结果，在闭合的放电管正、负极之间，造成气压差，在压差作用下，增益原子具有从正极趋向负极的黏滞性流动（poiseuille）。

（撰写人：苏 域 审核人：王 轲）

laolian chuli（handianlaolian）

老炼处理（含电老炼）（Stability Process）（Процедура старения）

针对电子设备存在的电子元器件早期失效问题进行的一项工艺筛选试验。一般以具有独立功能的单板、组合件或整机加电工作形式进行。电老炼技术要求应规定出：电老炼的温度条件、循环工作周期、累积工作时间和测试次数等。

（撰写人：郝　曼　审核人：闫志强）

lixinji

离心机（Centrifuge）（Центрифуга）

一种原理简单，但技术上涉及许多分系统的较复杂的设备。其基本原理就是利用高速旋转运动产生的向心加速度（线加速度）：$a=R\omega^2$，它是在地面上能提供长时间大的线加速度的唯一工具。它的种类较多，用途广泛。结构上，转臂形式有桁架式和圆盘式，前者用于大型离心机（直径 5 ～ 6 m），后者用于小型离心机（直径 2 ～ 3 m）。总体结构上，都有一个主旋转轴系，这是所有离心机必须具备的条件。有些种类离心机，转臂一端带有另一个或多个辅助旋转轴系。即带有反转平台（CRP），反转平台一般是单轴的转台，它有与主轴反向同步旋转的能力，可以抵消主轴旋转的牵连运动，如果试验对象是 PIGA，则相当一台较精密的低频大加速度线振动台；或者带有“鸟笼”，它具有位置功能，也有速率功能（只能在主旋转轴不工作时，不具备同时旋转的能力）。近代较先进的离心机，转臂一端带有双轴速率—双轴位置的转台，离心机除了主要的主轴轴系外，还带有多个辅助旋转轴系，使该离心机不仅精度高，而且功能强。也有转臂一端带有训练航天员的座舱等。离心机主轴轴系一般采用机械轴承，还有采用静压空气轴承或液压轴承。驱动电机普遍使用直流电机，近代使用无刷力矩电机的较多。离心机的用途广泛，特别是在军事领域。如惯导系统或仪表试验、核技术领域的核原料生产、核引信试验，航天技术中的航天员训练、兵器引信试验等。民用方面，主要应用于生物和制药等领域。

本词典主要介绍惯导试验用的离心机。精密离心机是惯导试验技术中使用的重大设备之一。其主要技术要求是在地面能产生高精度的线加速度，量程大和功能强。主要用途是在大加速度试验条件下，标定惯导加速度计的比例系数、分离非线性项和其他项误差系数。即得到被测对象（如导弹上用的惯导加速度计等）的误差模型（数学模型），简化形式为

$$a_s = E/K_1 = K_0 + a_i + K_2 a_i^2 + K_3 a_i^3$$

典型的惯导试验用的精密离心机代表是美国的 G－460S 型精密离心机和俄罗斯的 ДЦ－2 型精密离心机，两机各有特点。G－460S 精密离心机是大型桁架式离心机，属于20世纪80年代中期的产品，由美国 GENISCO 公司生产。直径 5 m，平均加速度精度为 2.5×10^{-6}，最大加速度为 30 g，转臂一端（精密端）装有“鸟笼”。主轴采用V形结构液压轴承，具有自动定心和不向外甩油的优点。转臂为三角形截面桁架式结构，重心低，散热好。精密端“鸟笼”与转臂另一端（环境端）直接连接，进行拉伸补偿。使“鸟笼”转轴（方位轴，与主轴垂直）回转中心线与主轴回转中心线间距离（工作半径 R），在大加速度条件下保持不变。40 kW 直流电机驱动，离心机总重 3 t。底座为带有 3 套大型合页弹簧的三脚架，与基础固定。ДЦ－2 型精密离心机属于20世纪80年代初期的产品，由俄罗斯圣彼德堡门捷列夫计量科学院研制，是小型圆盘式精密离心机。直径 1 m，平均加速度精度为 1×10^{-5}（50 g 以内），最大加速度量程可达 200 g 以上。主轴采用静压空气轴承，转盘边沿装有反转平台（CRP），该反转平台转轴也为空气轴承，气膜压力随离心加速度大小自动反馈平衡。采用水银滑环，主轴 54 环，反转平台 10 环。G－460S 精密离心机，除美国国内使用外，日本、印度等国均已购买并使用。ДЦ－2 型精密离心机，我国已引进。

美国 1993 年投入使用一台高精度、多功能大型精密离心机（直径 6 m，最大加速度 50 g）。该机转速控制系统采用状态观察、状态评估和卡尔曼滤波技术，对离心机主轴转角和转速进行预判。产生

的离心加速度，瞬时加速度峰—峰值不稳定性达 10^{-6}。国外的精密离心机发展较快，技术水平较高。美国霍洛曼空军基地惯导中心实验室（CIGTF）原装备有 2 台 G－460S，精度达到 10^{-6}。使用瞬时加速度进行大加速度试验，将对惯导试验技术起到极大的推进作用。

（撰写人：王家光　审核人：李丹东）

lixinji wucha moxing

离心机误差模型（Error Model of Centrifuge）（Модель ошибок центрифуги）

离心机产生（输出）的线加速度的误差与离心机相关物理量的误差间数学表达式。该误差模型表达式，由向离心加速度的物理学公式导出

$$a = R\omega^2$$

式中　a——向心加速度；

R——半径；

ω——主轴转速。

工程实践中，R 和 ω 需要通过测量得到，这就带来一系列误差，其误差表达式近似为

$$\sigma a/a = 2\ \sigma\omega/\omega + \sigma R/R + \sigma\theta\ g/a$$

式中　σa，$\sigma\omega$，σR，$\sigma\theta$——分别为离心加速度误差、主轴转速误差、半径误差和对重力加速度的倾斜误差。

$\sigma\omega$，σR，$\sigma\theta$ 三项误差是造成离心加速度误差 σa 的基本物理因素。

（撰写人：王家光　审核人：李丹东）

lixin shiyan

离心试验（Centrifuge Test）（Центробежное испытание）

把惯性器件安装在离心机上跟随旋转作匀速圆周运动，使它承受向心加速度的作用，测量惯性器件性能的试验。

离心试验的目的就是确定惯性器件在承受大加速度的作用下的

适应能力。

离心试验是惯性器件过载试验的方式之一。

惯性器件通过夹具固联在离心机的转台上，试验方向指向离心机转台的旋转中心。试验中惯性器件在正常工作状态还是在非工作状态，由惯性器件的各自特点决定。试验加速度的大小和时间长短，取决于惯性器件在使用中遇到的最大加速度的大小和持续时间。试验产生加速度的大小为离心机旋转角速度的平方和试件到旋转中心的距离的乘积成正比关系，即

$$a = \omega^2 R$$

当离心机上的安装半径 R 确定后，加速度就只与其转速的平方有关。

（撰写人：吴龙龙　审核人：闫志强）

lizi hongji

离子轰击（Ion Bombardment）（Ионное бомбардирование）

镀膜前，利用离子轰击被蒸镀基面，溅射掉基片表面的污染物，进行净化，同时也对基片表面除气，可起到清洁基片、增加附着力、提高膜层聚集密度的作用。在薄膜形成的开始阶段，离子束的轰击，能使有些膜料粒子渗入基片表面，形成为扩散层，即在基片与膜层界面处，形成有限厚度的中间膜层。这有利于增强膜层的附着力及改善膜层的应力，因为扩散层对于基片和膜层材料不同的膨胀系数有补偿效应。在沉积过程中，离子束轰击正在生长的薄膜，可以改善薄膜的微观结构，使膜层致密。

（撰写人：郭　宇　审核人：王　轲）

lizi jianshe

离子溅射（Ion Sputtering）（Ионное брызгание）

用被电场加速的离子直接轰击工件，逐个剥离工件表面的原子的加工方法。也是离子铣、离子磨和离子镀的总称。它们都是利用溅射原理，实现对工件的加工。

离子铣又称离子蚀刻，是利用离子束流对工件表面刻出线条和

图案；离子磨是利用溅射使工件均匀地减薄。

离子溅射加工方法，由于其能量可以精确地控制，又是原子级的去除加工，属超精密加工。

离子束刻蚀加工已用于加工陀螺仪的动压轴承构件、非球面透镜和制造集成光路中的光栅和波导，刻蚀集成电路等电子器件亚微米图形，制造石英晶体振荡器和压电传感器等。

（撰写人：常 青 审核人：易维坤）

lizi keshi

离子刻蚀（Ion-beam Etching）（Ионное гравирование）

用0.1～5 keV 的离子束打击到工件表面上，当高速运动的离子束传递到材料表面上的能量超过工件表面原子（或分子）间的键合力时，使材料表面的原子（或分子）溅射出来，达到加工目的的加工方法。

离子刻蚀分为聚焦离子刻蚀和反应离子刻蚀。

聚焦离子刻蚀是在一定离子密度条件下，能产生直径为亚微米级的射束，可对工件表面直接刻蚀，而且可以精确控制束密度和能量。它是通过入射离子向工件材料表面原子传递动量而达到逐个蚀除工件表面原子的目的，可达到纳米级的制造精度。

反应离子刻蚀是一种物理化学反应的刻蚀方法。它将一束反应气体的离子束直接引向工件表面，发生反应后形成一种既易挥发又易靠离子动能而加工的产物；同时通过反应气体离子束溅射作用而达到刻蚀的目的。这是一种亚微米级的微细加工技术。

（撰写人：曹耀平 审核人：谢 勇）

lizishu hanjie

离子束焊接（Ion-beam Welding）（Сварка ионными пучками）

利用离子源产生的离子，在真空中经加速聚焦而形成高速高能的束状离子流，使之打击到需焊接工件表面上，从而完成对工件进行焊接的工艺方法。

（撰写人：翁长志 审核人：谢 勇）

lizishu jiagong

离子束加工（Ion-beam Machining）（Обработка ионными пучками）

简称 IBM，是利用离子束对材料进行成形和改性的加工方法，其原理与电子束加工基本类似，也是在真空条件下，用一个相对于等离子体为负电位的电极，将离子源产生的离子经过加速与聚焦形成束源打到工件表面来去除材料。它是靠微观的机械撞击能量，而不是靠动能转化为热能来进行加工的。

离子束加工主要有离子束刻蚀、研磨、抛光、剥离镀覆及离子注入等。前几种都是利用离子的溅射效应，只有最后一种是基于注入效应。离子注入的能量范围高达 50 ～600 keV，而其他几种皆在 0.1 ～5 keV 左右。

离子刻蚀是动压马达螺旋槽加工的关键技术手段。

（撰写人：常 青 审核人：易维坤）

lizi zhuru

离子注入（Ion Implantation）（Ионная импрегнация）

在小于 10^{-5} mmHg 的真空中，把所需要的化学元素的原子在离子源中电离引出正离子，经电场加速到数万甚至数十万 eV，离子直接向工件表面层注入，达到改善材料性能的目的，是材料改性的主要方法。

离子注入是半导体掺杂的一种新工艺。用适当的杂质离子如硼或磷注入半导体，可以改变导体的形式（P 型或 N 型）和制造 P－N 结。这种方法已经广泛应用于微波低噪声晶体管、雪崩管、场效应管、太阳能电池和集成电路等的制造。

利用离子注入可以改变金属表层的物理、化学以及力学性能，制造新的合金，从而改善了金属表面的抗蚀性能、抗疲劳性能、润滑性能、耐磨性能，并提高了硬度。

注入离子的数量以及注入深度可以通过独立地调制离子能量、束流强度、作用时间等参数进行精确控制，而且注入元素的纯度较高、均匀性也较好。

（撰写人：常 青 审核人：易维坤）

li（ju）pingheng huilu

力（矩）平衡回路（Force（Torque）Rebalance Loop）

（Уравновешивающий контур сил（моментов））

又称力(矩)再平衡回路、力(矩)反馈回路(Force (Torque) Feedback System),一般是根据位移或角度差传感器输出信号产生相应的力或力矩,抵消运动部件上外加的作用,使相应的传感器输出回到零位或指定偏置的伺服回路。力(矩)平衡回路通常由传感器、控制器和反馈元件构成,可以用模拟电路或数字/模拟混合电路来实现。如图所示。

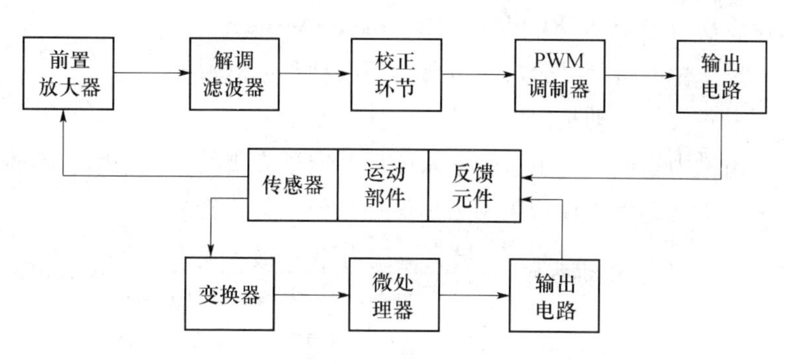

模拟和混合力（矩）平衡电路框图

力（矩）平衡回路可用于位置伺服或力（矩）测量，狭义上特指用于力（矩）测量的力（矩）平衡回路，在惯性测量系统中常作为陀螺仪和加速度计的力（矩）测量电路，具有关键作用。

对一个适当支撑的运动部件,在所关心的自由度上:$f + f_c + \Delta f = m\ddot{d} + c\dot{d} + kd$ 或 $T + T_c + \Delta T = J\ddot{\alpha} + c\dot{\alpha} + k\alpha$。理想情况下干扰力(矩) $\Delta f = 0(\Delta T = 0)$,运动部件(角)位移 $d = 0(\alpha = 0)$;于是 $f + f_c = T + T_c = 0$,即回路的反馈力(矩)与外加作用力(矩)完全平衡,把对外加力(矩)的测量变为测量反馈力矩。

力（矩）平衡回路采用精密反馈元件把反馈力（矩）和电信号

精确对应起来，测量精度主要取决于反馈元件的精度。为克服反馈元件和模拟电路非线性等误差，常采用脉冲调宽等斩波方式来提高精度。

作为决定惯性测量精度因素中仅次于惯性仪表的测量环节，力（矩）平衡回路设计中应注意以下问题：

1. 选择足够高精度的回路反馈元件和反馈量测量电路，作为整个回路的基础；

2. 控制回路的静态和动态误差对力（矩）测量精度的影响，对惯性导航系统，采用无静差回路消除静态误差的影响是必要的。

（撰写人：周子牛　审核人：杨立溪）

liju bodong

力矩波动（Torque Ripple）（Колебание момента）

按产生的机理可分成：电磁力矩波动和齿槽力矩波动。

电磁力矩波动是由于转子永磁体和定子电流的相互作用产生的。

齿槽力矩波动是由于转子永磁体和定子齿槽的相互作用引起的。

力矩波动大小评价采用力矩波动系数，其定义为

$$\text{力矩波动系数}=\frac{\text{最大输出力矩}-\text{最小输出力矩}}{\text{最大输出力矩}+\text{最小输出力矩}}\times 100\%$$

（撰写人：李建春　审核人：秦和平）

liju fqnkuifg cepiɑo

力矩反馈法测漂（Torque-feedback Test for Drift）（Измерение дрейфа методом обратной связи момента）

在力矩反馈回路与陀螺仪闭合状态下，测试陀螺漂移的方法，又称速率反馈法测漂。

在陀螺与力矩反馈回路闭合后，从传感器拾取信号，经反馈放大器，将电流反馈给力矩器，以此来平衡陀螺仪输出轴上的干扰力矩。将检测出的电流值折合成角速度，并减去地球自转角速度分量，即可求得陀螺漂移。

力矩反馈法的测试精度主要取决于陀螺力矩器标度因数的精度，

一般此测漂法能满足中、高精度陀螺仪测漂要求。该方法所用设备简单，所耗时间也较短，已广泛应用于陀螺仪测试工作中。

（撰写人：赵 友 闫 禄 审核人：孙肇荣）

liju fankui shiyan

力矩反馈试验（Torque-feedback Test）（Эксперимент обратной связн по моменту）

陀螺仪（加速度计）与再平衡回路成闭路时的试验。例如试验时陀螺工作在力矩反馈状态，即陀螺仪角度传感器的输出信号，经放大后送到相应的力矩器（构成力矩反馈回路），使其产生的力矩与外作用力矩相平衡，通过测量力矩器的电流，来获取仪表在给定输入时的输出数据，进而确定仪表性能，得到仪表的误差模型系数。速率反馈试验包括多位置试验和翻滚试验。

（撰写人：周建国 审核人：李丹东）

liju pingheng jiasuduji

力矩平衡加速度计（Torque Balance Accelerometer）（Акселерометр типа уравновешивания моментов）

利用力矩反馈回路来测量加速度的装置，即当检测质量在受到加速度作用时产生位移，传感器测量得到的信号经伺服放大回路放大并输出与加速度成比例的电流等物理量，从而使执行机构产生再平衡力或力矩与检测质量平衡。这样，通过测试伺服放大回路输出电流等物理量，就可以通过一定的关系求解得到检测质量受到的加速度。现有的加速度计，多数是根据这种原理设计的。

（撰写人：闵跃军 审核人：赵晓萍）

lijuqi

力矩器（Torquer）（Датчик момента）

一种机电转换元件，将输入电量（电压或电流）转变成相应的机械力矩。惯性器件中常用的有感应式、电磁式、电动式和永磁式四种类型。主要技术指标有工作角度、力矩系数、线性度、力矩系数稳定性、干扰力矩、最大输出力矩、工作寿命和可靠性。

（撰写人：葛永强 审核人：千昌明）

liju yudu（guozai beishu）

力矩裕度（过载倍数）（Overload Factor）（Запас момента（кратность перенагрузки））

电机启动力矩和负载力矩之比。

（撰写人：谭映戈 审核人：李建春）

li'ou bupingheng

力偶不平衡（Couple Unbalance）（Небаланс пар сил）

陀螺仪框架组件（浮子）的惯性主轴发生角位移，而与旋转轴相交于重心上的不平衡现象，又称动不平衡，如图所示。

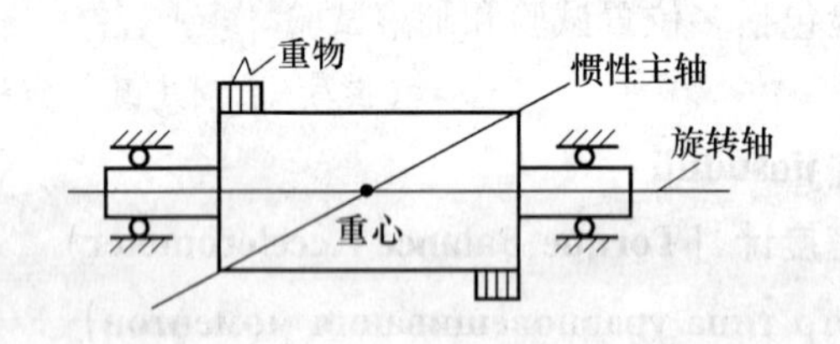

力偶不平衡示意图

浮子发生转动时，将会发生摇摆式的振动，主轴线以重心为中心划出一条圆锥形轨迹，这种不平衡可以用两块相差180°并相隔一定距离的相等重物来表示。

力偶不平衡不能用静平衡的方法观察，只在动态或旋转的条件下才能显现出来，需在工作转速下检查和消除这种不平衡。

（撰写人：孙书祺 审核人：唐文林）

li'ou pingheng

力偶平衡（Couple Balance）（Балансирование пар сил）

消除旋转体径向平面的质量分布不均，克服转动时两平面不同方向的不平衡质量和各种因素造成的力偶不平衡的过程。在完全平衡的惯性器件陀螺转子上，施加两个同等大小的不平衡质量 m，它

们在两个平面之间距离为 l、径向半径为 r 的平面上就存在方向相反的不平衡力偶 U

$$U = mrl$$

当陀螺转子旋转时，两径向平面上会产生方向相反的离心力 F，它与两平面之间距离 L 的乘积就构成了力偶不平衡力矩 M

$$M = FL$$

也称为动不平衡力矩。

陀螺转子的动不平衡力矩是静不平衡和力偶不平衡的叠加，动不平衡力矩由动平衡工序在专用动平衡机上消除。

（撰写人：刘雅琴　审核人：闫志强）

lixueliang fenzi dianzi chuanganqi

力学量分子电子传感器（Based on Hydrodynamic Molecular Electronic Technology Sensors）（Датчик на основании гидродинамической молекулярно-электронной техники（электролитический интегратор））

一种采用液相惯性介质以液体电化学原理为理论基础的化学传感器。以 Ag/AgCl 电极为基础的电解积分元件是最先用于火箭中程和远程地地导弹的飞行速度的传感并作射程控制的化学电子惯性技术传感器。

它的工作机理主要是：

1. 以电解液浓差极化原理的溶液离子器件；
2. 以固液分散界面电现象和毛细管电现象为原理的器件；
3. 以测定电解质电导率敏感变化为原理的力学量化学传感器。

力学量化学电子传感器的制备工艺简洁、成本低、可靠性高，可替代加工精度要求高的机电式陀螺仪。它的技术关键是工艺装备技术及惯性液体的配制，国内对此类产品的研发还处于初级阶段。

（撰写人：张敬杰　审核人：宋广智）

lizishu fanzhuan

粒子数反转（Population Inversion）（Популяционная инверсия）

又称集居数反转，处于热平衡状态的物质内部各能级上的原子数服从波尔兹曼分布，即能级越高，其上的原子数越少。在一定条件，如外界的泵浦或激励下，物质原子吸收能量，使其跃迁到高能级，当高能级的原子数大于低能级的原子数时，称为粒子数反转。

（撰写人：赵 申 审核人：王 轲）

lianbang lübo

联邦滤波（Federated Filtering）（Федеральная фильтрация）

联邦滤波或联合滤波是 N. A. Carlson 在 1987 年提出的一种两级分散化滤波方式。它特别适合于组合导航系统的滤波。组合导航系统常常由惯导系统（作为主导航系统）和其他辅助导航系统（如 GPS，Doppler，地形匹配等）所组成。采用集中式滤波时，将惯导系统与这些辅助导航系统某些输出值之差作为测量值，在一个卡尔曼滤器中来处理。这样做的缺点是状态的维数高，计算量大，且任一辅助导航系统失效都将使整个组合导航系统失效，因此容错性能不好。

采用联邦滤波时，将惯导系统与每一个辅助导航系统分别组成多个子系统，针对每个子系统分别设计一个局部的卡尔曼滤波器，将这些局部滤波器给出的状态的局部估计在一个主滤波器中进行融合，得出全局最优估计。联邦滤波器的设计中采用了“信息分配”和“信息守恒”原理，并通过“方差放大技术”使局部估计互不相关，从而可采用简单的融合公式求得全局估计及其估计精度，避免了局部滤波器之间的信息交换，算法简单。

（撰写人：张洪钺 审核人：杨立溪）

liantiao

联调（Connent Debugging）（Объединённая наладка）

惯性器件各单表、直装元件单独装配、调试完成后，再进行总体检测调试或整弹连接、装配好后进行联合调试检测的过程。

惯性器件系统由元件、单表、放大器等组成。一般由不同单位设计生产而成，将所有单元按设计技术要求的接口连接在一起，进行综合测试，检测其综合精度指标是否满足设计技术要求的过程称为联调。例如平台系统的综合调试，箭与星的联调等。

（撰写人：刘雅琴 审核人：闫志强）

lingmindu

灵敏度（Sensitivity）（Чувствительность）

系统（或测试仪器）输出响应量的变化与相应的输入量的比值（绝对灵敏度 S），或系统的输出量对于相应输入量相对量的变化率（相对灵敏度 S_r）。

灵敏度与稳定性、稳态精度、瞬态响应等均为自动控制系统的性能指标。

（撰写人：胡吉昌 审核人：胡幼华））

lingpian chongfuxing

零偏重复性（Bias Repeatability）（Повторяемость смещения нуля）

在同样条件下及规定时间间隔内，多次通电过程中，光纤陀螺仪零偏相对其均值的离散程度。以多次测试所得零偏的标准偏差表示。常用单位为(°)/h。

（撰写人：王学锋 审核人：张志鑫）

lingpian cichang lingmindu

零偏磁场灵敏度（Bias Magnetic Sensitivity）（Чувствительность отклонения нуля к магнитному полю ）

由磁场引起光纤陀螺仪零偏变化量与磁场强度变化量之比，一般取最大值表示。光纤陀螺仪的磁场敏感轴一般在光纤线圈平面内。常用单位为[(°)/h]/guass。

（撰写人：王学锋 审核人：黄 磊）

lingpian wendu lingmindu

零偏温度灵敏度（Bias Temperature Sensitivity）（Чувствительность отклонения нуля от изменения температуры ）

相对于室温零偏，由温度变化引起陀螺仪零偏变化量与温度变化量之比，一般取最大值表示，常用单位为[(°)/h]/℃

（撰写人：王学锋 审核人：黄 磊）

lingpian wendingxing

零偏稳定性（Bias Stability）（Стабильность отклонения нуля）

当输入角速度为零时，衡量光纤陀螺仪输出量围绕其均值的离散程度。以规定时间内输出量的标准偏差相应的等效输入角速度表示，也可称零漂。常用单位为(°)/h。

（撰写人：王学锋 审核人：张志鑫）

lingsu xiuzheng

零速修正（ZUPT）（Коррекция при нулевой скорости）

使载体在运行中周期性地停止不动（周期约为数分钟，不动的时间约数十秒）。这时载体的速度为零。但是由于惯性器件误差的存在，惯导系统会有一定的速度输出值。根据这一输出值，采用滤波方法对惯性误差进行估计和修正，达到提高惯性导航精度的目的。

（撰写人：朱志刚 审核人：杨立溪）

lingwei

零位（Null）（Нуль）

惯性器件（如：陀螺仪）最小输出的状态。在陀螺仪中，当输入角速度为零时陀螺的输出量。通常用等效的输入角速度来表示。它不包括由于迟滞和加速度引起的输出量。单位为(°)/h。

（撰写人：孙书祺 审核人：闵跃军）

lingwei shuchu

零位输出（Null Output）（Нулевой выход）

惯性仪表自转轴与自转基准轴的偏差角称为惯性仪表的机械零位。当仪表处于机械零位时，传感器电气零位的输出电压即称为零位输出。

（撰写人：郝 曼 审核人：闫志强）

lingwei tiaozheng

零位调整（Null Adjustment）（Наладка нуля）

使传感器电气零位与惯性仪表的机械零位向一致方向调试的过程。

（撰写人：郝 曼 审核人：闫志强）

liuti zhoucheng gangdu

流体轴承刚度（Stiffness of Fluid Bearing）（Жёсткость жидкостной опоры）

在静压流体支撑中，它的刚度是指流体在一定压力下，轴承内气膜（或液膜）的单位弹性变形量所能承受的载荷，单位为 kg/μm 或 N/μm。

（撰写人：孙书祺　审核人：唐文林）

liuti zhuanzi tuoluoyi

流体转子陀螺仪（Liquid Rotator Gyroscope）（Гироскоп с жидкостным ротором）

一种以高速旋转流体质量代替常规机械陀螺仪中刚体转子的陀螺仪。旋转流体装在容器内，容器可以是球形，也可以是圆柱形、环状圆柱等；在个别的试验模型中，容器呈管状，流体在管内作高频振荡。根据容器与流体之间绕陀螺自转轴的相对运动情形，可以把流体转子陀螺分为两大类：第一类是容器与流体之间没有相对运动，也就是说容器带动流体一起转动，这种陀螺简称为流体转子陀螺；第二类是容器不动，其中充满了导电流体，用适当的方法（例如旋转磁场）使流体相对于容器绕陀螺自转轴转动，这种陀螺称为电磁流体陀螺。这两类流体转子陀螺的结构示意图分别如图 1 及图 2 所示。

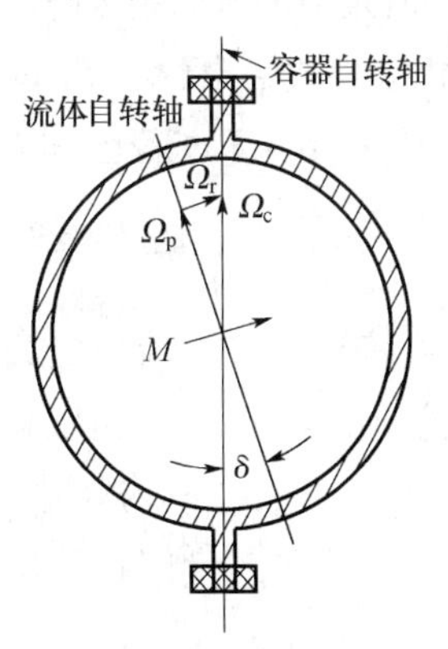

图 1　流体转子陀螺结构示意

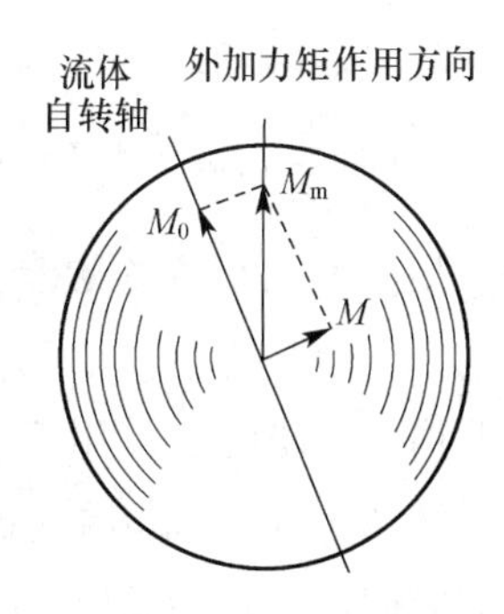

图 2　电磁流体陀螺结构示意

流体转子陀螺具有下列的特点：1）机械磨损问题对陀螺的性能不影响或者影响很小；2）容器起到了框架的作用；3）流体转子可以始终满足静、动平衡的要求；4）均匀的流体始终满足等弹性的要求；5）结构简单，容易制造；6）温度分布的不均匀性以及流体的热膨胀会影响陀螺的特性。

（撰写人：邱飞燕　审核人：赵采凡）

longge-kutafa

龙格—库塔法（Runge-Kutta Algorithms）（Алгоритм Рунге-Кутта）

一种常微分方程的数值积分解法。可用于解算捷联系统方向余弦或四元数姿态矩阵微分方程。

按照已知条件不同,可用不同阶次的龙格—库塔法求出微分方程的近似解。以计算捷联系统方向余弦阵微分方程为例,若 $\boldsymbol{C}(t)$,$\boldsymbol{\omega}(t)$ 为 t 时刻的方向余弦阵、反对称角速度阵,则一阶龙格—库塔法给出的 $(t+T)$ 时刻的方向余弦阵 $\boldsymbol{C}(t+T)$ 如下式所示

$$\boldsymbol{C}(t+T)=\boldsymbol{C}(t)[\boldsymbol{I}+\boldsymbol{\omega}(t)T]$$

式中　$\boldsymbol{I}$——单位矩阵；

T——采样周期。

若已知初始时刻的方向余弦阵,依据陀螺仪输出信息计算出反对称角速度矩阵,逐次递推求解上式即可得出一阶近似的方向余弦阵。

若已知 $\boldsymbol{C}(t)$,$\boldsymbol{\omega}(t)$,$\boldsymbol{\omega}(t+T)$,可按相应算式给出 $(t+T)$ 时刻龙格—库塔法计算的二阶近似的方向余弦阵 $\boldsymbol{C}(t+T)$。若已知 $\boldsymbol{C}(t)$,$\boldsymbol{\omega}(t)$,$\boldsymbol{\omega}\left(t+\frac{T}{2}\right)$,$\boldsymbol{\omega}(t+T)$,可按相应算式给出龙格—库塔法计算的四阶近似的方向余弦阵 $\boldsymbol{C}(t+T)$。同理,可按相应算式给出更高阶次近似的方向余弦阵 $\boldsymbol{C}(t+T)$。阶次越高,给出的 $\boldsymbol{C}(t+T)$ 精度越高。

龙格—库塔法也可用于求解四元数微分方程。工程应用中,采用捷联系统数字计算机按预定的信息采集和计算程序,实时计算给出各瞬时的方向余弦或转动四元数。

（撰写人:孙肇荣　审核人:吕应祥）

louci jiancha

漏磁检查(Leak-magnetism Checking)(Контроль над магнитной утечкой)

部分磁通经过磁路外周围的物质(如空气等)而形成闭合的磁通称漏磁。

漏磁检查是以自动检测为目的而发展起来的一种自动无损检测新技术,是以永磁体作为励磁源,利用磁敏元件检测漏磁场强度来获取缺陷信号,并由计算机进行智能处理后,完成缺陷的状态识别,从而实现钢件缺陷的自动定量检测。

(撰写人:周长富 审核人:陈黎琳)

loulü

漏率(Leakage Rate)(Скорость утечки)

陀螺仪的浮子和充有浮液的腔体要保持密封的可靠性,如有漏缝,以漏率为指标进行检验。即在规定的压强下单位时间内通过漏缝的气体的体积。

(撰写人:孙书祺 审核人:唐文林)

lüguangpian

滤光片(Filter)(Фильтр)

1. 截止滤光片,是以某一特定波长 λc(截止波长)为界限,反射(截止)$\lambda < \lambda c$ 波段的光束,透射 $\lambda > \lambda c$ 波段的光束;或者相反。前者称为短波通滤光片,后者称为长波通滤光片。截止滤光片分为吸收型、薄膜干涉型和干涉型与吸收组合型三种。其截止波长由材料的性质决定。

2. 带通滤光片,是透射特性曲线的透射带两侧邻接截止区的滤光片。带通滤光片可以粗略地分为宽带滤光片和窄带滤光片。宽带表示具有带宽20%或更大的滤光片,它们由长波通滤光片和短波通滤光片组合制成。窄带滤光片根据法布里—珀罗标准仪原理设计而成,是带通滤光片的一种基本结构形式,应用广泛。

3. 偏振滤光片,是能按照规定的需要,改变入射光的强度分布或使入射的电磁辐射偏振状态发生变化的光学元器件。

(撰写人:张雪松　审核人:王　轲)

luopanbei

罗盘北(Compass North)(Компасный север)

磁罗盘指出的北向,它作为罗盘方位测量法的基准方向。

(撰写人:朱志刚　审核人:杨立溪)

luoji dianlu

逻辑电路(Logic Circuit)(Логическая схема)

用以实现布尔代数(Bull Algebra)运算的电子线路,由与门(AND Gate)、或门(OR Gate)和非门(NOT Gate)等基本单元构成,是数字电路的基本组成单元。逻辑电路的复杂性或规模通常以门(Gate)的数量表示。

逻辑电路分为正逻辑和负逻辑。正逻辑以高电平为1(True),低电平为0(False);负逻辑相反。逻辑电路通行多种电路规范,通常为集成电路器件。常用器件有TTL器件、TTL兼容CMOS器件、CMOS器件和ECL器件等。TTL器件、TTL兼容CMOS器件和CMOS器件广泛应用于包括惯导系统在内的各种逻辑电路中;ECL器件主要用于高速计算机,由于功耗大,应用较少。随着微处理器技术的发展,低电压高速CMOS器件发展迅猛。

除逻辑正确性和简化外,逻辑电路设计中主要应考虑响应速度、噪声容限、电平匹配、功耗、可靠性和“竞争”等问题。“竞争”指在逻辑状态交替时由于响应时间和信号延迟等动态过程产生的错误逻辑状态。

(撰写人:周子牛　审核人:杨立溪)

luoxuancao

螺旋槽(Spiral Groove)(Спиральная канавка)

在流体动压轴承表面加工的槽线为等角螺旋线的凹槽。螺旋槽分为泵入式和泵出式两种。

平面螺旋槽指平面止推轴承表面所开的螺旋槽,螺线上的每一点都以相同的角度与过极坐标的原点的射线相交。

球面螺旋槽指球形轴承表面所开的螺旋槽,螺线上的每一点都以相同的角度与子午线相交。

柱面螺旋槽指圆柱形轴承表面所开的螺旋槽,螺线上的每一点都以相同的角度与轴线相交。

螺旋槽在流体动压轴承领域占有一席之地,具有螺旋槽的流体动压轴承其承载能力和稳定性较其他形式更优越。

(撰写人:秦和平　审核人:李建春)

luodian piancha

落点偏差(Deviation of Impact Point)(Отклонение точки падения)

导弹发射后,由于受内外干扰的影响,使其落点(弹着点)对目标点 O 产生的一个偏差量。它在落点散布坐标系纵轴的投影称为落点的纵向偏差,用 x 或 ΔL 表示,在横向的投影称为横向偏差,用 z 或 ΔH 表示,如图 1 所示。

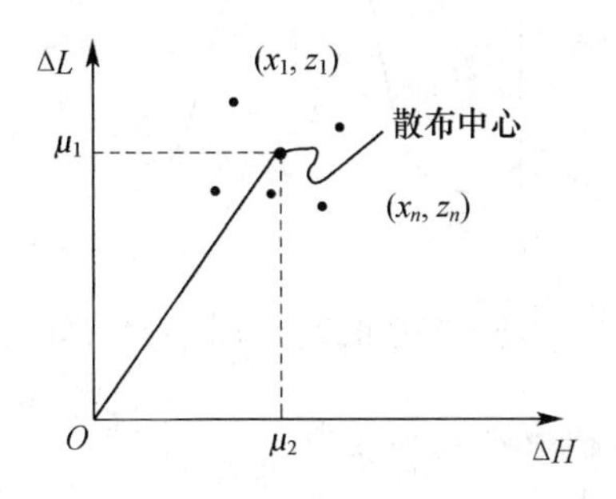

图 1　落点的散布示意图

所谓落点散布坐标系是在散布平面上建立的直角坐标系,原点 O 为目标点在地球参考椭球表面上的投影点,纵轴 ΔL 为发射点至目标点的大地线在目标点的切线,指向射程增加的方向;横轴 ΔH 垂直于纵轴指向射向的右方。

整体弹头的落点偏差为弹头炸坑中心或空爆弹头爆心在地球表面的投影点对目标点的偏差，子母弹头的落点偏差为子弹散布中心对目标点的偏差。

一种型号或一个批次的每发弹的落点是不相同的，因而落点偏差(x, z)是随机的。假设引起落点散布的干扰因素彼此独立，且数量很大，(x,z)可视为这些随机变量之和，根据概率论中的中心极限定理，可知(x, z)近似服从正态分布。x,z的概率密度函数分别为

$$f_x(x) = \frac{1}{\sqrt{2\pi}\sigma_1}\exp\left[-\frac{(x-\mu_1)}{2\sigma_1^2}\right] \tag{1}$$

$$f_z(x) = \frac{1}{\sqrt{2\pi}\sigma_2}\exp\left[-\frac{(z-\mu_2)}{2\sigma_2^2}\right] \tag{2}$$

均值为μ，方差为σ^2的一维正态分布用$N(\mu,\sigma^2)$表示，其图形如图2所示。

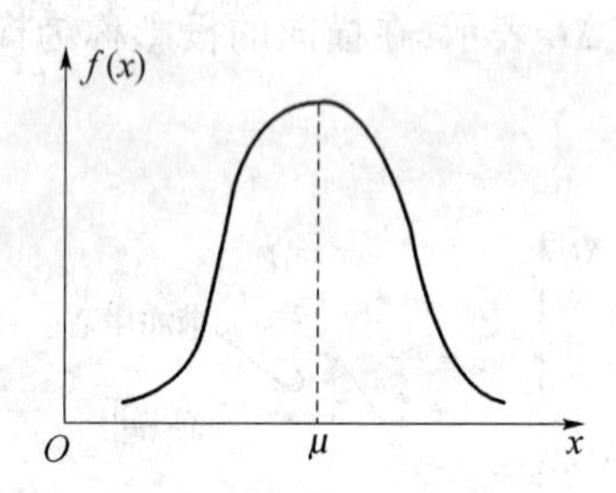

图2　一维正态分布密度函数图

(x, z)的联合概率密度函数为

$$f(x,z) = \frac{1}{2\pi\sigma_1\sigma_2\sqrt{1-\rho^2}}\exp\left\{-\frac{1}{2(1-\rho^2)}\times\right.$$

$$\left.\left[\frac{(x-\mu_1)^2}{\sigma_1^2}-\frac{2\rho(x-\mu_1)(z-\mu_2)}{\sigma_1\sigma_2}+\frac{(z-\mu_2)^2}{\sigma_2^2}\right]\right\} \tag{3}$$

式中　μ_1,μ_2—— 落点纵向、横向偏差的均值；

σ_1, σ_2——落点纵向、横向偏差的标准差;

ρ——x 与 z 的相关系数,$0 \leqslant \rho < 1$。

若 x 与 z 相互独立,即 $\rho = 0$,此时,式(3)简化为

$$f(x,z) = \frac{1}{2\pi\sigma_1\sigma_2}\exp\left\{\frac{1}{2}\frac{(x-\mu_1)^2}{\sigma_1^2} + \left[\frac{(z-\mu_2)^2}{\sigma_2^2}\right]\right\} \tag{4}$$

若 x 与 z 相关,即 $0 < \rho < 1$,此时可通过正交变换将 (x, z) 化为独立随机变量 (x', z'),其联合概率密度函数与式(4) 一致,同样可按独立情况处理。

均值为 (μ_1, μ_2),协方差为 $\begin{pmatrix} \sigma_1^2 & 0 \\ 0 & \sigma_2^2 \end{pmatrix}$ 的二维正态分布用 $N\left(\begin{pmatrix} \mu_1 \\ \mu_2 \end{pmatrix}, \begin{pmatrix} \sigma_1^2 & 0 \\ 0 & \sigma_2^2 \end{pmatrix}\right)$ 表示,其图形如图 3 所示。

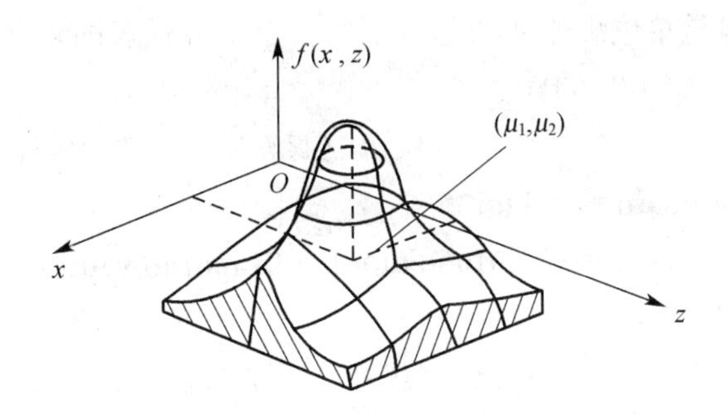

图 3 二维正态分布密度函数图

(撰写人:谢承荣 审核人:安维廉)

mada sanpeihe

马达三配合(Three Matching of Motor)(Три посадки мотора)

转子体与马达端盖止口的配合、轴承外环与端盖轴承安装孔的配合、轴承内环与定子轴颈的配合。这三对配合尺寸都是要求几个微米的过盈配合,而且配合精度也都在 1 ～3 μm 之内,是保证马达装配质

量的有效手段。

（撰写人:周 赟 审核人:闫志强）

maichong dangliang

脉冲当量(Pulse Equivalency)(Импульсный эквивалент)

将输入的连续信号变成一串脉冲信号,每个脉冲代表的物理量的值。加速度计测试中脉冲当量为每个脉冲所代表的速度量,表示为 m/s/PuL。

（撰写人:孙书祺 审核人:闵跃军）

maichong jiaodu dangliang

脉冲角度当量(Impulse-angular Equivalent)(Угловой эквивалент импульса)

每一个脉冲代表的角度增量。在积分陀螺加速度计上,由于积分陀螺加速度计在绕输出轴的角速度与载体加速度成正比,在绕输出轴的角度与载体速度成正比,所以脉冲角度当量也是脉冲速度当量,脉冲角度当量是单位载体视加速度下每一个脉冲代表的角度(速度)增量。表示为[(°)/h]/PuL。

（撰写人：葛永强 审核人：干昌明）

maichong kuandu tiaozhiqi

脉冲宽度调制器（PWM Modulator）（Широтно-импульсный модулятор）

脉冲宽度调制器（PWM 调制器、PDM 调制器、脉冲占空比调制器，Pulse Width Modulator, Pulse Dutycycle Modulator）是把模拟电信号转换成等幅脉冲宽度的电路。按控制方式可分为二元调宽电路、三元调宽电路，以及等周期、变周期等；按用途可分为功率调宽电路和精密调宽电路等。

二元调宽电路有 2 个输出状态，正满度/负满度（双极性）或满度/零（单极性）；三元调宽电路有 3 个输出状态，正满度/负满度/零。二元调宽电路具有电路简单、线性度好等优点，但在输出零位附近谐波功率较大，选择合适的斩波频率配合负载电感量可减小静态功耗。三元调宽电路具有输出零位附近谐波功率小的优点，对阻性负载可显著降低静态功耗，但电路较复杂、线性度较差。

惯导系统电路中常采用等周期脉冲调宽电路，频谱分布较稳定，线性度好。在恒定周期内的脉冲占空比与输出电压成线性关系，因此也称为 PDM 调制器。

功率调宽电路的主要目的是降低功率器件的功耗，提高效率。斩波频率的下限应高于电感负载的响应频率，以减少抖动和静态功耗，斩波频率的上限主要考虑功率开关器件的动态功耗和高频谐波干扰的影响。功率调宽电路主要用于伺服回路或温控回路的功率级。

精密调宽电路主要目的是提高精度，以两点工作方式消除电磁元件非线性的影响，以精确时间控制取代幅度控制。对于电感性或电容性负载，应采取补偿措施防止电压/电流冲击造成恒流/恒压源过载影响精度。精密调宽电路通常用于机电式惯性仪表的精密加矩电路。

脉冲调宽信号直接传递了基带调制信号，通过低通滤波可获得解调信号。小信号条件下，二元调宽斩波信号的谐波功率主要分布在斩波频率的奇次谐波上，而调制信号则与斩波频率的偶次谐波相乘，分布在各个偶次谐波的两侧边带上。在功率调宽电路的频率分配中应予以考虑。

在实际应用中，常采用桥式开关调制器，二元调宽电路的图腾对开关应防止发生重叠导通现象。目前集成的桥式开关电路都在内部解决了这一问题。

（撰写人：周子牛　审核人：杨立溪）

maojie

铆接（Riveting）（Клёпка）

利用塑性变形将两个或两个以上零件连接为一体的、不可拆卸的机械连接加工方法。

将铆钉杆镦粗，形成镦头，从而将连接件固连在一起的过程为铆接。铆接是惯性仪表装配中典型的连接形式之一。常用的铆钉形式为半圆头铆钉、沉头铆钉、空心铆钉和一些带铆接颈的零件，半圆头与沉头铆钉用于金属零件之间的连接，空心铆钉主要用来连接胶纸板、塑料板、陶瓷等非金属零件。铆钉类型不同，其铆接方法也不同。铆接具有工艺设备简单、抗振、耐冲击和牢固可靠等优点，但结构一般较为笨重，且不可拆卸。被连接件上由于制有钉孔而受到较大削弱，且铆接时噪声较大，易造成变形，精密加工的后期不宜采用。

（撰写人：周 琪 审核人：熊文香）

mifeng

密封（Sealing）（Герметизация）

在两个机械部件或工艺系统各元件之间形成不渗漏连接的操作。

根据产品对密封程度要求的不同，分别有安装密封圈、胶封、焊封、机械压装密封等形成。

（撰写人：赵 群 审核人：易维坤）

mofei shiyan

模飞试验（Flying Test of Simulation）（Эксперимент моделирующего полёта）

模拟飞行试验的简称。包括导弹控制系统的数学模拟仿真飞行和地面模拟动态飞行。

导弹控制系统数学模拟仿真飞行试验是在控制系统满足稳定性要求的条件下考虑随机干扰的作用，按 Monte-Carlo 法进行随机抽样的全弹道数字模拟飞行，借以研究导弹的射击精度。

地面模拟动态飞行通常使用三轴或多轴飞行模拟台。在输入三轴角速度或增加三轴线速度试验条件下（六自由度），按要求设计程序弹道，试验全弹的机动能力和过载（角加速度和线加速度）能力。这种试验的目的是进行导弹总体结构和稳定控制系统的协调和匹配性能测试。

（撰写人：李丹东 审核人：王家光）

mokuai dianyuan

模块电源（Circuit Module）（Модульный источник питания）

在一定单位体积以内，能实现交流/直流、直流/交流、直流/直流转换，并能容易地实现 $N+1$ 冗余的功能块。随着惯性技术飞速发展，对电源可靠性、容量/体积比要求越来越高，模块电源越来越显示其优越性，它体积小、可靠性高，便于安装和组合扩容，所以越来越被广泛采用。模块电源的制造工艺包括：分立元器件高密度组装→SMT（贴片）→混合集成电路→半导体设计。模块电源在使用时，其输出端引线应尽量短，与系统连接处须接滤波电容。

（撰写人：周 凤 审核人：娄晓芳 顾文权）

moni chengfaqi

模拟乘法器（Analog Multiplier）（Аналоговый умножитель）

输出电压与两路输入电压的乘积成正比的电路器件，$U_0 = KU_{I1}U_{I2}$。

乘法器通常由指数差分对电路或对数—反对数放大器等非线性电路构成其基本部分，按照输入/输出电压范围划分，包括一象限、二象限和四象限乘法器。

模拟乘法器的响应带宽大，电路简单可靠，通常是单片集成电路产品，但精度一般不高于1%，适用于低精度高速应用，常作为乘法/除法变换电路和调制/解调器。

另外，一些 D/A 变换器也可作为数字—模拟乘法器，以 D/A 变换器的参考电压为乘法器的模拟输入，有专用的二象限和四象限 D/A乘法器器件产品，常用于增益调节、可变低频衰减器等场合。

（撰写人：周子牛 审核人：杨立溪）

moni dianlu

模拟电路（Analog Circuit）（Аналоговая схема）

相对于数字电路、逻辑电路等，泛指处理模拟电信号的电子线路，即以电信号的电压、电流、频率、相位等时间连续函数的值或变化规律为处理对象的电路，依靠元器件的物理特性及其组合来实现各种函数功能。包括线性和非线性电路、低频和高频电路、信号和功率电路等。

线性电路指在一定变量范围内其函数功能可用线性函数描述的

电路，例如线性放大器、积分器、滤波器等。非线性电路指实现非线性函数功能的电路，例如模拟乘法器、对数放大器、检波器、斩波器、限幅器、脉冲电路等。

低频电路指集中参数起主要作用，分布参数对电路性能影响可忽略的电路；高频电路指分布参数对电路性能有显著影响的电路。通常以信号波长远大于线路系统尺度作为低频电路的标志，相关的电磁场可用似稳态电磁场描述。惯性导航系统中的模拟电路主要是低频电路，但随着高速开关和线性器件的应用，分布参数的影响日趋重要。

信号电路指以实现函数功能和精度为主要目标的电路，通常以运算放大器和晶体管放大器为基础，用于实现电信号的各种函数变换。功率电路指以输出功率为主要目标，以效率为重要指标的电路，用于驱动各种执行元件，其效率和可靠性是影响系统性能的重要参数。

相对于数字电路，模拟电路可在最小的频带内处理和传递大量信息，其信息流量与信号带宽和动态范围成正比。模拟信号的信息量可由于电路误差、噪声和干扰等原因而损耗，其性能主要依赖电路的物理特性。在惯导系统中，高精度的线性电路和高效率的开关功率电路应用广泛，主要用于信号预处理、伺服回路和电源等电路中，较复杂的函数功能逐步被数字处理器取代。

（撰写人：周子牛　审核人：杨立溪）

mopian fanshelü

膜片反射率（Reflectivity）（Рефлексия плёнки）

薄膜中反射光强与入射光强的比值，常用 ρ 表示。

（撰写人：张雪松　审核人：王　轲）

mopian toushelü

膜片透射率（Transmissivity）（Проницаемость плёнки）

薄膜中透射光强与入射光强的比值，常用 τ 表示。

（撰写人：张雪松　审核人：王　轲）

mocafu

摩擦副（Friction Pairs）（Пара трения）

在摩擦学领域中，两个互相接触的物体作相对机械运动时，在接触面之间产生摩擦力，这两个物体称为摩擦副。摩擦副是运动副的一种形式，分为高副和低副。高副和低副的重要区别是前者为点接触或线接触，后者为面接触。

两物体接触处的外形轮廓完全相同的同形表面属于低副，两物体接触处的外形轮廓不同的反形表面属于高副。

（撰写人：秦和平　审核人：李建春）

moca liju

摩擦力矩（Friction Torque）（Момент трения ）

因摩擦而产生在轴承中对其运动的阻力矩。

电机输出轴上，承受有摩擦力矩。摩擦力矩有电机的电刷产生的，也有电机轴系产生的。根据摩擦力矩与相对运动转速之间的关系，可将其分为黏性摩擦力矩 $M_b = b\Omega$（其中 Ω 为相对运动角速度，b 为黏性摩擦系数）和干摩擦力矩 M_c 两类。干摩擦力矩与相对运动角速度之间的关系，可用下图曲线来近似表示。

图（a）是比较接近实际的干摩擦力矩特性，静摩擦力矩最大。在角速度 $\Omega=0$ 附近（$0<\Omega<\Omega_a$）斜率 $\partial M/\partial\Omega<0$；当 $\Omega_a<\Omega<\Omega_c$ 斜率 $\partial M/\partial\Omega>0$；当 $\Omega>\Omega_c$，斜率 $\partial M/\partial\Omega>0$。如果用 b 代表斜率，则它随 Ω 值大小而变化。图（b）所示特性是工程计算常用的一种近似，即可用下式表示

$$M = M_c \operatorname{sign}\Omega$$

式中

$$\operatorname{sign}\Omega = \begin{cases} 1 & \Omega > 0 \\ -1 & \Omega < 0 \end{cases}$$

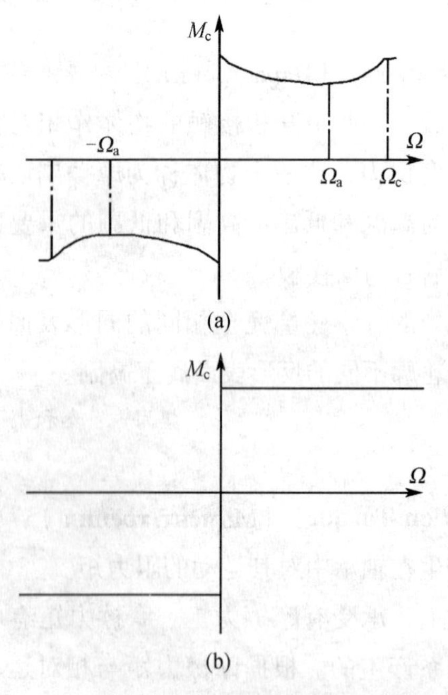

摩擦力矩示意图

（撰写人：李建春　审核人：秦和平）

mozhidao

末制导（Terminal Guidance）（Терминальное наведение）

导弹在弹道的末段（即接近目标的弹道段），通过无线电、红外、激光或可见光等导引头进行目标观测与图像匹配，并根据预定的导引律，引导导弹或弹头准确地命中目标的制导过程。由于末制导通过导引头直接观测目标并控制导弹连续跟踪直至命中目标，所以具有很高的命中精度。末制导主要应用于打击空中、海面、陆上活动及固定点目标的飞航式或末段可机动弹道式导弹。

末制导要根据目标及背景的特性确定采用哪种导引头。空中及海面目标，一般容易识别，可根据目标发射或反射的电波、光波或红外波特性分别采用雷达、激光、红外等敏感器组成的导引头；地面目标的识别则要复杂些，目标有明显高度特性的可采用地形匹配，其他需采用图像匹配。地形匹配采用高度表作敏感器，图像匹配可采用合成孔径雷达、红外成像或可见光电视等敏感器组成的导引头。实践中多采用两种或更多敏感器组成的多模复合导引头。

目标探测与识别、目标跟踪导引头及导弹机动控制等技术是末制导的主要研究课题。

（撰写人：程光显　审核人：杨立溪）

muxing yuanli

母性原理（Maternity Principle）（Материнский принцип）

一般加工时，“工作母机”（机床）的精度总是要比被加工零件的精度高，这一规律称为母性原理或“蜕化”原理。也就是说，机床本身质量的好坏，直接影响到所造零件的好坏，即具有“遗传性”，因此，要制造高精度的零件必须要有高精度的机床和刀具。

母性原理在国外企业关系方面，用来类比企业总部和下属企业的关系，体现“包蕴”的内涵和一视同仁的感情倾向。

（撰写人：汤健明　审核人：谢　勇）

nanjiagong cailiao

难加工材料（Difficult Machining Stuff）（Труднообрабатываемый материал）

具有高硬度、高强度、高脆性、高塑性、加工硬化严重、化学活性大、导热性差、熔点高等物理化学性能，造成切削加工困难或刀具易于磨损的材料。

（撰写人：浦歆迪　审核人：谢　勇）

naoxingbai zuhe gangdu

挠性摆组合刚度（Flexible Pendulum Combination Stiffness）（Жёсткость гибкого маятникового узла）

挠性摆式加速度计摆组件上两根挠性杆组合后的刚度。

挠性摆组合刚度与挠性杆所选用的材料、挠性杆形状设计、加工方式、加工后的热处理以及装配等工序有关。

为降低偏值和提高偏值的长期稳定性，组合刚度越小越好，但组合刚度太小，强度就小，可能导致挠性杆不能满足微屈服强度的要求，反而使偏值增大，稳定性变差，最坏时会使挠性杆关节部支撑不住摆组件，大加速度输入时导致扭曲损坏，甚至断裂，一般通过计算和试验确定较为合适的组合刚度。

（撰写人：沈国荣　审核人：闵跃军）

naoxing jiasuduji

挠性加速度计（Flexible Accelrometer）（Акселерометр со гибким подвесом）

采用弹性材料支撑摆组件的加速度计。如金属挠性摆式加速度计、石英挠性加速度计等。挠性加速度计原理如图所示。

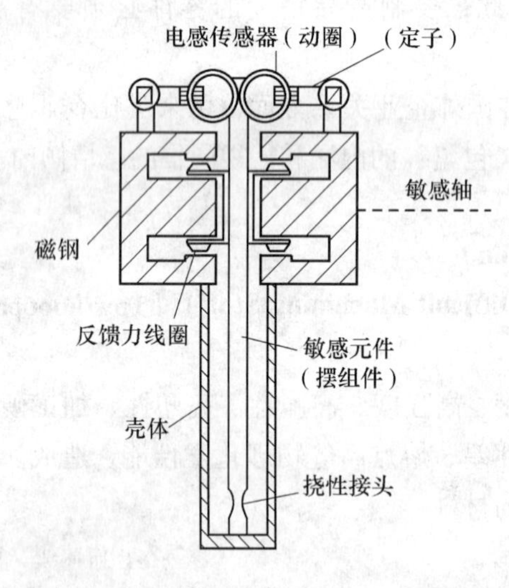

挠性加速度计原理图

由于采用了挠性支撑技术，消除了轴承支撑所固有的摩擦力矩。

在测量精度允许的范围内，同时考虑到冲击、振动、过载等恶劣条件，合理选取两挠性杆的组合刚度，使其产生的弹性力矩足够小，以便使偏值、标度因数有较好的长期稳定性。

（撰写人：沈国荣　审核人：闵跃军）

nɑoxing tuoluoyi

挠性陀螺仪（Flexure Gyroscope）（Гироскоп со гибким подвесом）

由挠性接头对高速旋转的转子构成万向接头式支撑的陀螺仪，俗称干式陀螺仪。常见的挠性陀螺仪有细颈式和动力调谐式两种。细颈式由挠性杆连接转子和驱动轴，提供万向连接；动力调谐式由两对正交扭杆和内、外扭杆平衡环组成挠性接头来支撑转子和驱动轴提供万向连接，挠性陀螺仪的主要组成有磁滞电机、驱动轴、挠性接头、转子信号传感器、力矩器等。它属于二自由度陀螺仪。动力调谐式的陀螺仪（简称动调陀螺仪）通过适当选择挠性接头的结构参数和旋转频率，在调谐转速下，平衡环的动态效应产生的动态力矩（负弹性力矩）抵消掉挠性杆产生的弹性力矩，使转子处于不受约束（无力矩作用）的自由转子状态，这样相对框架式陀螺仪而言挠性陀螺仪消除了滚珠轴承等的摩擦力矩，提高了陀螺仪的精度。挠性陀螺仪结构简单，零件少，加工容易，成本低，精度一般在0.01(°)/h左右，已广泛应用于航空、航天和航海的惯性导航系统。

由于挠性杆的结构特点，使陀螺仪在受冲击、振动的恶劣条件下的使用受到了限制。

（撰写人：孙书祺　审核人：唐文林）

nɑoxing tuoluoyi jiegou xiezhen pinlü

挠性陀螺仪结构谐振频率（Flexible Gyroscope Structure Resonant Freguency）（Резонансная частота конструкции гироскопа со гибким подвесом）

挠性陀螺仪结构与外加振动谐振时的频率。挠性陀螺仪壳体受外界线振动时，会经由结构的零部件等将振动传递到转子上，并将振动幅度放大，此放大量随振动频率而变化，放大量达最大时的振动频率即为该仪表的结构谐振频率。

挠性陀螺仪的零部件的质量、惯量、刚度、阻尼、连接方式、配合松紧程度等都直接影响结构谐振频率。特别是驱动电机滚珠轴承的结构参数、外圈与壳体的配合、内圈与轴的配合以及轴系装配预紧刚度、挠性支撑的结构形式及刚度等对仪表结构谐振频率均有明显影响。

仪表在振动条件下工作，当外界振动频率与其结构谐振频率接近或相等时，产生共振，输出急剧增大，挠性支撑极易受损。应用时，应尽可能使外界振动频率避开仪表结构谐振频率，或采取有效的减振措施。

（撰写人：王舜承　审核人：孙肇荣）

neibu goutong

内部沟通（Communicate of Internal）（Внутренное соединение）

GJB 9001A—2001 标准中对最高管理者职责的一条要求，要求最高管理者应确保在组织内建立适当的沟通过程，并确保对质量管理体系的有效性进行沟通。其实施要点是：

1. 最高管理者应使组织内所有人员理解沟通的重要性，并保证在组织内建立适当的沟通过程。

2. 该过程应明确沟通人员的职责（包括保密要求），针对不同的对象采用不同的沟通方式，沟通的内容应该完整、准确、有助于沟通对象的理解；沟通要及时并有助于统一认识和行动；有助于质量问题的解决和预防。

3. 应注意与顾客有关的信息在内部的沟通。

4. 沟通活动可以会议、网络、布告、文件、简报等方式进行。

5. 评价沟通方式的有效性，沟通是否有助于质量管理体系有效性的保持和改进。

（撰写人：朱彭年　审核人：吴其钧）

neibu shenhe

内部审核（Internal Audit）（Внутренное рассмотрение）

组织内部质量审核的简称，它是确定质量活动及其结果是否符合计划安排，以及这些安排是否适合于达到预定目标和有效实施的有系统的、独立的检查。质量审核包括质量管理体系审核、过程质量审核、产品质量审核和服务质量审核，应由与被审核领域无直接责任且符合审核员条件的人员进行。

（撰写人：朱彭年　审核人：吴其钧）

nengli

能力（Capability，Competence）（Способность）

表述 1：能力 Capability

组织、体系或过程实现产品并使其满足要求的本领。

注：ISO 3534 - 2 中确定了统计领域中过程能力术语。

表述 2：能力 Competence

经证实的应用知识和技能的本领。

（撰写人：朱彭年　审核人：吴其钧）

niuganshi jiasuduji

扭杆式加速度计（Turn Rod Accelerometer）（Акселерометр с торзионным стержнем）

检测质量是用扭杆来支撑并由扭杆的弹性变形来产生恢复力矩的加速度计。

（撰写人：闵跃军　审核人：赵晓萍）

niuganshi sulü tuoluoyi

扭杆式速率陀螺仪（Turn Rod Rate Gyro）（Скоростной гироскоп с торзионным стержнем）

用弹性扭杆产生弹性约束力矩的速率陀螺仪。

扭杆式速率陀螺仪主要由单自由度陀螺仪（含陀螺转子、框架结构和支撑装置）、定位弹簧、阻尼器和信号传感器等部分组成。有液浮式和非液浮式两种结构形式。非液浮式速率陀螺仪的阻尼器通常为活塞与汽缸组成的空气阻尼器，因阻尼器的干摩擦较大而影响仪表的工作精度，故较多采用液浮式的速率陀螺仪。

液浮式速率陀螺仪的框架做成圆柱形的密封筒状结构，称浮子。

转子，也就是陀螺电机安装在浮子内。浮子的两端支撑分别由小轴和滚珠轴承、弹性扭杆和夹头构成。其中，弹性扭杆起到定位弹簧的作用。仪表壳体的密闭空腔内充满液体作为浮液。仪表的阻尼是由液体阻尼器产生的。液浮式结构不仅可避免空气阻尼器的干摩擦，而且可减小轴承的摩擦力矩，还提高了仪表的抗振、抗冲击性能。

（撰写人：苏　革　审核人：闵跃军）

oulajiao

欧拉角（Eulerian Angles）（Углы Эйлера）

由欧拉首先提出的一种可唯一确定转动刚体位置的一组3个独立角参量，分别称为章动角 θ、进动角 ψ 和自转角 φ，其定义如图所示。

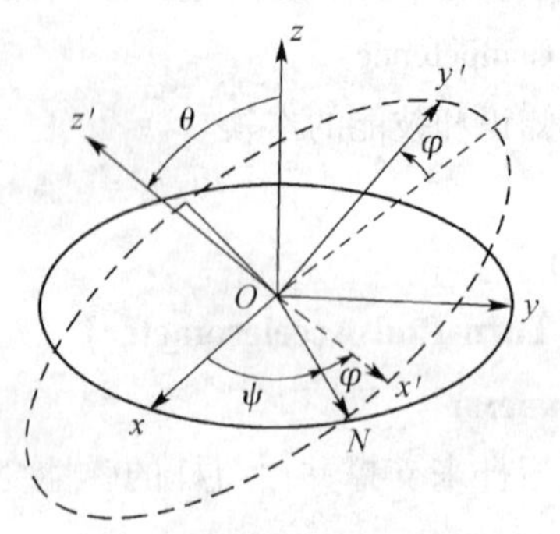

欧拉角定义示意图

图中，$Oxyz$ 为固定坐标系；$Ox'y'z'$ 为刚体坐标系；ON 为节线（Oxy 平面与 $Ox'y'$ 平面的交线）；$Ox'y'z'$ 经过绕 Oz、ON、Oz' 轴的3次转动 $z(\psi)$，$N(\theta)$，$z(\varphi)$ 得到。其变换式为

$$R(\psi,\theta,\varphi) = z'(\varphi)N(\theta)z(\psi)$$

式中　$z'(\varphi)$，$N(\theta)$，$z(\psi)$——3 次转动的算子；

$R(\psi,\theta,\varphi)$—— 总转换算子。

在已知两坐标系的位置时，可以方便地确定其间的欧拉角。

欧拉角的定义来源于天文学。在导航技术与惯性技术中，描述刚体坐标系相对固定坐标系的位置时，也沿用了欧拉角的名称。但因 3 个转动轴的选取不同和转动次序的不同都会造成欧拉角的不同，会产生多义性。为此，一般多采用姿态角（对载体而言）和框架角（对惯性平台而言）来表述它们相对基准坐标系的位置关系。姿态角及框架角可以根据载体及惯性平台的具体情况给予互不相同的具体定义。苏联学者克雷洛夫对载体姿态角给予了一种具体定义。参见克雷洛夫角。

（撰写人：程光显　审核人：杨立溪）

paxing

爬行（Creep）（Ползание）

机床上有些运动部件，需要作低速运动或微小位移，当运动部件低速运动时，有时虽然传动装置的速度是均匀的，而被驱动的运动部件的运动却往往出现跳跃式的、时走时停或者时快时慢的现象，这种现象称为爬行。

机床爬行一般在低速运动的情况下发生，它是由摩擦力特性所引起的一种自激振动。爬行会严重影响机床的定位精度、运动平稳性精度，从而导致零件加工精度降低，甚至使机床不能进行正常工作。

爬行现象产生的主要原因有：

1. 静摩擦力与动摩擦力的差值越大越容易产生爬行；
2. 进给传动系统刚度越小，越容易产生爬行；
3. 运动部件的质量越大，越容易产生爬行；
4. 系统的阻尼越小，越容易产生爬行。

（撰写人：刘建梅　审核人：易维坤）

paichang

拍长（Beat Length）（Длина такта）

单模光纤可以传输两个正交基模，理想情况下，两个正交基模是简并的，传播常数相等。实际中，由于光纤纤芯的椭圆、光纤内部的应力不对称等原因，两个正交基模之间的简并被破坏，传输常数出现差异，这种现象叫做模式双折射。当模式双折射为线双折射时，两正交线偏振光的相位差沿着光纤轴向增加，合成光的偏振态沿光纤轴周期变化。单模光纤中两个偏振模的相位差从 0 到 2π rad 时对应的光纤长度，称为拍长。

$$L_b = \frac{2\pi}{\Delta\beta} = \frac{\lambda}{B}$$

式中 L_b ——拍长（mm）；

$\Delta\beta$ ——两个正交偏振模传播常数差；

λ ——工作波长（nm）；

B ——双折射系数。

光纤的双折射越大，拍长越短。如果光纤的拍长小于外界干扰的长度周期，则此光纤具有抵御这种干扰而保持偏振状态的能力，称为保偏光纤，高双折射光纤就是一种保偏光纤，一般高双折射光纤的拍长在 1 ～ 10 mm 之间。

（撰写人：王学锋　审核人：丁东发）

peizuo

配作（Fitting）（Комбинированная обработка）

以已加工的工件为基础，加工与其相配的另一工件；或将两个（或两个以上）工件组合在一起进行加工的方法。这种工艺方法能满足高精度的要求或特殊的配合要求，但生产效率低，因此仅适用于高精度的单件或小批量生产的零组件。

在精密装配过程中，为了求得较高精度的配合性质而对相配件进行的补充加工也是一种配作。

（撰写人：熊文香　审核人：佘亚南）

pici guanli

批次管理（Batch Order Management）（Партионный контроль）

为保持同批产品的可追溯性，分批次进行投料、加工、转工、入库、装配、检验、交付，并进行标识的活动。

实施批次管理的产品应做到：

1. 按批次建立随工流程卡，详细记录投料、加工、装配、调试、检验的数量、质量、操作者和检验者，并按规定保存；

2. 使产品的批次标记与原始记录保持一致；

3. 能追溯产品交付前的情况和交付后的分布、场所。

注：技术状态管理是保持标识和可追溯性的一种方法。

（撰写人：孙少源 审核人：吴其钧）

pianhang

偏航（Yaw）（Рыскание）

载体偏离预定航向的转动。描述它的量有偏航角、偏航角速度、偏航角加速度。

偏航角是确定载体在导航（或制导）坐标系中的姿态角之一。

偏航角 ψ 可用三轴陀螺稳定平台系统直接测得，或依框架角与姿态角的关系式由计算机解算获得；对位置和速率捷联惯性导航（或制导）系统，它可分别用二自由度陀螺仪测得和三个速率陀螺仪的输出经解算获得。

（撰写人：杨志魁 审核人：吕应祥）

pianli xuke

偏离许可（Deviation Permit）（Отклонение от допущения）

产品实现前，偏离原规定要求的许可。

注1：偏离许可通常是在限定的产品数量或期限内，并针对特定的用途；

注2：偏离许可是可以不按已被批准的现行技术状态文件要求进行制造的一种局面认可，不更改现行技术状态文件，用技术通知单处理；

注3：超差、代料属于偏离许可范畴，用超差单、代料单、质疑单进行处理。

（撰写人：孙少源 审核人：吴其钧）

pianzhen

偏振（Polarization）（Поляризация）

横波的特性之一，光波是横电磁波，其光矢量的振动方向与光波的传播方向垂直。若光矢量在垂直于传播方向的平面内的投影在各个方向不是统计性均匀分布，则该光波是偏振的。自然光的光矢量在垂直于传播方向的平面内的投影在各个方向上统计性均匀分布，是非偏振光。光波按偏振可以分为偏振光、非偏振光与部分偏振光，偏振光又可以分为线偏振光、圆偏振光与椭圆偏振光。

（撰写人：王学锋　审核人：丁东发）

pianzhen chuanyin

偏振串音（Polarization Crosstalk）（Диафония поляризации）

在保偏光纤的输入端只激励 HE_{11}^{x} 模，由于两个模式之间的耦合，输出端有两个正交偏振模 HE_{11}^{x} 和 HE_{11}^{y}，则偏振串音定义为

$$K_{\mathrm{p}} = 10\lg \frac{P_y}{P_x + P_y}$$

式中　K_{p}——偏振串音（dB）；

P_x——激励偏振模 HE_{11}^{x} 的输出偏振光功率；

P_y——耦合偏振模 HE_{11}^{y} 的输出偏振光功率。

（撰写人：丁东发　审核人：王学锋）

pianzhendu

偏振度（Polarization Degree）（Поляризуемость）

表示某束光波偏振化的程度。电矢量的振动只限于某一确定方向的光称为线偏振光。实际光源的电矢量的取向与大小都随时间作无规则的变化，各取向上电矢量的时间平均值是相等的，这样的光称为自然光。还有一种光，介于线偏振光和自然光之间，它的电矢量在某一确定方向上最强，这样的光称为部分偏振光。线偏振光为完全偏振光，自然光偏振度为0，部分偏振光的偏振度在0和1之间。

（撰写人：张雪松　审核人：王　轲）

pianzhenqi

偏振器（Polarizer）（Поляризатор）

用来产生或检验光束偏振态的器件。一般获得偏振光的方法是利用光的反射、折射、吸收、散射，把入射的自然光分解为相互垂直的两束线偏振光，然后选出其中之一，即为所需的线偏振光。根据所获得偏振光的原理把偏振器分为：反射型、双折射型、吸收型和散射型等几种类型。常用的偏振器有偏振棱镜或偏振片，其类型

有以下几种：双折射晶体、薄膜起偏分束器、线栅起偏器、玻璃偏振器、光纤偏振器等。

（撰写人：丁东发 审核人：王军龙）

pianzhen wucha

偏振误差（Polarization Error）（Ошибка поляризации）

单模光纤可以传输两种偏振模式，光纤陀螺闭合光路中存在两个偏振模式之间的耦合，耦合波与主波（偏振器允许通过的模式）以及耦合波之间会产生寄生干涉信号，由于两种偏振模式的传播常数不同，寄生干涉信号的相位差与两主波干涉信号的相位差不同，形成偏振误差，包括振幅型偏振误差和强度型偏振误差两种。振幅型偏振误差与偏振器的振幅抑制比成正比，强度型偏振误差与偏振器的强度抑制比成正比。

（撰写人：王学锋 审核人：王军龙）

pianzhen xiangguan sunhao

偏振相关损耗（Polarization Dependent Loss）（Потеря зависящая от поляризуемости）

衡量光器件对输入光信号的偏振态的敏感程度的参数。以 2×2 单模光纤耦合器为例，从输入端注入线偏振光，保持输入光功率稳定，当输入偏振态发生 360°变化时，测试耦合器每个输出端光功率的最大值 P_{omax} 和最小值 P_{omin}，偏振相关损耗计算公式为

$$PDL_i = 10 \lg \frac{P_{omin}}{P_{omax}} \quad (\mathrm{dB})$$

（撰写人：丁东发 审核人：王学锋）

pianzhi

偏值（Bias）（Смещение）

加速度计与输入加速度无关的平均输出量，陀螺仪与输入角速度及加速度无关的平均输出量。它是由仪表内部干扰力或力矩引起的误差。

（撰写人：沈国荣 审核人：闵跃军）

pianzhi xiangwei tiaozhi

偏置相位调制（Biasing Phase Modulation）（Фазосдвигающая модуляция смещения）

为了提高光纤陀螺的灵敏度并能够判断旋转的方向，人为地引入了一个偏置相位对光信号进行调制的方法。

光纤陀螺中光功率响应是旋转引起的相位差的余弦函数，当相位差为零时光功率取最大值，但由于工作点处的响应斜率为零，灵敏度最低，而且不能够判断旋转的方向，因此引入一个偏置相位进行调制，使之工作在响应斜率不为零的位置。通常采用方波调制（如图所示），方波的幅值为 $\pm\dfrac{\pi}{2}$，周期为 2τ（τ 为光纤环的渡越时间，$\dfrac{1}{2\tau}$为光纤环的本征频率）。

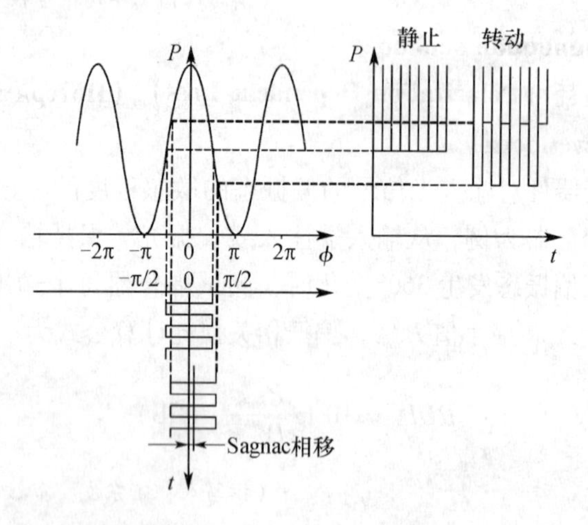

方波偏置调制示意图

常用的相位调制器是 $LiNbO_3$ 集成光学调制器，它具有非常高的调制带宽，且集成了分束器、相位调制器和偏振器的功能，是闭环光纤陀螺的一种理想的相位调制器。

（撰写人：于海成　审核人：杨清生）

pinlü tiaozhi / jietiaoqi

频率调制/解调器（FM Modem）（Частотный модем）

简称 FM 调制/解调器，是频率调制器（FM Modulator）和频率解调器（FM Demodulator）的总称。

频率调制是用调制信号控制载波信号的频率偏移，即调频信号 $v_{fm}(t) = V_c\cos[(\omega_c + k_{fm}v_s)t + \varphi]$，$v_s(t)$ 为调制电压，V_c 为载波幅度，ω_c 为载波角频率，φ 为载波相位角，$\Delta\omega_m = k_{fm}|v_s|_{max}$ 为最大频偏，$\Delta\omega_m/\omega_s$ 为调制系数，ω_s 为调制信号带宽。

频率调制的特点是把基带调制电压 $v_s(t)$ 的低频信号转移到载波频率 ω_c 附近两个边带内，以利于电磁能量的传播，并可通过接收限幅、预加重和提高调制系数 $\Delta\omega_m/\omega_s$ 来提高信号传输的信噪比及抗干扰能力。通常调频信号占用的频带主要取决于最大频偏，约为 $2\Delta\omega_m$，是通过扩展频带来换取高信噪比。

频率调制器可采用 VCO（大频偏）或参量调制器（小频偏），以及锁相环（PLL）等方法来实现，广义地看，V/F 和 I/F 变换器也可看成无载波的特殊频率调制器。

频率解调器通常称为鉴频器，可采用 F/V 变换器（大频偏）或相位比较型鉴频器（小频偏），以及锁相环（PLL）等方法来实现，通常无须载波参考信号。

典型的频率调制较少用于惯导系统中，但在微小位移测量等电容/电感传感器信号变换中具有较大优势，可用于精密加工和测量设备。

（撰写人：周子牛 审核人：杨立溪）

pinghengla

平衡蜡（Balance Wax）（Балансирный воск）

调校平衡机时在标准转子上所使用的配重材料。

在用标准转子调整平衡机左右分离率时，需要将等于不平衡质量的配重加于两校正面进行标定。所加的配重材料一般使用蜂蜡，质量为毫克级。

（撰写人：周 赟 审核人：闫志强）

pingheng zhuansu

平衡转速（Balancing Speed）（Уравновешенная скорость вращения）

陀螺转子在动平衡过程中采用的转速。通常指转子体在粗平衡时所达到的转速，一般远低于陀螺的正式工作转速（约是工作转速的1/10）。

对于高精度陀螺转子，一般应先后在两种不同转速下进行动平衡，即在低转速下的粗平衡（初平衡）和工作转速下的精平衡。特别要重视工作转速下的动平衡，因为只有在工作转速下检测，才能真实反映电机在工作状态下的实际表现。

（撰写人：李宏川　审核人：闫志强）

pingtai daohang xitong weizhi wucha

平台导航系统位置误差（Position Error of Platform Navigation System）（Погрешность определения местоположения платформенной навигационной системы）

平台导航系统通过导航解算计算出的位置矢量与当地真实地理位置之间的误差。包括经度、纬度以及高度误差三个分量。

由于位置矢量是通过对加速度计的输出进行修正后经过两次积分计算取得的，在这一过程中，平台陀螺漂移、加速度计误差以及初始对准误差、元件标定和安装误差等都将最终影响到计算出的位置误差。

其中，由于高度通道是发散的，计算上比较特别（详见组合高度控制）。

（撰写人：赵　友　闫　禄　审核人：孙肇荣）

pingtai erji wenkong

平台二级温控（Secondary Temperature Control of Platform）（Двухкратное регулирование температуры платформы）

平台中各个惯性仪表的温度控制。

不同的惯性仪表对工作温度可能有不同的要求，因此，在平台一级温控的基础上，陀螺仪、加速度计内又各自有一套独立的温度控制调节系统，保证其能正常工作。二级温控的恒温精度比一级温控高。

（撰写人：赵 友 闫 禄 审核人：孙肇荣）

pingtai huangdong tiaoping wucha

平台晃动调平误差（Dynamic Error for Platform Leveling）（Ошибка горизонтирования платформы на шатающемся основании）

平台在晃动基座条件下的调平误差。

当火箭（导弹）处于起竖状态，陀螺稳定平台调平时，由于受阵风的作用，箭体将绕其纵轴作低频、一定幅度的椭圆晃动。这种晃动传至平台，引起调平元件的跟踪响应，使台体平面难以调整到与水平面重合，形成平台的晃动调平误差。晃动调平误差大小与晃动频率、幅度以及陀螺角动量、力矩器刻度因数等的大小有关。

为减小晃动调平误差，应选用适当的滤波器以消除载体晃动对调平系统的影响。

（撰写人：赵 友 闫 禄 审核人：孙肇荣）

pingtai jizhun liumianti

平台基准六面体（Benchmark Hexahedron of Platform）（Базовый куб платформы）

平台台体上安装的用于仪表元件定位和测试的基准结构件。该六面体除 1 个安装面外，其余 5 个平面均为工作面，其设计要求十分严格，各面的平行度和垂直度要求不大于 0.000 1 mm，各表面应能像镜面一样反射投射光，故对其粗糙度有极高的要求。为保证六面体精度及精度的长期稳定性，需精选材质，严格控制加工工艺方法及过程。

（撰写人：赵 友 闫 禄 审核人：孙肇荣）

pingtai jizuo

平台基座（Base of Platform）（Корпус платформы）

安装框架式陀螺稳定平台的基础结构件。

平台基座是整个平台的支撑部分，也是壳体的一部分，它和上下帽盖一起组成了平台的密封腔。平台基座常采用铝合金铸造及热处理等工艺制成。

（撰写人：赵 友 闫 禄 审核人：孙肇荣）

pingtai jiasudu guozai shiyan

平台加速度过载试验（Mechanical Overload Test of Inertial Platform）（Испытание платформы под перегрузочным ускорением）

在地面上通过机械的方法，形成高过载条件对平台系统的试验方法。

由于平台系统在导弹上应用时，主动段的过载约在 $1g_0 \sim 15g_0$ 左右，而在再入段，过载可高达 $100g_0$。为此，建立高过载的试验条件，进行高过载下仪表的性能测量是必要的。

机械过载有三种方法：火箭橇、离心机和振动台。火箭橇是用火箭发动机作为推力，形成可以在轨道上高速运行的滑橇，来建立所要求的高过载条件。离心机是利用物体在转动中所承受的向心加速度来建立高过载条件。振动台提供的是等幅正弦交变加速度 $a = a_v \sin\omega t$，式中，a_v 是振动加速度幅值，ω 是振动角频率。代入模型方程可以看到，加速度每经 1 周，各奇次项误差的平均值都等于零，只有偶次项才能形成 $a_v^2/2$ 的整流误差，因此振动试验最适合于求取模型方程中偶次项系数。

（撰写人：赵 友 闫 禄 审核人：孙肇荣）

pingtai jiankong xitong

平台监控系统（Monitor and Control System of Platform）（Контрольная система платформы）

对惯性平台实施修正及误差补偿的系统，又称平台监控器。多用于长时间工作的舰船导航系统。

平台监控系统主要依靠精度很高的基准惯导系统或惯性仪表，给出高精度的导航参数，用来校正导航平台系统的各项参数，进行误差补偿。

现代舰船用平台监控系统多采用高精度静电陀螺监控系统。

（撰写人：赵 友 闫 禄 审核人：孙肇荣）

pingtai jianzhenqi

平台减振器（Vibration Isolation Unit of Platform）（Амортизатор платформы）

为隔离或降低载体振动冲击对陀螺稳定平台的影响而设置的机械装置，又称平台减振装置。

平台减振后可以改善台体上仪表的工作环境。平台减振器是平台结构设计中的一项重要工作内容。减振器主要技术参数是：角共振频率、线共振频率和共振点放大倍数（隔振率）。

平台减振器设计要求主要有：应尽量防止线运动和角运动的耦合；一套减振器的各个减振器的固有频率相一致。

具体角共振频率、线共振频率等参数关系应按使用要求进行设计。

（撰写人：赵 友 闫 禄 审核人：孙肇荣）

pingtai jiegou xiezhen pinlü

平台结构谐振频率（Resonant Frequency of Platform Structure）（Резонансная частота конструкции платформы）

陀螺稳定平台框架系统及台体（含其上的仪表、元件）与外加振动发生机械谐振时的频率。

平台结构谐振频率的高低与框架结构及布局、材质及质量大小、各框架支撑轴间隙及预紧力、台体上仪表元件安装结构等因素有关。结构谐振频率的高低及在该频率处对外界振动幅度的放大量等，对台体上的仪表元件及框架系统的工作性能都有重大影响。

结构谐振频率是平台结构设计中需严格控制的参数，还应采取阻尼、减振等措施尽量降低外界振动对台体上仪表元件的影响，使减振后传至平台上的振动频率远离平台结构谐振频率，确保平台系统在给定的力学振动环境中仍有良好的工作性能。

（撰写人：赵 友 闫 禄 审核人：孙肇荣）

pingtai kekaoxing zengzhang shiyan

平台可靠性增长试验（Reliability Increasing Test of Platform）（Испытание на рост надёжности платформы）

改进和提高平台系统可靠性水平的试验研究技术。平台系统的可靠性主要取决于设计和制造，系统的研制过程也是系统可靠性逐步形成和增长的过程。通过研制各阶段的可靠性增长试验，发现平台系统的可靠性薄弱环节，改进设计或制造工艺，不断根除缺陷或薄弱环节，使平台系统可靠性水平逐步提高。可靠性增长的关键在于通过试验发现问题，进行平台系统设计或工艺的改进。这一系列的试验技术即为可靠性增长试验。

（撰写人：赵　友　闫　禄　审核人：孙肇荣）

pingtai kuangjia guiling

平台框架归零（Platform Frame Zeroization）（Возврат в нулевое положение платформенной рамки）

在平台稳定系统闭合之后，以测量的框架角作为输入信号，通过框架归零回路和平台稳定回路，形成闭环负反馈系统，将平台各框架归到框架零位的过程。

一般在系统调平之前，要进行平台框架归零，快速将平台框架归到零位附近，以减少调平时间。

（撰写人：赵　友　闫　禄　审核人：孙肇荣）

pingtai luojing

平台罗经（Platform Compass）（Платформенный гирокомпас）

主要用于指示北向（航向）的陀螺稳定平台。

常用三框架陀螺稳定平台，台体上安装 2 个（或 3 个）陀螺仪和 2 个（或 3 个）加速度计。在平台对准当地水平面的情况下，若平台北轴与北向有方位失准角，则地球自转使平台东轴转动，平台北向加速度计输出信号控制平台方位轴转动，消除方位失准角，使平台东轴指东、北轴指北。此即为用“罗经效应”实现平台罗经指示水平面和北向（航向）的功能。

平台罗经一般由主罗经、控制箱、发送系统和电源等部分组成。

它已广泛应用于舰船导航上。

（撰写人：赵 友 闫 禄 审核人：孙肇荣）

pingtai miaozhun lengjing

平台瞄准棱镜（Aligning Prism of Inertial Platform）（Визирная призма платформы）

装在平台台体上用做方位对准的直角光学棱镜。

通常它是一个光学玻璃制成的三棱直角棱体，其两个直角面作为光的反射平面。它安装在平台系统的方位敏感轴上，可随方位轴一起转动。此棱镜的尺寸精度、安装精度及性能的长期稳定性均对方位对准精度有直接影响。

（撰写人：赵 友 闫 禄 审核人：孙肇荣）

pingtaishi guandao xitong chushi duizhun

平台式惯导系统初始对准（Initial Alignment of Platform Navigation System）（Начальная выставка платформенной навигационной системы）

平台式惯导系统进入导航状态之前，将其台体坐标系（惯性测量基准坐标系）调整对准到导航坐标系或确定它们之间角度关系的过程。

完全依靠平台系统内部陀螺仪、加速度计及其稳定回路使平台对准到导航坐标系，称自主式对准。通过机电或光学方法引入外部基准完成平台对准，称非自主式对准。平台对准过程常分为粗对准、精对准两阶段进行。平台系统在基座静止不动和基座运动时完成对准分别称为静基座初始对准和动基座初始对准。

平台自主式对准基本原理是利用东向和北向加速度计敏感出平台两水平轴相对水平向的失准角，分别经两条水平对准回路及相应的平台稳定回路，控制平台绕两水平轴转动，实现水平对准。若平台北轴与地理北向存在方位失准角，则平台东轴将以与方位失准角成正比例的角速度转动，使平台上的北向加速度计敏感出此转动，并输出信号控制方位对准回路驱动平台方位轴转动以消除方位失准角，使平台东轴朝东、北轴指北，此即为以平台“罗经效应”原理实现方位对准。

平台式惯导系统初始对准的主要指标是对准精度和对准时间。对准精度直接影响导航精度，对准时间影响平台系统快速反应能力。提高对准精度和缩短对准时间是平台式惯导系统初始对准的关键技术。

（撰写人：陈水华 审核人：孙肇荣）

pingtaishi guanxing xitong

平台式惯性系统（Platform Inertial System）（Платформенная инерциальная система）

平台式惯性测量、惯性导航、惯性制导、惯性参考（基准）等系统的统称。

在与运载体固连的平台基座上，一般有可绕3个轴转动的机械框架结构支持的台体，其上安装有3个通道的陀螺仪和加速度计。工作中若框架结构受外力扰动使台体绕某一轴向转动，相应通道的陀螺仪敏感这一转动并输出信息馈入稳定回路，驱动框架轴上的力矩电机控制框架带动台体绕相应转轴的相反方向转动。最终能保持台体连同与它固连的三维空间坐标系始终被稳定在惯性空间或规定的三维坐标系中。运载体相对台体转动的信息由各框架转轴上的姿态角传感器测量输出。台体上的加速度计可测量并输出运载体沿规定的三维坐标系各轴向线运动的加速度信息。此系统称为平台式惯性测量系统或三轴稳定平台式惯性测量系统。

利用上述测量系统及相应仪表、设备显示出运载体当前运动的姿态、位置、速度等参数，为驾驶、操纵运载体提供参考基准的系统称平台式惯性导航系统，简称平台惯导系统。

将上述测量系统输出的运载体运动信息馈入控制计算机等仪器、设备作放大、变换处理后，自动操纵执行机构，按照预定的规律和路线控制、导引运载体到达目的地的系统称平台式惯性制导系统。利用上述测量系统建立并保持运载体方位、姿态参考坐标系的系统称平台式惯性参考（基准）系统。

平台式惯性系统通过框架系统及稳定伺服回路保持台体稳定不动，确保台体上的陀螺仪、加速度计等仪表有良好的工作环境及它们对运载体的角运动、线运动有高的测量精度，是一种高精度的惯性系统；也有结构、电路较复杂，产品较重，维护较复杂等特点。从20世纪50年代后该系统一直是国际、国内航空、航天、航海、陆用高精度惯性系统的主要产品，得到了广泛应用，具有重要的军事应用价值和民用发展前景。

（撰写人：孙肇荣 审核人：吕应祥）

pingtai sifu huilu

平台伺服回路（Servo-loop of Platform）（Сервоконтур платформы）

控制平台台体稳定在导航坐标系的控制系统，又称平台稳定回路（详见平台稳定回路）。

（撰写人：赵 友 闫 禄 审核人：孙肇荣）

pingtai suidong huilu

平台随动回路（Platform Follow-up Loop）（Следящий контур платформы）

控制器轴平台随动框架转动的回路。它主要由内环轴角度传感器、放大和变换电子线路、随动轴力矩电机等组成。当载体绕内环轴有大姿态角运动时，随动回路控制随动框架跟踪内环轴角度传感器的零位，以保持随动框架内部的三轴平台的外环轴、内环轴、台体轴互相垂直，以避免“框架锁定”。

平台随动轴在受到外干扰力矩时会产生一定的角位移。干扰力矩与角位移动比值称为随动回路的力矩刚度，单位为(N·m)/rad。力矩刚度的大小与随动回路中的传感器、放大变换器电路及力矩电机的特性和参数有关。

（撰写人：赵 友 闫 禄 审核人：孙肇荣）

pingtai suidongzhou

平台随动轴（Platform Follow-up Axis）（Следящая ось платформы）

在三轴陀螺稳定平台的外框架之外增加一个框架称为随动框架。而随动框架的转动轴称为平台随动轴，作为外滚动轴。随动轴轴端装有轴承、力矩电机、传感器等元件。由随动回路作用而跟踪四轴平台的内框架轴角度传感器的零位以保持平台的全姿态测量功能。

参见平台随动回路。

（撰写人：赵 友 闫 禄 审核人：孙肇荣）

pingtai taiti

平台台体（Case of Platform）（Основание платформы）

平台中安装惯性仪表等元件的精密结构件。平台台体借助滚珠轴承安装在内框架上。台体是一个形状复杂的精密机械组件，其上装有多个不同种类的惯性仪表及元件，都有严格的指向、安装方位和彼此安装基面的平行度、垂直度、尺寸精度、形位公差等要求。台体常采用铝合金材料经精密铸造、精密加工及特殊工艺处理后制成。

（撰写人：赵 友 闫 禄 审核人：孙肇荣）

pingtai taiti zuobiaoxi

平台台体坐标系（Platform Coordinate System）（Система координат основания платформы）

与惯性平台台体相固联的一个右手正交坐标系。通常以台体的中心为原点，x、y、z 三个坐标轴与相应的加速度计的名义敏感轴相平行。平台台体坐标系是载体的惯性测量基准坐标系。

（撰写人：吕应祥 审核人：杨立溪）

pingtai tiaoping jingdu

平台调平精度（Platform Leveling Accuracy）（Точность горизонтальной выставки платформы）

初始对准过程中平台两水平轴确定的平面与水平面的重合程度，一般用调平误差，即平台绕两水平轴偏离水平面的转角(单位′或″)来衡量，调平精度与加表零位、对准放大器零位电流及载体晃动等条件有关。

（撰写人：赵 友 闫 禄 审核人：孙肇荣）

pingtai tiaoping xitong

平台调平系统（Platform Leveling System）（Система горизонтальной выставки платформы）

能自动调整陀螺稳定平台两水平轴所在平面与当地水平面重合

的伺服系统，在平台初始水平对准时使用。

平台调平过程中，利用稳定平台上两水平方向的加速度计作为敏感元件，其信号经平台两个相应的调平回路、稳定回路自动进行调整，最终使平台的两水平轴构成的平面与当地水平面重合。

平台调平系统是平台初始对准中的重要分系统，其主要技术指标是调平精度和调平时间。

（撰写人：赵　友　闫　禄　审核人：孙肇荣）

pingtai tiaoping xitong dianlu

平台调平系统电路（Platform Leveling System Circuitry）（Схема системы горизонтальной выставки платформы）

又称平台调平回路电路、平台调平电路，是根据惯导平台上加速度计输出的重力分量信号控制陀螺仪加矩进动，使平台加速度计输入轴与当地水平面保持指定角位置关系的控制电路。平台调平系统电路通常包括加速度计接口、控制器、陀螺加矩电路和测控接口等。电路可以用模拟电路（图1）或数字/模拟混合电路（图2）来实现，在混合电路系统中调平回路通常和姿态锁定回路、导航系统等共用接口和处理器。

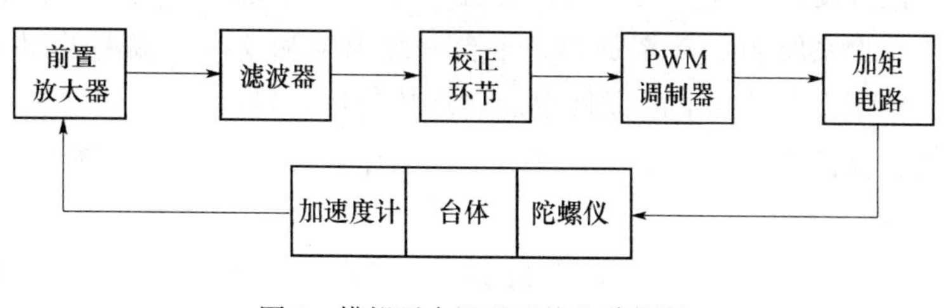

图1　模拟平台调平系统电路框图

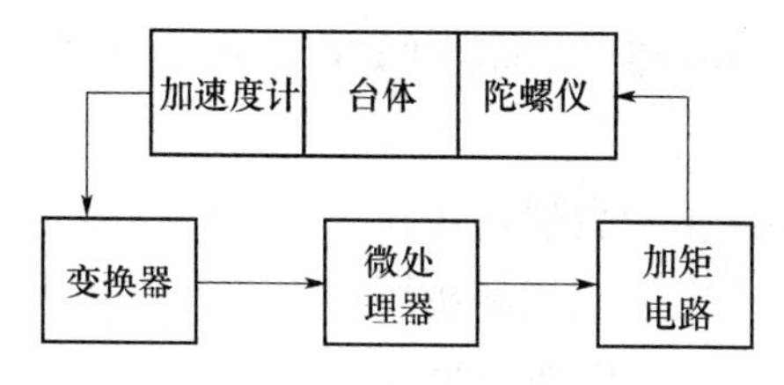

图2　混合平台调平系统电路框图

加速度计接口把相应加速度计的输出转变为回路要求的电信号。模拟电路中通常为前置放大器和/或电流/电压变换器等。混合电路中采用 A/D 变换器，通常采用积分型和/或过采样 A/D 变换器来防止混叠频率的影响，如 Σ－Δ 变换器、I/F 变换器等。加速度计接口性能应满足回路要求精度和动态响应指标。

模拟控制器通常包括滤波器、校正环节和带量化器的 PWM 调制器等。滤波器满足调平回路抗晃动要求，校正环节满足回路稳定性要求，PWM 调制器用于保障加矩和输出信号精度。数字控制器采用 MCU 实现上述功能。

陀螺加矩电路根据控制器的输出产生陀螺加矩电流。为保证陀螺仪角速度测量精度，通常采用 PWM 精密恒流源电路配合占空比测量接口，或模拟加矩电路配合精密电流采样电路。

（撰写人：周子牛　审核人：杨立溪）

pingtai wenkong xitong

平台温控系统（Temperature Control System of Platform）（Система термо-регулирования платформы）

由温度传感器及温度控制器组成的平台温度控制系统。一般平台的温控系统由大功率加热、平台一级温控和仪表二级温控组成。用来控制平台及其上的惯性仪表的环境温度稳定在设计规定的范围之内，保证平台结构及各个仪表正常工作（参见平台一级温控、平台二级温控）。

（撰写人：赵　友　闫　禄　审核人：孙肇荣）

pingtai wending huilu

平台稳定回路（Stability Loop of Platform）（Стабилизационный контур платформы）

控制陀螺稳定平台台体稳定在惯性坐标系中的反馈回路，又称平台伺服回路。平台稳定回路主要由陀螺仪、电子线路和力矩电机等组成，其典型组成框图如图所示。

陀螺仪敏感平台台体绕某一转动轴的转动运动后，其传感器输

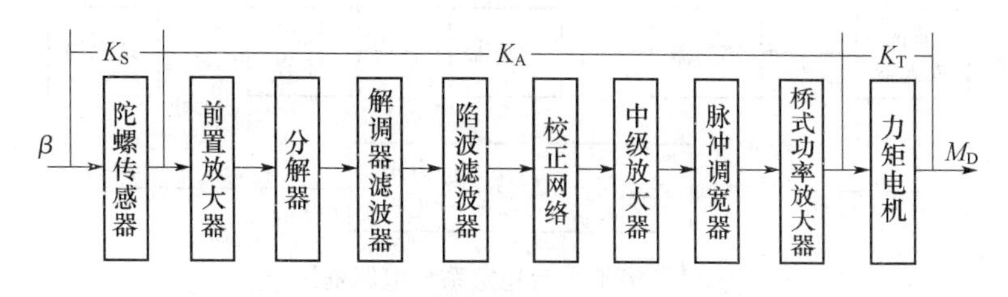

平台稳定回路组成框图

出角偏移信号，前置放大器用于对此微弱信号进行（交流）放大，分解器用于对陀螺仪的输出信号进行坐标变换，输出对应框架轴的控制信号，解调器、滤波器将分解器给出的交流信号转换成直流信号，并滤除高频波纹电压。陷波器用于滤除由陀螺马达动不平衡等造成的高频抖动电压。中级放大器用以对低频信号作进一步放大。脉冲调宽器用于把直流和低频信号变换成宽度可变的方波电压。桥式功率放大器对方波输入电压进行功率放大驱动力矩电机。使台体绕相应轴反向转动，最终使陀螺角偏移恢复至零位。

陀螺稳定平台一个稳定轴需要一条稳定回路，若三轴平台即共需三条稳定回路。稳定回路中常用模拟式电子元件和分离式电路，或者分离式电路与集成电路相结合。其发展方向为采用数字电路技术或者全微机化控制电路技术。

（撰写人：赵　友　闫　禄　审核人：孙肇荣）

pingtai wending xitong dianlu

平台稳定系统电路（Platform Stabilizing System Circuitry）

（Электроника стабилизирующей системы платформы）

又称平台稳定回路电路、平台伺服回路电路（Platform Servo Circuitry），是根据惯导平台上陀螺仪输出的角误差信号控制平台力矩电机，使台体稳定在陀螺仪坐标系的控制电路。电路通常包括前置放大器、解调器、滤波器、校正环节、功率级和测控接口等。

平台稳定系统电路可以用模拟电路（图 1）或数字/模拟混合电路（图 2）来实现。

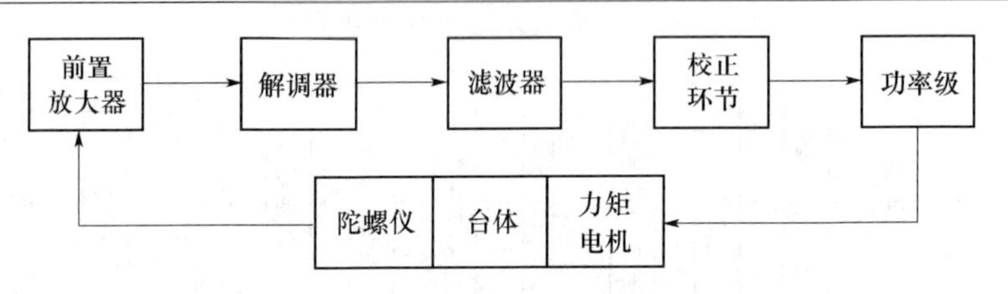

图1　模拟平台稳定系统电路框图

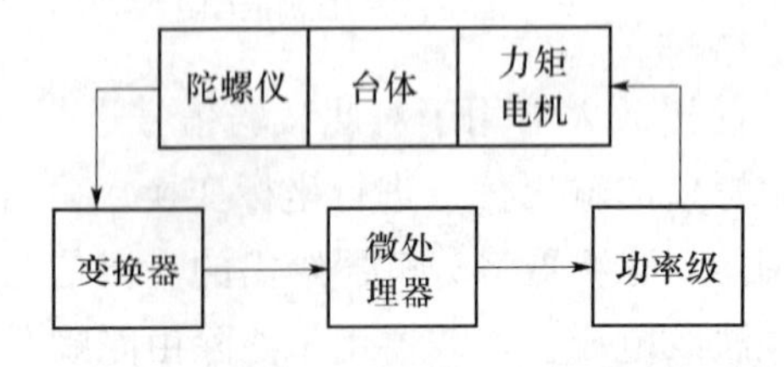

图2　混合平台稳定系统电路框图

模拟电路在平台稳定系统中应用较广，通常除功率级外都采用运算放大器电路实现，功率级一般采用 PWM 调制器和桥式或图腾对开关构成，以提高效率。小电流回路也可采用运算放大器电路构成线性功率级。模拟电路技术较成熟，电路简单可靠，抗干扰能力强，但集成度低，在适应复杂情况和接口条件方面存在诸多限制。

数字/模拟混合电路通常采用微处理器（MCU）来实现电路中的滤波器、校正环节、PWM 调制器、测控接口，甚至解调器和多回路解耦功能。混合电路常被称为数字回路，具有集成度高、体积小、性能好、易于实现复杂控制规律和适应多变情况等优点，但占用频带宽，对软件可靠性和高频干扰较敏感，目前应用较少。随着微电子技术的发展、相关技术的成熟和系统要求的提高，将得到更多的应用。

（撰写人：周子牛　审核人：杨立溪）

pingtai wucha xishu fenli

平台误差系数分离（Platform Error Coefficient Separation）

（Разделение коэффициентов ошибок платформы）

经平台误差标定分别得出平台及各惯性仪表等误差系数的方法

和过程。

（撰写人：赵 友 闫 禄 审核人：孙肇荣）

pingtai yaobai piaoyi

平台摇摆漂移（Platform Wobbling Drift）（Дрейф платформы под качанием）

在摇摆（角振动）基座上陀螺稳定平台产生的附加漂移。

基座摇摆（角振动）时，因框架支撑交变摩擦干扰力矩和稳定回路动态跟踪角误差的影响，平台台体会发生小幅度的摇摆（角振动）运动。在用单自由度积分陀螺作为敏感元件的平台中会发生：1）交变的失调角导致陀螺动量矩作小幅度周期性波动；2）此陀螺输入轴亦发生小幅度周期性波动；3）当此两波动频率相同、相位差合适时，会在该陀螺输出轴上产生“整流”性常值漂移，同时，台体的“圆锥运动”，也形成平台的整流型常值漂移。

同理，在以动调陀螺为敏感元件的平台中，摇摆使某一通道稳定回路发生小幅度交变失调角，以及“整流”性常值失调角，因该陀螺动量矩“跟踪”壳体的作用，产生平台相应通道的附加常温漂移。

当减小框架支撑摩擦力矩，提高稳定回路动态跟踪性能时，可减小平台摇摆漂移。

（撰写人：赵 友 闫 禄 审核人：孙肇荣）

pingtai yiji wenkong

平台一级温控（Primary Temperature Control of Platform）（Первичное терморе гулирование платформы）

惯性平台整体的温度控制。平台仪表的温控称为二级温控。

一级温控通过加热（冷却）设备及温度传感器等构成闭环控制系统，将平台本体内温度稳定在特定的工作温度点，为各个惯性仪表提供稳定的工作环境温度。

（撰写人：赵 友 闫 禄 审核人：孙肇荣）

pingtai zhendong piaoyi

平台振动漂移（Platform Vibration Drift）（Дрейф платформы от вибрации）

在振动基座上陀螺稳定平台产生的附加漂移。

在振动基座上，陀螺稳定平台的减振器会将加于平台基座上的振动衰减很多，但总有振动传递至平台本体，而使其上的陀螺仪产生附加漂移。

（撰写人：赵 友 闫 禄 审核人：孙肇荣）

pingtai zhouduan zujian

平台轴端组件（Shaft-end Component of Platform）（Узел наруже вала рамки платформы）

安装在平台框架轴端和台体轴端的平台组件，其台体轴端、内框架轴端、外框架轴端、随动框架轴端的组件种类及数量稍有不同，一般包括角度传感器、坐标分解器、导电滑环和力矩电机等。对于气浮平台来说，还包括输气装置。

（撰写人：赵 友 闫 禄 审核人：孙肇荣）

pingtai zitaijiao celiang xitong

平台姿态角测量系统（Measurement System for Attitude Angle of Platform）（Измерительная система углов положения платформы）

安装在平台各框架轴端和台体轴端，用来检测各个框架姿态角变化的角度传感器系统，其作用是向控制系统提供载体相对平台转动的姿态信息。

该系统一般包含姿态角传感器及其信号检测、处理或解算电路。

参见 RDC 变换器。

（撰写人：赵 友 闫 禄 审核人：孙肇荣）

pingtai zitaijiao suoding xitong

平台姿态角锁定系统（Locking System for Attitude Angle of Platform）（Арретировочная система рамок платформы）

平台上用来保持某个框架姿态角固定不变的控制系统，又称姿态角锁定回路。该系统由姿态角测量系统测量框架角的变化，通过反馈放大电路给陀螺力矩器加矩，驱动平台相应框架转动，以消除姿态角变化。

参见平台姿态锁定电路。

（撰写人：赵 友 闫 禄 审核人：孙肇荣）

pingtai zitai suoding dianlu

平台姿态锁定电路（Platform Attitude Locking Circuitry）

（Арретировочная схема рамок платформы）

又称平台锁定回路电路、平台锁定电路，是根据惯导平台的姿态角传感器的输出信号控制陀螺仪加矩进动，使平台框架角保持指定角位置关系的控制电路。平台姿态锁定电路通常包括姿态角传感器接口、控制器、陀螺加矩电路和测控接口等。电路可以用模拟电路（见图1）或数字/模拟混合电路（见图2）来实现，在混合电路系统中姿态锁定回路通常和调平回路、导航系统等共用接口和处理器。

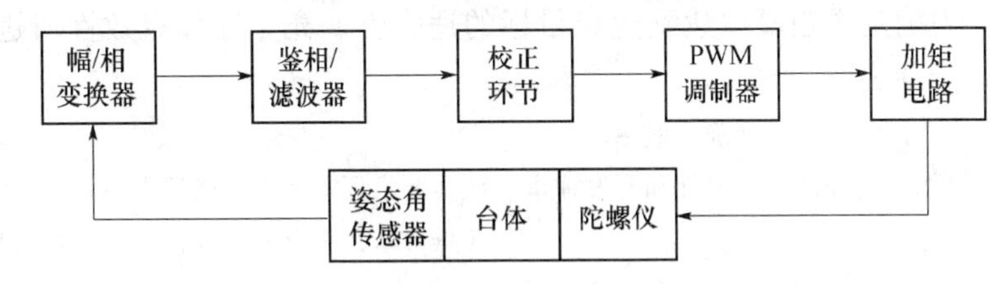

图1 模拟平台姿态锁定电路框图

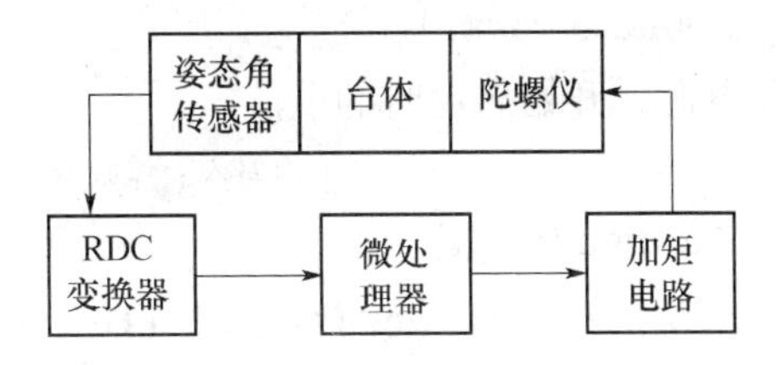

图2 混合平台姿态锁定电路框图

姿态角传感器接口把传感器输出信号转变为回路要求的电信号。模拟电路中通常为解调器和/或幅度/相位变换器及鉴相器等。混合电路中通常采用RDC变换器作为A/D变换器，采用粗精耦合算法构成全角度数据，RDC变换器通过闭环跟踪回路直接把sin-cos调制的传感器输出信号转换为数字总线数据，对激励信号失真和干扰不敏感，精度较高。

模拟控制器通常包括滤波器、校正环节和带量化器的PWM调制器等。滤波器满足调平回路抗摇摆要求，校正环节满足回路稳定性要求，PWM 调制器用于保障加矩和输出信号精度。数字控制器采用 MCU 实现上述功能。

陀螺加矩电路根据控制器的输出产生陀螺加矩电流。为保证陀螺仪角速度测量精度，通常采用 PWM 精密恒流源电路配合占空比测量接口，或模拟加矩电路配合精密电流采样电路。

（撰写人：周子牛 审核人：杨立溪）

pingshen

评审（Review）（Расмотрение и оценка）

为确定主题事项达到规定目标的适宜性、充分性和有效性所进行的活动。

注：评审也可包括确定效率。

示例：管理评审、设计和开发评审、顾客要求评审和不合格评审。

（撰写人：朱彭年 审核人：吴其钧）

qidong dianliu（jiaoliu diandongji）

启动电流（交流电动机）（Starting Current）（Пусковой ток（двигателя переменного тока））

电动机接通电源，开始启动时的电流。

（撰写人：谭映戈 审核人：李建春）

qidong liju（jiaoliu diandongji）

启动力矩（交流电动机）（Starting Torque）（Пусковой момент（двигателя переменного тока））

电动机接通电源，开始启动时的电磁转矩，又称启动转矩。

（撰写人：谭映戈 审核人：李建春）

qidong shijian

启动时间（Starting Time，Start-up Time）（Пусковое время）

在规定电压、频率条件下通电后，陀螺转子从静止状态到达额定转速工作所用的时间间隔。

对于同步电机，亦称为同步时间。

为适应航天陀螺仪工作的需要，要求陀螺电机具有所规定的启动和同步特性，而且要保证在大温差（-40～+55 ℃）的环境下，亦能在所要求的时间内达到额定转速。

对于滚珠轴承电机，启动（同步）时间与轴承预紧力、跑合时间、支撑处配合的过盈量、装配质量、磁性材料性能、工作温度以及润滑油脂的特性等有关。

对于动压气浮轴承电机（动压马达），启动（同步）时间与轴承气隙、洁净度、装配质量、气体介质等因素有关。

（撰写人：李宏川　审核人：闫志强）

qiting cishu

启停次数（Start-Stop Times）（Количество запусков）

动压马达转子体在指定电压和频率条件下，能够完成由浮起状态到停止状态循环的次数。

动压气浮轴承陀螺电机（动压马达）在指定的电压和频率下通电，转子体完全浮起后再断电，使转子体从浮起状态恢复到静止状态，如此循环往复，直到动压轴承因摩擦磨损而丧失功能致转子体不能启动并浮起为止所完成的循环次数称为启停次数。

动压马达启停次数是考核其寿命的一项技术指标，与摩擦副表面粗糙度、硬度、摩擦系数有关。

（撰写人：李宏川　审核人：闫志强）

qiting shouming

启停寿命（Startup-Stop Life）（Ресурс количества запусков）

动压气浮轴承在启动—停止过程中，轴承两表面之间是干摩擦状态，由于摩擦磨损造成轴承失效时所能达到的启动—停止次数。

启停次数与轴承摩擦副的摩擦磨损性能、启动力矩的大小、施加的载荷大小、轴承的形式和轴承表面粗糙度等因素有关。

启停次数可以通过轴承摩擦副表面材料镀膜、边界润滑、静压气浮和磁悬浮等方法获得根本性的改善。

（撰写人：秦和平　审核人：李建春）

qifu yali

起浮压力（Floating Press）（Всплывное давление）

在静压气体（或液体）支撑中，负载一定时（浮子确定），能将该载荷（浮子）浮起的最低供气（液体）的压力。

（撰写人：沈国荣　审核人：闵跃军）

qidong-diandong tuoluoyi

气动—电动陀螺仪（Electropneumatic Gyroscope）（Газово-электрический гироскоп ）

先由气体快速启动，再以电机维持陀螺转子转速的陀螺仪。陀螺仪内腔装有一个同步或异步电机，定子与陀螺内环固连，伸到与环状转子共轴的内腔。陀螺转子固定在空腔的环形内壁上。点燃药柱时，陀螺转子由喷管的燃气流快速启动到电机的同步转速，给电机定子绕组升高电源电压，使之得到同步力矩所要求的电机瞬时功率，然后由电机提供维持陀螺转子的稳定转速。具有气动和电动的双重优点，能提高精度，启动时间短。主要用于反坦克导弹和小型战术导弹。

（撰写人：魏丽萍　审核人：王　巍）

qidongliangyi

气动量仪（Pneumatic Tester）（Пневмодлиномер）

以空气作为介质，利用空气流动时的特性进行几何量测量的仪器。它将长度尺寸等几何量的变化转换成空气流量与压力等的变化量，然后在流量计、压力计或其他指示器上进行指示和读数。气动量仪主要用于测量长度量及零件形位精度等。

气动量仪可实现内径、外径、槽宽、两孔径、厚度、平面度、平行度等的测量，在汽车、飞机、机床、兵工等机械行业得到广泛采用。

（撰写人：刘建梅　审核人：易维坤）

qidongshi sanzhou liuziyoudu suiji zhendong shiyan xitong

气动式三轴六自由度随机振动试验系统（Pneumatic Three-axis Six-degree Random Vibration Test）（Пневматическая испытательная система трехосной стахостической вибрации шести степени свободы）

能同时沿一坐标系三轴方向产生线振动，同时又绕此三轴产生角振动的振动试验设备。

三轴六自由度、随机同步、连续谱振动系统是本试验系统的核心技术。为使振动台面产生六自由度随机振动，必须以多个气动激励器科学配置，使振动台面产生空间三轴方向的线运动及绕这三轴的角运动，并应保证对产生的运动可控、可调节。

该系统可在地面模拟火箭、导弹飞行中的随机线振动、角振动复合作用的力学环境。采用此设备进行惯性仪表及惯性系统的六自由度振动试验，可实际测试在上述复合振动作用下的导航精度是否能满足飞行条件下的精度要求，是一种检验惯导精度和预测飞行精度的有效方法。

（撰写人：原俊安　审核人：叶金发）

qidong tuoluoyi

气动陀螺仪（Pneumatic Gyroscope）（Пневматический гироскоп）

利用高压气体驱动陀螺转子的陀螺仪。有转子外带气源式和内带气包式两种。转子外带气源式陀螺仪，采用一个高压气包，与陀螺本体组合成一体，通电点燃点火器，推动针状活塞戳破密封膜片，使高压气体由喷管直接吹到涡轮陀螺转子上；或者通过中空的陀螺转子轴送到转子内腔，再从陀螺转子圆周的切向孔喷出，以提供陀螺转子的旋转力矩达到工作转速。内带气包式陀螺仪是在陀螺转子内腔的薄壁容器内冲入高压气体，通过点燃点火器，使针状活塞冲破密封膜片，气体便通过陀螺转子端盖的切向槽排出，提供陀螺转子旋转力矩，达到工作转速。气动陀螺仪结构简单、成本低，适用于精度要求不高的小型短程导弹惯性制导系统。

（撰写人：魏丽萍　审核人：王　巍）

qifu xianxing jiasuduji

气浮线性加速度计（Gas Suspended Linearity Accelerometer）（Газовзвешенный линейный акселерометр）

利用静压单缝小锤式空气轴承支撑检测质量，当受加速度作用时检测质量沿腔体做直线运动（线位移）的加速度计。结构示意如图所示。

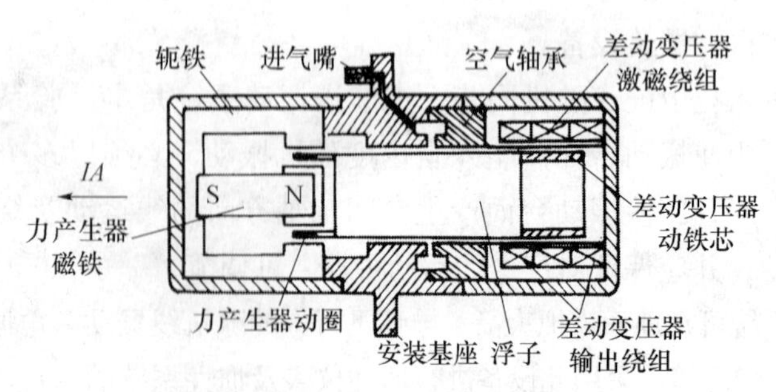

气浮线性加速度计结构示意图

检测质量由浮子、传感器、铁芯和力矩器动圈组成，采用差动变压器式传感器、内磁动圈式力矩器。由于采用空气轴承，检测质量与腔体间无接触摩擦，故阈值、分辨率、滞环误差大大减小，采用伺服回路和电流频率转换电路可将与加速度成比例的模拟量电流直接转换成与加速度成比例的数字量输出。

特点是阈值小、分辨率 $<1\times10^{-4}g$，特别适合用于要求高灵敏度、小量程的载体上。

（撰写人：沈国荣　审核人：闵跃军）

qimixing shiyan

气密性试验（Air-tight Test）（Испытание на герметичиность）

检查惯性器件密封性能的试验。

气浮和液浮的惯性器件，为确保正常的工作状态和精度，在装配完成后必须不漏气、不漏液，故在装配前、装配中均需作气密性试验。例如静压气浮、液浮三轴惯性稳定平台在装配前将基座、上下帽盖、端盖、插座、密封件等零组件组成空心平台，然后向内冲气，当内腔达到规定的压力时（101 kPa），关闭气阀，观察在规定的时间内腔内气压下降值来判定其密封性能。

（撰写人：刘雅琴　审核人：易维坤）

qiti gezhentanhuang

气体隔振弹簧（Gas Vibrating Isolation Spring）（Воздушный пружина-амортизатор）

在柔性密闭容器中加入压缩空气，利用气体的可压缩性实现弹性作用的一种非金属弹簧。它具有优良的弹性和阻尼特性，使用气体隔振弹簧系统，一般可使其固有频率降到 1 Hz 左右，起到良好的减振、隔振作用，可与精密机械与仪器组成一个隔振系统，以隔离或减弱外界的振动。

其特点为：

1. 由于气体弹簧的刚度是随载荷改变的，因而在任何载荷下自振频率几乎不变；

2. 气体弹簧具有非线性特性，可以将它的特性曲线设计成理想的形状；

3. 气体弹簧的刚度，不管载重量多少，都可以依靠改变空气压力加以选择；

4. 吸收高频振动和隔振性能好；

5. 寿命较长，但成本较高。

（撰写人：刘建梅　审核人：易维坤）

qixiang chenji

气相沉积（Vapor Deposition）（Газофазное осаждение）

从气相物质中析出固相并沉积在基材表面的一种新型表面镀膜技术。根据沉积原理，可分为化学气相沉积（CVD）和物理气相沉积（PVD）两大类。

化学气相沉积是气相化学反应在待沉积的基材表面上成核、长大和成膜。化学反应温度很高，大多在 800 ℃ 以上；沉积速率快，每分钟沉积厚度可达数微米甚至数百微米；可沉积金属膜、非金属膜及复合膜；膜层残余应力小；膜与基体结合强度高。通常用 CVD 法制取的超硬涂层膜主要是 TiC，TiN，Ti（CN），Al_2O_3 及 Cr_7C_3 等。

物理气相沉积是用加热或放电等物理方法使固体蒸发后凝聚到基材表面成膜，如真空镀膜、离子镀、磁控溅射等。PVD 镀膜的沉积速度较 CVD 慢。PVD 的优点是沉积温度低，气相沉积能够在基材表面生成硬质耐磨层（如碳化物、氮化物、氧化物、硼化物）、软质减磨层、防蚀层及其他功能性镀层。气相沉积硬质层主要用于机加工刀具、模具等。实际应用结果表明，在丝锥、钻头、滚刀、铣齿刀及刨刀上离子镀 TiN 和 TiC 后，其使用寿命可大大延长，如镀 TiN 膜的滚刀比没有镀层的滚刀寿命延长 3～5 倍。

惯性器件中可应用于轴承的减磨。

（撰写人：汤健明　审核人：谢　勇）

qiya gaodubiao

气压高度表（Baronnetric Altimeter）（Барометрический высотометр）

利用大气压力随高度变化的特点，通过测量大气压力间接获得高度量值的仪表。

气压高度表的敏感部件是一个真空膜盒。外界大气压力变化会引起膜盒的体积及长度变化，这一变化被机械式或机电式位移传感器检测并按气压高度对应关系转换为高度量值。

气压高度表可以测绝对高度，即从标准海平面算起的高度；也可以测相对高度，即由某个选定的基准高度算起的高度，只需在仪表调零时给予其不同的压力值。

由于实际大气参数与标准大气参数总会有些差别，因此气压高度表受大气参数变化的影响较大，其精度不是很高，主要适用于一般的导航和飞行控制。在需要精确测量高度的场合，常将气压高度表与无线电高度表同时应用，后者可得到较高的相对精度，还可通过已知地形数据对气压高度表进行修正与标定。

参见无线电高度表。

（撰写人：杨立溪　审核人：吕应祥）

qianru tongbu liju

牵入同步力矩（Pull in Synchronous Torque）（Момент введящий в синхронизацию ）

将电机带动一定惯量的负载在额定电压、额定频率以及额定激磁的条件下牵入同步运行时的最大转矩。试验时可逐渐加大负载使之失步，然后逐步减轻负载增加转速一直到牵入同步，此时转矩即为牵入同步运行的最大转矩。

（撰写人：谭映戈　审核人：李建春）

qianzhi tuoluoyi

前置陀螺仪（Prepositional Gyroscope）（Гироскоп с упреждением）

用于巡航导弹的末制导段，以获得航向必要的前置角的自由陀螺仪。巡航导弹在自导飞行时，用前置陀螺仪产生的前置角，减小飞行弹道的曲率，改善飞行特性，提高导弹命中精度。

（撰写人：孙书祺　审核人：唐文林）

qianzai guzhang he quexian jifa

潜在故障和缺陷激发（Excited Hidden Failures and Limitations）（Потенциальная неисправность и возбуждение порока）

利用人为施加的环境应力，快速激发并清除产品的潜在缺陷来达到提高可靠性目的的方法。

为使元器件和工艺方面的潜在缺陷以早期故障的形式析出，用允许的边缘环境条件考核产品。可以包括冲击、振动、离心、温度、湿度、沙尘、盐雾、核辐射、电磁干扰等。将产品置于允许的最严酷环境下，在相对来说不太长的时间内，一般会暴露出一些在较长时间的可靠性验证试验中不易暴露出来的故障机理，对提高产品的可靠性有重要意义。

常用的激发源是振动和温度。随机振动方法是在很宽的频率范围上对产品施加振动，产品在不同的频率上同时受到应力，使产品的许多共振点同时受到激励。温度应力包括高温、温度循环和温度冲击等。

（撰写人：李丹东　审核人：王家光）

qianrushi xitong

嵌入式系统（Embedded System）（Вставная система）

操作系统和功能软件集成于计算机硬件系统之中，即系统的应用软件与系统的硬件一体化，具有软件代码小，高度自动化，响应速度快等特点。随着惯导系统的智能化和小型化，嵌入式系统的应用将日渐广泛。

嵌入式系统不具有其他计算机（如 PC）的全部功能，常常是包含在一个芯片上，包括硬件和软件两部分。硬件包括处理器、存储器及外设和 I/O 端口等。软件部分包括操作系统和应用程序编程，有时设计人员把这两种软件组合在一起。应用程序控制着系统的运作和行为；而操作系统控制着应用程序编程与硬件的交互作用。

（撰写人：黄　钢　审核人：周子牛）

qianxian

嵌线（Coil Linserting）（Вставка обмотки）

将绝缘导线（漆包线）绕制好的线圈经槽口依次嵌入铁芯槽内的工艺过程。

嵌线工艺是惯性器件中陀螺马达、传感器、力矩电机等制造中常用的工艺。

（撰写人：李宏川　审核人：闫志强）

qianghua kekaoxing shiyan

强化可靠性试验（ Reliability Enhancement Testing）（Усиленное испытание на надёжность）

研究产品的潜在故障成因、故障机理和改进措施的试验，通常包括可靠性强化试验（RET）、强化应力筛选试验（ESS）和加速寿命试验（ALT）。

可靠性强化试验与应力筛选试验均在产品研制流程中，是产品研制周期的组成部分。可靠性强化试验主要是步进应力试验，在设计阶段产品正式投产前进行，用来激发并排除设计缺陷和薄弱环节。强化应力筛选试验主要在生产过程中进行，用来激发并排除因生产引入的元器件和工艺缺陷，同传统应力筛选方法相比除应力强度大外，更侧重于故障原因分析和改进措施，其余都是一样的。

加速寿命试验并非用来激发并排除产品故障，而是用来评估产品寿命期能力的。加速寿命试验一般都时间长、成本高，因此不在研制流程中，即不占研制周期，而是对通用的、有代表性的样品提前或在研制流程外进行。

强化可靠性试验技术的目的在于千方百计查找产品缺陷与薄弱环节，尽力将产品的潜在故障尽可能地排除干净，只有这样，产品才能承受任何环境考验。

一般强化试验都超出了规范范围，甚至达到破坏极限，从而获得真正意义上的高设计可靠性与高生产可靠性。

（撰写人：叶金发　审核人：原俊安）

qianghua yingli shaixuan shiyan

强化应力筛选试验（ESS）（Environmental Stress Screening Test）（Отборочное испытание под усиленным напряжением）

为发现和排除不良零件、元器件、工艺缺陷和防止出现早期失效，在环境应力下所作的一系列试验称为环境应力筛选试验。而根据可靠性强化试验（RET，见相关词条）的结果（即破坏极限）来确定应力量级进行的应力筛选试验称为强化应力筛选试验（ESS）。

强化应力筛选试验的目的是激发出那些只有施加应力才能检测到的潜在缺陷。这些缺陷是在产品制造期间产生的，而与设计有关的缺陷在设计阶段通过 RET 已检测并消除了。

（撰写人：李丹东　审核人：王家光）

qiexiang zhuanjuxing diancishi lijuqi

切向转矩型电磁式力矩器（Tangential Torque Electromagnetic Torquer）（Электромагнитный датчик момента типа тангенциального момента）

利用定、转子之间的电磁反应力矩构成的力矩器，由带有凸极的定子和转子铁芯组成，激磁绕组和控制绕组放在定子铁芯磁极上，

常用的有微动同步器型电磁式力矩器，微动同步器型电磁式力矩器的电磁力矩 M 为

$$M = -\frac{1}{2} I^2 W^2 \frac{\partial G_\delta}{\partial \alpha}$$

式中　I——激磁绕组和控制绕组电流；

W——激磁绕组和控制绕组匝数；

G_δ——气隙总磁导；

α——转子转角。

切向转矩型电磁式力矩器除微动同步器型力矩器外，还有山型铁芯电磁式力矩器和差动型电磁式力矩器。

（撰写人：葛永强　审核人：干昌明）

qiumian zitaijiao chuanganqi

球面姿态角传感器（Ball Resolver for AIRS）（Сферический датчик угла положения）

又称无框架姿态角传感器（Gimballess Attitude Resolver），是为浮球平台（AIRS）研制的平台姿态角测量系统，测量浮球台体对基座（球壳）的姿态角。与传统的框架角度传感器不同，球面姿态角传感器具有三轴转子和单轴定子，通过测量其交叉点的坐标确定平台姿态角。为保证浮球平台射流力矩器的效率 $\eta = T_s / T_m$，姿态角传感器转子应对流体有尽可能小的阻力，因此大间隙磁感应传感器是较实用的方案。

为减少信道数，球面姿态角传感器采用转子激励，定子读出方式，转子和定子分别为薄膜印制绕组带，三轴转子以不同频率激励形成行波，定子采用延迟和相关解调方法测量相位得到相应的转角。除 AIRS 采用的上述方案，还有电容耦合、时分制测量、通道编码、幅度调制等方案也进行了尝试，有些申请了专利。

由于球面姿态角传感器转子和定子间交角可能任意变化，因此其感应信号电平会有数十分贝的变化，消除幅度变化的影响对精确测量极为重要。虽然球面姿态角传感器间隙大，信号弱，解

码复杂，但据报道 AIRS 的角度测量重复性在特定位置达 0.1″，可代替框架平台的瞄准棱镜来检验浮球平台自瞄准精度和漂移量。

（撰写人：周子牛　审核人：杨立溪）

quanliang zhidao

全量制导（All Magnitude Guidance）（Полнопараметрическое управление）

根据导航计算输出的速度与位置，以导弹目标点的经、纬度及高度或飞行器入轨点参数为终端条件，确定弹道导弹或运载火箭制导路径及关机时刻的制导方式。

其基本原理是将导弹或火箭实际速度与位置作为关机点初始条件，实时预算出落点或入轨点对终端条件的偏差，并控制导弹或火箭飞行不断减小此偏差，当偏差达到给定要求时实施关机。全量制导可以看成是多维非线性两点边值问题。

这种制导方式的原理比较完善，制导方法误差小，但对计算机要求较高。在目前条件下，实现全量制导已不成问题，因此各种弹道式导弹，特别是远程或洲际导弹以及大型运载火箭大多采用全量制导。

（撰写人：程光显　审核人：杨立溪）

quanmian zhiliang guanli

全面质量管理（Total Quality Management）（Всесторонный контроль качества）

一个组织以质量为中心，以全员参与为基础，目的在于通过让顾客满意和本组织所有成员及社会受益而达到长期成功的管理途径。

注 1：“全员”指该组织结构中所有部门和所有层次的人员；

注 2：最高管理者强有力和持续的领导以及该组织内所有成员的教育和培训是这种管理途径取得成功所必不可少的；

注 3：在全面质量管理中，质量这个概念和全部管理目标的实现有关；

注 4：“社会受益”意味着在需要时满足“社会要求”；

注 5：有时把“全面质量管理”（TQM）或它的一部分称为“全面质量”、

“公司范围内的质量管理（CWQC）、（TQC）”等。

（撰写人：朱彭年 审核人：吴其钧）

quanyefu tuoluo jiasuduji

全液浮陀螺加速度计（Full Floated Gyro Accelerometer）（Поплавковый гироинтегратор）

作为陀螺加速度计主体的单自由度陀螺，它的内框组件（浮子）是用液体的浮力支撑，并且浮力完全等于浮子的重力的陀螺加速度计。

（撰写人：商冬生 审核人：赵晓萍）

quanyefu tuoluoyi

全液浮陀螺仪（Full Floated Gyroscope）（Поплавковый гироскоп）

液浮陀螺仪的一种，液体的浮力与整个浮子组件的重力接近于平衡，浮心和重心接近于重合，达到中性悬浮。浮子轴支撑（如宝石轴承）不承受正压力，使摩擦力矩趋于零，它只起定位作用。

全液浮陀螺的浮液一般采用氟油（氟氯油或氟溴油），氟油必须在一定的高温（70℃左右）条件下工作，其密度、黏度易随温度而变化，为了保证中性悬浮条件不被破坏和阻尼系数的稳定，一般全液浮陀螺仪需高精度的温控（优于 ±0.5℃）。

全液浮陀螺仪在积分陀螺仪中属精度比较高的一种，应用广泛。

（撰写人：孙书祺 审核人：唐文林）

quexian

缺陷（Defect）（Дефект）

未满足与预期或规定用途有关的要求。

注 1：区分缺陷与不合格的概念是重要的，这是因为其中有法律的内涵，特别是与产品责任问题有关。因此，术语“缺陷”应慎用。

注 2：顾客希望的预期用途可能受供方信息的内容的影响，如所提供的操作或维护说明。

（撰写人：孙少源 审核人：吴其钧）

queren

确认（Validation）（Утверждение）

通过提供客观证据对特定的预期用途或应用要求已得到满足的

认定。

注 1：“已确认”一词用于表示相应的状态。

注 2：确认所使用的条件可以是实际的或是模拟的。例如：航空工业产品确认就要装机试飞，要经过实际试飞考核。

注 3：设计和开发确认应在成功的设计和开发验证之后进行。只要可行，确认应在产品交付或实施之前完成。确认通常是针对最终产品的，但产品完成前的各阶段也可能需要进行。如果产品有不同的预期用途，可进行多次确认。

（撰写人：孙少源　审核人：吴其钧）

ranqi tuoluoyi

燃气陀螺仪（Gas Driven Gyroscope）（Газовый гироскоп）

用火药燃气驱动陀螺转子的陀螺仪。有冲击式和反作用式两种。冲击式燃气陀螺仪（见图 1）是把火药柱装入与陀螺壳体相固连的燃烧室中。点燃火药柱后产生高压燃气，经喷管高速喷出，冲击月牙槽转子，可在短时间内使陀螺转子达到额定转速。反作用式燃气陀螺仪（见图 2）是陀螺转子内装火药柱，当药柱引燃后，燃气由转子圆周均布的切向孔排出，形成反作用力矩使陀螺转子高速旋转。燃气陀螺仪结构简单，工作可靠，成本低，快速启动性好（启动时间小于 0.2 s）。但不能多次启动。多用于反坦克导弹上。

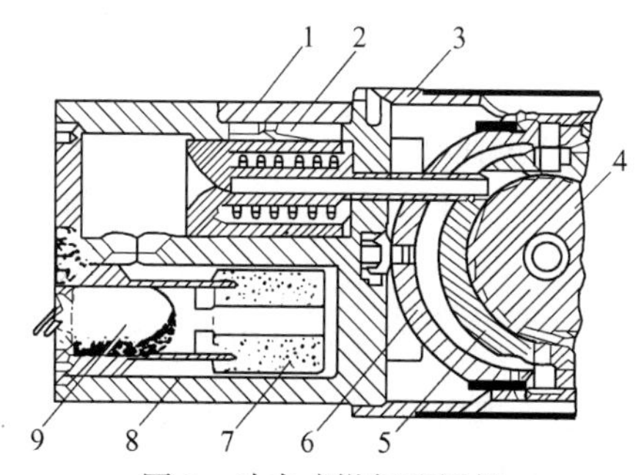

图 1　冲击式燃气陀螺仪

1—喷管；2—弹簧片；3—壳体；4—转子；5—内框架；6—外框架；7—药柱；8—燃烧室；9—点火具

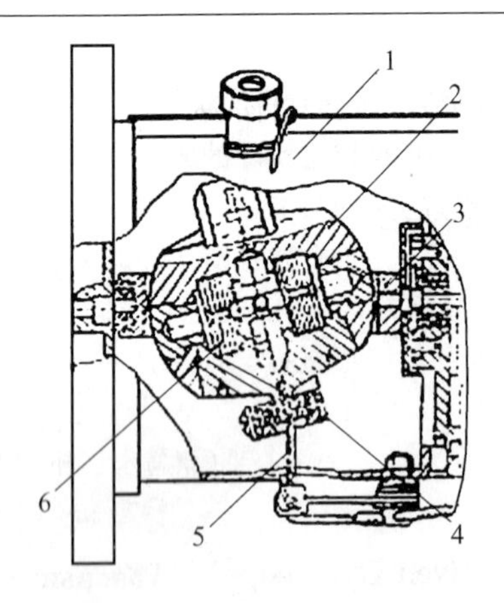

图 2　反作用式燃气陀螺仪

1—壳体；2—转子；3—外框架；4—内框架；5—点火线；6—药柱

（撰写人：魏丽萍　审核人：王　巍）

rangbu

让步（Concession）（Уступка）

对使用或放行不符合规定要求的产品的许可。

注：让步通常仅限于在商定的时间或数量内，对含有不合格特性的产品的交付。

（撰写人：朱彭年　审核人：吴其钧）

raozu zhengxing

绕组整形（Winding Shaping）（Упорядочение обмотки）

使绕组通过整形工装在一定压力作用下达到设计图纸尺寸和形状要求的工艺过程。

在定、转子铁芯嵌线后，需要限定绕组形状和尺寸，以保证后续灌胶或浸漆工序后，既能满足设计图样要求，又能保证绕组表面包封一定厚度的漆、胶层。

通常需要设计制造专用整形工装，保证尺寸、形状和绝缘性，不得损伤绕组导线。

（撰写人：李宏川　审核人：闫志强）

redengjingya

热等静压（Thermal Hydrostatic）（Изостатическое горячее прессование）

将待加工的材料或制品置于各个方向均衡的高压、高热气体环境中使其改变致密并提高机械物理性能的加工工艺。热等静压技术普遍应用于硬质合金工业，热等静压工艺所用的主体设备是热体静压机。一般工艺是：将粉末装在密闭的、与压制品形状相同的模具内，再装入热等静压机的缸体中通过压缩机往缸体中注入气体，并将置于缸体内的加热体通电加热。在高温、高压下，气体从各个方向均衡地作用在制品上，粉末与包套均匀变形、收缩。降温、降压后，除去包套，就能得到均匀、致密、细晶微料的制品。热等静压技术的特点在于，克服了石墨模热压的缺点，制品形状不受限制，所得产品成分、硬度分布均匀，表面光洁。热等静压采用气体作为压力传递介质，其作用在于在缸体中传递压力和温度，以及保护包套和制品不被氧化。因此只有惰性气体才能满足上述需求，通常使用氩气和氦气，以氩气最为常用。热等静压技术应用于精密压铸件等零件，可平衡内应力，致密组织结构。

（撰写人：赵春阳　审核人：熊文香）

reganrao

热干扰（Thermal Disturbance）（Тепловое возмущение）

因热量原因引起的扰动。对电子材料而言，主要是热噪声。导体、半导体、介质材料等在一定的温度下，由于内部的微粒、不规则的运动而产生的噪声，它与温度和阻值有关，与材料的形状无关。热噪声的特征是频谱连续、各种成分的强度相同，因此不能用缩小频带的方法将它完全滤除，而只能减小。

（撰写人：杨健生　审核人：张　路）

rexiangwei zaosheng

热相位噪声（Thermal Induced Phase Noise）（Тепловой фазовый шум）

在光学干涉仪中，光路中的元件或元件的一部分（如光纤陀螺仪中的光纤、耦合器、集成光学调制器的尾纤）在温度发生变化时，光纤的折射率与密度均存在热涨落，这种涨落引起干涉信号相位的变化产生的噪声，称为热相位噪声。热相位噪声随着温度的升高而增大，在光纤中随光纤长度增加而增大。在光纤陀螺中，热相位噪声与陀螺的调制方案有关，全数字闭环光纤陀螺可以通过在光纤环的本征频率处进行以方波为基础的调制来降低热相位噪声。

（撰写人：王学峰 审核人：丁东发）

rezhenkong shiyan

热真空试验（Heat-vacuum Test）（Тепловое вакуумное испытание）

确定产品对高温、低温和低气压环境条件综合作用的适应性的试验，又称为温度—高度试验。

本试验属于综合环境试验，试验条件可由高温、低温、气压、作用时间、循环次数表征。

热真空试验通常和真空放电试验结合进行。

（撰写人：叶金发 审核人：原俊安）

renkou yuanhu banjing

刃口圆弧半径（Corner Radius）（Радиус дуги лезвия ）

刀具切削刃垂直的平面内与刀具前、后面交线的交点处的圆角半径。

刃口圆弧半径又称刀尖钝圆半径，是衡量金刚石刀具锋利程度的重要参数，刃口圆弧半径越小，刀具越锋利。

（撰写人：熊文香 审核人：佘亚南）

ruandaoxian

软导线（Flex Leads）（Гибкая проволока）

在陀螺仪中，由壳体向活动部件（陀螺浮子中的陀螺电机等）送电或传递电信号的元件，一般由铍青铜丝、银包铝丝、金包铝丝等密度上与浮液相近，弹性力矩小，稳定性好的游丝制作，也称为导电游丝。

（撰写人：孙书祺 审核人：唐文林）

ruili beixiang sanshe

瑞利背向散射（Rayleigh Backscatter）（Обратное Рэлеевское рассеивание）

光通过不均匀介质时，部分光能量偏离原来传播方向的现象称为光的散射，传播方向偏离原方向的光称为散射光。光的散射是由气体中随机运动的分子、原子、烟雾或尘埃，液体中的小微粒，晶体中存在的缺陷造成的。瑞利散射是由比波长小的微粒造成的，其散射光强度与入射光波长的四次方成反比，散射光波长与入射光相同。散射光与入射光方向相反的光为瑞利背向散射。光纤中的瑞利背向散射会在光纤陀螺中产生相位噪声，通过采用宽带光源可以减少这种噪声。

（撰写人：王学锋　审核人：王军龙）

runhuazhi tianchongliang

润滑脂填充量（Filling Quantity of Lubricating Grease）（Количество заполнения смазки）

滚珠轴承内所填充润滑脂量的多少。

用滚珠轴承作为支撑的陀螺电机，其轴承内需填充一定量的润滑脂，其润滑脂填充量一般取滚珠体积的5倍左右。润滑脂太少，会影响轴承的使用寿命，但润滑脂太多，则会由于润滑脂的搅拌移动和流散而引起陀螺仪的质心偏移。

（撰写人：周　赟　审核人：闫志强）

Sage'nake xiaoying

萨格纳克效应（Sagnac Effect）（Эффект Саньяка）

基于狭义相对论原理，在任意几何形状的闭合光路中，从某一观测点发出的一对沿相反方向传播的光波，运行一周后又回到该观测点时，它们的相位（或它们经历的光程）将由于该闭合环形光路相对于惯性空间的旋转而不同。其相位差（或光程差）的大小与闭合光路的转动速率成正比。该现象于1913年由法国科学家Sagnac G. 发现，称为萨格纳克效应，如图所示。

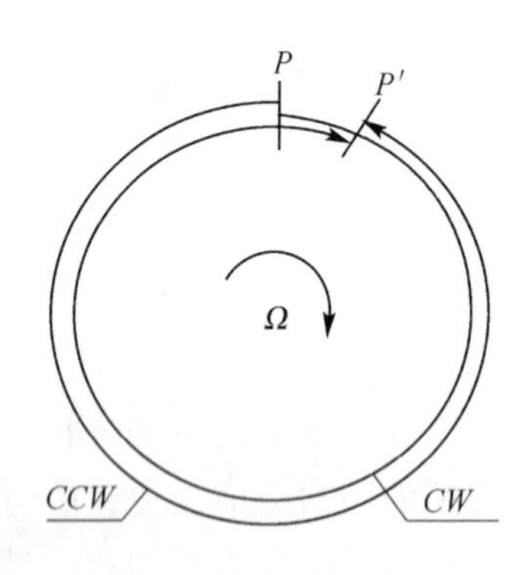

Sagnac 效应示意图

（撰写人：王　轲　审核人：杨　雨　王　巍）

sanfu tuoluo jiasuduji

三浮陀螺加速度计（Three-bearing Gyro Accelerometer）（Поплавковый гироинтегратор с магнитным подвесом и газодинамической опорой ротора）

以液浮单自由度陀螺为主体的陀螺加速度计中，陀螺的内框组件（浮子）同时利用液体的浮力和电磁力（有源或无源）作为支撑，并且能精确保持浮子中心位置，陀螺电机轴承采用动压气体轴承，使陀螺转子运动更平稳，由于具有三种支撑（悬浮）技术，所以称为三浮陀螺加速度计，它的精度可达到 $10^{-6}g$。

（撰写人：商冬生　审核人：赵晓萍）

sanfu tuoluo wending pingtai

三浮陀螺稳定平台（Tri-floated Gyro Stabilized Platform）（Стабилизированная платформа со трехкратно-поплавковыми гироблоками）

又称三浮仪表平台，是采用“三浮”陀螺仪作为角运动传感器的惯导平台系统。“三浮”陀螺仪是采用动压气浮转子和浮子磁悬浮技术的高精度液浮陀螺仪（Fluid-float Gyroscope）的简称。它具有精度高、寿命长和耐冲击过载的特点，特别适合作为弹道导弹、大型舰艇、导弹核潜艇、远程飞机及大型航天器的惯导系统。

三浮陀螺稳定平台的基本特性与液浮陀螺稳定平台相同，但具有以下特点：

更高的精度，如美国的民兵－Ⅲ洲际弹道导弹采用三浮陀螺稳定平台，其命中精度达 CEP＝120 m。

长寿命和高可靠，使惯导平台能够长期连续运行，适应全球航海任务，也使弹上惯导平台能够工作在常备热待命状态，可随时发射，克服了液浮陀螺仪表预热和热平衡时间较长对武器系统快速反应的影响。

（撰写人：周子牛　审核人：杨立溪）

sanfu tuoluoyi

三浮陀螺仪（Three-bearing Gyroscope）（Трехкратнопоплавковый гироскоп）

在全液浮陀螺仪基础上，为提高精度，陀螺马达转子由滚珠支撑改用无接触的动压气浮支撑，浮子支撑由宝石轴承改用完全无接触的并起到定中作用的磁悬浮支撑，即浮子用全液浮、陀螺马达用动压气浮，磁悬浮对浮子定中的三浮支撑技术，习惯上称为三浮陀螺仪。三浮陀螺仪相对全液浮陀螺仪可以得到更高的精度，美国的 TGG 三浮陀螺仪据称漂移率达到 $\leqslant 10^{-7}(°)/h$ 的水平，一般工程上应用的三浮陀螺仪精度 $<0.001(°)/h$。

（撰写人：孙书祺　审核人：唐文林）

sanzhou guangxian tuoluoyi

三轴光纤陀螺仪（Three-axis Fiber-optic Gyroscope）（Трёхосный волоконно-оптический гироскоп）

将 3 个光纤陀螺仪中的 1 个或多个元部件复用的光纤陀螺仪。最简单的三轴光纤陀螺仪是共享一个光源的三轴陀螺仪，复杂的三轴光纤陀螺仪除了光源共享之外，还可通过时分复用实现探测器、信号处理电路共享。但探测器共享需要光开关，引入的误差较大，现很少用。如图所示是三轴共享 1 个光源的三轴光纤陀螺仪光路结构图。由于三轴光纤陀螺仪实现了部分功能元部件的共享，具有质量轻、体积小、功耗低的优点。

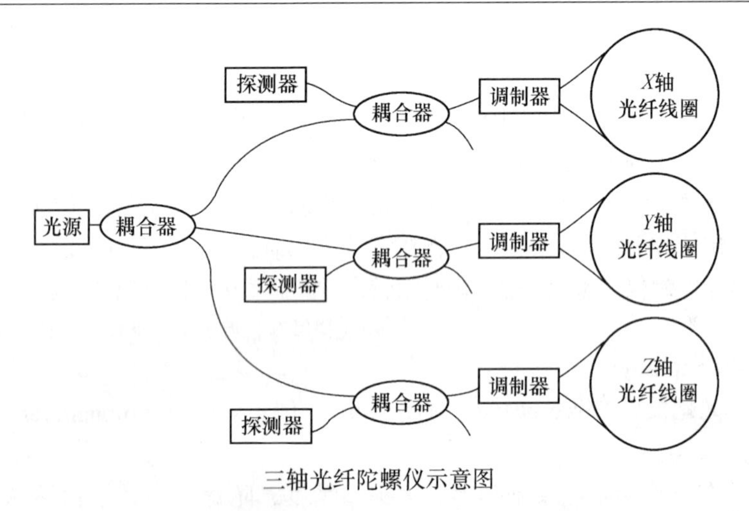

三轴光纤陀螺仪示意图

（撰写人：王 巍 审核人：杨清生）

sanzhou pingtai zuobiao bianhuan

三轴平台坐标变换（Three-axis Platform Coordinate Transformation）（Преобразование координат трёхосной платформы）

平台姿态角较大时，陀螺输出需作变换后再输入各稳定回路的信号变换方法。

对于由 3 个单自由度陀螺仪作敏感元件构成的三轴稳定平台，当其 3 个姿态角均在零位附近时，每个陀螺仪可独立控制一个框架轴的稳定回路。但当 3 个框架角较大时，就无法达到上述独立控制的条件，必须对陀螺仪的信号进行适当的坐标变换，以便对各轴力矩电机的控制信号进行合理的组合，实现各条回路的自主控制。此类坐标变换常使用坐标分解器完成（参见坐标分解器）。

（撰写人：赵 友 闫 禄 审核人：孙肇荣）

sanzhou wending pingtai

三轴稳定平台（Three-axis Stabilized Platform）（Трехосьная стабилизированная платформа）

具有 3 个稳定轴和 3 套稳定回路的陀螺稳定平台。单自由度陀螺仪和二自由度陀螺仪均可作为此类陀螺稳定平台的敏感元件（平台工作原理详见陀螺稳定平台）。3 套稳定回路分别承受作用在平台 3 个稳定轴上的干扰力矩，通过平台稳定回路作用，使台体相对导航坐标系（惯性坐标系或地理坐标系）保持角稳定。

三轴稳定平台有内装式和外装式两种结构形式。平台设计中应注意：1）为消除各通道之间的交链耦合，需要进行解耦设计；2）平台框架角与航行姿态角需作变换；3）要避免平台“框架锁定”问题。

（撰写人：赵 友 闫 禄 审核人：孙肇荣）

sanzhou yaobai ceshi

三轴摇摆测试（Three-axis Shaking Test）（Испытание под трехосьным качанием）

惯性器件安装在摇摆试验台上，跟随摇摆台绕 3 个相互垂直的轴方向作摇摆运动，以模拟载体的角运动时测量其性能的试验。

（撰写人：吴龙龙 审核人：闫志强）

sanziyang yuanzhui wucha

三子样圆锥误差（Coning Error of Three Sample Algorithms）（Коническая ошибка тройной выборки）

采用三子样圆锥补偿算法修正转动矢量角而剩余的误差角。

用三子样圆锥补偿算法（见圆锥补偿算法）修正、补偿圆锥误差（见捷联算法圆锥误差）时，因算法的近似性，修正后每修正时间间隔尚剩余很小部分未补偿掉的误差角 ϕ_ε，如下式所示

$$\phi_\varepsilon = \frac{\alpha^2(\omega h)^7}{204\ 120}$$

式中 α—— 圆锥角振动幅度；

ω—— 圆锥角振动圆频率；

h—— 修正时间间隔。

由上式可见，在 α,ω 已定时，减小 h（即提高修正频率）可显著减小剩余误差角。

（撰写人：孙肇荣 审核人：吕应祥）

sanbu zhongxin

散布中心（Center of Dispersion）（Центр рассеивания ）

在相同的条件下，重复发射多发导弹，其弹着点的统计平均位置，又称平均弹着点。

（撰写人：谢承荣　审核人：安维廉）

sanli zaosheng

散粒噪声（Shot Noise）（Дробовой шум）

光生电流是统计平均值，存在随机的起伏，这种无规则的起伏称为散粒噪声。散粒噪声是白噪声，其电流谱密度与平均电流成正比。光电探测器输出信号的散粒噪声有量子噪声、暗电流噪声等，其中量子噪声由到达探测器的光子数的随机起伏、光生电子与空穴的随机产生与复合造成的。当暗电流 I_d 的存在不可忽略时，均方散粒噪声电流表示为

$$\sigma_s^2 = 2q(I_p + I_d)\Delta f$$

式中　I_p——平均信号光电流；

Δf——检测带宽；

q——电子电荷。

（撰写人：王学锋　审核人：徐宇新）

saomiao zhendong

扫描振动（Sweep Vibration）（Частотосканирующяя вибрация）

振动频率连续不断地随时间、按指数规律从一个数值变换到另一个数值的振动过程，称频率扫描振动。在惯性器件试验中，简称这种振动为扫描振动。

这种运动的基本运动频率是时间的正弦函数。它在单位时间内的频率变化称为扫描频率，一般都以倍频程/分（oct/min）或赫兹/秒（Hz/s）为单位；从起始频率扫描至终止频率所需的时间称扫描时间。可用扫描振动来考核惯性器件在经受模拟振动时的适应性，评价其结构设计及产品工艺。在规定的扫描振动频率范围内考核产品在振动状态下的性能及产品可靠性。作扫描振动的给定要素是振

动频段即扫描频率范围、振幅、振动加速度、交越频率、扫描时间或扫描频率。一般在交越频率以下给定等位移幅值，交越频率以上给定等加速度幅值。进行扫描振动时的注意点可参阅振动测试中的注意事项。

（撰写人：吴龙龙　审核人：闫志强）

shaixuan shiyan

筛选试验（Filtration Test）（Отборное испытание）

为发现和排除不良零件、元器件、工艺缺陷和防止出现早期失效而进行的一系列试验。

此类试验是通过检验剔除不合格或有可能早期失效的产品。包括在规定环境条件下的目视检查、实体尺寸测量以及功能或性能测量等。

（撰写人：李丹东　审核人：王家光）

sheji dingxing

设计定型（Design Finalization）（Окончательное фиксирование проектирования）

设计确认的一种方法，是通过提供客观证据认定设计是否成功的一种检查手段，设计定型一般应在设计验证完成之后，批产品正式生产之前进行。设计定型必须符合下列标准和要求：

1. 产品经过定型试验，证明产品达到研制任务书规定的要求。定型试验包括地面定型试验（主要包括机动运输试验、环境试验、储存试验等）和定型飞行试验。

2. 计算机软件视同硬件产品，实行工程化管理，通过定型鉴定试验检验，证明其设计合理、正确、可靠，功能齐全，软件文档符合国军标的有关规定。

3. 满足标准化、国产化等要求。

4. 产品配套齐全。

5. 设计定型技术文件成套、完整。

6. 生产定点明确、合理，配套成品、元器件、原材料等除个别需进口外，应立足于国内，保证供货。

设计定型应邀请顾客参加。如果定型的结果表明设计的产品不能或不能全部满足预期的使用要求时，应决定采取有效的措施以满足要求。设计定型结果和决定的措施必须予以记录并保持。

组织应按定型法规要求，做好设计定型前的所有工作，以及按设计定型要求备齐见证材料，履行审批手续。

（撰写人：朱彭年　审核人：吴其钧）

sheji fuhe fusuan

设计复核复算（Design Check and Calculation Again）（Повторное рассмотрение и расчёт проектирования）

对设计质量的检验和校核，是型号研制工作中必须进行的，保证设计质量可靠性的主要工作之一，必须纳入型号研制计划，在时间、经费和人员安排上应给予充分的保障。

注1：设计复核复算的范围包括：研制任务书、设计分析报告、试验报告、设计图样、软件源程序、软件开发文档、质量问题归零报告等；

注2：设计复核复算工作由设计师系统进行，编写设计复核复算报告，然后由设计复核复算专家组进行审查，并提出设计复核复算结论。

（撰写人：孙少源　审核人：吴其钧）

sheji gaijin shiyan

设计改进试验（Design Correct Test）（Эксперимент на улучшение проектирования）

在产品研制中，为解决改进设计的方案、参数和效果等而进行的试验。

在产品研制的模型、初样、试样阶段，在设计试验、可靠性试验，特别是技术鉴定试验基础上，通常会发现一些设计、元器件、零部件、原材料和工艺方面存在的缺陷，这时就要进行设计改进试验，目的在于确定改进设计的方案、参数和效果等，以确定、完成和评价设计改进。

（撰写人：叶金发　审核人：原俊安）

sheji genggai kongzhi

设计更改控制（Control of Design Change）（Контроль над изменением проектирования）

对已经评审、验证或确认的设计结果的更改应加以识别，并予以标识和保持记录。适当时，应对设计更改进行评审、验证和确认，并在实施前得到批准。设计更改的评审应包括评价更改对产品组成部分和已交付产品的影响。

更改的评审结果及任何必要措施的记录应予保持。

对重要的设计更改，组织应进行系统分析、论证、验证、严格履行审批程序。

对已定型产品的更改应按定型工作有关规定履行审批手续。

（撰写人：朱彭年　审核人：吴其钧）

sheji he kaifa

设计和开发（Design and Development）（Проектирование и разработка）

将要求转换为产品、过程或体系的规定的特性或规范的一组过程。

设计和开发是 GJB 9001A—2001 标准规定的产品实现过程的一项重要活动，是保证产品满足规定要求的关键环节。产品质量是设计、制造和管理出来的，设计和开发决定了产品的固有质量。

注 1：GJB 9001A—2001 规定的设计和开发活动包括：设计和开发策划、设计和开发输入、设计和开发输出（将输入转化为可实现的产品规定的特性和规范）、设计和开发评审、设计和开发验证、设计和开发确认、设计和开发更改控制、新产品试制、试验控制等；

注 2：术语“设计”和“开发”有时是同义的，有时用于规定整个设计和开发过程的不同阶段；

注 3：设计和开发的性质可使用修饰词表示（如产品设计和开发或过程设计和开发）。

（撰写人：孙少源　审核人：吴其钧）

sheji he kaifa cehua

设计和开发策划（Design and Development Planning）（Наметка на проектирование и разработку）

产品的设计和开发需要进行策划和控制。策划的重点是对设计和开发过程的控制，因此在设计和开发策划中，组织应确定：

1. 根据产品特点、组织的能力和以往的经验等因素，明确划分设计和开发的阶段，规定每一阶段的工作内容和要求；

2. 明确规定在每个设计和开发阶段需开展的适当的评审、验证和确认活动，包括活动的时机、参与人员和活动的要求；

3. 明确各有关部门和人员在参与设计和开发活动中的职责和权限；

4. 编制产品设计和开发计划，需要时，应编制预先规划产品改进的计划；

5. 设计、制造和服务等专业人员共同参与设计和开发活动；

6. 根据产品要求，识别影响或制约设计和开发的关键因素和薄弱环节以及技术上的难点，制定和实施相关的攻关措施；

7. 按国家和行业标准化规定，制定产品标准化大纲，提出新产品的标准化综合要求，预先确定设计和开发中使用的标准和规范，开展“三化”（通用化、系列化、组合化）设计；

8. 根据产品的可靠性、维修性和保障性的要求，运用优化设计和可靠性、维修性和综合保障等专业工程技术，制定并实施可靠性、维修性和保障性大纲；

9. 对复杂产品进行特性分析，以便为确定关键件（特性）、重要件（特性）提供依据；

10. 当产品含有计算机软件时，对计算机软件从需求分析、设计、编程、测试、确认、交付直到使用的全过程，实施严格的工程化管理，实行设计、编程、测试“三分开”，对软件开发过程和软件产品进行质量管理，明确各部门职责，配置相应资源；

11. 对设计和开发采用的新技术、新器材、新工艺应进行充分的论证、试验和鉴定，对结果进行风险分析并履行审批程序，确保经过试验和鉴定符合要求的新技术、新器材和新工艺方可用于产品；

12. 确定产品交付时需配置的保障资源，并随产品的设计和开发同时进行开发；

13. 确定所需进行的监视和测量及其所需要的监视和测量装置；

14. 对电气、电子、机电元器件的选用、采购、监制、验收、筛选、复验以及失效分析等活动，统一进行规范化的管理和控制，明确责任，并对控制活动的结果进行监督评价；

15. 对参与设计开发活动的不同部门或小组之间的接口关系要做出规定，确保既各负其责，又能保持工作有效衔接，信息得到及时、准确的交接。

策划的输出可以采用文件的形式，如设计和开发计划，也可采用其他方式。随着设计和开发的进展，情况可能会有变化，因此，必须适时修改或更新策划的输出。

（撰写人：朱彭年　审核人：吴其钧）

sheji jizhun

设计基准（Design Datum）（База конструирования）

设计图样上所采用的基准。

指设计人员在图样上用来确定零件几何要素间几何关系所依据的点、线、面。设计人员常从零件的工作条件和性能要求出发，在零件图上以设计基准为依据标出尺寸和相互位置要求，如平行度、垂直度、同轴度等。对于整个零件来说，有很多位置尺寸和位置关系要求，但在各个方向上往往只有一个主要设计基准，基准又往往就是在装配中用来确定该零件在产品中的位置的依据。通常选功能重要、尺寸精度高或长度长、面积大的作为设计基准。设计基准、工艺基准的统一是工艺工作要遵循的原则之一。

（撰写人：苏 超　审核人：闫志强）

sheji pingshen

设计评审（Design Review）（Рассмотрение и оценка проектирования）

为了评价设计满足质量要求的能力，识别问题，若有问题提出解决办法，对设计所作的综合、有系统并形成文件的检查。

注：设计评审可以在设计过程的任何阶段进行，在任何情况下该过程完成后都应进行。

（撰写人：朱彭年 审核人：吴其钧）

sheji yanzheng shiyan

设计验证试验（Design Compliance Test）（Испытание на проверку проектирования）

在惯性器件研制阶段的早、中期，对模型和初样等产品，以验证产品在真实环境中是否符合有关任务书要求为目的进行的试验。

惯性器件研制通常包括方案、初样、试样、定型四个阶段。分别依据任务书、初样任务书、试样任务书、定型任务书进行设计。其产品通常称为模型、初样、试样、正样。设计验证试验一般在方案、初样阶段进行，以模型和初样为主要试验对象。

试验的目的主要是：

1. 确认设计方案，测量设计参数，测定产品对激励条件和环境条件的响应，识别故障模式，验证安全限制；

2. 通过发现和修改设计缺陷提高产品对激励和环境条件变化的适应性；

3. 为定量评估产品的可靠性和安全性提供信息。

试验项目主要包括性能试验、激励和环境条件变动影响试验。激励和环境条件变化范围可灵活掌握。试验通常要求编制大纲，按计划分阶段进行，并对结果进行评定。

以陀螺仪为例，其试验项目和顺序大致是：

1. 在试验室精密控制条件下进行性能测试（含测量模型系数，下同）；

2. 改变激励条件，如马达输入功率、传感器激励电压、工作温度等测试陀螺仪性能；

3. 改变环境条件，如环境温度、环境压力、磁场、线振动、角振动、线加速度、冲击等测试陀螺仪性能；

4. 在初始条件下重新测量陀螺仪性能。

按上述项目和顺序在不同方位上反复进行。

设计验证试验，也叫设计核实试验，是保证研制质量的一项重要试验，通常由任务书规定抽样进行。

（撰写人：叶金发　审核人：原俊安）

shecheng

射程（Range）（Дальность полёта）

弹道导弹从发射点到弹着点的大地距离。

射程的最大值称为最大射程，最小值称为最小射程。最大射程取决于导弹的起飞质量、发动机性能、燃料性能、结构特性、气动特性和弹道特性等。最小射程取于导弹飞行时序、过载特性和安全性等。

（撰写人：程光显　审核人：杨立溪）

shechengjiao

射程角（Angle of Range）（Угол дальности）

在地球球面上射程所对应的地心角，如图所示。

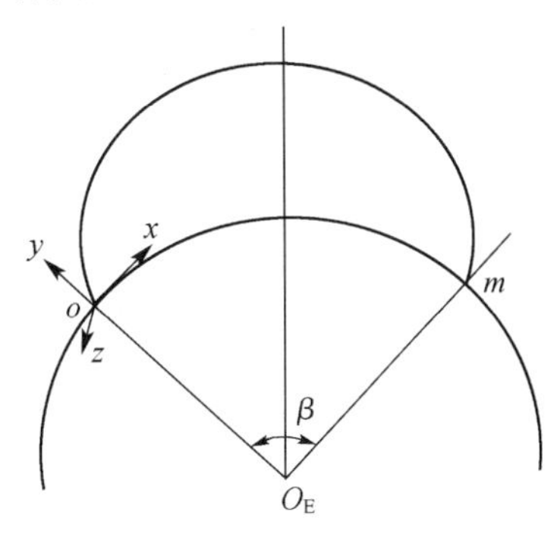

图中，O_E 为地心；$oxyz$ 为发射坐标系，o 为发射点；m 为弹着点；β 为射程角；o，m 间地球表面的距离为射程。

（撰写人：程光显　审核人：杨立溪）

sheji mijidu

射击密集度（Fire Dispersion）（Плотность огня）

落点相对于散布中心的离散程度，又称射击散布度。它是落点随机误差的一种表征。

射击密集度由（X，Z）的协方差阵$\begin{pmatrix} \sigma_1^2 & \rho\sigma_1\sigma_2 \\ \rho\sigma_1\sigma_2 & \sigma_2^2 \end{pmatrix}$来描述，它的行列式越小，表明射击密集度越高。

射击密集度用概率偏差 B 或标准差 s 来度量。

（撰写人：谢承荣　审核人：安维廉）

sheji zhunquedu

射击准确度（Fire Accuracy）（Точность огня）

落点散布中心相对于目标点的偏差。射击准确度一般用矢量（μ_1,μ_2）的长度 $\|(\mu_1,\mu_2)\| = \sqrt{\mu_1^2+\mu_2^2}$ 来度量，此值越小表明射击准确度越高。

射击准确度是落点系统误差的一种表征，落点系统误差是由导弹武器系统的某些参数呈规律性偏差所引起的。若有条件进行一定量的飞行试验和地面试验并结合理论分析，就能较好地估计出这种系统误差，并通过适当的途径加以修正或补偿，从而可以提高射击准确度，即导弹的命中精度。

（撰写人：谢承荣　审核人：安维廉）

sheliu lijuqi

射流力矩器（Nozzle Torquer）（Инжекторный датчик момента）

又称喷嘴力矩器（Jet Torquer），是浮球平台（AIRS）稳定回路的执行元件，利用射流推力产生控制力矩，作用与传统的框架力矩电机相同。

射流力矩器是一种电液伺服控制元件，由一对转动喷嘴产生的射流通过尖劈分为方向相反的射流，产生差动射制推力，在力矩变化时总流量不变，从而保障浮球平台流体系统的总流量和总导热率不变。转动喷嘴的转角改变差动射流的净推力，转角由射流力矩器转子伺服回路控制，包括转子角度传感器、伺服电路和转子力矩电机。射流力矩器转子由静压液浮轴承支撑，应具有小的转动惯量和大的驱动力矩以保证回路带宽。

射流力矩器在浮球平台上成对使用，单个最大推力为 $F_m = vQ\rho$，v 为射流速度，Q 为流量，ρ 为流体密度；峰值力矩为 $T_m = 2F_mR$，R 为浮球半径。由于射流动量要在浮球和球壳间的间隙中耗散，传给浮球台体的动量会抵消部分控制力矩，因此，射流力矩器的力矩与控制信号间的关系为

$$T(s) = \frac{\tau s + \eta}{\tau s + 1} T_m k(s),$$

式中 $k(s)$—— 相对转角，$k(s) = \theta(s)/\theta_m$；

τ—— 射流时间常数；

η—— 力矩分配系数（与浮球表面的平坦程度相关），$\eta = T_s/T_m < 0.5$。

与电磁框架力矩电机相比，浮球平台稳定回路的射流力矩器具有以下特点：

极小的电磁元件，射流力矩器的力矩电机是框架力矩电机的千分之一以下，减小了平台电磁干扰。

瞬态力矩大于静态力矩，这是由射流动量传递规律决定的，有利于抵抗动态载荷。

力矩余量较小，浮球平台采用静压液浮支撑，摩擦力矩与加速度载荷无关，另外受功率限制射流力矩难以做得很大。因此，浮球平台稳定回路的静态力矩余量系数一般 <2，AIRS 平台系统约为 1.5，显著小于框架平台的力矩余量系数（3～5）。

（撰写人：周子牛　审核人：杨立溪）

sheliu tuoluoyi

射流陀螺仪（Fluidic（Flueric）Gyro）（Инжекторный гироскоп）

利用流体的特性来测量载体角运动的惯性仪表。它包含一些流通着液体或气体的专门的管道系统，在载体没有角速度时，管壁压

力分布保持不变；当有角速度时，管道中出现介质的扰动，通过测量相反管壁上的压差或工作物质的耗散差等可以检测载体的角运动。

射流陀螺仪的技术方案较多。图1是其中的一种。在一个多孔的壳壁内是一个球形的腔，腔内流动着旋转的气体，当传感器的壳体发生转动时，气体的旋转方向维持不变，通过监测腔内压力的变化就可以检测转动的位移。

图2是另外一种方案的射流陀螺仪。它的喷口喷出连续的平流气体，冲击在一对热电阻丝探测器上，当沿垂直于气流的轴线上有角运动时，气流会相对于壳体向侧面偏斜，造成对热电阻丝的冷却情况不同。于是热电阻丝的电阻发生变化，通过检测电阻丝电阻的变化，就可以确定角速度。

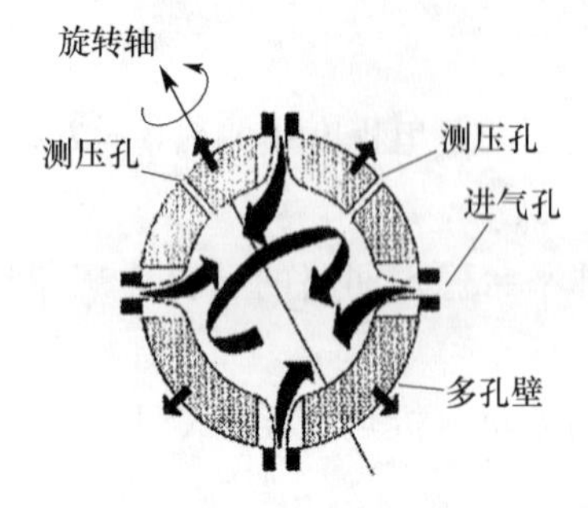

图1　射流陀螺仪示意图

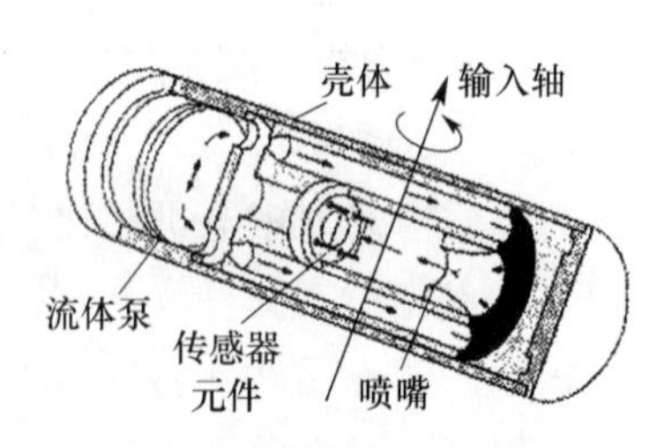

图2　射流陀螺仪示意图

射流陀螺仪目前精度还不高，它的缺点是对外界环境因素尤其是温度较为敏感，优点是强度高、工作温度范围大。

（撰写人：朱红生　审核人：赵采凡）

shedong zhidao

摄动制导（Perturbation Guidance）（Пертурбационное управление）

以弹道导弹和运载火箭实际飞行弹道与标准弹道的偏差属于小偏差的情况为前提条件，将制导方程按泰勒级数展开并忽略其高阶项后得到摄动制导方程。按摄动制导方程进行制导的方式，称为摄动制导。这种制导方式比较简单，弹（箭）上的计算工作量小，但制导方法误差随着干扰的增大，即实际弹道与标准弹道偏差的增大而增大，其制导误差一般比全量制导的误差大。

摄动制导可以为隐式摄动制导或显式摄动制导。

（撰写人：程光显　审核人：杨立溪）

shenhe

审核（Audit）（Рассмотрение）

为获得审核证据并对其进行客观的评价，以确定满足审核准则的程度所进行的系统、独立并形成文件的过程。

注1：内部审核，有时称第一方审核，用于内部目的，由组织自己或以组织的名义进行，可作为组织自我合格声明的基础。

注2：外部审核包括通常所说的“第二方审核”和“第三方审核”。第二方审核由组织的相关方（如顾客）或由其他人员以相关方的名义进行。第三方审核由外部独立的组织进行。这类组织提供符合要求（如：GB/T 19001 和 GB/T 24001—1996，GJB 9001A—2001）的认证或注册。

注3：当质量和环境管理体系被一起审核时，称为“一体化审核”。

注4：当两个或两个以上审核机构合作，共同审核同一个受审核方时，称为“联合审核”。

（撰写人：孙少源　审核人：吴其钧）

shenhe faxian

审核发现（Audit Findings）（Открыванние рассмотрения）

将收集到的审核证据对照审核准则进行评价的结果。

注：审核发现能表明是否符合审核准则，也能指出改进的机会。

（撰写人：朱彭年　审核人：吴其钧）

shenhe fang'an

审核方案（Audit Programme）（Проект рассмотрения）

针对特定时间段所策划，并具有特定目的的一组（一次或多次）审核。

注：策划审核方案时应考虑拟审核的过程和区域的状况、重要性以及以往审核的结果，对状况差、问题多、重要程度高的过程和区域应加大审核力度。应规定审核的准则、范围、频次和审核的方法。策划的结果可在编制的审核计划中反映出来。

（撰写人：孙少源　审核人：吴其钧）

shenhe jielun

审核结论（Audit Conclusion）（Вывод рассмотрения）

审核组考虑了审核目标和所有审核发现后得出的最终审核结果。

注：审核结论在审核报告中提出。

（撰写人：孙少源　审核人：吴其钧）

shenhe weituofang

审核委托方（Audit Client）（Поручатель рассмотрения）

要求审核的组织或人员。

（撰写人：朱彭年　审核人：吴其钧）

shenheyuan

审核员（Auditor）（Персонал рассмотрения）

有能力实施审核的人员。

（撰写人：朱彭年　审核人：吴其钧）

shenhe zhengju

审核证据（Audit Evidence）（Доказательство рассмотрения）

与审核准则有关并且能够证实的记录、事实陈述或其他信息。

注：审核证据可以是定性的或定量的。

（撰写人：孙少源　审核人：吴其钧）

shenhe zhunze

审核准则（Audit Criteria）（Критерий рассмотрения）

用做依据的一组方针、程序或要求。

（撰写人：朱彭年　审核人：吴其钧）

shenhezu

审核组（Audit Team）（Группа рассмотрения）

实施审核的一名或多名审核员。

注1：通常任命审核组中的一名审核员为审核组长；

注2：审核组可包含实习审核员，在需要时可包含技术专家；

注3：观察员可以随同审核组，但不作为其成员。

（撰写人：孙少源　审核人：吴其钧）

shengchen

升沉（Heave）（Поднимание и опускание）

船舶与海洋结构物在水中垂向往复运动。

（撰写人：金志华 审核人：刘玉峰）

shengchan dingxing

生产定型（Manufacture Finalization）（Окончательное фиксирование состаяния производства）

国家对军工产品批量生产条件进行全面考核，以确认其达到批量生产的标准。

军工产品的生产定型必须符合下列要求：

1. 具备成套批量生产条件，质量稳定；

2. 经试验和部队试用，产品性能符合批准设计定型时的要求和实战需要；

3. 生产与验收的各种技术文件齐备；

4. 配套设备及零部件、元器件、原材料能保证供应。

新研制（含改型）的武器系统原则上先进行设计定型和工艺定型，后进行生产定型，因特殊情况，拟不进行生产定型的项目，由使用部门与研制部门协商一致后各报有关部门批准。

生产定型按《军工产品定型工作条例》的有关规定实施。

（撰写人：朱彭年 审核人：吴其钧）

shengcun nengli

生存能力（Survivability）（Способность на существование）

导弹武器系统在恶劣的环境条件和严苛的实战条件下，包括受到敌方干扰或攻击的情况下仍能保持原有战斗效能的能力。生存能力的强弱取决于导弹武器系统的可靠性、环境适应性、反应时间、戒备率、阵地部署及坚固程度，还取决于情报、侦察、通信、指挥、控制等系统发现来袭目标的概率及预警时间，以及为系统配备的反导与防空武器的拦截概率等。生存能力是整个武器系统的一个综合性指标，生存能力通常以生存概率来度量。

（撰写人：程光显 审核人：杨立溪）

shengguang tiaozhiqi

声光调制器（Acousto-optic Modulator）（Акустооптический модулятор）

利用声光效应实现光调制的器件，它利用调制信号在调制器中产生超声波场来改变器件的折射率，从而改变通过器件光的相位，达到调制的目的。通常的声光器件包括四部分：驱动电源、换能器、声光介质和吸收介质（或反射介质）。驱动电源产生调制高频信号加到换能器上，因压电晶体或压电半导体的反压电效应而产生机械振动，从而在声光介质中产生超声波，声光介质是声光作用的场所，通常为玻璃、熔石英、钼酸铅、氧化锑等。常见的声光调制器有喇曼—奈斯型调制器（透射式衍射光栅调制器）和布拉格型调制器（反射式调制器），前者是利用衍射光强的变化调制零级衍射光强，后者调制输出光频率。

（撰写人：丁东发　审核人：王学锋）

shengna/guanxing daohang

声呐/惯性导航（Sonar/Inertial Navigation）（Звуколокатор/инерциальная навигация）

由导航声呐和惯性导航构成的组合导航系统。利用声呐的回波，测量舰船的位置和相对海底的速度，为惯性导航系统提供重调的修正信息。

声呐（多普勒计程仪）可以在规定的水深处测量出舰船相对海底的纵向和横向航速。该系统由舰底的换能器发射并接收舰船前后左右 60°角度的脉冲信号，当舰船相对海底以不同速度航行时，发射的脉冲信号碰到海底，以不同频率（多普勒效应）反射回来，根据不同的频率计算出舰船相对海底的绝对速度，用来对惯性系统进行阻尼或速度修正。

声呐阵定位是在舰船将要经过的航道上预先布置若干个声呐组成的阵列，每个声呐的位置是已知的。当舰船经过该阵列时，依靠声呐发射与应答以及舰船相对不同声呐的距离，计算出舰船瞬间的位置，用来对惯导系统进行重调。

（撰写人：刘玉峰　审核人：杨立溪）

shixiao

失效（Abate）（Отказ）

惯性器件或电子元器件在规定的工作环境和储存期内丧失了规定精度和功能的现象。

失效有部分失效和完全失效。部分失效指产品丧失部分非主要功能，但仍具有一定寿命。例如：电机运转了一定时间后出现噪声，测试设备磨损到一定程度精度下降等。其性能、质量虽然下降，但在很多情况下仍能继续使用。完全失效指产品丧失了主要的使用功能。例如电机出现卡死，导电杆不能正常导通，仪表精度丧失等。失效按种类分有机械失效、电子元器件失效两种：由于环境中力学、化学、热学、电学等因素，作用于惯性仪表或元件后留下的损伤，称为机械失效；作用于电子元器件上留下的损伤，称为电子元器件失效。判断失效的主要依据是设计技术要求。

（撰写人：刘雅琴　审核人：闫志强）

shidu shiyan

湿度试验（Humidity Test）（Испытание под влажностю）

产品在高湿度（90%以上）和一定温度环境中连续停留较长时间（如1天、3天、7天等），然后检测其外观、电气、机械性能和精度性能的试验，又称潮湿试验。用它来考验惯性器件在高温、高湿的气候环境中的特性变化和适应能力。

（撰写人：吴龙龙　审核人：闫志强）

shifa fushi gongyi

湿法腐蚀工艺（Wet Etching Process）（Технология мокрого травления）

最早用于微机械结构制造的加工方法。湿法腐蚀就是将晶片置于液态的化学腐蚀液中进行腐蚀，在腐蚀过程中，腐蚀液将把它所接触的材料通过化学反应逐步浸蚀溶掉。用于化学腐蚀的试剂很多，有酸性腐蚀剂、碱性腐蚀剂以及有机腐蚀剂等。根据所选择的腐蚀剂，又可分为各向同性腐蚀和各向异性腐蚀剂。各向同性腐蚀的试剂很多，包括各种盐类（如CN基、NH_4基等）和酸，但是由于受到能否获得高纯试剂，以及希望避免金属离子的玷污这两个因素的限制，因此广泛采用 HF－HNO_3 腐蚀系统。各向异性腐蚀是指对硅的不同晶面具有不同的腐蚀速率。基于这种腐蚀特性，可在硅衬底上加工出各种各样的微结构。各向异性腐蚀剂一般分为两类，一类是有机腐蚀剂，包括 EPW（乙二胺、邻苯二酚和水）和联胺等，另一类是无机腐蚀剂，包括碱性腐蚀液，如 KOH、NaOH、NH_4OH 等。

就湿法和干法比较而言，湿法的腐蚀速率快、各向异性好、成本低，腐蚀厚度可以达到整个硅片的厚度，具有较高的机械灵敏度。但控制腐蚀厚度困难，且难以与集成电路进行集成。

（撰写人：孙洪强　审核人：徐宇新）

shire shiyan

湿热试验（Heat and Moisture Test）（Термовлажностное испытание）

惯性器件在较高温度（如40℃）和高湿度（如95%）的严酷环境中长时间（如2天）持续停放，经受对潮气的凝露、吸附、吸收、扩散、呼吸等的不同作用，然后检测其外观、电气和特性指标等性能的试验。

试验目的是为了考核惯性器件在湿热的作用和储存环境中的特性变化和适应能力。湿热试验可分为恒定湿热试验、交变湿热试验和组合湿热试验3种。

恒定湿热试验是在整个试验期间温度条件恒定不变，试件的受潮主要由吸附、吸收和扩散作用所致，一般用来考核惯性器件中的电介质材料在潮湿大气中是否能保持所需的电气性能。

交变湿热试验是指温度、湿度在一个周期中交替的作高温、高湿和低温、高湿条件的变化，它除了和恒定湿热试验一样具有吸附、吸收和扩散作用外，还有呼吸作用和升沉阶段的凝露作用。它适用于凝露和呼吸作用为受潮机理环境的惯性器件试验。

组合湿热试验是湿度试验（高温或低温或高低温变化）和恒定或交变湿热试验的组合。适用于考核使用在湿度变化剧烈的高湿度环境中的惯性器件。

对惯性器件而言进行的较多的是恒定湿热试验。湿热试验对材料的物理和光的特性有一定影响，如尺寸的增大使表面性能变化和摩擦系数改变等，因材料表面吸潮和体积吸潮，电器性能会发生变化，表面电阻降低、泄漏电流增大、介电强度降低、绝缘电阻下降、截止损失角增大等。还因湿度大，一般都超过了金属的临界湿度，金属在这样的潮气中会产生腐蚀作用，当其上粘有污物、汗渍等时，在高温下会增加腐蚀。因此惯性器件要做好表面涂覆密封等保护处理，减小环境的影响。

（撰写人：吴龙龙 审核人：闫志强）

shire shiyanxiang

湿热试验箱（Thermal Humidity Test Chamber）

（Камера термовлажностного испытания）

低温湿热试验箱的简称，是一种适用于各种电气元器件、仪器、仪表和原材料等在不同温湿度环境下进行性能试验的设备。常用湿热试验箱的温度范围为：20 ～ 40 ℃，湿度范围为：85% ～ 98% 。

（撰写人：赵 群 审核人：易维坤）

shiying jiasuduji

石英加速度计（Quartz Accelerometer）（Кварцевый акселерометр）

由整体式圆舌形石英摆片、电容式传感器、动圈式力矩器、伺服回路和外壳等组成的加速度计。如图所示。

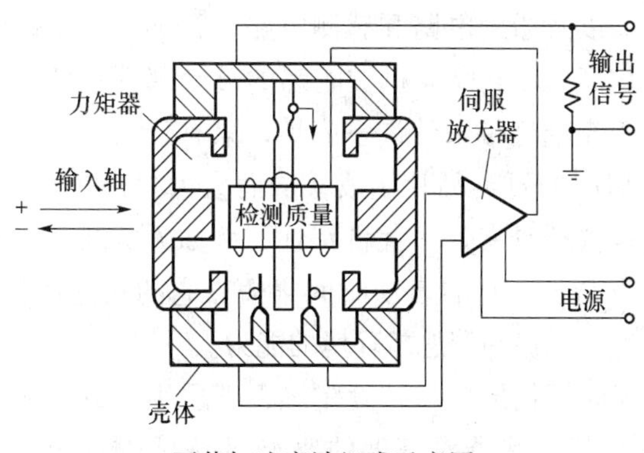

石英加速度计组成示意图

其特点是石英摆片和挠性杆为一整体，确保两挠性杆的共面度，减小了挠性杆制成的组合刚度。摆片两面真空镀金膜为传感器的动极板，两个力矩器轭铁的端面为固定极板组成了变距离差动式电容式传感器，其有体积小、灵敏度高的特点。

挠性杆两侧面采用真空镀金法制成薄膜引线，降低了引线带来的干扰力矩，提高了仪表偏值稳定性。摆组件与力矩器磁路之间的间隙极小，检测质量受惯性力作用而运动，将产生较大的空气阻尼力矩，同时力矩器动圈产生反电势形成电磁阻尼力矩，因此表内不需要充浮油来增加系统阻尼，简化了生产工序，降低了成本。

伺服回路二次集成，体积小、组装在表壳内，大大减少了外界电磁干扰，使加速度计工作可靠，性能稳定。

（撰写人：沈国荣　审核人：闵跃军）

shiying yincha tuoluoyi

石英音叉陀螺仪（Quartz Tuning Fork Gyroscope）（Кварцевый камертонный гироскоп）

又称石英音叉速率传感器（QRS），是利用石英晶体制作的音叉在电信号作用下，通过压电效应以恒定频率作等幅振动，当其旋转时受到一个阻止其转动的惯性力作用，从而激发了垂直于原振动平面的振动，这一感生振动的振幅与转动角速度成正比，它通过石英的压电效应产生一个电信号，从而感测转动角速度。其主要工作部件是石英音叉以及激励电路和感测电路。石英音叉陀螺仪的特点是体积小、结构简单，它既无机械陀螺的转动部件，又无光纤陀螺和激光陀螺由于光耦合带来的许多麻烦，只有音叉一个工作部件，音叉采用特定切向的石英晶片制成，从而大大提高了可靠性。此外，石英音叉陀螺仪还具有许多优良特性，例如无负载、无转动部件的磨损，因而寿命长，它的启动时间很短，它的角速度测量范围宽，以及具有耐冲击和振动等恶劣环境的能力。

石英音叉陀螺仪属中低精度陀螺，不适用于战略武器，但完全可以满足现代战术武器对精度的要求。特别是体积小、可靠性高和成本低的特点更适合现代精确打击战术武器的要求，同时也有可能被民用汽车等非军事用途所接受，近年来得到迅速发展。

（撰写人：邢朝详 审核人：赵乐凡）

shijian xiangganxing

时间相干性（Time Domain Coherence）（Временная когерентность）

用相干时间 t_c 定量描述,它定义为光传播方向上某点处,可以使得两个不同时刻的光波场之间有相干性的最大时间间隔,实际上是光源发出的光波列的持续时间。相干时间 t_c 越长,说明光波的时间相干性越强,t_c 取决于光波的光谱宽度 $\Delta\lambda$。

$$t_c = \frac{1}{c}\frac{\lambda^2}{\Delta\lambda}$$

式中 c—— 真空中的光速；

λ—— 光波波长；

$\Delta\lambda$—— 光波光谱的半最大值全宽度。

（撰写人：高 峰 审核人：王学锋）

shixiao chuli

时效处理（Aging Treatment）（Старение）

合金经固溶热处理或冷塑性形变后，在一定温度下放置，其性能随放置时间而变化，组织应力区域平衡的过程。时效又分为自然时效和人工时效。在室温进行的称自然时效，在室温以上温度进行的称人工时效。人工时效须经二次或多次增高温度加热，冷到室温的人工时效称分级时效。采取高于室温或低于室温并保持一定时间后交替进行的人工时效称温循时效。

（撰写人：熊文香 审核人：佘亚南）

shiziwuxian

时子午线（Time Meridian）（Меридиан времени）

用做计算时间，将各时区的中央子午线称为时子午线。

1884 年国际经度会议制定了时区制度。将地球表面按地理经度分为 24 时区。以本初子午线为基准，东西经度各 7.5°的范围作为零时区。然后每隔15°为一时区，以东（西）经度7.5°～22.5°的范围为东（西）一时区，其中央子午线在东（西）经15°；东（西）经度22.5°～37.5°的范围为东（西）二时区，其中央子午线在东（西）经30°；依此类推。在每一时区内一律使用它的中央子午线上的时间，该时间即为该区的“区时”。相邻两时区的时间差为1 h。

（撰写人：董燕琴　审核人：谢承荣）

shishi wucha buchang

实时误差补偿（Real-time Error Compensation）（Компенсация ошибок по реальному времени）

对误差进行动态跟踪补偿。

“实时”是一个相对的概念，能够跟踪误差的动态变化速度，即测量及补偿信号更新频率高于误差变化频率，即可视为“实时”。实时误差补偿相对非实时或恒定值误差补偿而言具有更高的精度和更理想的补偿效果，但是需要配备有足够带宽的环境测量传感器和补偿信号计算及施加装置。例如，要实时补偿与加速度有关的误差，就需要有足够带宽的加速度计，以及相应的计算和补偿装置。

实时补偿一定是在线的，因此也称为实时在线误差补偿。

（撰写人：杨立溪　审核人：吕应祥）

shijiasudu

视加速度（Apparent Acceleration）（Кажущееся ускорение）

运动加速度和引力加速度之矢量差，又称表观加速度。

加速度计所测量的量就是视加速度。

安装在载体上的加速度计，其敏感部件受到地球引力、由载体加速度运动引起的惯性力，以及保持其与壳体相对位置不变的约束力（如机械弹性力、电磁反作用力等）的同时作用，在其平衡位置有

$$\boldsymbol{F} = \boldsymbol{F}_i + \boldsymbol{F}_g$$

式中　F_g——引力；

F_i——惯性力；

F——约束力。

由于 $\boldsymbol{F}_{\mathrm{i}} = -m\boldsymbol{a}$,$\boldsymbol{F}_{\mathrm{g}} = m\boldsymbol{g}$,则有 $\boldsymbol{F} = m(-\boldsymbol{a} + \boldsymbol{g})$

加速度计通过测量 $\boldsymbol{F}$ 得到视加速度

$$\boldsymbol{A} = \boldsymbol{a} - \boldsymbol{g} = -\frac{\boldsymbol{F}}{m}$$

为了得到载体的运动加速度 $\boldsymbol{a}$,需将视加速度 $\boldsymbol{A}$ 加上引力加速度 $\boldsymbol{g}$,即 $\boldsymbol{a} = \boldsymbol{A} + \boldsymbol{g}$。

(撰写人:杨立溪　审核人:吕应祥)

shisudu

视速度（Apparent Velocity）（Кажущаяся скорость）

对视加速度进行一次积分获得视速度。一般运载体都是速度控制，因此运载体在空间运动中必须将加速度计检测到的视加速度随时进行积分，产生速度增量，计算装置将速度增量累计成视速度，它与设定视速度进行比较，随时可以发出相应的指令信号。

摆式积分陀螺加速度计利用陀螺进动原理将沿外框架轴输入的视加速度转换成转子的进动角速度，即视速度。其他摆式加速度计都配备专用积分装置，如金属挠性摆式加速度计、石英挠性加速度计、液浮摆式加速度计等都与电流频率转换电路配套使用，对与视加速度成比例的加速度计输出电流进行积分处理以实现速度控制的目的。

(撰写人:沈国荣　审核人:闵跃军)

shoujian jianding

首件鉴定（First Article Inspection）（Аттестация первого изделия）

对试生产的第一件零部（组）件进行全面的过程和成品检查，以确定生产条件能否保证生产出符合设计要求的产品。

注 1：过程能力的鉴定，指在确定了产品设计和实现过程的技术状态，包括设计规范、产品规范、过程规范以及与之相关联的所有生产保障条件之后，完全按照产品实现的规定对试生产的第一件或第一批产品以及过程所进行的全面检查。其目的是验证产品实现过程是否具备满足设计要求的过程能力，确定生产条件能否保证生产出符合设计要求的产品。

注 2：首件鉴定的范围包括以下几项。

1. 生产（工艺）定型前试制的零（部或组）件的首件；

2. 在成批生产中，设计、工艺重大更改后试生产的首件；

3. 产品转厂后试生产的首件；

4. 非连续批次试生产的首件；

5. 合同中指定的项目或其他具有试生产性质的零（部或组）件的首件。

注3：首件自检和专检是对批量加工的第一件产品所进行的自检和检验员专检的活动，旨在防止批量性的不合格。首件鉴定是鉴定过程能力，确定是否有批生产条件。

（撰写人：孙少源　审核人：吴其钧）

shouming

寿命（Life-time）（Ресурс）

陀螺仪和加速度计在规定的环境条件下，从系统开始使用时间起到仪表失去规定性能和可靠性的时间。

（撰写人：孙书祺　邓忠武　审核人：唐文林）

shouming shiyan

寿命试验（Life Test）（Испытание на ресурс）

惯性仪表和系统的寿命试验包括：

1. 储存寿命试验。将检测仪表在规定储存条件下和储存期内定期检测性能参数，判定其是否满足战术技术的要求。

2. 工作寿命试验。按详细规范规定的相应的测试方法进行测试和系数分离，仪表在若干天的通电工作后性能参数测试一次，直至性能退化到不合格为止。测试期间可连续通电，最后计算累计工作总时间。

3. 平均无故障工作时间（MTBF）试验。具体做法有两类，即无替换定时结尾试验和有替换定时结尾试验。

（撰写人：原俊安　审核人：叶金发）

shoushenhefang

受审核方（Auditee）（Рассмотримая сторона）

被审核的组织。

注：组织即“职责、权限和相互关系得到安排的一组人员及设施”。示例：公司、集团、商行、企事业单位、研究机构、代理商、社团或上述组织的部分或组合。

（撰写人：孙少源 审核人：吴其钧）

shule huilu

舒勒回路（Schuler Loop）（Контур Шулера）

通过调整惯性系统的设计参数，使系统的自由振荡周期 $T = 2\pi\sqrt{R/g} = 84.4\ \text{min}$，这种调谐称做舒勒调谐，84.4 min 称做舒勒周期，实现舒勒调谐的回路称做舒勒回路。

舒勒周期是德国人舒勒于1923年提出的，理论上证明了陀螺罗盘的自由振荡周期与一个摆长为地球半径的单摆周期相等时，载体在地球表面上的运动加速度将不构成陀螺罗盘的指北误差。此后对各种惯性系统的分析证明，只要满足舒勒周期这个条件，在地球表面附近的惯性系统不管是指北、指地垂线，还是指地平面，它们都可以消除加速度引入的误差项。

工程上舒勒周期只能近似地做到，因为实际的系统都存在有阻尼而非单纯的自由振荡。

（撰写人：吕应祥 审核人：杨立溪）

shuchujiao

输出角（Output Angle）（Выходной угол）

陀螺仪中的陀螺组件（浮子或框架）绕输出轴相对支撑装置（壳体）的角位移。

单自由度陀螺仪的输出角就是陀螺组件（浮子）相对壳体之间的角位移。两自由度陀螺仪有两个输出角，一个是整个外框架组件绕内框架支撑轴相对外框架的转角；另一个是整个外框架组件绕外框架支撑轴相对于仪表壳体的转角。

（撰写人：孙书祺 审核人：唐文林）

shuru gonglü

输入功率（Input Power）（Входная мощность）

对电动机，是指线端输入的电功率；对于发电机，是指轴上输入的机械功率。

（撰写人：谭映戈 审核人：李建春）

shurujiao

输入角（Input Angle）（Входной угол）

陀螺仪壳体绕其输入轴转动的角位移。

（撰写人：孙书祺　审核人：唐文林）

shuju caiji jiekou

数据采集接口（Data Acquisition Interface）（Интерфейс приобретения данных）

从传感器和其他待测设备等模拟和数字被测单元中自动采集或产生信息的过程。数据采集系统是结合基于计算机的测量软硬件产品来实现灵活的、用户自定义的测量系统。

在以数字化总线为基础的惯导系统中，数据采集接口是传感器（惯性仪表）输出数据的第一个环节，是实现系统功能、保障系统性能的基础。

根据惯导系统的特点，数据采集接口应满足以下条件：

1. 足够的数据采集精度，通常应比系统要求的惯性测量精度高1个数量级，至少应达到3倍（10 dB）以上；

2. 无缝连续采集特性，即采集数据应代表采样周期内的积分值，具有充分的抗混叠措施；

3. 数据采集的实时性，应具有精确的采集时刻和能保证控制回路动态特性的延迟，数据延时应恒定并可补偿，这在高动态惯导系统中尤为重要。

（撰写人：张东波　审核人：周子牛）

shuju fenxi

数据分析（Analysis of Data）（Анализ данных）

基于事实的决策方法，是质量管理八项原则之一。有效决策是建立在数据和信息分析的基础上。收集产品质量，过程运行状况，质量管理体系业绩及组织外部的各种数据，经过分析获得有关的信息，利用这些信息，可以评价和证实质量管理体系的适宜性和有效性。

数据来源于对产品、过程和质量管理体系监视和测量的结果，也来自对顾客、供方、竞争对手及市场等外部情况的调查。组织应确定、收集和分析适当的数据以得到需要的信息。

通过数据分析，应提供并利用以下信息：

1. 顾客满意或不满意的信息，满意程度的变化趋势及主要在哪些方面不满意；

2. 与产品要求的符合性的信息，满足要求的情况及存在的主要问题；

3. 过程能力和过程运行状况及变化趋势，产品特性的现状与水平，发展的趋势是否需要采取相应的预防措施；

4. 供方的产品质量情况，能否持续稳定地提供满足要求的产品，存在的问题及需采取的措施；

5. 与质量管理体系有关的财务状况，预防成本、鉴定成本及内、外部故障损失的变化趋势，从财务的角度分析、评价质量管理体系的有效性，以及采取相应措施的需求。

（撰写人：朱彭年　审核人：吴其钧）

shuju huoqu wucha

数据获取误差（Error in Data Acquiring）（Ошибка приобретения данных）

对传感器的输出信号进行转换、量化等处理，最终得到直观的数据的整个过程所产生的误差，典型的如量化误差，还包括数据读取装置的误差等。

（撰写人：周建国　审核人：孙文利）

shuxue pingtai

数学平台（Mathematical Platform）（Математическая платформа）

捷联式惯性测量系统的别称，又称计算机平台。

先期应用于各种运载体的框架式惯性平台系统，利用被平台稳定的加速度计和框架轴传感器，实现输出运载体相对导航坐标系各轴向加速度，航向和姿态等导航信息的功能。后期出现并应用的捷联式惯性测量系统，不用框架平台结构，而利用捷联式陀螺仪和加速度计直接测量运载体转动角速度和运动加速度信息，馈入计算机并在其中作转动姿态矩阵、加速度坐标变换和姿态角提取等数学运算，输出运载体相对导航坐标系各轴向加速度、航向和姿态等导航信息。捷联惯测系统的这些等效于惯导平台输出运载体导航信息的功能，是依靠在计算机中作数学运算后实现的，故称其为“数学平台”或“计算机平台”。

其他可参见捷联式惯性系统。

（撰写人：孙肇荣　审核人：吕应祥）

shuzhi jifenfa

数值积分法（Numerical Integration Algorithms）（Алгоритм цифрового интегрирования）

在常微分方程解存在的区间各点上，逐步求取该方程近似解的计算方法。可用于捷联系统姿态矩阵微分方程等的解算。

捷联系统姿态矩阵的解算涉及大量的正、余弦三角函数的计算，求取这些函数的精确解需要很大的计算工作量和很高的计算速度，往往难以做到，故在捷联系统中常采用数字计算机并使用各种形式的数值积分法给出姿态矩阵差分方程的近似解。

数学上的数值积分法有许多种，捷联计算中常用的有欧拉法、级数展开法、龙格—库塔法、数值迭代法等，且每种方法中尚可分为一阶、二阶、三阶……不同阶次的数值近似解法，阶次愈高其近似解愈逼近其真解。不同的近似解法所要求的初始条件、采样参数、计算工作量、计算速度等均不同，且其结果的近似程度也不同。使用时应依据所采用数字计算机的性能和计算精度要求及其他有关因素适当加以选用。

（撰写人：孙肇荣　审核人：吕应祥）

shuzi dianlu

数字电路（Digital Circuit）（Цифровая схема）

相对于模拟电路，指以逻辑电路为基础，处理数字或符号序列信号的电子线路，即以数字序列的组合为变量的电路，依靠器件的逻辑特性和程序来实现各种函数功能。特指以数字计算机为基础的电路，包括逻辑电路、时序电路、存储器和处理器电路等。逻辑电路指输出/输入函数可用布尔（Bull）代数描述的电路，其输出只依赖输入状态。如门（gate）电路等。

时序电路指输出不只依赖输入状态，而且取决于先前的输出，以及它们的时间关系的电路。如触发器（flip-flop）、计数器（counter）电路等。

存储器通常是由大量触发器构成的矩阵，每个触发器的状态代表1个数据位（bit），由读写和地址译码电路控制，用于存储二进制数据。

处理器是由大量逻辑电路构成的数据处理系统，包括控制器、运算器、寄存器、接口和内部存储器等，通常是单片半导体集成电路。

惯导系统的数字电路通常以上述电路构成的数字计算机系统为基础，配合各种接口电路，完成系统的控制、数据采集和处理等任务。

（撰写人：周子牛　审核人：杨立溪）

shuzi xiangwei xiebo

数字相位斜波（Digital Phase Ramp）（Цифровой фазовый наклон）

将一数字信号通过 D/A 转换成模拟信号后施加在相位调制器上，产生由一定持续时间 τ（τ 为光纤环的渡越时间）的相位台阶构成的阶梯状信号。

闭环光纤陀螺中，当相向传播的两束光波上施加数字相位斜波调制时，由于存在着延迟时间 τ，产生的反馈相位差就等于相位台阶的高度（如图所示），闭环控制稳定时，反馈相位差与旋转引起的萨格纳克相位差大小相等、符号相反。

采用数字相位斜波调制可以有效地通过数字寄存器的自动溢出实现 2π 复位，克服了模拟相位斜波回扫较慢的问题，而且可以降低对电子元器件的要求。数字相位斜波调制技术是提高干涉式光纤陀螺仪的标度因数线性度和稳定性的有效闭环控制方法。

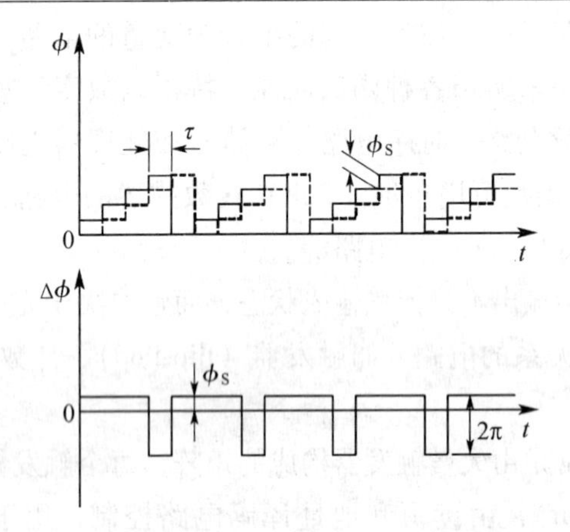

数字相位斜波调制及其产生的相位差

（撰写人：于海成　审核人：杨清生）

shuzi xinhao chuliqi

数字信号处理器（Digital Signal Processor）（Процессор цифровых сигналов）

简称 DSP，是基于计算机处理器，以数字形式对信号进行处理，实现采集、变换、滤波、估值、增强、压缩、识别等任务的器件，是一类特殊的微处理器产品。

数字信号处理芯片一般具有如下主要特点：

1. 在 1 个指令周期内可分开完成 1 次乘法和 1 次加法；

2. 程序和数据空间分开，可以同时访问指令和数据；

3. 片内具有快速 RAM，通常可通过独立的数据总线在两块中同时访问；

4. 具有低开销或无开销循环及跳转的硬件支持；

5. 快速的中断处理和硬件 I/O 支持；

6. 具有在单周期内操作的多个硬件地址产生器；

7. 可以并行执行多个操作；

8. 支持流水线操作，使取指、译码和执行等操作可以重叠执行。

数字信号处理器长于快速采集和数据处理，较少界面、接口控制功能，较适用于惯导系统的导航、修正、误差辨识等计算任务。

（撰写人：崔 颖 审核人：周子牛）

shuansuo xiaoying

闩锁效应（Latch-lock Effect）（Эффект защёлкивания）

又称锁定效应、可控硅效应，指 CMOS 逻辑器件由于外界条件触发而进入的一种故障状态。CMOS 逻辑器件闩锁现象是当某输入输出端的电位超出电源电压范围后，触发芯片内部隔离 P－N 结形成的 P－N－P－N 结构（类似于硅可控整流器 SCR 的结构和特性），进入无法自行恢复的寄生导通状态，造成比正常工作电流大 1～3 个数量级的电流通过器件，导致电路功能异常和器件损坏。

由于 CMOS 逻辑器件闩锁现象在触发后不能自行恢复，因此极小的触发能量（μJ 以下）就可能使大量的电源功率注入器件，导致芯片烧毁，甚至使塑封器件爆裂。

闩锁效应的触发条件主要是超出电源电压范围的输入输出端的电位和足够的瞬间电流。因此，现代 CMOS 器件内部都采取了相应的箝位和限流措施，器件厂商也在使用条件中规定了相应的限制。严格遵照使用条件，特别是考虑在电路系统部分供电（例如启动、断电或故障状态）时的器件工作条件，是防止闩锁效应，保障 CMOS 电路安全的必要手段。

（撰写人：周子牛 审核人：杨立溪）

shuangjixing gonglü qijian

双极型功率器件（Bipolar Power Device）（Мощный элемент биполярного типа）

采用 P－N 结工艺制造的一类半导体器件，以空穴（P 型）和电子（N 型）两种极性掺杂的半导体构成。双极型功率器件泛指一切由 P－N 结构成的功率器件，特指由双极型三极管构成的功率器件。

双极型功率器件具有功率范围大，使用方便和对静电不敏感等特点，但开关速度较慢（1 μs 数量级）、导通压降较大（1～3 V 数量级）、热稳定性较差（二次击穿现象），在开关功率器件中逐渐被 VMOS 器件取代。

随着混合半导体工艺（如 BiMOS）的发展，双极型与 VMOS 或其他工艺混合的器件取代了部分多芯片电路，IGBT 器件就是一例（见 *VMOS 功率器件*）。

在感性负载的应用中，双极型功率器件须外加续流二极管以防止发生击穿和管耗增加的现象。

双极型功率器件在惯性导航系统中广泛用于电源、伺服和温控等系统电路中。

（撰写人：周子牛　审核人：杨立溪）

shuangkou RAM shuju jiekou

双口 RAM 数据接口（Dual-port RAM Data Interface）

（Интерфейс данных двухканального RAM ）

双口 RAM 是指有两套独立的地址线、数据线和控制线的静态存储器工作方式，采用双口 RAM 集成芯片做数据缓冲器，其传输速率仅取决于静态存储器的响应时间。

双口 RAM 常用的多端口的存储器，允许多 CPU 同时访问存储器，大大提高了通信效率，而且对各 CPU 系统的时序没有特殊要求，特别适合异种 CPU 之间的异步高速数据交换。

双口 RAM 是常见的共享式多端口存储器，双口 RAM 最大的特点是存储数据共享。一个存储器配备两套独立的地址、数据和控制线，允许两个独立的 CPU 或控制器同时异步地访问存储单元。既然数据共享，就必须存在访问仲裁控制。内部仲裁逻辑控制提供以下功能：对同一地址单元访问的时序控制；存储单元数据块的访问权限分配；信令交换逻辑（例如中断信号）等。

采用双口 RAM 数据接口可在系统工作节拍不受打扰的情况下随机交换数据，较适用于必须连续工作的惯导系统处理系统之间的复杂情况。

（撰写人：张东波　审核人：周子牛）

shuangmian guangke gongyi

双面光刻工艺（Double-faced Lithography Process）

（Двухсторонное фотографическое гравирование）

光刻工艺的一种。所谓光刻工艺是指利用光刻胶的感光性和耐蚀性，在 SiO_2 等基体材料上复印并刻蚀出与掩膜板上图形完全对应的几何图形，是一种图形转移技术。如图所示，光刻工艺一般都要经过涂胶、前烘、曝光、显影、坚膜、腐蚀和去胶等 7 个步骤。根据具体工艺要求的不同，7 个步骤可以适当调整，如对于湿法腐蚀工艺，一般先备膜，然后完成上述 7 个步骤；对于剥离工艺一般先完成涂胶、前烘、曝光、显影这 4 个步骤，然后备膜，最后直接去胶，即剥离，不需要进行坚膜和腐蚀 2 个步骤。

光刻过程中用到的掩膜可制作在不同类型的石英玻璃上。在玻璃的一面有形成图形的不透光层，大多数是铬层。光刻胶分正性胶

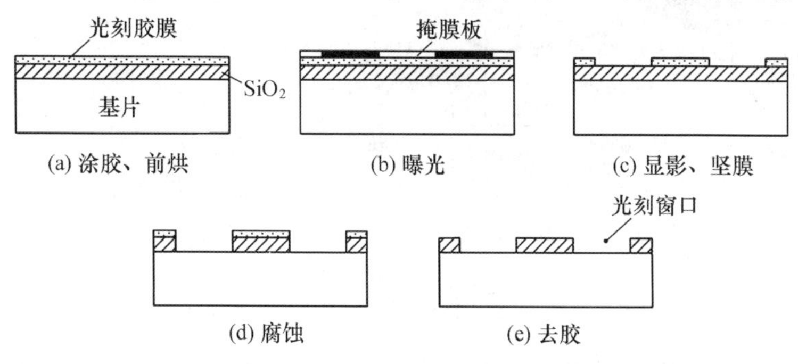

光刻工艺示意图

和负性胶。正性胶曝光部分在显影液中的溶解速度比没曝光部分的要快得多，而负性胶则正好相反。双面光刻的工艺过程为：正面涂胶、前烘→反面涂胶、前烘→正面曝光、显影、软烘→反面曝光、显影、软烘→坚膜→腐蚀→去胶。也可以根据实际情况在正面曝光、显影、坚膜、腐蚀等过程都完成后去胶，然后两面再次涂胶进行反

面光刻。双面光刻的关键是反面套刻时的对准问题。在进行反面套刻时，先将掩膜板上的对准标记图像抓拍存储，在保证掩膜板位置不再移动的前提下将基片装到光刻机上，调节基片的位置使正面图形上的对准标记与抓拍图像完全重合。

（撰写人：邱飞燕　审核人：徐宇新）

shuangquxian daohang

双曲线导航（Hyperbola Navigation）（Гиперболичесная навигация）

一种无线电定位导航方式。运载体借助于携带的导航接收机，接收两个导航台发射的无线电导航信号，测量两信号到达接收机的时差，乘以光速得到的运载体与两个导航台间的距离差 $\Delta r_{12} = r_1 - r_2$。如图所示，当距离差为定值时，可建立如下定位方程

$$F_1(x, y, X_A, Y_A, X_B, Y_B, \Delta r_{12}) = 0$$

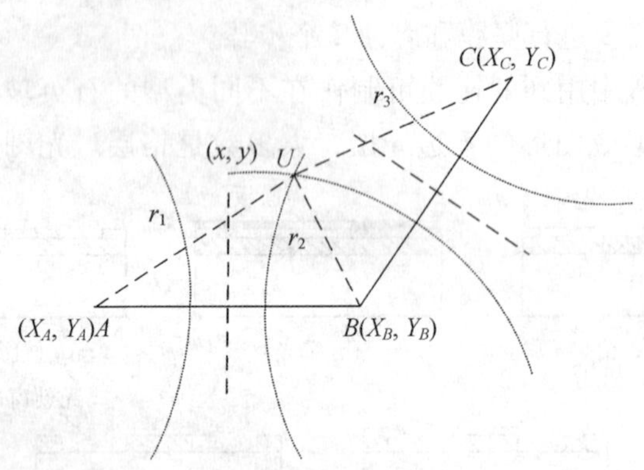

双曲线导航示意图

由图可知，它对应于以导航台 A、B 为焦点的一组双曲线。方程中 (X_A, Y_A)、(X_B, Y_B)、Δr_{12} 为已知量，运载体的位置 (x, y) 是未知量。为解算二维位置 (x, y)，须建立另一个方程，为此接收机测量到另一对导航台 B、C 的距离差 $\Delta r_{23} = r_2 - r_3$，得到方程

$$F_2(x, y, X_B, Y_B, X_C, Y_C, \Delta r_{23}) = 0$$

联立方程的解或二组双曲线的交点 U 即运载体的位置（x，y），双曲线导航由此得名。

奇（GEE）、罗兰（LORAN）、台卡（DECCA）、奥米伽（Omega）、罗兰 C（LORAN-C）均是双曲线导航系统。

（撰写人：谈展中　审核人：彭兴泉）

shuangtongdao cejiao xitong

双通道测角系统（Double-channel Angle-measuring System）

（Двухканальная измерительная систма углов）

一般由激励源、双通道测角元件、输出转换电路等部分组成。双通道测角系统用在由单通道测角系统满足不了需要的场合，如既要求较高的测角精度，又要求有固定角度基准的场合，通常是作为角位置随动系统的一个重要组成部分；其系统中低极对数测角元件用以确保在整个测量范围内的连续性，高极对数测角元件则用以提供角度基准和所需的测角精度。

双通道测角系统所用激励源为系统内测角元件激励所提供的电源，根据需要电压源可以是正弦波、方波、三角波等波形，其频率从工频到数十千赫兹，电压输出从数伏到上百伏。并且要求其波形失真度尽量小；电源可以是单相或两相。

双通道测角系统所用测角元件由粗、精两个通道的测角元件组成。粗、精测角元件的搭配既可以由同一种类元件组成，也可以由不同类元件组成；由同一种类元件组成时，既可以是共磁路结构形式，也可以是分磁路结构形式。根据测角范围的不同，粗通道的测角元件既可以是一对极的，也可以是多（M）对极的，但测角范围应在粗通道测角元件的一对极范围以内；精通道的极对数一般是粗通道测角元件极对数的 N/M 倍，N/M 的数值通常在（十进制）两位数以内。

比较典型的双通道测角元件是共磁路结构形式的双通道旋转变压器，也可以用两套旋转变压器构成双通道测角元件。如果系统要求的测角精度更高，则精通道测角元件可选用感应同步器或光栅等，粗通道测角元件可选用旋转变压器或磁阻旋转变压器等。在测角范围允许的情况下，粗通道测角元件也可以选用线性角度传感器，如电位计、线性旋转变压器等。

双通道测角系统输出转换电路部分的作用是：将粗、精两通道测角元件的模拟输出量均转换成数字量，再将其耦合成一路与所测角度一一对应的数字量，提供给上级系统所用；也可以将此角度信息通过显示器件再单独显示出来，供操作者根据需要对系统进行目视监测及在必要时进行调整。

双通道测角系统的应用范围很广，如在现代化的加工中心、数控机床、机器人等方面都可以看到它们的应用；在军事领域，也随处可以见到它们的身影，例如在雷达天线、自动火炮瞄准、惯性测量系统、各类飞行器姿态的控制等方面。

（撰写人：陈玉杰　审核人：干昌明）

shuangzheshe guangxian

双折射光纤(Birefringent Fiber)(Двупреломляющее оптическое волокно)

单模光纤在理想情况下只传输 HE_{11} 一种模式，HE_{11} 为垂直于光纤轴线的简并线偏振模，可以分解为彼此独立、互不影响的两个正交偏振分量 HE_{11}^{x} 和 HE_{11}^{y}，它们的传播常数相等。当光纤受到外部环境的干扰(如压力、弯曲、扭转或横向电场产生的克尔效应)，或者在光纤内部由于制造工艺等原因造成光纤截面产生椭圆度、材料折射率分布不均匀或内应力，导致光纤垂直于轴的方向存在各向异性，使两个本来简并的模式 HE_{11}^{x} 和 HE_{11}^{y} 的传播常数不相等，偏振态沿光纤不再保持不变，而是连续周期变化，这种现象称为光纤的双折射效应，这种双折射效应可用归一化双折射系数 B 来表示。双折射光纤根据双折射系数 B 的大小可分为低双折射光纤和高双折射光纤。低双折射光纤系数 B 为 $10^{-7} \sim 10^{-9}$ 数量级，低双折射光纤主要有圆对称光纤和旋转型光纤；高双折射光纤又称为保偏光纤，双折射光纤系数 B 为 $10^{-3} \sim 10^{-4}$ 数量级，保偏光纤主要有熊猫型、领结型和椭圆型三种结构类型。

（撰写人：丁东发　审核人：王学锋）

shuangzhou jiasuduji

双轴加速度计（Two-axis Accelerometer）（Двухосный акселерометр）

具有两个正交的输入轴线，能同时测量沿两个正交轴正反两个方向线加速度的装置。

（撰写人：商冬生 审核人：赵晓萍）

shuangziyang yuanzhui wucha

双子样圆锥误差（Coning Error of Two Sample Algorithm）（Коническая ошибка двойной выборки）

采用双子样圆锥补偿算法修正转动向量角而剩余的误差角。

用双子样圆锥补偿算法（见圆锥补偿算法）修正、补偿圆锥误差（见捷联算法圆锥误差）时，因算法的近似性，修正后每修正时间间隔尚剩余很小部分未补偿掉的误差角 ϕ_{ε}，如下式所示

$$\phi_{\varepsilon} = \frac{\alpha^{2}(\omega h)^{5}}{960}$$

式中 α—— 圆锥角振动幅度；

ω—— 圆锥角振动圆频率；

h—— 修正时间间隔。

由上式可见，在 α,ω 已定时，减小 h（即提高修正频率）可显著减小剩余误差角。

（撰写人：孙肇荣 审核人：吕应祥）

shuiping duizhun

水平对准（Horizontal Alignment）（Горизонтальная выставка）

将平台坐标系或组合坐标系中的两坐标轴旋转到当地水平面上；或确定其失准角的过程，也称调平。

平台坐标系和组合坐标系分别定义为：安装在陀螺稳定平台台体上和捷联式惯性测量组合台体上的正交的加速度计输入轴坐标系。当陀螺稳定平台系统或惯性测量组合进行各加速度计、各陀螺仪的参数标定时，需要将平台（或组合）坐标系的各坐标轴分别相对于当地重力矢量和地球自转角速度的垂直分量定向，也就是将坐标系

中任意两个坐标轴分别调整到当地水平面上，所以，将平台（或组合）坐标系中的任意两个坐标轴调整到当地水平面内都称为水平对准。在载体起飞或启航前，是将平台坐标系中与射面垂直（或指向东）和指向预定目标（或大地北）的两个坐标轴，由两个调平回路将其控制并稳定在当地水平面上；对垂直发射的导弹、火箭的捷联制导系统，是将组合坐标系中沿弹、箭体横向和法向的两个坐标轴旋转到当地水平面上，或用解析法解算其失准角。

（撰写人：杨志魁　审核人：吕应祥）

shuiping tuoluoyi

水平陀螺仪（Horizontal Gyroscope）（Горизонтальный гироскоп）

用来测量和控制导弹弹体在发射平面内按一定程序变化的俯仰角的二自由度陀螺仪。该陀螺仪在弹上安装时转子轴位于发射平面内（平行于弹道平面）并指向目标，发射前，把转子轴校正到水平位置，外框架轴垂直于发射平面，内框架轴则与发射点的地垂线相重合，这时，外框架轴即为导弹俯仰角的测量与控制轴。

（撰写人：孙书祺　审核人：唐文林）

siqu

死区（Dead Band）（Мертвая зона）

参见 GJB 585A—98 的 3. 3. 4. 20。

在输入极限之间输入量的变化引起的输出变化小于按标定的标度因数计算的输出值的 10% 的区域。

（撰写人：沈国荣　审核人：闵跃军）

sipin chadong jiguang tuoluo

四频差动激光陀螺（Four-frequency Differential Laser Gyro）（Лазерный гироскоп дифференциации четырёх частот）

又称双陀螺，这种激光陀螺在同一环形激光腔内同时维持两对偏振态相互正交的相向行波模对，并利用某种光学方法使每一行波模对的正反向行波之间形成一固定的偏频量，在信号处理中使两对行波的偏频量相互抵消。这种陀螺完全没有机械运动部件，不存在偏频过锁区的问题，是最理想的激光陀螺。

（撰写人：王 轲 审核人：杨 雨）

siyuanshu weifen fangcheng

四元数微分方程（Quaternion Differential Equation）

（Дифференциальное уравнение квартериана）

表示运载体角运动与转动四元数关系的微分方程。常用于捷联惯导系统的姿态解算。

若 $q(t)$ 为运载体坐标系相对规定坐标系的转动四元数，$\omega_b(t)$ 为其转动角速度，则可用以下四元数微分方程描述两者之间的关系

$$\dot{q}(t) = q(t)\omega_b(t)$$

式中 $\dot{q}(t)$——$q(t)$ 的微分式；

$\omega_b(t)$——可由运载体坐标系3个角速度分量（$\omega_{bx}(t)$，$\omega_{by}(t)$，$\omega_{bz}(t)$）按四元数形式构成。

当已知 $q(t)$ 的初始值时，依据陀螺仪输出的各瞬间角速度 $\omega_b(t)$ 求解上式即可得出各瞬时的转动四元数，按四元数与方向余弦阵的相应关系即可求得各瞬时的方向余弦形式的姿态矩阵。

（撰写人：孙肇荣 审核人：吕应祥）

siyuanshu xiuzheng suanfa

四元数修正算法（Quaternion Updating Algorithms）

（Коррективный алгоритм квартериана）

求取转动运动瞬时四元数的一种计算方法。常用于捷联惯导系统姿态计算。

若 $q(m)$ 为第 m 次采样时刻运载体坐标系相对规定导航坐标系的转动四元数，对其加以修正得出的第 $m+1$ 次采样时间的四元数 $q(m+1)$ 为

$$q(m+1) = q(m)H(m)$$

其中，$H(m)$ 为第 $m+1$ 次采样时的修正系数（四元数形式），它与第 m 次到第 $m+1$ 次采样之间运载体转角大小及转动方向有关。

当已知初始四元数时，依据陀螺仪输出实时计算出修正系数，逐步递推求解上式即可求得各瞬时的四元数。

（撰写人：孙肇荣 审核人：吕应祥）

sizhou wending pingtai

四轴稳定平台（Four-axis Stabilized Platform）（Четырёхосная стабилизированная платформа）

具有4个转动轴的陀螺稳定平台，又称全姿态平台。

此平台是在三轴陀螺稳定平台的基础上，通过在外框架外面增加1个随动框架和1条随动回路构成。工作中，三轴平台部分受陀螺仪和平台3条稳定回路控制，平台始终稳定在导航坐标系内。随动框架受随动回路（由内框架角传感器、放大电路及随动轴力矩电机等组成）控制，始终跟随内框架方位。这样，当载体有大的方位角运动时，此平台能始终保持外框架轴、内框架轴和台体轴的互相垂直，从而消除了三轴平台内框架角过大时的“框架锁定”失去一个自由度的问题。

（撰写人：赵 友 闫 禄 审核人：孙肇荣）

sifufa cepiao

伺服法测漂（Servo Test for Drift）（Измерение дрейфа методом сервостенда）

用精密伺服转台测试陀螺漂移的方法，又称转台反馈法测漂。

这种方法是将陀螺仪安装在地面上的精密伺服转台上，伺服工作中，转台伺服轴的转速包含了地球自转角速度在转台伺服轴方向的分量，以及陀螺仪输出轴干扰力矩引起的陀螺漂移角速度。测量出转台伺服轴相对于地球的转速，扣除该转轴上地球自转角速度的分量即可求得陀螺的漂移。

该测漂方法测量精度高，但需要有昂贵的精密伺服转台，且试验所耗时间较长。

（撰写人：赵 友 闫 禄 审核人：孙肇荣）

sifu zhuantai（sifutai）

伺服转台（伺服台）（Servo Table）（Сервоуправляемый поворотный стенд（сервостенд））

受被测件（如陀螺仪等）输出信号控制，其伺服转轴运动的地面转台设备，也称伺服台。

结构形式上分单轴伺服台、双轴伺服台和三轴伺服台等。外形结构同位置速率转台。

功能上分位置伺服、速率伺服、加速度伺服等。

（撰写人：胡幼华　审核人：孙文利）

sifu zhuantai shiyan（sifu shiyan）

伺服转台试验（伺服试验）（Servo Turn Table Test（Servo Test））（Испытание на сервоуправляемом поворотном стенде（сервоиспытание））

陀螺仪在伺服转台上的试验。

试验时陀螺工作在转台伺服状态，即陀螺角度传感器的输出信号，经放大和变换送到伺服转台的力矩电机，力矩电机驱动转台绕陀螺输入的反方向转动，直至陀螺的角度传感器输出趋于零，通过测量转台在给定时间的转角或转过给定角度的时间，来获取仪表给定输入时的输出数据，进而确定仪表性能，即得到仪表的误差模型系数。

（撰写人：周建国　审核人：李丹东）

sulü jielian guanxing xitong

速率捷联惯性系统（Rate Strapdown Inertial System）（Бесплатформенная инерциальная система со скоростными гироблоками）

通常直接称捷联惯性系统，指使用速率型陀螺仪测量运载体角速率信息的捷联惯性系统。如图所示为使用两个速率型二自由度动调陀螺仪的速率捷联惯性系统原理示意图。固连于运载体上带有再平衡回路的动调陀螺仪 G_1，G_2 可直接测量并输出运载体绕其本身坐标系 3 个轴向转动的角速率 ω_{bx}，ω_{by}，ω_{bz}，并构成反对称角速度矩阵 $\boldsymbol{\omega}_b$。将 $\boldsymbol{\omega}_b$ 代入转动运动的方向余弦阵微分方程，或者代入转动运动的四元数微分方程，均可实时解算出运载体坐标系与规定导航坐标系之间转动方位关系的姿态矩阵。依此矩阵即可对 3 个加速度计输出的加速度信息作坐标变换，并计算出运载体的速度、位置、姿

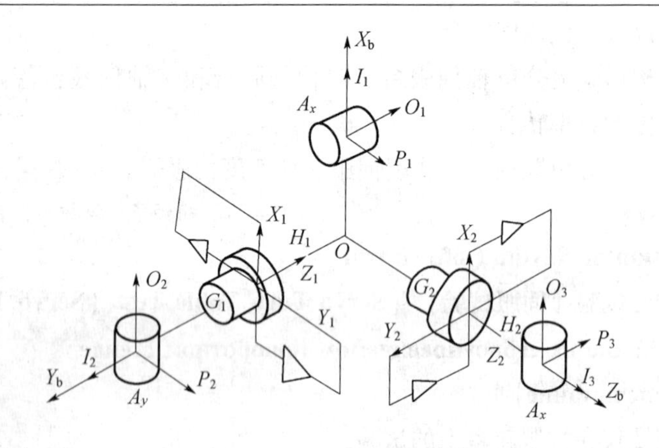

速率捷联惯性系统原理示意图

态、航向等参数，完成此捷联系统的导航任务。

利用带有再平衡回路的单自由度液浮陀螺仪作为速率型陀螺仪，以及可直接测量运载体转动角速率的环形激光陀螺仪、光纤陀螺仪等均可组成速率捷联惯性系统。

（撰写人：孙肇荣　审核人：吕应祥）

sulü jielian tuoluo luopan

速率捷联陀螺罗盘（Rate Strapdown Gyrocompass）

（Бесплатформенный гирокомпас со скоростными гироблоками）

单自由度积分陀螺或双自由度陀螺与力矩再平衡回路组成速率捷联系统，敏感地球自转角速度水平分量，最后解算出真北方位。

陀螺仪安装在解析调平的精密回转台上，其输入轴、自转轴在水平面内（双自由度陀螺的 H 轴垂直转台台面），输入轴与转台的基准方向重合，转台的转轴沿垂直方向，直接敏感地球自转角速度水平分量，陀螺仪的作用仅是输出被检测到的角速度信息，找北过程均由微机控制，即控制转台多位置（2 位置或 4 位置）转动，自动采集转台位置信息、陀螺仪输出信息和加速度计的调平信息，对这些信息进行解算，得出北向方位角。

（撰写人：吴清辉　审核人：刘伟斌）

sulü tuoluoyi

速率陀螺仪（Rate Gyroscope）（Скоростной гироскоп）

一种在输出轴上装有约束弹簧和阻尼器，用来测量载体相对惯性空间瞬时角速度的单自由度陀螺仪。其输出角与输入角速度成正比，即与输入角微分成正比，因此，也称为微分陀螺仪。

当沿陀螺输入轴有输入角速度 ω 时，基座则以角速度 ω 绕 OY 轴转动，此时，角动量被迫也绕 OY 轴转动并立即产生作用于输出轴 OX 的陀螺力矩 M_Γ，它使框架绕 OX 轴以角速度 $\dot{\beta}$ 进动，此时，约束弹簧产生反作用力矩与陀螺力矩相平衡，弹性力矩 M_S 与进动角成正比，即

$$M_S = K_S\beta$$

式中 K_S—— 弹性约束系数。

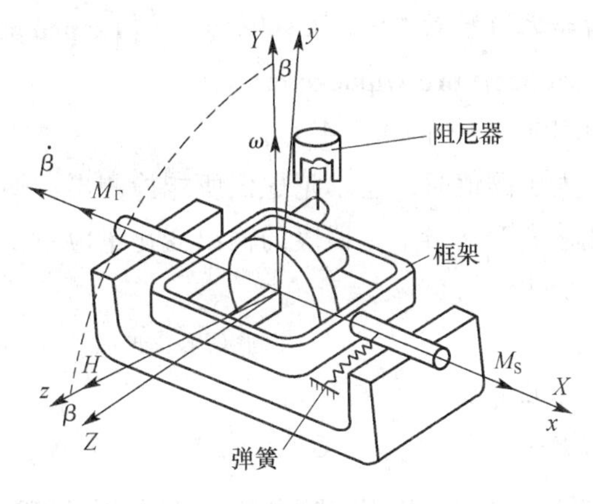

速率陀螺仪简图

如果假定输出轴干扰力矩为零，β 角很小，速率陀螺仪简化运动方程为

$$J_X\ddot{\beta} + K_C\dot{\beta} + K_S\beta = H\omega$$

式中 J_X—— 框架绕 OX 轴转动惯量；

K_C—— 阻尼器的阻尼系数。

稳态时
$$\beta = \frac{H}{K_S}\omega$$

陀螺输出角与输入角速度成正比，故称为速率陀螺仪。

工程上应用的速率陀螺仪内环（输出轴）轴承通常采用液浮、滚珠、宝石等轴承。约束弹簧采用螺旋、片状、扭杆及电弹簧等。阻尼器采用空气的、液体的和电磁的阻尼器，它在速率陀螺仪中用来阻尼绕内环轴的振荡，使其快速达到稳态。目前高精度速率陀螺仪采用液浮力反馈式结构。

速率陀螺仪广泛应用于飞机、导弹和运载火箭等自动控制系统中。

（撰写人：孙书祺 审核人：唐文林）

sulü tuoluoyi fenbianlü

速率陀螺仪分辨率（Rate Gyro Resolustion）（Разрешаюшая способностъ скоростного гироскопа）

参见 GJB 585A—98 的 3. 3. 4. 19。

当输入量大于阈值时，速率陀螺仪所能检测出的输入量的最小变化量。在此输入变化量下，仪表的输出变化量应不低于按标度因数算出的输出变化量的 50%。

（撰写人：苏 革 审核人：闵跃军）

sulü tuoluoyi huilingcha

速率陀螺仪回零差（Rate Gyro Offset of Reture Zero）（Разница смещения возвращения в нуль скоростного гироскопа）

速率陀螺仪同一方向顺时针翻转和逆时针翻转零位偏差之差的绝对值。零位的回零差主要是由速率陀螺仪输出轴上摩擦力矩和干扰力矩等造成的。减小摩擦力矩的主要途径是改进输出轴支撑方式，使转动部分的摩擦力降低。减小干扰力矩的主要方式是使转动部分输电装置对输出轴的干扰力尽量减小。在零件加工和仪表装配中，提高输出轴的同轴度，也能够有效消除上述有害力矩，减小回零差。

回零差是衡量速率陀螺仪零位精度的一项重要指标。

（撰写人：苏 革 审核人：闵跃军）

sulü tuoluoyi jicha

速率陀螺仪极差（Rate Gyro Maximum Zero Offset）（Максимальная разница смещений нуля скоростного гироскопа ）

速率陀螺仪沿输入轴、输出轴和自转轴的正反6个方向有重力作用时的零位输出中最大值和最小值之差的绝对值。零位的极差主要是由速率陀螺仪浮子组件的平衡精度决定，极差的存在表明浮子组件绕输出轴具有不平衡量，并影响着陀螺仪的零位和输出特性等指标的精度。因此在生产装配中应尽量减小浮子组件绕输出轴的不平衡量。

由于目前使用的大多数速率陀螺仪是半液浮式，如果在空气中对浮子组件进行静平衡，则在仪表充油后，浮子组件的平衡会发生改变。因此，要减小极差、提高仪表精度，应在浮液中进行浮子组件的静平衡。

极差是衡量速率陀螺仪零位精度的一项重要指标。

（撰写人：苏 革 审核人：闵跃军）

sulü tuoluoyi liangcheng

速率陀螺仪量程（Full Scale Range of Rate Gyro）（Диапазон измерения скоростного гироскопа）

惯性仪表的量程通常有输入量程、输出量程和动态量程。

输入量程是指仪表标称的最大输入量的绝对值。

输出量程是指仪表的输入量程和标度因数之乘积。

动态量程是指仪表的输入量程与阈值之比。

速率陀螺仪的量程包括最低可测角速度 ω_{min}（一般是线性范围的下限）和在规定精度范围内的最大输入角速度 ω_{max}。通常 ω_{min} 比阈值 ω_s 要高，其关系近似为 $\omega_s = \left(\frac{1}{3} \sim \frac{1}{5}\right)\omega_{min}$。

速率陀螺仪的动态量程，即输入量程与阈值之比，是衡量速率陀螺仪性能好坏的一项重要指标。

（撰写人：苏 革 审核人：闵跃军）

sulü tuoluoyi lingmindu

速率陀螺仪灵敏度（Rate Gyro Range）（Чувствительность скоростного гироскопа）

参见 GJB 585A—98 的 3. 3. 4. 25。

在工程设计中，速率陀螺仪的灵敏度与阈值的定义相同。

（撰写人：苏 革 审核人：闵跃军）

sulü tuoluo yuzhi

速率陀螺仪阈值（Rate Gyro Threshold）（Порог скоростного гироскопа）

参见 GJB 585A—98 的 3. 3. 4. 8。

速率陀螺仪的输入角速率由零开始增加至能引起陀螺仪输出变化的最小输入量。该输入量所产生的输出值变化，应不低于按标度因数所求得的预期输出值的 50% 。

阈值主要受干扰力矩的影响，作用在陀螺仪输出轴上的干扰力矩主要包括绕输出轴的摩擦力矩、电磁干扰力矩、输电装置干扰力矩和静不平衡力矩。在上述干扰力矩中，决定仪表阈值大小的主要因素是摩擦力矩。

（撰写人：苏 革 审核人：闵跃军）

suiji youzou xishu

随机游走系数（Random Walk Coefficient）（Коэффицент экстраполированного дрейфа）

表征光纤陀螺仪中角速度输出白噪声大小的一项技术指标，它反映的是光纤陀螺仪输出的角速度积分（角度）随时间积累的不确定性（角度随机误差），因此也可称为角随机游走。常用单位为 (°) /$h^{1/2}$ 。

（撰写人：王学锋 审核人：黄 磊）

suoxianghuan dianlu

锁相环电路（Phase-lock Loop Circuit）（Схема фазофиксирующего контура）

简称PLL，是根据相位比较信号（鉴相输出）使振荡器输出与参考输入同步的闭环控制电路，由鉴相器、滤波校正网络和压控振荡器（VCO）构成基本锁相回路，并可与计数器等电路构成倍频器和频率合成器等电路，如图所示。

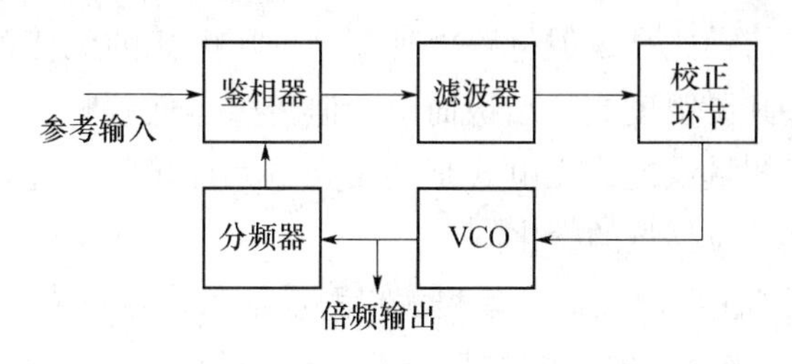

锁相倍频器框图

鉴相器可用乘法器或异或门构成，也可由更复杂的触发器电路构成以扩大其捕获和锁定范围。滤波校正网络实现回路稳定和达到预定动态性能的主要手段。压控振荡器（VCO）的输出频率与输入电压相关。锁相环功能可由模拟或数字（软件）途径实现。

锁相环电路主要用于载波恢复（参考信号再生）、倍频和频率合成等，在惯导系统的电源、控制和通信等电路中广泛应用。

根据用途要求，锁相环电路的性能可在宽范围动态捕获跟踪到精确参考信号再生两个极端之间选择，其主要精度指标是相位抖动（phase jitter）。

（撰写人：周子牛　审核人：杨立溪）

taijieyi

台阶仪（Step Devices）（Профилометр）

属于接触式表面形貌测量仪器。其测量原理是：当触针沿被测表面轻轻滑过时，由于表面有微小的峰谷使触针在滑行的同时，还沿峰谷作上下运动。触针的运动情况就反映了表面轮廓的情况。传感器输出的电信号经测量电桥后，输出与触针偏离平衡位置的位移成正比的调幅信号。经放大与相敏整流后，可将位移信号从调幅信号中解调出来，得到放大了的与触针位移成正比的缓慢变化信号。再经噪声滤波器、波度滤波器进一步滤去调制频率与外界干扰信号以及波度等因素对粗糙度测量的影响。

根据使用传感器的不同，接触式台阶测量可以分为电感式、压电式和光电式3种。电感式采用电感位移传感器作为敏感元件，测量精度高、信噪比高，但电路处理复杂；压电式的位移敏感元件为压电晶体，其灵敏度高、结构简单，但传感器低频响应不好，且容易漏电造成测量误差；光电式是利用光电元件接收透过狭缝的光通量变化来检测位移量的变化。

台阶仪测量精度较高、量程大、测量结果稳定可靠、重复性好，此外它还可以作为其他形貌测量技术的比对。但是也有其难以克服的缺点：1）由于测头与测件相接触造成的测头变形和磨损，使仪器在使用一段时间后测量精度下降；2）测头为了保证耐磨性和刚性而不能做得非常细小尖锐，如果测头头部曲率半径大于被测表面上微观凹坑的半径必然造成该处测量数据的偏差；3）为使测头不至于很快磨损，测头的硬度一般都很高，因此不适于精密零件及软质表面的测量。

（撰写人：孙洪强　审核人：徐宇新）

taiyangshi

太阳时（Solar Time）（Солнечное время）

以太阳视圆面中心的周日视运动为基础建立的一种时间计量系统。

太阳视圆面中心的时角称为真太阳时（视太阳时）。与之相对应，太阳视圆面中心连续两次上中天的时间间隔称为真太阳日。日晷表示的就是这种时间。

地球绕太阳的公转轨道是一个椭圆。在远日点附近，即夏半年（3月21日至9月23日），地球运动速度较慢；在近日点附近即第二个半年，地球的运动较快。因此反映出太阳在黄道上的视运动速度是不均匀的。同时，太阳的视运动在黄道上进行，而时角则是从天球赤道上量度的。黄赤交角为23°27′，所以即使太阳在黄道上的视运动速度是均匀的，其相应的时角的变动却不是一个常数。这些因素使得真太阳日长短不固定，因此真太阳时不能作为时间计量系统使用。

为了克服真太阳时的不均匀性，同时宏观上保留真太阳视运动中最重要、最本质的特性，天文学家引入了平太阳的概念。假想的平太阳以真太阳的年平均速度沿天球赤道均匀地运动，它绕行天球赤道1周的时间和真太阳一样，为1个回归年。

平太阳时是以平太阳的视周日运动为基础建立的一种时间计量系统。

平太阳下中天以后经历的时间用平太阳时（h）、分（m）、秒（s）表示称为平太阳时，又称平时。与之相对应，平太阳连续两次下中天之间的时间间隔称为平太阳日。平太阳日以下中天时刻（称平子夜）作为平太阳日的开始。设某地平太阳的时角为 t_m，则它的地方平太阳时 T_c 即为

$$T_c = t_m + 12\ \mathrm{h}$$

由于平太阳日是均匀的，一日的长短是固定的，以平子夜为一日的起算点符合人们的生活习惯，昼夜又基本保持一致，是一种较理想的时间计量系统。我们现在生活中使用的时钟指示的时间，便是平太阳时。

一个平太阳日在时间上要长于一个恒星日。如果用平太阳日作为度量单位，则一个恒星日约为0. 997 269 566 平太阳日，即一个恒星日为23 h 56 m 4. 091 s 平太阳时。

（撰写人：崔佩勇　审核人：吕应祥）

tanhuang—zhiliang jiasuduji

弹簧—质量加速度计（Spring-Mass Accelerometer）（Акселерометр типа пружина – масса）

由检测质量、弹簧、阻尼器及壳体组成，结构如图所示。

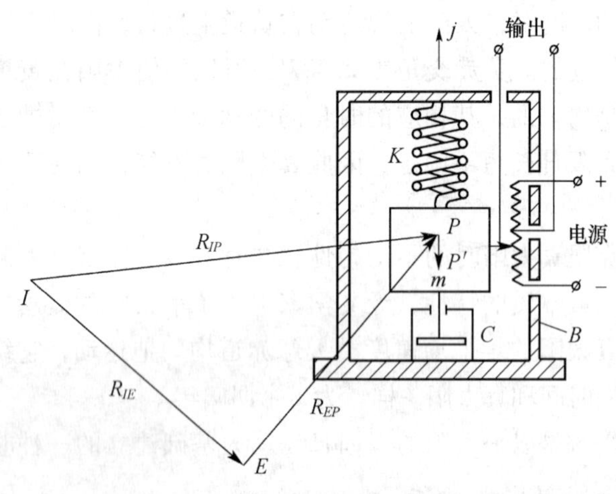

弹簧—质量加速度计结构简图

m—检测质量；K—弹簧；C—阻尼器；B—壳体

当沿输入轴方向有加速度时，检测质量相对壳体产生位移，其所受惯性力由弹簧变形所产生的反作用力来平衡。根据虎克定律，弹簧力的大小与弹簧的变形成比例，检测质量经严格标定，因此其相对壳体的位移就是被测加速度大小的度量，电位计的功用是将检测质量 m 相对壳体 B 的位移转换成电压信号输出，即输出电压与被测加速度成比例。

（撰写人：沈国荣　审核人：闵跃军）

tanxing bianxing

弹性变形（Elastic Deformation）（Упругая деформация）

外加应力除去后能恢复的变形。弹性变形可分为线弹性、非线弹性和滞弹性 3 种。线弹性变形服从虎克定律，而且应变随应力瞬时单值变化。非线弹性变形不服从虎克定律，但仍具有瞬时单值性。滞弹性变形也服从虎克定律，但并不发生在加载瞬时，而是要经过一段时间后才能达到虎克定律所对应的稳定值。除外力能产生弹性变形外，晶体内部畸变也能在小范围内产生弹性变形。例如，各种晶体缺陷（如空位、间隙原子、位错、晶界等）周围，原子排列不规则，从而存在弹性变形。这类弹性变形能产生微观内应力。

（撰写人：周玉娟　审核人：陈黎琳）

tanxing daogan

弹性刀杆（Elasticity Cutting Pole）（Упругая оправка）

在刀杆上拉了一个开口槽的刀杆。其切向刚度较高，使刀杆不易产生弯曲高频振动，有利于提高零件的加工精度，也可有效保护刀刃和避免零件因扎刀而报废。如图所示是一种比较常见的弹性车刀刀杆的示意图。

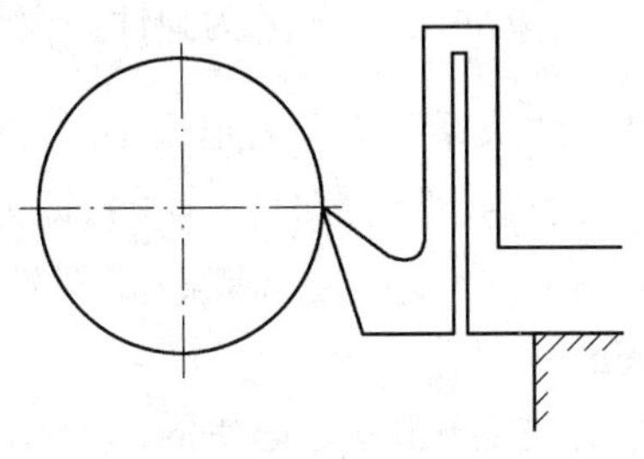

弹性车刀刀杆示意图

（撰写人：李　蓉　汤健明　审核人：曹耀平）

tanxing huifu

弹性恢复（Elastic Comeback）（Упругое восстановление）

物体在弹性范围内当受到力的作用时会发生形状的改变，而在停止用力后物体能完全恢复原状的过程。

（撰写人：周玉娟　审核人：陈黎琳）

tanxing niugan

弹性扭杆（Elastic Turn Rod）（Упругий торсион）

能产生正比于角变形的弹性力矩以平衡外力矩的弹性构件。弹性扭杆可根据需要做成各种截面形状，它是速率陀螺仪框架组件或浮子与壳体之间的连接，它提供绕输出轴的弹性约束，既能起扭力弹簧的作用，又能起支撑、定中心的作用。

弹性扭杆的材料一般为弹性合金钢，如马氏体时效钢、3J33 等。

（撰写人：苏　革　审核人：闵跃军）

tanxing yueshu piaoyi

弹性约束漂移（Elastic Restraint Drift Rate）（Дрейф упругой связи）

单自由度陀螺仪中沿输出轴转角引起弹性元件变形所产生的施加于输出轴（框架）上的约束力矩，由该力矩引起的漂移称为弹性约束漂移。

由单位转角引起弹性元件变形所产生的施加于输出轴（框架）上的约束力矩，又称为弹性约束系数，或角刚度系数、扭力系数。设计时可以调整线性约束的比值 $\frac{k}{c}$，k 为弹性约束系数，c 为黏性阻尼系数。如选取大的弹性约束系数 k 而阻尼很小时，即为速率陀螺仪；如选取大的阻尼系数而没有弹性约束时（$k=0$），即为积分陀螺仪。

（撰写人：孙书祺　审核人：闵跃军）

tanxing yueshu xishu

弹性约束系数（Elastic Restraint Coefficient）（Коэффициент упругой связи）

信号传感器的标度因数、电子线路的放大倍数、力矩器的标度因数的乘积，又称系统放大倍数。

弹性约束系数是系统设计的一个关键参数。由加速度计的体积大小来确定传感器、力矩器的形式和尺寸大小，从而传感器和力矩器的标度因数就基本确定。当非线性误差确定后电子线路的放大倍数就可以确定。系统放大倍数越大，测量摆在加速度作用下产生的摆偏角就越小，产生的非线性误差也就越小，但必须保证系统在任何条件下均正常工作。

一般由载体在推力作用下的速度变化频率来确定系统固有频率（一般取 100 Hz 左右）、交叉耦合误差和非线性误差大小及弹性约束系数。

（撰写人：沈国荣　审核人：闵跃军）

tanxing zhicheng

弹性支撑（Elastic Suspension）（Упругая по веска）

单自由度速率陀螺仪中常用的一种轴承，分为叉簧式和扭杆式两类。

叉簧式支撑的结构是两对交叉弹簧片，一端固定在陀螺仪的内框架上（浮子上），另一端固定在仪表壳体上，它在速率陀螺中既起到支撑、恢复力矩元件的作用，又可作为输出装置，这种支撑结构简单，无摩擦力矩，但抗干扰能力差，调整困难。

扭杆式弹性支撑可以根据要求做成各种规格的截面，如上所述，连接在仪表壳体与陀螺内框架（浮子）之间作为输出轴的弹性约束，能起扭力弹簧的作用，以及支撑和定中心的作用。

扭杆式弹性支撑是目前速率陀螺常用的方式，挠性陀螺用的挠性接头也属于此种支撑。

（撰写人：孙书祺　审核人：唐文林）

tanceqi andianliu

探测器暗电流（Detector Dark-current）（Тёмный ток детектора）

探测器在没有光输入的情况下，由于热电子发射、场致发射或半导体中晶格热振动所激发出来的载流子，也会有电流输出，这种电流称为暗电流。暗电流是随机起伏的，由此引起的噪声叫做暗电流噪声。

（撰写人：丁东发　审核人：李　晶）

tanceqi daikuan

探测器带宽（Detector Bandwith）（Полоса пропускания детектора）

在恒定平均入射光功率下，改变光的强度调制频率，探测器输出的光电流交流幅值下降到最大响应的1/2时所对应的频率范围。

（撰写人：王学锋　审核人：李　晶）

tanceqi lingmindu

探测器灵敏度（Detector Sensitivity）（Чувствительность детектора）

探测器能够检测到的最小光功率值,光功率值愈小,灵敏度愈高。

（撰写人:李永兵　审核人:于海成）

tanceqi xiangyingdu

探测器响应度(Detector Responsibility)(Реактивность детектора)

表征探测器将入射光信号转换为电信号的能力。将探测器的输出信号电压 U_s(或电流 I_s)与入射光功率 P_s 之比,称为探测器响应度,有时也称为探测器响应率。即

$$R_U = \frac{U_s}{P_s} \text{或} R_I = \frac{I_s}{P_s}$$

式中 R_U,R_I—— 响应度,R_U 的单位为 V/W,R_I 的单位为 A/W。

(撰写人:李永兵 审核人:于海成)

taoci daoju

陶瓷刀具(Ceramic Tool)(Керамический резец)

以陶瓷粉末加粘接剂在高温高压下成形的刀具。

陶瓷刀具材料按化学成分可分为氧化铝基(Al_2O_3)陶瓷、氮化硅基(Si_3N_4)陶瓷。氧化铝基陶瓷可根据所含成分不同分为:1)纯氧化铝陶瓷;2)氧化铝—金属系陶瓷,其韧性较强;3)氧化铝—碳化物系陶瓷,其使用性能较高;4)氧化铝—碳化物—金属系陶瓷,其使用性能高,可用于断续切削加工和使用切削液加工的场合。

陶瓷刀具具有下列特点:1)很高的硬度和耐磨性,硬度可达 91 ~ 95 HRA,高于硬质合金。2)很高的耐热性和热稳定性、较小的摩擦系数。陶瓷刀具在 1 200℃时仍能进行切削,在切削过程中与金属的亲和力小,抗粘接和抗扩散能力较强,因此其耐用度较高,切削速度比硬质合金提高 2 ~ 5 倍。3)抗弯强度较低,冲击韧度差。纯 Al_2O_3 陶瓷刀具的抗弯强度仅为 0.5 GPa(50 kgf/mm^2)左右,细晶粒 Al_2O_3 - TiC 复合陶瓷刀具的抗弯强度为 0.8 ~ 0.9 GPa(80 ~ 90 kgf/mm^2)。陶瓷刀具可用于各类有色金属、铸铁、碳钢,特别是各种高强度钢、高硬度钢等难加工材料的连续加工,适合用于半精加工和精加工,不仅可用于精车外圆,也可用于镗孔、铰孔、铣削加工等。

(撰写人:李耀娥 审核人:熊文香)

texing

特性(Characteristic)(Характеристика)

可区分的特性。

注1:特性可以是固有的或赋予的。

注2:特性可以是定性的或定量的。

注3:有各种类别的特性,如:

· 物理的(如机械的、电的、化学的或生物学的特性);

· 感官的(如嗅觉、触觉、味觉、视觉、听觉);

· 行为的(如礼貌、诚实、正直);

· 时间的(如准时性、可靠性、可用性);

· 人体工效的(如生理的特性或有关人身安全的特性);

· 功能的(如飞机的最高速度)。

(撰写人:孙少源 审核人:吴其钧)

tezheng chicun

特征尺寸(Characteristic Dimension)(Характеристический размер)

表示部件主要性能或规格的尺寸。这类尺寸是设计该部件之前就确定了的,是设计的一个主要指标。如滑动轴承的直径尺寸F51 mm、尾架中心高135 mm都是两部件各自适用的规范。

(撰写人:周 琪 审核人:熊文香)

tigui gongyi

体硅工艺(Bulk Micromachining on Silicon)(Обёмная микромеханическая технология кремния)

一种通过腐蚀技术将硅基片有选择性地除去一部分以形成微机械结构的工艺。典型的体硅工艺是应用腐蚀和键合方法来对硅片进行微机械加工,其加工厚度为数十至数百微米,设备和工艺简单,在微机械的研究中具有重要地位。

腐蚀分湿法腐蚀和干法腐蚀,湿法腐蚀又有各向同性和各向异性之分。各向同性腐蚀液多用 $HF-HNO_3$ 系溶液,硅在所有的晶向以相等速率进行刻蚀,硅基体刻蚀形成的型腔棱是圆角,此法不适合制造复杂的立体微结构。各向异性腐蚀液主要有KOH、EPW和

TMAH溶液。对各向异性腐蚀液，硅在不同的晶面，以不同的速率进行刻蚀。由于硅的（100）面和（111）面的腐蚀速率相差很大，其横向尺寸非常容易控制，但腐蚀深度的控制难度大，靠通过腐蚀时间来控制深度的误差很大。使用浓硼掺杂层或电化学刻蚀停止技术能使腐蚀自动终止在特定层，可以精确控制腐蚀深度。

体硅工艺一个主要的优点就是可以相对容易地制作较大的器件，缺点是很难制造精细灵敏的系统，而且由于体硅工艺无法做到器件的平面化布局，因此不能和微电子线路直接兼容。

（撰写人：孙洪强　审核人：徐宇新）

tianpingshi dianji zhuanju ceshiyi

天平式电机转矩测试仪（Scale Style Motor Torque Test Device）（Измеритель момента двигателя типа весов）

通过电子天平闭环测量技术与传动机构相结合，形成功能独特的微特电机转矩测试仪器。

仪器采用步进电机、涡轮和涡杆组成的传动机构，带动定子座围绕测试主轴旋转，将力矩电机转子与测试主轴同轴刚性连接，定子装入定子座，测绘出力矩电机转矩波动特性曲线和磁干扰转矩分布特性曲线，从中计算转矩波动和磁干扰转矩。

测试主轴采用静压空气轴承（或精密滚珠轴承）支撑。

被测电机转矩由天平横梁上的砝码加矩和音圈电机加矩叠加平衡。

在惯性技术领域，该仪器可作为检测力矩电机专用设备，也可检测陀螺电机、力矩器及其他形式微特电机。

（撰写人：潘梦清　审核人：李丹东）

tianqiu

天球（Celestial Sphere）（Небесная сфера）

为研究天体的位置和运动而引进的一个假想球体。它的中心与地心重合，半径为无限长。天顶是将地面观测的铅垂线向上延长与天球相交的一点。天底是将观测点的铅垂线向下延长与天球相交的一点。天极是地球自转轴延长后和天球的两交点。位于北边的称“北天极”，南边的称“南天极”。考虑了章动影响的天极称为真天极，不考虑章动影响的称为平天极。

（撰写人：董燕琴　审核人：安维康）

tianti chidao

天体赤道（Celestial Equator）（Небесный экватор）

由地球赤道平面无限扩展，与天球面相截得出的大圆。

天球是一个假想的球，它的中心与地球的中心相重合，半径为无限大。地球自转轴所在的直线向南北两个方向无限延长，与天球形成两个交点，分别叫做北天极和南天极。由两天极到天赤道上任一点的球面距离均为90°。天体赤道也称为天球赤道，如图所示。

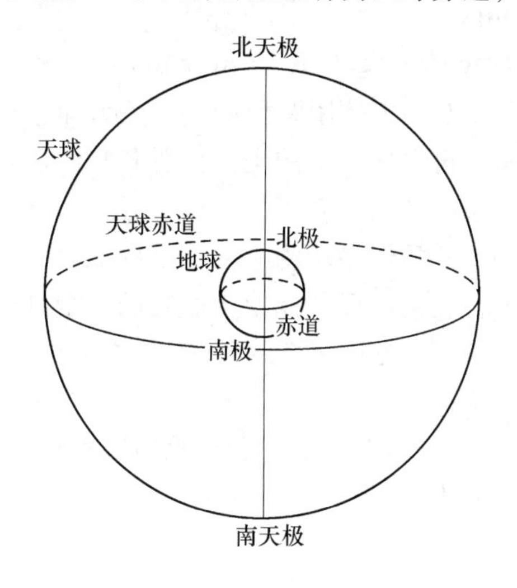

（撰写人：朱志刚　审核人：杨立溪）

tianwen/guanxing zuhe daohang

天文/惯性组合导航（Stellar/Inertial Integrated Navigation）

（Астро/инерциальная комбинационная навигация）

将惯性导航信息和天文导航信息综合在一起进行导航的导航方式。其中，惯性导航系统给天文导航系统提供近似位置数据和精确的当地垂线基准，而用天文导航系统以精确的方位信息，校准惯性导航的位置误差，从而获得高精度的组合导航信息。

（撰写人：朱志刚　审核人：杨立溪）

tianwen chidao

天文赤道（Astronomical Equator）（Астрономический экватор）

一条在地球表面的闭合曲线，它连接着所有天文纬度为0°的点。天文纬度为地心引力方向与天体赤道平面之间的夹角。有时天文赤道也称为陆地赤道，天文纬度就称为地理纬度。

当天文赤道被用于修正测站误差时，它就变成了测地赤道；天文纬度被用来修正子午线的测站误差时，就变成了大地纬度。

（撰写人：朱志刚　审核人：杨立溪）

tianwen daohang

天文导航（Celestial Navigation）（Астрономическая навигация）

用运载体上安装的天体跟踪器测量有关天体相对于运载体参考坐标系的姿态角，再根据天体的坐标位置和它的运动规律解算出运载体的位置和方位的导航方法。

由于除太阳以外的恒星均为距离遥远的恒星，一颗恒星只能给出载体的 2 个方位信息，而不能给出所需的 3 个方位信息，因此需要观测 2 颗以上的恒星方可解算出载体的 3 个方位角和位置。

天文导航精度高，且不受工作时间和航行距离的限制，但在低空和地面会受气象条件的限制，而且设备比较复杂，因此主要在远地航行和深空探测中应用。

（撰写人：朱志刚　审核人：杨立溪）

tianwen weidu

天文纬度（Astronomical Latitude）（Астрономическая широта）

大地水准体面上某被测点的铅垂线（即重力线）与赤道平面的夹角，又称引力纬度。大地水准体是计及地球密度不均匀，假定由地球静止海水水面延伸组成的曲面——大地水准面所包围的物体。它是比旋转椭球体更接近地球大小、形状、密度等特性的椭球体。由于大地水准面及铅垂线变化的不规律性，所以各天文坐标，其中包括天文纬度只有通过天文观测直接测定。

在实际使用方面，大地水准体与地球旋转椭球体之间的差别并不大，垂直方向的误差不超过150 m；大地水准体面上某一点的法线方向（即真正重力线方向）与该点对旋转椭球体面法线方向之间的差别即垂线误差（亦即天文纬度与大地纬度之差）一般在5″之内，个别地区可达40″～60″。因此，在惯性导航工程中，在一般情况下，可以忽略两者之间的差别，用旋转椭球体代替大地水准体以表达地球的形状，用旋转椭球体的法线方向代替重力的方向，可以笼统地将天文纬度近似地当做大地纬度。当然，这样要产生一定的误差，这种误差只能通过天文观测等方法确定，带有随机性质。

（撰写人：崔佩勇　审核人：吕应祥）

tiaoling

调零（Zeroing）（Наладка нуля）

使惯性器件的电气零位和机械零位逐渐重合的调整过程，即仪表的自转轴在启始位置时，传感器输出量的相对最小值。

所有的惯性仪表在装配完成、进入调试前均要先进行调零，目的是为惯性仪表进入正常工作提供一个正确的基准。在惯性仪表中，调零是指使传感器的电零位与陀螺仪表的机械零位相一致的过程。

（撰写人：刘雅琴　审核人：闫志强）

tiaozhi daikuan

调制带宽（Modulated Bandwidth）（Ширина полосы модуляции）

集成光学器件的调制带宽是指器件的光调制度（相位或强度等）下降为最大光调制度的50%（-3 dB）时所对应的频率范围。对于强度调制，调制带宽定义为调制深度降到其最大值的1/2时所对应的两个调制频率之差。调制深度表示为

$$\eta = \begin{cases} (I_0 - I)/I_0, & I_0 \geqslant I_m \\ (I_0 - I)/I_m, & I_0 \leqslant I_m \end{cases}$$

式中　I——调制器施加某一调制信号时的输出光强；

I_0——无调制信号时的输出光强；

I_m——施加最大调制信号时的输出光强。

对于相位调制，调制带宽定义为相位调制降到其最大值的1/2

时所对应的两个调制频率之差。集总电极相位调制器的调制带宽 Δf 由电极的 RC 时间常数确定，可表示为

$$\Delta f = \frac{1}{\pi RC}$$

行波电极相位调制器的调制带宽要高于集总电极相位调制器，但它已不取决于过渡过程时间，而取决于光波传播速度和微波传播速度的匹配程度。

（撰写人：徐宇新　审核人：刘福民）

tiαozhi pinlü

调制频率（Modulate Frequency）（Модуляционная частота）

光纤陀螺仪的延时调制方式是一种广泛应用的方案，它通过在靠近分束器处设置相位调制器来实现非互易相位移，从而实现陀螺工作点的偏置。调制器驱动信号频率 f_m 称为陀螺的调制频率，调制频率应尽量等于本征频率。

（撰写人：于海成　审核人：王学锋）

tiαozhi / jietiαoqi

调制/解调器（Modem）（Модем）

调制器（Modulator）和解调器（Demodulator）的总称。把低频信号承载到高频波上的过程称为调制，实现这一过程的电路称为调制器，低频信号称为调制信号，高频信号称为载波，经调制的高频信号称为调制波。调制波有利于信号传输、提高信噪比和精度。解调器是实现调制器反变换，恢复原电信号变量的电路。

惯性导航系统中采用的调制/解调器主要包括：幅值调制/解调器 AM、频率调制/解调器 FM、相位调制/解调器 PM、脉冲宽度调制/解调器 PWM 和数据通信中使用的脉冲编码调制器 PCM 等。数据通信中使用的调制/解调器参见相关的通信技术专业工具书。

在惯性测量应用中，调制/解调器可成对使用，如传递模拟信号的脉位调制接口 PPM，或与其他元件配合使用，如传感器信号的 AM 解调器、驱动力矩电机的 PWM 调制器等。

（撰写人：周子牛　审核人：杨立溪）

tiedian taoci

铁电陶瓷（Ferroelectric Ceramic）（Ферроэлектрическая керамика）

具有铁电性的陶瓷。所谓铁电性是指材料在一定温度范围内具有自发极化，而且自发极化能随外电场取向。绝大多数铁电陶瓷的主晶相属 ABO_3 钙钛矿结构，A 为两价金属离子（如 Pb^{2+}、Ba^{2+}、Sr^{2+} 等），B 是四价金属离子（如 Ti^{4+}）。$BaTiO_3$，$PbTiO_3$，$SrTiO_3$ 等是典型的铁电陶瓷。此外有钨青铜型、含铋层状化合物、烧绿石型及铌酸锶型铁电陶瓷。利用铁电陶瓷的高介电常数可制作大容量的陶瓷电容器；利用其压电性可制作各种压电器件；利用其热释电性可制作红外探测器。通过适当工艺制成的透明铁电陶瓷具有电控光特性，利用它可制作存储、显示或开关用的电光器件。适当掺杂制成的铁电半导体陶瓷，可用于敏感元件，如 $BaTiO_3$ 为基的半导体陶瓷，是典型的正温度系数热敏电阻（PTC）材料；利用铁电陶瓷的介电常数随外电场呈非线性变化的特性可制作介质放大器和移相器等。

（撰写人：周玉娟　审核人：陈黎琳）

tiedianxing

铁电性（Ferro Electricity）（Ферроэлектричество）

某些晶体在一定温度范围内具有自发极化，而且具体其自发极化方向可因外电场而重新取向的特性。

（撰写人：郭铁城　审核人：何德宝）

tiexin juhe

铁芯聚合（Core-lamination Polymerization）（Прессование ламинированного сердечника）

将涂胶（喷胶）的冲片在一定压力和温度下使其粘接成一个整体的工艺过程。

将经过清洗或酸洗处理的冲片，按照冲片涂胶工艺规范在冲片表面喷涂稀释到一定黏度的胶液，然后将一定数量的冲片沿定位键依次装进叠压模具，摆放整齐，保证工艺要求的数量和厚度尺寸，施加一定压力，按照聚合工艺规范牢固地粘接在一起，并形成良好的片间绝缘以减少涡流损耗。通常铁芯聚合过程在叠压模中进行，既保证叠装整齐，又便于给叠片施加压力，获得足够的胶合强度。最终，要符合设计图样对叠片的数目与铁芯厚度的要求。

（撰写人：李宏川　审核人：闫志强）

tongbu liju

同步力矩（Synchronizing Torque）（Синхронизационный момент）

同步电机在同步转速下的电磁力矩。

同步力矩是电机加上励磁后定子磁场和转子磁场相互作用产生的。它的大小和方向与定子磁场和转子磁场间的夹角 δ 有关。当电机转子转速高于定子磁场转速时，这个力矩起制动作用，反之，当转子转速低于定子磁场转速时，这个力矩起加速作用。同步力矩对电机最后拉入同步起主要作用。

（撰写人：周　赟　审核人：易维坤）

tongbu shijian

同步时间（Synchronizing Time）（Синхронизационное время）

磁滞同步电机通电后，在磁滞力矩的作用下转子被拉入同步于旋转磁场的转速。转子从静止状态通电启动到与旋转磁场转速同步的时间间隔称为同步时间。同步时间的长短与磁滞材料的磁性能、轴承的预紧力、轴承的摩擦力矩、润滑脂的黏度和环境温度等密切相关。

（撰写人：周　赟　审核人：熊文香）

tujiao buchang jishu

凸角补偿技术（Convex Corner Compensation Technologies）（Технология компенсации исходящего угла）

是在硅微机械加工技术中应运而生的。因为在利用硅各向异性腐蚀技术制备较复杂的微结构时，常常出现图形畸变，较突出的是边缘沿〈110〉方向布置的方形台面出现凸角缺陷，这对传感器的制作及优化设计很不利。为了减少或避免凸角被刻饰掉，必须在掩膜凸角处附加一些专门的结构。通常是根据不同的腐蚀液，出现的优先腐蚀面不同而采取不同的掩膜补偿形状。通常有三角形结构和方形结构等，如图所示。

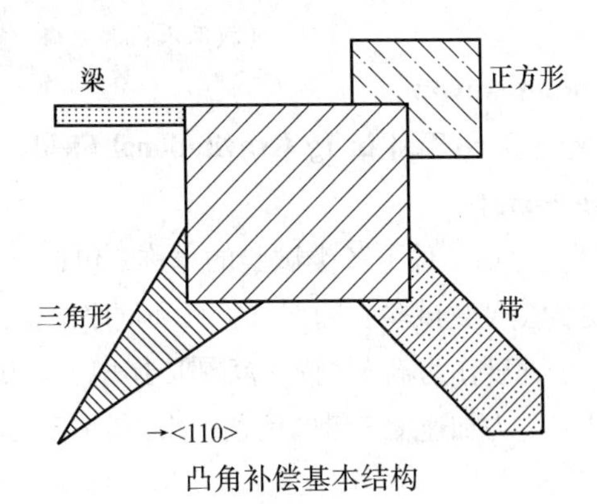

凸角补偿基本结构

（撰写人：孙洪强 审核人：徐宇新）

tufang nengli

突防能力（Penetrability）（Пенетрационная способность）

导弹武器系统攻击目标时，突破敌方各种防御体系的能力。突防能力由突防技术、抗干扰性、系统决策、情报侦察及战术运用等对抗要素的综合优劣所决定。突防能力通常以突防概率来度量。

（撰写人：程光显 审核人：杨立溪）

tuici

退磁（Demagnetization）（Демагнитизация）

永磁体受到高温、低温、冲击、振动、外界磁场等影响，造成磁体的磁通下降。永磁体沿退磁曲线减少磁通密度的过程。

永磁体受到高温、低温、冲击、振动、外界磁场影响（直流退磁磁场或交变磁场的作用），磁后效等将造成磁体的磁通下降。

热能引起磁畴磁化方向的反转或畴壁的位移，相当于给永磁体施加小的退磁磁场。永磁材料不仅在室温以上可能发生高温退磁，在室温以下还可以发生低温退磁。

外界直流退磁磁场增强或交变磁场幅度增大时，将造成永磁体的磁通下降。

饱和磁化后的永磁体由于自身退磁场的作用，冲击和振动将导致磁体退磁。

（撰写人：韩红梅 审核人：熊文香）

tuoluo de 1*g* chang shiyan

陀螺的1*g* 场试验（Gyro Test in 1*g* Gravitational Field）（Испытание гироскопа в 1*g* поле）

陀螺在地球重力场条件下各类试验的总称，包括 ±1 *g* 试验、力矩反馈试验（细分为多位置试验、翻滚试验）和伺服试验，这类试验都只是利用地球重力加速度作为输入，输入范围限于 ±1 *g*，试验时可通过改变仪表输入轴相对重力加速度矢量的位置，以获得更多的输入信息。

（撰写人：周建国 审核人：李丹东）

tuoluo dianji

陀螺电机（Gyro Motor）（Гиромотор）

机械转子陀螺仪的组成部分，电机的转子就是陀螺仪的飞轮。在高速旋转下形成陀螺仪的角动量，构成陀螺仪最本质的物理性质——陀螺效应。陀螺电机在原理上与一般电机没有本质差别，但它的设计、制造精度应服从于陀螺仪的需要。它的发展也随着陀螺仪精度的不断提高而日新月异。

降低陀螺电机功耗、改善散热条件、采用对称结构、降低温度梯度已成为现在陀螺电机设计中的重要课题。

在体积相同的条件下，外转子结构可获得较大的角动量，陀螺仪的漂移速度反比于角动量，因此，陀螺电机普遍采用外转子结构。但外转子结构散热不好，在小角动量的情况下，也可以采用内转子的设计。应根据不同的条件采用不同的设计方案。

（撰写人：李建春 审核人：秦和平）

tuoluo dianji dianyuan

陀螺电机电源（Current of Gyro Motor）（Источник питания гиромотора）

又称陀螺马达电源，是一种为陀螺电机提供激励使其能自动启动并维持恒定转速转动的电源变换器电路。一般，依据电机的种类可分为磁滞陀螺电机电源和永磁陀螺电机电源；依据电机的相数可分为三相电源和两相电源；依据电源输出波形的特点可分为方波电源、正弦波电源、过激电源、变频电源等。

（撰写人：秦和平 审核人：周子牛）

tuoluo dianji zhuansu zijian zhuangzhi

陀螺电机转速自检装置（Gyro Motor Speed Self-check Device）（Самопроверочное устройство скорости гиромотора）

用来检测陀螺电机是否工作正常的装置，该装置能产生与电机转速相关的输出信号。在电机尺寸允许的情况下，一般是在电机转子上预先嵌入一对或两对磁钢，在陀螺内部装有感应线圈。当电机运转时，磁钢随转子一起转动，在线圈中就会产生频率与电机转速成正比的感应信号，经电路处理后测量该感应信号的频率，就可以得知电机转速是否达到额定（同步）转速。

对于非常小型的电机，如果无法设置电机自检装置，也可以通过测量电机工作电流来检测电机转速。

（撰写人：苏 革 审核人：闵跃军）

tuoluo dongli xiaoying

陀螺动力效应（Dynamic Effect of Gyroscope）（Динамический эффект гироскопа）

二自由度陀螺仪框架的动力平衡现象。陀螺仪外框架担当传递力矩的作用，即作用在外框架轴的干扰（外力）力矩 M 并不引起陀螺绕该轴的转动，却引起陀螺以角速度 ω 绕与其相垂直的内环轴进动，与此同时产生与外力矩 M 平衡的陀螺力矩 M_g，两者大小相等方向相反。这样使外框架处于平衡状态，由陀螺力矩所产生的这种外框架稳定效应，叫做陀螺动力稳定效应，简称陀螺动力效应。

（撰写人：孙书祺 邓忠武 审核人：唐文林）

tuoluo fuzi zujian

陀螺浮子组件（Gyroscope Float）（Поплавковый блок гироскопа）

又称浮子，在液浮、气浮陀螺仪中，将装有陀螺电机的框架组件密封在一个圆柱形（或球形）腔内，形成密封壳体，腔外装有传感器、力矩器等部件，通常称为浮子组件或浮子。浮子组件由液体（或气体）悬浮（半悬浮），以便消除和减小它的重力，使浮子组件支撑的正压力消除或减小，达到减小陀螺仪漂移，提高精度的目的。

浮子一般做成薄壁件，以便减小质量，增大体积，取得最大浮力。对浮子材料的要求是尺寸稳定、结构刚度大，多采用硬铝或铍材。

（撰写人：孙书祺　审核人：唐文林）

tuoluo jiasuduji

陀螺加速度计（Gyro Accelerometer）（Гироинтегратор）

依靠陀螺进动产生的陀螺力矩去平衡加速度作用到摆件上产生惯性力矩，利用这种工作原理制成的加速度计称为陀螺加速度计，它的输出信号与输入加速度的积分成比例。

陀螺加速度计由二自由度陀螺制成。陀螺沿转子具有一定的摆性，内框架轴上装有测小角度的传感器，外框架轴为进动轴和输出轴，也是加速度输入轴线，绕进动轴转角为加速度计的输出，外框架轴上装有测量大角度的传感器电位计或编码器和力矩电机，力矩电机受小角度传感器控制可以消除进动轴上的摩擦力矩。

陀螺加速度计还配套带有校正网络的电子放大器，使加速度计在伺服状态下工作，保证动、静态输入加速度时角动量矢量与进动轴垂直，从而提高测量精度。

（撰写人：商冬生　审核人：赵晓萍）

tuoluo jiasuduji budeng gangdu wucha

陀螺加速度计不等刚度误差（Unequal Rigidity Error of Gyro Accelerometer）（Ошибка от неравножёсткости гироинтегратора）

陀螺加速度计内框架结构件沿各方向的刚度不等，支撑在它上面的检测质量（包含陀螺转子）质心在力的作用下引起的位移与作用力不共线，会产生绕内框架轴的干扰力矩，由此引起的输出误差称为陀螺加速度计不等刚度（或不等弹性）误差。

（撰写人：商冬生 审核人：赵晓萍）

tuoluo jiasuduji gundong wucha

陀螺加速度计滚动误差（Roll Error of Gyro Accelerometer）

（Ошибка из-за вращения корпуса гироинтегратора）

陀螺加速度计基座（壳体）绕加速度计的输出轴即外框架轴相对惯性空间的角位移将直接计入加速度计的输出，所产生的误差。

（撰写人：商冬生 审核人：赵晓萍）

tuoluo jiasuduji jindong jiaosudu

陀螺加速度计进动角速度（Precession Angular Velocity of PIGA）

（Угловая скорость прецессии гироинтегратора）

陀螺加速度计在沿其敏感轴有加速度输入时，外框架组件绕外环轴转动的角速度。

根据陀螺仪的进动性，当陀螺仪绕内框架轴有外力矩作用时，陀螺仪转子将绕外框架轴进动。陀螺加速度计在沿其敏感轴有加速度输入时，所产生的惯性力矩作为绕内框架轴的外力矩，使得加速度计转子轴带动外框架组件绕外框架轴进动。

输入加速度引起的惯性力矩 $M = mla$，进动角速度 α 与惯性力矩 M 成正比，与转子的角动量 H 成反比，即 $\dot{\alpha} = mla/H$，$\dot{\alpha}$ 的单位为 rad/s。通常将角度转换成脉冲，α 的单位即为脉冲 / 秒。

（撰写人：高秀花 审核人：赵晓萍）

tuoluo jiasuduji lingwei zujian

陀螺加速度计零位组件（Null Position Unit of PIGA）

（Нульиндикатор гироинтегратора）

陀螺加速度计零位组件在检测仪表进动角速度时，提供初始角度位置的基准。

仪表每进动一圈，零位组件产生一个脉冲信号给检测电路。

为避免带来干扰力矩而影响仪表精度，一般零位组件采用光电等非接触形式。

陀螺加速度计零位组件一般由发光器件、光敏元件、信号捡拾及放大电路等组成。

（撰写人：高秀花　审核人：赵晓萍）

tuoluo jiasuduji neikuangjiazhou

陀螺加速度计内框架轴（Inner Gimbal of PIGA）（Ось внутренной рамки гироинтегратора）

支撑陀螺加速度计转子的组件为内框架组件，内框架组件使转子可以绕某一轴方向旋转，该轴称为内框架轴，通常又称为陀螺加速度计内环轴。

内框架组件一般由浮子、支撑装置等组成。沿内框架轴的方向还安装有角度传感器等零部件。

内框架轴的支撑方式对仪表精度影响较大。中高精度陀螺加速度计，内框架支撑一般采用静压流体支撑、液体支撑等。

（撰写人：高秀花　审核人：赵晓萍）

tuoluo jiasuduji sifu xitong

陀螺加速度计伺服系统（Servo System of PIGA）（Сервосистема гироинтегратора）

使得陀螺加速度计内环轴转角始终处于零位的反馈控制系统。

伺服系统的主要作用是保证转子轴和外环轴的垂直度，并赋予整个系统以应有的静特性和动特性，从而保证系统能稳定地工作。

陀螺加速度计伺服系统由敏感内环轴转角的角度传感器、放大环节、校正网络、功率驱动电路及外环执行元件驱动电机等组成。

早期的陀螺加速度计用继电式伺服系统，但采用这种伺服系统，要求仪表要具有较大的角动量，且仪表处于自振状态，影响仪表的精度和可靠性。现在陀螺加速度计伺服系统一般都采用线性伺服系统。线性系统参数调整方便，可根据需要调整系统的增益、阻尼和带宽，能比较容易地获得所期望的静态和动态特性。

典型的陀螺加速度计伺服系统框图如图所示。

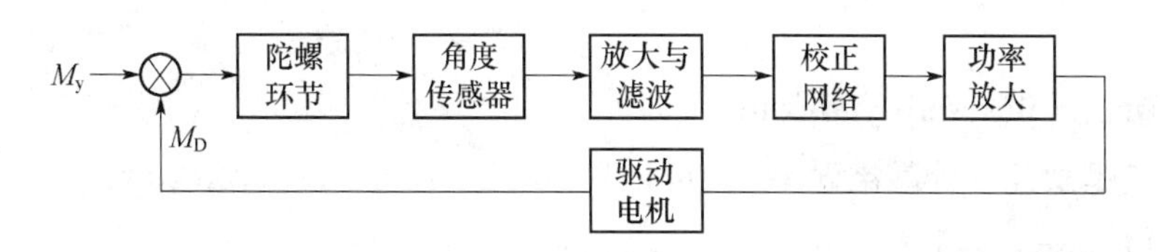

伺服系统框图

其中校正网络有无源校正和有源校正两种，功率放大部分常用的则有脉冲调宽式和线性功率放大。

（撰写人：高秀花　审核人：赵晓萍）

tuoluo jiasuduji sifu xitong dianlu

陀螺加速度计伺服系统电路（PIGA Servo System Circuitry）

（Схема сервосистемы гироинтегратора）

又称陀螺加表伺服回路电路（PIGA Servo Circuitry），是根据陀螺加速度计的陀螺摆输出的角误差信号控制外环力矩电机，产生外环进动角速度使陀螺摆浮子偏角为零的控制电路。电路通常包括前置放大器、解调器、滤波器、校正环节、功率级和测控接口等。其电路功能和结构与平台稳定系统电路相同，主要差别是角速度和角加速度较大，选择最大控制力矩应充分考虑惯性力矩；单轴伺服回路，无须解耦控制。

（撰写人：高秀花　审核人：周子牛）

tuoluo jiasuduji waikuangjiazhou

陀螺加速度计外框架轴（Outer Gimbal of PIGA）

（Ось внешней рамки гироинтегратора）

支撑转子和内框架的组件称为外框架组件。外框架可以使内框架和转子一起绕某一轴旋转，该轴称为陀螺加速度计外框架轴，又称为外环轴。

沿外环轴方向一般安装有输出装置传感器、驱动电机等。外框架轴的支撑方式一般采用滚珠轴承，对于中高精度仪表，为避免外环轴变形，大多采用双端支撑，以提高外框架轴的刚度。

（撰写人：高秀花　审核人：赵晓萍）

tuoluo jiasuduji yuanzhui wucha

陀螺加速度计圆锥误差（Conic Error of Gyro Accelerometer）（Коническая ошибка гироинтегратора）

将陀螺加速度计看成是摆式加速度计和单自由度陀螺构成的组合装置，单自由度陀螺仪部分即内框架组件（简称浮子）绕其转动轴（即输出轴）和陀螺转子轴两个正交方向同时存在角振动，振动频率相同但相位不同，即满足定点转动刚体产生圆锥误差的条件，浮子与上述两个轴正交的第三个轴，即单自由度陀螺输入轴在空间作圆锥运动，这时，绕陀螺输入轴即存在2倍频率的角振动，又存在与角振动幅值及相位差成比例的常值角速度，在陀螺加速度计中单自由陀螺装在外框架上，并在闭环状态下工作，陀螺敏感这个常值角速度，标准外框架组件产生与其大小相等方向相反的转动角速度，引起的输出误差称为陀螺加速度计的圆锥误差。在输入加速度作用下，外框架带动陀螺转子相对壳体，周期性转动，壳体角振动沿陀螺转子轴的分量将是周期性变化的，因此使陀螺加速度计的圆锥误差受均化作用而减小。

（撰写人：商冬生　审核人：赵晓萍）

tuoluo jiasuduji zhenbai xiaoying wucha

陀螺加速度计振摆效应误差（Effect Error of Gyro Accelerometer Pendulum）（Ошибка вибрационно-качательного эффекта гироинтегратора）

沿输入轴的振动加速度分量，引起摆（浮子）绕其框轴的角运动，沿着与输入轴和框轴均垂直的方向（简称横向），也作用着振动加速度时，将产生绕框轴的干扰力矩，此力矩与沿两个方向的振动加速度分量乘积成比例，与乘积中整流项对应的误差。

沿输入轴同时存在振动和非交变加速度时，陀螺加速度计角动量矢量 ***H*** 标绕外（感内）框架轴转动（进动），横向振动加速度分量是转动（进动）角的周期函数，因此，陀螺加速度计的振摆效应误差会被均化而减小。

（撰写人：商冬生 审核人：赵晓萍）

tuoluo jingweiyi

陀螺经纬仪（Gyro Theodolite）（Гиротеодолит）

利用陀螺罗盘敏感北向基准，利用经纬仪瞄准目标和测量方位的一种定向装置。陀螺罗盘能敏感北向基准，但它一般不能单独使用，必须与经纬仪（或相应测角装置）组合，才能确定任一与地球

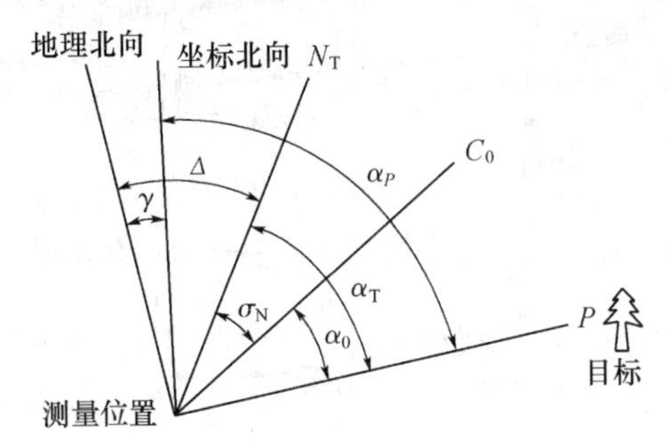

陀螺经纬仪示意图

固连并由经纬仪望远镜所瞄准的目标。例如图所示目标 P,如果陀螺指北方向值 N_T 与经纬仪水平度盘零位 C_0 之间的夹角为 σ_N，N_T 由陀螺罗盘来确定,水平度盘零位 C_0 与目标相应读数为 α_0,当陀螺绕悬挂轴没有外干扰作用时,这个目标坐标方位角 α_P 为

$$\alpha_P = \alpha_T + \Delta - \gamma = \alpha_0 + \sigma_N + \Delta - \gamma$$

式中 γ—— 子午线收敛角；

α_T—— 陀螺方位角；

Δ—— 仪器常数。

（撰写人：吴清辉 审核人：刘伟斌）

tuoluo kuangjia

陀螺框架（Gyroscope Gimbal）（Гирорамка）

又称陀螺环（内环、外环）或内、外支架，是框架式陀螺仪的主要组件之一。

在单自由度陀螺仪中，框架用来支撑陀螺转子（陀螺马达），液浮陀螺将框架密封在浮筒内形成浮子，在二自由度陀螺仪中支撑陀螺转子的称为内框架（浮子），支撑内框架组件（浮子）的称为外框架。这样，陀螺转子和框架能一起绕框架轴旋转，使陀螺转子具有垂直转子轴的1个或2个自由度。如图所示。

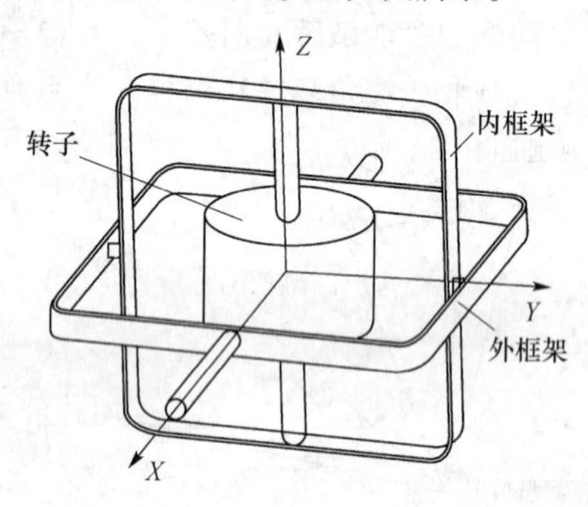

（撰写人：孙书祺　审核人：唐文林）

tuoluo liju

陀螺力矩（Gyroscope Torque）（Гироскопический момент）

当外界对陀螺仪施加力矩使它进动时，按照作用力与反作用力的原理，陀螺仪也必然存在反作用力矩，其大小与外力矩大小相等，而方向与外力矩的方向相反，并且是作用在给陀螺仪施加力矩的物体上，即陀螺仪的反作用力矩，简称陀螺力矩。

陀螺力矩也是转子内所有质点的哥氏惯性力所形成的哥氏惯性力矩，陀螺进动时，转子的运动是两种运动的复合：转子相对框架高速旋转，转子和框架一同绕框架轴进动，两种运动的结果，使转子内所有质点都产生哥氏加速度，并产生与哥氏加速度方向相反的

哥氏惯性力，由它产生的哥氏惯性力矩即陀螺力矩。表达式如下

$$\boldsymbol{M}_{g} = \boldsymbol{H} \times \boldsymbol{\omega}$$

其大小为：$M_g = H\omega\sin(H,\omega)$，当 $\boldsymbol{H}$ 与 $\boldsymbol{\omega}$ 垂直时，$M_g = H\omega$；陀螺力矩 M_g 与进动角速度 ω 成正比。

其方向如图所示：陀螺角动量 $\boldsymbol{H}$ 以最短途径握向进动角速度 $\boldsymbol{\omega}$ 的右手旋进方向，就是陀螺力矩的方向。

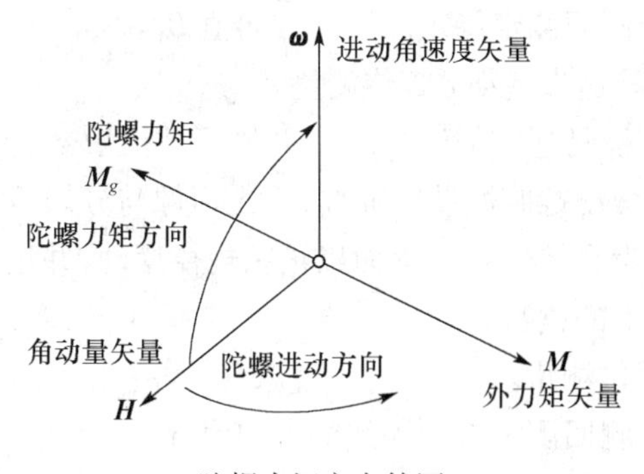

陀螺力矩方向简图

（撰写人：孙书祺　邓忠武　审核人：唐文林）

tuoluo luopan

陀螺罗盘（Gyrocompass）（Гирокомпас）

利用陀螺为敏感地球自精角速率的器件，能指示真北的装置。可分为摆式陀螺罗盘和速率捷联式陀螺罗盘两大类。按支撑方式分有：悬丝式陀螺罗盘、静压气浮陀螺罗盘、磁悬浮陀螺罗盘、挠性陀螺罗盘、液浮陀螺罗盘、静电陀螺罗盘、激光陀螺罗盘和光纤陀螺罗盘等。

参见 GJB 585A—98 的 3.2.5.5。

（撰写人：吴清辉　审核人：刘伟斌）

tuoluo luopan dingxiang

陀螺罗盘定向（Gyro Compass Orientation）（Ориентация гирокомпасом）

测量从测试点与所瞄准目标的连线（测线）与坐标网北向为基

准的坐标方位角的取向过程。

现以摆式陀螺罗盘来说明定向过程。

1. 架设陀螺经纬仪并调平基座。

2. 采用两个逆转点法或四分之一周期法把经纬仪望远镜视准轴置于近似北方向。

3. 以跟踪逆转点法精确测量待定边的北向方位角。过程如下：

a. 以一个测回测定待定测线的方向值 B_1。

b. 测前(马达未启动)零位测量。

c. 启动陀螺马达,马达同步后,开锁下放灵敏部。待摆动平稳后,用经纬仪水平微动螺旋微动照准部,让光标像与分划板零刻线随时重合,即跟踪。陀螺自转轴在子午面以正弦规律摆动,并记下 5 次逆转点相应水平度盘上的读数。

d. 测后零位测量。

e. 以一个测回测定待定测线的方向值 B_2。

f. 按下式计算待定边陀螺方位角。

$$\alpha_T = B - N_T + \lambda_1 \Delta\alpha_1$$

式中 B—— 测线方向值,$B = \frac{(B_1 + B_2)}{2}$；

N_T—— 陀螺北方向值(根据逆转点读数计算)；

$\lambda_1 \Delta\alpha_1$—— 零位改正项。

$$\Delta\alpha_1 = mh$$

式中 m—— 目镜分划板格值；

h—— 零位格数；

λ_1—— 零位改正系数。

$$\lambda_1 = \frac{T_1^2 - T_2^2}{T_2^2}$$

式中 T_1—— 跟踪摆动周期；

T_2—— 不跟踪摆动周期。

4. 测定陀螺方位角后，可以换算成目标坐标方位角。

（撰写人：吴清辉　审核人：刘伟斌）

tuoluo luopan dingxiang jingdu

陀螺罗盘定向精度（Gyro Compass Orientation Accuracy）（Точность ориентации гирокомпасом）

观测值偏离真子午线的程度。

陀螺罗盘定向精度评估一般采用标准离散度方法

$$S = \sqrt{\frac{\sum_{l}^{n} (x_i - \bar{x})^2}{n-1}}$$

式中 x_i——各次观测值；

$\bar{x}$——各次观测值的平均值；

n——观测次数。

定向精度通常用°，′，″表示，也有用密位（mil）和哥恩（gon）来表示（1 mil = 3.37′，1 gon = 0.9°）。

（撰写人：吴清辉 审核人：刘伟斌）

tuoluo luopan dingxiang shijian

陀螺罗盘定向时间（Gyro Compass Orientation Time）（Время ориентации гирокомпасом）

一次定向观测作业的时间。定向时间指粗定向、精确定向、方位信息处理与传递及方位显示所占用的时间。不包括设备的准备、架设和目标定位时间。

（撰写人：吴清辉 审核人：刘伟斌）

tuoluo mada fuzai liju

陀螺马达负载力矩（Load Torque of Gyro Motor）（Момент-нагруженность гиромотора）

电机的风阻力矩与电机的轴承摩擦力矩之和。

（撰写人：谭映戈 审核人：李建春）

tuoluo pinxiang ceshiyi

陀螺频响测试仪（Gyroscope Frequency Response Measurement Instrument）（Анализатор частотной характеристики гироскопа）

测量陀螺仪的频率响应特性的设备。又称为陀螺动态测试仪或旋转振动台系统（Rotary Vibration Table System）。

此设备通常由单轴角振动台和控制激励部分以及测试分析部分组成。它能提供一个频率、振幅可变的角振动，以及一个基准信号来测试速率陀螺的频率响应特性，给出幅频特性、相频特性、固有频率及阻尼比等。

陀螺仪频响测试，除利用专用测试仪外，还可用兼有此功能的速率转台来实现。

（撰写人：原俊安 审核人：叶金发）

tuoluo sifu huilu

陀螺伺服回路（Servo Loop of Gyroscope）（Сервоконтур гироскопа）

为捷联式陀螺仪能测量并跟踪载体运动而设置的反馈回路。又称陀螺再平衡回路或陀螺力反馈回路。

该回路主要由陀螺转角信号传感器、交流放大器、相敏解调器、校正网络、功率放大器和陀螺力矩器组成。

载体运动时，固连于其上的捷联式陀螺壳体一起运动，其信号传感器输出与载体角运动成比例的电压信号，该信号经前置放大器、交直流放大器、校正网络及功率放大后，以电流馈入陀螺力矩器线圈中，产生反馈力矩，使陀螺自转轴始终跟踪载体运动，陀螺信号传感器信号趋近于零。此时，力矩器线圈中反馈电流的大小和方向即为载体运动角速率大小和方向的精确度量。

按馈入陀螺力矩器电流形式的不同，陀螺伺服回路可分为模拟反馈和脉冲反馈回路。模拟反馈伺服回路馈入力矩器线圈的是连续电流量。脉冲反馈又可分为二元离散脉冲加矩、二元脉冲调宽加矩；三元离散脉冲加矩、三元脉冲调宽加矩等形式。二元脉冲是指正脉冲电流和负脉冲电流两种状态。三元脉冲是指正脉冲电流、负脉冲电流和零脉冲电流三种状态。在离散脉冲加矩方法中，输入力矩器的电流为幅度和宽度固定的脉冲，而脉冲的频率受载体运动角速率的调制。在调宽脉冲加矩方法中，力矩电流频率和幅度固定，而脉冲的宽度受载体运动角速率的调制。

陀螺模拟反馈伺服回路组成简单，容易实现；但它不具有积分功能，不能获取角度（或角增量）信息，需经电流/频率（或电压/频率）转换后方可得到角度（或角增量）信息。脉冲反馈伺服回路可直接完成数字积分，获得角度（或角增量）信息。陀螺伺服回路对增大陀螺测量角运动的量程和精度具有重要作用，已被广泛用于各种捷联式陀螺仪。

（撰写人：王舜承 审核人：孙肇荣）

tuoluo suoding dianlu

陀螺锁定电路（Gyroscope Lock-in Circuit）

（Арретировочная схема гироскопа）

又称陀螺伺服电路，是为转子陀螺仪配套的力（矩）平衡回路，用于捷联惯性系统中测量陀螺仪进动力矩，以及约束平台和捷联惯性系统中冗余的陀螺自由度。

陀螺锁定电路可以用模拟电路（见图 1）或数字/模拟混合电路（见图 2）来实现。

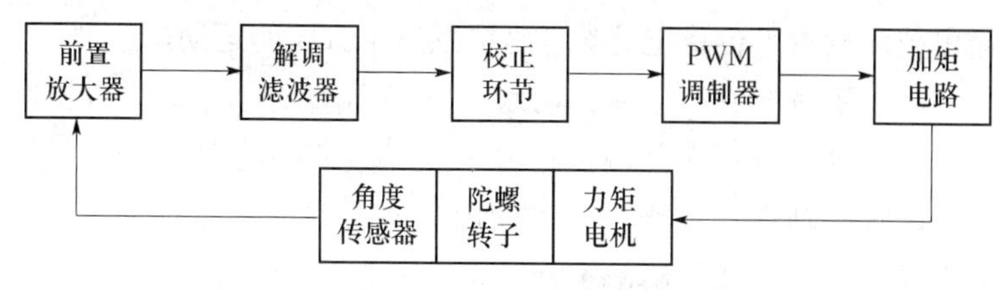

图 1 模拟陀螺锁定电路框图

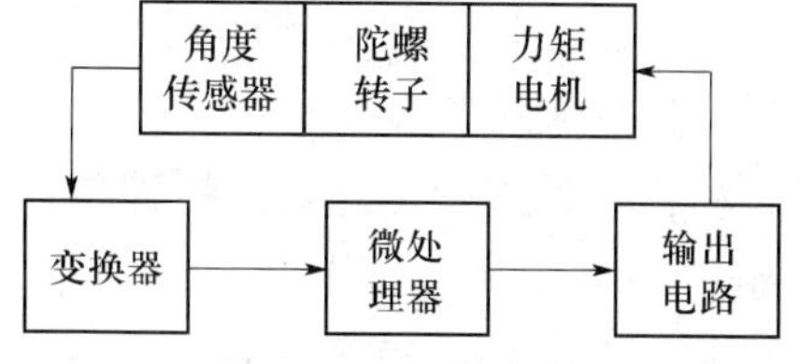

图 2 混合陀螺锁定电路框图

（撰写人：周子牛 审核人：杨立溪）

tuoluo wending pingtai

陀螺稳定平台（Gyro Stabilized Platform）（Гиростабилизированная платформа）

利用陀螺仪特性将平台台体姿态稳定在参考坐标系的精密机电装置。由台体、陀螺仪（单自由度或者二自由度）、框架系统和相应的稳定回路、二次电源等组成。按照平台台体被稳定的轴数，可分为单轴、双轴、三轴、全姿态（四轴）平台和浮球平台等。惯导系统常用的为三轴陀螺稳定平台。可以采用不同类型的陀螺仪作为稳定平台的敏感元件，并相应称为液浮陀螺平台、气浮陀螺平台、挠性陀螺平台和静电陀螺平台等。

以三轴稳定，用单自由度积分陀螺仪作敏感元件的平台为例，其工作原理为：受载体传至平台基座的运动干扰作用，使台体绕一个或者三个轴某方向转动，相应的一个或三个通道的陀螺仪感受这种转动角速率，输出信号经相应通道稳定回路控制框架轴上的力矩电机，驱动相应框架带动台体绕一个或者三个轴的相反方向转动，最终保持台体稳定在参考坐标系内。台体上的三只加速度计可以测量输出载体相对平台稳定的参考坐标系三个方向的运动加速度。

初始水平对准时，台体上两水平方向加速度计感受重力加速度在两个水平轴的分量，并输出信号，经两条调平回路、稳定回路控制平台两水平轴保持在当地水平面内。初始方位对准时，可用外部方位光学基准经台体上瞄准棱镜及方位对准回路和稳定回路控制台体保持（或锁定）在给定方位上；也可用台体上两水平方向的陀螺仪，在调平的水平面内感受地理北向的地速分量，而后控制平台转向给定方位，此即为自主式瞄准。

以动调陀螺、动压气浮陀螺、静电陀螺等二自由度陀螺作为平台敏感元件时，陀螺仪是作为二自由度角位置陀螺工作。工作中，经平台稳定回路控制，台体始终跟踪陀螺转子确定的位置。一般三轴稳定平台多采用上述两只二自由度角位置陀螺作为稳定三轴的敏感元件。其稳定回路、调平回路、方位对准（或者方位锁定）回路等工作原理与上述基本类同。

（撰写人：赵 友 闫 禄 审核人：孙肇荣）

tuoluoyi

陀螺仪（Gyroscope）（Гироскоп）

广义讲，凡是绕定点转动的刚体都可以称为陀螺，从工程技术的狭义观点来看，指高速旋转的、对称的，且自转轴能在空间改变方向的刚体。1852 年法国科学家傅科则把陀螺仪定义为具有大角动量的装置。角动量有时又称为动量矩。利用动量矩敏感壳体相对于惯性空间绕正交于自转轴的一个或两个轴的角运动的装置称为陀螺仪。陀螺仪的基础理论研究始于 18 世纪，1852 年傅科陀螺问世，其原理结构是基于由刚体转子所组成，该种陀螺仪的核心是一个绕自转轴作高速旋转的转子，转子通常由陀螺电机驱动，使其绕自转轴具有一定的角动量，以便得到所需的陀螺特性，转子安装在框架上使其相对基座有两个或三个转动自由度，由转子和框架组成而用来测量运动物体（导弹、运载火箭等航行体）的角度、角速度的装置便构成陀螺仪。目前工程上广泛应用的仍为这种刚体转子的陀螺仪，在不计入转子自转的转动自由度时，也就是说按转子自转轴的转动自由度数目可以把陀螺仪分为单自由度陀螺仪和二自由度陀螺仪。

按支撑形式可分为滚珠轴承式陀螺、气浮陀螺（包括静压气浮支撑、动压气浮支撑）、液浮陀螺（包括全液浮、半液浮和静压液浮）、静电陀螺及挠性陀螺等。

按原理与用途可分为位置陀螺仪（包括陀螺方向仪、陀螺地平仪）、速率陀螺仪和积分陀螺仪等。

利用陀螺仪具有的定轴性和进动性，可以制造出不同用途的陀螺仪，主要有：

测量导弹、卫星、飞机等运动体姿态角的陀螺地平仪、陀螺方向仪、姿态陀螺仪、倾斜陀螺仪、俯仰陀螺仪等。

精确测量和指示导弹、运载火箭、飞机、卫星等运动体角运动的速率陀螺仪、积分陀螺仪等。

相对某参考系（地理坐标或惯性坐标等）来实现稳定的装置，如惯性导航系统的稳定平台，雷达天线、望远镜、瞄准具等的稳定器，也是由陀螺仪作为敏感元件的装置。

随着航天、航空等领域技术的不断发展，对惯性导航系统的要求越来越高；随着新材料、新工艺等技术的发展，陀螺仪的支撑方式也得到了很大提高，目前动压气浮、静压液浮及气浮、液浮、磁悬浮三位一体的三浮陀螺仪相继问世，使陀螺仪精度不断提高。惯性级陀螺仪漂移率一般可达0.01～0.001（°）/h，甚至更小，应用也更为广泛。

随着近代物理学的发展，基于近代物理学原理和现象用来测量运动物体的转动，确定其方向的装置陆续出现，这种不具有角动量的非刚体转子的装置也统称为陀螺仪，如激光陀螺仪，光纤陀螺仪，核子、离子陀螺仪，射流陀螺仪等。

（撰写人：孙书祺　审核人：唐文林）

tuoluoyi bupingheng liju

陀螺仪不平衡力矩（Unbalance Torque of Gyroscope）

（Небалансированный момент гироскопа）

陀螺仪浮子（内、外框架）的质心偏离了浮心（或支撑中心），而在重力或惯性力作用下，对浮子（内、外框架）所形成的干扰力矩。其大小与加速度成正比，方向取决于质心偏离浮子（支撑中心）的方向和加速度作用的方向，它属于规律性力矩，常用在1 g 条件下测得的参数来衡量。

为了减小不平衡力矩，浮子结构应为对轴平衡，使质心与支撑中心重合。为此，应采取对称设计，关键零件尺寸、定位面、配合面等公差要求应严格；结构设计上采取可调节平衡的措施。另外，质心的波动与温度变化有直接的关系，为了减小温度变化引起的不平衡力矩的影响，还应对仪表总体进行热设计（温度设计）。

（撰写人：孙书祺　审核人：唐文林）

tuoluoyi changzhi piaoyi

陀螺仪常值漂移（Gyroscope Constant Drift）（Постоянный дрейф гироскопа）

通常称为陀螺仪的“零次项漂移”或“不敏感加速度漂移”，也就是陀螺仪所受到的与加速度（比力）无关的干扰力矩引起的漂移，误差模型中常以 D_F 表示，单位为（°）/h，不敏感加速度的干扰力矩主要有：输电导线（软导线）力矩、信号传感器的有害力矩、摩擦力矩、流体涡流力矩、磁悬浮的反作用力矩、弹性力矩等，以及由这些因素随时间变化率所引起的力矩。这些力矩引起的漂移称为常值漂移。

（撰写人：孙书祺　审核人：唐文林）

tuoluoyi chuangdi xishu

陀螺仪传递系数（Gyroscope Transfer Coefficient）（Передаточный коэффициент гироскопа）

陀螺的机械传递系数。当陀螺有输出时，其输出轴上信号传感器的电压与输入轴的输入角（或角速度）之静态比。

（撰写人：孙书祺　审核人：唐文林）

tuoluoyi de dingzhouxing

陀螺仪的定轴性（Stability of Gyroscope）（Устойчивость ориентации гироскопа）

俗称稳定性。陀螺转子高速旋转时，具有抵抗干扰力矩而保持自转轴相对惯性空间方位稳定的特性，定轴性是二自由度陀螺仪的两个基本特性之一。

陀螺仪所表现出的定轴性，与转子不自转的一般刚体相比有很大区别。在常值力矩作用下，陀螺仪自转轴绕交叉轴（即与外力矩方向相垂直的轴）按等角速度的进动规律运动（漂移），转子轴漂移的角度与时间成正比；一般刚体则绕同轴（即与外力矩同方向的轴）按等角加速度的转动规律偏转，偏转角速度与时间成正比，它转过的角度与时间的平方成正比。这说明陀螺仪降低了外力矩的干扰，即在相同常值外力矩作用下，在经过相同时间后，陀螺仪相对惯性空间的方位改变远小于一般刚体。

（撰写人：孙书祺　邓忠武　审核人：唐文林）

tuoluoyi de jindongxing

陀螺仪的进动性（Precession of Gyroscope）（Прецессия гироскопа）

陀螺仪受外力矩作用时转子轴产生运动，它的运动方向取决于角动量方向和外力矩的方向。在外力矩作用下，转子轴不是绕施加的外力矩方向转动，而是绕垂直于转子轴和外力矩矢量的方向进动，该特性为陀螺仪的进动性，它是二自由度陀螺仪的基本特性之一。

例如，当两自由度陀螺仪绕外框架轴有外力矩作用时，陀螺仪的转子轴绕内框架轴进动；反之，当其绕内框架轴有外力矩作用时，转子轴绕外框架轴进动。

进动规律如图所示：角动量 $\boldsymbol{H}$ 沿最短途径趋向外力矩矢量 $\boldsymbol{M}$ 转动的方向,即为陀螺进动的方向;或者说,从角动量矢量 $\boldsymbol{H}$ 沿最短途径握向外力矩矢量 $\boldsymbol{M}$ 的右手旋转方向,即为进动角速度 $\boldsymbol{\omega}$ 的方向。

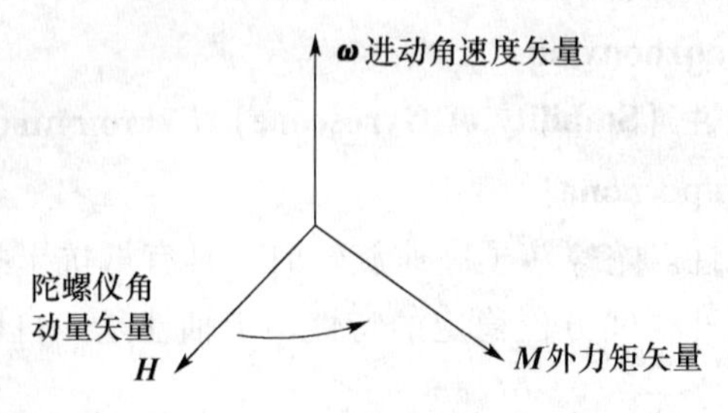

外力矩与进动角速度图

进动角速度的大小，取决于角动量的大小和外力矩的大小。其计算公式为

$$\omega = \frac{M}{H}$$

其矢量表达式为

$$\boldsymbol{\omega} = \frac{\boldsymbol{H} \times \boldsymbol{M}}{H^2}$$

（撰写人：孙书祺　邓忠武　审核人：唐文林）

tuoluoyi de zhangdong

陀螺仪的章动（Nutation of Gyroscope）（Нутация гироскопа）

二自由度陀螺仪受到的干扰力矩是冲击力矩时，自转轴将在原来的空间方位附近作锥形振荡运动，陀螺仪的这种高频微幅的振荡运动通常称为章动。陀螺在受到外力矩作用产生进动时也伴随有章动运动。它不仅与陀螺受冲击作用瞬间初始角速度及仪表结构参数有关，而且与内、外框架所处位置有关，当内、外框架相互垂直时，章动频率最大而振幅最小，陀螺具有较高的稳定性。

章动频率 ω_{n} 表达式为

$$\omega_{\mathrm{n}} = \frac{H}{\sqrt{J_x J_y}} \text{（Hz）}$$

式中　H—— 陀螺角动量；

J_x—— 转子和内框架相对内框架轴的转动惯量；

J_y—— 内框架组件和外框架相对外框架轴的转动惯量。

章动运动在理论上是不衰减的，它的振幅与频率成反比，因此，适当地增大角动量或减小转动惯量，并考虑到框架轴实际存在的摩擦和空气阻尼作用等，章动会迅速衰减下来。

另外，为避免共振，设计时应使章动频率远离仪表壳体的振动频率。

（撰写人：孙书祺　邓忠武　审核人：唐文林）

tuoluoyi de zuni xishu

陀螺仪的阻尼系数（Damping Coefficient of Gyroscope）（Демпфирующий коэффициент гироскопа）

在液浮陀螺仪中，浮子绕输出轴有进动角速度时将受到液体的阻尼，浮子的单位角速度所引起的阻尼力矩称为阻尼系数。

（撰写人：孙书祺　邓忠武　审核人：唐文林）

tuoluoyi dongtai texing

陀螺仪动态特性（Gyro Dynamic Characteristics）（Динамическая характеристика гироскопа）

陀螺仪除具有静态指标要求外，在控制系统中还起着改善系统动态品质的作用，因此其本身的动态特性应满足一定的要求。陀螺仪的动态特性是指，当陀螺仪的输入量随时间按一定规律变化时，陀螺仪的输出响应特性。在工程上一般有两种表示方法，即频率特性表示法和时域过渡过程表示法。

（撰写人：苏　革　审核人：阎跃军）

tuoluoyi ercixiang piaoyi xishu

陀螺仪二次项漂移系数（Acceleration-Square-Sensitive Drift Coefficient of Gyroscope）（Коэффициент дрейфа гироскопа пропорциональього квадрату ускорения）

陀螺仪误差模型（数学模型）中与加速度（或比力）平方成正比例的陀螺系数，该项系数是由于框架系统（浮子组件）沿各轴存在非等弹性（不等刚度）引起的，其大小与重力加速度的平方（包括交叉轴间的加速度的乘积）成比例，用单位重力加速度的平方下的单位时间内自转轴角位移表示，单位为（°）$\cdot h^{-1} \cdot g_0^{-2}$。

（撰写人：孙书祺　审核人：唐文林）

tuoluoyi ganrao liju

陀螺仪干扰力矩（Disturbing Torque of Gyroscope）（Возмущающий момент гироскопа）

作用于陀螺仪内、外框架上（单自由度陀螺仪为浮子上）的有害力矩的统称，它是由摩擦、不平衡、非等弹性、电磁干扰、结构变形、工艺误差等因素引起的，是引起陀螺仪漂移的主要原因，提高陀螺仪精度的中心问题就是减小或消除干扰力矩。

干扰力矩可以分为规律性（系统性）的和随机性的两类，规律性的力矩可以通过测量或分析的方法求得，并可直接或间接地进行补偿。规律性力矩又可分为与加速度无关的和与加速度有关的两类，与加速度无关的有弹性约束力矩、磁性力矩、流体涡流力矩等，与加速度有关的有不平衡力矩、弹性变形力矩、温度误差力矩等。

随机性干扰力矩的数值与变化是无规律的，是规律性力矩中杂散变化和不可预知的输入，如上述规律性力矩中不稳定性等因素引起的，随机性干扰力矩不能完全补偿，在系统应用中，是造成陀螺仪漂移的主要原因。

（撰写人：孙书祺　审核人：唐文林）

tuoluoyi guding zitai piaoyilü

陀螺仪固定姿态漂移率（Fixed State Drift Rate of Gyroscope）

（Дрейф гироскопа в стационарном положение）

将陀螺仪固定在某一位置，使其输入轴保持特定的方位或姿态，此时所测得的陀螺漂移率，它包含陀螺仪在该方位或姿态上有规律的和随机性的两部分漂移率。

（撰写人：孙书祺　审核人：唐文林）

tuoluoyi huifu liju zhuangzhi

陀螺仪恢复力矩装置（Restoring Torque Unit of Gyroscope）

（Устройство формирующее восстанавливающий момент гироскопа）

速率陀螺仪中产生与位移成正比例的并指向平衡位置的力矩装置。常用的恢复力矩装置有三种：

1. 弹簧式恢复力矩装置。弹簧安装方向可以垂直也可以平行于陀螺的旋转轴，它结构简单，调节方便。

2. 扭杆式恢复力矩装置。根据对恢复力矩要求的不同，可以设计成圆柱形和特殊形状的截面。

3. 电磁式恢复力矩装置。它由装在同一轴上的传感器和力矩器组成，传感器输出信号经回路放大器放大后输出给力矩器，产生恢复力矩。电磁式恢复力矩装置没有弹性迟滞，力矩较小。

根据对速率陀螺性能和环境要求的不同，所用恢复力矩装置不同，目前常用的是扭杆式和电磁式恢复力矩装置。

（撰写人：孙书祺 审核人：闵跃军）

tuoluoyi jiaojiasudu lingmindu

陀螺仪角加速度灵敏度（Angular-acceleration Sensitivity of Gyro）（Чувствительность гироскопа к угловому ускорению）

由绕陀螺仪一个轴角加速度引起的漂移率与该角加速度的比值。而绕该轴与角加速度成比例的漂移率可用单位时间内角位移除以每单位时间平方的角位移的量纲系数表示。

（撰写人：孙书祺 审核人：闵跃军）

tuoluoyi jindong jiaosudu

陀螺仪进动角速度（Precession Angular Velocity of Gyroscope）（Прецессионная скорость гироскопа）

按照陀螺仪的进动原理，当陀螺仪有垂直于角动量方向的外力矩作用时，陀螺仪角动量就会绕与外力矩的垂直方向转动，这种转动称之为进动，其转动的角速度叫做进动角速度，如图所示。

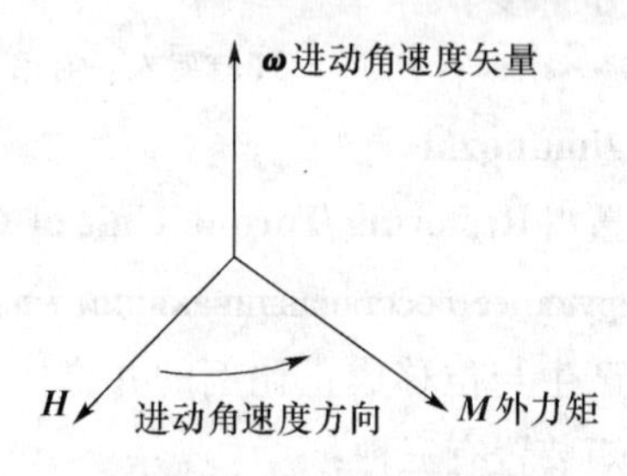

转子进动角速度示意图

进动角速度的大小取决于角动量和外力矩的大小，其一般矢量表达式为

$$\boldsymbol{\omega} = \frac{\boldsymbol{H} \times \boldsymbol{M}}{H^2}$$

利用单自动度陀螺仪的进动性，可以测量载体的角运动。

（撰写人：孙书祺 审核人：唐文林）

tuoluoyi jingdu

陀螺仪精度（Accuracy of Gyroscope）（Точность гироскопа）

陀螺仪在规定的工作条件下误差的极限值，陀螺仪的漂移率是影响陀螺仪精度的主要因素，使用上又主要以漂移率的随机漂移来衡量陀螺仪精度，影响陀螺仪精度的其他因素还有输出信号传感器的分辨率、线性度、磁滞，以及力矩器的线性度和磁滞等。

（撰写人：孙书祺　审核人：唐文林）

tuoluoyi jingtai piaoyi

陀螺仪静态漂移（Static Drift of Gyroscope）（Статический дрейф гироскопа）

放置在静止基座上，在 1 g 重力场下对陀螺仪进行的试验所测得的漂移值为陀螺仪的静态漂移值。

随着测试技术、测试方法的不断改进和陀螺仪性能要求的不断提高，陀螺仪的静态误差模型也在不断完善，通用的静态误差模型的表达式为

$$W_{\mathrm{d}} = D_{\mathrm{F}} + D_O a_O + D_I a_I + D_S a_S + D_{II} a_I^2 + D_{SS} a_S^2 + D_{OO} a_O^2 + D_{IS} a_I a_S + D_{IO} a_I a_O + D_{SO} a_S a_O + E$$

式中　W_{d}——陀螺仪总的漂移率；

a_O, a_I, a_S——沿陀螺仪三轴的加速度分量；

D_{F}——与加速度无关的漂移率系数；

D_O、D_I、D_S——与加速度一次方有关的漂移系数；

$D_{II}, D_{SS}, D_{OO}, D_{IS}, D_{IO}, D_{SO}$——与加速度二次方有关的漂移系数；

E——陀螺仪随机误差。

利用转台和位置翻转法，可以将上述各漂移分量分离出来。

（撰写人：孙书祺　审核人：唐文林）

tuoluoyi kuangjia bupingheng liju

陀螺仪框架不平衡力矩（Gimbal-unbalance Torque of Gyroscope）（Момент небалансирования гироскопической рамки）

单自由度陀螺仪的质心偏离支撑中心，在重力或惯性力作用下

对支撑中心形成干扰力矩，这种偏离的主要原因之一是框架的质心偏离支撑中心而形成的不平衡力矩，它属于规律性力矩，大小与加速度成正比，方向取决于质心偏离的方向和加速度的方向。

为了减小该力矩，框架零、组件需设计成对称、平衡的组件，结构上应采用可调平衡的形式。另外，质心波动与温度变化有直接关系，为了减小温度变化的影响，在设计仪表时需要进行整体的热设计。

（撰写人：孙书祺　邓忠武　审核人：唐文林）

tuoluoyi kuangjia zisuo

陀螺仪框架自锁（Gimbal Lock of Gyroscope）

（Самоарретирование рамки гироскопа）

二自由度陀螺仪的自转轴绕内环轴的进动角度达到 90°，或基座带动外环轴绕内环轴方向的转动角达到 90°，自转轴就与外环轴重合，陀螺仪也就失去了一个转动自由度，这时，绕外环轴作用的外力矩将使外环连同内环一同绕外环轴转动起来，陀螺仪变得与一般刚体没有区别了，这种状态称为陀螺仪框架自锁，它是陀螺仪的一种制约状态。

（撰写人：孙书祺　邓忠武　审核人：唐文林）

tuoluoyi liju fankui shiyan

陀螺仪力矩反馈试验（Torque-feedback Test of Gyroscope）

（Испытание обратной связи момента гироскопа）

又称速率反馈试验，是测试陀螺仪漂移的基本方法之一，力反馈试验时，陀螺仪传感器的输出通过放大器送到相应的力矩器构成力矩反馈回路，使陀螺仪工作在闭路状态，即力矩反馈状态，采用这种状态的测试称为力矩反馈试验，如图所示。

当陀螺仪输出轴 O 有外加力矩（干扰力矩或陀螺力矩）时，相应传感器输出信号经放大器后输给力矩器相应的反馈电流，通过力矩器产生的力矩来平衡由于输入角速度产生的陀螺力矩和引起误差的干扰力矩，在地面试验时，引入输入轴的角速度就是地球自转角速度分量，从力矩器的力矩中减去该角速度引起的陀螺力矩，可以

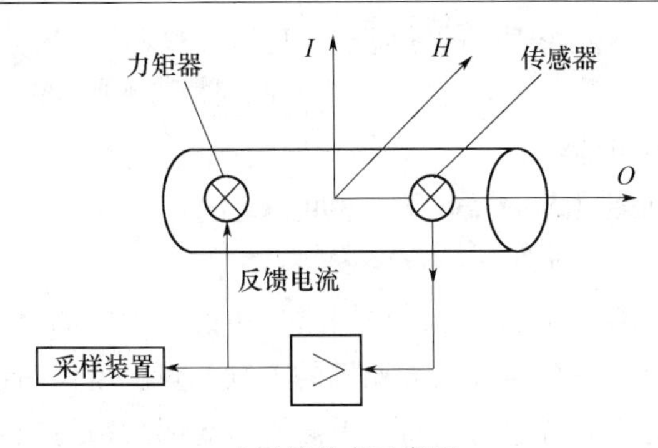

力反馈状态示意图

得出引起漂移的干扰力矩，从而测出陀螺仪的漂移率。

力反馈测试时，传感器的输出始终保持在零位附近，可以进行长时间的试验，并可快速地对陀螺仪各项漂移进行标定，但力反馈法的精度受力矩器线性度等影响，另外要求测试台要有精确定位，以便减小引入角速度的误差。

（撰写人：孙书祺 审核人：唐文林）

tuoluoyi maichong jiaju

陀螺仪脉冲加矩（Pulse Torquing of Gyroscope）（Управление гироскопа импульсным моментом）

回路中的一种施加反馈力矩的方式，脉冲加矩施加到陀螺输出轴的力矩不是连续量，而是某一时间间隔内的平均力矩。脉冲加矩回路中每个大小相等而持续时间固定的脉冲代表一定大小的力矩是预先规定的，只要测得某一时间间隔施加于陀螺力矩器的脉冲数和脉冲极性，就可算出反馈力矩值。脉冲回路的设计任务就是确定最好的施加脉冲的方法。脉冲加矩方法分为二元脉冲加矩和三元脉冲加矩两类，每类又分为断续脉冲加矩和调宽脉冲加矩。

二元脉冲是指正脉冲和负脉冲两种状态，三元脉冲是指正脉冲、负脉冲和零脉冲三种状态。

断续脉冲加矩是输入到陀螺力矩器的电流为幅度和宽度已知的脉冲；调宽脉冲加矩是将输入到陀螺力矩器的电流脉冲宽度调制成

断续量，以便增大陀螺仪的零偏分辨度。

（撰写人：孙书祺 审核人：唐文林）

tuoluoyi moni jiaju

陀螺仪模拟加矩（Analogue Torquing of Gyroscope）（Управление гироскопа аналоговым моментом）

再平衡回路（又称力矩反馈回路）中的一种施加反馈力矩的方式，它的输出是一个与输入成比例的连续变量。当作用于陀螺输出轴上的干扰力矩为常值力矩时，平衡该力矩的反馈力矩是一个与其大小相等方向相反的连续量；当干扰力矩是随机量时，只有在动态滞后角保持最小时，反馈力矩才是一个与变化干扰力矩大小相等而方向相反的连续量。

模拟加矩回路测得的是力矩的瞬时值，总精度与模拟数字转换过程和分辨度有关，模拟加矩线路简单，但零偏稳定性差，线性误差较大。在数字技术发展之前，大多采用模拟加矩回路，由于数字计算技术能快速而灵活地进行数字处理，因而近年来脉冲加矩方式得到了广泛应用，但在研究瞬时变化过程的某些试验中仍然应用模拟加矩回路。

（撰写人：孙书祺 审核人：唐文林）

tuoluoyi moca liju

陀螺仪摩擦力矩（Friction Torque of Gyro）（Момент трения гироскопа）

由陀螺仪框架（浮子）的支撑轴承或轴颈的摩擦、滑动或滚动作用产生的力矩的统称，它的方向与转动方向相反，大小取决于接触的正压力、接触半径、摩擦系数、润滑方式等。某些仪表采用电刷式输电装置、电位器传感器、换向器等，在电刷与滑环滑动时也会产生摩擦力矩。

摩擦力矩属于随机性力矩是引起陀螺仪漂移的主要原因之一，为提高精度，应减小轴承及其他活动部件的摩擦力矩。某些陀螺仪采用了液浮、气浮、磁悬浮、静电等支撑，目的是减小或消除摩擦力矩，取得高精度。

（撰写人：孙书祺 审核人：唐文林）

tuoluoyi piaoyi de shuxue moxing

陀螺仪漂移的数学模型（Gyroscope Drift Mathematical Model）（Математическая модель дрейфа гироскопа）

描述典型力学原理的陀螺仪的输出、输入和误差间的关系的数学方程式，也就是用数学的形式来描述陀螺仪漂移率的物理特性，通常用一个与加速度有函数关系的级数来表示，表达式为

$$D = D_F + D_I a_I + D_S a_S + D_O a_O + D_{IS} a_I a_S + a_{IO} a_I + D_{SO} a_S a_O + D_{OO} a_O^2 + D_{II} a_I^2 + D_{SS} a_S^2 + E$$

式中 a_I, a_O, a_S—— 作用于陀螺仪上的加速度；

D—— 陀螺仪综合漂移率；

D_F—— 与加速度无关的漂移率；

D_I, D_S, D_O—— 沿输入轴、自转轴和输出轴与加速度一次方成比例的漂移系数；

$D_{IS}, D_{IO}, D_{SO}, D_{OO}, D_{II}, D_{SS}$——沿输入($I$)轴、自转($S$)轴和输出($O$)轴中的两轴与加速度二次方成比例的漂移系数；

E—— 随机漂移。

（撰写人：孙书祺　审核人：唐文林）

tuoluoyi piaoyilü

陀螺仪漂移率（Gyroscope Drift Rate）（Скорость дрейфа гироскопа）

陀螺仪的输出量相对于理想输出量的偏差的时间变化率，是在外干扰力矩作用下，陀螺仪自转轴在单位时间内相对惯性空间（或给定方位）的偏差角，单位为（°）/h。

漂移率是衡量陀螺仪精度的主要指标，漂移率越小，陀螺仪精度越高，随着航天技术的发展，对惯性导航的精度要求越来越高，要满足这一要求，进一步降低陀螺仪漂移率仍是核心问题。目前机械陀螺仪采用液浮支撑、静压和动压气浮支撑、静电支撑等都是为了降低干扰力矩，以提高陀螺仪精度。

（撰写人：孙书祺　审核人：唐文林）

tuoluoyi pindai kuandu

陀螺仪频带宽度（Gyroscope Frequency Bandwidth）（Полоса частот гироскопа）

速率陀螺仪输出角速度幅度与输入角速度幅度之比随输入角速度频率增大而衰减变化，其比值达到0.707时的频率，又称陀螺带宽或通频带。

测定陀螺仪系统闭环对数幅频特性曲线，其 -3 dB 放大系数下所对应的频率范围，即定义为陀螺仪的频带宽度。

陀螺带宽是描述陀螺系统动态性能的一个重要参数。它表征陀螺系统响应速度和复现输入信号的能力。带宽愈宽则系统的动态响应愈快，但带宽过大又会降低系统抗高频干扰的能力。陀螺带宽的宽、窄设计，应视具体应用情况和要求折中考虑确定。

（撰写人：王舜承　审核人：孙肇荣）

tuoluoyi shuchu cankaozhou

陀螺仪输出参考轴（Output Reference Axis of Gyroscope）（Базовая ось выхода гироскопа）

又称输出基准轴（ORA），它相对陀螺壳体是固定的，输出参考轴与输出轴重合。

（撰写人：孙书祺　审核人：唐文林）

tuoluoyi shuchuzhou

陀螺仪输出轴（Output Axis of Gyroscope）（Выходная ось гироскопа）

与陀螺自转轴和输入轴平面相垂直的轴，该轴用来支撑陀螺组件，单自由度陀螺仪的输出轴（*OA*）通常装有传感器和力矩器，陀螺浮子（框架组件）绕该轴有一个自由度，二自由度陀螺仪的外框架轴和内框架轴起输入、输出的双重作用。

（撰写人：孙书祺　审核人：唐文林）

tuoluoyi shudian zhuangzhi

陀螺仪输电装置（Electricity Transmitting Unit）（Токоподводящее устройство гироскопа）

给陀螺仪中相对壳体和框架有转动的部件之间传输能源和信号的装置，要求它既能保证部件之间灵活的转动自由度，又能使得由它引起的阻力力矩或摩擦等干扰力矩减到最小，且结构简单，工作可靠。

常用的输电装置主要有两类：产生的干扰力矩与框架转角成正比的，如软导线、导电游丝等，它产生的弹性力矩与浮子（框架组件）的转角成正比，主要用于转角较小的场合，如单自由度陀螺仪采用导电游丝给浮子组件输电。另外一类为产生的干扰力矩为摩擦力矩，如滑环式、中心触点式等，它主要用于转角不受限制的场合，如陀螺加速度计的进动轴给陀螺组件采用滑环式输电。滑环式输电装置转角不受限制，但有摩擦力矩。

中心触点式输电装置要求触点与轴心严格同心，摩擦力矩小，但调整困难，应用较少。

为了减小阻尼力矩和摩擦力矩，还有一种电磁耦合的无接触式的输电装置，它的体积相对较大且只能传输交流电，应用较少。

（撰写人：孙书祺　审核人：唐文林）

tuoluoyi shuru cankaozhou

陀螺仪输入参考轴（Input Reference Axis of Gyroscope）（Базовая ось входа гироскопа）

又称输入基准轴（IRA），它与自转参考轴相垂直，相对壳体是固定的，在输入角度为零时，输入参考轴与输入轴重合，也就是说名义上两轴平行。

（撰写人：孙书祺　审核人：唐文林）

tuoluoyi shuruzhou

陀螺仪输入轴（Input Axis of Gyroscope）（Входная ось гироскопа）

与自转轴和输出轴相垂直的轴，陀螺仪绕该轴旋转时，引起的输出量最大，即图中的 *IA* 轴。

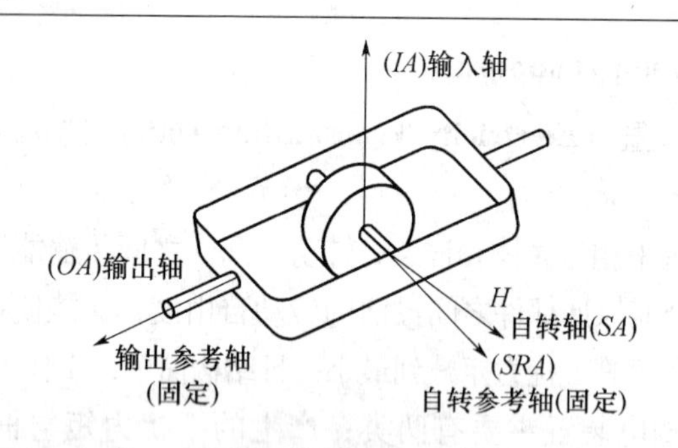

输入轴参考图

（撰写人：孙书祺　审核人：唐文林）

tuoluoyi sifu huilu

陀螺仪伺服回路（Servo-loop of Gyroscope）（Сервоконтур гироскопа）

由陀螺仪表体和给表体中力矩器施矩的电子线路构成的回路称为伺服回路，又称再平衡回路。

以单自由陀螺仪为例：当陀螺仪敏感角速度或输出轴存在干扰力矩时，陀螺信号传感器偏离零位，输出与其成比例的电压信号，该信号经电子线路放大、滤波、解调和频率补偿等处理后，输出力矩器所需的电流，该电流使力矩器产生平衡上述输入或干扰的力矩，达到力矩平衡的效果。

再平衡回路一般由恒流源、电压源、陀螺仪、电流开关、模拟信号处理器、比较器和数字电路、时钟脉冲电路以及分频器等部分组成。

再平衡回路有模拟加矩和脉冲加矩两种基本形式。加矩方法的主要指标包括：零偏稳定性、刻度因数稳定性、线性度和分辨率等。另外，频率响应、动态误差等动态特性也应考虑。

（撰写人：孙书祺　审核人：闵跃军）

tuoluoyi sifu shiyan

陀螺仪伺服试验（Servo Test of Gyroscope）（Сервоиспытание гироскопа）

陀螺仪安装在伺服转台上，其传感器的输出通过放大器送到伺服转台的力矩电机上，力矩电机驱动转台转动，用以测试陀螺仪的漂移系数、随机漂移、指令速率标度因数等，这种方法也是测试陀螺漂移的基本方法之一，可分为单轴伺服和双轴伺服两类。原理如图所示。

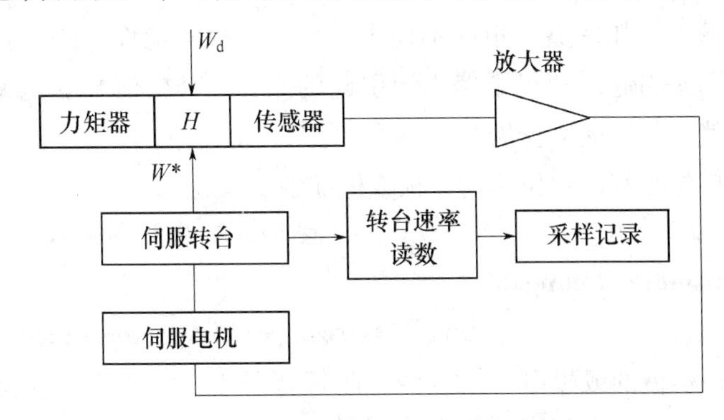

伺服试验原理框图

W_d—速率输入＋陀螺漂移；W^*—转台角速度

实际测试时，由于转台的基座是固连在地球上，这样转台对惯性空间的角速度还包含了地球自转角速度在转台转轴上的分量（称为牵连输入）这时作用于转台上的输入包括两部分：1）地速在转台轴上的分量；2）陀螺仪输出轴上作用的干扰力矩引起（即漂移引起的）的转台转动角速度。因此在伺服试验时只要测出转台相对于地球的转动角速度，扣除地速分量后即可求得陀螺仪的漂移速度。

伺服法试验时不是直接测角速度，而是测其积分，一般采用两种记录方法。一种是定时测角，另一种是定角测时。由于测量时间的精度很高，通常采用定角测时的方法，以便提高测试精度。

伺服法相对力反馈法而言，测试数据多，测量精度高，但需要昂贵的精密伺服转台，且测试时间较长。

（撰写人：孙书祺　审核人：唐文林）

tuoluoyi suiji piaoyi

陀螺仪随机漂移（Gyroscope Random Drift）（Случайный дрейф гироскопа）

陀螺仪受到外干扰力矩引起漂移，干扰力矩分规律（系统）性和随机性两类。规律性干扰力矩引起的漂移为系统性漂移，可以通过分析和测量方法求得数值大小和确定其规律性，使用时可以进行补偿，随机性的干扰力矩可以看做规律性力矩中的散杂变化和不可预知的输入，如摩擦力矩的不稳定性、平衡的不稳性、磁干扰不稳定性等因素引起。随机干扰力矩引起的漂移，其数值和变化无一定规律，使用时不能完全补偿，这种漂移是标定陀螺仪精度的主要指标，用单位时间内角位移均方根或标准偏差来表示。

（撰写人：孙书祺　审核人：唐文林）

tuoluoyi suojin zhuangzhi

陀螺仪锁紧装置（Caging Unit of Gyroscope）（Арретир гироскопа）

一种机械的或机电相结合的把陀螺转子锁定在所需的起始位置的装置，对陀螺仪起定位作用，同时防止陀螺仪在运输时框架发生随意的碰撞。

锁紧装置有电动、气动和手动等，一般包括定位件和传动机构两部分。

（撰写人：孙书祺　审核人：唐文林）

tuoluoyi tanxing liju

陀螺仪弹性力矩（Elastic Torque of Gyroscope）（Упругий момент гироскопа）

一种约束力矩，它与转角的大小成比例，方向与其相反，其表达式为

$$T_e = K\theta$$

式中　K—— 弹性约束系数(dyn · cm/rad)；

　　θ—— 浮子(或框架) 与壳体的转角(rad)。

陀螺仪中常用弹性力矩与陀螺力矩相平衡的原理来测量输入量的大小，如在角位移速率陀螺仪中用机械扭转弹簧或弹性扭杆产生弹性力矩与陀螺力矩平衡，以测量输入角的大小；在力平衡速率陀螺系统中，由角度传感器、放大器和力矩电机组成一个等效的“电弹簧”，在稳态时由它产生的弹性力矩平衡陀螺力矩。

陀螺仪中常用来产生弹性力矩的元件有：机械弹性元件（扭转弹簧等）和由电磁元件、电气元件组成的反馈控制回路“电弹簧”两种。

（撰写人：孙书祺 审核人：唐文林）

tuoluoyi wendu xishu

陀螺仪温度系数（Temperature Coefficient of Gyroscope）（Температурный коэффициент гироскопа）

陀螺仪各项性能与温度变化有直接关系，在温度变化 1 ℃时引起的陀螺仪漂移量定义为陀螺仪的温度系数。单位为（°）$\cdot h^{-1}\cdot$℃。

（撰写人：孙书祺 邓忠武 审核人：唐文林）

tuoluoyi xiuzheng liju

陀螺仪修正力矩（Corrective Torque of Gyroscope）（Корректирующий момент гироскопа）

为使转子轴（自转轴）按预定的规律进动而施加在陀螺仪上的控制力矩。用来产生修正力矩的装置很多，如：陀螺地平仪上为使自转轴保持垂直位置，常采用摆式敏感元件和力矩执行元件组成修正装置，摆式元件常用液体开关（又称液体电门）、水银开关（又称水银电门），力矩执行元件通常采用扁环形力矩电机（修正电机）或弧形力矩电机等；航向陀螺仪上，为使自转轴保持稳定的方位，也常采用摆式敏感元件，摆式敏感元件一般用在运输机上或平直飞行的轰炸机上，而在飞行机动性较大的歼击机上，则用换向器或感应式的、光电式的传感器为敏感元件，执行元件通常也是修正电机等。

根据使用要求，采用不同敏感元件和不同的执行元件的组合，可以得到不同的修正方案。

（撰写人：孙书祺 审核人：唐文林）

tuoluoyi yaobai piaoyi

陀螺仪摇摆漂移（Gyroscope Wobbling Drift）（Дрейф гироскопа под качкой）

单自由度陀螺仪在其基座有角振动时引起的陀螺漂移。角振动引起的陀螺漂移通常也称锥形效应，当刚体绕定点运动时，如果有同频率异相位的交变角振动同时加在两个正交轴上，则该刚体将绕其第三轴产生非零均值的角速度，对于单自由度陀螺仪而言，当在输出轴和自转轴（H轴）有同频率异相位的振动时，则陀螺仪的输入轴有非零均值的角速度输入，输入轴的运动便会描绘出一个锥形，陀螺仪敏感到一个由运动所引起的漂移速度，这是正交角振荡运动整流的结果。

陀螺仪摇摆漂移不但与角振动幅度有关也与角振动的相位和频率有关，改变陀螺设计，如：改变陀螺增益；提高回路放大倍数和角动量H使陀螺输出角β减小；减小浮子的不等惯量等措施可以减小这种漂移，但不能完全消除。

（撰写人：孙书祺　审核人：唐文林）

tuoluoyi yicixiang piaoyi xishu

陀螺仪一次项漂移系数（Acceleration-sensitive Drift Coefficient of Gyroscope）（Коэффициент дрейфа гироскопа пропорционального ускорению）

陀螺仪误差模型（数学模型）中与加速度（或比力）成正比的漂移系数，也就是与加速度一次方成比例的漂移系数，即在单自由度陀螺仪中的D_I, D_S, D_O其中：

D_I—— 加速度沿I轴作用时引起的漂移系数；

D_S—— 加速度沿S轴作用时引起的漂移系数；

D_O—— 加速度沿O轴作用时引起的漂移系数。

用单位重力加速度作用下单位时间内自转轴偏离惯性空间的角位移来表示，单位为$(°) \cdot h^{-1} \cdot g_0^{-1}$。

引起该项漂移的主要因素有：质量不平衡及随时间变化引起的干扰力矩；在液浮陀螺仪中，陀螺仪两端温度梯度所产生的力矩（液体的对流力矩、浮子质心和浮子浮心移动所产生的力矩）；温度梯度随时间的变化所产生的力矩；陀螺元件平均温度变化及转子电压变化所产生的力矩等。

（撰写人：孙书祺　审核人：唐文林）

tuoluoyi yuanzhui yundong

陀螺仪圆锥运动（Conical Precession of Gyroscope）（Коническое движение гироскопа）

又称自然规则运动，如陀螺摆、玩具陀螺等。当陀螺具有瞬时角速度矢量且与 $\boldsymbol{H}$ 矢量及转子自转轴不重合时，外力矩 M 引起的进动使自转轴也会作圆锥运动，如图 1 所示。

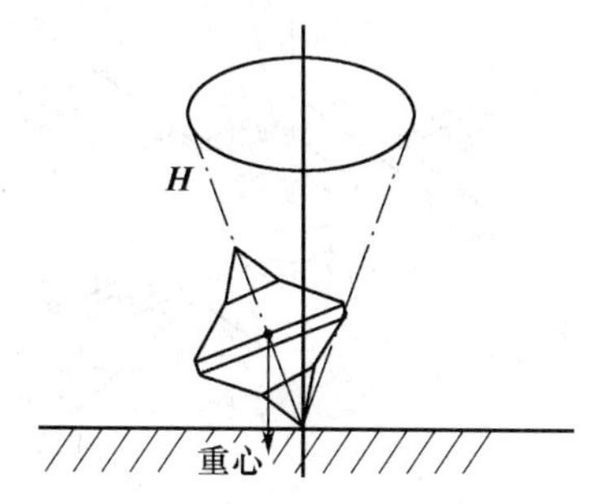

图 1　玩具陀螺的圆锥运动

根据进动定律

$$\boldsymbol{u} = \frac{a\boldsymbol{H}}{aT} = \boldsymbol{M}$$

陀螺作圆锥运动是支点与重心不重合而产生的重力矩 $\boldsymbol{M}_g$ 而引起的进动角速度所形成。

对于二自由度陀螺而言，当陀螺仪有相对角位移，如图 2 所示。其外环轴 Y 相对壳体有转动角速度 $\dot{\alpha}$、角位移为 α；内环轴 X 负向相对壳体有转动角速度 $\dot{\beta}$，角位移 β 时，陀螺仪又存在弹性约束，此时，弹性约束所产生的弹性力矩的方向垂直于自转轴 H 偏离的平面，根据陀螺仪进动原理，H 离开原来的偏离平面出现新的偏离平面，同时，弹性力矩随之改变方向垂直于新的偏离平面，H 进动又离开新的偏离平面，弹性力矩随之又改变方向，这样的过程不断出现，使得自转轴 H 在空间不断改变进动方向而描绘出圆锥面轨迹，这种运动通常称为陀螺仪的圆锥运动，圆锥顶点在环节支点上，顶角等于两部初始偏角，锥形进动的角频率为

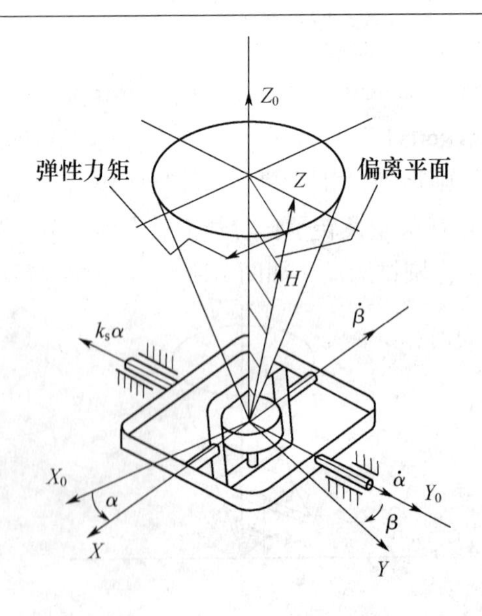

图 2 弹性力矩作用下陀螺仪的圆锥运动

$$\omega_c = k_s / H$$

式中 k_s—— 弹性约束系数。

周期为

$$T_c = \frac{2\pi}{\omega_c} = 2\pi H / k_s$$

圆锥运动会引起陀螺的漂移，因此二自由度陀螺仪在应用中应使弹性约束减到最小，或采取补偿办法消除弹性约束。

（撰写人：孙书祺 审核人：唐文林）

tuoluoyi zengyi

陀螺仪增益（Gain of Gyroscope）（Усиление гироскопа）

即陀螺仪静态放大系数。

单自由度陀螺仪在静态时其输出角 $\beta_{输入}$ 与输入角 $\theta_{输入}$（输入角速度 $\omega_{输入}$）之比值。

积分陀螺仪在静态时的传递系数在数值上等于角动量与阻尼系数 C 之比，即

$$\frac{\beta_{输出}}{\theta_{输入}} = \frac{H}{C}$$

式中 $\frac{H}{C}$ —— 积分陀螺仪的增益。

速率陀螺仪在静态时的传递系数即为速率陀螺仪的增益，数值上等于角动量与弹性约束系数 K 之比，即

$$\frac{\beta_{输出}}{\omega_{输入}} = \frac{H}{K}$$

式中 $\frac{H}{K}$ —— 速率陀螺仪的增益。

（撰写人：孙书祺　审核人：唐文林）

tuoluoyi zhendong piaoyi

陀螺仪振动漂移（Gyroscope Vibration Drift）（Дрейф гироскопа при вибрации）

由于陀螺仪结构上存在不等弹性，在基座线振动时引起陀螺仪质心偏移和结构变形，产生的漂移，该漂移与加速度的平方成比例。

在线振动作用下，陀螺仪各部件都将承受载荷，由于结构上的不等弹性，质心偏离支撑中心，质心偏离后又感受加速度作用，产生非等弹性力矩，引起陀螺仪的漂移。

用振动试验来确定陀螺仪对线加速度的频率响应，当振动频率与陀螺仪某些构件的固有频率接近（或相等）时，通常称之为“共振”，这时陀螺仪振动漂移会达到很大量级，因此在使用陀螺仪时，要研究载体的振动情况，采取有效措施，如结构设计时使构件的固有频率避开载体的振动频率，或采取有效的防振措施，以减小振动漂移，并尽量提高陀螺仪的结构刚度，实现等弹性设计。

（撰写人：孙书祺　审核人：唐文林）

tuoluoyi zhicheng zhuangzhi

陀螺仪支撑装置（Gyroscope Suspension Unit）（Подвес гироскопа）

在机械式陀螺仪中，支撑陀螺转子和内、外框架（浮子组件）并使其能绕相应轴旋转的装置。采用不同的支撑装置直接关系到陀

螺仪精度，随着陀螺仪精度的提高，陀螺转子支撑常采用精密滚珠轴承和动压气浮支撑等，以保证转子高速旋转和质心精确定中，在不同环境条件下，不会出现轴向和径向间隙。框架（浮子）支撑常采用滚珠轴承、宝石轴承、液浮支撑、气浮（静压、动压）支撑以及静电支撑、电磁支撑等，在保证旋转自由度和精确定中心时，摩擦力矩等干扰因素降至最小，提高陀螺精度。

（撰写人：孙书祺　审核人：唐文林）

tuoluoyi zizhuan cankaozhou

陀螺仪自转参考轴（Spin Reference Axis of Gyroscope）（Базовая ось собственного вращения гироскопа）

又称自转基准轴（SRA）。陀螺电机的自转轴相对壳体是固定的，当自转轴相对壳体的角位移等于零时（陀螺的输出为零时），自转轴与自转参考轴相重合，也就是说当陀螺仪工作在零位附近（几个角秒以内）时，往往把自转参考轴看做自转轴。

（撰写人：孙书祺　审核人：唐文林）

tuoluoyi zizhuanzhou

陀螺仪自转轴（Spin Axis of Gyroscope）（Ось собственного вращения гироскопа）

又称转子轴。在机械式陀螺仪中，高速旋转的陀螺电机（转动刚体）的旋转轴，通常称为自转轴。详见参考图如图所示。

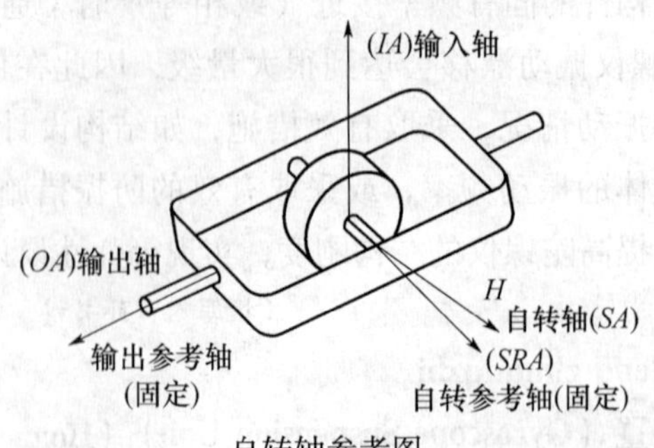

自转轴参考图

（撰写人：孙书祺　审核人：唐文林）

tuoluoyi zunibi

陀螺仪阻尼比（Damping Ratio of Gyroscope）（Степень демпфирования）

速率陀螺仪动态相对误差与达到稳定状态的时间有关，阻尼比就是衡量稳定时间大小的参数之一，其表达式为

$$D = \frac{K_C}{2J_X\omega_n}$$

式中 D—— 阻尼比；

K_C—— 阻尼器的阻尼系数；

J_X—— 框架组件绕输出轴的转动惯量；

ω_n—— 速率陀螺仪的自振角频率。

工程上，阻尼比一般选在 0.5～0.8 之间，使速率陀螺可以得到较好的动态品质。

（撰写人：孙书祺　审核人：唐文林）

tuoluo zuni liju

陀螺仪阻尼力矩（Damping Torque of Gyroscope）（Демпфирующий момент гироскопа）

一种约束力矩，其值与浮子（框架组件）相对壳体的角速度成比例，作用方向与转动方向相反，表达式为

$$T_d = C\dot{\theta}$$

式中 C—— 阻尼系数[(dyn · cm)/(rad · s^{-1})]；

$\dot{\theta}$—— 浮子(框架）与壳体之间的相对角速度(rad/s)。

在速率陀螺仪中，用阻尼力矩来减小浮子（框架组件）的振荡，使其很快进入稳定状态。

在积分陀螺仪中，阻尼力矩作为工作力矩，与陀螺力矩相平衡，测量输入角速度的大小。此时要求阻尼系数保持稳定，不同的陀螺仪对阻尼力矩的要求也不同：或稳定，或减小。

（撰写人：孙书祺　审核人：唐文林）

tuoluoyi zuni xishu

陀螺仪阻尼系数（Damping Coefficient of Gyroscope）（Коэффициент демпфирования гироскопа）

陀螺仪的转子组件（或浮子组件）绕其输出轴发生角运动时，其周围介质及材料对其单位角速率产生的阻尼力矩。

单自由度液浮陀螺仪和带有阻尼器的单自由度陀螺仪，其浮子周围的液体或阻尼器结构及介质会在浮子绕其轴线有角运动时，对其产生阻尼力矩。这种阻尼有助于衰减浮子角运动的振荡特性，利于浮子运动的稳定。阻尼系数也是陀螺仪输出传递系数的一个重要组成因素，要求其在工作温度变化的范围内保持不变或在允许的范围内变化。

两自由度动力调谐陀螺仪的转子绕输出轴作角运动时，其内、外挠性支撑的材料内耗和转子周围气体及电磁涡流等，会对转子形成阻尼力矩。这种阻尼一般对陀螺形成有害干扰力矩，会引起陀螺漂移。实际应用中，常将陀螺壳体内空气抽空并充以少量的氢气或氦气以降低阻尼系数，提高陀螺仪精度及漂移稳定性。

（撰写人：王舜承　审核人：孙肇荣）

tuoluo zhuanzi

陀螺转子（Gyroscope Rotor）（Ротор гироскопа）

在机械陀螺中，又称陀螺马达，是用来提高陀螺仪所需角动量的，其核心部位是一个绕自转轴高速旋转的旋转体，通常由陀螺电机驱动，也有用其他方法驱动的，如高压气体驱动等。陀螺电机有磁滞同步电机和异步电机，磁滞同步电机驱动的转子转速可达30 000 r/min。为减小高速旋转时轴承的摩擦、噪声等，转子轴承采用高精度滚珠轴承和动压气浮轴承等无接触的长寿命轴承。

（撰写人：孙书祺　审核人：唐文林）

tuoyuan pianzhenyi

椭圆偏振仪（Elliposometer）（Эллиптический поляризатор）

以测量光束偏振态的变化为基本原理的光学仪器，可用于测量薄膜的厚度、折射率等。

（撰写人：郭　宇　审核人：王　轲）

waice

外测（Exterior Ballistic Measuring）（Измерение внешней баллистики）

枪、炮弹丸出膛，导弹与火箭离开发射架或发射筒后的飞行弹道称为外弹道，利用弹道测量设备（包括光学、雷达及导航卫星等）对它们的飞行轨迹及运动参数进行测量，称为外弹道测量，简称外测。

外测从外部直接、客观地测量导弹的位置和运动速度，可以检验制导精度。对于惯性制导的导弹，既可以检验惯性制导系统的精度，还可以用来分析系统中各项误差在实际飞行中的表现，是误差辨识和建模、验模的重要手段。

（撰写人：程光显　审核人：杨立溪）

waijie zhenyuan

外界振源（External Vibration Source）（Внешний источник вибрации）

除本机床或试验设备以外的，因其他机床、设备（如火车、汽车）等的运动通过本机床或设备地基传给机床或设备的振动。外界振源所引起的振动会使交试仪表（产品）处于振动的环境中，其输出特性发生变化也影响精密机床的加工质量和仪器的正常使用。可采取提高工艺系统的刚度及采用阻尼消振装置，将振源与机床仪器隔离等途径解决。

（撰写人：刘建梅　审核人：易维坤）

weichuliqi dianlu

微处理器电路（Micro Processor Circuit）（Микропроцессорная схема）

一种广泛应用的 CPU 电路，常用于数字化惯导系统、惯性测量装置和测试系统中。

微处理器电路是具有中央处理功能，且由一块或多块大规模集成电路组成的处理器。这种处理器大多为微程序控制。其配置有单片或多片形式，包括通用寄存器、堆栈、中断逻辑、接口逻辑和存储器选择逻辑等。它具有运算和控制能力，是组成微型计算机的主要部件。世界上最早的微处理器是 1971 年由 Intel 公司设计制造的 4004。

（撰写人：黄　钢　审核人：周子牛）

weidong tongbuqi

微动同步器（Microsyn）（Микросин）

微动同步器可分为角度传感器和力矩发生器两种用途使用。

微动同步器由定子和转子组成，定子和转子均为扁平环状，其上分别有若干个沿径向均匀排列的凸出的齿（也称为极），一般定子上的齿数为转子齿数的2倍。在定子齿上绕有若干绕组，在角度传感器上的为激磁绕组和输出绕组；在力矩发生器上的为激磁绕组和控制绕组。在应用中，应使定、转子径向同轴、轴向对中安装。

微动同步器作为角度传感器应用时，在一个转子齿与两个定子齿隔着气隙对应面积相等的情况下（这时，这两个气隙的磁阻相等），当激磁绕组按要求通电后，其输出绕组所感应输出的差动电势（压）为零，将此位置定义为该传感器的零位，以此点为准，顺时针或逆时针转动转子，使转子齿与两个定子齿对应面积不再相等（这时，这两个气隙的磁阻有了差值），则传感器所感应输出的差动电势（压）也不再为零，其大小与转子转动离开零位角度的大小成正比，输出电势的相位在零位两侧是相反的。微动同步器式角度传感器是一种转角有限的线性角度传感器，为提高输出线性度和灵敏度，一般将其作成多极形式，常见的有4极、8极、12极、16极等。另外，还有一种电路连接为磁通差动形式的微动同步器式角度传感器。

微动同步器作为力矩发生器应用时，在激磁电流与控制电流的共同作用下，使定子对转子产生径向力偶，因而，转子便有了绕轴旋转的力矩。激磁电流与控制电流既可以是交流，也可以是直流。其中激磁电流一般为恒定电流，力矩的大小由控制电流来调节。当控制电流为零时，产生的力矩也为零；控制电流不为零时，便有力矩随之输出，力矩的方向根据控制电流的极性或相位而变。微动同步器式力矩发生器也属于线性力矩发生器，在小角度范围内（由于极数的不同，范围也不同），其输出力矩的大小基本只随控制电流的变化而线性地改变。根据需要，微动同步器式力矩发生器也可以有多种极数选择。

微动同步器由于结构简单，安装方便，对使用环境要求不高，特别是其转动部分无引线的优点，在小角度测量和小力矩输出的场合中有广泛的应用；在惯性仪表中也有它们的踪影，如在速率陀螺中作为角度传感器，在加速度计中作为力矩发生器使用等。

（撰写人：陈玉杰　审核人：李建春）

weijidian guanxing yibiao

微机电惯性仪表（Micro-electro-mechanical Inertial Instruments）

（Микроэлектромеханический инерциальный прибор）

无机械运动的微型集成化惯性仪表，如集成化的光纤陀螺或力传感器，是20世纪80年代以来采用新兴的MEMS技术研制和开发的微小型化惯性仪表。根据所用基体材料的不同，分为硅微惯性仪表和石英谐振类惯性仪表。硅微惯性仪表包括：硅微机械陀螺仪、硅微机械加速度计及其组成的硅微型惯测组合。石英谐振类仪表包括：石英振梁式加速度计、石英谐振式陀螺仪。与传统的惯性仪表相比微机电惯性仪表具有以下特点：

1. 体积小、质量轻、功耗低。微机电惯性仪表都是通过半导体加工工艺制作的，整个芯片不仅体积小，而且质量轻。

2. 适合大批量生产、成本低。由于采用半导体工艺批量制作，一片3英寸或4英寸的硅片上可以制作成百上千个微惯性器件。当采用成熟工艺、大批量生产时，成品率很高，器件的成本就微不足道了。这时，微型惯性仪表的成本将取决于封装、测试和ASIC。当实现真正意义上的机电一体化后，其成本将会大大降低。

3. 可靠性好。可靠性的提高来源于三个方面，一是因为没有高速旋转的转子和相应的支撑系统，所以寿命长、抗冲击，甚至可以承受100 000 g 以上的冲击；二是因为它体积小、质量轻、成本低，所以特别适合于采用冗余配置方案，使可靠性进一步提高；三是因为集成度高，可将惯性器件和电子线路集成在同一芯片上，减少干扰，提高可靠性。

4. 易于数字化和智能化。微机电惯性仪表多数可以制成频率输出形式，能对输出信号进行全数字处理，消除了因 A/D 或 V/F 变换而引入的误差，同时也便于应用微处理器进行信号处理，对输出信号进行补偿。

5. 测量范围大。传统的加速度计，由于检测质量较大，不宜测量高 g 的加速度；而微机械加速度计，其检测质量很小，可以用来进行高 g 测量。

微机电惯性仪表具有以上的优点，是未来惯性仪表的发展方向之一。

（撰写人：王　巍　审核人：赵采凡）

weijidian jiasuduji

微机电加速度计（Micro-electro-mechanical Systems Accelerometer）（Микроэлектромеханический акселерометр）

一种采用半导体批生产工艺加工微结构，并集成相关信号处理电路的微惯性器件。主要用来测量载体的加速度，并可通过积分，提供速度和位移的信息。与传统惯性器件相比，微机电加速度计具有体积小、质量轻、功耗小、启动快、成本低、可靠性高、易于实现数字化和智能化等优点，在军民两用方面有着广泛的应用前景。

微机电加速度计的类型较多，按检测质量的运动方式来分，有角振动式和线振动式加速度计；按检测质量支撑方式来分，有扭摆式、悬臂梁式和弹簧支撑方式；按信号检测方式来分，有电容式、电阻式和压电式；按控制方式来分，有开环式和闭环式。

微机电加速度计敏感加速度的原理仍与一般的加速度计相同。为了说明其工作原理，下面列举一种具有代表性的微机电加速度计——硅微挠性加速度计,其典型方案如图所示。硅微挠性加速度计采用闭环工作方式,它利用力平衡回路产生的静电力（或力矩）来平衡加速度引起的作用在检测质量上的惯性力（或力矩）。当无加速度输入时，两个电容器极板的间隙相等，电容量相等。当有加速度 a 输入时，检测质量受惯性力作用，对挠性支撑形成惯性力矩，惯性力矩使检测质量偏转，导致电容器 1 极板的间隙增大，电容 C_1 减小；而电容器 2 极板的间隙减小，电容 C_2增大。电容差值 ΔC 作为控制信号，经电子线路形成控制电压 ΔU，这个控制电压可作为输

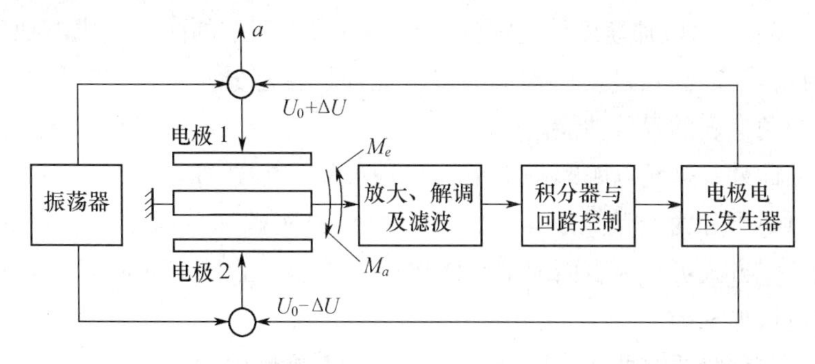

硅微挠性加速度计的一种典型方案

入加速度的量度。在电极 1 和电极 2 上均施加有偏置电压 U_0。在控制电压 ΔU 作用下，使电极 1 上的电压增大，变为 $U_0+\Delta U$，从而静电吸力增大；而电极 2 上的电压减小，变为 $U_0-\Delta U$，从而静电吸力减小。这两个静电吸力所形成力矩的合力矩即为静电力平衡回路所产生的静电力矩。

（撰写人：刘海静　审核人：赵采凡）

weijidian tuoluoyi

微机电陀螺仪（Micro-electro-mechanical Systems Gyroscope）

（Микроэлектромеханический гирокоп）

利用哥氏效应，采用微机电加工技术（MEMS）制造而成的陀螺仪。按工作原理可分为以下 3 种。

1. 振动式微机电陀螺，利用单晶硅或多晶硅制成的振动质量在被基座带动旋转时的哥氏效应感测角速度，称为速率陀螺仪或角速率传感器。多采用平面电极或梳状电极静电驱动，并用平板电容器进行检测。为了增大驱动，提高输出灵敏度，也有用压电晶体或电磁驱动的。若按振动构件的不同，这种陀螺仪又有平板、棒、音叉、圆环和框架之分。按振动的方式可分为角振动和线振动。

2. 转子式微机电陀螺，其转子由多晶硅制成，采用静电悬浮，

并通过力矩再平衡回路测出角速度，从功能看，它属于双轴速率陀螺仪。

3. 微机电加速度计陀螺仪，这是由参数匹配的两个微机电加速度计作反向高频抖动而构成的多功能惯性传感器，它兼有测量加速度和角速度的双重功能。

此外，微机电陀螺按激振原理可分为压电式、静电式和电磁式；按材料可分为石英微机电陀螺、硅微机电陀螺和金属微机电陀螺；按加工方式可分为表面加工、体加工、混合加工、LIGA 技术和超精密机械加工等。

与传统的惯性转子陀螺相比，微机电陀螺体积大为缩小，质量大为减轻，功耗大幅度降低；由于没有高速旋转转子，电路可集成于机械结构中，从而可靠性很高，承载能力强；由于加工简单，无须复杂的装调工艺，可大批量生产，故价格低廉；另外还具有易于数字化和智能化，测量范围大等特点，这些特点是任何传统陀螺都无法比拟的。

（撰写人：何 胜 审核人：王 巍）

weijidian xitong

微机电系统（MEMS）（Micro-electro-mechanical Systems）

（Микроэлектромеханическая система）

微机电系统（MEMS）技术是建立在微米/纳米技术（micro/nanotechnology）基础上的 21 世纪前沿技术，是指对微米/纳米材料进行设计、加工、制造、测量和控制的技术。它可将机械构件、光学系统、驱动部件、电控系统集成为一个整体单元的微型系统。这种微电子机械系统不仅能够采集、处理与发送信息或指令，还能够按照所获取的信息自主地或根据外部的指令采取行动。它用微电子技术和微加工技术（包括硅体微加工、硅表面微加工、LIGA 和晶片键合等技术）相结合的制造工艺，制造出各种性能优异、价格低廉、微型化的传感器、执行器、驱动器和微系统。

对微机电系统（MEMS）的研究主要包括理论基础研究、制造工艺研究及应用研究三类。理论研究主要是研究微尺寸效应、微摩擦、微构件的机械效应以及微机械、微传感器、微执行器等的设计原理和控制研究等；制造工艺研究包括微材料性能、微加工工艺技术、微器件的集成和装配以及微测量技术等；应用研究主要是将所研究的成果，如微型电机、微型阀、微型传感器以及各种专用微型机械投入使用。

微机电系统（MEMS）的制造，是从专用集成电路（ASIC）技术发展过来的，如同 ASIC 技术那样，可以用微电子工艺技术的方法批量制造。但比 ASIC 制造更加复杂，这是由于 MEMS 的制造采用了诸如生物或者化学活化剂之类的特殊材料，是一种高水平的微米/纳米技术。微米制造技术包括对微米材料的加工和制造。它的制造工艺包括：光刻、刻蚀、淀积、外延生长、扩散、离子注入、测试、监测与封装。目前，国际上比较重视的微机电系统的制造技术有：牺牲层硅工艺、体微切削加工技术和 LIGA 工艺等。新的微型机械加工方法还在不断涌现，这些方法包括多晶硅的熔炼和声激光刻蚀等。

MEMS 的特点是：

1. 微型化。MEMS 器件体积小、质量轻、耗能低、惯性小、谐振频率高、响应时间短。

2. 以硅为主要材料，机械电器性能优良。硅的强度、硬度和杨氏模量与铁相当，密度类似铝，热传导率接近钼和钨。

3. 批量生产。用硅微加工工艺在一片硅片上可同时制造成百上千个微型机电装置或完整的 MEMS。批量生产可大大降低生产成本。

4. 集成化。可以把不同功能、不同敏感方向或制动方向的多个传感器或执行器集成于一体，或形成微传感器阵列、微执行器阵列，甚至把多种功能的器件集成在一起，形成复杂的微系统。微传感器、微执行器和微电子器件的集成可制造出可靠性、稳定性很高的 MEMS。

5. 多学科交叉。MEMS 涉及电子、机械、材料、制造、信息与自动控制、物理、化学和生物等多种学科，并集约了当今科学技术发展的许多尖端成果。

MEMS 发展的目标在于，通过微型化、集成化来探索新原理、新功能的元件和系统，开辟一个新技术领域和产业。MEMS 可以完成大尺寸机电系统所不能完成的任务，也可嵌入大尺寸系统中，把自动化、智能化和可靠性水平提高到一个新的水平。21 世纪 MEMS 将逐步从试验室走向实用化，对工农业、信息、环境、生物工程、医疗、空间技术、国防和科学发展产生重大影响。

（撰写人：王 巍 审核人：赵采凡）

weijixie jiasuduji

微机械加速度计（Micromachine Accelerometer）（Микромеханический акселерометр）

利用微机械技术加工而成的加速度计。其体积约为 1 cm^3，甚至可以更小，如固态振梁加速度计（美国 RBA500 型振梁加速度计）、石英谐振加速度计等，其特点是体积小，质量轻，功耗小，成本低，可靠性高。

微机械速度计的特性和精度比传统类型加速度计差，一般大于 $1 \times 10^{-3} g$。

石英挠性加速度计零漂为 20 μ*g*～30 μ*g*，而 RBA500 的零漂为 1 000 μ*g*。

石英挠性加速度计的质量为 40～110 g，而 RAB500 只有 10 g。

一般微机械加速度计适用于小型近程导弹。

（撰写人：沈国荣 审核人：闵跃军）

weijing boli

微晶玻璃（Nucleated Glass）（Микрокриста лическое стекло）

通过控制普通玻璃晶化而得到的微晶体和玻璃相均匀分布的材料，其中晶体占绝大部分。微晶玻璃的重要特点是热膨胀系数极小（一般为 10^{-7}～10^{-8} ℃ $^{-1}$），热稳定性好，机械性能优良。激光陀螺的腔体对热性能和机械性能要求很高，因此微晶玻璃是首选材料。

（撰写人：梁 敏 审核人：王 轲）

weikongzhiqi

微控制器（Micro Controller）（Микроконтроллер）

英文名称是 Micro Controller，又称单片微型计算机，简称单片机。是指随着大规模集成电路的出现和发展，将计算机的 CPU、RAM、ROM、定时器和多种 I/O 接口等主要部分集成在一个芯片上的单芯片微型计算机。其最大特点是单片化，体积小，从而功耗和成本下降，可靠性提高，片上外设资源丰富，适合于控制，因此称为微控制器，广泛应用于数字化惯导系统、惯性测量装置和测试系统中。

微控制器可从不同方面进行分类：根据数据总线宽度可分为 8 位、16 位和 32 位机；根据内部结构可分为 Harvard 和 Von Neumann 结构；根据其存储器类型可分为 MASK（掩膜）ROM、OTP（一次性可编程）ROM 和 Flash（闪存）ROM 等类型；其中，MASK ROM 的 MCU 价格便宜，但程序在出厂时已经固化，适合程序固定不变的应用场合；Flash ROM 的 MCU 程序可以反复擦写，灵活性很强，但价格较高，适合对价格不敏感的应用场合或作开发用途；OTP ROM 的 MCU 价格介于前两者之间，同时又拥有一次性可编程能力，适合既要求一定灵活性，又要求低成本的应用场合，尤其是功能不断翻新，需要迅速量产的电子产品。根据指令结构，微控制器又可分为 CISC 和 RICS 微控制器。

Intel 公司是最早推出微控制器的公司，在 1980 年推出了 MCS - 51，为发展具有良好兼容性的新一代微控制器奠定了良好的基础。在 8051 技术实现开放之后，Philips，Atmel，Dallas 和 Siemens 等公司纷纷推出了基于 80C51 内核的微控制器。这些各具特色的产品能够满足大量嵌入式应用的需求。

（撰写人：崔 颖 审核人：周子牛）

weixing guance zuhe

微型惯测组合（MIMU）（Micro Inertial Measurement Unit）（Миниатюрный инерциально-измерительный блок）

简称 MIMU，由 3 个正交输入轴方向的微型陀螺仪和加速度计组成，可测量 3 个空间轴的角速度和线加速度 6 个参数。由于采用基于MEMS技术研制及加工而成的微型惯性测量仪表组成，它具有体积小、质量轻、成本低、功耗小、耐冲击、能承受恶劣环境等诸多优点，可以广泛地应用于军民两用领域，具备广阔的应用前景。

微型惯性器件的组合形式是多种多样的，可以是单个微惯性敏感器件（微型陀螺仪或微型加速度计）与其后续电路的组合，也可以是多个微惯性敏感器件及后续电路的组合。可以将敏感器件与测量线路集成在同一块芯片上，也可以将敏感器件与线路分别制作、分别安装。微型惯性器件由于自身的结构尺寸小，产生的信号十分微弱，极易受到外界的干扰，例如受到分布电容的影响等。因此，在实际应用中，可配以专用集成电路，也可和专用电路封装在一起使用。工作原理框图如图所示。

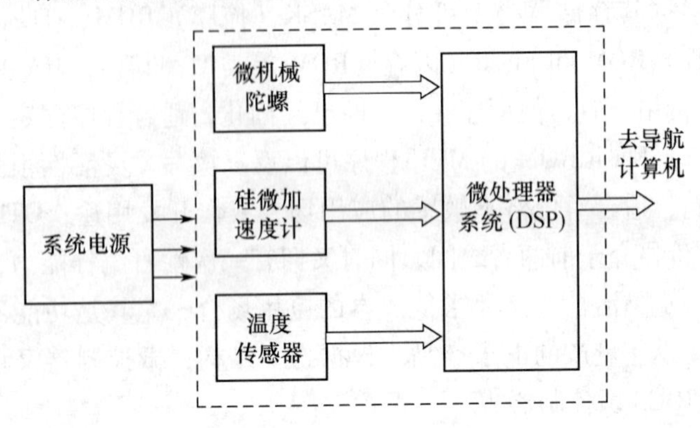

微型惯测组合工作原理框图

（撰写人：王　巍　审核人：赵采凡）

weizuzhuang dianlu

微组装电路（Micro Assembly Circuit）（Комбинационная микросхема）

采用了微组装技术形成的一种微型电路。微组装技术是20世纪90年代以来在半导体集成电路技术、混合集成电路技术和表面组装技术（SMT）的基础上发展起来的新一代电子组装技术。微组装技术是在高密度多层互连基板上，采用微焊接和封装工艺组装各种微型化片式元器件和半导体集成电路芯片，形成高密度、高速度、高可靠的三维立体机构的高级微电子组件的技术。多芯片组件（MCM）就是当前微组装技术的代表产品。

（撰写人：余贞宇 审核人：周子牛）

weixiuxing

维修性（Maintainability）（Ремонтопригодность）

产品在规定的条件下和规定的时间内，按规定的程序和方法进行维修时，保持或恢复到规定状态的能力。维修性的概率度量亦称维修度。

（撰写人：朱彭年 审核人：吴其钧）

weidu

纬度（Latitude）（Широта）

通过被测点的某些具有特定含义的直线与赤道平面的夹角。它以赤道为基准，是地球表面或其他特定空间中某被测点或被测天体的坐标之一。如天文纬度、大地纬度、地心纬度、地磁纬度等即为地球表面被测点具有不同内涵的纬度名称，而银河纬度则是某一天体在银道坐标系中的一个坐标。纬度的计量是从赤道沿着通过被测点和极点的大圆向北或向南量度，由0°到90°，赤道以北为正，称北纬，赤道以南为负，称南纬。

（撰写人：崔佩勇 审核人：吕应祥）

weixing/guanxing zuhe daohang

卫星/惯性组合导航（Satellite/Inertial Integrated Navigation）（Спутниково/инерциальная комбинационная навигация）

将惯性导航信息和卫星导航信息综合在一起进行导航的导航方式。卫星导航的导航精度高，且不随时间发散，长期稳定性好。但它也有致命弱点：频带窄，当运载体作较高机动运动时，极易丢失信号，从而完全丧失导航能力，且易受人为干扰和电子欺骗。惯性导航实时性强，信号连续，短时导航精度高；但其导航误差随时间积累增大。

由于惯性导航和卫星导航在性能上正好形成互补，所以采用该两种系统作组合导航系统是一种较合理的方案，如图所示。

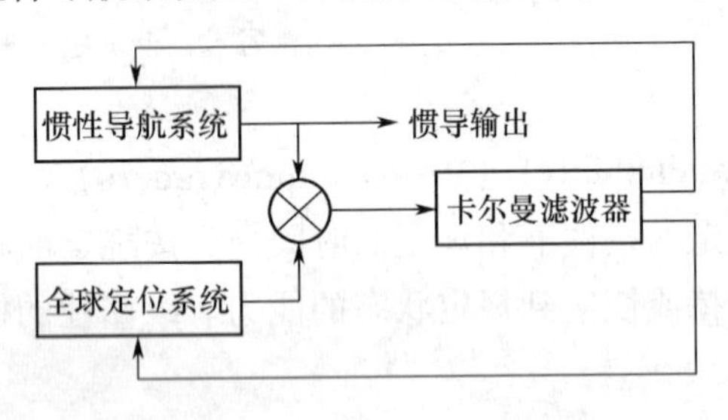

卫星/惯性组合导航示意图

（撰写人：朱志刚　审核人：杨立溪）

weixing daohang

卫星导航（Satellite Navigation）（Спутниковая навигация）

运载体借助于卫星导航仪，接收、处理作为导航台的人造地球卫星播发的无线电导航信号，确定自己在指定坐标系中的位置，引导运载体沿预定航线安全、准时航行的技术手段。

1958 年，美国为解决其核潜艇全球导航和舰载导弹精确定位问题，由海军和应用物理试验室（APL）拟定计划研制世界上第一个卫星导航系统。系统于 1964 年投入使用，1967 年向民间开放，定名为子午仪（TRANSIT）。尽管存在定位不连续，实时性差，航行定位误差大等问题，但用它可全球定位导航且定位精度比任何已有近、远程系统都高。1973 年美国国防部决定研制供其三军兼民用的全球定位系统（GPS），系统在 1993 年投入全面运行。卫星导航因其优异性能及给国家安全和国民经济带来的巨大利益而受到世界重视。目前世界上运行的卫星导航系统，还有俄罗斯的 GLONASS 和我国的北斗，欧洲也在研制 Galileo 系统。

卫星导航系统由卫星星座、地面站组和用户导航仪组成。地面站组对卫星进行跟踪，测量和制备导航消息，并经无线链路注入卫星的存储器，卫星再顺序从存储器提取导航消息，经天线向地球播发。信号中包含卫星星历和时钟信号。卫星导航仪接收导航信号，从中提取星历数据，测量到卫星的伪距、伪距变率，解算运载体的位置、速度和相应时间。

研制时侧重考虑军用的GPS，尚未完全满足航空对完好性、连续可用性及着陆精度方面的要求。为此研究了采用差分、完好性监测、组合导航等增强GPS、GLONASS的措施。1991年的海湾战争，及随后的科索沃、阿富汗、伊拉克战争突显了GPS在实施远程和精确打击中军力倍增器的作用，卫星导航因此也成为导航战的主要目标。由于卫星信号存在自然和人为干扰，卫星也能被人为摧毁等原因，如何增强其保密、抗干扰、防窃用、反欺骗、抗摧毁等军用性能，成为卫星导航现代化的主要课题。

（撰写人：谈展中　审核人：彭兴泉）

weizhi jielian guanxing xitong

位置捷联惯性系统（Postion Strapdown Inertial Systems）

（Бесплатформенная инерциальная система со свободным гироблоками）

使用（角）位置型陀螺仪测量运载体转动角度信息的捷联惯性系统。如图所示为以两自由度框架式陀螺仪作为位置陀螺仪的位置捷联惯性系统原理示意图。直接固连于运载体上的框架式垂直陀螺仪和水平陀螺仪，其陀螺转子轴均保持在惯性空间不动。当运载体转动时，它们可分别测量出其相对于规定惯性坐标系三轴向转动的滚动角γ、偏航角ψ、俯仰角φ，故称这样的陀螺仪为（角）位置陀螺仪。实时计算此3个位置信息γ,ψ,φ及它们相应的三角函数，即可解算出运载体坐标系与规定惯性坐标系之间转动方位关系的姿态矩阵，依此矩阵即可对3个加速度计A_x,A_y,A_z输出的加速度信息作坐标变换，并计算出运载体的速度、位置、姿态、航向等参数，完成此捷联惯性系统的导航任务。

利用可直接测量运载体转动角位置的静电陀螺仪亦可组成位置捷联系统。

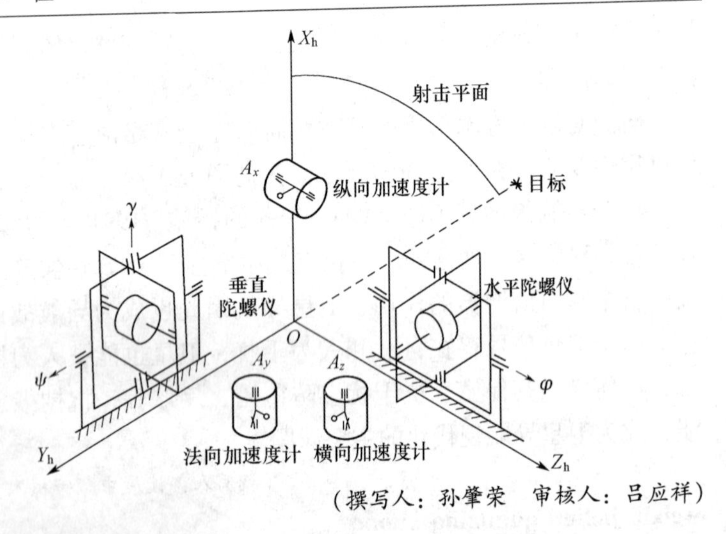

（撰写人：孙肇荣　审核人：吕应祥）

weizhi sulü zhuantai

位置速率转台（Velocity Position Table）（Позиционно-скоростной поворотный стенд）

模拟载体各种运动姿态，以测试惯性仪表或系统的性能指标的地面测试设备。实际为一转台系统，该转台能绕转动轴进行连续或固定角度间隔的转动，并可停留在所需的角度位置，还可以设定的各种恒定速率转动。

分为单轴位置速率转台、双轴位置速率转台和三轴位置速率转台。如图所示为一种三轴位置速率转台。

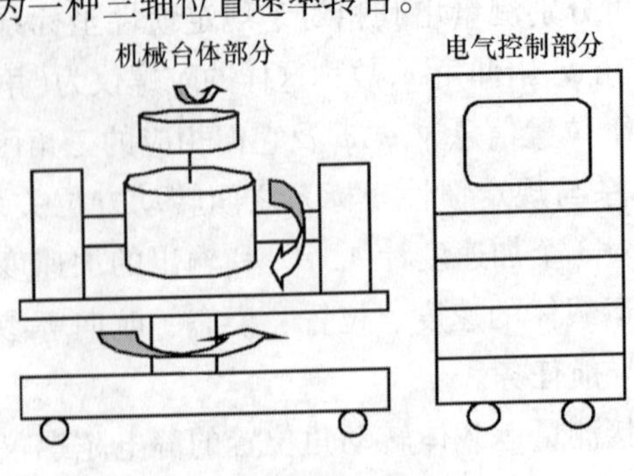

三轴位置速率转台

（撰写人：胡幼华　审核人：孙文利）

wenduchang

温度场（Temperature Field）（Температурное поле）

物质系统内各个点上的温度的集合，可表示为时间和空间坐标的函数。

不随时间改变的温度场称为稳态温度场。只在一个方向上或一个平面上随点、位不同而改变的温度场相应称为一维或二维温度场。

惯性系统设计时要考虑到温度场对系统元件的影响，采取必要措施，保证惯性系统的精度。

（撰写人：赵 友 闫 禄 审核人：孙肇荣）

wendu tidu

温度梯度（Temperature Gradient）（Температурный градиент）

在温度场内物体单位长度所对应的温度变化值。如图所示，在具有连续温度场的物体内，过任意一点 P 温度变化率最大的方向位于等温线的法线方向上。称过点 P 法线方向单位长度上的最大温度变化值为温度梯度，用 grad T 表示。

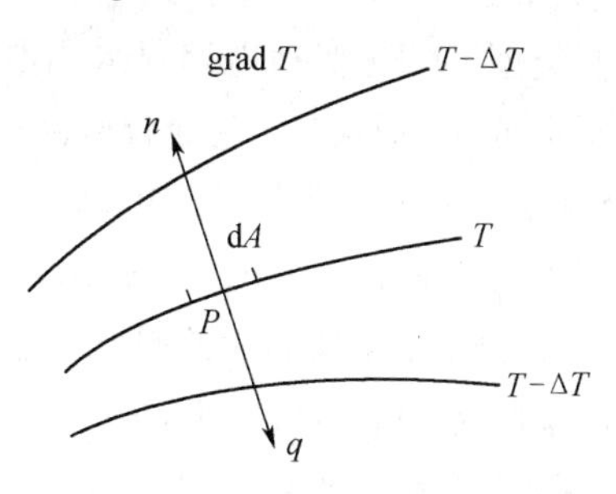

等温线与温度梯度

（撰写人：赵 友 闫 禄 审核人：孙肇荣）

wendu xishu

温度系数（Temperature Coefficient）（Температурный коэффициент）

在惯性器件中指仪表漂移随温度而变化的斜率。

（撰写人：刘雅琴 审核人：闫志强）

wenkongdian tiaozheng

温控点调整（Adjustment of Temperature Control Range）

（Регулирование температуры термоконтроля）

为了控制惯性器件工作环境的温度，利用温度自动控制系统安装在惯性器件测控点处的温度传感器进行测温，并与实际温度相比较，再逐步调整温控线路，使温度传感器真实地反映测控点处的温度，然后把它的最终温度控制点调整到惯性器件需要的温度范围内。

（撰写人：吴龙龙　审核人：闫志强）

wenkong dianlu

温控电路（Thermostat Circuit）（Схема термоконтроля）

又称恒温控制电路（Temperature Control System），是根据温度传感器信号控制热流量，使对象保持在给定温度的闭环控制电路，一般包括温度传感器信号变换、控制器和功率输出电路，可以用模拟电路或数字/模拟混合电路来实现。在惯性测量系统中，温控线路广泛用于保障惯性仪表和系统的精度，尤其是液浮仪表的温度控制，精度要求达 0.01 K 数量级。

根据温度传感器类型，信号变换电路可采用电桥、电流/电压变换器，或其他与传感器匹配的形式，在混合电路中可采用直接与传感器匹配的 A/D 变换器。由于对象的热时间常数和控制功率一般较大，温控电路多采用 PWM 或 bang-bang 控制来提高效率和简化电路。PWM 的斩波频率或 bang-bang 控制的回差需要根据允许的温度波动、回路带宽、功率输出电路和调节手段（制冷机、循环泵等）的工况，以及系统电磁兼容等因素考虑。对一些小功率、高精度敏感器件的温控也可采用模拟控制方式。

温控对象的模型一般可简化为一阶惯性环节，控制器采用比例 + 积分的无静差回路即可满足要求。但结构尺寸较大的对象会表现出热传导延迟特性，可能导致回路发生极限环振荡。延迟特性取决于发热/吸收元件与温度传感器之间的热传导特性，可采用仿真和模型辨识等方法确定其模型。

温控系统的调节手段可采用加热、传热或制冷等方法。

加热控制简单可靠，精度高，应用广泛，缺点是只能维持高于环境温度 + 最小温差以上的温度。

制冷控制包括循环制冷和半导体制冷，可获得较低的温控点，循环制冷效率高，结构复杂，机械运转损耗大；半导体制冷结构简单，效率低，适用于小型对象。

传热控制通过改变固定温差之间热阻来控制热流量，控制功率小，可控温度范围窄，适用于大型对象的温度调节，能改善制冷或加热机组的工况，提高效率和可靠性。

惯性测量系统中大多数仪表和精密电路的温控系统都采用加热控制回路。在大型温控系统中常综合运用上述调节手段来满足设计要求。

（撰写人：周子牛　审核人：杨立溪）

wenxun

温循（Temperature Circulation）（Температурная циклуляция）

使产品（仪表、组件、零件）在规定的两个极限温度范围内，反复升温—降温处理的工艺。

在产品生产过程中为了达到某种工艺目的，如消除或减小机械加工和组合装配中引起的内应力，或为了模拟产品在实际运输、储存和工作环境中由于温度变化时引起产品性能变化而进行的温度循环处理。温循的严酷程度主要取决于下列因素：温度变化幅度（即上下限温度）、温度变化速率、转换时间间隔、循环次数和恒温时间。其具体的过程是从室温开始，降温（或升温）至某一低温（或高温），恒温一段时间，再升温（或降温）经过室温，继续至高温（或低温），再恒温一段时间，再降温（或升温）回到室温为一次温度循环。温循次数越多对产品造成的影响也会越大，但越趋向稳定。

（撰写人：吴龙龙　审核人：闫志强）

wenjian he wenjian kongzhi

文件和文件控制（Document and Control of Documents）

（Документация и контроль докментации）

表述1：文件

信息及其承载媒体。

示例：记录、规范、程序文件、图样、报告、标准。

注1：媒体可以是纸张、计算机磁盘、光盘或其他电子媒体，照片或标准样品，或它们的组合；

注2：一组文件，如若干个规范和记录，通常被称为“documentation”；

注3：某些要求（如易读的要求）与所有类型的文件有关，然而对规范（如修订受控的要求）和记录（如可检索的要求）可以有不同的要求。

表述2：文件控制

质量管理体系所要求的文件应予以控制，以消除异常因素。需控制的方面有：

1. 文件发布前得到批准，以确保文件是充分与适宜的；

2. 必要时对文件进行评审与更新，并再次批准；

3. 确保文件的更改和现行修订状态得到识别；

4. 确保在使用处可获得适用文件的有关版本；

5. 确保文件保持清晰、易于识别；

6. 确保外来文件得到识别，并控制其分发；

7. 防止作废文件的非预期使用，若因任何原因而保留作废文件时，对这些文件进行适当的标识；

8. 确保图样和技术文件按规定进行审签、工艺和质量会签、标准化检查；

9. 确保图样、技术文件协调一致、现行有效；

10. 确保识别产品质量形成过程中需要保存的文件，并及时归档。

注：记录是一种特殊类型的文件，也应进行控制，应规定记录的标识、储存、保护、检索、保存期限和处置所需的控制。记录应保持清晰、易于识别和检索。记录应提供符合要求和质量管理体系有效运行的证据。记录应能提供产

品实现过程的完整质量证据，并能清楚地证明产品满足规定要求的程序。记录的保存时间应满足顾客和法律法规的要求与产品寿命周期相适应 。

（撰写人：朱彭年 审核人：吴其钧）

wenci chuli

稳磁处理（Stabilization Treatment of Magnetic Field）（Стабилизация магнитных характеристик）

为使永磁体具有更高的稳定性要求，充磁后对永磁体进行大于力矩器可能遇到的最大干扰磁场、机械冲击、振动以及最高、最低温度，反复多次交替地对磁钢进行“打击”和老化处理，以去掉不稳定的虚磁，增强磁钢的稳定性。

精密仪器仪表对它所使用的永磁体具有更高的稳定性要求，因而需要对永磁体进行稳定化处理，这种处理是以牺牲部分磁性能为代价，换取永磁体性能的高稳定性。稳定化处理的方法很多，如低温处理、较高温度处理（约 100 ℃）、不同温度范围的温度循环处理、在螺线管内由交流磁场、直流换向或单相部分退磁处理、冲击和振动等。其中由任何一种方法所获得的稳定性对所有影响因素都具有稳定化作用。在实际稳定化处理中，可选择应用。

（撰写人：韩红梅 审核人：闫志强）

wenya dianyuan

稳压电源（Regulated Power Supply）（Источник питания стабилизированного напряжения）

当输入端电压或输出端负载和电源内部元件参数变化时，能通过稳幅装置使输出端电压稳定在要求的范围内的电源。稳压电源根据输出电压的不同可分为直流和交流（正弦、三角波、方波等）两种。稳压电源按电路的工作原理可分为线性稳压电源（如三端稳压器）和开关稳压电源两种。

在给定的电源电压变化范围、工作环境及负载条件下，采用稳压电源是惯性测量系统中保障测量及信号处理精度和可靠性的重要手段。

（撰写人：周 凤 审核人：娄晓芳 顾文权）

woliubeishi shuangzhou lijuqi

涡流杯式双轴力矩器（Rectangulax Axes Eddy Current Torquer）（Двухосный датчик момента типа вихревого стакана）

由内、外定子和涡流杯转子组成，内、外定子的磁路由高导磁率、低导电率的软磁材料制成，涡流杯转子是用良导电体材料制成，外定子上有4个凸极，同一直径上2个凸极为一组，两组轴线在空间互相垂直。力矩器的4个磁极上各有1个激磁线圈，线圈匝数相等，串联顺接，控制线圈每2个为一组，串联反接。涡流杯式双轴力矩器的工作原理是：涡流杯转子在气隙旋转磁场中（或直流磁场中转动），切割定子激磁线圈和控制线圈的磁场磁力线，涡流杯转子感应出涡流，转子杯涡流与定子磁场交叉相互作用而产生力矩。

（撰写人：葛永强　审核人：干昌明）

wujiechu gongzuo yingli yingbian ceshi xitong

无接触工作应力应变测试系统（Contactless Working Stress and Strain Test System）（Измерительная система деформации без наложения напряжения）

采用光测力学技术的应力应变测试系统。

它采用三维散斑干涉技术，用以测量被测件的变形和外廓。其工作原理为：被测表面被不同方向的激光照射，散斑图像被LCD相机记录下来，当被测表面变形时散斑发生变化其图像被记录下来，利用激光干涉手段使测试精度达到亚微米，其特点是无接触三维全场测量，在整个测试面上相当于安装了5 000～10 000个常规应变仪。

整个系统包括：

1. 可移动剪切应力记录传感器头；
2. 激光器；
3. 控制电路；
4. 软件包；

5. 三脚架；

6. 加载系统（真空舱，加热系统，振动激励器……）；

7. 遥控检测系统。

由于测试记录的要求不同，研制了系列产品，不同的测试面积和不同的灵敏度，大到数平方米，小到数平方厘米。

有用于材料测试的激光剪应力记录系统，可移动剪应力检测系统，小型三维 ESPI 系统（microstar），振动 ESPI 系统，三维 Puls ESPI 系统等。

动态域为 25 ～40 000 Hz，灵敏度为 0.03 ～1 μm 可调，可给出三维振动幅度和相位。

测度范围为 0.3 ～3 μm（动态幅度）。

静态可达 1 ～20 μm。

应用于精密仪器研制中的三维变形测量及应力分析。

实际测试表面层的变形，从而可以验证并促进理论分析，从而大大促进精密仪表的研制。

（撰写人：叶金发　审核人：原俊安）

wushua zhiliu diandongji

无刷直流电动机（Brushless Direct Current Motor）（Безколлекторный двигател постоянного тока）

“无刷直流电动机”一词最初特指具有电子换向的直流电动机。此时，“无刷”指电子换向，“直流”指具有与有刷直流电动机相同的工作原理和外部特性。

20 世纪 70 年代末，随着人们对高精度伺服电动机的需求，出现了正弦波无刷直流电动机。其工作原理虽然与交流同步电动机相近却具备与有刷直流电动机相似的外部特性。

无刷直流电动机就是其转子为永磁结构，并根据转子位置按一定的策略向定子绕组进行电子馈电的自同步电动机系统，同时具备有刷直流电动机的外部特性。

按工作方式的不同，无刷直流电动机可分为两类：

方波无刷电动机，该类电动机大多具有近似梯形的反电势；

正弦波无刷电动机，该类电动机大多具有正弦形的反电势。

无刷直流电动机的概念已由最初特指具有电子换向的直流电动机发展到泛指一切具备有刷直流电动机外部特性的电子换向式永磁电动机。

一般而言，无刷直流电动机由永磁同步电动机、逆变功率控制电路和转子位置检测及处理电路组成。永磁同步电动机转子使用的永磁材料为钐钴磁钢或钕铁硼磁钢。永磁转子的结构形式有：表面安装式磁钢、埋入式磁钢、插入式磁钢、混和结构、盘式结构、外转子结构及平面结构等形式。无刷直流电动机转子位置检测方式有：直接位置检测和间接位置检测。直接位置检测所用的传感器有：霍尔元件、增量式编码器、绝对式编码器、旋转变压器加轴角数字变换。间接位置检测方法有：端电压、电流检测法；反电势法；相电感法。逆变功率控制电路使用的电力电子器件有：晶闸管、可关断的晶闸管、双极性功率晶体管和功率场效应管、绝缘门极晶体管（IGBT）、静感应晶体管和静感应晶闸管等；使用的控制器件有：微处理器和 DSP（数字信号处理器）。

（撰写人：李建春　审核人：秦和平）

wuxiandian/guanxing zuhe daohang

无线电/惯性组合导航（Radio/Inertial Integrated Navigation）

（Радио/инерциальная комбинационная навигация）

一种将无线电导航和惯性导航相互结合，取长补短的导航方式。

无线电导航的优点是：1）全天候工作；2）作用距离远，可全球定位导航；3）定位精度高，误差可达数十米到数米；4）导航无积累误差；5）常可附带广播或通信功能。缺点是：1）受地形、地物、地球曲率、地球大气层等影响，导致定位误差增大，作用距离减小，甚至不能定位；2）需发射和接收电波，使系统易被侦测，易受天然和人为电磁辐射干扰；3）非自主导航需有导航台的支持，卫星导航则需有卫星星座和庞大地面站组的支持；4）无线电波入水能力差；5）对高机动运载体的适应性较差。

惯性导航的优点是：1）不需发射和接收无线电波，隐蔽、抗干扰性强；2）对运载体机动的适应性强；3）不受时间、地域限制，海、陆、空、天、潜均可使用；4）自主、信号齐备、实时、连续。缺点是：1）定位有积累误差，误差随时间增加而增大；2）不具有通信能力；3）使用、维护较复杂，价格也较昂贵。

两类导航性能互补，组合可使综合性能得到优化。组合方式可分为：1）互为备份；2）松耦合；3）紧耦合。松耦合是当惯导工作一段时间后，其位置误差积累到某门限值时，用无线电导航得到的较精确的位置去更新惯性导航得到的位置，惯性导航再以此为初始位置进行航位推算，以消除其积累误差。紧耦合又有两种形式：1）将两导航系统的测量和定位数据进行融合，常可通过卡尔曼滤波实现，改善定位导航精度和连续可用性；2）除进行数据融合，又将优化的结果分别引入两系统，修正两系统的误差进一步提高定位导航性能。这也就有可能降低对参与组合的系统的性能要求，如用精度较低、价格较便宜的惯性导航系统。在实际应用中可将运载体携带的 VOR/DME、TACAN、JTIDS、LORAN – C、卫星导航（GPS，GLONASS 或 BD）等无线电导航分别与惯导组合，也可同时用多种无线电导航和惯导设备组合。

（撰写人：谈展中　审核人：彭兴泉）

wuxiandian daohang

无线电导航（Radio Navigation）（Радионавигация）

运载体借助于无线电导航设备，确定自己在指定坐标系中的位置，引导运载体沿预定航线航行的技术手段。

20 世纪 20 ～ 30 年代，就已用无线电测向为航海、航空导航。第二次世界大战期间无线电导航技术迅速发展，出现了奇（GEE）、罗兰（LORAN）、台卡（DECCA）、雷达等无线电导航系统。从战后到现今相继出现无线电信标/罗盘、伏尔/地美依（VOR/DME）、塔康（TACAN）、罗兰 C（LORAN – C）、奥米伽（Omega）等近、远程无线电导航系统；无线电高度表（RA）、气象雷达（Meteor－Radar）、多普勒导航（DNS）等自主导航系统；地面引导雷达、仪表着陆（ILS）、微波着陆（MLS）等飞机进场着陆系统；由一次、二次雷达和机载应答器组成的空中交通管制（ATC）、飞机寻址报告（ACARS）、敌我识别（IFF）、空中交通告警、防撞（TCAS）、联合战术信息分布（mDS）等系统；全球或区域卫星导航系统，如TRANSIT、GPS、GLONASS、BD－1、BD－2等。

无线电导航分为：

1. 导航台定位导航。运载体借助于携带的导航接收机接收导航台播发的无线电信号，利用电波传播的直线性、恒速性和多普勒效应，测量相对于导航台的方向、距离、速度，解算运载体在指定坐标系的位置和引导运载体航行。

2. 自主无线电导航。运载体仅借助自己携带的导航设备，测量其相对于地面或其他目标的方向、距离、速度，进行定位—导航。

按导航台设置地点又可分成：地基、空基和星基系统。地基系统因电波传播受地形、地物、地球曲率、地球大气层影响，定位精度和作用距离受到限制。将导航台配置到飞机（如机载塔康）和卫星上（如卫星导航），能减少或消除这些限制。

无线电导航的优点是：

1. 不受昼夜和气象条件限制，可全天候工作；

2. 无线电波可在真空和大气中传播，作用距离远，如罗兰C工作范围为2 000多千米，卫星导航则可实现全球定位导航；

3. 采用高精度时间、空间基准，精确的几何测量，有效的电波传播误差校正，优良的定位导航算法，一般近、远程系统的定位误差为200～300 m，卫星导航则可达数十米甚至数米；

4. 无线电导航系统常可附带广播或通信功能。

（撰写人：谈展中　审核人：彭兴泉）

wuxiandian gaodubao

无线电高度表（Radio Altimeter）（Радиовысотомер）

利用无线电波恒速传播的原理，通过测量发向地面的电波发出及返回的时间差来间接获得高度量值的仪表。

无线电高度表由发射机、接收机、天线及转换器等组成。发射机通过天线向地面发出探测波，经地面反射回来后被接收机接收，转换器测得从发出到返回的传输时间 T，乘以电波传播速度 c 再除以 2，得到载体到地面的距离，即高度值

$$H = \frac{1}{2}cT$$

c 在空气中的值为 3×10^8 m/s。

按检测波类型的不同，无线电高度表可分为调频式与脉冲式两类。调频式所发电波为连续的三角形调频波，通过将发射波与返回波混频，所得差频与高度成比例，从中可获得高度值。脉冲式所发电波为单脉冲波，通过测定发出与返回脉冲的间隔时间，得到高度值，其原理与雷达测距相同，也称为雷达高度表。为了适应不同高度的测量，脉冲波的宽度可以变化。

无线电高度表测量载体到地面的距离，即相对高度。主要适用于地形识别、匹配等领域。

（撰写人：杨立溪　审核人：吕应祥）

wuyuan cixuanfu

无源磁悬浮（Passive Magnetic Suspension）（Пассивноемагнитное подвешивание）

由带谐振电路的磁悬浮轴承组成。如径向磁悬浮轴承是在浮子轴两端各装一个磁悬浮轴承，磁悬浮轴承由一个定子和一个转子构成，定子磁芯上装有激磁绕组，分别与电容器串联（或并联），组成 LC 谐振电路并接入交流电源，无源磁悬浮靠调整该谐振电路的参数来进行控制。控制器中不含有变换放大电路。

无源磁悬浮系统靠增大磁悬浮轴承的品质因数来提高系统刚度，由于受材料和工艺水平所限，系统刚度不易提高。

（撰写人：孙书祺　邓忠武　审核人：唐文林）

wuyuan gezhen

无源隔振（Passive Isolator of Vibration）（Пассивная виброизоляция）

对室内惯导测试用精密试验设备的基础干扰和环境进行隔离或控制的技术。常用方法是用大质量—弹簧基座，隔离 10 Hz 以上的

高频干扰，用伺服控制基座隔离低频干扰。隔振基座与周围地基间还应设置隔振沟并填充合适的填充物。

（撰写人：王家光 审核人：李丹东）

wuyueshu tuoluoyi（shuangchong jifen tuoluoyi）

无约束陀螺仪（双重积分陀螺仪）（Unrestrained Gyroscope（Double Integrating Gyroscope））（Бессвязный гироскоп（двукратно-интегрирующий гироскоп））

单自由度陀螺仪的一种，其输出角与输入角速度的两次积分成正比，这种陀螺仪的输出轴上既无约束弹簧也无阻尼器，如静压气浮单自由度陀螺仪，由于气体黏滞力矩非常小，阻尼力矩可以忽略，在输出轴上没有真正的约束力矩来平衡各输入量，而靠框架（浮子组件）绕输出轴的角速度引起的惯性反作用力矩来平衡陀螺力矩，其简化运动方程为

$$J_X\ddot{\beta} = H\omega$$

$$\beta = \frac{H}{J_X}\iint \omega \mathrm{d}t$$

双重积分陀螺仪和积分陀螺仪本质上是相同的仪表，只是阻尼力矩远小于积分陀螺仪。与积分陀螺仪一样，它不能直接用于测量，而与控制部件组合成闭合系统来使用。

该类陀螺（静压气浮陀螺）在惯性平台系统中得到应用。

（撰写人：孙书祺 审核人：唐文林）

wucha biaoding

误差标定（Error Calibration）（Калибровка ошибки）

对各项误差的系统分量进行测量、存储，以便加以补偿的过程，又称校准。

标定过程一般按预先建立的误差模型，通过一定方式对各项误差进行激励，测量并解算出其误差系数，存储备用。

惯性系统及惯性仪表的误差标定随测试工作环境和条件的不同

可以分为：试验室标定和现场标定。

试验室标定在试验室条件下进行，有各种通用和专用的设备与设施支持，可以精确、详尽地标定出所有误差系数。但随着安装状态及工作环境的变化以及时间的推移，多数误差系数会发生变化，因此其标定及补偿效果将有所降低。

现场标定在惯性系统或仪表的实际工作现场进行，标定时的安装状态及环境条件与工作时相同或相近，而且标定与工作之间的时间间隔相对比较短，因此其误差系数变化较小，标定及补偿的效果好。但是由于现场的条件有限，不能使用一些精密、大型的设备，甚至没有地面设施支持，而且能给予误差标定的时间也比较短，主要靠系统自主进行标定，因此能标定的误差系数的数目和精度有限。在实际工作中需根据具体条件和要求，合理选择试验室和现场的标定项目，以求达到给定条件下的最佳效果。

（撰写人：杨立溪　审核人：吕应祥）

wucha jianmo fangfa

误差建模方法（Error Modeling Method）（Метод моделирования ошибки）

建立用数学形式表示的仪表输入输出与误差之间关系的模型方程的方法。

惯性仪表的输出一般都包含有：对所敏感的物理量的正确反映，由仪表本身缺陷引起的误差，以及由外界因素影响而产生的误差等。

建立惯性仪表的误差数学模型通常有两种不同的方法：

1. 分析法。即根据惯性仪表的工作原理，分析引起误差的物理机制，通过数学推导得出它的误差数学模型，再由试验中测得的数据确定出模型中的有关参数。由于这种方法得到的数学模型中的各误差项一般都有明确的物理意义与之对应，故又称之为物理模型。

2. 试验法。这种方法不需要事先对惯性仪表的误差假设某种形式的数学模型，而是以试验中取得的大量数据为依据，用数学方法处理所得数据来构造仪表的误差数学模型，也就是用“系统辨识”

的方法来建立误差数学模型。这种建模过程一般包括模型识别、参数估计和对参数进行统计检验三个阶段。

（撰写人：李丹东　审核人：王家光）

wucha xishu de dianyuan bianhua shiyan

误差系数的电源变化试验（Model Coefficients Test by Change Power）（Измерение изменения коэффициента ошибки от изменения параметров источника питания）

使仪表供电电源的电压或频率相对于正常值发生规定的稳态变化，测量其误差系数的相对变化量与电压或频率变化量之比的试验。

本试验的目的是求误差系数的电压灵敏度或频率灵敏度。试验需使用电压或频率可调整的电源及分度头（或转台、离心机）等设备。

试验时，使仪表电压或频率调至正常值和上、下波动值，在每一组电源电压或频率下进行误差系数测试，求出误差系数的电压或频率灵敏度。计算公式以加速度计标度因数的电压灵敏度 $S_{K_1}(\Delta U)$ 为例说明如下

$$S_{K_1}(\Delta U) = \frac{K'_1 - K_1}{K_1 \Delta U}$$

式中　K_1——电源电压未波动时的标度因数；

K'_1——电源电压波动时的标度因数。

仪表面对的环境条件类似的还有供气压力、供油压力等，模型系数对这些参数的灵敏度试验类同。

（撰写人：叶金发　审核人：原俊安）

wucha xishu de wendu bianhua shiyan

误差系数的温度变化试验（Model Coefficients Test by Change Temperatures）（Измерение изменения коэффициента ошибки от изменения температуры）

使仪表环境温度相对于工作温度发生规定的稳态变化，测量其误差系数的相对变化量与温度变化量之比的试验。

本试验的目的是求误差系数的温度灵敏度。试验需使用带精密温控装置的精密分度头（或精密转台、精密离心机等）。试验时，使仪表在工作温度 T_0和上、下温度波动范围 $T_0 \pm \Delta T$ 三个温度下保持一段时间，使其到达稳态，然后测试其误差系数。计算误差系数相对变化量与温度变化量之比，可得误差系数的温度灵敏度。

仪表面对的环境条件，除温度外尚有磁场、气压、噪声、线振动、角振动等。误差系数相对于这些参数的灵敏度测试类同。

（撰写人：叶金发　审核人：原俊安）

wumalü

误码率（Code Error Rate/Bit Error Ratio/Error Rate）

（Пропорция ошибочых кодов）

简称 BER，是衡量数据在规定时间内数据传输精确性的指标。误码率 =（传输中的误码/所传输的总码数）×100%。在数据通信中，如果发送的信号是“1”，而接收到的信号却是“0”，这就是“误码”，也就是发生了一个差错。在一定时间内收到的数字信号中发生差错的比特数与同一时间所收到的数字信号的总比特数之比，就叫做“误码率”，也可以叫做“误比特率”。

由于干扰、衰减和畸变等原因，数字信号在传输过程中不可避免地会产生误码，影响数据通信的质量。通常，通信系统中误码性能要优于 10^{-9}，误码率超过 10^{-3}的称为严重误码。

对于导航计算的惯性测量数据，误码会带来积累误差，影响航行任务和安全。因此须采取措施来消除或降低误码的影响。例如，尽可能使导航计算与惯性测量一体化，避免原始惯性测量数据外部传送；选择适当的数据通信接口标准；以及采取校验重发等措施来纠正误码造成的影响等。

（撰写人：任　宾　审核人：周子牛）

xilixing diancishi lijuqi

吸力型电磁式力矩器（Pull Electromagnetic Torquer）

（Электромагнитный датчик момента типа натяжения）

利用定、转子之间的电磁反应力矩构成的力矩器，其定、转子间作用力方向是沿气隙磁力线方向，它可以做成单轴力矩器，也可以做成双轴力矩器；它可以直流激磁和直流控制，也可以用交流激磁和交流控制，其典型的应用是动压气浮陀螺仪和动力调谐陀螺仪的双轴组合式传感器力矩器。力矩器的力矩计算公式为

$$M = \frac{2L}{\mu_0 S}\phi_J\phi_K$$

式中 ϕ_J—— 工作气隙的激磁磁通；

ϕ_K—— 工作气隙的控制磁通；

L—— 定子磁极吸引转子的电磁力至转子支撑点的平均作用距离；

S—— 工作气隙的横截面积；

μ_0——空气的磁导率。

电磁式力矩器的定子铁芯采用高导磁软磁材料，转子采用高电阻率良导磁材料。吸力型电磁式力矩器的吸力方向可以是轴向，也可以是径向的。

（撰写人：葛永强 审核人：千昌明）

xishengceng gongyi

牺牲层工艺（Sacrificial Layers Process）（Технология жертвенного слоя）

也叫分离层技术。首先将特定的所谓牺牲层材料淀积在硅基体上，然后在牺牲层材料上淀积结构层材料并通过光刻刻蚀等技术形成微结构，最后将牺牲层材料去除，以得到独立的可移动的微结构（参见硅表面工艺）。许多材料都可以被用来作为牺牲层，包括光刻胶和像铝这样的金属。对于牺牲层，关键是要求存在某种刻蚀剂可以将其去除而不损坏结构层。人们通常采用多晶硅作为结构层材料，而用 SiO_2 作为牺牲层，因为 SiO_2 可以用氢氟酸溶液刻蚀，其速度比多晶硅腐蚀要快很多。为了进一步提高牺牲层的刻蚀速度，人们在用低压气相淀积（LPCVD）方法淀积 SiO_2 时掺入磷，形成磷硅玻璃

(PSG)。PSG 层是更为常用的牺牲层材料。

(撰写人：邱飞燕 审核人：徐宇新)

xishu xiangguanxing

系数相关性（Pertinence of Coefficients）（Связанность коэффициентов）

对于惯性仪表的某些误差模型，如应用离心机试验数据建立的加速度计多项式数学模型，当增加新的项到这类正交多项式中时，所有拟合系数的值都会改变，如对一个加速度计的幂级数形式为

$$E = A_0 + A_1 X + A_2 X^2$$

对于某一组输入数据可得到一组特定的系数值，但是如果将项加到级数中去，则会拟合得到不同的 A_0 到 A_2 值。这一现象称为系数相关性。

(撰写人：李丹东 审核人：周建国)

xitong chonggou

系统重构（System Recompose）（Перестройка системы）

工作中检出惯性系统中的故障部件并换用备件后，恢复执行原系统功能的技术方法。通过监控设计程序，实时地检测出并隔离惯性系统中的故障部件后，切换掉故障部件，将正常的备用部件重新组合起来，使整个系统在内部有故障的情况下，仍能正常工作或降低性能安全地工作。

(撰写人：赵 友 闫 禄 审核人：孙肇荣)

xitong gongzuo zhouqi

系统工作周期（System Work Cycle）（Рабочий период системы）

惯导系统中数据采集、处理和输出的工作周期（节拍）。数据采集、处理和输出的工作周期可不相同，构成复合周期。通常数据采集周期应小于或等于数据处理和输出周期。数据采集周期取决于系统频带和采集接口的性质（瞬时采样或积分型），数据处理和输出周期取决于导航数值积分的要求，以及载体控制系统动态特性的要求。

(撰写人：黄 钢 审核人：周子牛)

xitongji rongyu

系统级冗余（System Redundancy）（Избыточность системного класса）

用两个或三个惯导系统完成原需一个惯导系统的测量或导航任务的设计技术。

系统级冗余是指实现冗余的部件本身构成了系统，可以独立完成系统的工作任务，如“捷联+捷联”、“捷联+平台”、“平台+平台”等，其中每一“平台”、“捷联”均为一个惯导系统。通常系统级冗余会带来更高的可靠性和控制的灵活性，便于实现不同类型信息的综合利用；系统级冗余也有设计、测试、维修相对复杂，投资大、周期长的缺点。

（撰写人：杨大烨　审核人：孙肇荣）

xitong jiankong

系统监控（System Monitor）（Монитор инг системы）

一种系统误差自补偿方法。它通过对系统中陀螺仪的干扰力矩进行调制或对其动量矩进行调制的手段，使常值漂移等误差变成周期性函数，并在一个整周期内正、负互相抵消，从而达到误差自补偿的目的。

适合惯性导航系统自补偿的监控技术主要有：精密陀螺监控器技术、陀螺动量矩调制（即 H 调制）技术、陀螺仪壳体强制转动（即壳体回转）技术、监控陀螺敏感轴多位置测漂（即壳体翻转）技术、陀螺动量矩反向技术等。通过系统监控，可显著改善惯性导航系统的性能和长期稳定性。

（撰写人：刘玉峰　审核人：杨立溪）

xitong wucha

系统误差（Systematic Error）（Систематическая ошибка）

在测试过程中，对某参数进行多次重复测量，其测试误差表现出具有一定的规律性和共同性，这种规律性和共同性成分称为系统误差。

系统误差的主要形成因素通常有被测对象、测试系统（或测试仪器）、测试环境以及测试人员等。

系统误差按误差的规律性（或性质）可分为常值系统误差和变值系统误差。可通过试验对比法、剩余误差校验法（马利科夫判据）和阿贝—赫梅判据等方法分别测试误差中是否存在常值系统误差、线性系统误差以及周期性系统误差。

系统误差可以进行补偿，补偿的方法有交换法、正反向读数法、对称（等距）观测法、测试仪器校准法和标定补偿法等。

（撰写人：胡吉昌　审核人：胡幼华）

xianshi zhidao

显式制导（Explicit Guidance）（Явное управление）

飞行中持续解算导弹或火箭的实际飞行速 度(V) 与位置(r)(导航计算),按满足导弹弹着点或火箭入轨点位置要求的关机速度与位置实行制导的方式。

显式制导应用平台或速率捷联惯性测量系统，由数字计算机进行导航运算，其原理框图如图所示。

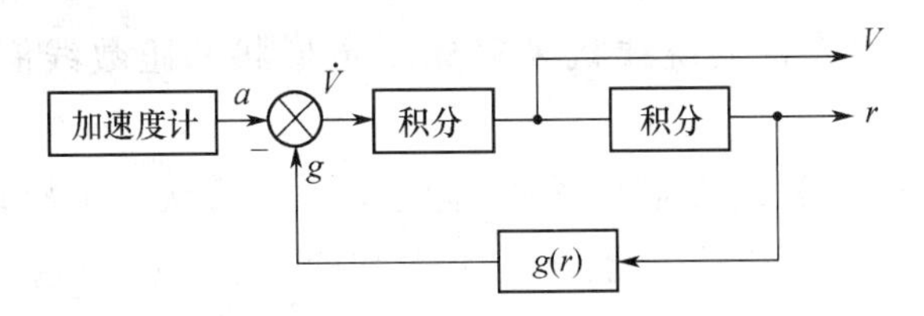

图中, $g(r)$ 为地球引力计算模块,与导弹或火箭的实时位置 r 有关;a 为加速度计测量的输出量,即视加速度;V 为导弹或火箭的飞行速度;r 为导弹或火箭的实时位置。V 及 r 由下式确定

$$V(t) = V_0 + \int_0^t (a - g)\mathrm{d}t$$

$$r(t) = r_0 + \int_0^t (V)\mathrm{d}t$$

式中 V_0, r_0—— 初始速度和初始位置。

显式制导与隐式制导相比较，其优点是可以根据系统提供的实际速度与位置，随时生成最优制导方案，制导方法误差较小；但要求有一定速度及容量的弹（箭）载计算机。在计算机技术达到较高水平以后，显式制导已成为普遍采用的制导方式。

（撰写人：程光显 审核人：杨立溪）

xiandongjiao

限动角（Limitation Sensibility）（Ограничительный угол）

惯性器件中设计规定的转动部件的最大角度（范围）。

（撰写人：赵 群 审核人：易维坤）

xiandongliang

限动量（Limitation Sensibility）（Ограничительная величина）

惯性器件中设计规定的活动部件的最大运动范围所对应的敏感量。

（撰写人：赵 群 审核人：易维坤）

xianquan raozhi

线圈绕制（Coil Winding）（Намотка）

采用手动或自动绕线机来完成一定形状和匝数线圈的工艺过程。

线圈绕制过程通常需要绕线模限定尺寸、形状，并要求保证最终匝数和阻值，可以适当调整绕线松紧程度。工艺要点包括：1）分层排绕，必须满足每层规定的匝数和总层数；2）保持适当的拉力，即要排列整齐、紧凑，又不得使导线拉伸变细。

（撰写人：李宏川 审核人：闫志强）

xianweiyi jiasuduji

线位移加速度计（Translational Accelerometer）（Акселерометр поступательного перемещения）

敏感质量在加速度作用下，沿加速度输入轴方向作线运动的测量装置的统称，如气浮摆、气浮线性表、弹簧—质量加速度计、圆柱形加速度计等都是线位移加速度计。

（撰写人：沈国荣　审核人：闵跃军）

xianweiyi pingtai

线位移平台（Line Displacement Platform）（Платформа поступательного перемещения）

带有线位移平台的隔离试验平台，是一种带有闭路伺服机构的隔离平台。包括两个双轴伺服机构：一个用来稳定试验平台的平动；另一个用来稳定试验平台的角运动。稳定平动的双轴伺服机构是一个闭路控制系统，它使被试加速度计与水平方向的各种地面扰动隔离开。由于地面运动和其他原因引起的水平加速度通过该伺服系统被抑制在最低限度，这一伺服系统由宽频带平动加速度敏感装置、伺服放大器、伺服马达和微动传动装置组成，如图所示。

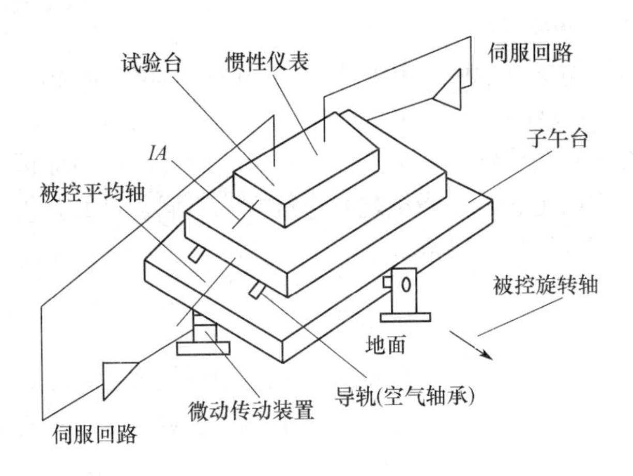

稳定平动的双伺服机构

如果平台的平动稳定性被控制在 $10^{-7}g$ 以内，为了使整个系统对平动和角运动都具有 $10^{-7}g$ 的隔离能力，角运动稳定性应达到 0.02″（10^{-7} rad）的角位移。试验平台在平动和旋转两方面的稳定性必须具有这种程度的隔离能力才能从噪声中拾取 $10^{-9}g$ 的信号。

（撰写人：李丹东　审核人：王家光）

xianxing gonglü qijian

线性功率器件（Linear Power Device）（Линейный мощный элемент）

由工作在放大区的功率晶体管构成输出级的功率器件，包括功率放大器、电压和电流调节器等，其共同特征是可用线性模型来描述其工作范围内的特性。

线性功率器件通常以耗散功率的方式调节输出电压，能量转换效率较低，因此广泛采用推挽（push－pull）、图腾对（totem pair）、互补推挽（OTL 电路）电路在牺牲一些线性度的条件下提高效率。对于正弦波信号，虽然理想推挽放大器效率可达$\frac{\pi}{4}$，但实际放大器的效率约为50%～60%。线性放大器通常以负反馈的方式来提高精度和动态性能。

（撰写人：周子牛　审核人：杨立溪）

xianxing xuanzhuan bianyaqi

线性旋转变压器（Linear Resolver）（Линейный поворотный трансформатор）

线性旋转变压器在结构上与正—余弦旋转变压器无区别，唯一的差异是它的定、转子绕组之间连接方式不同，目的是使它的输出电压为如下的转角 α 函数

$$f(\alpha) = \frac{\sin\alpha}{1 + m\cos\alpha}$$

当 $m=0.54$，即 α 在 $\pm 60°$ 范围内绝对线性误差约定 0.06%。线性旋转变压器为了实现以上输出关系，线性旋转变压器有副边对称型和原边对称型。

（撰写人：葛永强　审核人：干昌明）

xiangdui gaodu

相对高度（Relative Altitude）（Относительная высота）

相对于某一基准面的高度。基准面为当地地平面时的相对高度称为真实高度，利用无线电波反射原理设计的无线电高度表，测出的是真实高度。

（撰写人：程光显　审核人：杨立溪）

xiangdui qiangdu zaosheng

相对强度噪声（Relative Intensity Noise）（Шум относительной интесивноти）

光源输出能量的振荡，是宽带光源各种傅立叶分量之间的拍频引起的附加噪声，它用来描述光源的最大可用振幅范围，定义为均方光强度噪声（均方光强度在 1 Hz 带宽内的波动，单位为 $\mathrm{dB}/\sqrt{\mathrm{Hz}}$）与平均光功率平方之间的比值。相对强度噪声在注入电流为阈值时最大，随着温度的升高而增大。与谱宽成反比的光源附加噪声是相对强度噪声的主要噪声源，在光纤陀螺中采用宽带光源可以降低相对强度噪声。在使用宽带掺铒光纤光源的光纤陀螺中，相对强度噪声决定了光纤陀螺的最小检测灵敏度。

（撰写人：王学锋　审核人：丁东发）

xianggan changdu

相干长度（Coherent Length）（Когерентная длина）

光传播方向上两个不同点处的光波场具有相干性的最大空间间隔。这个空间间隔实际上就是光源所发出的光波列长度，它与相干时间 t_c 有下面的关系

$$L_c = t_c c \frac{\lambda^2}{\Delta\lambda}$$

式中　c—— 光速；

$\Delta\lambda$—— 光波光谱的半最大值全宽度；

λ—— 光波中心波长。

在光纤陀螺中，为降低各种振幅型偏振误差，应采用相干长度短的光源。

（撰写人：高　峰　审核人：王学锋）

xiangganxing

相干性（Coherence）（Когерентность）

反映一个光信号被分波前或分振幅并经不同光路传播后汇合时发生干涉的能力，它是评价光源性能的一个重要指标。光源的相干性分为时间相干性和空间相干性。

参见时间相干性、空间相干性。

（撰写人：高 峰 审核人：王学锋）

xiangguanfang

相关方（Interested Pasty）（Заинтересованная сторона）

与组织的业绩或成就有利益关系的个人或团体。

示例：顾客、所有者、员工、供方、银行、工会、合作伙伴或社会。

注：一个团体可由一个组织或其一部分或多个组织构成。

（撰写人：孙少源 审核人：吴其钧）

xiangying pinlü

响应频率（Response-frequency）（Частота реакции）

在某一频率范围内，步进电动机可以任意运行而不丢失一步，则这一最大频率为响应频率。通常用启动频率 f_s 来作为衡量的指标，它是指在一定负载下直接启动而不失步的极限频率，称为极限启动频率或突跳频率。

（撰写人：李建春 审核人：秦和平）

xiangmu

项目（Project）（Объект）

由一组有起止日期的、相互协调的受控活动组成的独特过程，该过程要达到符合包括时间、成本和资源的约束条件在内的规定要求的目标。

注 1：单个项目可作为一个较大项目结构中的组成部分；

注 2：在一些项目中，随着项目的进展，其目标需修订或重新界定，产品特性需逐步确定；

注 3：项目的结果可以是单一或若干个产品；

注 4：根据 GB/T 1906—2000 改写。

（撰写人：朱彭年 审核人：吴其钧）

xiangwei pianzhi

相位偏置（Phase Bias）（Фазовое смещение）

干涉式光纤陀螺仪的响应是 Sagnac 相位差 $\Delta\phi_R$ 的余弦函数

$$P[\Delta\phi_R] = P_0[1 + \cos\Delta\phi_R]$$

在相位差为零时，响应斜率为零，检测灵敏度最小，且不敏感旋转的方向，为此，给余弦响应函数施加一个相位偏置 ϕ_b，使之工作在一个响应斜率不为零的点附近。

$$P[\Delta\phi_R] = P_0[1 + \cos(\Delta\phi_R + \phi_b)]$$

当 ϕ_b 选取 $\pi/2$ 时,响应斜率最大,灵敏度最高。由于光纤陀螺的最佳性能来自于最佳的信噪比,理论信噪比与灵敏度和噪声的比率成正比,所以相位偏置点通常取 $\pi/2 \sim \pi$ 之间的某个值 。

（撰写人：高 峰 审核人：于海成）

xiangwei tiaozhi / jietiaoqi

相位调制/解调器（PM Modem）（Фазвыймодем）

简称 PM 调制/解调器，是相位调制器（PM modulator）和相位解调器（PM demodulator）的总称。

相位调制是用调制信号控制载波信号的相位偏移,即调相信号 $v_{fm}(t) = V_c\cos(\omega_c t + \varphi + k_{pm}v_s)$,$v_s(t)$ 为调制电压,V_c 为载波幅度,ω_c 为载波角频率,φ 为载波相位角。

相位调制的特点是把基带调制电压 $v_s(t)$ 的低频信号转移到载波频率附近两个边带内，以利于电磁能量的传播，并可通过接收限幅等方法来提高信号传输的信噪比及抗干扰能力。

相位调制器可采用 VCO 或移相器等方法来实现。相位解调器通常称为鉴相器，可采用逻辑电路或模拟相位比较器等方法来实现，需要载波参考信号。

脉冲位置调制信号（PPM）是一种常用的脉冲相位调制信号，常用于惯导系统中模拟信号的光缆传输或抗干扰传输。例如美国浮球平台（AIRS）中的多路模拟信号传输系统。

（撰写人：周子牛 审核人：杨立溪）

xiaoguangbi

消光比（Extinction Ratio）（Показатель угасания）

消光比是度量偏振相关器件（如起偏器、检偏器、偏振器等）

的性能。当一束光经过偏振相关器件后，测量输出两个正交方向的功率 P_1, P_2，可得器件的消光比指标，消光比单位为 dB。

$$\eta_{1,2} = 10 \lg \frac{P_2}{P_1} \text{ (dB)}$$

（撰写人：丁东发　审核人：徐宇新）

xiaopian changdu

消偏长度（Depolarization Length）（Деполяризационная длина）

消偏长度是光经过一段传播长度 L_d 后，光的两个交叉偏振态之间产生统计学上的去相干，L_d 即称为消偏长度，计算方法如下

$$L_d / L_{dc} = 1/\Delta n_b$$

式中　L_{dc}—— 去相干长度；

Δn_b—— 晶体的双折射率差。

一般说来，去相干长度 L_{dc} 可由公式 $L_{dc} = \frac{\bar{\lambda}^2}{\Delta\lambda}$ 得到，其中 $\bar{\lambda}$ 为平均波长，$\Delta\lambda$ 为谱宽。在设计高精度陀螺时，应根据陀螺所需达到的精度，通过光源的自相关函数 γ 来计算相干长度。

（撰写人：丁东发　审核人：徐宇新）

xiaopian guangxian tuoluo

消偏光纤陀螺（Depolarization Fiber-optic Gyroscope）

（Деполяризационный волоконный оптический гироскоп）

采用单模光纤线圈的干涉式光纤陀螺。消偏陀螺光纤线圈的两端需要加入 Loyt 消偏器，使光以消偏形式在光纤线圈中传输。它主要利用了消偏光在任意两个正交的偏振方向上不相干，能量等量分布的特性，使得出射光的主波与耦合波不发生干涉，减少了由于单模光纤线圈内部的耦合、双折射以及环境干扰引入的非互易性相位差对输出的影响。

（撰写人：王　巍　审核人：张惟叙）

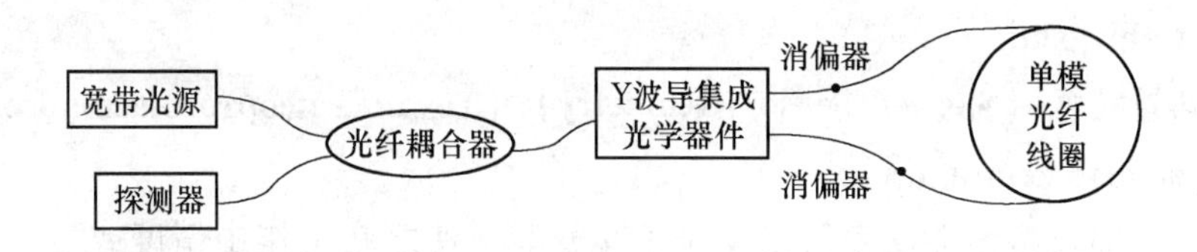

消偏光纤陀螺的光路结构图

xiaopianqi

消偏器（Depolarizer）（Деполяризатор）

又称退偏器，是将偏振光变成非偏振光的一种偏振器件。按照消偏的原理可分为单波长消偏器和白光消偏器。对于宽谱光波（白光），Loyt 消偏器是目前较适用的一种，最早的 Loyt 消偏器是由厚度比为 1∶2，主轴夹角为 45°的两个石英波片串联而成。在消偏型光纤陀螺中的消偏器是 Loyt 光纤消偏器，它是由两段长度比为：$l_1 : l_2 = 1:2$，折射率主轴相对旋转 45°的保偏光纤熔接而成，其工作原理是利用沿保偏光纤的两双折射主轴传输的光的时延特性，将偏振光的两种偏振本征态（x 轴偏振态，y 轴偏振态）从时间上拉开，从而实现输入光的消偏，l_1 至少要大于光源的去相干长度。这种消偏器的误差主要是由两段光纤 45°角的对接精度控制。

（撰写人：丁东发　审核人：徐宇新）

xiefangcha

协方差（Covariance）（Ковариация）

两个随机变量的协方差是它们相互依赖性的一种度量。随机变量 y 和 z 的协方差由下式定义

$$cov(y,z) = cov(z,y) = E\{[y - E(y)][z - E(z)]\}$$

可以导出：

$$cov(y,z) = cov(z,y) = \iint yzp(y,z)\mathrm{d}y\mathrm{d}z - \mu_y\mu_z$$

式中　$E(y) = \mu_y$，即变量 y 的期望；

$E(z) = \mu_z$，即变量 z 的期望；

$p(y,z)$—— 两个变量 y 和 z 的联合概率密度函数。

（撰写人：刘洪丰　审核人：胡幼华）

xiezhi jishu

斜置技术（Skewed Sensor Geometry）（Техника неортогонального расположения датчиков）

通过将惯性仪表斜置和非正交安装，使之在工作中精度或可靠性得以提高的方法。

在提高精度方面，由于惯性仪表的一些误差与外部作用加速度的方向有关，在一些特定的惯性系统和特定的任务轨迹中，惯性仪表不采用常规的正交定向，而采用适当的非正交定向，可以使其某些误差减小或互相抵消，从而能达到减小系统总误差的目的。

在各种斜置定向方案中，能使总误差达到最小的定向方案，称为最佳定向。

由于一种最佳定向的惯性系统只适用于一种特定的任务轨迹，因此这种方法主要应用于飞行轨迹相对简单和固定的弹道导弹和运载火箭。

在提高可靠性方面，由于冗余技术可以有效地提高系统可靠性，而与常规的冗余仪表敏感轴平行定向方案相比，采用斜置定向冗余技术可以用较少量的仪表获得较大的冗余度，所以在高可靠惯性系统中这种方法得到了广泛应用。

（撰写人：杨立溪　审核人：吕应祥）

xiezhen qudong dianlu

谐振驱动电路（Syntonic Circuit）（Синтонизирующая схема）

为了使陀螺驱动轴能谐振的驱动电路。谐振驱动电路分为闭环自激驱动电路和锁相驱动电路两类。闭环自激电路的频率点必然很接近于谐振敏感元件的固有频率。锁相驱动电路是通过锁定谐振敏感元件谐振频率的相位，驱动谐振式传感器的电路。谐振驱动电路在谐振式传感器的基本结构中就是闭环自激环节 ERDA。

谐振式传感器的基本结构见下图。

ERD 组成的电—机—电振子环节，是谐振式传感器的核心。

ERDA 组成闭环自激环节，是构成谐振式传感器的条件。

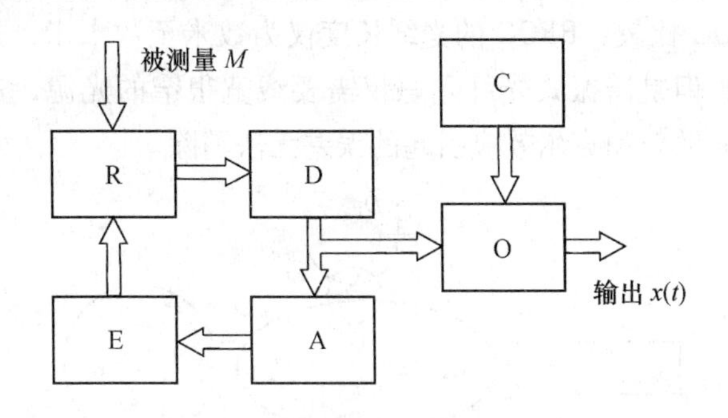

谐振式传感器的基本结构

R—谐振子；D—信号检测器；E—激励器；A—放大器；

O—系统检测输出装置；C—补偿装置

RDO（C）组成的信号检测、输出环节，是实现检测被测量的手段。

（撰写人：何 胜 审核人：王 巍）

xiezhenshi guangxian tuoluo

谐振式光纤陀螺（Resonant Fiber-optic Gyroscope）（Волоконно-оптический гироскоп резонансного типа）

简称 RFOG，是利用光纤谐振腔内循环光波之间的多次干涉，调节光源频率和腔长满足一个方向的谐振要求，在另一个方向上检测谐振频率变化来测量陀螺仪的输入角速度。谐振式光纤陀螺仪的结构组成如图所示，从光源 S 发出的相干光被光纤耦合器 C_1 分成两路，并通过光纤耦合器 C_4 入射进光纤谐振腔中。探测器 D_1 和 D_2 分别用于谐振腔的谐振控制和闭环的反馈控制。当环形腔以角速度 Ω 旋转时，两束相向传播的光波产生一个谐 振频率差

$$\Delta f = \frac{4A}{\lambda L}\Omega$$

式中 A—— 谐振腔包围的等效面积；

L—— 腔长。

只要检测出 Δf,就可以确定输入角速度 Ω。

与 IFOG 比较，RFOG 的光纤长度仅为数米至数十米，热致非互易性较小，但是谐振式光纤陀螺仪需要线宽很窄的光源，这又导致了瑞利背向散射和克尔效应引起的误差无法消除。

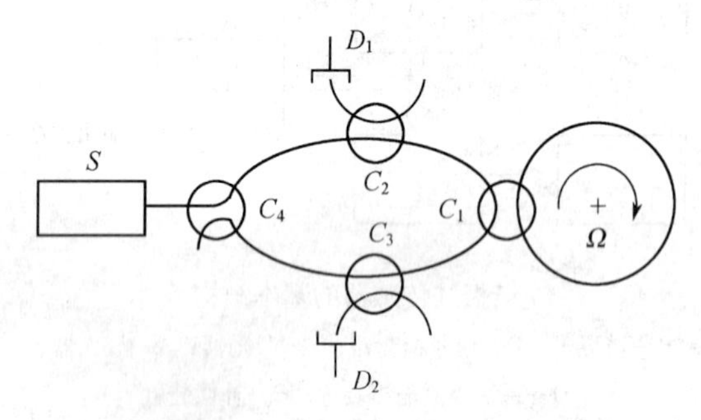

谐振式光纤陀螺（RFOG）的结构图

（撰写人：王　巍　审核人：张惟叙）

xiezhenxing guanxing qijian pinzhi yinshu

谐振型惯性器件品质因数（Quality Factor of Syntonic Inertial Meter）（Добротность инерциального прибора резонансного типа）

谐振型惯性器件的品质因数 Q 值是一个极其重要的指标，其定义式为

$$Q = \frac{\text{每周平均存储的能量}}{\text{每周由阻尼损耗的能量}} = \frac{2\pi W}{AD}$$

式中　W——系统的机械能；

D——单位面积 1 个振动周期的阻尼损耗能量；

A——阻尼面积。

对于弱阻尼系统，$1 \gg \xi > 0$，ξ 为系统的等效阻尼比，利用如图所示的谐振子的幅频特性可给出

$$Q \approx \frac{1}{2\xi} \approx A_{\mathrm{m}}$$

$$Q \approx \frac{\omega_{\mathrm{n}}}{\omega_2 - \omega_1}$$

式中 ω_1, ω_2 对应的幅值增益为 $A_m/\sqrt{2}$，称为半功率点；

ω_n—— 系统的固有频率；

A_m—— 最大幅值增益；

P—— 功率。

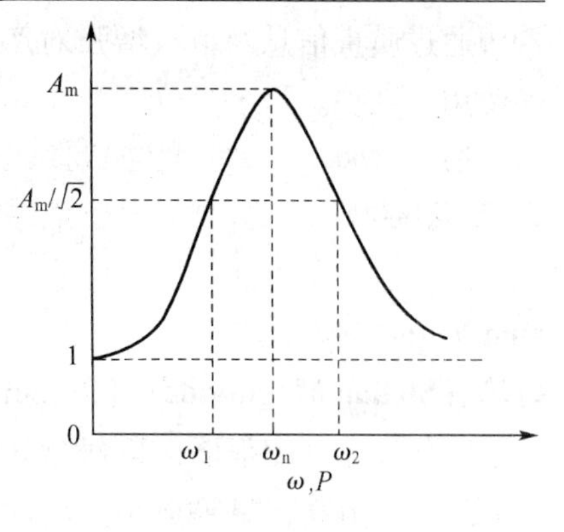

求解 Q 值示意图

显然 Q 值反映了谐振子振动中阻尼比的大小及消耗能量快慢的程度。同时也反映了幅频特性曲线谐振峰陡峭的程度，即谐振敏感元件选频能力的强弱。

（撰写人：甄宗民　审核人：赵采凡）

xinchanpin shizhi

新产品试制（New Product Trial-produce-manufacture）（Опытное изготовление нового продукта）

新产品（含改型、革新、测绘、仿制或功能仿制产品）试制是将设计要求转化为可使用的产品的一个重要环节，必须加以控制，以保证试制出来的产品的质量特性符合设计和开发的要求。

注 1：新产品试制过程，要编制过程控制文件，严格控制技术状态更改，并进行工艺评审、试制前准备状态检查、首件鉴定和产品质量评审；

注 2：可制定新产品试制控制程序，规定质量控制方法、职责和工作程序等。

（撰写人：孙少源　审核人：吴其钧）

xinxi

信息（Information）（Информация）

有意义的数据。

信息是产品质量以及质量管理体系有效运行的重要资源之一，也是以事实作为决策依据的质量管理原则应用的基础。同时顾客也希望通过质量信息获取，增强对产品质量的了解，有助于产品的正确使用和维护。

注：GJB 9001A—2001 规定：组织应确定质量信息的需求，按规定收集、储存、传递和处理信息。产品质量信息应满足顾客的需要。

（撰写人：孙少源 审核人：吴其钧）

xingdeng

星等（Stellar Magnitude）（Звёздная величина）

区分天体亮度强弱的等级规定。人们将人眼能看见的星分为6个等级，星愈亮，星等愈小。正常人眼勉强能看到的叫六等星，比六等星亮 100 倍的星作为一等星，其间星的亮度每增加（减少）2.512 倍时星等减（加）一等。即一等星的亮度等于二等星的 2.512 倍，二等星的亮度等于三等星的 2.512 倍，依此类推。

星等可为负数和非整数，例如：太阳为 -23.7 等星，月亮满月时为 -12.7 等星，北极星为 2.1 等星。

星等还由于测量用的辐射探测器的光谱灵敏度不同，观测点的位置不同，星体辐射光谱不同等，分为目视星等、视在星等、光电星等、仿视星等、热辐射星等和照相星，等等。

（撰写人：朱志刚 审核人：杨立溪）

xingguang/guanxing zhidao

星光/惯性制导（Stellar/Inertial Guidance）（Астро/инерциальное управление）

利用星光方位信息对惯性制导系统进行修正的一种惯性基组合制导方式，又称星光辅助惯性制导或星光修正惯性制导。

星光/惯性制导可采用单星观测、双星观测或多星观测方案，分别可以测量和修正惯性基准的 2 个或 3 个方位角，配合原有的当地垂线可以修正发射点位置误差和方位瞄准误差。通过多次对同一星体的观测还可以测量和修正惯性基准的漂移。

星光/惯性制导的硬件构成有单敏感器、双敏感器构成的平台式和捷联式结构。

平台式结构把星光敏感器安装在惯性制导平台的台体上，或单独配置的星光敏感稳定平台上，其优点是星敏感光轴稳定精度高，变换方位迅速、便捷。若直接装在惯性制导平台上，还有转换误差小、精度高的优点。其缺点是会使平台的体积、质量增大。

捷联式结构把星光敏感器安装在弹（箭）体上，其优点是体积小，缺点是星敏感轴稳定精度差，变换方位较慢（转动弹体），转换误差大，总精度低。

星光/惯性制导主要应用于导弹、运载火箭及航天飞行器，尤其适用于机动发射导弹和空间飞行器。

（撰写人：杨立溪　审核人：吕应祥）

xingguang minganqi

星光敏感器（Star Sensor）（Астродатчик）

能敏感恒星星光辐射，用以获取载体相对惯性空间姿态信息的光学敏感器，又称恒星敏感器，简称星敏感器。

星敏感器根据其功用不同分为星扫描器和星跟踪器两类。前者的视场通过对星空的扫描运动，获取大量星光信息，用以判别载体的方位或寻找所需的星座；后者在一段时间内持续跟踪某颗或某些恒星，用以获得载体的方位和姿态运动参数。

星敏感器主要由光学系统 CCD 或 CMOS 型光学敏感电路芯片及后处理电路等组成，根据用途的不同，其视野可由几度至几十度不等，角度精度可达角秒级。

（撰写人：杨立溪　审核人：吕应祥）

xingli

星历（Ephemeris）（Эремерида）

精确描述导航卫星（如 GPS 卫星）位置的一组参数，它是以时间为变量的函数。

目前，GPS 星历有“广播星历”和后处理的“精密星历”。

广播星历又叫预报星历。通常包括相对某一参考历元的开普勒轨道根数和必要的轨道摄动改正项参数。

后处理星历是一些国家某些部门，根据各自建立的卫星跟踪站所获得的对GPS卫星的精密观测资料，应用与确定广播星历相似的方法而计算的卫星星历。

（撰写人：朱志刚　审核人：杨立溪）

xiuguangren

修光刃（Cutting Edge）（Переходное лезвие）

在精密加工中，一般不选用主切削刃和副切削刃相交的刀具形状，而是在切削刃和副切削刃之间采用一个过渡刃，其作用为对主切削刃加工的表面进行修光，同时使切削刃更耐磨损，这个过渡刃称为修光刃。金刚石刀具通常都刃磨出修光刃，修光刃一般分为直线修光刃（含多棱刀）和圆弧修光刃。直线修光刃制造时刃磨较容易但使用时要求对刀良好，即使修光刃平行走刀方向。修光刃的宽度一般为0.06～0.2 mm，如图所示。圆弧修光刃制造时刃磨困难，成本高，但使用时对刀容易，且切削残留面积小，易于达到光洁加工表面，如镜面。圆弧修光刃的圆弧半径一般为0.5～3 mm。

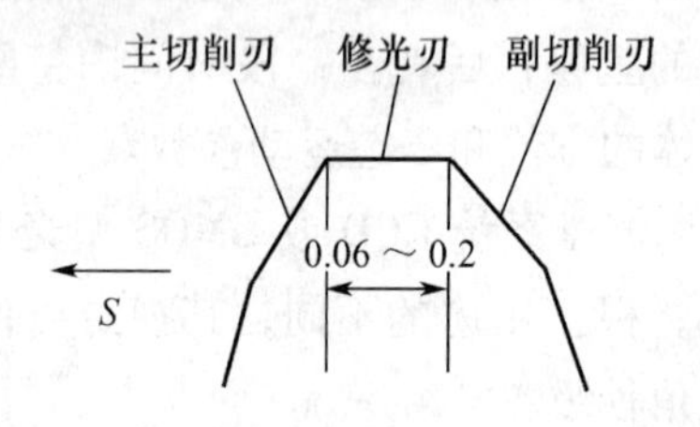

（撰写人：熊文香　审核人：佘亚南）

xiuzheng lingwei

修正零位（Correction Null）（Корректированный нуль）

陀螺仪表在修正力矩作用下，使其自转轴由任意位置回到起始（或预定程序）位置后，其传感器的最小输出量值。

惯性仪表在装配完成后，先要进行零位调整，确定基准后才能进行各项技术指标的调整和测试。但由于各种干扰力矩的作用，陀螺自转轴不能始终保持在零位上，故在进行精度测试时首先要修正零位。

（撰写人：刘雅琴　审核人：闫志强）

xuanfubi

悬浮比（Floating Ratio）（Пропорция плавучести）

在液浮陀螺仪中，陀螺浮子组件在浮液中所受的浮力与该浮子组件重量的比值称为悬浮比。全液浮陀螺仪在设计和调试时应使悬浮比尽量为1∶1。

（撰写人：孙书祺、邓忠武　审核人：唐文林）

xuansishi tuoluo luopan

悬丝式陀螺罗盘（Hanging Tape Gyrocompass）（Гирокомпас струнного типа）

悬丝式陀螺罗盘属摆式陀螺罗盘。用一根金属丝把装有陀螺马达的陀螺房悬挂起来，使其重心、悬挂点和陀螺转子质心都在同一轴线上，重心在悬挂点之下。

悬丝式陀螺罗盘的结构原理如图所示。装有陀螺马达的陀螺房与杆刚性连接后，由悬丝吊挂在与地球相连的支座上，在这种结构中，陀螺自转轴基本上约束在水平面内（与重力矢量 g 垂直的平面内）。

有两种力矩支配陀螺运动。一个是地球自转与陀螺角动量 H 作用引起的进动力矩

$$M_N = H\omega_e\cos\varphi \cdot \alpha$$

式中　φ——当地纬度；

α——陀螺偏离真北方向；

$\omega_e\cos\varphi$——地球自转水平分量。

设 $D_K = H\omega_e\cos\varphi$，则

$$M_N = D_K\alpha = D_K(\alpha_N - \alpha_K)$$

另一个力矩是由悬丝的扭转效应引起的力矩

$$M_T = D_B\alpha_K$$

式中　D_B——悬丝扭力矩系数；

α_K——相对零力矩悬丝的方位角。

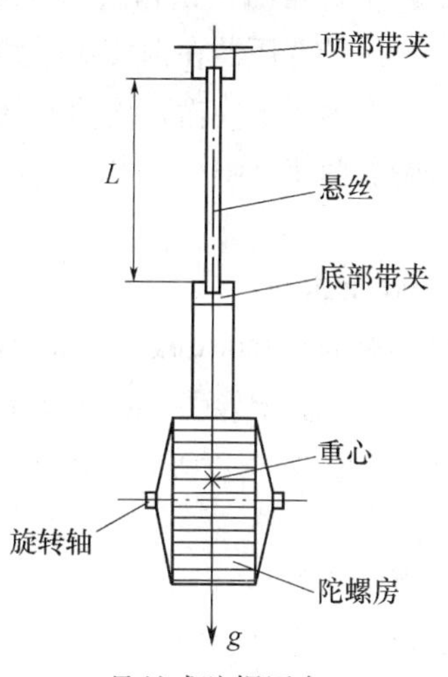

悬丝式陀螺罗盘

在任意 H 方向上的两个力矩的合力矩为零

$$M_N = M_T$$

$$D_K(\alpha_N - \alpha_K) = D_B\alpha_K$$

$$\alpha_N = (1 + K)\alpha_K$$

$$K = \frac{D_B}{D_K}$$

式中　α_N—— 所测量的地理方位角。

（撰写人：吴清辉　审核人：闵跃军）

xuanzhuan bianyaqi

旋转变压器（Resolver）（Поворотный трансформатор）

旋转变压器是转子带铁芯的动圈式传感器，旋转变压器的基本类型有：正—余弦旋转变压器，线性旋转变压器和感应移相器。正—余弦旋转变压器有两相正—余弦旋转变压器和三相正—余弦旋转变压器，即定子（输出绕组）各带1对互相垂直和3个空间互相差120°的绕组。它们的共同特点是，副边绕组与原边绕组之间电磁耦合互感系数随转子转角按正弦和余弦规律变化。因而，它们的输出电压是转子转角的正弦和余弦函数。

旋转变压器在框架式陀螺稳定平台中，可以用做框架轴角度传感器，作为同步传输系统的发信机和接收机，实现电信号传输，当转子也带有两相绕组后，可以用做信号分解器，作为直角坐标转换器。

（撰写人：葛永强　审核人：干昌明）

xundi zhidao

寻的制导（Homing Guidance）（Самонаведение）

利用弹上导引头测量导弹与目标相对运动信息(如导弹至目标的视线转率、相对速度等),以形成制导指令,制导导弹飞向目标的制导方式。

（撰写人：龚云鹏　审核人：吕应祥）

yadian jiasuduji

压电加速度计（Piezoelectric Accelerometer）（Пьезоэлектрический акселерометр）

检测质量与压电晶体相连，当检测质量敏感加速度所产生的惯性力作用在压电晶体上时，压电晶体将输出与加速度成比例的电压，利用此原理制成的加速度计。其原理如图所示。

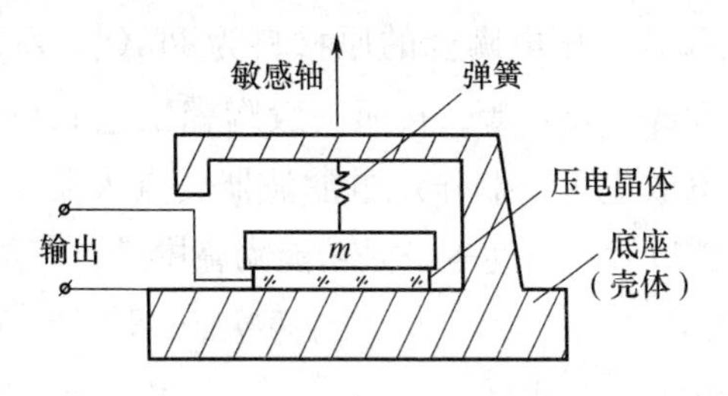

压电式加速度计原理图

压电加速度计的优点是体积小，质量轻，承载能力特强，且在大测量范围内有较好的线性度，因此经常用来测量大加速度（可达 $1\times10^4 g$）或用来测量振动加速度。

（撰写人：沈国荣　审核人：闵跃军）

yadian jingti

压电晶体（Piezoelectric Crystal）（Пьезоэлектрический кристалл）

具有压电效应的晶体。32 种点群的晶体中，无对称中心的有 21 种，（除 432 外）它们皆具有压电性，其中 10 种在液压下有压电性，另 10 种仅在适当方向单向压强下才能有压电效应，分别称为液压敏性和非液压敏性压电性。具有压电效应的晶体按一定取向切取晶片置于交变的外电场中随电场方向发生伸缩。如果交变电场频率与晶片自然频率匹配，会产生谐振，用它可以控制电磁波的频率，或作为频率标准。主要用于制造测压元件、谐振器、滤波器、声表面波换能及传播基片等。常用的压电晶体有电气石晶体、水晶、酒石酸钾钠、单水硫酸锂等。

（撰写人：周玉娟　审核人：陈黎琳）

yadian taoci

压电陶瓷（Piezoelectric Ceramic）（Пьезоэлектрическая керамика）

具有正压电效应的陶瓷材料。所谓压电效应是指某些电介质在力的作用下，产生形变，极化状态发生变化，引起介质表面带电，表面电荷密度与应力成正比，称为正压电效应。反之，施加激励电场，介质将产生机械变形，应变与电场强度成正比，称为反压电效应。常用的压电陶瓷有钛酸钡、钛酸铅和锆钛酸铅（简称 PZT）以及三元系压电陶瓷。压电陶瓷的原材料为 Pb_3O_4，ZrO_2，TiO_2，$BaCO_3$，Nb_2O_5，MgO，ZnO 等，按照一般陶瓷工艺制成。利用压电陶瓷的正、反压电效应可以制作压电滤波器、点火器、变压器、换能器、微位移装置以及声马达等，是功能陶瓷中最具广阔应用的材料。

（撰写人：周玉娟　审核人：陈黎琳）

yadian tuoluoyi

压电陀螺仪（Piezoelectricity Gyroscope）（Пьезоэлектрический гироскоп）

又称压电晶体陀螺仪、压电振动陀螺仪，属于振动陀螺仪，是利用压电材料的正压电效应和反压电效应制作的陀螺。

压电陀螺仪结构可分为振梁式和圆管式，分别如图 1 和图 2 所示，振梁式压电陀螺的基本元件是两端自由的横振动矩形梁，采用

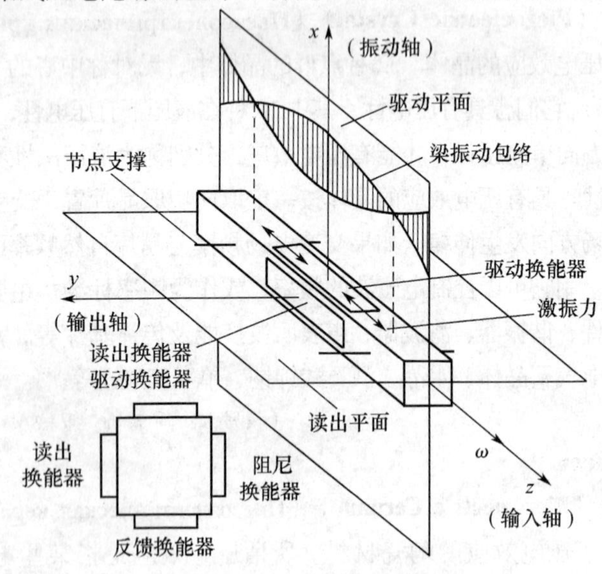

图 1　振梁式压电陀螺仪

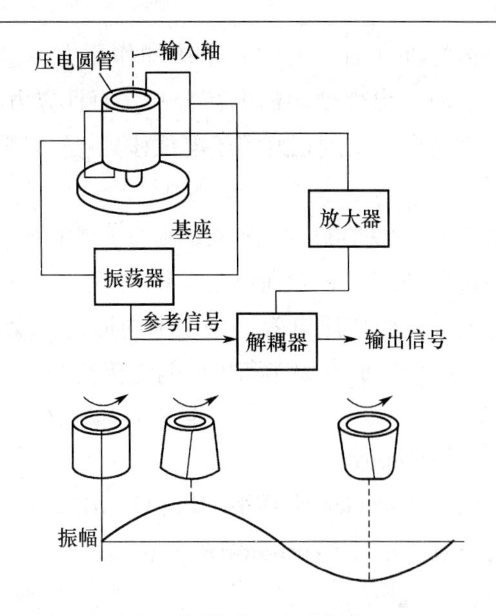

图2 圆管式压电陀螺仪

镍铬钛合金或晶体材料制作，换能器用压电陶瓷或石英晶体等制成。圆管式压电陀螺仪敏感元件是一个薄壁的压电陶瓷圆管。

研制压电陀螺仪的理想材料是高灵敏度、高稳定性的压电单晶或多晶陶瓷。石英和压电陶瓷是两种重要的材料，石英具有良好的机械性能和高 Q 值，温度性能较好，但要求晶体轴有一个特定的方向。压电陶瓷中用得较多的是钛锆酸铅，其温度特性差，但极化方向和形状能任意选择。

压电陀螺仪结构简单，没有转动部件，可靠性高于普通陀螺。其灵敏度由振动材料的晶体内摩擦和读出装置的灵敏度确定，理论上可达到 0.002 (°)/h；缺点是对振动敏感、零位随温度变化大、零位漂移大、零位重复性不好。

（撰写人：邢朝洋　审核人：赵采凡）

yadian xiaoying

压电效应（Piezoelectric Effect）（Пьезоэлектрический эффект）

石英晶体的压电性质，遵循机电规律，且具有正、反压电效应。

在石英晶体的机械轴（力轴）上施加作用力（应力），同时在其电轴方向的表面上出现规律的电荷分布，而且应力与电荷密度之间存在线性关系（电荷密度正好等于电位移）。这种现象称为正压电效应。

相反，在晶体电轴方向施加电场力，则在机械轴方向出现相应的应变，而且电场强度与应变之间存在线性关系。这种现象称为反压电效应。

由于正压电效应和反压电效应是以不同形式出现，所以在特定条件下，可以精确地完成电场能和机械能的转换。

（撰写人：苏　革　审核人：闵跃军）

yɑdiɑn zhendong tuoluoyi

压电振动陀螺仪（Piezoelectric Vibrating Gyro）

（Пьезоэлектрический вибрационный гироскоп）

用压电材料作为振动质的陀螺仪。压电振动陀螺仪的敏感元件固定在基座上，用压电陶瓷材料制成空心圆柱体。由发生器对圆柱体端面供以高频交流电压。在该电压作用下，圆柱体发生振荡，其终端周期性地压缩或膨胀。

当陀螺仪以角速度 ω 绕仪表输入轴转动时，圆柱体末端作反向角振荡，其振幅正比于仪表的旋转角速度。角振荡的存在就使得在圆柱体表面上装置的电极中产生压电信号。压电信号被放大器放大、解调后，得到最终输出信号。

（撰写人：苏　革　审核人：闵跃军）

yɑhe

压合（Press）（Прессовая посадка）

即过盈配合，压合的连接部分通常加工成圆柱面。在连接中由于孔的实际尺寸比轴的实际尺寸小，常要采用压力法、热胀法（使孔膨胀）或冷缩法（使轴冷缩）才能连接。对仪表零件，过盈量较小时（2～3 μm 以内）可采用直接压入法，在平板压机上进行，压入时承压点不能造成塑性变形，零件不能承受弯距；过盈量较大则采用热胀法（孔件加热膨胀），以便轴件迅速装入。压合结构简单，对中性能好，承载能力强，连接强度取决于连接零件的结构、尺寸、过盈大小及配合的表面粗糙度，对连接零件加工精度要求高。压合连接是不可拆连接，因而要求压合前要对零件作全面检查，清除压合面上的毛刺，控制过盈量的大小，使各压合件的过盈量基本均匀，保证压合件的质量。

（撰写人：周 琪 审核人：熊文香）

yazu jiasuduji

压阻加速度计（Piezoresistive Accelerometer）（Акселерометр типа пьезосопротивления）

一种利用半导体压阻效应来测量加速度的惯性仪表。

半导体材料的电阻率的相对变化与材料所受应力之比为一常数，称为半导体材料的压阻系数，它与半导体材料的种类及应力方向与晶轴方向的夹角有关。近似地，半导体电阻的变化与材料所受的应变成正比，即

$$\frac{\mathrm{d}R}{R} = KE\varepsilon$$

式中 $\frac{\mathrm{d}R}{R}$—— 电阻的相对变化；

K—— 半导体材料的压阻系数；

E—— 半导体材料的杨氏模量；

ε ——半导体材料的应变。

压阻加速度计通过将外界加速度的变化转变为压敏电阻阻值的变

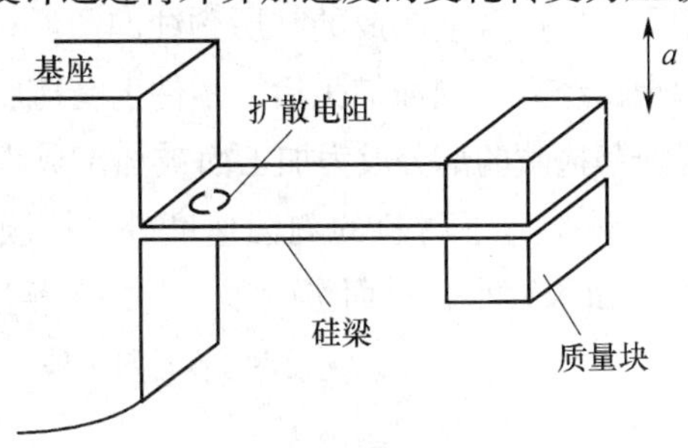

压阻式加速度计结构原理图

化来测量加速度。其结构示意如图所示，为一悬臂梁结构，在悬臂梁的自由端为敏感质量，在悬臂梁根部的两面用半导体工艺沉积有4个电阻作为敏感元件，当敏感质量受到加速度作用时，悬臂梁受到弯矩作用发生变形并产生一定应力。在此应力作用下，悬臂梁上的电阻阻值由于压阻效应而发生相应变化。4个压敏电阻被连接为电桥，利用电桥电路测量出阻值的变化，就可以确定加速度的大小和方向。

（撰写人：朱红生　审核人：赵采凡）

yaweimiji jingdu

亚微米级精度（Sub-micrometre Accuracy）（Точность субмикронного класса）

在超精密加工领域，一般认为零件的尺寸的形状精度在0.1～1 μm的加工精度称为亚微米级精度。目前，在航天产品精密加工中，部分精密零部件的加工精度已达到亚微米级精度。

（撰写人：刘建梅　审核人：易维坤）

yanmo

掩膜（Mask）（Маска）

为在零件上形成一定图案而制作的模板。

在溅射加工中，覆盖在零件表面用以保护非加工表面不被加工而制作的模板。模板的形状依加工件形状而定。掩模常用化学或机械方法加工成形。如惯性器件生产动压气浮轴承螺旋槽（深3～7 μm）、螺旋泵台阶轴槽型即采用钛合金制成的与所刻蚀的图形相一致的掩模将零件表面遮盖起来，经离子刻蚀加工后，零件上受掩膜保护的部分保留下来，而未经掩膜掩蔽的部分成为加工面被加工成零件结构所要求的槽形。掩膜的设计除考虑材料的刻蚀速度外，掩膜的厚度也会影响零件刻蚀部位、面积大小，进而影响零件的加工精度。

（撰写人：周　琪　审核人：熊文香）

yanzheng

验证（Verification）（Проверка）

通过提供客观证据对规定要求已得到满足的认定。

注 1："已验证"一词用于表示相应的状态。

注 2：认定可包括下述活动，如：

· 变换方法进行计算；

· 将新设计规范与已证实的类似设计规范进行比较；

· 进行试验和演示；

· 文件发布前的评审。

（撰写人：朱彭年　审核人：吴其钧）

yaoqiu

要求（Requirement）（Требованине）

明示的、通常隐含的或必须履行的需求或期望。

注 1："通常隐含"是指组织、顾客和其他相关方的惯例或一般做法，所考虑的需求或期望是不言而喻的。如安全、舒适、美观方面的要求；设备之间的接口、兼容、扩容以及零件的通用性、互换性等要求，顾客虽未明确提出，也应加以考虑；

注 2：特定要求可使用修饰词表示，如产品要求、质量管理要求、顾客要求；

注 3：规定要求是经明示的要求，如在文件（信息及其承载媒体）中阐明；

注 4：要求可由不同的相关方提出。

（撰写人：孙少源　审核人：吴其钧）

yaobai

摇摆（Swing）（Качание）

导弹、火箭等运载体在运动中绕自身 3 个坐标轴的往复式角运动。

摇摆是载体受外界扰动和姿态稳定系统的调整力矩综合作用下产生的角振荡。它可能在俯仰、偏航、滚动 3 个轴上同时出现，也可能仅在 1 个或 2 个轴上出现。

摇摆是载体被视为刚体时的角运动，一般指绕以载体质心为原点的坐标系各坐标轴的往复角运动。

（撰写人：杨立溪　审核人：吕应祥）

yaobai ceshi

摇摆测试（Shaking Test）（Испытание на качку）

将惯性器件固定于摇摆测试台上，以摇摆运动模拟导弹或火箭的角运动，来测试其技术指标性能参数的试验。

摇摆测试是惯性器件精度检查的一种，目的是检测惯性器件在摇摆状态下产生的动态漂移误差是否符合设计技术指标要求。惯性器件处于摇摆环境中时，各轴向（例如平台台体上各轴向的陀螺仪）将承受周期性干扰力矩的作用，引起惯性器件（平台台体）的角运动，因非线性效应在陀螺仪输出轴上产生整流力矩，从而引起陀螺仪的动态漂移。此漂移越小、标志惯性器件的精度越高 。

（撰写人：刘雅琴　审核人：闫志强）

yaoce

遥测（Telemetry）（Телеметрия）

在导弹与火箭技术领域，用弹（箭）上的遥测传感装置对导弹（火箭）状态参数、环境参数及各有关分系统的工作参数进行采集，并通过无线电发送到地面接收装置的过程。遥测参数是分析导弹（火箭）各分系统的工作状态与性能的依据。遥测的弹道参数与外测的弹道参数之差是分析惯性器件误差的重要依据。

（撰写人：程光显　审核人：杨立溪）

yefu baishi jiasuduji

液浮摆式加速度计（Floated Pendulum Accelerometer）（Поплавковый маятниковый акселерометр）

由摆组件、传感器、力矩器、波纹管、浮液、温控装置、壳体等组成的加速度计，如图所示。

腔内充有浮液，浮液的密度与摆组件平均密度相等，使摆组件重力与浮力相等，使定位在壳体上的输出轴两轴尖与宝石轴承间的动摩擦力矩达到最小的目的。由于仪表腔内充有浮液，抗冲击、抗振动能力大大提高，同时摆组件运动时受到液体阻尼，系统放大倍数可以大幅度提高，从而减少了系统的动态误差。采用波纹管补偿浮液受温度变化时体积的变化，当波纹管体积变化量与浮液受温度变化而产生的体积变化量相等，即波纹管受液体膨胀后被压缩的体积与浮液膨胀的体积相等时达到最佳补偿。

仪表进行温度控制，使其在恒温状态下工作，减小了环境温度变化导致的误差。

仪表可根据实际需要配置伺服放大器和数字输出电路，可以是模拟量输出也可以是数字量输出。仪表分辨率一般在 $10^{-5}g \sim 10^{-6}g$ 之间，精度为 0.05%～0.01%，若同时采用磁悬浮技术，精度会更高一些，但难度也增加了。

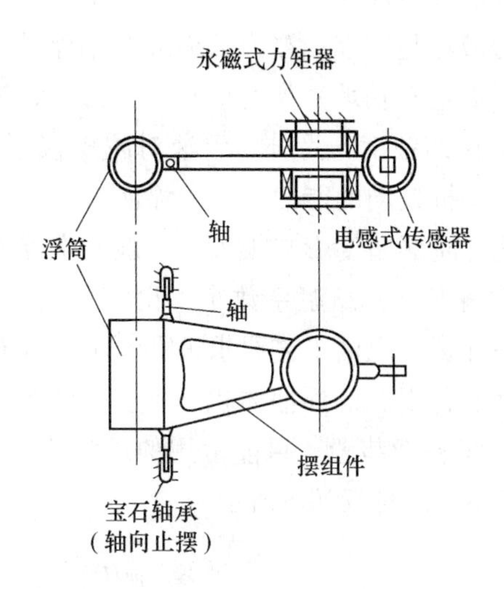

液浮摆式加速度计结构原理图

（撰写人：沈国荣　审核人：闵跃军）

yefu tuoluo wending pingtai

液浮陀螺稳定平台（Liquid Floated Gyro Stabilized Platform）（Стабилизированная платформа на основании поплавковых гироскопов）

由单自由度液浮陀螺仪作为敏感元件构成的陀螺稳定平台，简称液浮平台。典型的液浮陀螺平台是三框架平台，由以下几部分组成：平台台体、内框架、外框架、基座、程序机构、缓冲减振器、安装支架等。台体上装有 3 个单自由度液浮积分陀螺仪和 3 个液浮摆式加速度计（或液浮摆式陀螺加速度计）、光学直角棱镜和六面体等。

液浮平台的静态和动态性能好，体积和质量比气浮陀螺平台小，但结构与工艺复杂，多在远程火箭、导弹惯性制导系统中采用（平台工作原理详见陀螺稳定平台）。

（撰写人：赵　友　闫　禄　审核人：孙肇荣）

yefu tuoluoyi

液浮陀螺仪（Floated Gyroscope）（Поплавковый гироскоп）

陀螺仪的内框架组件为密封的圆柱形浮子，利用液体浮力将其浮起的陀螺仪为液浮陀螺仪，浮力抵消或减小浮子组件的重力，使浮子定中支撑（如宝石轴承）所受的正压力降低，消除或减小其摩擦力，提高陀螺仪的精度；另外，浮液对陀螺仪不但起阻尼作用，还增强了抗冲击、抗振动的能力。由于浮液对陀螺浮子组件起支撑作用，浮液性能对陀螺精度影响极大，一般要求浮液密度高；温度系数小；在一定精度下，黏温系数小；化学稳定性高；无腐蚀性；凝固点高等。另外真空充油工艺要求极严，不允许有气泡存在。为了补偿减小温度变化引起的浮油体积、黏度的波动，陀螺仪要有高精度的温控和体积补偿装置。目前常用的浮液为氟氯油和氟溴油。典型的单自由度液浮陀螺仪如图所示。

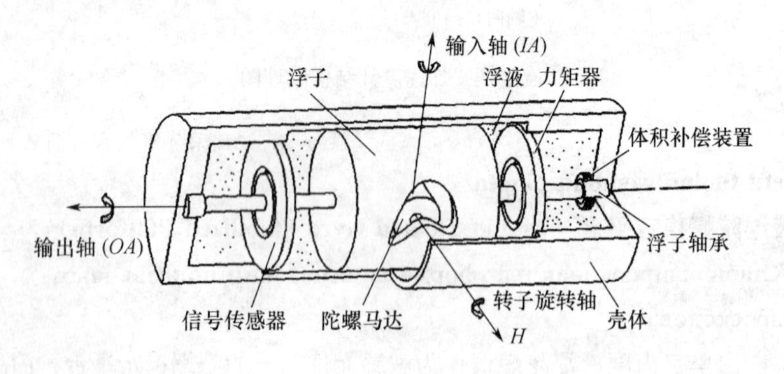

单自由度液浮陀螺仪示意图

液浮陀螺仪精度可达到 0.01～0.001 (°)/h，在惯性导航系统中得到了广泛应用。

（撰写人：孙书祺　审核人：唐文林）

yefu zhicheng

液浮支撑（Floated Suspension）（Поплавковый подвес）

利用液体的浮力起支撑作用，在陀螺仪中，液体对浮子组件的浮力可抵消或减小重力对浮子的作用，从而减小了浮力支撑轴的正压力，降低了由摩擦力矩引起的漂移率。同时，液浮支撑的浮液还起阻尼作用，提高了陀螺抗冲击和抗振动的能力。

（撰写人：孙书祺　审核人：唐文林）

yehuanshi jiaojiasudu chuanganqi

液环式角加速度传感器（Liquid Rotational Angular Acceleration Sensors）（Датчик углового ускорения типа жидкостного кольца）

一种可直接获得惯性空间角加速度信息的传感器。它是根据固液相分散体系的表面电现象，以两相界面流动电势的变化规律为理论基础，将化学传感器技术与陀螺原理相结合的惯性技术传感器。它的工作原理是通过液环内的流体惯性介质相对一种多孔分子电子转换器运动，并由此引起固—液界面电荷移动产生电位差，根据公式 $E = \frac{\zeta\varepsilon\dot{\omega}km}{4\pi\eta\lambda}$ 可直接获得角加速度信息。

由于液环式角加速度传感器是基于化学敏感组件独特的工作原理，它具有：结构简单、内部无可移动部件、质量轻、能耗低、抗扰能力强等特性。

（撰写人：张敬杰　审核人：宋广智）

yici jicheng dianlu

一次集成电路（Semiconductor IC）（Первичная интегральная схема）

又称单片集成电路、半导体集成电路（mono-chip IC），指用半导体工艺直接在晶片上制造出完整电路的器件。一次集成电路、单片集成电路相对于二次集成电路和多片集成电路，半导体集成电路相对于厚膜、薄膜等工艺的集成电路和混合集成电路。

一次集成电路是各种集成电路的基础，具有最好的性能和可靠性，在惯性导航系统中获得广泛的应用。在一些难以实现半导体集成或有特殊要求的电路中，常采用二次集成电路的途径实现技术要求。随着用户定制集成电路（ASIC）和混合半导体工艺的发展，一次集成电路的应用范围正进一步扩大。

（撰写人：周子牛　审核人：杨立溪）

yibiao fangdaqi

仪表放大器（Instrument Amplifier）（Усилитель прибора）

一种特殊的运算放大器。通常由3个运算放大器及电阻网络构成一个对称高阻抗差分输入，单端低阻抗输出，具有精确比例系数的高精度放大器，主要用于精密测量电路的输入级。

（撰写人：周子牛　审核人：杨立溪）

yibiaoji picai

仪表级铍材（Beryllium Material of Inertial Instrument）（Бериллиевый материал приборного класса）

采用高纯度铍粉和等静压固压成材并达到惯性仪表对其结构材料性能要求的铍材。

金属铍具有非常优异的性能：

1. 密度低，铍的密度为1.85 g/cm^3，约是铝的2/3，钛的1/2；

2. 弹性模量高，达298 000～309 000 MPa，是铝的4倍，钢的1.5倍，比刚度（刚度/密度）是钢铝钛的6倍；

3. 熔点高，达1 285 ℃；

4. 线膨胀系数为11.3×10^{-6}/℃，与钢、陶瓷接近；

5. 热导率高，约为180 W/(m·℃)，比同质量其他金属大。

铍还有许多优异特性，如尺寸稳定好、热容量大、机械强度高等，是惯性器件理想的结构材料。在航天、航空等领域得到广泛应用。

但它存在的显著缺点是质脆、有毒。

下表列出铍材与惯性仪表常用材料主要性能的对比。

铍材与惯性仪表常用材料主要性能对比表

材料＼性能	弹性模量/MPa	密度/(g/cm³)	导热系数/[W/(m·℃)]	线胀系数/(10^{-6}/℃)	比热/(Cal·g·$℃^{-1}$)	熔点/℃	比刚度(钢=1)
铍	290×10^3	1.85	180	11.3	0.45	1 285	6.00
铝	70×10^3	2.78	164～170	23.6	0.214	660	0.96
钛	113.6×10^3	4.73	13～22	8.20	0.13	1 660	0.92
镁	42.1×10^3	1.80	114	26.0	0.27	650	0.90
钢	206×10^3	7.86	36	11.1～11.3	0.12	1 573	1
铜	124.1×10^3	8.89	50～80	16.4	0.09	1 083	0.54

我国研制的仪表级铍材 RJY－40、RJY－50 级抗拉强度均达到 400～500 MPa，综合性能已达到国际先进水平。

（撰写人：孙书祺　审核人：唐文林）

yibiaoji rongyu

仪表级冗余（Instrument Redundancy）（Избыточность приборного класса）

惯导系统中，用两个或几个惯性仪表测量原需一个仪表完成测量任务的设计技术。

在捷联惯导系统中采用仪表冗余设计技术，即对陀螺、加速度计等惯性仪表采取冗余配置设计。当其中某些仪表出现故障时，冗余的仪表仍可输出所需的测量信号，不影响整个系统的工作。与系统级冗余相比，仪表级冗余具有局部冗余可靠性提高明显，易实现、易维修、灵活、方便、投资少、周期短的优点。随着冗余陀螺、加速度计等仪表个数的增加，冗余系统故障间隔时间相应变大，但冗余个数再增加时，其增幅却急剧下降。因此在选择配置数量时，不能无限制地追求增加冗余个数；另外，随着冗余个数的增加，相应的硬件费用和软件费用及设备体积、质量等也会大幅度上升。故仪表冗余配置的数量应适中设计。

（撰写人：杨大烨　审核人：孙肇荣）

yibiao xingneng quxian nihe

仪表性能曲线拟合（Fitting Curve for Instrument Performance）（Аппроксимирование кривой характеристики прибора）

将惯性仪表的测试数据，在坐标平面内标出数据组各点的位置，从测试数据的变化求出表征输入和输出变量之间依从关系的可用的数学表达式，即得到拟合函数，也就将绘图坐标平面上的离散数据点拟合为曲线，这一方法即仪表性能曲线拟合。

（撰写人：李丹东　审核人：王家光）

yishi cunchuqi

易失存储器（Volatile Memory）（Разрушающаяся память）

当系统掉电时信息会丢失的存储器，即 RAM 存储器。对于这样的存储器，如果希望系统供电中断后仍能维持原有信息，可以采取辅助电源供电的方法。该术语也指为一程序所用，又可独立于程序变化的存储区，例如，可被其他程序或中断服务程序共享的存储区。

（撰写人：黄　钢　审核人：周子牛）

yincha tuoluoyi

音叉陀螺仪（Pitchfork Gyro）（Камертонный гироскоп）

音叉的两臂在平面 xOy 内作等幅振动，其相位相差 180°，音叉由扭转弹簧及阻尼器与基座相连。当绕 Ox 轴有角速度时，强迫带动

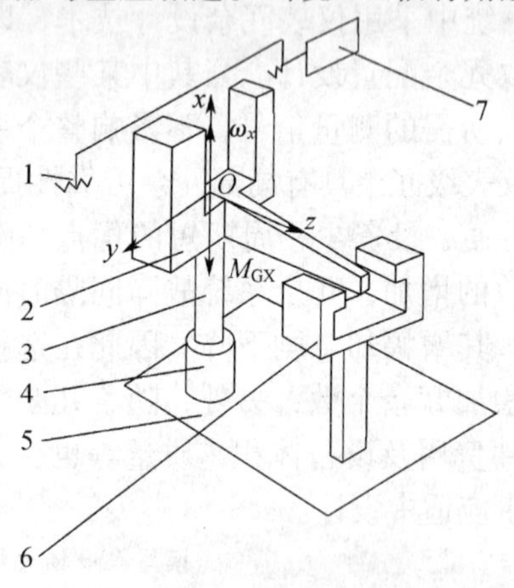

音叉式振动陀螺仪原理图

1—激振装置；2—音叉；3—扭转弹簧；4—阻尼器；

5—基座；6—角度传感器；7—振荡器

音叉近似地以同一角速度相对于惯性坐标系转动，因而就有陀螺力矩作用在音叉上而使音叉相对于基座作角振动，同时扭转弹簧便产生反力矩而作用在音叉上，用以平衡陀螺力矩。稳态时角度传感器输出与角速度成比例的信号。

（撰写人：苏　革　审核人：闵跃军）

yinshi zhidao

隐式制导（Implicit Guidance）（Неявное управление）

飞行中不解算导弹或火箭的实际飞行速度与位置，而按关机点特征量（实测值与装定值进行比较判断）进行制导的方式。

隐式制导曾在早期的弹道导弹和运载火箭中应用，采用位置捷联式惯性系统和模拟式计算装置。其中，由自由陀螺仪提供惯性姿态基准和导弹或火箭的姿态角，将姿态角信号送给控制系统，保障导弹或火箭沿弹道稳定飞行；由加速度计测量导弹或火箭的视加速度并由计算装置对其进行积分，得到视速度与视距离。再将它们与其他参数组合，形成关机特征量，当特征量达到事先装定值时关闭发动机。这种制导方式简单易行，但精度低，目前已很少使用。

（撰写人：程光显　审核人：杨立溪）

yongcishi lijuqi

永磁式力矩器（Permanent Magnet Torquer）（Датчик момента с постоянным магнитом）

根据载流导体在磁场中受力的作用原理工作，它以永久磁钢作激磁磁场源，永磁式力矩器有多种结构，通常分为动圈型永磁式力矩器和动铁型永磁式力矩器，其输出力矩的表达式为

$$M = 2RB_{\delta}lIW$$

式中　B_{δ}—— 工作气隙中的磁感应强度；

I—— 导线中电流；

l—— 导线的有效长度；

W—— 线圈匝数；

R—— 线圈导线至回转中心的平均半径。

永磁式力矩器可以做成单轴和双轴两种类型，它已在高精度陀螺仪表中应用，通过磁钢高低温老化、机械振动和冲击老化及磁分路套的磁路温度补偿，使永磁式力矩器标度因数稳定性和线性度达到 10^{-5}。

（撰写人：葛永强　审核人：干昌明）

yongci tuoluo diandongji

永磁陀螺电动机（Permanent Magnet Gyro Motor）

（Гиродвигатель постоянного магнита）

由定子、转子和轴承等组成。一种结构为达松伐尔型，转子分两部分，永磁体装在外转子上，内转子用高导磁的软磁材料构成。在内外转子之间有定子，定子可采用可加工陶瓷骨架，骨架上绕有定子绕组，绕组通以方波脉冲电压，该电压在绕组中产生的电流与转子上永磁体产生的磁密相互作用，产生使转子转动的切向力。定子绕组既是通电元件又起了位置传感器的作用。另一种结构为普通形式。

永磁陀螺电动机具有效率高、发热小、转速稳定度高的优点。缺点是需要专门的电子电路。

（撰写人：李建春　审核人：秦和平）

youmo houdu

油膜厚度（Thickness of Oil Slick）（Толщина масленного слоя）

经运转形成的滚珠轴承之滚珠与滚道之间润滑油膜的厚度。

用于陀螺电机的轴承，必须在其表面建立一层连续、完整且稳定的弹性流体动力的润滑油膜，以避免滚珠与滚道之间的直接接触。这层油膜牢固地附着在滚珠和滚道的表面上，一般油膜厚度在0.2 μm左右。

（撰写人：周　赟　审核人：闫志强）

youmo jianxi

油膜间隙（Clearance of Oil Slick）（Промежуток между масленными слоями）

轴与轴承油膜间的最小间隙。如滚珠表面所形成的油膜与滚道油膜之间的最小间隙。

（撰写人：周 赟 审核人：熊文香）

youqi runhua

油气润滑（Oil-Gas Iubrication）（Маслено-газовая смазка）

在管路中利用气流来输送和供给润滑点以微量油润滑的一种润滑技术。油气润滑系统具有很多优点：1）油气润滑不产生油雾，利于环境保护；2）可以使用各种稀油油品，受油品黏度影响很小；3）能定时定量地把油送到润滑点；4）油耗量小，仅为传统润滑耗油量的几十分之一；5）摩擦副始终保持新鲜适量的润滑油，百分之百利用润滑材料；6）压缩空气带走摩擦热，降低摩擦副工作温度；7）空气具有一定压力，在轴承腔内可起到一定密封作用；8）提高运转轴承的极限转速，*DN* 值可达 100 万以上（*D*—直径，mm；*N*—转速，r/min）。

油气润滑系统是近几年国际应用较广泛的润滑方式，应用于各种轧机设备的润滑，如高速线材轧机、棒材轧机、冷连轧机、连铸机轴承，并且大部分稀油和干油润滑都可由油气润滑来代替，实际使用效果很好。由于采用油气润滑，轴承的使用寿命提高了数十倍到上百倍。

（撰写人：王 君 审核人：熊文香）

youwu runhua

油雾润滑（Oil-Mist Iubrication）（Смазка масленым туманом）

一种新型的集中润滑方式，它的润滑机理是利用压缩空气产生的高速气流，将液态润滑油经过引射并雾化成微小的油颗粒（颗粒直径在 2～50 μm 之间），形成空气与油颗粒的混合体即油雾，经过管路输送至被润滑部位，再通过凝缩嘴将微小的油颗粒凝聚为较大的油颗粒，然后进入摩擦副，弥散于各个部位，形成油膜，起到润滑的作用，同时油雾在轴承座内部形成正压，起到阻止外界污物进入的作用。该装置适用于滚动轴承、滑动轴承、齿轮、涡轮、链轮及滑动导轨等摩擦副。油雾润滑具有如下的一些特点：1）油雾可弥散到摩擦副各个部位，起到良好而又均匀的润滑效果；2）耗油量低，摩擦副始终保持新鲜、适量的润滑油；3）可以提高轴承的极限转速，延长轴承寿命，可用于高转速轴承；4）设备简单、体积小、质量轻、动力消耗低且自动化程度高；5）成本及维修费用低且便于集中管理；6）散热性能好，压缩空气比热小、流速高，易于带走摩擦热，降低摩擦副的温度；7）油雾具有一定的压力，在轴承腔内可以起到一定的密封作用，以防润滑油被污染。

（撰写人：王　君　审核人：熊文香）

youyi fangwei tuoluo wending pingtai

游移方位陀螺稳定平台（Wander-azimuth Gyro Stabilized Platform）（Гиростабилизированная платформа блуждающего азимута）

一种两个水平轴稳定在当地水平面内，方位指向与北向存在一个游移方位角的陀螺稳定平台。通常此平台采用三轴框架式陀螺稳定平台。计算机按载体速度计算出两水平轴偏离水平面的转动角速度，给相应两轴修正回路发出指令电流，控制两水平轴转动而最终使台体始终跟踪并保持在当地水平面内。而方位修正回路仅按地速垂直分量的大小，对方位陀螺施加控制力矩，使方位轴转动。此平台在静止基座上，或载体只有南（北）向速度时，方位指向能保持与地理北向有固定的偏角。若载体有东（西）向速度时，则这个角度随速度的大小和方向而变化，即有一个不确定的游移方位角。

用此类平台时，对导航参数的计算量大。在极区使用时，要采用其他导航方法辅助。

（撰写人：赵　友　闫　禄　审核人：孙肇荣）

youhai liju

有害力矩（Baleful Torque）（Вредный момент）

作用于陀螺仪内、外框架由摩擦、不平衡、非等弹性、结构变形、电磁干扰、工艺误差等结构、环境工艺因素引起的力矩，又称干扰力矩。它是引起陀螺漂移的主要原因。干扰力矩的数值大小和变化规律可通过测量或分析的方法求得，干扰力矩按性质可分为两类：与加速度有关的不平衡力矩、弹性变形力矩、温度误差力矩、液体力矩等；与加速度无关的有弹性约束力矩、磁性力矩、工艺误差产生的力矩等。

（撰写人：马月争 审核人：谢 勇）

youse zaosheng

有色噪声（Color Noise）（Цветовой шум）

在频谱的不同频率上具有不同强度的噪声。在时域上表现为不同时刻的噪声幅值具有相关性。

在现实物理世界中，噪声全都是有色的。

（撰写人：杨立溪 审核人：吕应祥）

youxian zhidao

有线制导（Guidance with Wire）（Проводниковое управление）

反坦克导弹使用的一种遥控制导方式。由于制导系统的两个组成部分分别放置，控制系统放在弹上，导引系统放在导弹发射点上，即将导弹、目标位置和运动测量装置以及导引指令形成装置放在地面或发射载体上。导弹发射后，探测系统测得导弹和目标位置信息，根据导引规律解算出导引指令，通过导线从地面传输到弹上的控制系统，实现闭环控制，操纵导弹按预定弹道飞向目标。因此在弹上装有一个线管，在导弹飞行过程中连续抛放出长达数千米的传输线，传输电信号，实现对导弹的遥控制导。

光纤制导也是有线制导的一种形式，但光纤传输的信号是光信号，信息容量大，它可将导弹头部的成像装置所获得的目标区域图像用光纤传回制导站，制导站根据该图像锁定目标，形成导引控制指令通过光纤传回弹上，实现寻的器对目标的自动跟踪，并操纵导弹飞向目标。

有线制导抗干扰性强，精度高，但射程较短，而且在发射点与目标之间不能有障碍物。

（撰写人：彭兴泉 审核人：汪顺亭）

youxiaoxing

有效性（Effectiveness）（Эффективность）

完成策划的活动和达到策划结果的程度。

注：GJB 9001A 标准规定了“质量策划”术语和“质量管理体系策划”、“产品实现策划”、“设计和开发策划”等过程活动的策划要求。本词条是针对标准的策划要求阐述的。

（撰写人：孙少源 审核人：吴其钧）

youyuan cixuanfu

有源磁悬浮（Active Magnetic Suspension）（Активный магнитный подвес）

磁悬浮轴承的一种，它主要由磁悬浮轴承、变换放大器和控制电路组成，它与无源磁悬浮的不同之处在于其控制器不是由 LC 谐振电路组成，而是由变换放大器和控制电路组成，它的绕组既作为位置敏感元件而输出较高频率的位置信号，同时又通过该回路再给绕组以相应的低频电流产生吸力，以控制浮子轴处于轴承的中间位置。有源磁悬浮靠提高交流放大器的放大倍数来提高系统的刚度，与无源磁悬浮相比，它的刚度大、定位精度高，但电路复杂，制作和调试有一定难度。

（撰写人：孙书祺 邓忠武 审核人：唐文林）

yuliang junyunxing

余量均匀性（Allowance Equality）（Равномерность припусков）

某一工序中所切除材料厚度的均匀一致性。余量越均匀使加工应力分布越一致，应力释放造成的变形趋于一致，有利于达到加工精度要求。

（撰写人：周 琪 审核人：熊文香）

yufang cuoshi

预防措施（Preventive Action）（Предупредительное средство）

为消除潜在不合格或其他潜在不期望情况的原因所采取的措施。

注 1：一个潜在不合格可以有若干个原因；

注 2：采取预防措施是为了防止发生，而采取纠正措施是为了防止再发生。

（撰写人：朱彭年 审核人：吴其钧）

yujinli

预紧力（Preload）（Сила предварительного нажатия）

惯性器件装配时为抵抗可能的外载荷造成的变形而预先施加的

力（载荷）。如仪表对装预紧力、轴承预紧力等。

（撰写人：赵 群 审核人：易维坤）

yure shijian

预热时间（Preheating Time）（Время предварительного нагревания）

对于陀螺仪和加速度计，从开始给仪表提供能量（供电）到仪表各元、部件达到所需的稳定工作温度和规定性能时所需要的时间。

（撰写人：孙书祺 邓忠武 审核人：唐文林）

yuzhi

阈值（Threshold）（Порог）

参见 GJB 585A—98 的 3.3.4.8。

最小输入量的最大绝对值。由该输入量所产生的输出量至少等于按标度因数所期望输出量的 50%。

（撰写人：沈国荣 审核人：闵跃军）

yuanqijian kekaoxing zhiliang dengji

元器件可靠性质量等级（Element Reliability Quality Degree）（Разряд качества надежности элемента）

同一技术性能的产品，根据不同的质量保证要求，可能有不同的质量等级。GJB/Z 299《电子设备可靠性预计手册》中规定了质量等级的定义：元器件质量等级是指元器件装机使用之前，按产品执行标准或供需双方的技术协议，在制造、检验、筛选过程中其质量的控制等级。

根据用途，元器件的质量等级可分为用于元器件生产控制、选择和采购的质量等级和用于电子设备可靠性预计的质量等级两类。元器件可靠性质量等级就是指用于电子设备可靠性预计的质量等级。

当按 GJB/Z 299 进行电子设备可靠性预计时，在该标准中列出了另一种与元器件生产控制、选择和采购的质量等级有对应关系的质量等级。元器件质量直接影响其失效率，不同质量等级的元器件对失效率的影响程度以质量系数 π_Q 来表示。质量系数 π_Q 是指不同质量等级的元器件对失效率影响的修正系数。在 GJB/Z 299 中列出了 A、B、C 等预计质量等级，同时将 B2 质量等级的 π_Q 值取为 1，其他质量等级的 π_Q 值一般为该质量等级产品失效率相对于 B2 质量等级产品失效率的比值。

（撰写人：余贞宇 审核人：周子牛）

yuanzi tuoluoyi

原子陀螺仪（Atomic Gyro）（Атомный гироскоп）

原子陀螺的理论基础是相对论、量子理论和萨格纳克（Sagnac）效应。当原子吸收或发射一个光子时，原子和光场的动量应是守恒的，原子的内部状态与其动量相关。当用共振行波激发原子时，处于基态超精细低能态的原子态将跃迁到超精细高能态。当用一个π/2—π—π/2的激光序列顺序激发原子束时，原子波包就会被分裂、偏移、重新汇合而产生干涉。利用这一原理可构成萨格纳克原子干涉仪，从而实现对角速度的测试。原子干涉仪的相移可表示为

$$\Delta\phi_{\text{atom}} = \frac{4\pi}{\lambda_{\text{db}} v}\Omega A$$

可将上式变化为

$$\Delta\phi_{\text{atom}} = \frac{\lambda c}{\lambda_{\text{db}} v}\left(\frac{4\pi}{\lambda c}\Omega A\right)$$

$$= \frac{\lambda c}{\lambda_{\text{db}} v}\Delta\phi_{\text{light}} = \frac{mc^2}{\hbar\omega}\Delta\phi_{\text{light}}$$

式中 $\Delta\phi_{\text{atom}}, \Delta\phi_{\text{light}}$——分别为原子干涉仪的相移和光学干涉仪的相移；

λ—— 光波长 c，光速；

A—— 干涉仪两条路径所围绕的面积；

Ω—— 旋转角速度；

λ_{db}—— 德布罗意波长；

v—— 原子运动速度；

ω—— 光角频率；

$\hbar$—— 普朗克常数。

从上式可以看出，原子干涉仪的理论精度比光学干涉仪高出 10^{11}

倍。目前研制较多的原子干涉仪有铷原子干涉仪、铯原子干涉仪等。

（撰写人：徐宇新　审核人：王　巍）

yuangailü wucha

圆概率误差（Circular Error Probable）（Кругвая вероятная ошибка）

以目标点为圆心，弹着概率为50%的圆形区域的圆半径，又称圆公算偏差，用CEP表示。

CEP满足方程式

$$\frac{1}{2\pi\sigma_1\sigma_2}\iint_{x^2+z^2\leqslant \mathrm{CEP}^2}\exp\left\{-\frac{1}{2}\left[\frac{(x-\mu_1)^2}{\sigma_1^2}+\frac{(z-\mu_2)^2}{\sigma_2^2}\right]\right\}\mathrm{d}x\mathrm{d}z = 0.5 \tag{1}$$

它的极坐标形式为

$$\frac{c}{2\pi}\int_0^{\mathrm{CEP}}\int_0^{2\pi}\exp\left[-br^2+ar^2\cos2\varphi+r\left(\frac{\mu_1}{\sigma_1^2}\cos\varphi+\frac{\mu_2}{\sigma_2^2}\sin\varphi\right)\right]\mathrm{d}\varphi\mathrm{d}r = 0.5 \tag{2}$$

式中　$a=\frac{1}{4}\left(\frac{1}{\sigma_2^2}-\frac{1}{\sigma_1^2}\right), b=\frac{1}{4}\left(\frac{1}{\sigma_2^2}+\frac{1}{\sigma_1^2}\right)$,

$$r=\frac{1}{\sigma_1\sigma_2}\exp\left\{-\frac{1}{2}\left[\left(\frac{\mu_1}{\sigma_1}\right)^2+\left(\frac{\mu_2}{\sigma_2}\right)^2\right]\right\}。$$

对式（2）进行数值积分可得CEP。

当落点无系统误差（$\mu_1=\mu_2=0$）且随机误差为圆散布$\sigma_1=\sigma_2=\sigma$时，式(2)取形式

$$\exp\left(-\frac{\mathrm{CEP}^2}{2\sigma^2}\right)=0.5 \tag{3}$$

解之，得

$$\mathrm{CEP}=1.177\,41\,\sigma$$

当落点无系统误差（$\mu_1=\mu_2=0$），且随机误差为椭圆散布($\sigma_1\neq\sigma_2$)时，为方便计算，给出下面拟合公式。

令$\sigma_{\max}=\max\{\sigma_1,\sigma_2\}$，$\sigma_{\min}=\min\{\sigma_1,\sigma_2\}$

当$\frac{\sigma_{\min}}{\sigma_{\max}}>0.3$时，有拟合公式

$$CEP = 0.562\ \sigma_{max} + 0.617\ \sigma_{min} \tag{4}$$

其最大拟合误差为 2×10^{-3}。

（撰写人：谢承荣　审核人：安维廉）

yuanzhui buchang suanfa

圆锥补偿算法（Coning Compensation Algorithms）

（Компенсационный алгоритм конической ошибки）

修正动态情况下捷联系统测量计算运载体转动矢量角误差的计算方法。

捷联系统测量计算运载体转动矢量角时，在动态情况，特别在圆锥运动情况下会在第三正交轴上产生常值误差角（见捷联算法圆锥误差），应用中需修正、补偿这一误差。

该算法是在姿态更新的计算周期内，再划分成相等的几小段修正时间间隔，在其中对转动矢量角作修正计算。在每一修正时间间隔中对陀螺输出的角增量作一次或几次采样，对这些采样及其矢量组合项分别赋以不同的修正系数后求和，构成此修正时间间隔中转动矢量角的修正算式。实际此算式是按转动矢量角微分方程式的级数展开近似解的形式和以相应时间函数拟合陀螺输出角相结合，并以降低圆锥误差角至最小来确定各项修正系数而形成。用此算法算式可足够近似地修正捷联算法的圆锥误差。

按每一修正时间间隔中对角增量采样个数不同，可分为单子样、双子样、三子样、四子样、五子样、六子样等圆锥补偿算法。子样数愈多，补偿算法精度愈高；但计算速度、容量也随之提高和增加。应根据任务角运动环境条件、姿态计算精度要求以及拥有的计算硬、软件条件等综合确定选择不同的补偿算法。

（撰写人：孙肇荣　审核人：吕应祥）

yundong pingwenxing

运动平稳性（Stability of Motion）（Стационарность движения）

指机床（或设备）的某些部件，在高速或极低速移动或转动时，部件运动状态、移动距离与驱动指令的一致性。运动平稳性是机床

（或设备）最基本的技术指标之一。运动平稳性包括高速运动平稳性和低速运动平稳性。高速运动平稳性指机床或部件在高速运行时，因惯性而产生越程。如：长距离的坐标移动、加工中心、电子产品的加工（装配）等高频、高速运动的部件。减少高速运动平稳性误差的主要途径是减轻移动部件的质量，采取变速运动，平衡惯量，闭环补偿和粗、精机构结合应用等方法。低速运动平稳性指机床或部件在极低速运行时，由于存在动、静摩擦系数不同，传动系统产生弹性变形，工作台运动可能一快一慢或一跳一停，即出现“爬行”现象。不出现“爬行”现象的最低速度称为运动平稳性的临界速度。在精密或超精密加工领域，良好的低速运动平稳性是实现精确定位、微量调整和微量进给的前提条件。减少低速运动平稳性误差的主要途径有：选择滚动、气浮、液浮、润滑等技术，降低动、静摩擦系数的差异，提高传动系统的刚性等。

（撰写人：赵春阳　审核人：易维坤）

yunsuan fangdaqi

运算放大器（Operational Amplifier）（Операторный усилитель）

一种高增益差分输入直流放大器，是模拟电路中广泛采用的运算放大器电路的核心器件，其特点在深反馈（$K_F \gg 1$）条件下接近理想放大器（$K = \infty$），通过设计外接的输入和反馈网络可获得各种函数特性，因早期用于模拟计算机而得名。

运算放大器通常为单片半导体集成电路，或多个运算放大器以及和其他电路组合构成单片半导体集成电路。典型的运算放大器由高阻抗差分放大器构成的输入级、电流镜电路构成的差分—单端转换器、图腾对电路构成的输出级，以及恒流偏置电路等组成。

常见的运算放大器产品有单运放、双运放、四运放、双运放 + 双比较器，以及仪表放大器等，运算放大器也包含在各种模拟器件（模拟乘法器、对数放大器、采样保持器、开关电容滤波器等）和混合电路器件（A/D 变换器、D/A 变换器、RDC 电路等）中，作为集成电路的一部分。

运算放大器的主要性能指标包括增益频率特性、电压/电流温漂、电压摆率、输入偏置电流、失调电压/电流、输入/输出电压范围、输出电流范围、阻抗匹配和电应力降额等。

（撰写人：周子牛　审核人：杨立溪）

yunsuan fangdaqi dianlu

运算放大器电路（Operational Amplifier Circuit）（Схема операторного усилителя）

以运算放大器为基础的模拟电路。

运算放大器是一种高增益差分输入直流放大器，在深反馈（$K_F \gg 1$）条件下接近理想放大器($K = \infty$)特性，通过设计运算放大器的输入和反馈网络可获得各种函数特性，因最早用于模拟计算机而得名。

运算放大器电路包括线性电路、非线性电路和振荡器。

线性电路包括比例放大器和有源滤波器。比例放大器的Laplace传递函数为常数矩阵，可实现模拟变量的线性组合和变换。例如，用跟随器或仪表放大器实现高阻抗输入端，用跨导放大器或电流反馈电路实现电压电流变换（恒流源）甚至负阻抗特性等。广义的有源滤波器指采用运算放大器实现各种Laplace传递函数的电路，通过设计输入和反馈阻容网络来实现设计特性。由于工艺和精度等原因，较少使用电感元件。

非线性电路包括折线电路如绝对值检波器、限幅器等，非线性函数电路如乘/除法器、对数/反对数放大器和其他函数发生器等。非线性电路通过在输入和反馈网络中采用非线性元器件来实现设计特性。

利用运算放大器电路的高增益和灵活的特性，可构成各种振荡器，如Vincent电桥正弦波振荡器、Schmidt方波振荡器和压控振荡器（VCO）等。

结合非线性电路和有源滤波器等技术，可构成如峰值检波器、采样保持器、真有效值（rms）检波器等电路。与斩波型幅度调制/

解调器配合，可构成隔离放大器电路，实现电隔离的模拟信号精确传递。

作为深反馈回路，运算放大器电路存在回路稳定性和响应带宽问题。早期的电路在设计输入和反馈网络的同时还要设计校正网络以保证电路的稳定性。20 世纪 80 年代以后的集成运算放大器大多在内部解决了稳定性校正问题。

线性运算放大器电路主要用于惯导系统的模拟信号处理电路和控制回路校正电路，非线性电路多用于调制解调、控制回路非线性补偿等电路，运算放大器构成的振荡器通常作为低精度低频信号发生器。

运算放大器电路设计应主要考虑增益频率特性、电压/电流温漂、电压摆率、失调电压/电流、输入/输出电压范围、阻抗匹配和电应力降额等性能指标。在电路设计中应注意理想放大器模型的适用范围，尤其是在较高的频率、增益、精度和转换速度的应用场合。

（撰写人：周子牛　审核人：杨立溪）

yunzaiti

运载体（Vehicle）（Носитель）

简称载体，指装有有用载荷的运动体。在惯性技术领域，指配备有惯性导航、制导、稳定、控制、定位、定向、测量等惯性装置的运动体。

装备有惯性装置的运载体可以是：地面车辆、坦克、自行火炮、船舶、舰艇、潜艇、鱼雷、自航水雷、飞机、导弹、火箭、制导火箭弹、制导炮弹、制导炸弹、卫星、飞船及其他航天飞行器等。

随着惯性技术应用领域的扩大，在军用方面，地面、水面、水下、空间各种无人作战平台，弹药布撒器，动能拦截器，高能射束武器等新式武器装备；在民用方面，各种机器人，测量车、船，地质勘探定位定向仪，石油钻井随钻定位定向探头，定位定向采掘机，救捞艇及蛙人等也先后成为各种惯性装置的运载体。

（撰写人：杨立溪　审核人：吕应祥）

zairu wucha

再入误差（Reentry Error）（Ошибка возврата в атмосферу）

不具有末制导系统的弹道导弹，当弹头再入大气层后，因受大气环境、弹头材料的烧蚀及制造误差等的影响会引起再入弹道的偏差，由此产生的弹着点的偏差称为再入误差。

引起再入误差的因素主要有：大气密度、温度、风等大气扰动以及弹头制造的不对称和烧蚀的不对称引起的附加攻角等。

（撰写人：程光显　审核人：杨立溪）

zaixian jiance

在线检测（On-line Test）（Контроль на линии обработки）

在加工过程中对加工对象的被加工部位的参数进行实时检测，随时掌握加工误差值及其发展趋势的一种动态检测过程。

（撰写人：万　莉　审核人：谢　勇）

zaixian wucha buchang

在线误差补偿（On-line Error Compensation）（Компенсация ошибок в эксплуатации）

惯性系统在工作的同时进行误差补偿，简称在线补偿。

在线补偿可以分为器件级补偿和系统级补偿。

器件级补偿是指在器件或其部件中采用结构或电路上的补偿措施实现某些误差的自动补偿、抵消。如不同材料热膨胀系数的匹配应用，框架结构的等弹性设计，不同温度系数、不同应力系数阻抗元件的匹配应用等。这类补偿方法也称为器件自补偿。

系统级补偿又可分为按模型系数补偿方法和系统调制自补偿方法。

按模型系数补偿方法是基于事先已标定好的误差系数，通过载体上配备的环境传感器测得外部环境参数后，经计算得到误差补偿量，然后在系统信息处理中将误差扣除。一般所谓在线误差补偿主要指这一类补偿。

系统调制自补偿方法是通过某种参量调制实现自补偿。主要有 H 调制（令陀螺角动量周期性地变换方向或量值，以使与其方向或量值有关的误差在整周期内均值趋于零），角速度调制（令惯性仪表单向或周期性换向旋转，变换其对外部加速度和其他扰动的承受方向，以使仪表与外部加速度等干扰有关的误差在整周期内正负抵消，均值趋于零）等。在航海、航空等领域，这类方法通常称为系统监控。

（撰写人：杨立溪　审核人：吕应祥）

zaosheng jiance

噪声检测（Noise Inspection）（Измерение шумов）

对生产场所、试验设备或运动中的惯性仪表（或系统）的噪声程度进行量化的检测行为。

（撰写人：吴龙龙　审核人：闫志强）

zengliang suanfa

增量算法（Increment Algorithms）（Алгоритмна приращения）

用捷联式陀螺仪在每个采样周期内输出的角度增量直接计算转动姿态矩阵或姿态四元数的方法。

按获取角增量的方式，可划分为定时增量算法和固定增量算法。在每一采样周期对陀螺仪输出角增量采样一次，称定时增量算法；在陀螺仪输出角增量达到预定值时采样，称固定增量算法。

依据定时角增量或固定角增量可分别组成每一采样周期或每一固定增量阶段转动运动的方向余弦阵微分方程或四元数矩阵微分方程。采用数字计算机，按选定的近似计算方法和程序解算这些矩阵变系数微分方程，可实时得出姿态矩阵或姿态四元数的一阶、二阶或高阶近似数字解。

（撰写人：孙肇荣　审核人：吕应祥）

zengtoumo

增透膜（Reflection Reducing Coating）（Пленка повышаюшая проницаемость）

又称减反射膜，可用来减少光能在光学元件表面的反射损失，增加透射光的光通量。当光线由空气入射到光学元件表面时会产生反射损失，这种反射光严重损害了光学系统的特性，不仅减少成像强度，而且会由此造成杂散光到达像平面，使像的衬度降低，分辨率下降。因此，在光学零件表面上镀上减反膜，利用干涉原理，使通过膜层界面的反射光相互抵消以达到减少反射的目的。

（撰写人：章光健 审核人：王 轲）

zhenkong dumo

真空镀膜（Vacuum Coating）（Ваккумное напыление）

一种在高度真空的条件下，把金属和金属化合物沉积在基体上的工艺。用于完成这种沉积工艺的三种基本技术方法是蒸镀、等离子镀和溅射。在每种工艺中，蒸汽的输送都是在残余空气压强为 1～5 Pa 的可控真空腔室里进行的。经过真空镀膜技术处理的基体表面具有耐磨损、耐高温、耐腐蚀、抗氧化、防辐射、导电、导磁、绝缘和装饰等许多优于固体材料本身的优越性能，达到提高产品质量、延长产品寿命、节约能源和获得显著技术经济效益的作用。

采用真空镀膜技术的工件材料可以是金属、半导体、绝缘体、纸张、织物等，而膜层材料的选择范围也很广泛，包括金属、合金、化合物、半导体和一些有机聚合物等。加热方式有电阻、高频感应、电子束、激光、电弧加热等。

真空镀膜层大致可分为装饰性和功能性两大类。装饰性涂覆广泛应用于汽车、家用器械等领域。功能性涂覆应用也很广泛，例如，光学仪器上的反射、防反射、滤光和光束分离装置；电子零件上的电流运载、绝缘和半导体镀层；飞机和导弹零件上的耐热防腐蚀防护层；汽轮机叶片和翼片的防氧化保护层。

（撰写人：张 锐 汤健明 审核人：谢 勇）

zhenkong jiaju

真空夹具（Vacuum Clamping Apparatus）

（Вакуумное приспособление）

利用夹具封闭腔体内的真空度将工件吸紧在工件上，即通过大气压力来夹紧工件的装夹方式为真空装夹。所使用的夹具体称为真空夹具。在惯性器件生产中常用的真空夹具为真空吸盘。工件与夹具贴合后形成密闭腔，通过气孔用真空泵抽出腔内空气，使密闭腔形成一定真空度。夹紧力可按下式计算

$$F = A(P_A - P_0)$$

式中 F—— 夹紧力(N)；

A—— 密闭腔有效面积(m^2)；

P_A—— 大气压力(Pa)；

P_0—— 腔内剩余压力(Pa),一般 P_0 = 10～15 kPa。

采用真空夹具的特点是工件受力面大、均匀，多用于薄壁件、盘形件的精密加工的装夹。可有效控制受力变形，但要注意，形成真空腔的表面平面度要求很高，否则不能达到密封效果。

（撰写人：熊文香 审核人：闫志强）

zhenkong mifeng

真空密封（Vacuum Sealing）（Вакуумная герметизация）

针对部件、仪表或平台的指定空腔，实施抽真空（低于 1 个标准大气压）作业后，再进行不渗（泄）漏连接的工艺方法或措施。

（撰写人：郝 曼 审核人：闫志强）

zhendong ceshi

振动测试（Vibration Test）（Вибрационное испытание）

又称振动试验，目的是模拟考核惯性器件在设计文件规定的各种振动环境对其性能产生的影响。振动测试是指产品在振动台上安装好后先进行静止基座的性能测试（振前），再启动振动台进行性能测试（振中），振动结束后再进行精基座测试（振后），对比 3 次测试的参数变化是对振动测试做出评价的依据。

惯性器件振动测试采用的振动形式主要可分为单频定幅正弦振动、正弦扫描振动和随机振动 3 种。进行一项振动测试时，应注意以下几点：1）振动夹具应具有足够的强度和刚度，而且质量要小，其固有频率最好远离惯性器件要求的测试频率范围，尤其在进行随机振动时，要避开惯性器件的谐振频率，以免引起惯性器件共振，

造成振动测试失败；2）安装时，使惯性器件的重心尽可能地靠近振动台面，即重心要低，以免振动量级的放大，也利于振级的稳定；3）检测点的振动传感器安装在夹具上靠近惯性器件的位置处，使其能比较真实地反映振动实情；4）当惯性器件自身的重力对振动结果产生较大影响时，则惯性器件在振动台上的安装位置应使其重力作用的方向相对振动方向与实际使用时同状态；5）夹具与振动台的接触面应平整、可靠、紧固、压力均匀，且安装、换向方便；6）测试中注意和防止受振动设备的电磁场及电网的干扰等，这些是保证惯性器件顺利完成振动测试的必要条件。

（撰写人：吴龙龙　审核人：闫志强）

zhendong jingdu

振动精度（Vibration Precision）（Точность под вибрацией）

反映惯性器件在承受外界振动环境中或振动后仍能保持正常工作并满足一定性能要求的一种抗振性能，分振中精度和振后精度两项。

当惯性器件安装在振动台上进入正常工作状态后，振动台启振，逐步达到要求的振动量级后，进行性能测试所获得的判断性能精度数据为振中精度；停振后立即进行静态性能测试，或停放恢复一段时间（一般 24 h 以内），再进行静态性能测试所获精度数据为振后精度。振动精度有时常用性能精度变化量描述。振中与振前精度比较，得振中精度变化量；振后与振前精度比较，得到振后精度变化量。有些惯性器件因受振动台的动态基准、方位、振动设备的电磁场等外因的干扰影响，不能精确地判断振中精度，因此，一般把振中精度作为参考或仅要求振中惯性器件功能正常，而用振后精度作为评定振动精度的主要依据。

（撰写人：吴龙龙　审核人：闫志强）

zhendongpu

振动谱（Vibration Spectrum）（Спектр вибрации）

振动加速度量值（或振幅、相位）随振动频率由小到大而变化的分布规律。又称振动频谱。其单位为 g（或 mm，(°)）。在惯性仪器振动试验中，常按典型的或实际的使用环境条件要求，将振动谱规范简化为几种形式，如连续振动谱、连续阶梯变化型振动谱、不连续（分段）振动谱等。

（撰写人：赵 友 闫 禄 审核人：孙肇荣）

zhendongpu midu

振动谱密度（Vibration Spectral Density）（Спектральная плотность вибрации）

在单位频率带宽内，振动加速度量值的均方值。

对于随机振动，其谱密度为在单位频率带宽内，随机振动各谐波分量加速度量值的均方和。其单位为 g^2/Hz。在航天惯性仪器随机振动中，常采用随机振动频率由小到大（如 10 ～2 000 Hz）变化时，其谱密度或按连续规律，或按阶梯变化等的谱密度分布形式进行试验，考核惯性仪器在一些典型使用环境中的性能和可靠性。

（撰写人：赵 友 闫 禄 审核人：孙肇荣）

zhendong tuoluoyi

振动陀螺仪（Vibrating Gyroscope）（Вибрационный гироскоп）

利用振动物体振动平面方向的改变来产生陀螺力矩的陀螺仪。可用来测量角速度。振动陀螺仪与一般常规陀螺仪的区别是它的输出信号带有振动特性，且陀螺仪的结构上大多数没有旋转部分。

振动陀螺仪有以下几种类型：转子式陀螺仪、振弦式陀螺仪、音叉式陀螺仪、压电式陀螺仪、振动—液体式陀螺仪，以及建立在固体、液体、气体中相互作用驻声波原理上的陀螺仪。

（撰写人：苏 革 审核人：闵跃军）

zhenliang

振梁（Vibrating Beam）（Вибрационная балка）

石英梁是振梁式加速度计的关键部件，简称振梁。它是由石英材料加工而成，与专门配套使用的电子线路组成振梁传感器。振梁式加速度计中，它的一端与检测质量相连，另一端与壳体相连。振梁受拉时振荡频率增加，受压时振荡频率减小，利用此原理组成振梁式加速度计。由于采用了石英材料，其频率稳定性较好，表的结构简单，体积小，温度系数很小，振梁加速度计的这些优点使其今后会有很好的发展前景。

（撰写人：沈国荣　审核人：闵跃军）

zhenliang jiasuduji

振梁加速度计（Vibrating Beam Accelerometer）（Акселерометр типа вибрационной балки）

一种利用谐振晶体的输出频率来测量外界加速度的惯性器件。它由谐振梁、检测质量和激振电路等部分组成，基本结构如图所示。

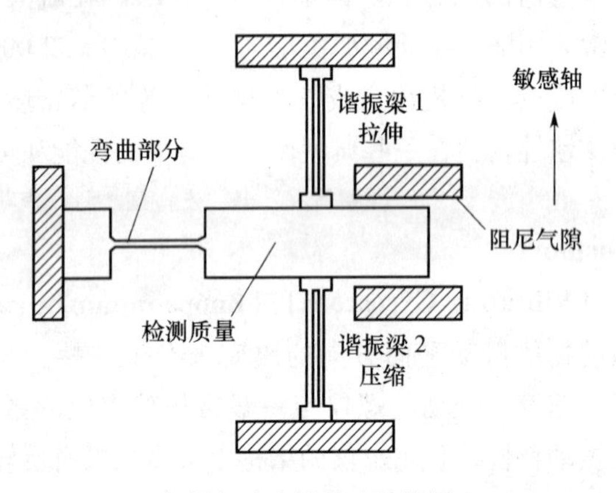

振梁加速度计基本结构图

谐振梁由石英晶体或硅制成，结构形式分为单梁谐振器和双梁谐振器两种。工作时，谐振梁通过激振电路由压电或电磁激励，工作于谐振频率点。检测质量将输入的加速度转换成作用在谐振梁上的力，使谐振梁的谐振频率发生变化。两个谐振梁一个受到拉力，另一个受到压力，受到拉力的梁谐振频率增大，受到压力的梁谐振频率减小，两个谐振梁的差频反映着加速度的大小和方向。

振梁加速度计结构较简单，体积小而轻，还具有数字输出的优点。目前，该种仪表的偏值稳定性可以优于10 μg_0，标度因数稳定性优于1×10^{-5}。

（撰写人：朱红生 审核人：王 巍）

zhenxian jiasuduji

振弦加速度计（Vibrating String Accelerometer）（Акселерометр типа вибрационной струны）

一种以弦的横向振动理论为基础的加速度计。弦是一条具有一定长度且横截面很小的金属带，当被张紧的弦两端固定时，经激励后，就能发生横向振动，其固有振动频率为

$$f_0 = \frac{1}{2l}\sqrt{\frac{T_0}{\mu}}$$

式中 l—— 每根振动弦的长度；

μ—— 每单位弦长的质量；

T_0—— 弦上的张力。

如果弦的一端固定一个检测质量，另一端固定在壳体上，并对振弦提供初始张力 T_0，当沿敏感轴有加速度 a 作用时，由于检测质量 m 受到惯性力 ma 的作用，使弦上的张力从 T_0 增加到 T_0+ma，这样弦带的振动频率也从 f_0 变为 f_1，即

$$f_1 = \frac{1}{2l}\sqrt{\frac{T_0+ma}{\mu}}$$

因此，频率差就可以作为被测加速度的量度。

在结构上，振弦加速度计分为单弦式和双弦式两种，其中双弦式结构较为常用，基本结构如图所示。

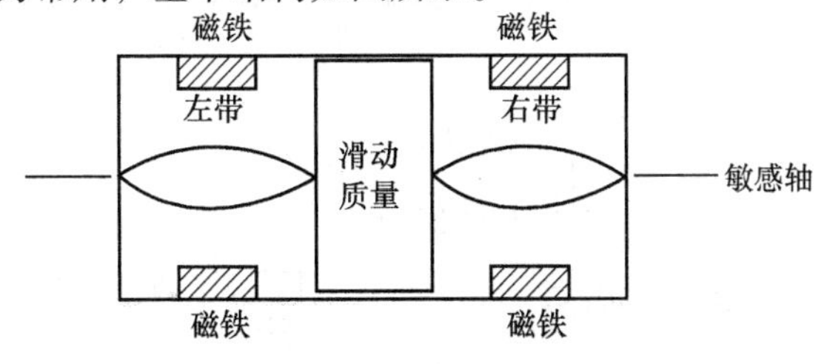

双弦式振弦加速度计结构图

仪表中，磁铁交替地保持金属带以额定频率振动，当壳体沿敏感轴受到加速度，那么滑动质量在每根弦引起的张力不同，每根弦以不同的频率振动。加速度是两根弦振动频率之差的函数，通过两根弦振动频率之差就能确定加速度的大小和方向。

（撰写人：朱红生　审核人：赵采凡）

zheng/fu shuangtongdao jishuqi

正/负双通道计数器（Plus/Minus Dual-counter）（Плюс /минус двухканальный счётчик）

把正/负双通道计数脉冲变换为编码数字信号的计数接口电路。双通道计数器通常由两路单独的计数器组成，分别累计正/负通道的输入脉冲数，由计算机读数并计算增量差，得到双极性采样数据。

正/负双通道计数器常与双极性 V/F、I/F 等变换器配套，用于惯性测量系统的加速度计和陀螺仪力矩电流量化测量电路。为避免数据丢失，计数器的容量（字长）应大于读数周期内的最大计数增量，并留有足够余量。

（撰写人：周子牛　审核人：杨立溪）

zhengjiaohua he zhengguihua suanfa

正交化和正规化算法（Normalization and Orthogonalization Algorithms）（Ортогонализационный и нормализационный алгоритм）

对转动方向余弦阵和转动四元数进行自相容性检查及修正的一种算法。可用于捷联系统方向余弦阵及四元数的计算。

实时计算捷联系统方向余弦阵时，若 $\boldsymbol{C}_i(n)$、$\boldsymbol{C}_j(n)$ 分别为第 n 次采样第 i 行、第 j 列的方向余弦时，依据此矩阵的正交性，必须满足以下自容性条件

$$\begin{cases} \boldsymbol{C}_i(n)\boldsymbol{C}_j^{\mathrm{T}}(n) = 0 \\ \boldsymbol{C}_i(n)\boldsymbol{C}_i^{\mathrm{T}}(n) = 1 \end{cases}$$

其中上标 T 表示矩阵的转置。若检查计算结果不满足上式，则一种常用的第 $(n+1)$ 次采样的 $\boldsymbol{C}_i(n+1)$，$\boldsymbol{C}_j(n+1)$ 正交化和正规化修正算

法如下

$$\begin{cases} \boldsymbol{C}_i(n+1) = \boldsymbol{C}_i(n) - \frac{1}{2}\boldsymbol{C}_i(n)\boldsymbol{C}_j^{\mathrm{T}}(n)\boldsymbol{C}_j(n) \\ \boldsymbol{C}_j(n+1) = \boldsymbol{C}_j(n) - \frac{1}{2}\boldsymbol{C}_i(n)\boldsymbol{C}_j^{\mathrm{T}}(n)\boldsymbol{C}_i(n) \end{cases}$$

实时计算捷联系统转动四元数时，若$q(n)$、$q^*(n)$为第n次采样的四元数、共轭四元数，依据四元数幅值平方和为1，其必须满足以下自容性条件

$$q(n)q^*(n) = 1$$

若检查计算结果不满足上式,则一种常用的第$(n+1)$次采样的四元数$q(n+1)$的正交化和正规化修正算法如下

$$q(n+1) = \frac{1}{2}q(n)[3 - q(n)q^*(n)]$$

（撰写人：孙肇荣　审核人：吕应祥）

zhengjiao jiasudu piaoyilü

正交加速度漂移率（Drift Rate Orthogonal Acceleration）（Скорость дрейфа пропорционального ортогонального ускорения）

动力调谐陀螺仪中绕既垂直于自转轴又垂直于加速度作用轴的漂移率。它是由绕加速度作用轴的力矩产生的，并与质量不平衡相垂直。

（撰写人：商冬生　审核人：赵晓萍）

zhengjiao liju

正交力矩（Quadrature Torque）（Ортогональный момент）

又称正交阻尼力矩。在挠性陀螺仪中，磁滞电机的驱动力矩M_{D}沿驱动轴而使转子高速旋转。由于转子周围介质阻尼和磁感应涡流阻尼等影响,将产生阻尼力矩M_{d}作用于转子,M_{d}的方向与转子自转角速度$\dot{\theta}$的方向相反,大小成比例。当自转轴偏离驱动轴时,由这种阻尼效应引起的垂直于自转轴的力矩M_{T},则称为正交力矩,如图所示。

当自转轴与驱动轴重合时$M_{\mathrm{D}} = M_{\mathrm{d}}$,作用于转子的力矩为零;当自转轴相对于驱动轴出现$\alpha$偏角时,$M_{\mathrm{d}}$的方向仍为自转轴方向,大小

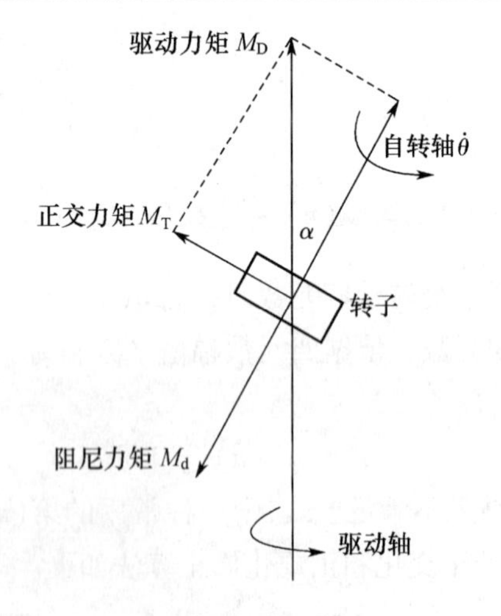

正交力矩示意图

不变。但驱动力矩 M_D 与阻尼力矩 M_d 已不共线。驱动力矩 M_D 的分量 $M_D\cos\alpha$ 平衡阻尼力矩 M_d。同时，驱动力矩还对转子作用有一个力矩分量 M_T。这个力矩分量 M_T 的方向与自转轴垂直，大小与阻尼力矩有关（$M_T = M_d\tan\alpha$），故称为正交阻尼力矩（正交力矩）。

在该力矩 M_T 的作用下，转子产生进动，使自转轴趋向于同驱动轴重合。由于这种力矩的存在影响陀螺仪的工作精度，工程中应尽量减小正交力矩。

（撰写人：孙书祺　邓忠武　审核人：唐文林）

zhengxian saomiao zhendong

正弦扫描振动（Sweep Sinusoidal Vibration）（Вибрация частотного сканирования со синусоидальной амплитудой）

振动波形为正弦形式，频率从低频限到高频限，在规定的时间段内按一定规律连续变化的振动试验方法。

在正弦扫描振动试验中，频率变化的方式有分频点振动、线性扫频、分段线性扫频和指数（对数）扫频 4 种形式。

该方法的目的是测量产品的振动响应特性，寻找谐振频率，以便进一步考核其耐振性及可靠性。在没有随机振动试验设备的情况下，可以作为产品的耐振度考核方法。此方法的特点是试验设备、技术成熟，且成本较低，便于记录产品发生故障的频率点区，以便采取相应的改进措施。

（撰写人：赵 友 闫 禄 审核人：孙肇荣）

zhijiao zuobiao bianhuanqi

直角坐标变换器（Transformation of Right Angles Coordinates）（Преобразователь прямоугольных координат）

又称信号分解器，是一种特定工作状态的正—余弦旋转变压器，其原边和副边都有两个空间相互正交的绕组，原边分别由两个波形、频率和时间相位相同的电压源供电，其副边与转角系统相结合，它可以完成在同一个平面内，从一个直角坐标系转换成另一个直角坐标系，副边两绕组的感应电势分别为

$$U_{x2} = K(U_x\cos\alpha + U_y\sin\alpha)$$

$$U_{y2} = K(U_y\cos\alpha + U_x\sin\alpha)$$

式中 U_{x2}—— 副边 x 轴绕组感应电势；

U_{y2}—— 副边 y 轴绕组感应电势；

U_x—— 原边 x 轴绕组激磁电压；

U_y—— 原边 y 轴绕组激磁电压；

K—— 电压比例系数；

α—— 转子转角 。

直角坐标变换器给出的输出感应电势公式与解析几何坐标变换公式完全相同。

（撰写人：葛永强 审核人：干昌明）

zhiliu dianyuan bianhuanqi

直流电源变换器（DC Power Converter）（Преобразователь питания постоянного тока）

把输入电源变换成在电压、电流及在稳定性、可靠性（含电磁兼容、绝缘散热、不间断电源、智能监控）等方面符合要求的电能供给负载的电源变换器。输入电源可以是交流或直流，单相交流或

三相交流，输出量是直流电（含稳压或稳流），包括线性控制和开关控制两种。

（撰写人：周 凤 审核人：娄晓芳 顾文权）

zhiliu liju diandongji

直流力矩电动机（DC Torque Motor）（Датчик момента постоянного тока）

直流力矩电动机可分为：永磁式、电激磁式和无刷式 3 类，其中永磁式和无刷力矩电动机在实际中应用广泛。

直流力矩电动机在原理和结构上与普通直流电动机没有什么区别。直流力矩电动机外形一般为扁平形，即长径比（$\lambda = L/D$）小，电机极对数多，其一般工作在堵转或低速状态，结构多为定子、转子分装形式。

（撰写人：李建春 审核人：秦和平）

zhikou peihe

止口配合（Matching of Thrust Structure）（Упорная посадка）

一种矩轴加端面精确定位安装的配合方式。

马达转子体最外端内孔与其端盖台阶处的止口配合。止口轴向配合长度较短，一般为 1～3 mm，径向配合通常为 3～6 μm 的过盈配合。止口配合是马达三配合尺寸之一，是保证马达装配质量的重要手段。

（撰写人：周 赟 审核人：佘亚南）

zhibei fangwei tuoluo wending pingtai

指北方位陀螺稳定平台（North-seeking Azimuth Gyro Stabilized Platform）（Гиростабилизированная платформа с азимутом на север）

两水平轴稳定在当地水平面内，方位指北的一种陀螺稳定平台。通常此平台采用框架式三轴陀螺稳定平台。计算机按飞行速度计算出两水平轴偏离水平面的转动速度，给相应两轴修正回路发出指令电流，控制两水平轴转动而最终使台体始终跟踪并保持在当地水平面内。同时，计算机按东（西）向速度计算出方位偏离北向的转动速度，给方位轴修正回路发出指令电流，控制方位始终指北。此平台台体坐标系名义上与地理坐标系完全重合。

此平台上加速度计的输出信息不需要坐标变换，可直接给出对地理坐标系的导航信息，计算相对简单，易于实现。但在高纬度地区使用时，东（西）向的速度引起的经度变化率很大，对方位陀螺修正电流过大，甚至计算机计算溢出，不能正常工作。故此平台只适用于中、低纬度地区，不适于全球导航。

（撰写人：赵 友 闫 禄 审核人：孙肇荣）

zhixiang liju

指向力矩（Directive Moment）（Направляющий момент）

地球旋转对陀螺罗盘自转轴力图返回子午面的力矩，又称北向驱动力矩。

在任意测量地点，地球自转的水平分量为

$$\omega_h = \omega_e \cos\varphi$$

式中 ω_e—— 地球旋转角速度；

φ—— 当地地理纬度。

如果陀螺自转轴相对地理北向存在偏角 α,则北向驱动力矩为

$$M_k = H\omega_e \cos\varphi \sin\alpha$$

式中 H—— 陀螺角动量。

当陀螺自转轴初始指向正东(或正西),即 $\alpha = 90°$,M_k 最大;陀螺自转轴位于子午面时,$\alpha = 0$,$M_k = 0$,陀螺罗盘处于稳态。

在北极（或南极），即 $\varphi = 90°$时，指向力矩等于0，陀螺失去返回到子午面的能力。

（撰写人：吴清辉 审核人：刘伟斌）

zhidao

制导（Guidance）（Управление）

控制导弹按选定的运动规律和飞行路线飞达目标的工作过程。

按工作原理不同，制导方式分类如图所示。

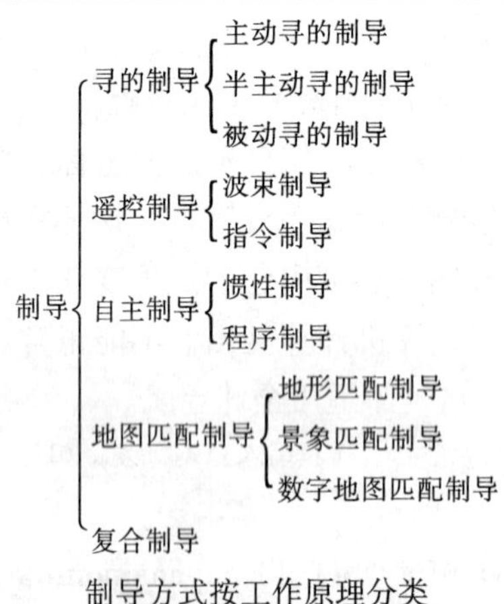

制导方式按工作原理分类

寻的制导与遥控制导根据制导中指令传输方式和所用能源的不同，又可分为有线制导、无线制导、红外制导、激光制导及电视制导等。为发挥各制导方式的长处，弥补其缺点，以提高精度和抗干扰能力，常采用复合制导方式。

（撰写人：朱志刚　审核人：杨立溪）

zhidao fangfa wucha

制导方法误差（Guidance Method Error）（Методическая ошибка управления）

在制导误差中，由于制导系统的原理不完善及计算简化，引起在干扰的作用下所产生的误差。

方法误差的形成，有两个因素。一是干扰，包括导弹自身偏差（如发动机的偏差、弹体结构的偏差、气动系数的偏差等）和外界环境的干扰（如大气干扰、风干扰等）；二是制导的原理不完善及计算简化。

在正常情况下，制导误差中的方法误差要比工具误差小得多。

一般将导弹命中误差或火箭入轨误差中的制导方法误差分量也简称为方法误差。它们的误差源相同，但考核部位与表述形式不同。

参见制导误差。

（撰写人：程光显　审核人：杨立溪）

zhidao gongju wucha

制导工具误差（Guidance Instrument Error）（Инструментальная ошибка управления）

在制导误差中由制导系统的仪器硬件不完善所造成的误差，又称仪器误差。对惯性制导系统而言，工具误差主要由陀螺、加速度计及相应导航装置（稳定平台或捷联组合）所造成。

一般将导弹命中误差或火箭入轨误差中的制导工具误差分量也简称为工具误差。它们的误差源相同，但考核部位与表述形式不同。

（撰写人：程光显　审核人：杨立溪）

zhidao wucha

制导误差（Guidance Error）（Ошибка управления）

在导弹或火箭的飞行过程中由制导系统给出的制导信号或指令的误差。制导误差包括由制导仪器硬件不完善所造成的制导仪器误差，也称工具误差，以及由于制导原理不完善在干扰作用下所产生的制导方法误差。

一般将导弹命中误差或火箭入轨误差中的制导误差分量也简称为制导误差。它们的误差源相同，但考核部位与表述形式不同。制导误差是在导弹或火箭主动段以其关机点速度、位置误差的形式表述；命中或入轨误差中的制导误差分量则是在导弹弹着点或火箭入轨点以两维或三维位置误差的形式来表述。后者经过从制导关机到落地或入轨的误差传递，其误差的量纲与量值均与前者不同。

（撰写人：程光显　审核人：杨立溪）

zhiliang

质量（Quality）（Качество）

一组固有特性满足要求的程度。

注1：术语“质量”可使用形容词如差、好或优秀来修饰；

注2：“固有的”（其反义是“赋予的”）就是指在某事或某物中本来就有的，尤其是那种永久的特性。

（撰写人：朱彭年　审核人：吴其钧）

zhiliang baozheng

质量保证（Quality Assurance）（Гарантия качества）

质量管理的一部分，致力于提供质量要求会得到满足的信任。

（撰写人：朱彭年　审核人：吴其钧）

zhiliang cehua

质量策划（Quality Planning）（Наметка качества）

质量管理的一部分，致力于制定质量目标并规定必要的运行过程和相关资源以实现质量目标。

注：编制质量计划可以是质量策划的一部分。

（撰写人：朱彭年　审核人：吴其钧）

zhiliang chengben

质量成本（Quality-related Costs）（Себестоймость качества）

为了确保产品达到满意的质量而发生的费用以及没有达到满意的质量所造成的损失。

注：GJB 9001A，“8.4 数据分析 e）有关质量管理体系的财务活动”。就是在质量管理体系运行中，要提供与质量管理体系有关的财务状况，预防成本、鉴定成本及内、外部故障损失的变化趋势，从财务角度分析、评价质量管理体系的有效性，以及采取相应措施的需求。

（撰写人：孙少源　审核人：吴其钧）

zhiliang fangzhen

质量方针（Quality Policy）（Курс качества）

由组织的最高管理者正式发布的该组织总的质量宗旨和方向。

注 1：通常质量方针与组织的总方针相一致并为制定质量目标提供框架；

注 2：GJB 9001A—2001 标准中提出的质量管理原则可以作为制定质量方针的基础。

（撰写人：朱彭年　审核人：吴其钧）

zhiliang fucha

质量复查（Quality Review）（Вторичная проверка качества）

航天产品在规定的时间内按规定的复查内容和要求在设计质量、试验质量、生产质量方面有组织、有领导地开展的一项具体质量工作。目的是不带问题出厂，不带问题转场，不带问题上天，确保发射成功。

（撰写人：朱彭年　审核人：吴其钧）

zhiliang gaijin

质量改进（Quality Improvement）（Улучшение качества）

质量改进是质量管理的一部分，致力于增强满足质量要求的能力。

注1：要求可以是有关任何方面的，如有效性、效率或可追溯性。

注2：质量改进的对象会涉及质量管理体系、过程和产品，与组织质量管理体系覆盖范围内的所有产品、部门、场所、活动和人员均有关系。

注3：改进本身是一项活动，也可以理解为是一个过程，因此，对改进过程也应按过程方法进行管理。在分析现状的基础上，确定改进的目标；针对目标，寻找并选择合适的解决方案；实施并评价其结果，以确保目标的实现。

（撰写人：孙少源　审核人：吴其钧）

zhiliang guanli tixi

质量管理体系（Quality Management System）（Система управления качества）

在质量方面指挥和控制组织的管理体系。

注1：体系指的是“相互关联或相互作用的一组要素”。管理体系是“建立方针和目标并实现这些目标的体系”，而质量管理体系是“在质量方面指挥和控制组织的管理体系”。体系、管理体系和质量管理体系处在三个不同的层次上。三个概念之间形成属种关系。质量管理与质量管理体系是关联关系。

注2：按GJB 9001A—2001建设的质量管理体系，不仅要能证实其有能力稳定地提供满足顾客和适用法律法规要求的产品；还要通过体系的有效应用，包括体系持续改进的过程以及保证符合顾客与适用的法律法规要求，能增强顾客满意度。

（撰写人：孙少源　审核人：吴其钧）

zhiliang huiqian

质量会签（Quality Countersign）（Совместное подписание по качеству）

质量管理部门对其他部门制定的技术和管理文件中有关质量条

款进行的审查和签署，是落实质量管理部门检查、监督职能的一项重要措施和控制手段。

注：质量会签工作的实施，应制定相应的程序文件，规定质量会签的范围、内容、程序和职责。

（撰写人：孙少源　审核人：吴其钧）

zhiliang jihua

质量计划（Quality Plan）（План качества）

对特定的项目、产品、过程或合同，规定由谁及何时应使用哪些程序和相关资源的文件。

注1：这些程序通常包括所涉及的那些质量管理过程和产品实现过程；

注2：通常，质量计划引用质量手册的部分内容或程序文件；

注3：质量计划通常是质量策划的结果之一。

（撰写人：孙少源　审核人：吴其钧）

zhiliang jiandu

质量监督（Quality Surveillance）（Контроль качества）

为确保满足规定的质量要求，按有关规定对程序、方法、条件、过程、产品和服务以及记录分析的状态所进行的连续监视和验证。

注1：为确保满足合同要求，质量监督可以由顾客或以顾客的名义进行；

注2：监督时可能需要考虑随时间推移而造成变质或降级的因素。

（撰写人：孙少源　审核人：吴其钧）

zhiliang jiandu daibiao zhidu

质量监督代表制度（Quality Supervisor System）（Представительная система контроля качества）

上一级组织在下一级组织设立质量监督代表室并按权限派驻质量监督代表，代表上一级组织负责实施对被派驻单位监督工作质量的制度。

（撰写人：朱彭年　审核人：吴其钧）

zhiliang jiancha queren

质量检查确认（Quality Check Verification）（Утверждение проверки качества）

通过提供客观证据，证实规定要求已得到满足所进行的系统的、有计划的认定活动。

质量检查确认工作一般在设计文件发出前、工艺文件发出前、试验报告发出前、整机或分系统产品验收前完成。以承担型号设计、生产、试验任务单位的自查为主。检查确认应全面、系统地核对实物及相关质量记录，查看原始凭证及实测数据，必要时，应补作检测或试验，每次检查确认均应做好详细、准确的记录。检查确认后应编写检查确认结论报告，给出明确的检查确认结论。质量检查确认工作代替质量复查工作，设计、工艺、生产、试验、元器件、原材料，外购外协件等检查确认工作内容按 Q/QJA 16 标准进行。

（撰写人：朱彭年　审核人：吴其钧）

zhiliang kongzhi

质量控制（Quality Control）（Контроль качества）

质量管理的一部分，致力于满足质量要求。

注 1：质量控制的目标就是确保产品的质量能满足顾客、法律法规等方面所提出的质量要求（如适用性、可靠性、安全性等）；

注 2：质量控制的范围涉及产品质量形成全过程的各个环节；

注 3：质量控制的工作内容包括了作业技术和活动，应对影响工作质量的人、机、料、法、环（4MIE）因素进行控制，并对质量活动的成果进行验证，发现问题要查明原因，采取纠正措施，防止不合格重复发生。

（撰写人：孙少源　审核人：吴其钧）

zhiliang mubiao

质量目标（Quality Objective）（Обьект качества）

在质量方面所追求的目的。

注 1：质量目标通常依据组织的质量方针制度；

注 2：通常对组织的相关职能和层次分别规定质量目标。

（撰写人：孙少源　审核人：吴其钧）

zhiliang renzheng

质量认证（Authentication of Document of Quality）（Засвидетельствование качества）

表述 1：质量认证（指用于产品质量认证）

经权威机构确认并通过合格证书或合格标志，证明某一产品或服务符合相应标准或规定的活动。

表述2：质量认证（质量管理体系认证）

经权威机构确认并通过合格证书或合格标志，证明其质量管理体系符合相应标准或规范的活动。

（撰写人：朱彭年　审核人：吴其钧）

zhiliang shouce

质量手册（Quality Manual）（Справочник качества）

规定组织质量管理体系的文件。

注：为了适应组织的规模和复杂程度，质量手册在其详略程度和编排格式方面可以不同。

（撰写人：朱彭年　审核人：吴其钧）

zhiliang sunshi

质量损失（Quality Losses）（Ущерб из-за качества）

在过程和活动中，由于没有发挥资源的潜力而导致的损失。

注：质量损失的例子有：因顾客不满意带来的损失，因失去为顾客、组织或社会进行更多增值的机会而带来的损失，以及资源和材料的浪费等。

（撰写人：朱彭年　审核人：吴其钧）

zhiliang texing

质量特性（Quality Characteristic）（Характеристика качества）

产品、过程或体系与要求有关的固有特性。

注1：“固有的”就是指在某事或某物中本来就有的，尤其是那种永久的特性；

注2：赋予产品、过程或体系的特性（如：产品的价格、产品的所有者）不是它们的质量特性。

（撰写人：孙少源　审核人：吴其钧）

zhiliang wenti “sanbufangguo”

质量问题“三不放过”（Quality Problem Can Not Be Let Off if Three Conditions Are Not Settled）（Принцип “три непропускания” при решении проблем качества）

产品在设计、生产、试验和使用过程中发生的质量问题必须按“三不放过的原则”处理，即：原因不清不放过，责任不清不放过，措施不落实不放过。

（撰写人：朱彭年 审核人：吴其钧）

zhiliang wenti guiling

质量问题归零（Quality Problem Close Loop）（Завершение решения проблем качества）

对在设计、生产、试验、服务中出现的质量问题，管理上分析产生的原因、机理，并采取纠正措施、预防措施，以避免问题重复发生的活动。

技术归零的 5 条要求是：“定位准确、机理清楚、问题复现、措施有效、举一反三”。

管理归零的 5 条要求是：“过程清楚、责任明确、措施落实、严肃处理、完善规章”。

注 1：“质量问题”是指故障、事故、缺陷和不合格；

注 2：质量问题归零工作应按 Q/QJA 10—2002 和有关规定实施。

（撰写人：孙少源 审核人：吴其钧）

zhixin pianyi

质心偏移（The Deflection of Mass Center）（Смещение центра масс）

轴承及其承载体质量中心偏离轴线的现象。

质心偏离旋转轴线的距离 e 称为质心偏移量，通常单位用 μm。

为保证陀螺马达和陀螺仪良好的工作性能及其稳定性、可靠性和使用寿命，必须要求陀螺马达的质心尽量靠近其几何中心，并在其工作过程中极大地限制其质心偏移的可能性。一般是根据陀螺马达的质量大小来确定其所允许的质心偏移量与动不平衡度。航天陀螺马达的质心偏移量一般皆要求控制在纳米量级。

（撰写人：李宏川 审核人：闫志强）

zhongtianfa dingxiang

中天法定向（Meridiam Transit Oriention）（Ориентация метода кульминации меридиана）

利用摆式陀螺罗盘主轴摆动的光标象经过中天的时间（即“0”分画线）和光标象到达逆转点时的摆幅来测定待定方位的一种定向方法。

当陀螺摆的光标象经过中天“0”分画线时，读取中天时间 t_1，当光标象到达逆转点时读取摆幅 a_E；当光标象返回中天“0”分画线时，读取中天时间 t_2，当光标象到达另一逆转点时，读取摆幅值 a_W。

为了提高测量精度，可以重复上述操作，读取 t_3，t_4，t_5，… 中天时间和摆幅值，参见图 1 和图 2。

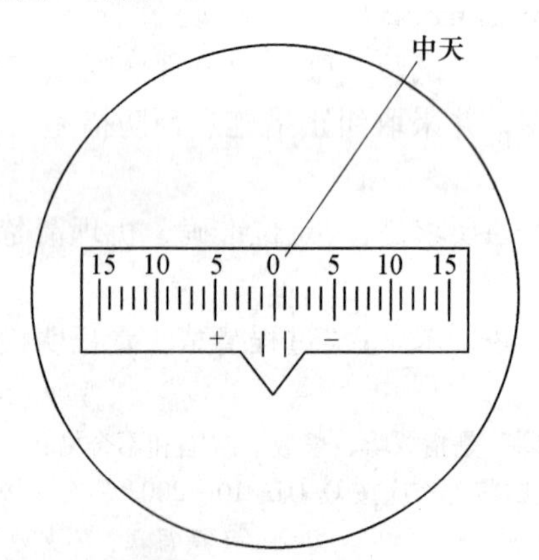

图 1　中天法定向（1）

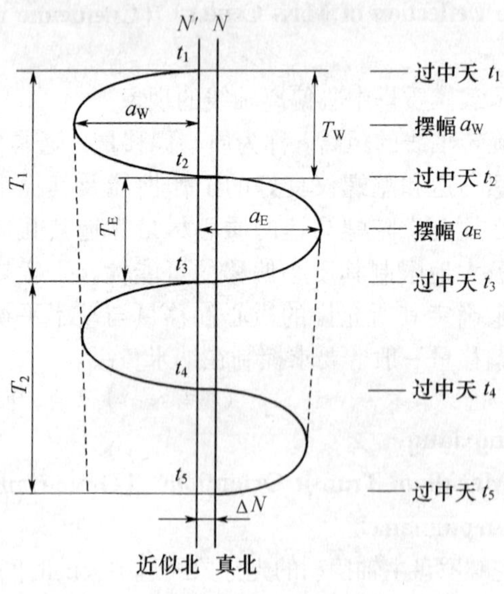

图 2　中天法定向（2）

$$T_E = t_2 - t_1$$

$$T_W = t_3 - t_2$$

$$\Delta T = T_E - T_W$$

对近似北方向值加入改正值

$$\Delta N = Ca\Delta T$$

式中 $a = \dfrac{|a_E| + |a_W|}{2}$;

C—— 比例常数,可以通过两次试验测定。

则陀螺北方向值为

$$N_T = N' + \Delta N$$

（撰写人：吴清辉　审核人：刘伟斌）

zhongxin bochang

中心波长（Central Wavelength）（Центральная длина волн）

在光波信号的输出光谱中，连接最大幅度值一半的线段的中点所对应的波长称为中心波长，通常用 λ_c 表示（如图所示）。对于非高斯型光谱，中心波长可用加权平均方法表示为

$$\lambda_c = \left[\frac{1}{E_0}\right]\sum_{i=-m}^{i=n} E_i\lambda_i$$

式中 λ_i—— 第 i 个波长分量;

E_i—— 第 i 个波长对应的功率;

$E_0 = \sum_{i=-m}^{i=n} E_i$,为总的功率 。

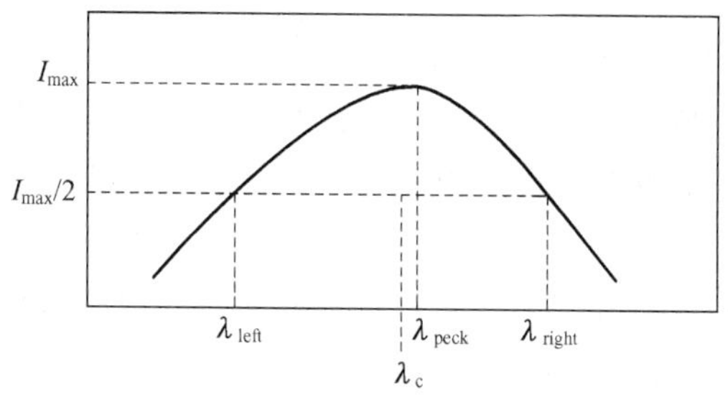

中心波长示意图

（撰写人：高　峰　审核人：闫晓琴）

zhongxinkong zhiliang

中心孔质量（Central Hole Quality）（Качество центрового отверстия）

设计与工艺文件根据被加工零件的精度，对中心孔提出的质量要求。其主要技术指标包括：中心孔的形状误差，如角度误差、圆度误差、锥度误差、表面粗糙度等，相对轴线的位置精度，如同轴度。其中任一项形位误差都会造成工件回转中心偏差，表面粗糙会因表面接触刚性差或工作过程磨损导致工件回转中心偏移等。中心孔在轴类零件的设计、工艺、生产和计量中，常被选为定位基准。所以零件精度要求愈高，对中心孔的质量要求也愈高。加工高精度产品（包括：难加工材料、细长杆、重工件等特殊工件）的同时，不可忽视工艺系统（例如：顶持力、润滑等）对中心孔质量和产品加工精度造成的影响。用于精密加工的中心孔，其与顶尖的接触长度应适当减小。中心孔的加工方法有：钻、铣、车、挤、研和中心孔专用设备等。中心孔的检测方法有：外观检查、仪器计量和在线试加工法等。

（撰写人：赵春阳　审核人：熊文香）

zhongzhidao

中制导（Midcourse Guidance）（Промежуточное управление）

弹道导弹和运载火箭在弹道的中段（即主动段结束到再入大气层前的弹道段）利用无线电或星光等外部基准信息来修正由主动段制导系统及初始定位、定向等带来的误差。这种制导过程称为中制导。由于主动段惯性制导系统的误差随工作时间的增长而增大，中制导能对这些误差进行修正，使导弹或火箭的精度得到提高。

无线电中制导分为主动式与被动式。主动式制导由导弹发射无线电波，并接收其回波，被动式制导本身不发射电波，只需要接收外来的无线电波（包括卫星制导、地面无线电制导等）。无线电中制导可以修正主动段带来的所有误差（包括初始定位、定向误差，制导方法误差，制导工具误差中的姿态基准误差与测速误差，重力异常误差，后效误差等），精度高，但易被发现、干扰或攻击。

星光中制导以恒星星光作为外部基准，不易被发现、干扰，具有自主性、隐蔽性。但只能修正初始定位、定向误差及制导工具误差中的姿态基准误差，对其他误差没有直接修正能力。

（撰写人：程光显 审核人：杨立溪）

zhongli

重力（Gravity）（Гравитация）

作用于地球表面任一质点的地心引力和因地球自转引起的惯性离心力的合力。按牛顿万有引力定律，地球质量与地面上的任一质量之间存在引力；地球自转则使地面质量产生惯性离心力。引力方向指向地球质心；如果地球自转角速度是常数，惯性离心力的方向垂直于地球自转轴向外，重力方向则是两者合力的方向，即垂线方向。

作用于单位质量的重力称为该点的重力场强度，它同重力加速度的数值相等。重力加速度就是重力测量中所要测定的基本物理量。重力加速度通常简称为重力。在 CGS 制中，重力的单位为 cm/s^2。为纪念伽利略，将此单位称为伽（Gal），千分之一伽称为毫伽（mGal），千分之一毫伽称为微伽（μGal）。

（撰写人：裴听国 审核人：杨立溪）

zhongli pipei/guanxing daohang

重力匹配/惯性导航（Gravity Match/Inertial Navigation）（Гравиметрия/инерциальная навигация）

由重力信息和惯性信息组合构成的潜艇水下组合导航方式。利用重力测量和重力匹配技术来减少和限制惯性导航的误差，而不用外部坐标信息重调，这种技术称为无源导航。

重力敏感可采用两种重力敏感器——重力仪和重力梯度仪，为无源导航和地形预测提供重力数据。重力仪测量重力和重力异常，利用重力仪把所测重力和重力异常图进行比较，提供基本的无源导航能力；所测重力异常与惯导给出位置上重力异常图的值之间的差值经过滤波用来连续重调惯性导航系统，从而有效地限制了惯性误差的积累。

重力梯度仪测量重力变化的梯度和方向，提供直接测量垂线偏差和垂直哥氏加速度，可提高无源导航能力。经过适当处理，这些测量值可用来修正高频（舒拉）速度误差和低频地球回路误差。重力梯度仪能精确检测局部地域的重力异常，因此它也能提供地形预测能力。

（撰写人：刘玉峰 审核人：杨立溪）

zhongli tiduyi

重力梯度仪（Gravity Gradiometer）（Гравитационный градиентометр）

测量重力在三维空间的变化率的精密设备。重力梯度仪有三组仪表，分别测定三维的重力梯度。重力梯度仪必须安装在惯性平台上，该平台要保持水平和一定的方位，在动态重力梯度测量中，必须设法消除由运载体质量引起的重力梯度，即保证仪器本身设计的对称性和在运载体上的对称安装。

从20世纪70年代以来，人们以不同的原理和方案设计了不同的重力梯度仪。如旋转加速度计重力梯度仪、浮球式重力梯度仪、旋转式重力梯度仪、超导重力梯度仪和静电加速度计重力梯度仪等。目前，已经得到实际应用的只有旋转加速度计式重力梯度仪。用于弹道导弹潜艇，显著降低了其惯导系统的水平定位误差。

（撰写人：刘玉峰 审核人：杨立溪）

zhongliyi

重力仪（Gravimater）（Гравиметр）

重力测量的类别，可以分为绝对重力测量和相对重力测量。绝对重力测量是在静止状态下精确测量自由落体质量的降落距离和时间，得出重力加速度。利用载体内重力仪进行的重力测量是相对重力测量。重力仪就是将一个垂直安装的重力敏感器（高精度加速度计）安装在惯性平台上，载体运动时惯性平台提供不随载体倾斜的垂直基准，从而测量出当时当地重力矢量相对于标准地球重力模型的重力异常和垂线偏差。

重力敏感器按构造分为金属零长弹簧型、石英弹簧型、振弦型、电磁悬浮型和静电悬浮型等。

（撰写人：刘玉峰 审核人：杨立溪）

zhongli yichang wucha

重力异常误差（Gravity Anomaly Error）（Ошибка от гравитационной аномалии）

在计算弹道导弹弹道时是假设地球为一个匀质的标准椭球体（参考椭球体），并按这一标准椭球体分离地球重力的影响。而地球实际上并不是一个匀质的椭球体，地表及地上各点的实际重力值及其作用方向相对参考椭球体存在一定的差别，这种差别称为重力异常。由重力异常引起的弹道变化所造成的弹着点误差，称为重力异常误差。

重力异常误差随射程的增大而增大，对高精度远程及洲际导弹来讲重力异常误差必须补偿。

（撰写人：程光显 审核人：杨立溪）

zhongyaojian

重要件（Major Unit）（Важная деталь）

不含关键特性，但含有重要特性的单元件。

（撰写人：朱彭年 审核人：吴其钧）

zhongyao texing

重要特性（Major Characteristic）（Важная характеристика）

虽然不是关键特性，但如果不满足要求，将导致产品不能完成主要任务的特性。

（撰写人：朱彭年 审核人：吴其钧）

zhoucheng gangdu celiang

轴承刚度测量（Measurement of Bearing Rigidity）（Измерение жёсткости подшипника）

对各类轴承的承载刚度进行测量的操作。

轴承刚度指轴承在轴、径向承受不同负荷加载下，轴线沿载荷作用方向发生单位距离位移时的载荷值。

滚珠轴承的刚度测量在轴承刚度测试仪上进行，给轴承施加轴向负载 F 时，测量在负载作用轴向的变形量 y 。轴承刚度 K 就是单位变形量所能承受的载荷大小，即 $K = F/y$。气浮轴承的刚度测量，指负载改变量 ΔW 与气膜厚度改变量 Δh 的比值，即 $\Delta W/\Delta h$ 为刚度。它是度量轴承本身补偿载荷变化和维持气膜厚度尽可能变化小的能力。

（撰写人：李宏川　审核人：闫志强）

zhoucheng mohe

轴承磨合（Bearing Running-in）（Подгонка подшипника）

在装配完成的状态下，对轴承进行一定时间的运转的行为。

运转可使轴承的跑道和滚珠之间得到充分磨合。

马达通过跑合运转使轴承的内、外圈的跑道和滚珠之间得到充分磨合，消除制造中所形成的误差和残存的微观不平度，使表面粗糙度得到进一步的改善。滚珠轴承应进行工艺跑合 100 h 以上，这样摩擦系数才能基本稳定，马达的启动和惯性运行时间也基本稳定。

（撰写人：周　赟　审核人：闫志强）

zhoucheng woliu liju

轴承涡流力矩（Bearing Eddy Torque）（Вихревой момент подшипника）

涡流力矩是静压流体轴承在零速状态下因流体的黏度和轴承零件加工的误差等因素形成的，自身固有的一种有害力矩，通常是由于流体在轴承间隙中的非轴向流动引起。

涡流力矩是惯性器件支撑中主要的有害力矩之一，直接影响仪表的精度，是考核轴承质量的一项重要技术指标。影响涡流力矩的因素有许多，如零件加工误差、装配误差（所引起的几何精度误差），以及零件表面的粗糙度、零件（材料）的稳定性等，而且环境因素对其影响也很显著，当轴承的流体压力发生变化时，涡流力矩也会相应变化。

（撰写人：鲁　晶　审核人：闫志强）

zhoucheng yazhuang

轴承压装（Bearing Pressing Fitting）（Прессовый монтаж подшипника）

将轴承内、外环分别压装到轴颈上、端盖轴承座孔内的过程。

电机装配过程中采用压装的工艺方法将处在过盈配合状态下的轴承内、外环分别用工装压装到轴颈上、端盖轴承座孔内。过盈量≥3 μm 时为了以减小轴承受力变形。要特别注意施力均匀，使压力施于整个内、外环端面上。

（撰写人：周　赟　审核人：闫志强）

zhoucheng zaosheng

轴承噪声（Bearing Noise）（Шум подшипника）

轴承运转过程中发出的的声音。

轴承运转时滚珠与滚道、保持架之间摩擦而产生噪声。在正常情况下，轴承运转的噪声很轻微。当轴承发生变形，工作面有划伤或锈蚀，滚道上有杂质或预紧力过大等缺陷时，噪声会增大而且有较大波动。通过噪声的大小和波动，可以判断出轴承的好坏和电机的装配质量。

（撰写人：周　赟　审核人：闫志强）

zhouxiang cuandong

轴向窜动（Axial Drunkenness）（Осевое биение）

轴承回转误差的轴向分量，以轴回转轴线的纯轴向窜动量表示，它是沿转轴平均轴线方向测得，反映了轴系的轴向回转精度。以滚动轴承为例：其推力轴承的滚道端面跳动会造成主轴轴向窜动。

（撰写人：刘建梅　审核人：易维坤）

zhouxiang gangdu

轴向刚度（Axial Rigidity）（Осевая жёсткость）

轴向加载时，轴承轴向的单位变形量所能承受的轴向载荷。

滚珠轴承的刚度测量在轴承刚度测试仪上进行，给轴承施加轴向负载 F 时，测量在负载作用轴向的变形量 y。轴承刚度 K 就是单位变形量所能承受的载荷大小，即 $K = F/y$。对气浮轴承而言，指轴向负载改变量 ΔW 与轴向气膜厚度改变量 Δh 的比值，即 $\Delta W/\Delta h$ 为刚度。它是度量轴承本身补偿载荷变化和维持气膜厚度尽可能变化小的能力。通常要求尽量保证陀螺电机轴向两端轴承的刚度一致，因为陀螺电机轴向刚度的不对称，将给陀螺仪表带来误差。

（撰写人：李宏川　审核人：闫志强）

zhuyuan zhuangding

诸元装定（Data Setting）（Внесение данных）

发射前将诸元参数装定到弹（箭）上制导计算机中的工作过程。诸元参数包括：发射点与目标点的经、纬度与高程，每发导弹各自不同的总体参数和各有关分系统的参数，如发动机的预期特性，工具误差实时补偿所需要的误差系数值，发射前测量的风速、风向等。

（撰写人：程光显　审核人：杨立溪）

zhubu jinghua yuanli

逐步精化原理（Step Wise Exactituele Principle）（Прицип постепенного уточнения）

机械加工过程中通过几个阶段逐渐地达到并保持零件精度要求的工艺方法。

对有较高精度，如尺寸精度、形状精度和位置精度，以及表面质量要求的零件，通过安排粗加工、半精加工和精加工等加工阶段，以逐步地达到零件的精度要求。由于机械加工，工件的内应力平衡状态遭到破坏，引起内应力的重新分布以达到新的平衡状态，这个过程中零件将会产生变形，也将使工件的原有加工精度产生变化；材料去除量越大，内应力越大，工件产生的变形也越大。采用逐步精化原理就是在后阶段的加工中要消除前阶段加工产生的变形，必须使加工余量大于变形量，而且加工余量逐渐减小，以至于最后阶段加工产生的变形不足以影响加工精度。零件按阶段逐步进行加工，有利于消除和减小变形对精度的影响。在粗加工阶段去除较大的加工余量；半精加工阶段去除的加工余量较小，精度要求不高的尺寸可以直接达到；精加工阶段去除的加工余量很小，主要保证要求较高的精度。在各阶段之间一般安排热处理工序，如时效处理、高低温循环稳定处理等，以尽快消除内应力。

（撰写人：邵荔宁 审核人：曹耀平）

zhuguandao

主惯导（Master Inertial Navigation System）（Базовая навигационная система）

在一个复合载体上有不止一个惯导系统时，其中精度较高可作为惯性基准校准其他惯导的方位姿态和速度的惯导系统，又称母惯导。如舰船上的惯导系统对舰载导弹和战机的惯导系统作传递对准时，称为主惯导。同理，舰载战机上的惯导系统对其上配备的战术导弹上的惯导系统作传递对准时，也称为主惯导（详见惯导系统传递对准）。

（撰写人：韩军海 审核人：孙肇荣）

zhuzhou kangzhenxing

主轴抗振性（Principal Axis Antivibration Capability）（Противовибрационность главного вала）

机床主轴对机械加工过程中产生的强迫振动和自激振动的衰减能力，其抗振性能的强弱对工件的加工精度和表面粗糙度有直接影响。

（撰写人：浦歆迪 审核人：曹耀平）

zhuandong guanliang

转动惯量（Moment of Inertia）（Момент инерции）

刚体内各质点的质量与某轴的距离平方之乘积的总和，称为刚体对该轴的转动惯量或惯性积。

转动惯量是物体转动时惯量大小的量度，表达式为

$$J_{\mathrm{L}} = \sum m_i r_i^2$$

式中 J_{L}—— 刚体对轴 l 的转动惯量；

m_i—— 刚体内任意一点的质量；

r_i—— 该质点到轴 l 的距离 。

由式中可以看出，转动惯量的大小取决于物体质量的大小及质量分布的情况，也就是说同一个物体对不同轴的质量分布情况不同，它对不同轴的转动惯量也不相同。

在陀螺仪中，转子的转动惯量是一个很重要的参数。陀螺转子角动量的大小，就取决于转子对自转轴转动惯量的大小及自转角速度的大小。

（撰写人：孙书祺　邓忠武　审核人：唐文林）

zhuanhuan xiaolü

转换效率（Conversion Efficiency）（Эффиктивность преобразования）

用来反映电源变换器效率的指标，通常用 $\eta = P_0/P_I$ 表示。η 为变换器转换效率；P_0 为变换器输出功率；P_I 为变换器输入功率。

电源变换器的转换效率显著影响惯导系统的总功耗和发热量，从而影响到系统的热设计、轻小型化和持续运行能力。提高转换效率最有效的方法是采用高速开关电路，在采取必要的信号处理和电磁兼容配套措施的基础上，可大幅度降低系统的功率消耗。

（撰写人：周　凤　审核人：娄晓芳　顾文权）

zhuanju xishu

转矩系数（Torque-coefficient）（Коэффициент момента）

输出转矩与电枢电流的比值，转矩系数受磁路饱和程度、电枢绕组设计、换向区域的影响。

（撰写人：李建春　审核人：秦和平）

zhuanju xianxingdu

转矩线性度（Torque-linearity）（Линейность момента）

电枢电流与输出转矩之间存在着线性关系，即转矩系数应不随电流大小或转子旋转角度而改变。使转矩系数发生改变的原因一般是磁路饱和或电枢设计不当。前者导致在高转矩区间转矩系数降低；后者由于换向触点数目不够而引起转矩随着转子旋转作周期性的脉动。

（撰写人：李建春　审核人：秦和平）

zhuanzi qixi

转子气隙（Rotor Gas Gap）（Воздушный промежуток ротора）

定、转子之间的气隙，它是电机工作磁路的一部分。

电机的磁路是由定、转子铁芯和定、转子之间的气隙两部分组成。气隙磁场由定、转子磁动势共同产生并由该磁场在定、转子绕组中感应出电动势。电机定、转子之间的气隙应尽可能的小，因为磁阻随气隙的增大而增加，以致削弱主磁通。

（撰写人：周　赟　审核人：闫志强）

zhuangtai fangcheng

状态方程（Status Equation）（Уравнение состояния）

能完全表达动态系统运动状态的数量最少的一组变量称为状态矢量或状态，描述动态系统动力学特性，即状态变化规律的一阶矢量微分方程称为状态方程。

状态方程的一般形式如下

$$\boldsymbol{X}(t) = f\{\boldsymbol{X}(t), \boldsymbol{W}(t), \boldsymbol{U}(t)\}$$

式中　$\boldsymbol{X}(t)$——状态矢量；

$\boldsymbol{W}(t)$——干扰矢量；

$\boldsymbol{U}(t)$——控制矢量。

只有线性系统才有一般解法，因此对非线性系统需要首先进行线性化。

状态方程的线性化形式为

$$\boldsymbol{X}(t) = \boldsymbol{F}(t)\boldsymbol{X}(t) + \boldsymbol{G}(t)\boldsymbol{W}(t) + \boldsymbol{C}(t)\boldsymbol{U}(t)$$

式中　$\boldsymbol{F}(t), \boldsymbol{G}(t), \boldsymbol{C}(t)$——分别称为状态、干扰、控制矩阵。

为了数字化计算的方便，状态方程常写成离散形式，线性系统离散状态方程的形式为

$$\boldsymbol{X}_{k+1} = \boldsymbol{\Phi}_{k+1,k}\boldsymbol{X}_k + \boldsymbol{\Gamma}_{k+1,k}\boldsymbol{W}_k + \boldsymbol{\Psi}_{k+1,k}\boldsymbol{U}_k$$
$$(k = 0,1,2,\cdots,n)$$

式中　$\boldsymbol{\Phi}_{k+1,k}$——状态转移矩阵；

$\boldsymbol{\Gamma}_{k+1,k}$——干扰转移矩阵；

$\boldsymbol{\Psi}_{k+1,k}$——控制转移矩阵。

状态方程一般根据系统的物理组成及运动规律建立。

（撰写人：杨立溪　审核人：吕应祥）

zhunbei shijian

准备时间（Preparing Time）（Время готовности）

陀螺仪和加速度计在规定的温度环境条件下，从提供能量给陀螺电机到达到规定性能时所需要的时间。

（撰写人：孙书祺　邓忠武　审核人：唐文林）

zitai

姿态（Attitude）（Угловое положение）

运动物体轴系相对于某参考系的角运动，称为姿态运动，其相对角位置称为姿态角，简称姿态。导弹或火箭的姿态是指导弹或火箭的弹（箭）体系相对于发射系或发射惯性系的三个角位置，分别称为俯仰角、偏航角和滚动角，统称为克雷洛夫角。

参见克雷洛夫角。

（撰写人：程光显　审核人：杨立溪）

zitai cankao xitong

姿态参考系统（Attitude Reference Systems，ARS）（Базовая система углового положения）

利用惯性仪表及相应机械、电子设备建立并保持规定的参考坐标系，据此测定并给出运载体相对此坐标系的航向、姿态等信息的系统。

此系统中惯性仪表常以捷联方式工作，其中陀螺仪测量出运载体相对惯性空间转动的角速度或角度，在已知初始条件下，经计算后给出当前运载体的航向、俯仰、滚动等姿态角和相应角速度信息，并直接由显示仪器显示或馈入运载体的控制系统。

对运载体姿态等参数测量精度要求高的应用场合，也常采用框架式陀螺稳定平台系统作为姿态参考系统。

姿态参考系统广泛用于飞机、导弹、卫星、飞船、舰船、陆上战车及许多民用场合，有重要的军事应用价值和国民经济应用前景。

（撰写人：孙肇荣　审核人：吕应祥）

zitai juzhen

姿态矩阵（Attitude Matrix）（Матрица углового положения）

运载体坐标系（动坐标系）相对导航坐标系（定坐标系）转动变换的数学矩阵式。

在捷联惯导系统中，姿态矩阵的各元素是运载体坐标系相对导航坐标系转动姿态角的函数，解算此矩阵相关元素即可算出运载体的姿态角，故称其为“姿态矩阵”。有时姿态矩阵元素中含有地理经、纬度的函数，解之可得出运载体所处的地理位置，这种姿态矩阵又称“位置矩阵”。

依力学中刚体绕定点转动理论，表示动坐标系与定坐标系间方位关系有多种方法，故也有多种形式的姿态矩阵表示方法和计算方法。现代工程上常用的主要有方向余弦姿态矩阵（九参数法）、四元数姿态矩阵（四参数法）、欧拉角—克雷洛夫角姿态矩阵（三参数法）等。

姿态矩阵及其计算是捷联式惯导系统算法中最基本、最重要的内容，针对不同使用条件对其计算精度、性能和可靠性的研究是捷联惯导技术中重要的课题。

（撰写人：孙肇荣　审核人：吕应祥）

ziguandao

子惯导（Slave Inertial Navigation System）（Подсистема инерциальной навигации）

在复合载体内，有不止一个惯导系统时，其中精度较低的惯导（主惯导）基准信息校准自身方位姿态和速度的惯导系统。如接收舰船上主惯导信息，进行舰载导弹和战机上的惯导系统初始对准的系统为子惯导系统。同理，对于接收舰载战机上的惯导系统信息，进行机上战术导弹上的惯导系统初始对准的系统也称为子惯导系统。

参见惯导系统传递对准。

（撰写人：韩军海　审核人：孙肇荣）

ziwuxian

子午线（Meridian）（Меридиан）

地球上通过地面某点及地球南北极的平面与地球表面的交线。

天球上连接天顶与天极的大圆，也称为子午线。

（撰写人：董燕琴 审核人：安维廉）

zidong jiashiyi

自动驾驶仪（Autopilot）（Автопилот）

能自动控制飞行器稳定飞行的装置。对飞行器的倾斜、航向、俯仰三个通道实施控制。在有人驾驶飞机上使用时可减轻驾驶员的负担，使飞机自动地按一定姿态、航向、高度和马赫数飞行。在无人机或导弹上使用时可起稳定这些飞行器的姿态，属飞行器姿态控制系统。它与飞行器上或地面的导引装置交联组成制导和控制系统，实现飞行器的稳定和控制功能。

自动驾驶仪种类很多，可按能源形式、使用对象、调节规律等分类。

20 世纪 30 年代，为了减轻驾驶员长时间飞行的疲劳，在飞机上开始使用三轴稳定的自动驾驶仪。主要功用是使飞机保持平直飞行。50 年代，通过在自动驾驶仪中引入角速率信号的方法制成阻尼器或增稳系统，改善了飞机的稳定性，自动驾驶仪发展成飞行自动控制系统。50 年代后期，又出现自适应自动驾驶仪，能随飞行器特性的变化而改变自身的结构和参数。60 年代末，数字式自动驾驶仪在阿波罗飞船中得到应用。现代自动驾驶仪的趋势是向数字化和智能化方向发展。

（撰写人：赵 友 闫 禄 审核人：孙肇荣）

ziyoudu

自由度（Freedom）（Степень свободы）

与约束密切相关的概念。无约束的刚体具有 6 个自由度，即 3 个移动自由度和 3 个转动自由度。刚体的定点运动只有 3 个转动自由度。

对陀螺仪而言，自由度是指自转轴相对壳体允许的角运动的数目，又称进动自由度。进动自由度数为 1 的陀螺仪称单自由度陀螺仪，进动自由度数为 2 的称二自由度陀螺仪。进动自由度数等于自转轴可绕其自由旋转的正交轴的数目。

（撰写人：孙书祺 审核人：唐文林）

ziyou fangwei tuoluo wending pingtai

自由方位陀螺稳定平台（Free-azimuth Gyro Stabilized Platform）（Гиростабилцзированная платформа свободного азимута）

一种两个水平轴稳定在当地水平面内，方位轴稳定在惯性坐标系中的陀螺稳定平台。

通常此平台采用三轴框架式陀螺稳定平台。计算机按飞行速度计算出两水平轴偏离水平面的转动速度，给相应两轴修正回路发出指令电流，控制两水平轴转动而最终使台体始终跟踪并保持在当地水平面内。其方位轴不受控，始终保持在初始对准的方向，并稳定在惯性空间不动，相对地理北向有一任意角度（即自由方位角）。

采用自由方位陀螺稳定平台作导航系统时，可避免进入高纬度地区因对方位陀螺仪施加过大控制力矩而引起的附加误差，以及方位陀螺及其稳定回路设计的困难问题，可用于全球导航。

（撰写人：赵 友 闫 禄 审核人：孙肇荣）

ziyou feixingduan wucha

自由飞行段误差（Free-flight Phase Error）（Ошибка участка свободного полёта）

弹道式导弹主动段结束到再入大气层前的弹道段称为自由飞行段，在该弹道段上由各种因素引起的弹着点偏差，称为自由飞行段误差。主要包括：后效误差，头体分离时引起的误差，弹头调姿及起旋引起的误差，该段重力异常引起的误差等。

（撰写人：程光显 审核人：杨立溪）

ziyou tuoluoyi

自由陀螺仪（Free Gyroscope）（Свободный гироскоп）

质量中心与支撑中心重合，工作时陀螺内、外框架上不施加任何修正力矩的二自由度陀螺仪。它的特点是自转轴相对惯性空间具有很高的定轴性，并可以指向惯性空间任意方向，当壳体绕自转轴以外的任何轴有角运动时，都会有输出信号。工程上常用与它的内框架固连的坐标系来模拟惯性坐标系，以确定飞行器相对惯性空间的姿态。航空上用它作为测量飞机姿态的仪表；战术导弹用它模拟动态坐标，可以近似确定导弹相对地标的姿态角。提高自由陀螺仪精度的主要途径是精确地对框架进行平衡和减小框架轴上的摩擦。

（撰写人：孙书祺 审核人：唐文林）

ziyou zhuanzi tuoluoyi

自由转子陀螺仪（Free-Rotor Gyroscope）（Гироскоп свободного ротора）

转子采用球形轴承来支撑的陀螺仪，如：静电轴承、动压或静压气浮轴承、磁悬浮等陀螺仪。

自由转子陀螺仪结构简单，没有摩擦力矩和机械磨损，稳定性精度高，但加工精度很高，造价高。

该陀螺仪在高精度惯性导航和导弹制导系统中得到了应用。

（撰写人：孙书祺 审核人：唐文林）

zizhu duizhun

自主对准（Self-alignment）（Автономная выставка）

不需要外部设备和人造基准，由惯导系统自身条件实现初始对准的方式。其中，水平对准由惯导系统用于导航的两个水平轴加速度计，或在台体上另外加装的低量程加速度计或液体摆式水平敏感元件测出当地重力矢量方向，再由平台稳定系统调整其两水平轴到达当地水平面内，或由捷联系统解算出其水平失调角来实现。方位对准由惯导系统用于导航的一个或两个水平轴陀螺仪或在台体上加装的专门用于瞄准的陀螺罗盘测出地球的角速度矢量方向，再由平台稳定系统或罗盘回路调整其加速度测量坐标系的方位基准面到达给定方位，或由捷联系统解算出其方位的失调角来实现。

自主对准的优点是不需外部设备和基准设备，对对准过程的简化、快速化和载体机动有利，其缺点是方位对准对陀螺的要求比导航要求要高，为实现自主方位对准，需要配备高精度的陀螺。

自主对准在军用领域主要适用于机动化武器及武器平台的惯导系统，在民用领域主要适用于地面车辆及中心小型船舶与飞机的惯导系统。

（撰写人：杨志魁　审核人：杨立溪）

zizhushi daohang

自主式导航（Self-aided Navigation）（Автономная навигация）

导航数据完全取自运载体内设备的导航方式，又称自备式导航。其工作是独立的、自主的，不需要地面及其他外部设备的支持，因此不易遭受干扰和破坏。

与他备式导航比较，它的弹上设备较复杂，某些设备的导航误差随时间积累。常用的自主式导航有惯性导航、多普勒导航、天文导航等。

（撰写人：朱志刚　审核人：杨立溪）

zonghe ceshi

综合测试（Integral Test）（Общая проверка）

对惯性系统/仪表在规定的输入条件下，对其输出的各项参数及精度进行的测试。

（撰写人：郭铁城　审核人：何德宝）

zonghe wucha

综合误差（Composite Error）（Общая ошибка）

输出数据偏离规定输出函数的最大偏差。它是由迟滞、分辨率、非线性、不重合性及输出数据中各种随机误差等综合因素造成的。

（撰写人：孙书祺　审核人：闵跃军）

zongxian

总线（Bus）（Шина）

能传输信息的路径。从多个信号源中的任一个信号源通过这条路径送到多个信号接收部件中的任一接收部件。在计算机系统中，总线用于连接各功能部件，在它们之间构成信息传输的一条或多条公用线路。在中央处理器（CPU）内部，连接运算器、寄存器、控制器等单元称为内部总线；而在系统中用于处理器、内存、接口部件之间的连线称为外部总线。根据传送信息属性的不同，可分为数据总线、地址总线和控制总线；根据传送信息的方式不同，还可分为串行总线和并行总线。

总线系统以地址和控制信号确定特定部件（接口）的收发状态，取代了传统信号传输中的“线选”方式，使增加或改变信号配置时无须更改系统电连接。总线技术是构成复杂系统，保障系统的灵活性和可扩展性的基础。针对不同的需要，出现了多种总线标准，可覆盖工业、军事、民用和消费类产品等各种用途。

随着微处理器和数字电路技术的应用，总线也逐步成为惯导系统电路的基础技术。采用总线技术使惯导系统功能灵活、结构简单、可扩展性强，有利于在满足不同用途要求的同时实现产品的标准化、通用化，提高系统的性能和可靠性。

设计惯导系统的总线首先应优先选用标准的总线系统，使系统建立在成熟技术和丰富的软件、硬件资源的基础上，同时应考虑可靠性等级、抗干扰能力、数据流量、功能要求以及系统分布情况（是否通过电缆和电隔离界面）等。

（撰写人：黄　钢　审核人：周子牛）

zongxian jiekou

总线接口（Bus Interface）（Интерфейс шины）

连接总线与使用总线的各外部设备之间的驱动电路和匹配电路，总线接口的电路设计主要与采用的总线标准有关，例如，ISA 总线接口、PCI 总线接口和 USB 总线接口等；同时也取决于所选择的总线参数（如时钟频率等）和相应设备的功能要求。

（撰写人：黄　钢　审核人：周子牛）

zongxian kongzhiqi

总线控制器（Bus Controller）（Контроллёр шины）

连接总线的多个端口中控制总线操作的端口或控制总线操作的电路。

在连接总线的多个端口中，一个端口由总线协议规定为主控设备，称为总线控制器。总线控制器通过为其他设备建立通信路径和发送命令，决定这些设备的作用和总线上的操作。总线控制器可在多个端口之间切换，同一时刻只能有一个端口作为总线控制器。

控制总线操作的电路是指实现总线控制器功能的逻辑电路。

（撰写人：黄　钢　审核人：周子牛）

zongxian qudongqi

总线驱动器（Bus Driver）（Драйвер шины）

一种专门设计的、具有强驱动能力、符合相应总线标准电特性要求的集成电路，用于驱动连接到总线上的逻辑元件。总线驱动器有单向驱动器和双向驱动器两类，通常输出具有三态，即高、低电平输出和高阻抗状态，以实现连接到总线上的各个设备在需要与总线通信时输出高、低电平，不需要与总线通信时呈高阻态以隔断与总线的联系，不致影响其他设备与总线的通信。当总线上连接的器件较多时，呈现容性负载，会减慢数据传送速率，加入驱动器后可以减小容性负载的影响。

（撰写人：黄　钢　审核人：周子牛）

zongxian shizhong pinlü

总线时钟频率（Bus Clock Rate）（Частота тактов шины）

总线是将信息以一个或多个源部件传送到一个或多个目的部件的一组传输线，是将计算机微处理器与内存芯片以及与之通信的设备连接起来的硬件通道。总线时钟频率即人们常常以 MHz 表示的速度来描述的总线工作频率，工作频率越高则总线工作速度越快，也即总线带宽越宽。

总线时钟频率、总线宽度（数据总线的位数，用位（bit）表示，如总线宽度为 8 位、16 位、32 位和 64 位）和总线传输速率（在总线上每秒钟传输的最大字节数 MByte/s，即每秒处理多少兆字节）是评价一种总线性能的三个主要参数。通过总线宽度和总线时钟频率可以计算总线传输速率（带宽）

$$传输速率 = 总线时钟频率 \times 总线宽度/8$$

为了更好地理解总线带宽、总线位宽、总线工作时钟频率的关系，我们举个比较形象的例子，高速公路上的车流量取决于公路车道的数目和车辆行驶速度，车道越多、车速越快则车流量越大；总线带宽就像是高速公路的车流量，总线位宽仿佛高速公路上的车道数，总线时钟工作频率相当于车速，总线位宽越宽、总线工作时钟频率越高则总线带宽越大。当然，影响总线性能的参数还有很多，如其同步方式、负载能力、信号线等，但以上所介绍的三个是其重要参数。

（撰写人：徐瑞峰　审核人：周子牛）

zongqing

纵倾（Trim）（Дифферент）

由内力或控制力而造成的舰船纵轴较长时间的倾斜。

（撰写人：刘玉峰　审核人：杨立溪）

zongxiang saiman xiaoying

纵向塞曼效应（Longitudimal Zeeman Effect）（Продольный Зееман эффект）

光源在强磁场里，其光谱线发生分裂，而且所分裂的每条谱线的光都是偏振的，这种现象称为塞曼效应。如果顺着磁场方向观测逆着磁场方向辐射出来的光波，则原来频率为ν_0的谱线分裂为中心频率分别为$\nu_0-\Delta\nu_z$的左旋圆偏光和$\nu_0+\Delta\nu_z$的右旋圆偏光，这种现象称为纵向塞曼效应。

（撰写人：苏　域　审核人：王　轲）

zongyao

纵摇（Pitch）（Тангаж）

舰船绕横轴的摇摆运动，按右手法则，船体首部抬高为正。

（撰写人：刘玉峰　审核人：杨立溪）

zuniqi

阻尼器（Damper）（Демпфер）

产生与运动速度成正比的阻尼力的装置。在速率陀螺仪中，阻尼器还起衰减框架组件自由振动的作用。在积分陀螺仪中阻尼器产

生的阻尼力矩 M_C 用以平衡陀螺力矩，阻尼力矩表达式为

$$M_C = K_C\dot{\beta}$$

式中 K_C—— 阻尼系数；

$\dot{\beta}$—— 陀螺仪进动角速度。

阻尼器分为空气阻尼器、液体阻尼器、电磁阻尼器等。

空气阻尼器结构为活塞式的，利用压力差产生阻尼力，它的阻尼系数可调，但摩擦大，只适用自振频率不高的仪表。

液体阻尼器即在液浮陀螺仪中浮子与壳体内壁之间的液体层构成的阻尼器，也有活塞式的，它利用液体的黏滞阻力来产生阻尼力，它的优点是没有干摩擦，阻尼力大，但液体的黏度随温度变化大，使阻尼系数也随温度有明显变化。

电磁阻尼器利用导体在磁场中运动时切割磁力线而产生涡流，磁场对涡流作用而产生阻尼力，阻尼力与运动速度成比例，它的优点是无摩擦，阻尼系数受温度影响小，但体积、质量大。

（撰写人：孙书祺 审核人：唐文林）

zuhe daohang

组合导航（Combinatorial Navigation）（Комбинационная навигация）

将两种或更多的不同导航方式的导航信息进行组合处理，得到一种综合导航信息的导航方式。组合导航利用了各种不同导航方式的优点，实现取长补短，可得到更为理想的导航精度和性能，因此得到了广泛应用。

当前主要的组合导航方式有：卫星/惯性组合导航，星光/惯性组合导航，地形/惯性组合导航，重力/惯性组合导航，多普勒/惯性组合导航等。

（撰写人：朱志刚 审核人：杨立溪）

zuhe gaodu kongzhi

组合高度控制（Composite High Control）（Комбинационный контроль высоты）

在导航解算中，通过另外组合一种或几种测量方式对惯性导航

的高度通道进行导航控制的方法。

在惯导系统导航计算中，由于高度通道是发散的，所以一般不采用单纯对垂直加速度计的输出进行积分来取得高度，可以使用高度计（气压高度表、无线电高度表、大气数据系统等）的信息对平台系统的高度通道进行阻尼。

在高度和垂直速度的测量中，气压式高度表有较大的惯性，因而瞬时高度和垂直速度的精度将受到影响，而惯性测量高度的误差是以指数形式增长的，因此用气压式高度表或无线电高度表的信息对惯性高度系统进行阻尼，可得到动态品质较好又不随时间发散的组合高度控制系统。

按控制算法不同，常采用比例反馈组合、积分反馈组合以及标准型组合高度控制等方案。

（撰写人：赵　友　闫　禄　审核人：孙肇荣）

zuhe jiagong

组合加工（Combination Maching）（Комбинационная обработка）

对具有高装配精度要求或零件精密部件会因装配组合而降低形位精度的一个（或多个）组件经组合后再加工的方法。通常用于加工组合件尺寸一致的面。如陀螺马达转子端盖一对轴承孔的加工质量直接影响轴承安装质量和工作特性，实际生产中，尽管采用分组加工的工艺方法进行精加工，但仍不能满足与轴承外圈 2～3 μm 的过盈配合。为了改善孔的加工质量，保证配合性质和配合精度，将两端马达转子端盖与组件装配在一起后，用一组组合研磨芯轴同时加工，确保两端马达转子端盖的孔径尺寸和形状一致。这种加工方法不仅能修正零件制造中产生的圆度误差和装成组件后的同轴度误差，还可大大提高加工面的表面粗糙度和尺寸、形位精度等。

（撰写人：周　琪　审核人：熊文香）

zuhe lübo zhouqi

组合滤波周期（Intergated Navigation Filtering Period）（Период фильтрации комбинационной навигации）

组合导航系统输出信息的滤波处理时间间隔。

该滤波周期常指纯惯性导航系统参数与辅助导航系统，如 GPS 系统、无线电高压表等，参数进行一次数据融合和计算、处理的周期。

组合导航信息融合常用滤波算法作信息处理，如典型的卡尔曼滤波算法等。此时该滤波周期即指组合导航信息的卡尔曼滤波周期。

（撰写人：杨大烨　审核人：孙肇荣）

zuhe peiyan

组合配研（Combination Rubbing）（Комбинационное шлифование）

以已加工件为基准，研磨与其相配另一工件，或将两个（或两个以上）工件组合在一起进行研磨加工的方法。

（撰写人：周　琪　审核人：熊文香）

zuheshi chuanganqi lijuqi

组合式传感器力矩器（Combined Transduce and Torquer）（Комбинированный датчик угла и момента）

把传感器和力矩器结构设计在一起，传感器的转子和力矩器的转子组装在一起，安装在仪表的轴上；传感器的定子和力矩器的定子组装在一起，安装在仪表的框架上。其主要优点是结构紧凑，使仪表体积减小。目前，最常用的有：微动同步器角度传感器和微动同步器力矩器组合；微动同步器或短路匝角度传感器和永磁力矩器组合。

组合式传感器力矩器的性能、技术指标和优缺点与原传感器和力矩器一样。

（撰写人：葛永强　审核人：干昌明）

zuzhi jiegou

组织结构（Organizational Structure）（Организационная структура）

人员的职责、权限和相互关系的安排。

注 1：安排通常是有序的；

注 2：组织结构的正式表述通常在质量手册或项目的质量计划中提供；

注 3：组织结构的范围可包括有关与外部组织的接口。

（撰写人：朱彭年　审核人：吴其钧）

zuzhi wendingxing

组织稳定性（Structure Stability）（Стабильность структуры）

在时间和环境温度等外界条件作用下，金属材料抵抗其内部显微组织变化的能力。若某种状态下，金属材料的组织稳定性差，则其制件抵抗自发改变形状和尺寸的能力，即尺寸稳定性就弱，同时还会伴随着制件理化性能的变化，而所有这些都将会降低制件的精度、可靠性及使用性能。适宜的材料选择和热处理规范是提高金属材料稳定性的主要技术措施。

（撰写人：周　琪　审核人：熊文香）

zuida jingzhuanju

最大静转矩（Static Torque）（Максимальный статический момент）

矩角特性上的转矩最大值 T_K 。当绕组电流改变时，最大静转矩也随着改变，如图所示。

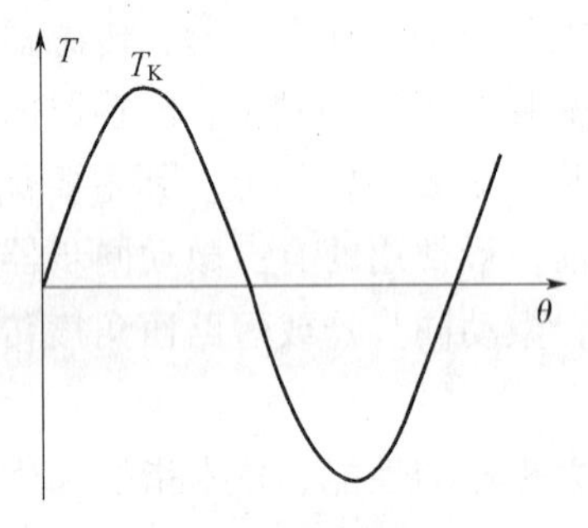

最大静转矩示意图

（撰写人：李建春　审核人：秦和平）

zuida piancha

最大偏差（Maximum Deviation）（Максимальное отклонение）

一般称误差以极大概率出现其中的区间为最大偏差，也称极限偏差。在不同国家、不同领域对最大偏差的定义有些区别。常见的几种为：定义标准偏差的 2 倍、2.7 倍、3 倍，即 2σ,2.7σ,3σ 为最大偏差。在正态分布下对应偏差数据出现在 $(-2\sigma,2\sigma)$、$(-2.7\sigma,$

2.7σ)、(-3σ,3σ)区域中的概率分别为:95%,99.3%,99.7%。我国一般定义2.7σ(或4B),对应落入概率99.3%为最大偏差。即

$$\Delta_{max} = 2.7\sigma$$

或

$$\Delta_{max} = 4B$$

式中 B——概率偏差(参见概率偏差)。

在对地导弹落点偏差计算中,对应纵、横两个方向的最大落点偏差分别称为纵向最大偏差和横向最大偏差,用 ΔL_{max},ΔH_{max} 表示。

对地导弹落点落入由纵、横两向最大偏差值所包围的区域中的概率为98.6%,落入此矩形区域外的概率约1.4%,是一个小概率事件。若小概率事件出现,则判为异常现象,一般需要分析其原因。

(撰写人:谢承荣 审核人:安维廉)

zuidi shibu dianya

最低失步电压(交流电机)(Minimum Unsynchronizing Voltage)(Минимальное напряжение десинхронизации (двигателя переменното тоиа))

电机在额定的状态下通电运行,缓慢降低电机的输入电压,使电机刚好失步时的电压值。

(撰写人:谭映戈 审核人:李建春)

zuidi tongbu yunxing dianya

最低同步运行电压(交流电机)(Minimum Synchronous Voltage)(Минимальное синхронизирующее напряжение (двигателя переменното тоиа))

缓慢升高电机输入电压,使电机转子刚好能达到同步时的电压值。

(撰写人:谭映戈 审核人:李建春)

zuigao guanlizhe

最高管理者(Top Management)(Верховый заведующий)

在最高层指挥和控制组织的一个人或一组人。

注:GJB 9001A—2001标准中的最高管理者是指组织的最高行政领导,如厂长、所长、总经理等,是为了强化组织最高行政领导的质量管理作用。

(撰写人:孙少源 审核人:吴其钧)

zuigao kongzai yunxing pinlü

最高空载运行频率（Operation-frequency）（Максимальная рабочая частота при нулевой нагрузке）

指步进电动机使运行频率连续上升时，步进电动机能保持不失步运行的极限频率。

（撰写人：李建春　审核人：秦和平）

zuijia dingxiang

最佳定向（Optimal Orientation）（Оптимальная ориентация）

对应给定弹道或运动轨迹使惯性导航/制导系统总误差达到最小的惯性仪表定向方案称为最佳定向。参见斜置技术。

（撰写人：杨立溪　审核人：吕应祥）

zuixiao ercheng guji

最小二乘估计（Least Squares Estimation）（Оценка методом наименьших квадратов）

最小二乘估计是高斯（Gauss）在1795年为解决天体运动的定轨问题而提出来的。最小二乘估计的准则是以测量数据为基准的，也就是使得测量值和测量的估计值之间的误差的平方和为最小，通常假定测量值是被估计量的线性函数，并且带有测量噪声。因此测量估计就是估计值的同一线性函数。若对误差进行适当的加权，则可得加权最小二乘估计。将测量数据成批处理时得到的算法叫批处理最小二乘算法；将测量数据逐个处理的算法叫递推最小二乘算法。

最小二乘法的优点是不需要噪声的统计特性，不需要建立状态方程，避免了建模的困难和建模误差的影响，所以最小二乘估计算法比较简单，估计值比较鲁棒。但正因为缺少了被估计量的动态特性以及系统噪声和测量噪声统计特性等信息，因此其估计精度理论上要低于利用这些信息的估计方法。在国外有些文献中也将最小方差估计叫做最小二乘估计。

（撰写人：张洪钺　审核人：杨立溪）

zuixiao fangcha guji

最小方差估计（Minimum Variance Estimation）

（Оценка методом наименьших вариантностей）

一种无偏的，估计误差方差为最小的估计方法。最小方差估计也是给定测量的条件下，被估计量的条件数学期望。为了计算最小方差估计，一般需要知道量测量和被估计量的联合概率密度函数，得出的估计量一般为量测量的非线性函数。当量测量和被估计量的联合概率密度函数服从高斯分布时，估计量变成了量测量的线性函数，最小方差估计就成为线性最小二乘估计。

（撰写人：张洪钺 审核人：杨立溪）

zuixiao huyixing jiegou

最小互易性结构（Minimum Reciprocal Configuration）（Минимальная структура взаимности）

指满足互易性的光纤陀螺仪的最小光路结构，分立光路如图 1 所示，它包括光源、探测器、与光源和探测器以及偏振器相邻的光源分束器、与偏振器和连接光纤线圈的线圈分束器相邻的空间单模滤波器。最小互易结构中探测器探测的干涉信号是从互易端口出来的，并经过了空间模式滤波与偏振滤波。

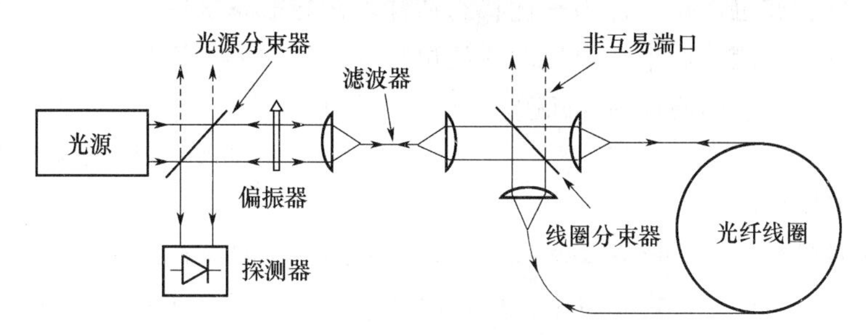

图 1 最小光路结构图

实用的光纤陀螺光路通常采用带有尾纤的器件构成，尤其是采用 Y 波导集成光学器件可以代替单模滤波器、线圈分束器与偏振器 3 个器件的功能，对应的最小互易结构如图 2 所示。

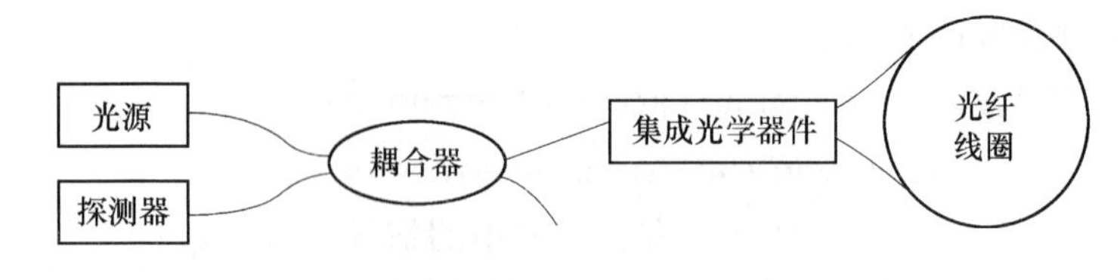

图2 最小互易结构图

（撰写人：王学锋 审核人：丁东发）

zuixiao kongzai qidong dianya

最小空载启动电压（Minimum No-load Starting Voltage）

（Минимальное пусковое напряжение при нулевой нагрузке）

马达不带负载时，马达转子刚好能转动时的电压值。

（撰写人：谭映戈 审核人：李建春）

zuiyou lübo

最优滤波（Optimal Filtering）（Оптимальная фильтрация）

滤波是将信号从噪声中或干扰中分离出来的过程，最大限度地滤除噪声和最小限度地减小信号失真的方法就是最优滤波。使用不同的滤波性能准则可产生不同的最优滤波算法。常用的有最小二乘准则、最小方差准则、极大验后概率准则、极大似然函数准则等。最优滤波也常常被称为最优状态估计。在导航系统中，从带有随机干扰的观测数据中获取运动体的位置、速度、姿态等状态变量的信息就是状态的最优估计问题。

（撰写人：张洪钺 审核人：杨立溪）

zuobiao fenjieqi

坐标分解器（Coordinate Resolver）（Преобразователь координат）

三轴陀螺稳定平台中，将陀螺输出作信号变换（后引入各条稳定回路）的装置。又称信号分解器。

在三轴稳定平台中，除台体轴陀螺仪的敏感轴与平台控制轴固连外，其他两个陀螺仪的敏感轴与平台内外环的控制轴可能有较大夹角，会使稳定的各项增益降低，影响系统稳定性，规律变换后输出给相应轴放大器，再分别控制其力矩电机转动平台。实现这一坐标变换最方便的元件就是正—余弦变压器。它的定、转子在台体轴安装，其相对转角为台体轴转角，当内、外环陀螺输出引入分解器转子上的两输入绕组后，其定子上两输出绕组即可按台体转角的正、余弦规律变换此两陀螺信号，再馈入两轴稳定回路。

（撰写人：赵 友 闫 禄 审核人：孙肇荣）

英文词条索引

A

B

C

D

E

F

G

H

I

K

L

M

N

O

P

Q

R

S

T

U

V

W

Y

Z

俄文词条索引

A

Б

В

Г

Д

Ё

Ж

З

И

К

Л

M

Н

O

П

P

С

Т

У

Ф

Х

Ц

Ч

Ш

Э

Я

参考文献

[1] [美]艾佛里尔 B 查尔德,等. 高精度惯性导航基础. 武凤德,李凤山,等,译. 北京:国防工业出版社,2002.

[2] 沈长治,孙国元. 天文导航. 北京:国防工业出版社,1987.

[3] 穆尔 P. 基础天文学. 北京:科学出版社,1980.

[4] 王解先. GPS 精密定轨定位. 上海:同济大学出版社,1997.

[5] 周忠谟,易杰军,周琪. GPS 卫星测量原理与应用. 北京:测绘出版社,1997.

[6] 邓仁亮. 光学制导技术. 北京:国防工业出版社,1992.

[7] 国防科学技术工业委员会. GJB 585A—1998 惯性技术术语. 北京:国防工业出版社,1998.

[8] 船舶名词术语:第七册. 北京:国防工业出版社,1980.

[9] 航海科技名词 1996. 北京:科学出版社,1997.

[10] 黄德鸣,程禄. 惯性导航系统. 哈尔滨:哈尔滨工程大学出版社,1999.

[11] 白英彩. 英汉计算机技术大辞典. 上海:上海交通大学出版社,2001.

[12] 《新英汉计算机大辞典》编写组,孙中臣. 新英汉计算机大辞典. 北京:人民邮电出版社,1998.

[13] 南京航空学院,北京航空学院. 传感器原理. 北京:国防工业出版社.

[14] 王克义,等. 微型计算机基本原理与应用. 北京:北京大学出版社,1997.

[15] 吕砚山. 常用电工电子技术手册. 北京:化学工业出版社,1995.

[16] 张占松,蔡宣三. 开关电源的原理与设计. 修订版. 北京:电子工业出版社,2004.

[17] 李广弟. 单片机基础. 北京:北京航空航天大学出版社,1994:105.

[18] 王以和. 微型计算机接口:原理与应用. 上海:上海科技技术文献出版社,1985.

[19] 何希才. 新型开关电源设计与维修. 北京:国防工业出版社,2001.

[20] 秦曾煌. 电工学:下册. 北京:高等教育出版社,1999.

[21] 王玉良,等. 微机原理与接口技术. 北京:北京邮电大学出版社,2000.

[22] NADEAU F. The CIGFT Connection: A Story of Precision Testing at the Central Inertial Guidance Test Facility// Institute of Navigation, Annual Meeting, 51st, Colo - rado springs, CO, June 5 - 7, 1995, Proceedings(A96 - 1400102 - 32),

Alexandria, VA, Institute of Navigation, 1995: 283 - 292.

[23] SNODGRASS B, RAQUET J. The CIGFT High Accuracy Post - processing Reference System(CHIPS), 46th GTS, Holloman AFB, 1993.

[24] 费业泰. 误差理论与数据处理. 北京:机械工业出版社,2000.

[25] 孔德仁,朱蕴璞,狄长安. 工程测试与信息处理. 北京:国防工业出版社,2003.

[26] 现代测量与控制技术词典编委会. 现代测量与控制技术词典. 北京:中国标准出版社,1999.

[27] IEEE std 1293 - 1998 单轴非陀螺式线加速度计 IEEE 标准技术规范格式指南和试验方法. // 导航与控制:译文集.

[28] 航天一院十三所. 质量管理手册. 航天一院十三所,1991.

[29] GB/T 2422—1995 电工电子产品环境试验术语. 北京:中国标准出版社出版,1995.

[30] 祝耀昌. GJB 150《军用设备环境试验方法》实施指南. 中国航空工业总公司第 301 研究所,1998.

[31] 李宪珊,刘利华. QJ 1239—1987 电子设备环境试验条件和方法. 中华人民共和国航天工业部,1987.

[32] 航天员系统产品质量保证大纲. 航天医学工程研究所,1999.

[33] 陆元九. 惯性器件(上、下). 北京:宇航出版社,1990.

[34] IEEE Std 1293 - 1998 IEEE Standard Specification Format Guide and Test Procedure for Linear, Single - Axis, Nongyroscopic Accelerometers. 1999.

[35] 登哈德 W G,等. 惯性元件试验(文集). 北京:国防工业出版社,1978.

[36] 梅硕基. 惯性仪器测试与数据分析. 西安:西北工业大学出版社,1991.

[37] QJ 3138—2001 航天产品环境应力筛选指南. 国防科学技术工业委员会,2002.

[38] 西涅里尼柯夫 A E. 低频线加速度计校准和标定的方法和手段. 1979.

[39] QJB 1231A—2004 惯性平台通用规范. 国防科学技术工业委员会,1992.

[40] GREWAL M S, WEILL L R, ANDREWS A P. Global Positioning Systems, Inertial Navigation, and Integration.

[41] 航空工业科技词典:航空电子设备. 北京:国防工业出版社,1980.

[42] 陈奇妙. 国外可靠性强化试验技术文集. 北京:国防科工委质量与可靠性研究中心,1998.

[43] 中国航空精密机械研究所. 惯导测试设备和运动模拟设备荟萃. 1998.
[44] 王念旭. DSP 基础与应用系统设计. 北京:北京航空航天大学出版社,2000.
[45] 温诗铸. 摩擦学原理. 北京:清华大学出版社,1990.
[46] 秦和平. 国外陀螺仪用动压气体轴承材料的选用原则及应用实例. 惯导与仪表,2000,1.
[47] 电机工程手册编委会. 电机工程手册(4). 北京:机械工业出版社,1982.
[48] 南京航空学院《陀螺电气元件》编写组. 陀螺电气元件. 北京:国防工业出版社,1981.
[49] 十合晋一. 气体轴承—设计、制作与应用. 韩焕臣,译. 北京:宇航出版社,1988.
[50] 王云飞. 气体润滑理论与气体轴承设计. 北京:机械工业出版社,1999.
[51] 周恒,刘延柱. 气体动压轴承的原理及计算. 北京:国防工业出版社,1981.
[52] 许实章. 电机学. 北京:机械工业出版社,1980.
[53] 汤蕴璆,史乃. 电机学. 北京:机械工业出版社,2005.
[54] 端木时夏,等. 感应同步器及其数显技术. 上海:同济大学出版社,1990.
[55] 陆永平,等. 感应同步器及其系统. 北京:国防工业出版社,1985.
[56] 薛景文. 摩擦学及润滑技术. 北京:兵器工业出版社,1992.
[57] 张莉松,胡裕德,等. 伺服系统原理与设计. 北京:北京理工大学出版社,1999.
[58] 崔玥. 无刷直流电动机力矩特性及其控制的研究. 哈尔滨:哈尔滨工业大学,1994.
[59] 郭庆鼎,王成元. 交流伺服系统. 北京:机械工业出版社,1994.
[60] 周克敏,等. 鲁棒与最优控制. 北京:国防工业出版社,2002.
[61] 许国祯. 惯性技术手册. 北京:宇航出版社,1995.
[62] 俞济祥. 惯导系统各种传递对准方法讨论. 航空学报,1988,5.
[63] HANG J C, WHITE H V. Alignment Techniques for lnertial Measurement Unite. IEEE Transaction on Aerospace and Electronic System Vol AES – Ⅱ,No. 6 November 1975.
[64] 万德钧,房建成. 惯性导航系统初始对准. 南京:东南大学出版社,1998.
[65] 肖龙旭. 地地导弹弹道与制导. 2003.
[66] 陆廷孝,等. 可靠性设计与分析. 北京:国防工业出版社.
[67] 袁信,郑谔. 捷联式惯性导航原理. 南京:航空专业材料编写组,1985.

[68] 刘俊多. 微惯性技术. 中国惯性技术学报,2005,8.
[69] 杨亚非,谭久彬,邓正隆. 惯导系统初始对准技术综述. 中国惯性技术学报,2000.
[70] 李鸿福,陈水华. 陀螺稳定平台初始对准// 导弹与航天丛书:惯性器件(下). 北京:宇航出版社,1993.
[71] 吴敏,等. 现代鲁棒控制. 2 版. 长沙:中南大学出版社,2006.
[72] 胡寿松. 自动控制原理. 3 版. 北京:国防工业出版社,1994.
[73] 胡跃明. 变结构控制理论与应用. 北京:科学出版社,2003.
[74] 李友善. 自动控制原理. 北京:国防工业出版社,1986.
[75] 冯纯伯. 非线性控制系统分析与设计. 北京:电子工业出版社,1998.
[76] 刘曙光,等. 模糊控制技术. 北京:中国纺织出版社,2001.
[77] 高可人,余阶. 导弹技术词典:自动控制系统与惯性制导分册. 北京:宇航出版社,1984.
[78] 杨世铭,陶文铨. 传热学. 3 版. 北京:高等教育出版社,1998.
[79] 闻邦椿. 机械振动学. 北京:冶金工业出版社,2000.
[80] 王树荣,等. 电子产品可靠性技术丛书:环境试验.